UG NX 12.0 中文版数控加工从入门到精通

梁秀娟　胡仁喜 刘昌丽　等编著

机 械 工 业 出 版 社

全书按知识结构分为5篇共19章，内容包括数控编程与加工基础、UG CAM基础、UG CAM 铣削通用参数、切削模式、公用切削参数、非切削移动、平面铣、型腔铣、插铣和深度轮廓铣、铣削加工实例、多轴铣基本参数、多轴铣驱动方法、刀轴设置、多轴铣加工操作实例、车削加工基础、粗加工、螺纹车削、其他车削加工和车削加工实例等。本书在介绍知识的过程中，注意由浅入深，从易到难，各章节既相对独立又前后关联。另外，编者根据自己多年的经验及读者在学习时的通常心理，及时给出了总结和相关提示，以帮助读者快捷地掌握所学知识。全书解说翔实，图文并茂，语言简洁，思路清晰。

本书可以作为初学者的入门教材，也可作为工程技术人员的参考工具书。

图书在版编目（CIP）数据

UG NX 12.0中文版数控加工从入门到精通/梁秀娟等编著.—北京：机械工业出版社, 2020.11

ISBN 978-7-111-66623-3

Ⅰ.①U…　Ⅱ.①梁…　Ⅲ.①数控机床－加工－计算机辅助设计－应用软件　Ⅳ.①TG659.022

中国版本图书馆CIP数据核字(2020)第183615号

机械工业出版社（北京市百万庄大街22号　邮政编码100037）
责任编辑：曲彩云　　责任校对：刘秀华　　责任印制：郜　敏
北京中兴印刷有限公司印刷
2020年11月第1版第1次印刷
184mm×260mm · 27.5印张 · 680千字
标准书号：ISBN 978-7-111-66623-3
定价：99.00元

电话服务　　　　　　　　　　网络服务
客服电话：010-88361066　机 工 官 网：www.cmpbook.com
　　　　　010-88379833　机 工 官 博：weibo.com/cmp1952
　　　　　010-68326294　金 书 网：www.golden-book.com
封底无防伪标均为盗版　机工教育服务网：www.cmpedu.com

前　言

Unigraphics NX（简称 UG NX）是 EDS 公司出品的产品工程解决方案，它为用户的产品设计及加工过程提供了数字化造型和验证手段。UG NX 针对用户的虚拟产品设计和工艺设计的需求，提供了经过实践验证的解决方案。

UG NX 不仅可满足对几何的操纵，更重要的是使得团队能够根据工程需求进行产品开发。UG NX 能够有效地捕捉、利用和共享数字化过程中的知识，事实证明，利用 UG NX 可为企业带来战略性的收益。

数控加工在国内已经日趋普及，与数控加工相关的培训需求日益旺盛，各种数控加工教材也不断推出，但真正与当前数控加工应用技术现状相适应的实用数控加工培训教材却不多见。为给初学者提供一本通俗易懂的从入门到精通的教材，给具有一定使用经验的用户提供方便实用优秀的参考书和工具书，编者根据自己多年的工作经验以及心得编写了本书。

一、编写目的

鉴于 UG NX 在数控加工领域具有强大的功能和深厚的工程应用底蕴，我们力图开发一套全方位介绍 UG NX 数控加工实际应用的书籍。具体就每本书而言，我们针对行业需要，以 UG NX 数控加工大体知识脉络为线索，以实例为“抓手”，来帮助读者掌握利用 UG NX 进行数控加工的基本技能和技巧。

二、本书特点

本书通过具体的工程案例，全面地讲解了使用 UG NX 进行数控加工的方法和技巧，内容包括数控加工基础、铣削参数设置、铣削加工、多轴铣加工、车削加工等知识。与别的教材相比，本书具有以下特色。

☑　**突出技能提升**

本书从全面提升 UG NX 数控加工操作能力的角度出发，结合大量的案例讲解了如何利用 UG NX 进行数控加工，可让读者能够独立地完成各种数控加工。

本书中有很多实例本身就是实际工程项目案例，这些案例经过编者精心提炼和改编，不仅保证了读者能够学好知识点，而且能帮助读者掌握实际的操作技能。

☑　**实例丰富**

本书的实例不论是数量还是种类都非常丰富。从数量上说，全书包含了大小共 36 个数控加工实例。本书结合这些数控加工实例，详细讲解了 UG NX 数控加工知识要点，可让读者在学习案例的过程中循序渐进地掌握 UG NX 软件的操作技巧。

☑　**涵盖面广**

就本书而言，我们的目的是编写一本对数控加工各个方面具有普适性的基础应用学习书籍，所以我们在本书中对知识点的讲解做到尽量全面， UG NX 数控加工常用的功能讲解，内容涵盖了数控加工基础、铣削参数设置、铣削加工、多轴铣加工和车削加工等知识。对于每个知识点，我们不求过于艰深，只要求读者能够掌握一般工程设计的知识即可，因此在语言上尽量做到浅显易懂、言简意赅。

三、本书的配套资源

本书提供了极为丰富的学习配套资源，可通过封四二维码扫码下载。期望读者朋友能够在最短的时间内学会并精通这门技术（也可以登录网盘地址：https://pan.baidu.com/s/1eGnZquX200ses8gzC79StQ 下载，提取码：sxp7）。

1．配套教学视频

针对本书实例专门制作了 80 多套教学视频，读者先看视频学习本书内容，然后对照课本加以实践和练习，可以大大提高学习效率。

2．超值赠送的案例教学视频

为了帮助读者拓展视野，特意赠送了 29 集数控加工案例教学视频及其图纸源文件，教学视频（动画演示）总长为 12 个小时。

3．全书实例的源文件和素材

本书附带了很多实例（包含加工实例和练习实例的源文件和素材），读者可以通过安装 UG NX 12.0 软件，打开并使用它们。

本书由广东海洋大学的梁秀娟以及三维书屋文化传播有限公司的胡仁喜和刘昌丽主要编写，其中梁秀娟执笔编写了第 1～14 章，胡仁喜执笔编写了第 15～17 章，刘昌丽执笔编写了第 18、19 章。康士廷、王敏、王玮、孟培、王艳池、闫聪聪、王培合、王义发、王玉秋、杨雪静、卢园、孙立明、甘勤涛、李兵、路纯红、阳平华、李亚莉、张俊生、李鹏、周冰、董伟、李瑞、王渊峰、解江坤、井晓翠、张亭、万金环、李志红、韩哲等也参加了部分编写工作。

由于编者水平有限，书中不足之处在所难免，望广大读者予以指正，编者将不胜感激。欢迎广大读者登录网站 www.sjzswsw.com 或联系 714491436@qq.com，也可以加入 QQ 群（811016724）参加交流讨论。

编　者

目　录

第1篇　数控加工基础篇

第 1 章　数控编程与加工基础

数控编程与加工是目前 CAD/CAM 系统中最能明显发挥效益的技术之一，其在实现设计加工自动化、提高加工精度和加工质量、缩短产品研制周期等方面发挥着重要作用。在航空工业和汽车工业等领域有着大量的应用。由于生产实际的强烈需求，国内外都对数控编程技术进行了广泛的研究，并取得了丰硕成果。

本章将简单介绍数控加工的相关基础知识，包括数控加工的原理、方法、一般步骤，数控编程的基础知识，以及数控加工工艺涉及的相关内容。通过本章的学习，读者可对数控编程与加工有个初步的了解。

内容要点

- 数控加工概述
- 数控机床简介
- 数控编程
- 数控加工工艺

案例效果

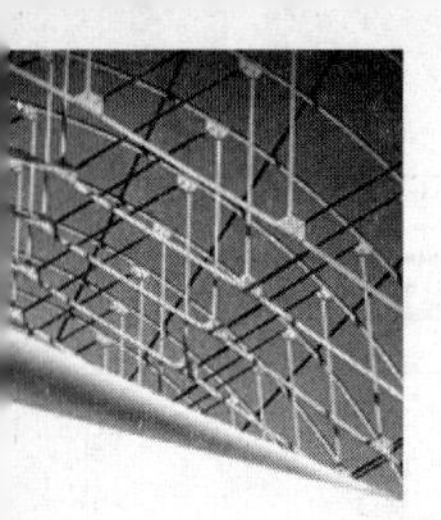

1.1 数控加工概述

传统工业都是工人手工操作机床进行机械加工，而现代工业已经实现了数控加工，就是在对工件材料进行加工前，事先在计算机上编写好程序，再将这些程序输入到使用计算机程序控制的机床进行指令性加工，或者直接在这种使用计算机程序控制机床的控制面板上编写指令进行加工，加工的全过程（包括走刀、换刀、变速、变向、停车等）都是自动完成的。数控加工是现代化模具制造加工的一种先进手段。当然，数控加工手段并不只是用于加工模具零件，其用途十分广泛。

1.1.1 CAM 系统的组成

一个典型的 CAM 系统由两个部分组成：一是计算机辅助编程系统，二是数控加工设备。

计算机辅助编程系统的任务是根据工件的几何信息计算出数控加工的轨迹，并编制出数控程序。它由计算机硬件设备和计算机辅助数控编程软件组成。

计算机辅助数控编程软件，即通常所说的 CAM 软件，是计算机辅助编程系统的核心。其主要功能包括数据输入输出、加工轨迹计算与编辑、工艺参数设置、加工仿真、数控程序后处理和数据管理等。目前常用的 CAM 软件种类较多，其基本功能大同小异。

数控加工设备的任务是接受数控程序，并按照程序完成各种加工动作。数控加工技术可以应用在几乎所有的加工类型中，如车、铣、刨、镗、磨、钻、拉、切断、插齿、电加工、板材成形和管料成形等。

数控铣床、数控车床、数控线切割机是模具行业中最常用的数控加工设备，其中以数控铣床的应用最为广泛。

1.1.2 加工原理

机床上的刀具和工件间的相对运动称为表面成形运动，简称成形运动或切削运动。数控加工是指数控机床按照数控程序所确定的轨迹（称为数控刀轨）进行表面成形运动，从而加工出产品的表面形状。图 1-1 和图 1-2 分别为一个平面轮廓加工和一个曲面加工的切削示意图。

数控刀轨是由一系列简单的线段连接而成的折线，折线上的结点称为刀位点。刀具的中心点沿着刀轨依次经过每一个刀位点，从而切削出工件的形状。

刀具从一个刀位点移动到下一个刀位点的运动称为数控机床的插补运动。由于数控机床一般只能以直线或圆弧这两种简单的运动形式完成插补运动，因此数控刀轨只能是由许多直线段和圆弧段将刀位点连接而成的折线。

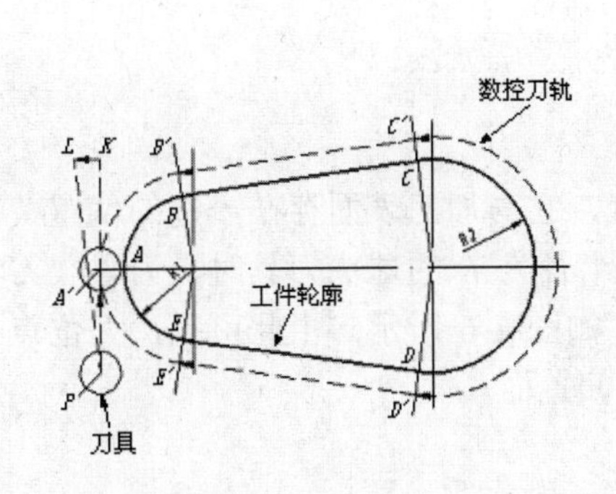

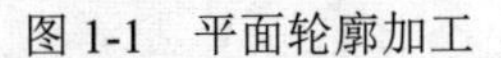
图 1-1　平面轮廓加工

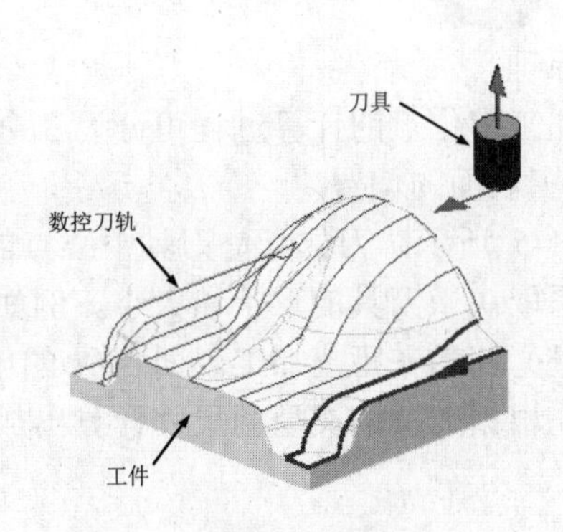

图 1-2　曲面加工

数控编程的任务是计算出数控刀轨，并以程序的形式输出到数控机床，其核心内容就是计算出数控刀轨上的刀位点。

在数控加工误差中，与数控编程直接相关的有两个主要部分：

1）刀轨的插补误差。由于数控刀轨只能由直线和圆弧组成，因此只能近似地拟合理想的加工轨迹，如图 1-3 所示。

2）残余高度。在曲面加工中，相邻两条数控刀轨之间会留下未切削区域，由此造成的加工误差称为残余高度（见图 1-4），它主要影响加工表面的粗糙度。

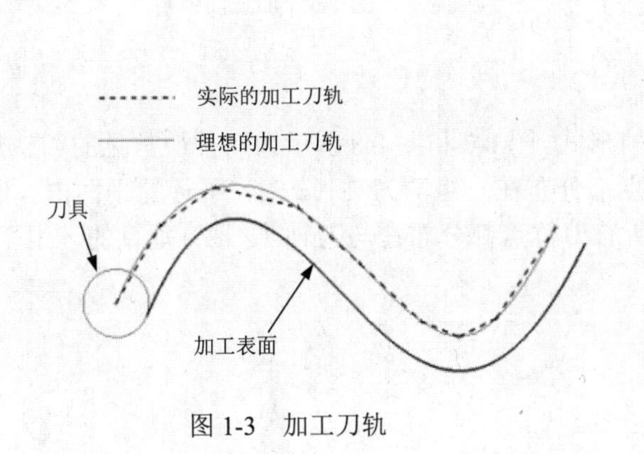

图 1-3　加工刀轨

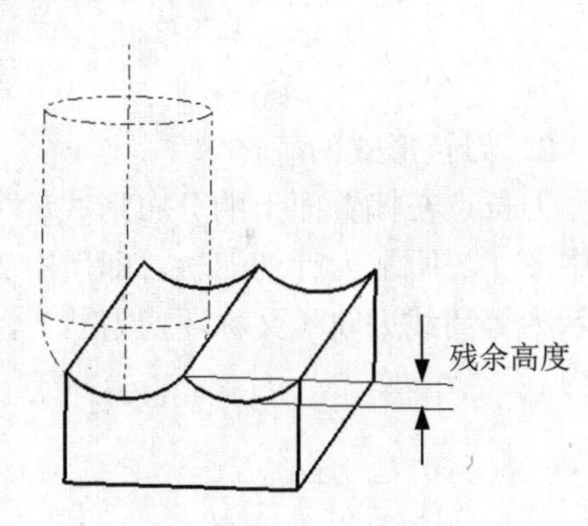

图 1-4　加工残余高度

刀具的表面成形运动通常分为主运动和进给运动。主运动指机床的主轴转动，其运动质量主要影响产品的表面粗糙度。进给运动是主轴相对工件的平动，其传动质量直接关系到机床的加工性能。

进给运动的速度和主轴转速是刀具切削运动的两个主要参数，对加工质量和加工效率有重要的影响。

1.1.3 刀位计算

如前所述，数控编程的核心内容是计算数控刀轨上的刀位点。下面简单介绍数控加工刀位

点的计算原理。

数控加工刀位点的计算过程可分为 3 个阶段。

1．加工表面的偏置

如图 1-5 所示，刀位点是刀具中心点的移动位置，它与加工表面存在一定的偏置关系。这种偏置关系取决于刀具的形状和大小。例如，当采用半径为 *R* 的球头刀具时，刀轨（刀具中心的移动轨迹）应当在距离加工表面为 *R* 的偏置面上，如图 1-6 所示。由此可见，刀位点计算的前提是首先根据刀具的类型和尺寸计算出加工表面的偏置面。

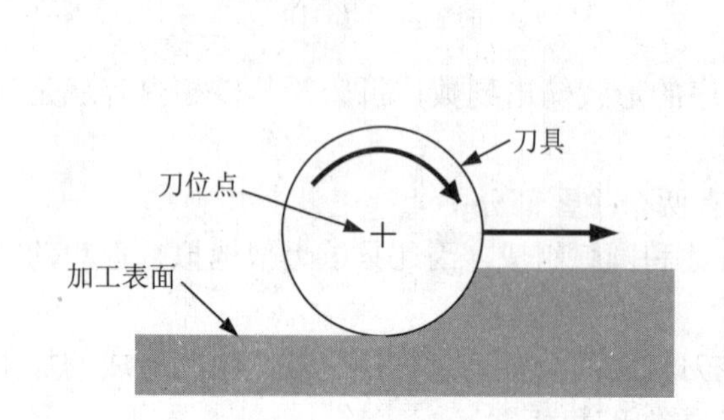

图 1-5　加工过程

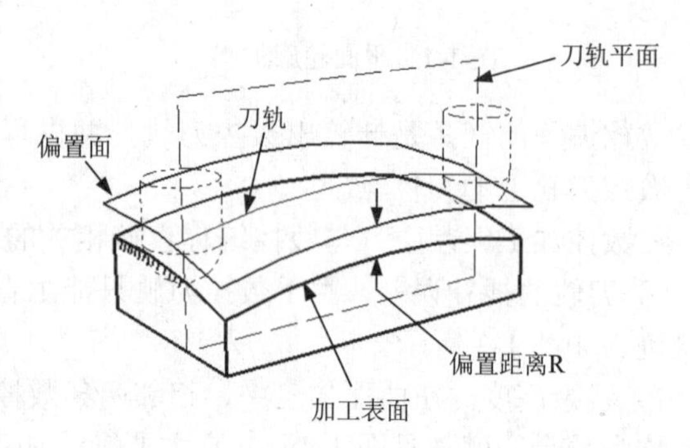

图 1-6　加工面偏置

2．刀轨形式的确定

刀位点在偏置面上的分布形式称为刀轨形式。图 1-7 和图 1-8 所示为两种最常见的刀轨形式。其中图 1-7 所示为行切刀轨，即所有刀位点都分布在一组与刀轴（*z* 轴）平行的平面内。图 1-8 所示为等高线刀轨（又称环切刀轨），即所有刀位点都分布在与刀轴（*z* 轴）垂直的一组平行平面内。

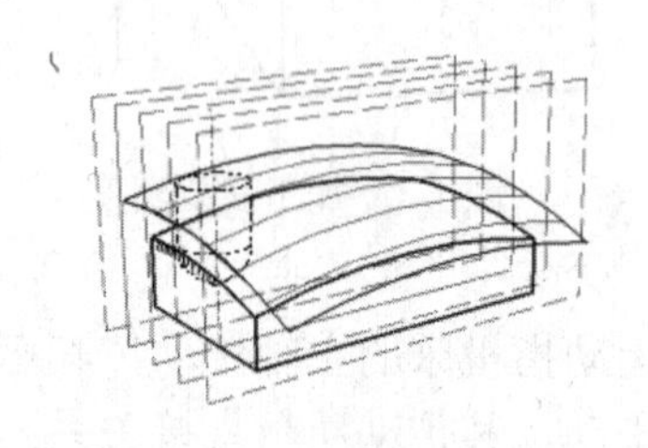

图 1-7　行切刀轨

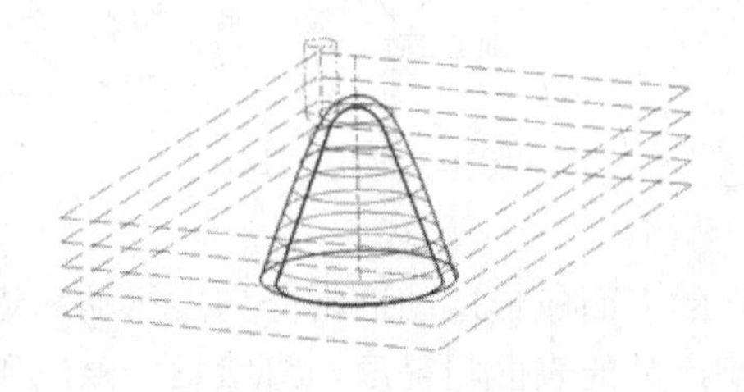

图 1-8　等高线刀轨

显然，对于这两种刀轨来说，其刀位点分布在加工表面的偏置面与一组平行平面的交线上，这组交线称为理想刀轨，平行平面的间距称为刀轨的行距。也就是说，刀轨形式一旦确定下来，就能够在加工表面的偏置面上以一定行距计算出理想刀轨。

3．刀位点的计算

如果刀具中心能够完全按照理想刀轨运动，则其加工精度无疑是最理想的。然而，由于数控机床通常只能完成直线和圆弧线的插补运动，因此只能在理想刀轨上以一定间距计算出刀位点，在刀位点之间做直线或圆弧运动，如图 1-3 所示。刀位点的间距称为刀轨的步长，其大小取决于编程允许误差。编程允许误差越大，则刀位点的间距越大；反之越小。

1.2 数控机床简介

1.2.1 数控机床的特点

图 1-9 所示为 CNC 数控铣床和数控加工中心。

数控铣床

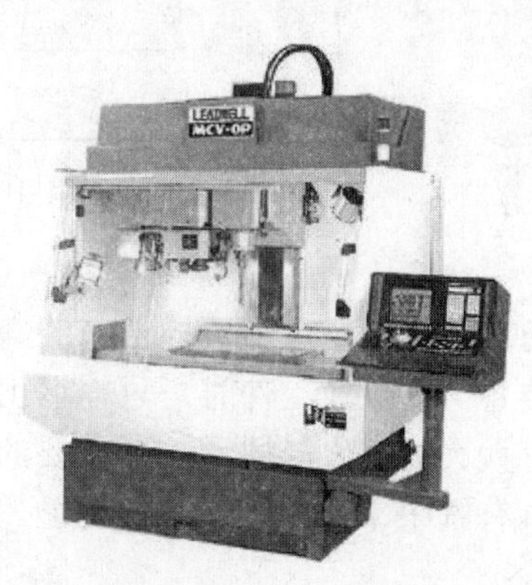

数控加工中心

图 1-9　数控铣床和数控加工中心

数控机床的主要特点：

1．高柔性

数控铣床的最大特点是高柔性，即可变性。“柔性”即是灵活、通用、万能，可以适应不同形状工件的加工。

数控铣床一般都能完成钻孔、镗孔、铰孔、铣平面、铣斜面、铣槽、铣曲面（凸轮）和攻螺纹等加工，而且一般情况下可以在一次装夹中完成所需的加工工序。

图 1-10 所示为齿轮箱。齿轮箱上一般有两个具有较高位置精度要求的孔，孔周围有安装端盖的螺孔。按照传统的加工方法，需要划线、刨（或铣）底面、平磨（或括削）底面、镗加工（用镗模）、划线（或用钻模）和钻孔攻螺纹 6 道工序才能完成。如果用数控铣床加工，只需把工件的基准面 A 加工好，便可在一次装夹中完成几道工序加工。

更重要的是，如果开发新产品或更改设计需要将齿轮箱上的 2 个孔改为 3 个孔，8 个 M6 螺孔改为 12 个 M6 螺孔，采用传统的加工方法则必须重新设计制造镗模和钻模，生产周期长，而如果采用数控铣床加工，只需将工件程序指令改变一下（一般只需 0.5～1h），即可根据新的图样进行加工。这就是数控机床高柔性带来的特殊优点。

2．高精度

目前数控装置的脉冲当量（即每轮出一个脉冲后滑板的移动量）一般为 0.001mm，高精度的数控系统可达 0.0001mm，因此一般情况下，绝对能保证工件的加工精度。另外，数控加工还可避免工人操作所引起的误差，一批加工零件的尺寸统一性特别好，产品质量能得到保证。

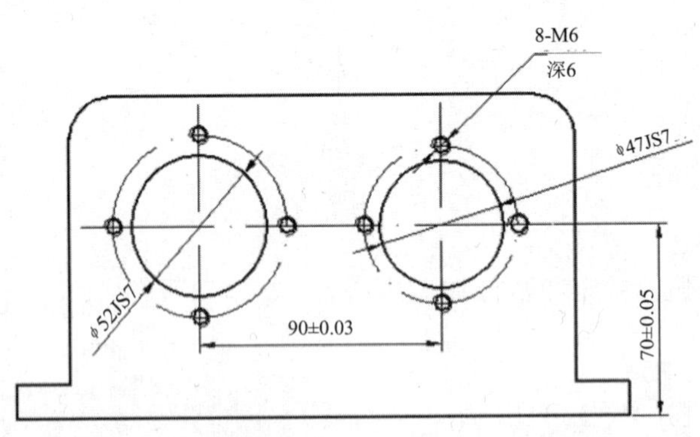

图 1-10　齿轮箱

3．高效率

数控机床的高效率主要是由数控机床的高柔性带来的。例如，数控铣床一般不需要使用专用夹具和工艺装备。在更换工件时，只需调用储存于计算机中的加工程序、装夹工件和调整刀具数据即可，可大大缩短生产周期。更主要的是，数控铣床的万能性可以带来高效率，如一般的数控铣床都具有铣床、镗床和钻床的功能，工序高度集中，提高了劳动生产率并减少了工件的装夹误差。

另外，数控铣床的主轴转速和进给量都是无级变速的，因此有利于选择最佳切削用量。数控铣床都有快进、快退、快速定位功能，可大大减少机动时间。

据统计，采用数控铣床比普通铣床可提高生产率 3～5 倍。对于复杂的成形面加工，生产率可提高十几倍甚至几十倍。

4．减轻劳动强度

数控铣床对零件加工是按事先编好的程序自动完成的。操作者除了操作键盘、装卸工件和中间测量及观察机床运行外，不需要进行繁重的重复性手工操作，可大大减轻劳动强度。

1.2.2 数控机床的组成

1．主机

主机是数控机床的“主题”，包括床身、立柱、主轴和进给机构等机械部件，是用于完成各种切削加工的机械部件。

2．数控装置

数控装置是数控机床的核心，包括硬件（印刷电路板、CRT 显示器、键盒和纸带阅读机等）以及相应的软件，用于输入数字化的零件程序，并完成输入信息的存储、数据的变换、插补运算以及实现各种控制功能。

3．驱动装置

驱动装置是数控机床执行机构的驱动部件，包括主轴驱动单元、进给单元、主轴电动机及进给电动机等。它可在数控装置的控制下通过电气或电液伺服系统实现主轴驱动和进给驱动。当几个进给联动时，可以完成定位、直线、平面曲线和空间曲线的加工。

4．辅助装置

辅助装置指数控机床的一些必要的配套部件，用以保证数控机床的运行，如冷却、排屑、润滑、照明和监测等。它包括液压和气动装置、排屑装置、交换工作台、数控转台和数控分度头，还包括刀具及监控检测装置等。

5．编程及其他附属设备

编程及其他附属设备可用来在机床外进行零件的程序编制、存储等。

1.2.3 数控机床的分类

1．按加工路线分类

数控机床按刀具与工件相对运动的方式，可以分为点位控制、直线控制和轮廓控制，如图1-11所示。

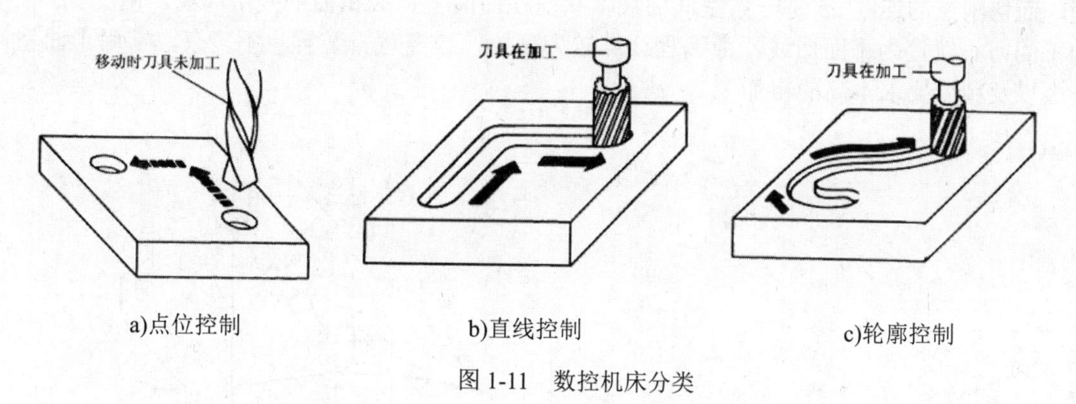

a)点位控制　b)直线控制　c)轮廓控制

图1-11　数控机床分类

（1）点位控制　点位控制方式就是刀具与工件相对运动时，只控制从一点运动到另一点的准确性，而不考虑两点之间的运动路径和方向，如图1-11a所示。这种控制方式多应用于数控钻床、数控冲床、数控坐标镗床和数控点焊机等。

（2）直线控制　直线控制方式就是刀具与工件相对运动时，除控制从起点到终点的准确定位外，还要保证平行坐标轴的直线切削运动。该方式由于只做平行坐标轴的直线进给运动，因此不能加工复杂的工件轮廓，如图1-11b所示。这种控制方式应用于简易数控车床、数控铣床、数控磨床。

（3）轮廓控制　轮廓控制就是刀具与工件相对运动时，能对两个或两个以上坐标轴的运动同时进行控制（多坐标联动），刀具的运动轨迹可为空间曲线，因此可以加工平面曲线轮廓或

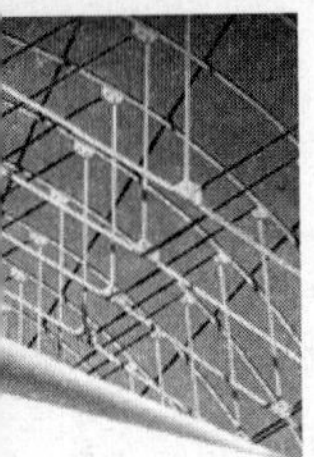

空间曲面轮廓，如图 1-11c 所示。在模具行业中这类机床应用得最多，如三坐标以上的数控铣或加工中心。采用这类控制方式的数控机床有数控车床、数控铣床、数控磨床和加工中心等。

2．按伺服系统控制方式分类

（1）开环控制机床　价格低廉，精度及稳定性差。

（2）半闭环控制数控机床　精度及稳定性较高，价格适中，应用最普及。

（3）闭环控制数控机床　精度高，稳定性难以控制，价格高。

3．按联动坐标轴数分类

（1）两轴联动数控机床　*X*、*Y*、*Z* 三轴中任意两轴做插补联动，第三轴做单独的周期进刀，常称 2.5 轴联动。如图 1-12 所示，将 *X* 向分成若干段，圆头铣刀沿 *YZ* 面所截的曲线进行铣削，每一段加工完后进给 ΔX，再加工另一相邻曲线，如此依次切削即可加工出整个曲面，故称为行切法。根据表面粗糙度及刀头不干涉相邻表面的原则选取 ΔX。行切法加工所用的刀具通常是球头铣刀（即指状铣刀）。用这种刀具加工曲面，不易干涉相邻表面，计算比较简单。球头铣刀的刀头半径应选得大一些，有利于提高加工表面质量、增加刀具刚度、散热等。但刀头半径应小于曲面的最小曲率半径。

用球头铣刀加工曲面时，总是用刀心轨迹的数据进行编程。图 1-13 所示为二轴联动三坐标行切法加工的刀心轨迹与切削点轨迹示意图。*ABCD* 为被加工曲面，*P* 平面为平行于 *YZ* 表面的一个平行面，其刀心轨迹 O_1O_2 为曲面 *ABCD* 的等距面 *IJKL* 与行切面 P_{yz} 的交线，显然，O_1O_2 是一条平面曲线。在这种情况下，曲面的曲率变化时会导致球头铣刀与曲面切削点的位置亦随之改变，而切削点的连线 *ab* 是一条空间曲线，从而在曲面上形成扭曲的残留沟纹。由于 2.5 轴坐标加工的刀心轨迹为平面曲线，故编程计算较为简单，数控逻辑装置也不复杂，常用于曲率变化不大以及精度要求不高的粗加工。

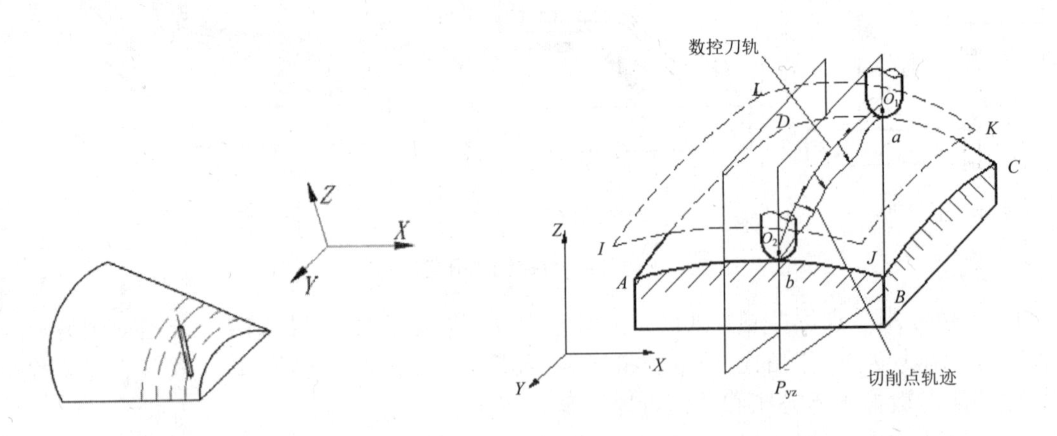

图 1-12　2.5 轴联动　　　　图 1-13　二轴联动

（2）三轴联动数控机床　*X*、*Y*、*Z* 三轴可同时插补联动。用三坐标联动加工曲面时，通常也用行切方法。如图 1-14 所示，三轴联动的数控刀轨可以是平面曲线或者空间曲线。三坐标联动加工常用于复杂曲面的精确加工（如精密锻模），但编程计算较为复杂，所用的数控装置还必须具备三轴联动功能。

（3）四轴联动数控机床　除了 X、Y、Z 三轴平动之外，还有工作台或者刀具的转动。如图 1-15 所示，四轴联动的侧面为直纹扭曲面。若在三坐标联动的机床上用球头铣刀按行切法加工，不但生产率低，而且表面粗糙度差。为此，可采用圆柱铣刀周边切削，并用四坐标铣床加工，即除三个直角坐标运动外，为保证刀具与工件形面在全长始终贴合，刀具还应绕 O_1（或 O_2）做摆角联动。由于摆角运动，导致直角坐标系（图中 Y）需做附加运动，其编程计算较为复杂。

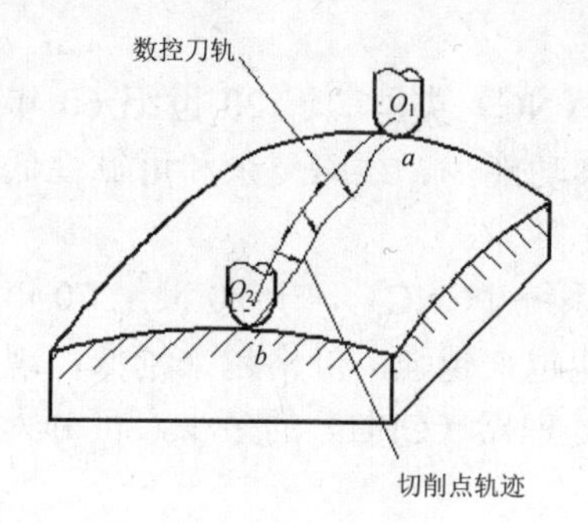

图 1-14　三轴联动

图 1-15　四轴联动

（4）五轴联动数控机床　除了 X、Y、Z 三轴的平动外还有刀具旋转、工作台的旋转。螺旋桨是五坐标加工的典型零件之一，其叶片形状及加工原理如图 1-16 所示。在半径为 Ri 的圆柱面上与叶面的交线 AB 为螺旋线的一部分，螺旋角为 ϕ_i，叶片的径向叶形线（轴向剖面）EF 的倾角 α 为后倾角。螺旋线 AB 用极坐标加工方法并以折线段逼近。逼近线段 mn 是由 C 坐标旋转 $\Delta\theta$ 与 Z 坐标位移 ΔZ 的合成。当 AB 加工完后，刀具径向位移 ΔX（改变 R_i），再加工相邻的另一条叶形线，依次逐一加工，即可形成整个叶面。由于叶面的曲率半径较大，所以常用端面铣刀加工，以提高生产率并简化程序。因此，为保证铣刀端面始终与曲面贴合，铣刀还应做坐标 A 和坐标 B 形成 θ_t 和 α_t 的摆角运动，在摆角的同时，还应做直角坐标的附加运动，以保证铣刀端面中心始终处于编程值位置上，所以需要 Z、C、X、A、B 五坐标加工。这种加工的编程计算相当复杂。

图 1-17 所示为利用五轴联动铣床加工曲面形状零件。

（5）加工中心　在数控铣床上配置刀库，其中存放着不同数量的各种刀具或检具，在加工过程中由程序自动选用和更换，从而将铣削、镗削、钻削和攻螺纹等功能集中在一台设备上完成，使其具有多种工艺手段。

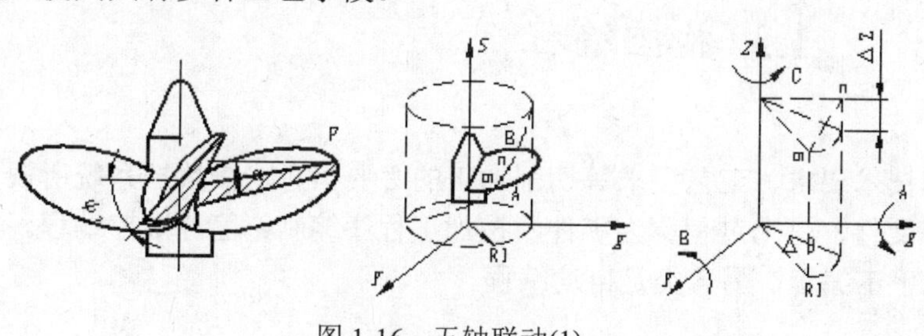

图 1-16　五轴联动(1)

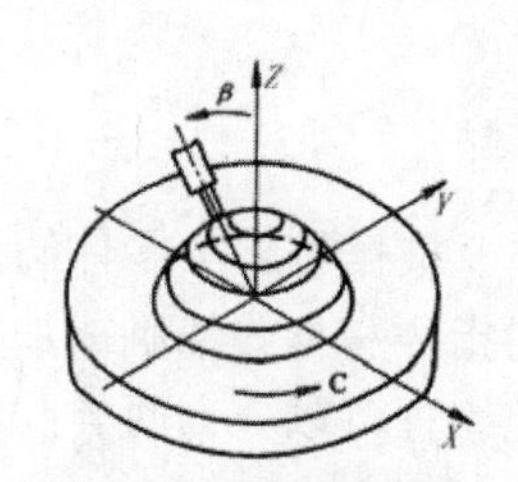

图 1-17　五轴联动(2)

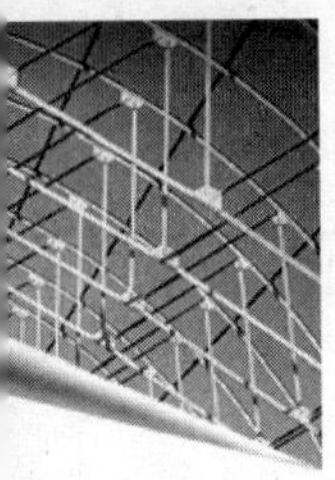

4．按加工方式分类

按切削方式不同，可分为数控车床、数控铣床、数控钻床、数控镗床、数控磨床等。

有些数控机床具有两种以上切削功能，如以车削为主，兼顾铣、钻削的车削中心；具有铣、镗、钻削功能，带刀库和自动换刀装置的镗铣加工中心（简称加工中心）。

另外，还有数控电火花线切割、数控电火花成形、数控激光加工、等离子弧切割、火焰切割、数控板材成型、数控冲床、数控剪床和数控液压机等各种功能和不同种类的数控加工机床。

5．按数控装置的类型分类

（1）硬件数控　早期的数控装置基本上都属于硬件数控（NC）类型，于20世纪60年代投入使用，主要由固化的数字逻辑电路处理数字信息。由于其功能少、线路复杂和可靠性低等缺点已经淘汰，因而这种分类没有实际意义。

（2）计算机数控　用计算机处理数字信息的计算机数控系统（CNC），于20世纪70年代初期投入使用。随着微电子技术的迅速发展，微处理器的功能越来越强，价格越来越低，现在数控系统的主流是微机数控系统（MNC）。根据数控系统微处理器（CPU）的多少，可分为单微处理器数控系统和多微处理器数控系统。

6．按数控系统的功能水平分类

数控系统一般分为高级型、普及型和经济型三个档次。数控系统并没有确切的档次界限，其参考评价指标包括：CPU性能、分辨率、进给速度、联动轴数、伺服水平、通信功能和人机对话界面等。

（1）高级型数控系统　该档次的数控系统采用32位或更高性能的CPU，联动轴数在五轴以上，分辨率≤0.1μm，进给速度≥24m / min（分辨率为1μm时）或≥10m / min（分辨率为0.1μm时），采用数字化交流伺服驱动，具有MAP高性能通信接口，具备联网功能，有三维动态图形显示功能。

（2）普及型数控系统　该档次的数控系统采用16位或更高性能的CPU，联动轴数在五轴以下，分辨率在1μm以内，进给速度≤24m / min，可采用交、直流伺服驱动，具有RS232或DNC通信接口，有CRT字符显示和平面线性图形显示功能。

（3）经济型数控系统　该档次的数控系统采用8位CPU或单片机控制，联动轴数在三轴以下，分辨率为0.01mm，进给速度为6～8m / min，采用步进电动机驱动，具有简单的RS232通信接口，用数码管或简单的CRT字符显示。

1.3 数控编程

根据被加工零件的图样和技术要求、工艺要求等切削加工的必要信息，按数控系统所规定的指令和格式编制成加工程序文件，这个过程称为零件数控加工程序编制，简称数控编程。数控编程可以分为两类：一类是手工编程，另一类是自动编程。

1.3.1 手工编程

手工编程是指编制零件数控加工程序的各个步骤，即从零件图样分析、工艺决策、确定加工路线和工艺参数、计算刀位轨迹坐标数据、编写零件的数控加工程序单直至程序的检验均由人工来完成。

对于点位加工或几何形状不太复杂的轮廓加工，几何计算较简单，程序段不多，手工编程即可实现。如简单阶梯轴的车削加工一般不需要复杂的坐标计算，往往可以由技术人员根据工序图样数据直接编写数控加工程序。但轮廓形状不是由简单的直线、圆弧组成的复杂零件，特别是空间复杂的曲面零件，其数值计算相当繁琐，工作量大，容易出错，且很难校对，采用手工编程是难以完成的。

1.3.2 自动编程

自动编程是采用计算机辅助数控编程来技术实现的，需要一套专门的数控编程软件，现代数控编程软件主要分为以批处理命令方式为主的各种类型的语言编程系统和交互式 CAD / CAM 集成化编程系统。

APT 是一种自动编程工具（Automatically Programmed Tool）的简称，是对工件、刀具的几何形状及刀具相对于工件的运动等进行定义时所用的一种接近于英语的符号语言。在编程时，编程人员依据零件图样，以 APT 语言的形式表达出加工的全部内容，再把用 APT 语言书写的零件加工程序输入计算机，经 APT 语言编程系统编译产生刀位文件（CLDATA file），通过后置处理，生成数控系统能接收的零件数控加工程序的过程称为 APT 语言自动编程。

采用 APT 语言自动编程时，计算机（或编程机）代替程序编制人员完成了繁琐的数值计算工作，并省去了编写程序单的工作量，因而可将编程效率提高数倍到数十倍，同时解决了手工编程中无法解决的许多复杂零件的编程难题。

交互式 CAD/CAM 集成系统自动编程是现代 CAD/CAM 集成系统中常用的方法。在编程时，编程人员首先利用计算机辅助设计(CAD)或自动编程软件本身的零件造型功能构建出零件几何形状，然后对零件图样进行工艺分析，确定加工方案，其后还需利用软件的计算机辅助制造(CAM)功能完成工艺方案的制订、切削用量的选择、刀具及其参数的设定，自动计算并生成刀位轨迹文件，利用后置处理功能生成指定数控系统用的加工程序。因此我们把这种自动编程方式称为图形交互式自动编程。这种自动编程系统是一种 CAD 与 CAM 高度结合的自动编程系统。

集成化数控编程的主要特点是：零件的几何形状可在零件设计阶段采用 CAD/CAM 集成系统的几何设计模块在图形交互方式下进行定义、显示和修改，最终得到零件的几何模型。编程操作都是在屏幕菜单及命令驱动等图形交互方式下完成的，具有形象、直观和高效等优点。

1.3.3 数控加工编程的内容与步骤

正确的加工程序不仅应保证加工出符合图样要求的合格工件，同时应能使数控机床的功能得到合理的应用与充分的发挥，以使数控机床能安全、可靠、高效地工作。数控加工程序的编制过程是一个比较复杂的工艺决策过程。一般来说，数控编程主要包括：分析零件图样、工艺处理、数学处理、编写程序单、输入数控程序及程序检验。典型的计算机辅助数控编程的一般步骤如图 1-18 所示。

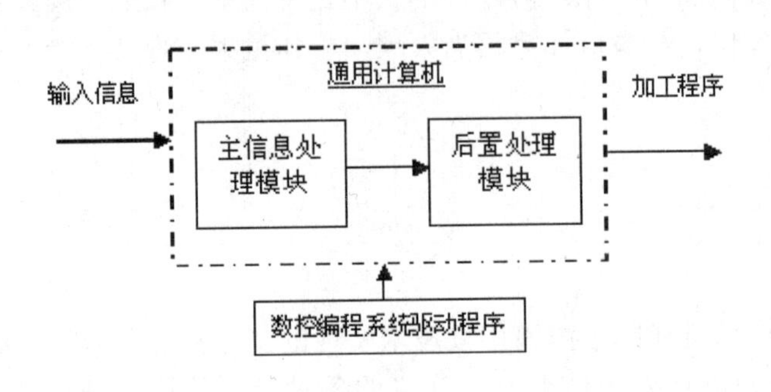

图 1-18　计算机辅助数控编程的一般步骤

数控加工编程主要包含 5 个步骤。

1. 加工工艺决策

在数控编程之前，编程人员应了解所用数控机床的规格、性能、数控系统所具备的功能及编程指令格式等。根据零件形状尺寸及技术要求，分析零件的加工工艺，选定合适的机床、刀具与夹具，确定合理的零件加工工艺路线、工步顺序以及切削用量等工艺参数，这些工作与普通机床加工零件时的编制工艺规程基本是相同的。

（1）确定加工方案　此时应考虑数控机床使用的合理性及经济性，并充分发挥数控机床的功能。

（2）工夹具的设计和选择　应特别注意要迅速完成工件的定位和夹紧过程，以减少辅助时间。使用组合夹具，生产准备周期短，夹具零件可以反复使用，经济效果好。此外，所用夹具应便于安装，便于协调工件和机床坐标系之间的尺寸关系。

（3）选择合理的走刀路线　合理地选择走刀路线对于数控加工是很重要的。应考虑以下几个方面：

- 尽量缩短走刀路线，减少空走刀行程，提高生产率。
- 合理选取起刀点、切入点和切入方式，保证切入过程平稳没有冲击。
- 保证加工零件的精度和表面粗糙度的要求。
- 保证加工过程的安全性，避免刀具与非加工面的干涉。

- 有利于简化数值计算，减少程序段数目和编制程序的工作量。

（4）选择合理的刀具　根据工件材料的性能、机床的加工能力、加工工序的类型、切削用量以及其他与加工有关的因素来选择刀具，包括刀具的结构类型、材料牌号和几何参数。

（5）确定合理的切削用量　在工艺处理中必须正确确定切削用量。

2．刀位轨迹计算

在编写 NC 程序时，需要根据零件形状尺寸、加工工艺路线的要求和定义的走刀路径，在适当的工件坐标系上计算零件与刀具相对运动的轨迹的坐标值，以获得刀位数据，如几何元素的起点、终点和圆弧的圆心、几何元素的交点或切点等坐标值，有时还需要根据这些数据计算刀具中心轨迹的坐标值，并按数控系统最小设定单位（如 0.001mm）将上述坐标值转换成相应的数字量，作为编程的参数。

在计算刀具加工轨迹前，正确选择编程原点和工件坐标系是极其重要的。工件坐标系是指在数控编程时在工件上确定的基准坐标系，其原点也是数控加工的对刀点。工件坐标系的选择原则为：

- 所选的工件坐标系应使程序编制简单。
- 工件坐标系原点应选在容易找正并在加工过程中便于检查的位置。
- 引起的加工误差小。

3．编制或生成加工程序清单

根据制订的加工路线、刀具运动轨迹、切削用量、刀具号码、刀具补偿要求及辅助动作，按照机床数控系统使用的指令代码及程序格式的要求，编写或生成零件加工程序清单，并进行初步的人工检查，有时还需进行反复修改。

4．程序输入

在早期的数控机床上都配备了作为加工程序输入设备的光电读带机，因此对于大型的加工程序，可以制作加工程序纸带作为控制信息介质。近年来，许多数控机床都采用磁盘、计算机通信技术等各种与计算机通用的程序输入方式来实现加工程序的输入，因此只需要在普通计算机上输入编辑好的加工程序，就可以直接传送到数控机床的数控系统中。当程序较简单时，也可以通过键盘人工直接输入到数控系统中。

5．数控加工程序正确性校验

通常所编制的加工程序必须经过进一步的校验和试切削才能用于正式加工。当发现错误时，应分析错误的性质及其产生的原因，或修改程序单，或调整刀具补偿尺寸，直到符合图样规定的精度要求为止。

1.4 数控加工工艺

数控加工的自动化程度高、质量稳定、可多坐标联动、便于工序集中等特点均比较突出，但操作技术要求高，同时价格比较昂贵，因此加工方法、加工对象选择不当往往会造成较大损失。为了既能充分发挥出数控加工的优点，又能达到较好的经济效益，在选择加工方法和对象

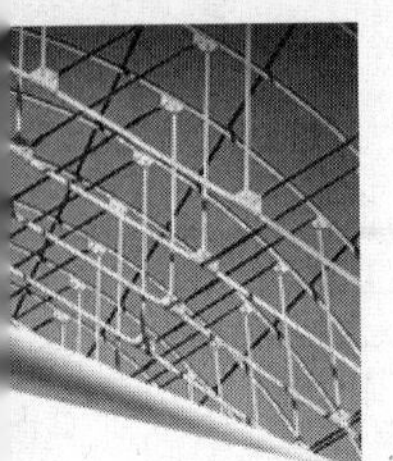

时要特别慎重，甚至有时还要在基本不改变工件原有性能的前提下，对其形状、尺寸、结构等作适应数控加工的修改。

一般情况下，在选择和决定数控加工内容的过程中，有关工艺人员必须对零件图或零件模型做足够具体与充分的工艺性分析。在进行数控加工的工艺性分析时，编程人员应根据所掌握的数控加工的基本特点、所用数控机床的功能和实际工作经验，力求把前期准备工作做得更仔细、更扎实，以便为后面要进行的工作铺平道路，减少失误和返工、不留遗患。

数控机床加工工件（从零件图到加工好零件）的基本过程如图1-19所示。

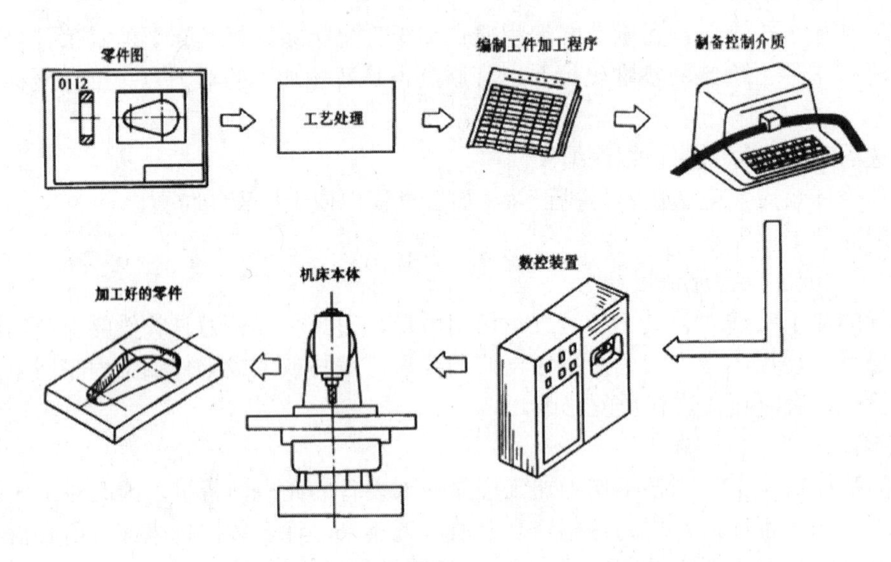

图1-19　数控机床加工工件的基本过程

1.4.1 数控加工工艺设计的主要内容

工艺设计是对工件进行数控加工的前期准备工作，必须在程序编制工作之前完成。一般来说，为了便于工艺规程的编制、执行和生产组织管理，需要把工艺过程划分为不同层次的单元。包括工序、安装、工位、工步和走刀。其中工序是工艺过程中的基本单元。零件的机械加工工艺过程由若干个工序组成。在一个工序中可能包含一个或几个安装，每一个安装可能包含一个或几个工位，每一个工位可能包含一个或几个工步，每一个工步可能包括一个或几个走刀。

（1）工序　一个或一组工人，在一个工作地点或一台机床上对一个或同时对几个工件连续完成的那一部分工艺过程称为工序。划分工序的依据是工作地点是否变化和工作过程是否连续。工序是组成工艺过程的基本单元，也是生产计划的基本单元。

（2）安装　在机械加工工序中，使工件在机床上或在夹具中占据某一正确位置并被夹紧的过程称为装夹。安装是指工件经过一次装夹后所完成的那部分工序内容。

（3）工位　采用转位（或移位）夹具、回转工作台或在多轴机床上加工时，工件在机床上一次装夹后，要经过若干个位置依次进行加工，工件在机床上所占据的每一个位置上所完成的那一部分工序就称为工位。

（4）工步　在加工表面不变、加工工具不变的条件下，连续完成的那一部分工序的内容称为工步。

（5）走刀　加工刀具在加工表面上加工一次所完成的工步部分称为走刀。

根据对大量加工实例的分析，数控加工中失误的主要原因多为工艺考虑不周和计算与编程时粗心大意，因此在进行编程前做好工艺分析规划是十分必要的，否则，由于工艺方面的考虑不周，将可能造成数控加工的错误。工艺设计不好，往往会事倍功半，有时甚至要推倒重来。

可以说，数控加工工艺分析决定了数控程序的质量。因此，编程人员一定要先把工艺设计做好，不要先急于考虑编程。

根据实际应用中的经验，数控加工工艺设计主要包括下列内容：

1）选择并决定零件的数控加工内容。

2）零件图样的数控加工分析。

3）数控加工的工艺路线设计。

4）数控加工工序的设计。

5）数控加工专用技术文件的编写。

数控加工专用技术文件不仅是进行数控加工和产品验收的依据，也是需要操作者遵守和执行的规程，同时还为产品零件重复生产积累了必要的工艺资料，并进行了技术储备。这些由工艺人员做出的工艺文件是编程人员在编制加工程序单时所依据的相关技术文件。编写数控加工工艺文件也是数控加工工艺设计的内容之一。

不同的数控机床，工艺文件的内容也有所不同。一般来讲，数控铣床的工艺文件应包括：

1）编程任务书。

2）数控加工工序卡片。

3）数控机床调整单。

4）数控加工刀具卡片。

5）数控加工进给路线图。

6）数控加工程序单。

其中以数控加工工序卡片和数控加工刀具卡片最为重要。前者是说明数控加工顺序和加工要素的文件；后者是刀具使用的依据。

1.4.2 工序的划分

根据数控加工的特点，加工工序的划分一般可按下列方法进行。

1．以同一把刀具加工的内容划分工序

有些零件虽然能在一次安装中加工出很多待加工面，但考虑到程序太长会受到某些限制，如控制系统的限制（主要是内存容量）、机床连续工作时间的限制（如一道工序在一个班内不能结束）等，此外，程序太长会增加出错率，且查错与检索困难。因此程序不能太长，一道工序的内容不能太多。

2．以加工部分划分工序

对于加工内容很多的零件，可按其结构特点将加工部位分成几个部分，如内形、外形、曲面或平面等。

3．以粗、精加工划分工序

对于易发生加工变形的零件，由于粗加工后可能发生较大的变形而需要进行校形，因此一般来说凡要进行粗、精加工的工件都要将工序分开。

综上所述，在划分工序时，一定要视零件的结构与工艺性、机床的功能、零件数控加工内容的多少、安装次数及本单位生产组织状况灵活掌握。零件宜采用工序集中的原则，还是采用工序分散的原则，要根据实际需要和生产条件确定，力求合理。

加工顺序的安排应根据零件的结构和毛坯状况，以及定位安装与夹紧的需要来考虑，重点是工件的刚性不被破坏。加工顺序安排一般应按下列原则进行：

1）上道工序的加工不能影响下道工序的定位与夹紧，中间穿插有通用机床加工工序的也要综合考虑。

2）先进行内型腔加工工序，后进行外型腔加工工序。

3）在同一次安装中进行的多道工序应先安排对工件刚性破坏小的工序。

4）以相同定位、夹紧方式或同一把刀具加工的工序最好连续进行，以减少重复定位次数、换刀次数与挪动压板次数。

1.4.3 加工刀具的选择

应根据机床的加工能力、工件材料的性能、加工工序、切削用量以及其他相关因素正确选用刀具及刀柄。刀具选择总的原则是：适用、安全、经济。

“适用”是要求所选择的刀具能达到加工的目的，完成材料的去除，并达到预定的加工精度，如粗加工时选择有足够大并有足够切削能力的刀具能快速去除材料，而在精加工时为了能把结构形状全部加工出来，要使用较小的刀具加工到每一个角落。再如，切削低硬度材料时可以使用高速钢刀具，而切削高硬度材料时就必须要用硬质合金刀具。

“安全”指的是在有效去除材料的同时不会产生刀具的碰撞、折断等。要保证刀具及刀柄不会与工件互相碰撞或者挤擦，造成刀具或工件的损坏，如加长的、直径很小的刀具切削硬质的材料时很容易折断，选用时一定要慎重。

“经济”指的是能以最小的成本完成加工。在同样可以完成加工的情况下，应选择相对综合成本较低的方案，而不是选择最便宜的刀具。刀具的寿命和精度与刀具价格关系极大，必须引起注意的是，在大多数情况下，选择好的刀具虽然增加了刀具成本，但由此带来的加工质量和加工效率的提高则可以使总体成本可能比使用普通刀具更低，产生更好的效益。如进行钢材切削时，选用高速钢刀具，其进给量只能达到100mm/min，而采用同样大小的硬质合金刀具，其进给量可以达到 500mm/min 以上，可以大幅缩短加工时间，虽然刀具价格较高，但总体成本反而更低。通常情况下，应优先选择经济性良好的可转位刀具。

选择刀具时还要考虑安装调整的方便程度、刚性、寿命和精度。在满足加工要求的前提下，刀具的悬伸长度应尽可能地短，以提高刀具系统的刚性。

数控加工刀具可分为整体式刀具和模块式刀具两大类，其划分主要取决于刀柄。图 1-20 所示为整体式刀柄。这种刀柄可直接夹住刀具，刚性好，但需针对不同的刀具分别配备，且其规格、品种繁多，会给管理和生产带来不便。

图 1-21 所示为模块式刀柄。模块式刀柄比整体式刀柄多了中间连接部分，装配不同刀具时只更换连接部分即可，克服了整体式刀柄的缺点，但对连接精度、刚性、强度等都有很高的要求。模块式刀柄是发展方向，其主要优点是：减少了换刀停机时间，提高了生产加工时间；加快了换刀及安装时间，可提高小批量生产的经济性；提高了刀具的标准化和合理化的程度；提高了刀具的管理及柔性加工的水平；扩大了刀具的利用率，可充分发挥刀具的性能；有效地消除了刀具测量工作的中断现象，可采用线外预调。事实上，由于模块式刀具的发展，数控刀具已形成了三大系统，即车削刀具系统、钻削刀具系统和镗铣刀具系统。

1.4.4 走刀路线的选择

走刀路线是刀具在整个加工工序中相对于工件的运动轨迹，它不但包括了工序的内容，而且也反映出工序的顺序。走刀路线是编写程序的依据之一，因此在确定走刀路线时最好画一张工序简图，将已经拟定出的走刀路线画上去（包括进刀、退刀路线），这样可为编程带来不少方便。

工序顺序是指同一道工序中，各个表面加工的先后次序。它对零件的加工质量、加工效率和数控加工中的走刀路线有直接影响，应根据零件的结构特点和工序的加工要求等合理安排。工序的划分与安排一般可随走刀路线来进行，在确定走刀路线时，主要遵循以下原则。

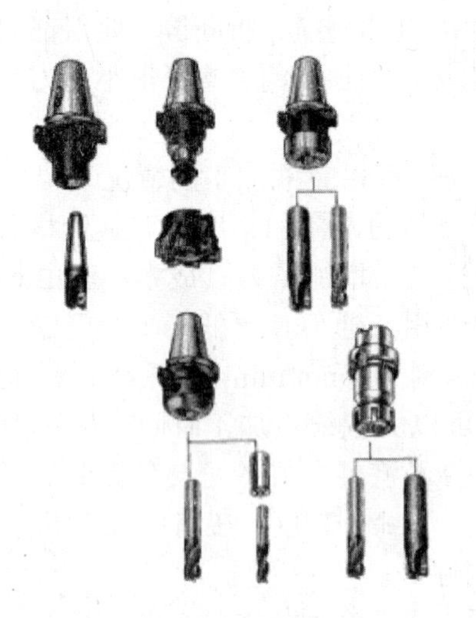
图1-20　整体式刀柄

图1-21　模块式刀柄

1．保证零件的加工精度和表面粗糙度要求

如图 1-22 所示，当铣削平面零件外轮廓时，一般采用立铣刀侧刃切削。刀具切入工件时，应避免沿零件外轮廓的法向切入，而应沿外轮廓曲线延长线的切向切入，以避免在切入处产生刀具的刻痕而影响表面质量，保证零件外轮廓曲线平滑过渡。同理，在切离工件时，也应避免在工件的轮廓处直接退刀，而应该沿零件轮廓延长线的切向逐渐切离工件。

铣削封闭的内轮廓表面时，若内轮廓曲线允许外延，则应沿切线方向切入切出。若内轮廓曲线不允许外延，如图 1-23 所示，则刀具只能沿内轮廓曲线的法向切入切出，此时刀具的切入切出点应尽量选在内轮廓曲线两几何元素的交点处。当内部几何元素相切无交点时，为防止刀补取消时在轮廓拐角处留下凹口，刀具切入切出点应远离拐角。

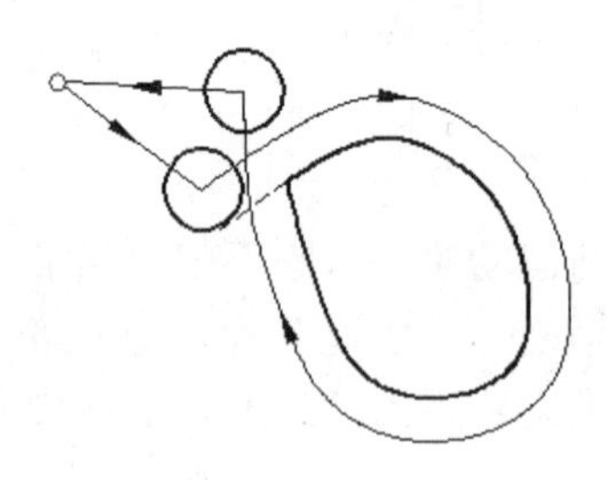
图 1-22　铣削平面零件外轮廓

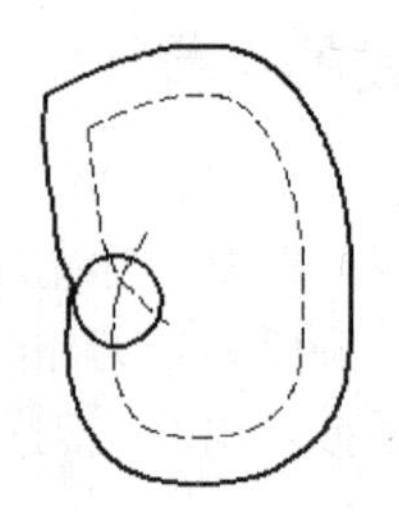
图 1-23　铣削封闭的内轮廓表面

图1-24所示为圆弧插补方式铣削外整圆时的走刀路线图。当整圆加工完毕时，不要在切点处直接退刀，而应让刀具沿切线方向多运动一段距离，以免取消刀补时，刀具与工件表面相碰，造成工件报废。铣削内圆弧时也要遵循从切向切入的原则，最好安排从圆弧过渡到圆弧的加工路线，如图1-25所示，这样可以提高内孔表面的加工精度和加工质量。

铣削曲面时，常用球头刀采用行切法进行加工。所谓行切法是指刀具与零件轮廓的切点轨迹是一行一行的，而行间的距离是按零件加工精度的要求确定的。

对于边界敞开的曲面加工，可采用两种走刀路线。例如，发动机大叶片，采用如图 1-26 左图所示的加工方案时，每次沿直线加工，刀位点计算简单，程序少，加工过程符合直纹面的形成，可以准确保证母线的直线度；当采用如图 1-26 右图所示的加工方案时，符合这类零件数据给出情况，便于加工后检验，叶形的准确度较高，但程序较多。由于曲面零件的边界是敞开的，没有其他表面限制，所以边界曲面可以延伸，球头铣刀应由边界外开始加工。

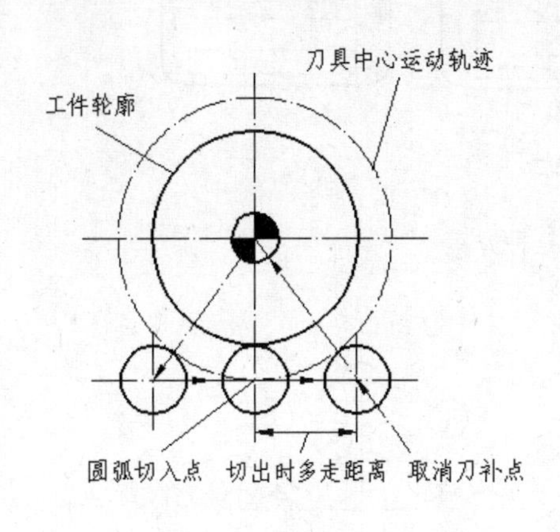

图 1-24　圆弧插补方式

图 1-25　圆弧过渡到圆弧

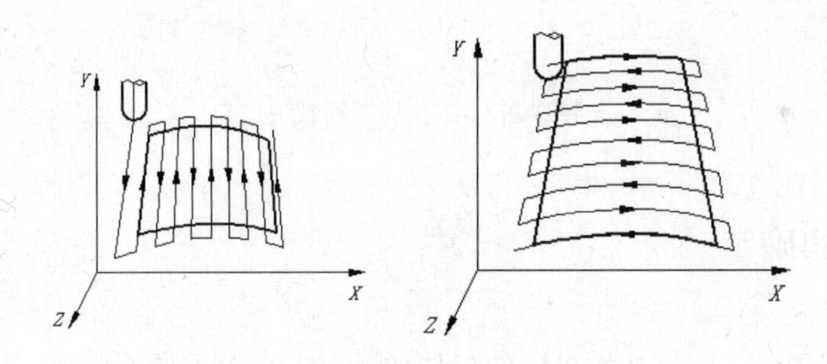

图 1-26　边界敞开曲面两种走刀路线

图 1-27a、b 所示分别为用行切法加工和环切法加工凹槽的走刀路线，而图 1-27c 所示是先用行切法，最后环切一刀光整轮廓表面。三种方案中，图 1-27a 所示方案的加工表面质量最差，在周边留有大量的残余；图 1-27b 所示的方案和图 1-27c 所示的方案加工后都能保证精度，但图 1-27b 所示的方案采用环切，走刀路线稍长，而且编程计算工作量大。

此外，轮廓加工中应避免进给停顿，因为加工过程中的切削力会使工艺系统产生弹性变形并处于相对平衡状态，进给停顿时，切削力突然减小会改变系统的平衡状态，刀具会在进给停顿处的零件轮廓上留下刻痕。

为提高工件表面的精度和减小表面粗糙度，可以采用多次走刀的方法（精加工余量一般以 0.2～0.5mm 为宜），而且精铣时宜采用顺铣，以降低零件被加工表面的表面粗糙度。

2．应使走刀路线最短，减少刀具空行程时间，提高加工效率

图 1-28 所示为正确选择钻孔加工路线的例子。按照一般习惯，总是先加工均布于同一圆周上的 8 个孔，再加工另一圆周上的孔，如图 1-28 左图所示。但是对点位控制的数控机床而言，要求定位精度高，定位过程尽可能快，因此这类机床应按空程最短来安排走刀路线，如图 1-28 右图所示，以节省时间。

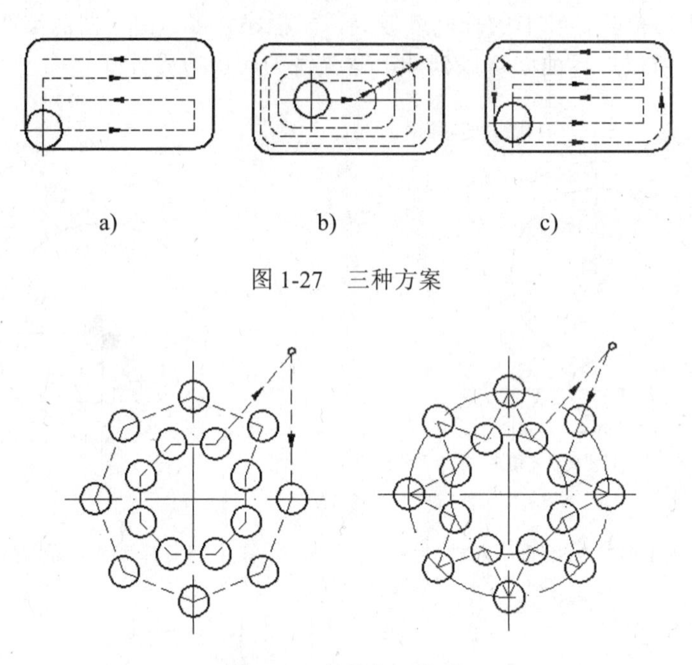

图 1-27　三种方案

图 1-28　钻孔加工路线

1.4.5 切削用量的确定

合理选择切削用量对于发挥数控机床的最佳效益有着至关重要的作用。选择切削用量的原则是：粗加工时，一般以提高生产率为主，但也应考虑经济性和加工成本；半精加工和精加工时，应在保证加工质量的前提下，兼顾切削效率、经济性和加工成本。具体数值应根据机床说明书、刀具说明书、切削用量手册并结合经验而定。

铣削时的铣削用量由切削深度（背吃刀量）、切削宽度（侧吃刀量）、切削线速度和进给速度等要素组成。其铣削用量如图 1-29 所示。

1．切削深度 a_p

切削深度也称背吃刀量。在机床、工件和刀具刚度允许的情况下，使 a_p 等于加工余量是提高生产率的一个有效措施。为了保证零件的加工精度和表面粗糙度，一般应留一定的余量进行精加工。

2．切削宽度 a_t

在编程中切削宽度称为步距。一般切削宽度 a_t 与刀具直径 D 成正比，与切削深度成反比。在粗加工中，步距取得大有利于提高加工效率。在使用平底刀进行切削时，一般 a_t 的取值范围为：a_t=（0.6～0.9）D。而使用圆鼻刀进行加工时，刀具直径应扣除刀尖的圆角部分，即 $d=D-2r$（D 为刀具直径，r 为刀尖圆角半径），而 a_t 可以取（0.8～0.9）d。而在使用球头铣刀进行精加工时，步距的确定应首先考虑所能达到的精度和表面粗糙度。

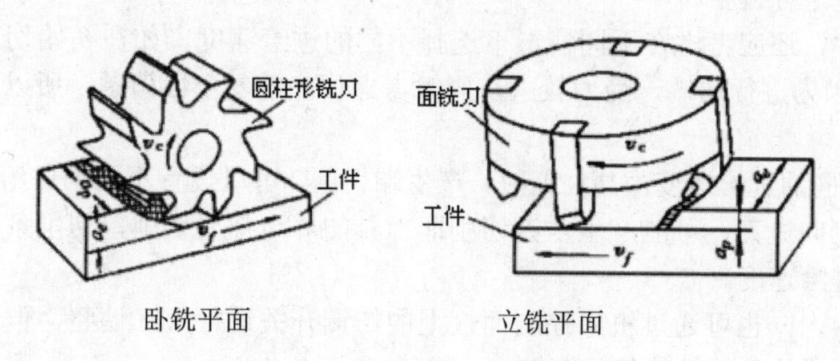

图 1-29　铣削运动及铣削用量

3．切削线速度 v_c

切削线速度 v_c 也称单齿切削量，单位为 m/min。提高 v_c 值也是提高生产率的一个有效措施，但 v_c 与刀具寿命的关系比较密切。随着 v_c 的增大，刀具寿命急剧下降，故 v_c 的选择主要取决于刀具寿命。一般好的刀具供应商都会在其手册或者刀具说明书中提供刀具的切削速度推荐参数 v_c。另外，切削速度 v_c 值还要根据工件的材料硬度来做适当的调整。例如，用立铣刀铣削合金钢 30CrNi2MoVA 时，v_c 可采用 8m/min 左右；而用同样的立铣刀铣削铝合金时，v_c 可选 200m/min 以上。

4．进给速度 v_f

进给速度 v_f 是指机床工作台在作插位时的进给速度，单位为 mm/min。v_f 应根据零件的加工精度和表面粗糙度要求以及刀具和工件材料来选择。v_f 的增加也可以提高生产效率，但是刀具的寿命会降低。加工表面粗糙度要求低时，v_f 可选择得大些。进给速度可以按下面的公式进行计算：

$$v_f = n \times z \times f_z$$

式中，v_f 为工作台进给量，单位为 mm/min；n 为主轴转速，单位为 r/ min；z 为刀具齿数，单位为齿；f_z 为进给量，单位为 mm/齿。

5．主轴转速 n

主轴转速 n 的单位是 r/min，一般根据切削速度 v_c 来选定。计算公式为：

$$n = \frac{1000 v_c}{\pi D_c}$$

式中，D_c 为铣刀直径（mm）。

在使用球头刀时要做一些调整，球头铣刀的计算直径 D_{eff} 要小于铣刀直径 D_c，故其实际转速不应按铣刀直径 D_c 计算，而应按计算直径 D_{eff} 计算。

$$D_{eff} = [D_c^2 - (D_c - 2t)^2] \times 0.5$$

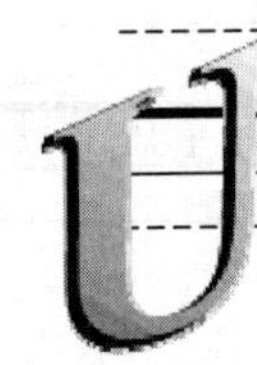

$$n = \frac{1000v_c}{\pi D_{eff}}$$

数控机床的控制面板上一般备有主轴转速修调（倍率）开关，可在加工过程中根据实际加工情况对主轴转速进行调整。

在数控编程中，还应考虑在不同情形下选择不同的进给速度。如在初始切削进刀时，特别是 Z 轴下刀时，因为进行端铣，受力较大，同时考虑程序的安全性问题，所以应以相对较慢的速度进给。

另外，Z 轴方向的进给速度由高往低时，产生端切削，可以设置不同的进给速度。在切削过程中，有的平面侧向进刀，可能产生全刀切削即刀具的周边都要切削，切削条件相对较恶劣，可以设置较低的进给速度。

在加工过程中，v_f 也可通过机床控制面板上的修调开关进行人工调整，但是最大进给速度要受到设备刚度和进给系统性能等的限制。

在实际的加工过程中，可能要对各个切削用量参数进行调整，如使用较高的进给速度进行加工，虽然刀具的寿命有所降低，但节省了加工时间，反而有更好的效益。

对于加工中不断产生的变化，数控加工中切削用量的选择在很大程度上依赖于编程人员的经验，因此编程人员必须熟悉刀具的使用和切削用量的确定原则，不断积累经验，从而保证零件的加工质量和效率，充分发挥数控机床的优点，提高企业的经济效益和生产水平。

1.4.6 铣削方式

1．周铣和端铣

用刀齿分布在圆周表面的铣刀进行铣削的方式叫作周铣，如图 1-30a 所示；用刀齿分布在圆柱端面上的铣刀进行铣削的方式叫作端铣，如图 1-30b 所示。

2．顺铣和逆铣

沿着刀具的进给方向看，如果工件位于铣刀进给方向的右侧，那么进给方向称为顺时针。反之，当工件位于铣刀进给方向的左侧时，进给方向定义为逆时针。

铣刀旋转方向与工件进给方向相反，称为逆铣，如图 1-31a 所示；铣刀旋转方向与工件进给方向相同，称为顺铣，如图 1-31b 所示。逆铣时，切削由薄变厚，刀齿从已加工表面切入，对铣刀的使用有利。逆铣时，当铣刀刀齿接触工件后不能马上切入金属层，而是在工件表面滑动一小段距离，在滑动过程中，由于强烈的摩擦会产生大量的热量，同时在待加工表面易形成硬化层，故降低了刀具寿命，影响工件表面粗糙度，给切削带来不利。另外，逆铣时，由于刀齿由下往上（或由内往外）切削。顺铣时，刀齿开始和工件接触时切削厚度最大，且从表面硬质层开始切入，故刀齿受很大的冲击负荷，铣刀变钝较快，但刀齿切入过程中没有滑移现象。顺铣的功率消耗要比逆铣时小，在同等切削条件下，顺铣功率消耗要低 5%～15%，同时顺铣也更加有利于排屑。

一般应尽量采用顺铣法加工，以降低被加工零件表面的表面粗糙度，保证尺寸精度。但是当切削面上有硬质层、积渣、工件表面凹凸不平较显著时，如加工锻造毛坯，应采用逆铣法。

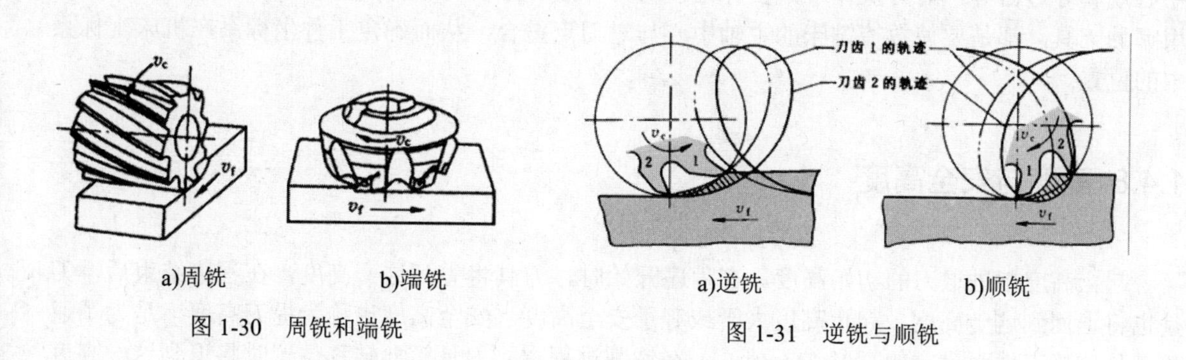

a)周铣　b)端铣

图 1-30　周铣和端铣

a)逆铣　b)顺铣

图 1-31　逆铣与顺铣

1.4.7 对刀点的选择

在加工时，工件可以在机床加工尺寸范围内任意安装，但要正确执行加工程序，就必须确定工件在机床坐标系的确切位置。对刀点是工件在机床上定位装夹后，设置在工件坐标系中，用于确定工件坐标系与机床坐标系空间位置关系的参考点。选择对刀点时要考虑到找正容易，编程方便，对刀误差小，加工时检查方便、可靠。

对刀点的设置没有严格规定，可以设置在工件上，也可以设置在夹具上，但在编程坐标系中必须有确定的位置，如图 1-32 所示的 X_1 和 Y_1。对刀点既可以与编程原点重合，也可以不重合，主要取决于加工精度和对刀的方便性。当对刀点与编程原点重合时，X_1=0，Y_1=0。对刀点要尽可能选择在零件的设计基准或者工艺基准上，这样就能保证零件的精度要求。例如，可以零件上孔的中心点或两条相互垂直的轮廓边的交点作为对刀点。如果零件上没有合适的部位，可以加工出工艺孔来对刀。

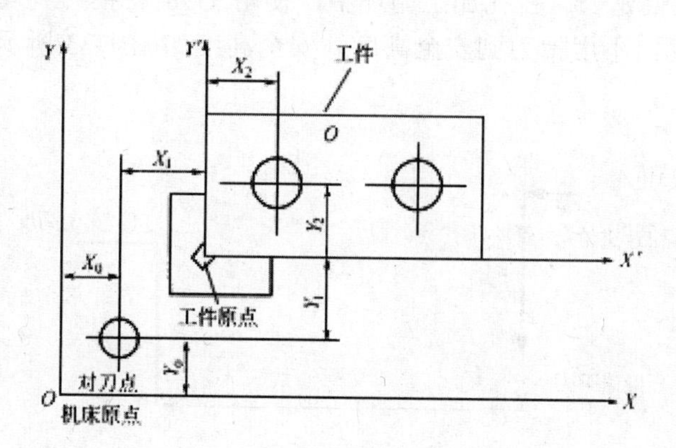

图 1-32　对刀点的设置

确定对刀点在机床坐标系中的位置的操作称为对刀。对刀是数控机床操作中非常关键的一

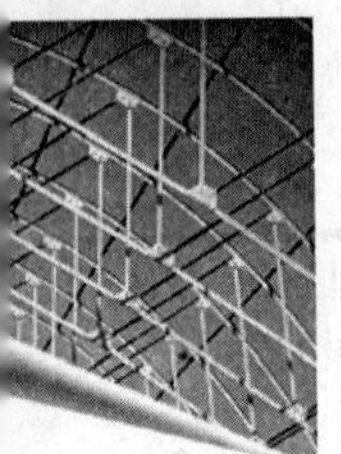
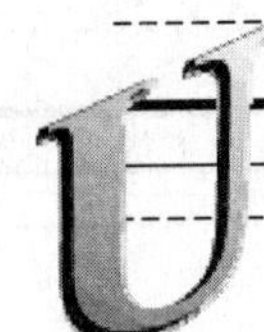

项工作，对刀的准确程度将直接影响零件加工的位置精度。生产中常用的对刀工具有指示表、中心规和寻边器等。对刀操作一定要仔细，对刀方法一定要与零件的加工精度相适应。无论采用哪种工具，都是要使数控铣床的主轴中心与对刀点重合，从而确定工件坐标系在机床坐标系中的位置。

1.4.8 高度与安全高度

起止高度指进退刀的初始高度。在程序开始时，刀具将先到这一高度，在程序结束后，刀具也将退回到这一高度。起止高度大于或等于安全高度。安全高度也称为提刀高度，是为了避免刀具碰撞工件而设定的高度（Z 值），在铣削过程中，刀具需要转移位置时将退到这一高度再进行 G00 插补到下一进刀位置。此值一般情况下应大于零件的最大高度（即高于零件的最高表面）。

慢速下刀相对距离通常为相对值。刀具以 G00 快速下刀到指定位置，然后以接近速度下刀到加工位置。如果不设定该值，刀具以 G00 的速度直接下刀到加工位置，若该位置又在工件内或工件上，且采用垂直下刀方式，则极不安全。即使是在空的位置下刀，使用该值也可以使机床有缓冲过程，确保下刀所到位置的准确性。但是该值也不宜取得太大，因为下刀插入速度往往比较慢，太长的慢速下刀距离将影响加工效率。

在加工过程中，当刀具需要在两点间移动而不切削时，是否要提刀到安全平面呢？当设定为抬刀时，刀具将先提高到安全平面，再在安全平面上移动，否则将直接在两点间移动而不提刀。直接移动可以节省抬刀时间，但是必须要注意安全，在移动路径中不能有凸出的部位，特别要注意在编程中，当分区域选择加工曲面并分区加工时，中间没有选择的部分是否有高于刀具移动路线的部分。在粗加工时，对较大面积的加工通常建议使用抬刀，以便在加工时可以暂停，对刀具进行检查。而在精加工时，常使用不抬刀以加快加工速度，特别是角落部分的加工，抬刀将造成加工时间大幅延长。在孔加工循环中，使用 G98 将抬刀到安全高度进行转移，而使用 G99 则可直接移动，不用抬刀到安全高度。安全高度如图 1-33 所示。

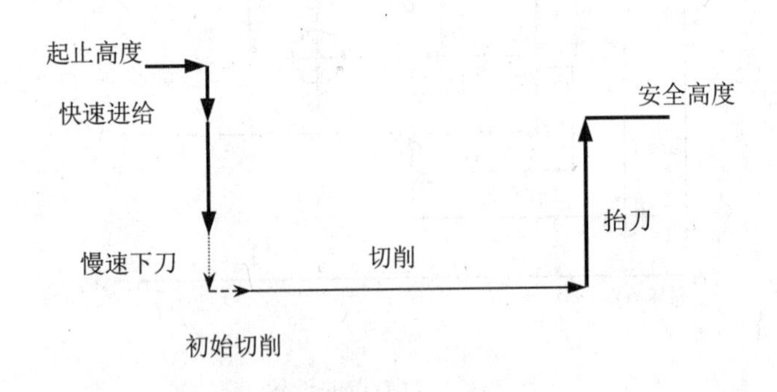

图 1-33 “安全高度”示意图

1.4.9 刀具半径补偿和长度补偿

数控机床在进行轮廓加工时，由于刀具有一定的半径（如铣刀半径），因此在加工时，刀具中心的运动轨迹必须偏离零件实际轮廓一个刀具半径值，否则加工出的零件尺寸与实际需要的尺寸将相差一个刀具半径值或者一个刀具直径值。此外，在零件加工时，有时还需要考虑加工余量和刀具磨损等因素的影响。因此，刀具轨迹并不是零件的实际轮廓，在内轮廓加工时刀具中心向零件内偏离一个刀具半径值；在外轮廓加工时刀具中心向零件外偏离一个刀具半径值。若还要留加工余量，则偏离的值还要加上此预留量。考虑刀具的磨损因素，偏离的值还要减去磨损量。在手工编程使用平底刀或侧向切削时，必须加上刀具半径补偿值（此值可以在机床上设定）。程序中调用刀具半径补偿的指令为 G41/G42 D_。使用自动编程软件进行编程时，其在刀位计算时已经自动加进了补偿值，所以无须在程序中添加。

根据加工情况，有时不仅需要对刀具半径进行补偿，还要对刀具长度进行补偿。如铣刀用过一段时间以后，由于磨损，长度会变短，这时就需要进行长度补偿。铣刀的长度补偿与控制点有关。一般用一把标准刀具的刀头作为控制点，则该刀具称为零长度刀具。如果加工时更换刀具，则需要进行长度补偿。长度补偿的值等于所换刀具与零长度刀具的长度差。另外，如果把刀具长度的测量基准面作为控制点，则刀具长度补偿始终存在。无论用哪一把刀具都要进行刀具的绝对长度补偿。程序中调用长度补偿的指令为 G43 H_。其中 G43 是刀具长度正补偿，H_是选用刀具在数控机床中的编号。使用 G49 可取消刀具长度补偿。刀具的长度补偿值也可以在设置机床工作坐标系时进行补偿。在加工中心机床上刀具长度补偿的使用，一般是将刀具长度数据输入到机床的刀具数据表中，当机床调用刀具时，自动进行长度的补偿。

1.4.10 数控编程的误差控制

加工精度是指零件加工后的实际几何参数（尺寸、形状及相互位置）与理想几何参数符合的程度（分别为尺寸精度、形状精度及相互位置精度）。其符合程度越高，精度越高；反之，两者之间的差异即为加工误差。如图 1-34 所示，加工后的实际型面与理论型面之间存在着一定的误差。所谓“理想几何参数”是一个相对的概念，对尺寸而言其配合性能是以两个配合件的平均尺寸造成的间隙或过盈考虑的，故一般即以给定几何参数的中间值代替。而理想形状和位置则应为准确的形状和位置。可见，“加工误差”和“加工精度”仅仅是评定零件几何参数准确程度这一个问题的两个方面而已。实际生产中，加工精度的高低往往是以加工误差的大小来衡量的。在生产中，任何一种加工方法都不可能也没必要把零件做得绝对准确，只要把这种加工误差控制在性能要求的允许（公差）范围之内即可，通常称之为“经济加工精度”。

数控加工的特点之一就是具有较高的加工精度，因此对于数控加工的误差必须加以严格控制，以达到加工要求。

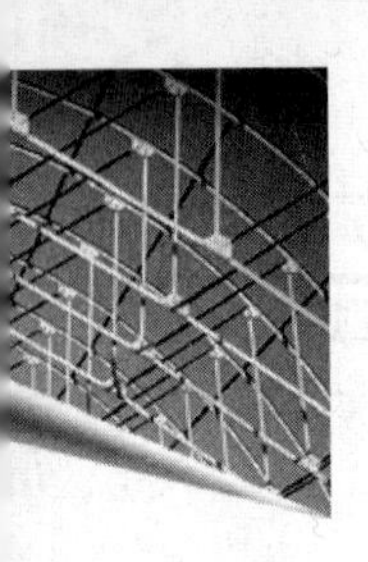

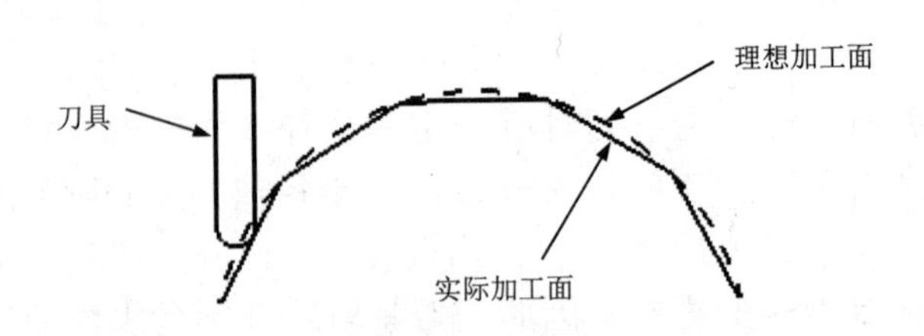

图 1-34 加工精度

由机床、夹具、刀具和工件组成的机械加工工艺系统（简称工艺系统）会有各种各样的误差产生，这些误差在具体的工作条件下会以不同的方式（或扩大，或缩小）反映为工件的加工误差。工艺系统的原始误差主要有工艺系统的几何误差、定位误差、工艺系统的受力变形引起的加工误差、工艺系统的受热变形引起的加工误差、工件内应力重新分布引起的变形以及原理误差、调整误差及测量误差等。

在交互图形自动编程中一般仅考虑两个主要误差：一是刀轨计算误差，二是残余高度。

刀轨计算误差的控制操作十分简单，仅需要在软件上输入一个公差带即可。而残余高度的控制则与刀具类型、刀轨形式、刀轨行间距等多种因素有关，因此其控制主要依赖于程序员的经验，具有一定的复杂性。

由于刀轨是由直线和圆弧组成的线段集合近似地取代刀具的理想运动轨迹（称为插补运动），因此存在着一定的误差，称为插补计算误差。

插补计算误差是刀轨计算误差的主要组成部分，它会造成加工不到位或过切的现象，因此是 CAM 软件的主要误差控制参数。一般情况下，在 CAM 软件上通过设置公差带来控制插补计算误差，即实际刀轨相对理想刀轨的偏差不超过公差带的范围。

如果将公差带中造成过切的部分（即允许刀具实际轨迹比理想轨迹更接近工件）定义为负公差，则负公差的取值往往要小于正公差，以避免出现明显的过切现象，尤其是在粗加工时。

在数控加工中，相邻刀轨间所残留的未加工区域的高度称为残余高度，它的大小决定了加工表面的表面粗糙度，同时决定了后续的抛光工作量，是评价加工质量的一个重要指标。在利用 CAD/CAM 软件进行数控编程时，对残余高度的控制是刀轨行间距计算的主要依据。在控制残余高度的前提下，以最大的行间距生成数控刀轨是高效率数控加工所追求的目标。

在加工塑料模型的型腔和型芯时，经常会碰到互相配合的锥体或斜面，加工完成后，可能会发现锥体端面与锥孔端面贴合不拢，经过抛光直到加工刀痕完全消失仍不到位，通过人工抛光，虽然能达到一定的表面粗糙度标准，但同时会造成精度的损失。故需要对刀具与加工表面的接触情况进行分析，对切削深度或步距进行控制，才能保证达到足够的精度和表面粗糙度标准。

使用平底刀进行斜面的加工或者曲面的等高加工时，会在两层间留下残余高度；而用球头铣刀进行曲面或平面的加工时也会留下残余高度；用平底刀进行斜面或曲面的投影切削加工时也会留下残余高度，这种残余类同于球头铣刀做平面铣削。下面介绍斜面或曲面数控加工编程中残余高度与刀轨行间距的换算关系，以及控制残余高度的几种常用编程方法。

1．平底刀进行斜面加工的残余高度

对于使用平底刀进行斜面的加工，以一个与水平面夹角为 60° 的斜面为例来说明。选择刀具加工参数为：直径为 8mm 的硬质合金立铣刀，刀尖半径为 0，走刀轨迹为刀具中心，利用等弦长直线逼近法走刀，切削深度为 0.3mm，切削速度为 4000r/min，进给量为 500mm/min，三坐标联动，利用编程软件自动生成等高加工的 NC 程序。

（1）刀尖不倒角平头立铣刀加工　理想的刀尖与斜面的接触情况如图 1-35 所示，每两刀之间在加工表面出现了残留量，通过抛光工件，去掉残留量，即可得到要求的尺寸，并能保证斜面的角度。若在刀具加工参数设置中减小加工的切削深度，可以使表面残留量减少，抛光更容易，但加工时 NC 程序量增多，加工时间延长。这种用不倒角平头刀加工状况只是理想状态，在实际工作中，刀具的刀尖角是不可能为零的，刀尖不倒角，会造成加工刀尖磨损快，甚至产生崩刃，致使刀具无法加工。

（2）刀尖倒角平头立铣刀加工　实际应用时，用刀具的刀尖倒角为 30°、倒角刃带宽为 0.5mm 的平头立铣刀进行加工，刀具加工的其他参数设置同上。加工表面残留部分不仅包括分析（1）中的残留部分，而且增加了刀具倒角部分形成的残留余量 *aeb*，这样，使得表面残留余量增多，其高度为 *e* 与理想面之间的距离 *ed*，如图 1-36 所示。

而人工抛光是以 *e*、*f* 为参考的，去掉 *e*、*f* 之间的残留（即去掉刀痕），则所得表面与理想表面仍有 *ed* 距离，此距离将成为加工后存在的误差，即工件尺寸不到位，这就是锥体端面与锥孔端面贴合不拢的原因。若继续抛光则无参考线，不能保证斜面的尺寸和角度，导致注射时产品产生飞边。

（3）刀尖倒圆角平头立铣刀加工　将刀具的刀尖倒角磨成半径为 0.5mm 的圆角，用刃带宽 0.5mm 的平头立铣刀进行加工，发现切削状况并没有多大改善（见图 1-37），而且刀尖圆弧刃磨时控制困难，故实际操作中一般较少使用。

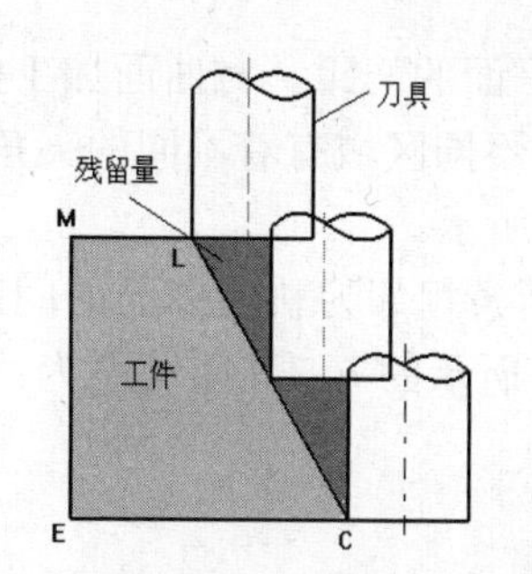

图 1-35　理想刀尖与斜面的接触

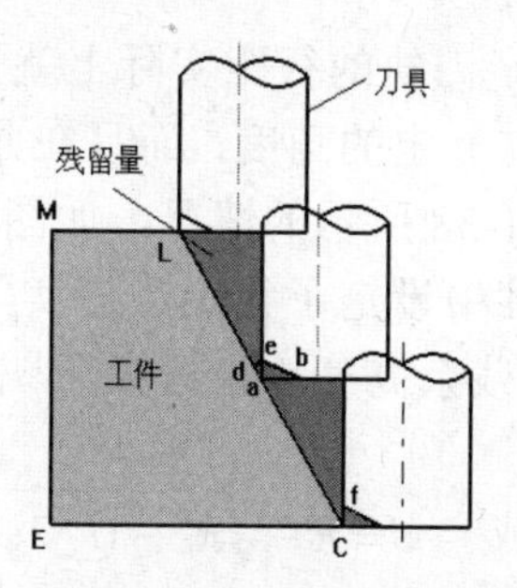

图 1-36　刀尖与斜面的实际接触

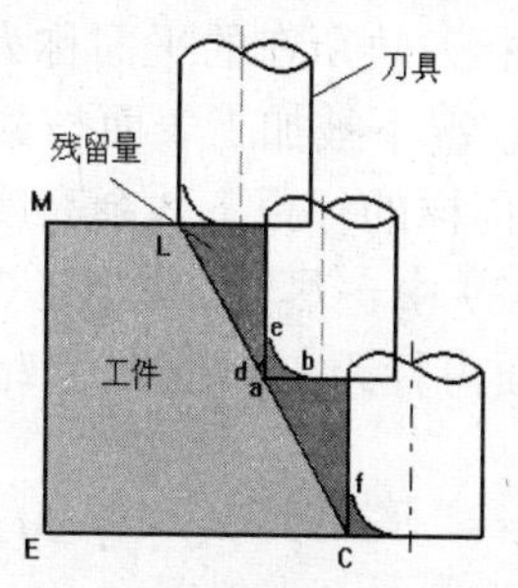

图 1-37　刀尖倒圆角平头立铣刀加工

通过以上分析可知：在使用平底刀加工斜面时，不倒角刀具的加工是最理想的状况，抛光去掉刀痕即可得到标准斜面，但刀具极易磨损和崩刃。实际加工中，刀具不可不倒角。而倒圆角刀具与倒角刀具相比，加工状况并没有多大改进，且刀具刃磨困难，实际加工时一般很少用。在实际应用中，倒角立铣刀的加工是比较现实的。改善加工状况，保证加工质量有以下方法：

（1）刀具下降　刀尖倒角时，刀具与理想斜面最近的点为 *e*，要使 *e* 点与理想斜面接触，即 *e* 点与 *a* 点重合，刀具必须下降 *ea* 距离，这可以通过准备功能代码 G92 位置设定指令实现。这种方法适用于加工斜通孔类零件。但是，当斜面下有平台时，刀具底面会与平台产生干涉而过切。

（2）采用刀具半径补偿　在按未倒角平头立铣刀生成 NC 程序后，将刀具做一定量的补偿，补偿值为距离 *ed*，使刀具轨迹向外偏移，从而得到理想的斜面。这种方法的思想源于倒角刀具在加工锥体时实际锥体比理想锥体大了，而加工锥孔时实际锥孔比理想锥孔小了，相当于刀具有了一定量的磨损，而进行补偿后，正好可以使实际加工出的工件正好是所要求的锥面或斜面。但是这种加工方式只能在没有其他侧向垂直的加工面时使用，否则，其他没有锥度的加工面将过切。

（3）偏移加工面　在按未倒角平头立铣刀生成 NC 程序前，将斜面 *LC* 向 *E* 点方向偏移 *ed* 距离，再编制 NC 程序进行加工，从而得到理想的斜面。这种方法先将锥体偏移一定距离使之变小，将锥孔偏移一定距离使之变大，再生成 NC 程序加工，从而使实际加工出的工件正好是所要求的锥面或斜面。

2．用球头铣刀进行平面或斜面加工时的残余高度控制

在曲面精加工中更多采用的是球头铣刀，以下讨论基于球头铣刀加工的行距换算方法。图 1-38 所示为刀轨行距计算中最简单的一种情况，即加工面为平面。

这时，刀轨行距与残余高度之间的换算公式为：

$$l = 2\sqrt{R^2 - (h-R)^2} \quad 或 \quad h = R - \sqrt{R^2 - (l/2)^2}$$

式中，*h*、*l* 分别表示残余高度和刀轨行距。

在利用 CAD/CAM 软件进行数控编程时，必须在行距或残余高度中任设其一，其间关系就是由上式确定的。

同一行刀轨所在的平面称为截平面，刀轨的行距实际上就是截平面的间距。对曲面加工而言，多数情况下被加工表面与截平面存在一定的角度，而且在曲面的不同区域有着不同的夹角，从而造成同样的行距下残余高度大于图 1-38 所示的情况，如图 1-39 所示。

图 1-39 中，尽管在 CAD/CAM 软件中设定了行距，但实际上两条相邻刀轨沿曲面的间距 *l'*（称为面内行距）却远大于 *l*，而实际残余高度 *h'* 也远大于图 1-38 所示的 *h*，其间关系为：

$$l' = l/\sin\theta \quad 或 \quad h' = R - \sqrt{R^2 - (l/2\sin\theta)^2}$$

由于现有的 CAD/CAM 软件均以图 1-38 所示的最简单的方式做行距计算，并且不能随曲面的不同区域的不同情况对行距大小进行调整，因此并不能真正控制残余高度（即面内行距）。这时，需要编程人员根据不同加工区域的具体情况灵活调整。

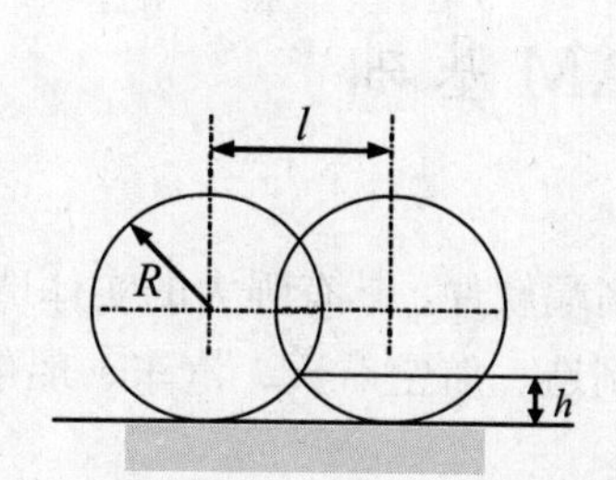

图 1-38　加工表面与截平面无角度

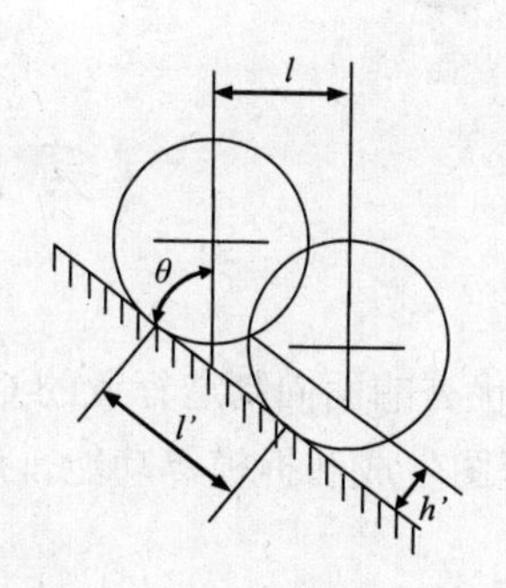

图 1-39　实际情况

对于曲面的精加工而言，在实际编程中控制残余高度是通过改变刀轨形式和调整行距来完成的。一种是斜切法，即截平面与坐标平面呈一定夹角（通常为 45°），该方法的优点是实现简单快速，但有适应性不广的缺点，对某些角度复杂的产品不适用。另一种是分区法，即将被加工表面分割成不同的区域进行加工。该方法在不同区域采用了不同的刀轨形式或者不同的切削方向（也可以采用不同的行距），修正方法可按上式进行。这种方法效率高且适应性好，但编程过程相对复杂一些。

第 2 章 UG CAM 基础

UG 是优秀的面向制造行业的 CAD/CAM/CAE 高端软件，具有强大的实体造型、曲面造型、装配、工程图生成和拆模等功能，广泛应用于机械制造、航空航天、汽车、船舶和电子设计等领域。

在学习使用 UG 进行数控编程之前，首先需要了解 UG CAM 的特点、加工环境、工作界面和加工流程。通过本章的学习，读者将对 UG CAM 有一个初步的认识并了解相关的基础知识。

内容要点

- UG CAM 概述
- UG 加工环境
- UG CAM 操作界面
- UG CAM 加工流程

案例效果

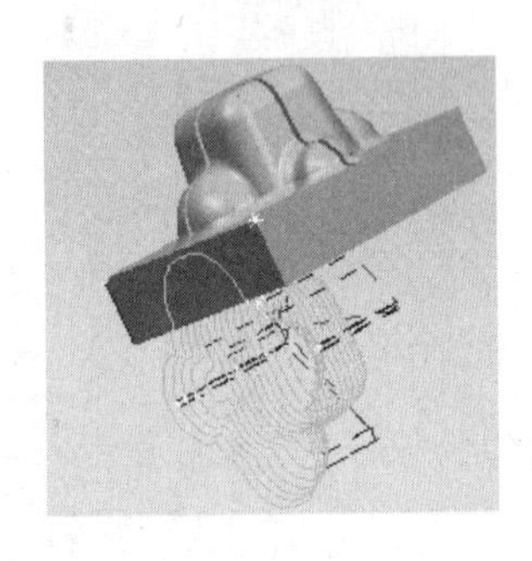
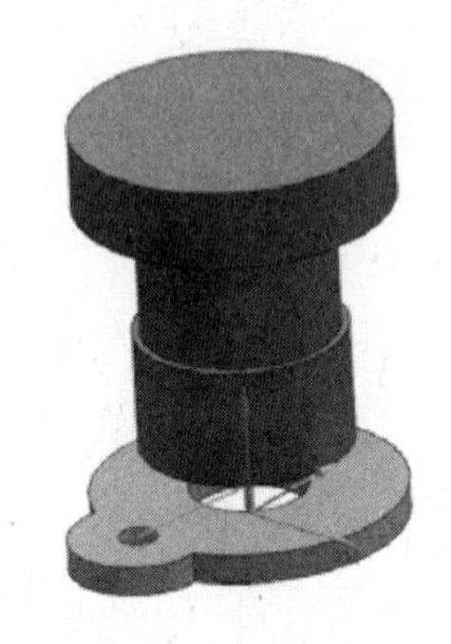

2.1 UG CAM 概述

2.1.1 UG CAM 的特点

1．强大的加工功能

UG CAM 提供了以铣加工为主的多种加工方法，包括 2-5 轴铣削加工、2-4 轴车削加工、电火花线切割和点位加工等。

1）UG CAM 提供了一个完整的车削加工解决方案。该解决方案的易用性很强，可以用于简单程序；该解决方案提供了足够强大的功能，可以跟踪多主轴、多转塔应用中最复杂的几何图形，可以对二维零件剖面或全实体模型进行粗加工、多程精加工、切槽、螺纹切削以及中心线钻孔。编程人员可以规定进给速度、主轴速度和零件余隙等参数，并对 A 轴和 B 轴工具进行控制。

2）UG CAM 提供了多种铣削加工方法，可以满足各类铣削加工需求：

- Point to Point：完成各种孔加工。
- Panar Mill（平面铣削）：包括单向行切、双向行切、环切以及轮廓加工等。
- Fixed Contour（固定多轴投影加工）：用投影方法控制刀具在单张曲面上或多张曲面上的移动，控制刀具移动的可以是已生成的刀具轨迹、一系列点或一组曲线。
- Variable Contour：可变轴投影加工。
- Parameter line（等参数线加工）：可对单张曲面或多张曲面连续加工。
- Zig-Zag Surface：裁剪面加工。
- Rough to Depth（粗加工）：将毛坯粗加工到指定深度。
- Cavity Mill（多级深度型腔加工）：特别适用于凸模和凹模的粗加工。
- Sequential Surface（曲面交加工）：按照零件面、导动面和检查面的思路对刀具的移动提供最大程度的控制。

3）UG CAM 为 2-4 轴线切割机床的编程提供了一个完整的解决方案，可以进行各种线操作，包括多程压型、线逆向和区域去除。另外，该模块还为主要线切割机床制造商（如 AGIE、Charmilles、三菱等）提供了后处理器支持。

4）UG CAM 提供了可靠的高度加工（High Speed Machining，简称 HSM）解决方案。UG CAM 提供的 HSM 可以均匀去除材料，进行成功的高速粗加工，避免刀具嵌入过深，快速高效的完成加工任务，缩短产品的交付周期和降低成本。

2．刀具轨迹编辑功能

UG CAM 提供的刀具轨迹编辑器可用于观察刀具的运动轨迹，并提供延伸、缩短或修改刀具轨迹的功能。同时，能够通过控制图形和文本的信息去编辑刀轨。因此，当要求对生成的刀具轨迹进行修改或当要求显示刀具轨迹和使用动画功能显示时，都需要刀具轨迹编辑器。动画

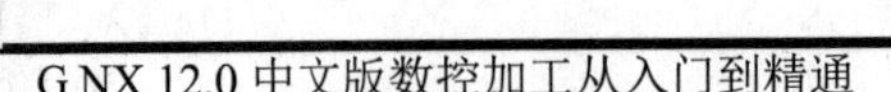

功能可选择显示刀具轨迹的特定段或整个刀具轨迹。附加的特征能够用图形方式修剪局部刀具轨迹，以避免刀具与定位件、压板等的干涉，并检查过切情况。

UG CAM 的刀具轨迹编辑器主要特点是：显示对生成刀具轨迹的修改或修正，可进行对整个刀具轨迹或部分刀具轨迹的动画演示，可控制刀具轨迹动画的速度和方向，允许选择的刀具轨迹在线性或圆形方向延伸，能够通过已定义的边界来修剪刀具轨迹，提供运动范围并执行在曲面轮廓铣削加工中的过切检查。

3．三维加工动态仿真功能

UG/Verify 是 UG CAM 的三维仿真模块，利用它可以交互地仿真检验和显示 NC 刀具轨迹。它是一个无需利用机床、成本低、高效率的测试 NC 加工应用的方法。UG/Verify 使用 UG CAM 定义的 BLANK 作为初始的毛坯形状，显示 NC 刀轨的材料移去过程，检验错误（如刀具和零件碰撞曲面切削或过切和过多材料），最后在显示屏幕上建立一个完成零件的着色模型。用户可以把仿真切削后的零件与 CAD 的零件模型比较，因而可以方便地看到什么地方出现了不正确的加工情况。

4．后置处理功能

UG/Postprocessing 是 UG CAM 的后置处理功能模块，包括一个通用的后置处理器(GPM)，使用户能够方便地建立用户定制的后置处理。通过使用加工数据文件生成器(MDFG)，一系列交互选项提示用户选择定义特定机床和控制器特性的参数，包括控制器和机床特征、线性和圆弧插补、标准循环、卧式或立式车床、加工中心等。这些易于使用的对话框允许为各种钻床、多轴铣床、车床、电火花线切割机床生成后置处理器。后置处理器的执行可以直接通过 UG 或通过操作系统来完成。

2.1.2 UG CAM 与 UG CAD 的关系

UG CAM 与 UG CAD 是紧密集成的，因此在 UG CAM 中可以直接利用 UG CAD 创建的模型进行加工编程。通过 UG CAM，能够使用 UG 提供的行业领先的 CAD 系统的建模和装配功能（这些功能全部集成在同一个系统中），这样，用户就不必花费时间在一个不同的系统中创建几何图形然后再将其导入。UG CAD 的混合建模提供了多种高性能工具，可用于基于特征的参数化设计以及传统、显示建模和独特的直接建模，能够处理任何几何模型。

2.2 UG 加工环境

UG 加工环境是指用户进入 UG 的制造模块后，进行加工编程等操作的软件环境。UG 可以为数控车、数控铣、数控电火花线切割等提供编程功能。但是每个编程者面对的加工对象可能比较固定，如专门从事三维数控铣的人在工作中可能不会涉及数控车、数控线切割编程，因此这些功能可以屏蔽掉。UG 提供了这样的手段：用户可以定制和选择 UG 的编程环境，只将最适用的功能呈现在用户面前。

2.2.1 初始化加工环境

在 UG NX 12.0 软件中打开 CAD 模型后，选择“文件”选项卡→“启动”→“加工”。“文件”选项卡如图 2-1 所示。第一次进入加工模块时，系统要求设置加工环境，包括指定当前零件相应的加工模板、数据库、刀具库、材料库和其他一些高级参数。

“加工环境”对话框如图 2-2 所示。在该对话框中选择模板零件，然后单击“确定”按钮，即可进入加工环境。此时，在 UG NX 的界面上的“主页”选项卡中出现“刀片”和“工序”两个组，分别如图 2-3 和图 2-4 所示。

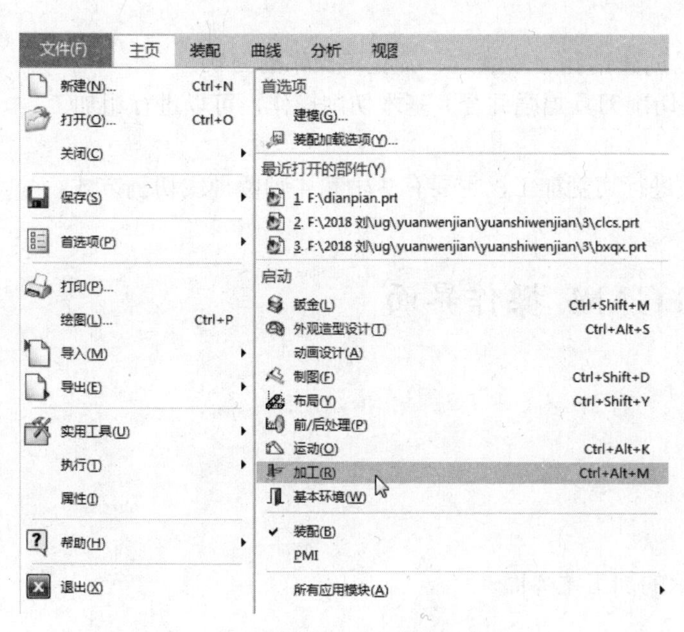

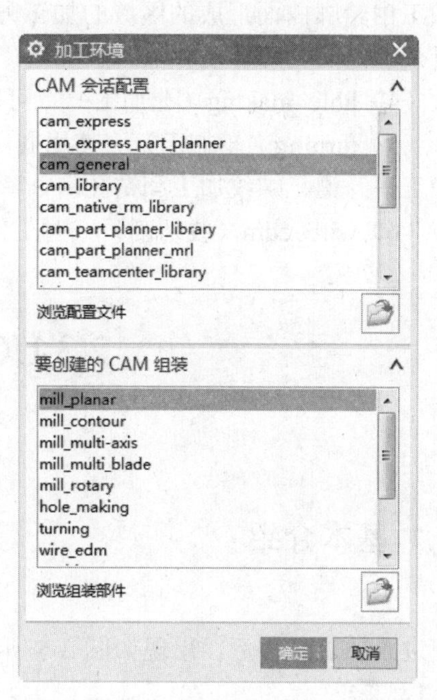

图 2-1　“文件”选项卡　　　　图 2-2　“加工环境”对话框

图 2-3　“刀片”组　　　　图 2-4　“工序”组

如果用户已经进入加工环境，也可执行“菜单”→“工具”→“工序导航器”→“删除组装”命令，删除当前设置，然后重新进入图 2-2 所示的对话框对加工环境进行设置。

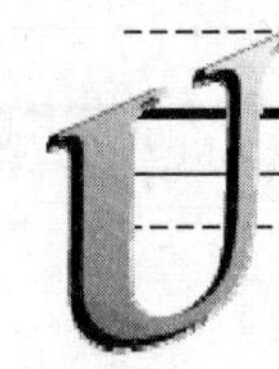

2.2.2 设置加工环境

在图 2-2 所示的 “加工环境”对话框中的“要创建的 CAM 组装”列表框里列出了 UG 所支持的加工环境。包括以下选项：

（1）mill_planar（平面铣） 主要进行面铣削和平面铣削，用于移除平面层中的材料。这种操作最常用于材料粗加工，为精加工操作做准备。

（2）mill_contour（轮廓铣） 进行型腔铣、深度加工固定轴曲面轮廓铣，可移除平面层中的大量材料，最常用于在精加工操作之前对材料进行粗铣。型腔铣用于切削具有带锥度的壁以及轮廓底面的部件。

（3）mill_multi-axis（多轴铣） 主要进行可变轴的曲面轮廓铣、顺序铣等。多轴铣是用于精加工由轮廓曲面形成的区域的加工方法，允许通过精确控制刀轴和投影矢量，使刀轨沿着非常复杂的曲面轮廓移动。

（4）hole_making（孔加工） 可以创建钻孔、攻螺纹、铣孔等操作的刀轨。

（5）turning（车加工） 使用固定切削刀具加强并合并基本切削操作，可以进行粗加工、精加工、开槽、螺纹加工和钻孔。

（6）wire_edm（线切割） 对工件进行切割加工，主要有 2 轴和 4 轴两种线切割方式。

2.3 UG CAM 操作界面

2.3.1 基本介绍

进入加工环境后，出现如图 2-5 所示的加工主界面。

1．菜单

用于显示 UG NX 12.0 中各功能菜单。主菜单是经过分类并固定显示的。通过菜单可激发各层级联菜单，UG NX 12.0 的所有功能几乎都能在菜单上找到。

2．功能区

功能区的命令以图形的方式在各个组和库中表示命令功能，以“主页”选项卡为例（见图 2-6），所有功能区的图形命令都可以在菜单中找到相应的命令，这样可以使用户避免在菜单中查找命令的繁琐，方便操作。

3．客户视图区

客户视图区用来显示零件模型、刀轨及加工结果等，是 UG 的工作区。

4．对话框

对话框用来完成相关操作的参数设置。当用户在菜单中选择某一命令或在功能区中选择某一图标后，一般都会打开相应的对话框。用户可以通过设置对话框中各选项的参数来完成所要进行的操作。

5．资源条

资源条包括一些导航器的按钮，如“装配导航器”“部件导航器”“工序导航器”“机床导航器”“角色”等。通常导航器处于隐藏状态，当单击导航器图标时将弹出相应的导航器对话框。

6．提示栏

提示用户当前正在进行的操作和操作的相关信息。根据提示栏里的信息，可以观察正在进行的信息。

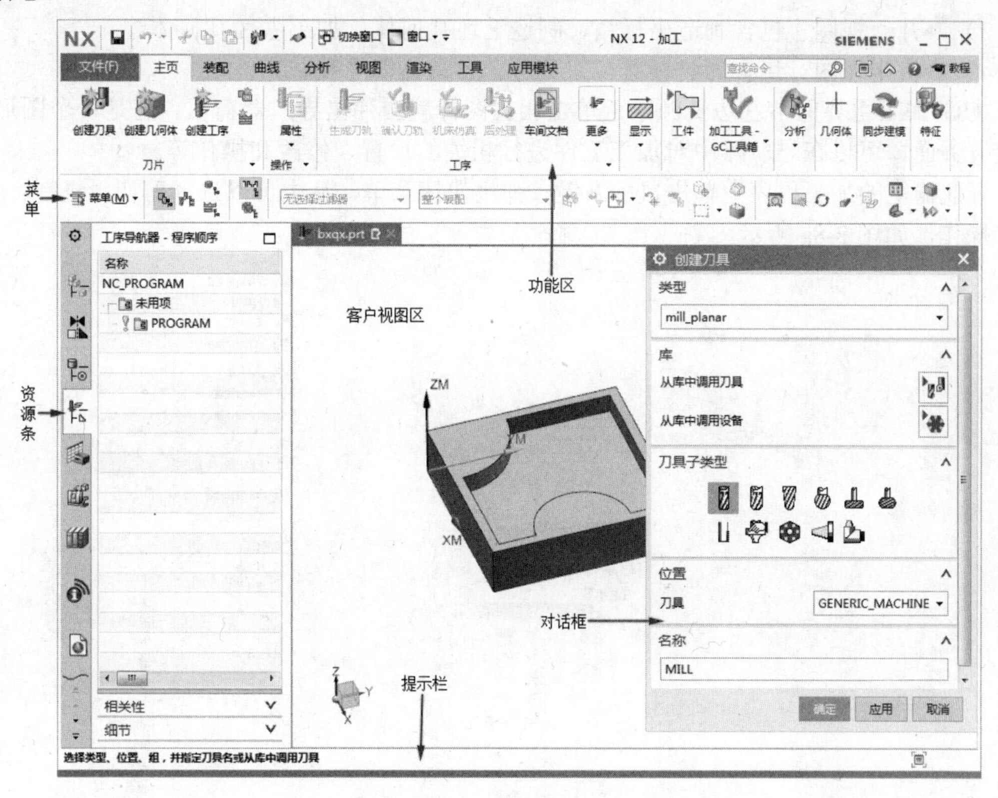

图 2-5　UG 加工主界面

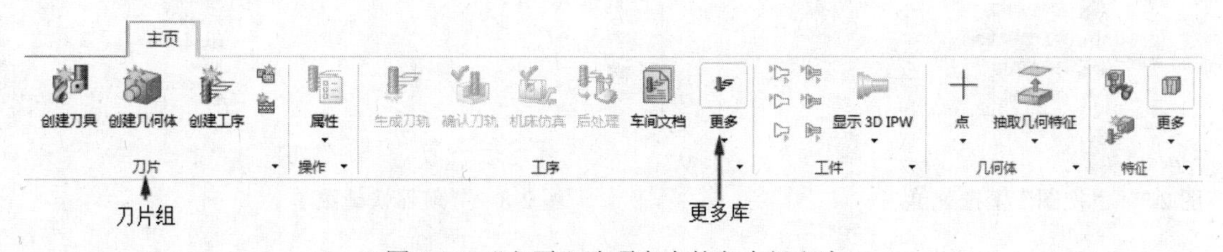

图 2-6　“主页”选项卡中的各个组和库

2.3.2 工序导航器

“菜单”→“工具”→“工序导航器”→“视图”下拉菜单如图 2-7 所示。各图标功能如下：

（1）程序顺序视图　相当于一个具体工序（工步）的自动编程操作产生的刀轨（或数控程序）包括制造毛坯几何体、加工方法、刀具号等。

（2）加工方法视图　包含粗加工、半精加工、精加工、钻加工相关参数，如刀具、几何体类型等。

（3）几何视图　包含制造坐标系、制造毛坯几何体、加工零件几何体等。

（4）机床视图　包含刀具参数、刀具号、刀具补偿号等。

在 UG 加工主界面中左边资源条上单击相关图标就会弹出导航器窗口。它是一个图形化的用户交互界面，可以在导航器中对加工工件进行相关的设置、修改和操作等。

在导航器里的加工程序上单击鼠标右键，弹出快捷菜单，从中可以选择剪切、复制、删除、生成等操作，如图 2-8a 所示。

程序顺序视图(P)
加工方法视图(M)
几何视图(G)
机床视图(O)

图 2-7 “视图”下拉菜单

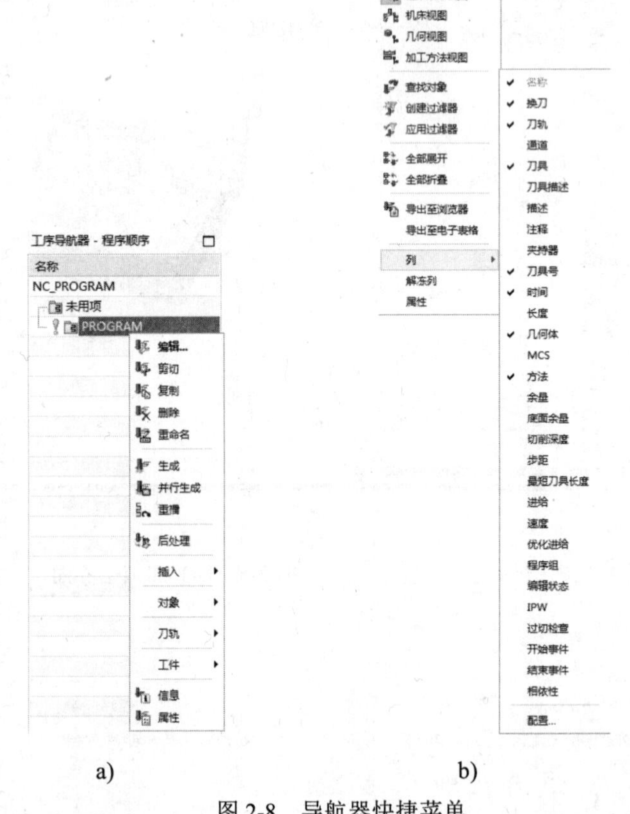

图 2-8 导航器快捷菜单

在上边框条里共有 4 种显示形式，分别为程序顺序视图、机床视图、几何视图、加工方法视图，也就是父节点组共有 4 个，分别为程序节点、机床节点、几何节点、加工方法节点。在导航器里的空白处单击右键，弹出另外一个快捷菜单，通过其中的选项可以进行 4 种显示形式的转换。单击快捷菜单底部的“列”选项，可以弹出需要列出的有关视图信息，选中某个选项后，将在导航器中增加相应的列，如在图 2-8b 中选中了“换刀”选项，则在导航器里出现“换刀”列，如果不选中“换刀”选项，则“换刀”列不显示在导航器里。

导航器快捷菜单中的导航器为“程序顺序”导航器，在根节点“NC_PROGRAM”下有两个程序组节点，分别为“不使用的项”和“PROGRAM”。根节点“NC_PROGRAM”不能改变；“不使用的项”节点也是系统给定的节点，不能改变，主要用于容纳一些暂时不用的操作；“PROGRAM”是系统创建的主要加工节点。

图 2-8a 中各选项的功能如下：

（1）编辑　对几何体、刀具、导轨设置、机床控制等进行指定或设定。

（2）剪切　剪切选中的程序。

（3）复制　复制选中的程序。

（4）删除　删除选中的程序。

（5）重命名　重新命名选中的程序。

（6）生成　生成选中的程序刀轨。

（7）重播　重播选中的程序刀轨。

（8）后处理　后处理用于生成 NC 程序。单击此选项，将弹出如图 2-9 所示的“后处理”对话框，其中的各项设置好后，单击“确定”按钮，将生成 NC 程序，将其保存为“*.txt”文件。NC 后处理程序如图 2-10 所示。

（9）插入　单击图 2-8a 中的“插入”选项，将弹出如图 2-11 所示的“插入”菜单，可以创建工序、程序组、刀具、几何体、方法等。

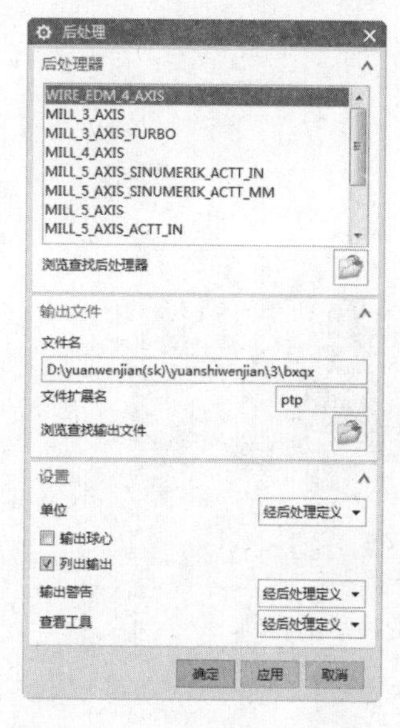

图 2-9　“后处理”对话框

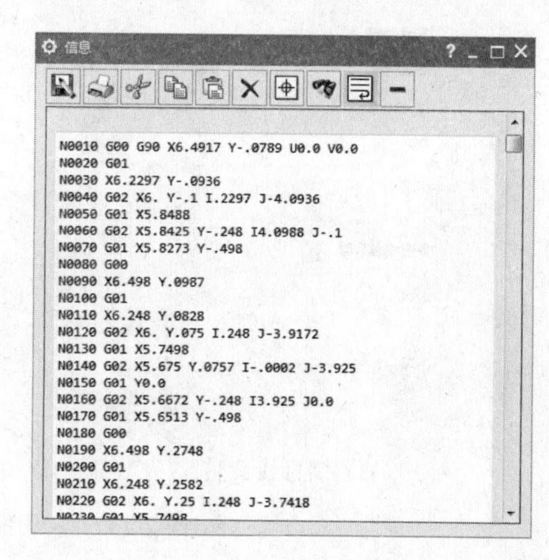

图 2-10　NC 后处理程序

（10）对象　单击图 2-8a 中的“对象”选项，将弹出如图 2-12 所示的“对象”菜单，通过其中的选项可以进行 CAM 的变换和显示。单击“变换”选项，将弹出如图 2-13 所示的“变换”对话框，可以进行平移、缩放、绕点旋转、绕直线旋转等。

若选择“绕直线旋转”类型，将弹出“变换”对话框，如图 2-14a 所示。选择“直线方法”，选中某一直线，输入旋转角度为 90，选择“复制”单选按钮，单击“确定”按钮，变换后的刀轨如图 2- 14b 所示。

图 2-11　“插入”菜单

图 2-12　“对象”菜单

图 2-13　“变换”对话框

（11）刀轨　单击图 2-8a 中的“刀轨”选项，将弹出如图 2-15 所示的“刀轨”菜单，可以进行刀轨的编辑、删除、列表、确认、仿真等。

在“刀轨”菜单中单击“编辑”选项，将弹出“刀轨编辑器”对话框，可以对刀轨进行过切检查，动画仿真，更重要的是可以对刀轨的“CLSF”文件进行编辑、粘贴、删除等操作，实现合理的“CLSF”，如图 2-16 所示。

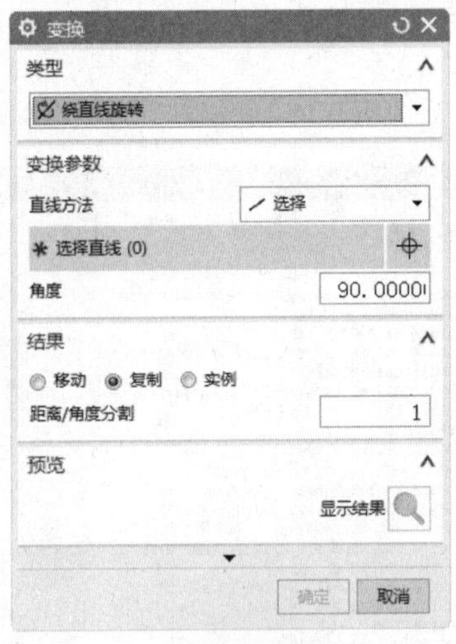

a）绕直线旋转

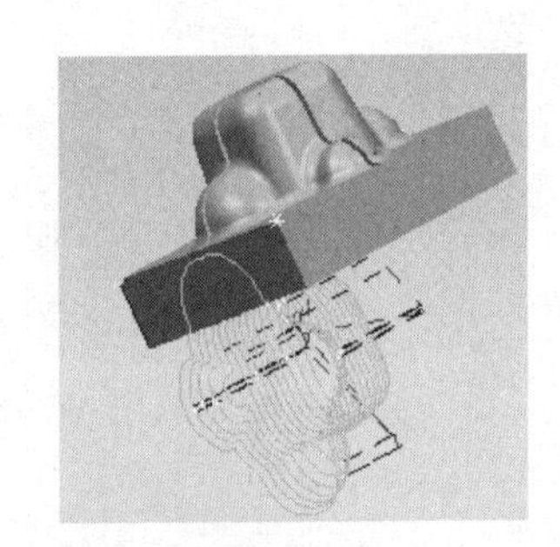

b）变换后的刀轨

图 2-14　“变换”操作

在“刀轨”菜单中单击“列表”选项，将弹出“信息”对话框，其中列出了“CLSF”文件的所有语句，供查看，如图 2-17 所示。

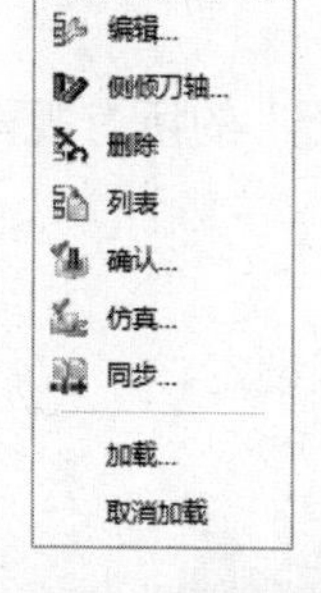

图 2-15 “刀轨”菜单

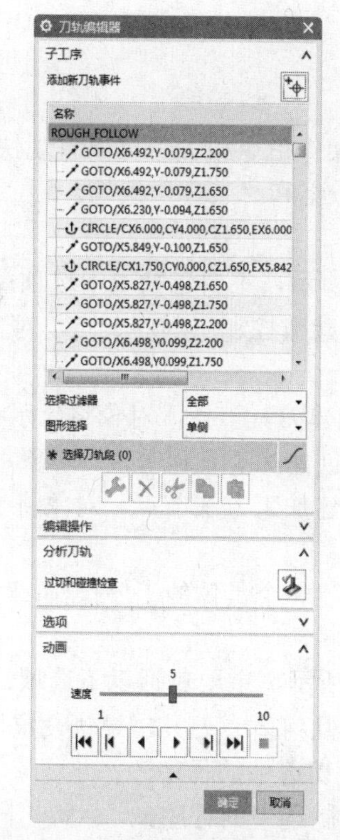

图 2-16 “刀轨编辑器”对话框

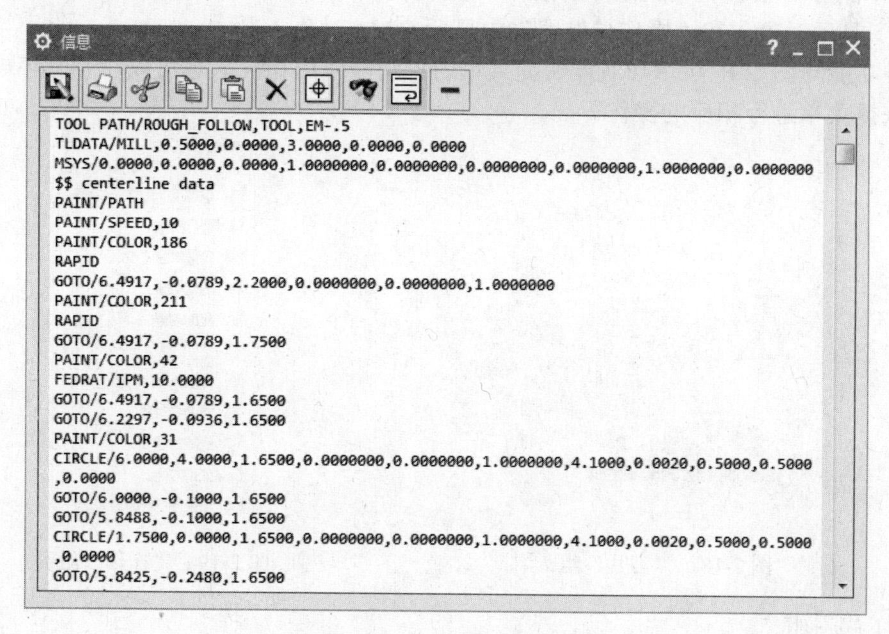

图 2-17 “信息”对话框

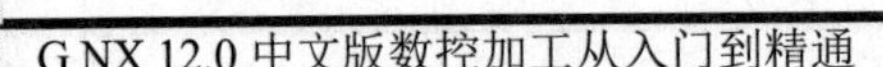

2.3.3 功能区

功能区一般与主要的操作指令相关，可以直观快捷地执行操作，提高效率。功能区经常用的有“刀片”组、“操作”组和“工序”组等。

1．“刀片”组

“刀片”组如图 2-18 所示，主要包括以下选项：

（1）创建程序　创建数控加工程序节点，对象将显示在“操作导航器”的“程序视图”中。

（2）创建刀具　创建刀具节点，对象将显示在“操作导航器”的“机床视图”中。

（3）创建几何体　创建加工几何节点，对象将显示在“操作导航器”的“几何视图”中。

（4）创建方法　创建加工方法节点，对象将显示在“操作导航器”的“加工方法视图”中。

（5）创建工序　创建一个具体的工序操作，对象将显示在“操作导航器”的所有视图中。

2．“操作”组

“操作”组如图 2-19 所示，主要包括以下选项：

（1）编辑对象　对几何体、刀具、导轨设置、机床控制等进行指定或设定。

（2）剪切对象　剪切选中的程序。

（3）复制对象　复制选中的程序。

（4）粘贴对象　粘贴复制的程序。

（5）删除对象　从“操作导航器”中删除 CAM 对象。

（6）显示对象　在“操作导航器”中显示 CAM 对象。

以上各功能与图 2-8 所示导航器快捷菜单的各功能作用相同，也可以在“工序导航器”中通过右击快捷菜单进行相应的操作。

图 2-18　“刀片”组

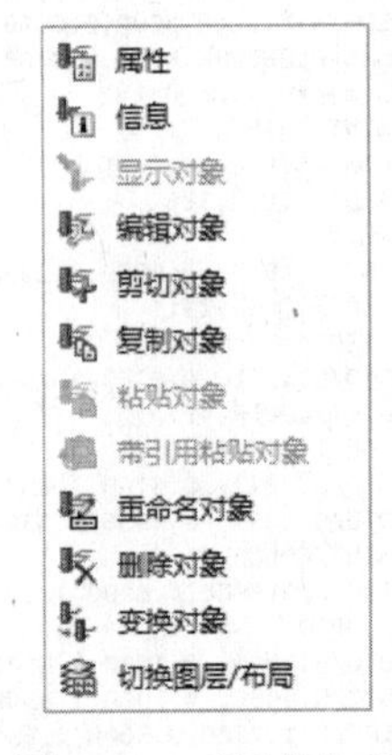

图 2-19　“操作”组

3．“工序”组

“工序”组如图 2-20 所示，主要包括以下选项：

图 2-20 “工序”组

（1）生成刀轨 为选中的操作生成刀轨。

（2）重播刀轨 在视图窗口中重现选定的刀轨。

（3）列出刀轨 在信息窗口中列出选定刀轨 GOTO、机床控制信息以及进给率等，如图 2-17 所示。

（4）确认刀轨 确认选定的刀轨并显示刀运动和材料移除。单击此图标将弹出“刀轨可视化”对话框。

（5）机床仿真 使用以前定义的机床仿真。

（6）同步 使四轴机床和复杂的车削装置的刀轨同步。

（7）后处理 对选定的操作进行后处理，生产 NC 程序，与图 2-8 所示导航器快捷菜单里的“后处理”选项功能相同。

（8）车间文档 创建加工工艺报告，其中包括刀具几何体、加工顺序和控制参数，单击此图标，将弹出如图 2-21 所示的“车间文档”对话框。每种报告模式可保存为纯文本格式（TEXT 文件）和超文本格式（HTML 文件）。纯文本格式的车间工艺文件不能包含图像信息，而超文本格式的车间工艺文件可以包含图像信息，需要利用 Web 浏览器阅读。

（9）输出 CLSF 列出可用的 CLSF 输出格式。单击此图标，将弹出如图 2-22 所示的“CLSF 输出”对话框，单击“确定”按钮将生成如图 2-17 所示的“信息”对话框。

（10）批处理 提供以批处理方式处理与 NC 有关的输出的选项。

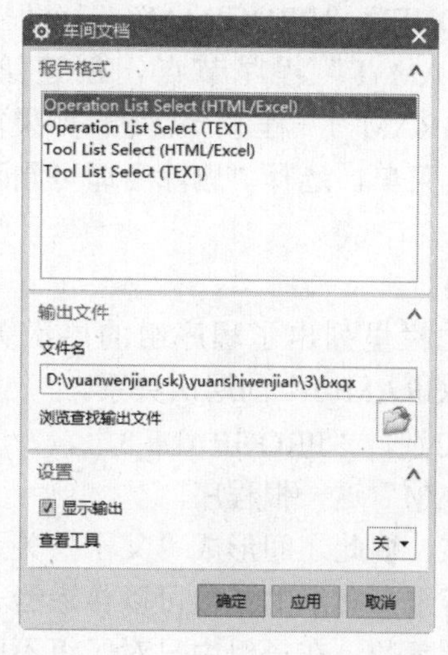

图 2-21 “车间文档”对话框

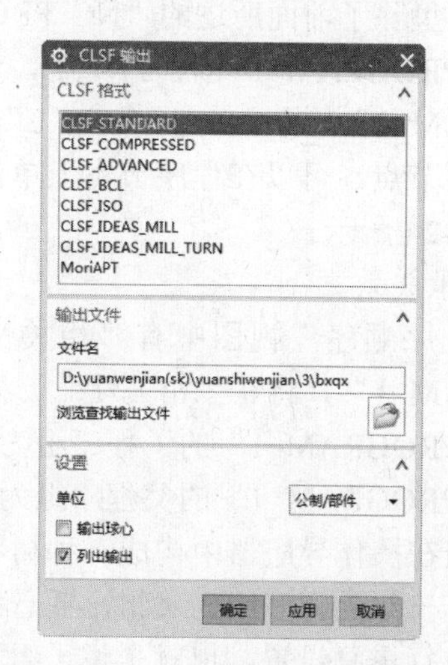

图 2-22 “CLSF 输出”对话框

2.4 UG CAM 加工流程

2.4.1 创建程序

1．“创建程序”对话框

选择“主页”选项卡→“刀片”组→“创建程序”图标，弹出如图 2-23 所示的“创建程序”对话框。

（1）类型　用于指定操作类型。

（2）程序子类型　指定一个工序模板，从中创建新的工序。

（3）位置　用于指定新创建的程序所在的节点。打开“程序”右边的下拉列表框，将显示出三个选项，分别为“NC_PROGRAM”“NONE”“PROGRAM”。导航器快捷菜单如图 2-8 所示，新创建的程序将在以上选中的某个节点之下。其中“NONE”为“不使用的项”，用于容纳暂时不用的操作，此节点是系统给定的节点，不能改变。

（4）名称　系统自动产生一个名字，作为新创建的程序名。用户也可以输入自己定义的习惯的名字，只要在“名称”下面的文本框里输入新创建的名字即可。

设置完毕，单击“确定”按钮创建程序或单击“取消”按钮放弃本次创建，单击“应用”按钮创建一个程序，并可继续创建第二个程序。

2．创建程序

在“NC_PROGRAM”程序节点下创建一个程序“PROGRAM_1”，设置完毕后，单击“应用”按钮，创建第一个程序；继续创建第二个程序，此时图 2-23 所示“创建程序”对话框中的“位置”栏里除了前面所述的“NC_PROGRAM”“NONE”“PROGRAM”三个程序节点外，增加了“PROGRAM_1”程序节点，选择“PROGRAM_1”程序节点，创建第二个程序“PROGRAM_2”，将“PROGRAM_2”建立在“PROGRAM_1”程序节点下。如果需要删除不需要的程序节点，可以在程序节点上单击右键弹出快捷菜单，选择“删除”即可删除此程序节点，如图 2-24 所示。

3．继承关系

在“程序顺序”视图中有“相关性”一栏，在此栏里列出了程序组的层次关系，单击“PROGRAM_1”，将在“相关性”一栏里列出“PROGRAM_1”的层次关系。

1）“PROGRAM_1”的子程序组为“PROGRAM_2”，“PROGRAM_3”。

2）“PROGRAM_1”的父程序组为“NC_PROGRAM”这一根程序。

程序组在操作导航器中构成一种树状层次结构关系，彼此之间形成“父子”关系，在相对位置中，高一级的程序组为父组，低一级的程序组为子组，父组的参数可以传递给子组，不必在子组中进行重复设置，也就是说子组可以继承父组的参数。在子组中只对子组不同于父组的参数进行设置，以减少重复劳动，提高效率。如图 2-24 所示，“程序顺序”视图“PROGRAM_1”

程序将继承它的父组“NC_PROGRAM”这一根程序的参数，对“PROGRAM_1”程序有关参数设置完毕后，“PROGRAM_2”与“PROGRAM_3”作为“PROGRAM_1”子组将继承“PROGRAM_1”参数，同时也继承了“NC_PROGRAM”的参数。如果改变了程序的位置或程序下面操作的位置，也就改变了它们和原来程序的父子关系，有可能导致失去从父组里继承来的参数，也不能把自身的参数传递给子组，导致子组或操作的参数发生变化。

图 2-23　“创建程序”对话框

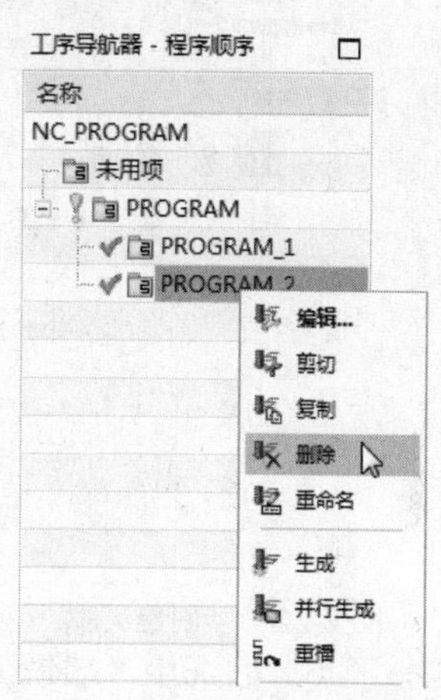

图 2-24　“程序顺序”视图

4．标记

在操作导航器的程序节点和操作前面，通常会根据不同情况出现以下三种标记，表明程序节点和操作的状态，可以根据标记判断程序节点和操作的状态。

⊘：需要重新生成刀轨。如果在程序节点前，表示在其下面包含有空操作或过期操作；如果在操作前，表示此操作为空操作或过期操作。

!：需要重新后处理。如果在程序节点前，表示节点下面所有的操作都是完成的操作，并且输出过程序；如果在操作前，表示此操作为已完成的操作，并被输出过。

✔：如果在程序节点前，表示节点下面所有的操作都是完成的操作，但未输出过程序；如果在操作前，表示此操作为已完成的操作，但未输出过。

2.4.2 创建刀具

选择“主页”选项卡→“刀片”组→“创建刀具”图标，弹出如图 2-25 所示的“创建刀具”对话框。在图中除了“库”栏外，其余各栏和“创建程序”里面各栏的操作和功能相同。在“库”栏可以从“库”中选择已经定义好的刀具。

1）在“库”栏中单击“从库中调用刀具”按钮，打开如图 2-26 所示的“库类选择”对话框。共分 7 个大类：铣、钻孔、车、实体、线切割、激光、Robotic。每个大类里面包括许多子类，如在“铣”大类里面就包括数个子类，如图 2-26 所示。

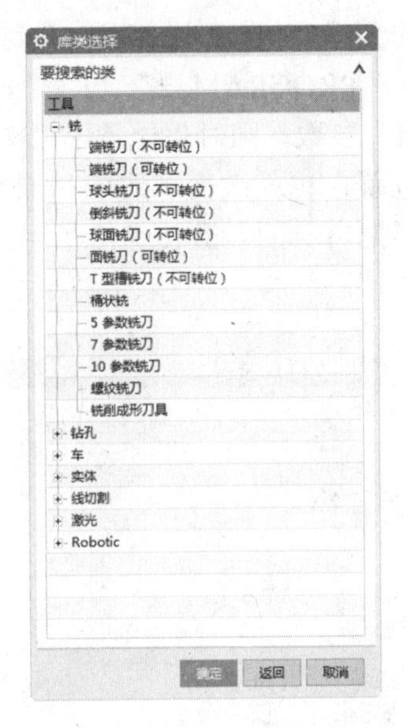

图 2-25 “创建刀具”对话框

图 2-26 “库类选择”对话框

2）选中某一子类，如选中“端铣刀（不可转位）”子类，单击“确定”按钮，将弹出图 2-27 所示的“搜索准则”对话框，其中给出了参数选项，如（D）直径、（FL）刀刃长度、材料和夹持系统等。在全部或部分选项的右边文本框中输入数值，单击“计算匹配数”按钮?，右边将显示符合条件的刀具数量，单击“确定”按钮即可弹出如图 2-28 所示的 “搜索结果”对话框，其中列出了符合条件的刀具的详细信息。

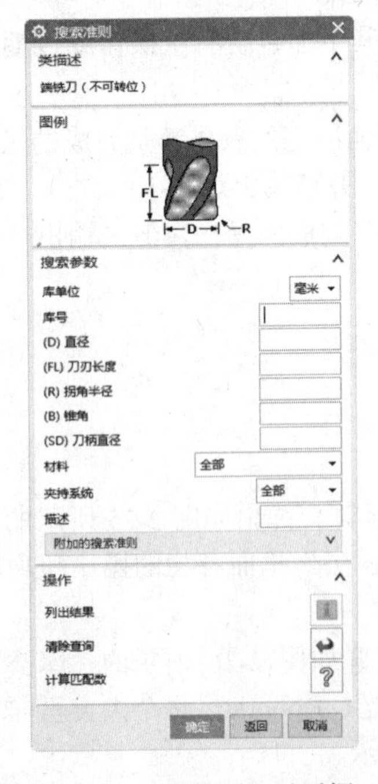

图 2-27 “搜索准则”对话框

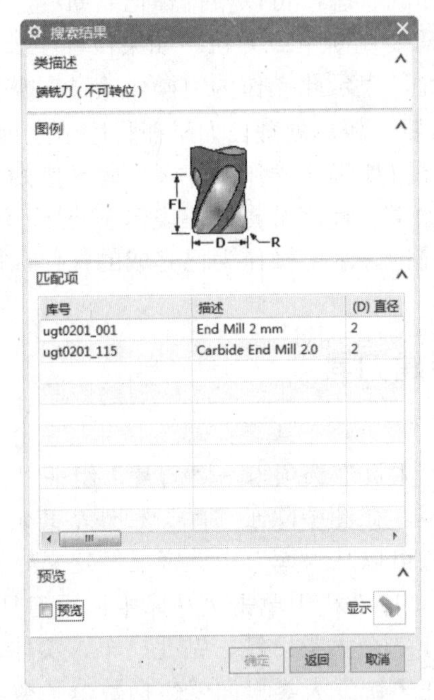

图 2-28 “搜索结果”对话框

3）选中某个适合的刀具，在“库号”下选中“UGT0201-001”刀具，单击“显示”按钮，可以在视图区中图形上亮出刀具轮廓，显示的刀具轮廓如图2-29所示。

4）选定刀具后，单击“确定”按钮，返回到“创建刀具”对话框，同时在“机床”工序导航器中列出了创建的刀具，如图2-30所示。

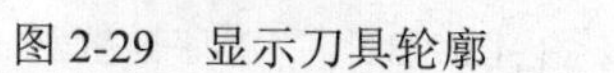

图2-29 显示刀具轮廓

图2-30 “机床”工序导航器

刀具位置可以通过右键快捷菜单进行改变操作，快捷菜单与图2-24所示“程序顺序”视图中的快捷菜单相似，可以对刀具节点进行编辑、切削、复制、粘贴、重命名等操作。由于一个操作只能使用一把刀具，在同一把刀具下，改变操作的位置没有实际意义，但在不同刀具之间改变操作的位置，将改变操作所使用的刀具。

2.4.3 创建几何体

1.“创建几何体”对话框

选择“主页”选项卡→“刀片”组→“创建几何体”图标，弹出如图2-31所示的“创建几何体”对话框。

（1）“类型” 列出了具体的CAM类型。

（2）“几何体子类型” 包括WORKPIECE、MILL_BND、MILL_TEXT、MILL_GEOM、MILL_AERA、MCS等。

（3）“位置” 列出了将要创建的几何体所在节点位置，主要有GEOMETRY、MCS_MILL、NONE、WORKPIECE 4个节点位置。

2. 创建几何体

在“创建几何体”对话框中选择“mill_planar”类型，在“子类型”中选择“WORKPIECE”，在“位置”中选择“WORKPIECE”，在“名称”栏的文本框中输入“WORKPIECE_1”，单击“确定”按钮，建立一个几何体。按照同样方法建立第二个几何体，在“名称”栏的文本框中输入“WORKPIECE_2”。两个几何体建立完毕后，打开如图2-32所示的“工序导航器-几何”。

图中各节点的作用说明如下：

（1）GEOMETRY 该节点是系统的根节点，不能进行编辑、删除等操作。

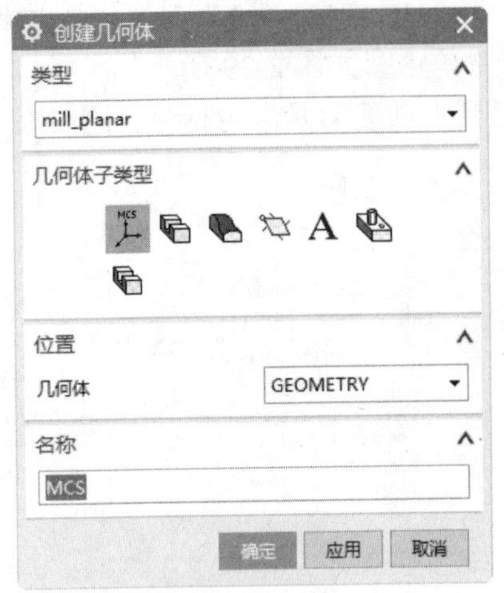

图 2-31 “创建几何体”对话框

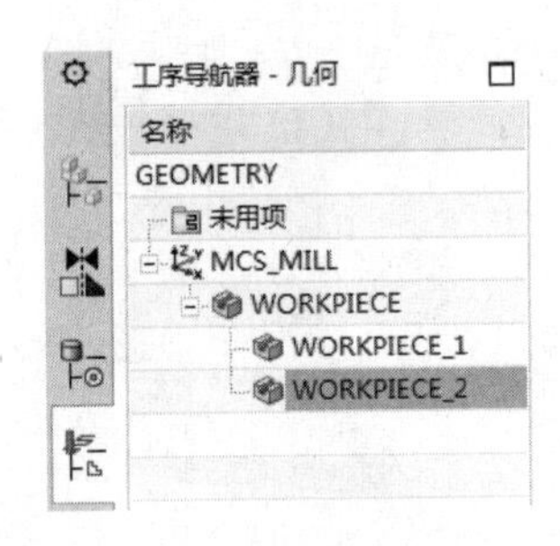

图 2-32 “工序导航器-几何”

（2）未用项 该节点也是系统给定的节点，用于容纳暂时不用的几何体，不能进行编辑、删除等操作。

（3）MCS_MILL 该节点是一个几何节点，选中此节点，单击右键弹出快捷菜单，可以进行编辑、切削、复制、粘贴、重命名等操作。

（4）WORKPIECE 该节点是工件节点，用来指定加工工件。“WORKPIECE_1”和“WORKPIECE_2”两工件节点是刚刚创建的几何体节点，在“WORKPIECE”下面，是“WORKPIECE ”的子节点，构成父子关系。“WORKPIECE”是“MCS_MILL”的子节点，构成父子关系。“WORKPIECE_1”和“WORKPIECE_2”作为最低层的节点，将继承“MCS_MILL”加工坐标系和“WORKPIECE”中定义的零件几何体和毛坯几何体的参数。

几何体节点可以定义成操作导航器中的共享数据，也可以在特定的操作中个别定义，但只要使用了共享数据几何体，就不能在操作中个别定义几何体。

可以通过单击右键弹出的快捷菜单对几何体节点进行编辑、切削、复制、粘贴、重命名等操作。如果改变了几何体节点的位置，使“父子”关系改变，会导致几何体失去从父组几何体中继承过来的参数，使加工参数发生改变；同时，其下面的子组也可能失去从几何体继承的参数，造成子组及其以下几何体和操作的参数发生改变。

2.4.4 创建方法

加工方法是为了自动计算切削进给率和主轴转速时才需要指定的，加工方法并不是生成刀具轨迹的必要参数。

1.“创建方法”对话框

选择“主页”选项卡→“刀片”组→“创建方法”图标，弹出如图 2-33a 所示的“创建方法”对话框。对话框里的选项和“创建几何体”对话框的选项基本相同，区别在于“位置”

栏，也就是创建“方法”所在的位置不同，不同的“类型”提供容纳“方法”位置的数目不同。例如，对于“mill_planar”，提供 METHOD、MILL_FINISH、MILL_ROUGH、MILL_SEMI_FINISH、NONE 五个位置，如图 2-33b 所示。

对于“drill”，只提供 METHOD、NONE、DRILL_METHOD 三个位置，如图 2-33c 所示。

2．创建方法实例

在“类型”中选择“mill_planar”，在“位置”选择“METHOD”，利用默认的“名称”，单击“确定”按钮，弹出如图 2-34 所示的“铣削方法”对话框。在“铣削方法”对话框中有 4 个部分：

（1）余量　主要指部件余量，在“部件余量”的右侧文本框内输入数值，即可指定本加工节点的加工余量。

（2）公差　设置包括“内公差”和“外公差”两项。使用“内公差”可指定刀具穿透曲面的最大量，使用“外公差”可指定刀具能避免接触曲面的最大量。在“内公差”和“外公差”右侧文本框内输入数值，可为本加工节点指定内外公差。这里采用系统默认值。

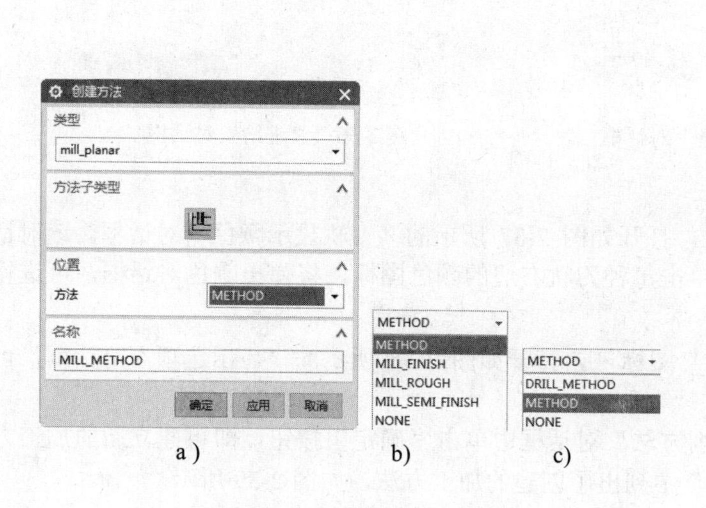

图 2-33　“创建方法”对话框

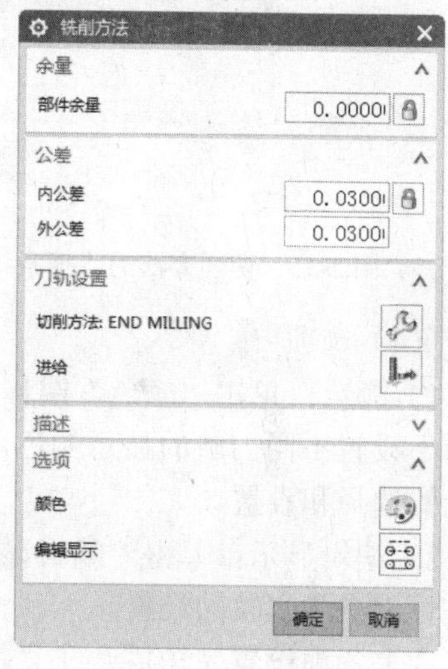

图 2-34　“铣削方法”对话框

（3）刀轨设置　包括“切削方法”和“进给”两个选项。

1）切削方法：单击“切削方法”图标，弹出如图 2-35 所示的切削方法的“搜索结果”对话框，其中列出了可以选择的切削方法。选定“END MILLING”，单击“确定”按钮返回到“铣削方法”对话框。

2）进给：单击“进给”图标，弹出如图 2-36 所示的“进给”对话框。该对话框用于设置各运动形式的进给率参数，由“切削”“更多”和“单位”组成。“切削”用于设置正常切削时的进给速度，“更多”给出了刀具的其他运动形式的参数，“单位”用于设置切削和非切削运动的单位。这里采用系统默认值。单击“确定”按钮，返回到“铣削方法”对话框。

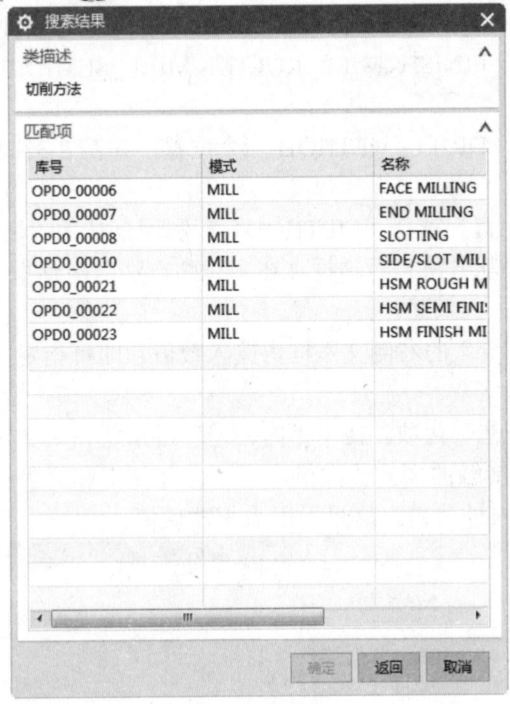

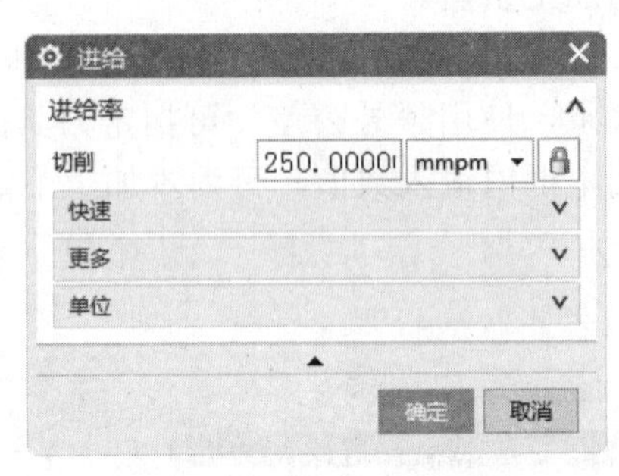

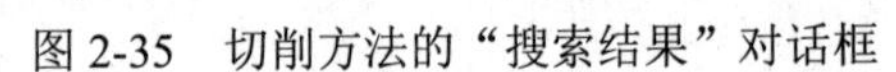
图 2-35 切削方法的“搜索结果”对话框

图 2-36 “进给”对话框

（4）选项

1）颜色：单击“颜色”图标，打开如图 2-37 所示的“刀轨显示颜色”对话框。该对话框用于设置不同刀轨的显示颜色。单击每种刀轨右边的颜色图标，将弹出颜色对话框，可进行颜色的选择和设置。

2）编辑显示：单击“编辑显示”图标，打开如图 2-38 所示的“显示选项”对话框，可以进行刀具和刀轨的设置。

以上各项设置完毕后，在“铣削方法”对话框中单击“确定”按钮，即可建立新的加工方法。同时在“工序导航器-加工方法”中列出了创建的加工方法，如图 2-39 所示。

图 2-39 中各节点的说明如下：

- “METHOD”：系统给定的根节点，不能改变。
- “未用项”：系统给定的节点，不能删除，用于容纳暂时不用的加工方法。
- “MILL_ROUGH”：系统提供的粗铣加工方法节点，可以进行编辑、切削、复制、删除等操作。
- “MILL_SEMI_FINISH”：系统提供的半精铣加工方法节点，可以进行编辑、切削、复制、删除等操作。
- “MILL_FINISH”：系统提供的精铣加工方法节点，可以进行编辑、切削、复制、删除等操作。

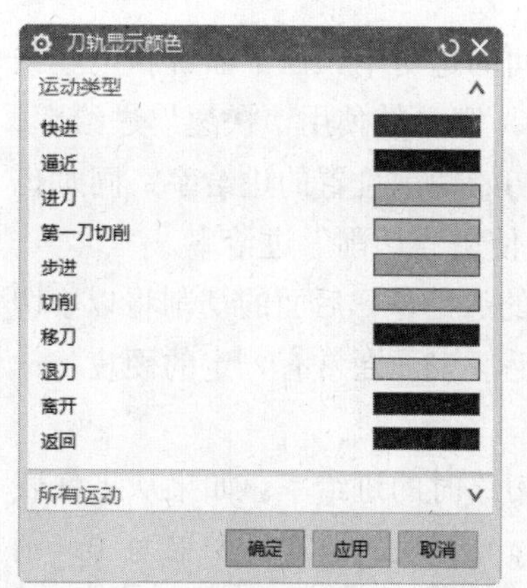

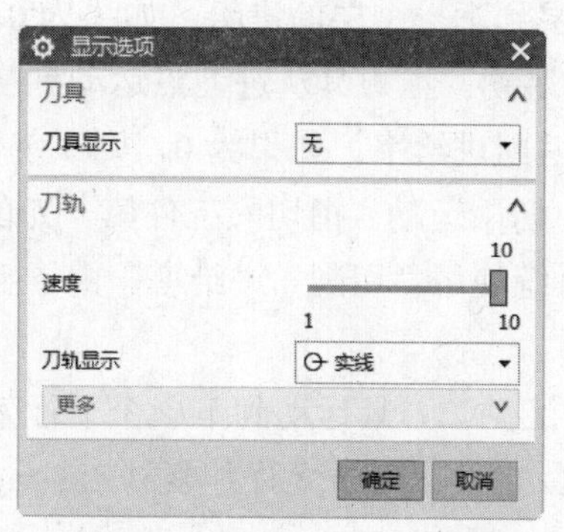

图 2-37　“刀轨显示颜色”对话框　　图 2-38　“显示选项”对话框　图 2-39　“工序导航器-加工方法”

同样，加工方法节点之上可以有父节点，之下有子节点。加工方法继承其父节点加工方法的参数，同时也可以把参数传递给它的子节点加工方法。

加工方法的位置可以通过单击鼠标右键弹出的快捷菜单进行编辑、切削、复制、粘贴、重命名等操作。但改变加工方法的位置，也就改变了它的加工方法的参数，当系统执行自动计算时，切削进给量和主轴转速会发生相应的变化。

3．运动形式参数说明

图 2-36 所示的“进给”对话框中给出了需要进行进给率设置的各种运动形式。在加工过程中包含多种运动形式，可以分别设置不同的进给率参数，以提高加工效率和加工表面质量。

（1）刀具运动　完整刀具的运动形式如图 2-40 所示，非切削运动形式如图 2-41 所示。

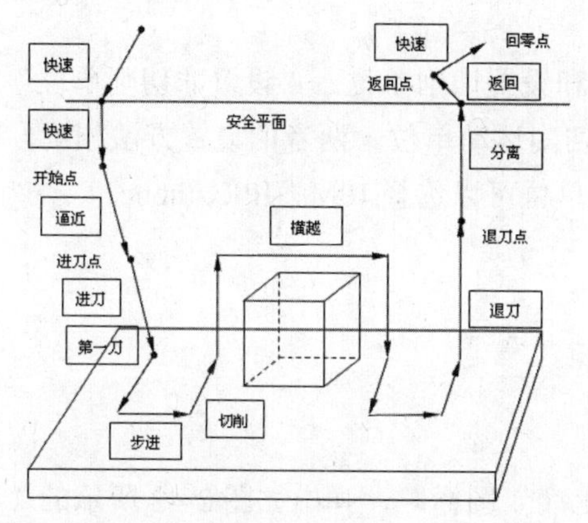

图 2-40　完整刀具运动形式示意图

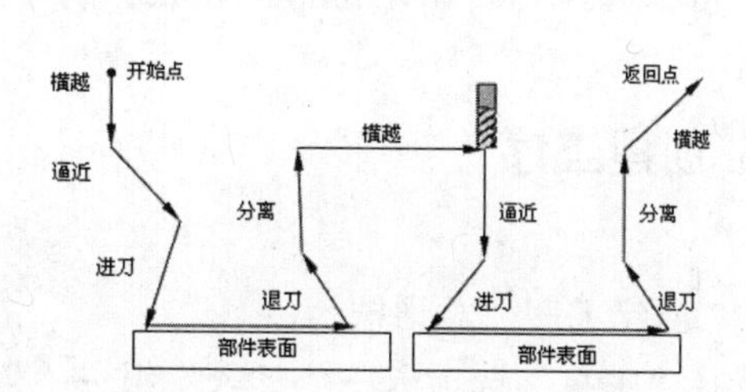

图 2-41　非切削运动形式示意图

（2）各运动形式的含义

1）快速（Rapid）：非切削运动。仅应用到刀具路径中下一个 GOTO 点和 CLSF。其后的运动使用前面定义的进给率。如果设置为 0，则由数控系统设定的机床快速运动速度决定。

2）逼近（Approach）：指刀具从开始点运动到进刀位置之间的进给率。在平面铣和型腔铣中，逼近进给率用于控制从一个层到下一个层的进给。如果为 0，则系统使用“快速”进给率。

3）进刀（Engage）：非切削运动。指刀具从进刀点运动到初始切削位置的进给率，同时也是刀具在抬起后返回到工件时的返回进给率。如果为 0，则系统使用“切削”进给率。

4）第一刀切削（First Cut）：切削运动。指切入工件第一刀的进给率，后面的切削将以“切削”进给率进行。如果为 0，则系统使用“切削”进给率。由于毛坯表面通常有一定的硬皮，一般取进刀速度小的进给率。

5）步进（Step Over）：切削运动。刀具运动到下一个平行刀路时的进给率。如果从工件表面提刀，不使用“步进”进给率，它仅应用于允许往复（Zig-zag）刀轨的地方。如果为 0，则系统使用“切削”进给率。

6）切削（Cut）：切削运动。刀具跟部件表面接触时刀具的运动进给率。

7）横越（Traversal）：非切削运动。指刀具快速水平非切削的进给率。只在非切削面的垂直安全距离和远离任何型腔岛屿和壁的水平安全距离时使用，用于在刀具转移过程中保护工件，也无须抬刀至安全平面。如果为 0，系统使用“快速”进给率。

8）退刀（Retract）：非切削运动。刀具从切削位置最后的刀具路径到退刀点的刀具运动进给率。如果为 0，对线性退刀，系统使用“快速”进给率退刀；对于圆形退刀，系统使用“切削”进给率退刀。

9）分离（Departure）：非切削运动。指刀具从“退刀”运动移动到“快速”运动的起点或“横越”运动时的进给率。如果为 0，则系统使用“快速”进给率。

10）返回（Return）：非切削运动。刀具移动到返回点的进给率。如果为 0，则系统使用“快速”进给率。

（3）单位　包括两个选项：设置非切削单位和设置切削单位。“设置非切削单位”用于设置非切削运动单位，“设置切削单位”用于设置切削运动单位。两者的设置方法相同，对于米制单位可以选择 mmpm、mmpr、none；对于英制单位可以选择 IPM、IPR、none。

2.4.5 创建工序

1.“创建工序”对话框

选择“主页”选项卡→“插入”组→“创建工序”图标，弹出如图 2-42 所示的“创建工序”对话框。

（1）类型　列出了具体的 CAM 类型，可根据加工要求选择具体的类型。

（2）工序子类型　不同的类型有不同的工序子类型，在此栏中将显示不同的图标，可根据加工要求选择子类型。

（3）位置　位置栏给出了将要创建的工序在“程序”“刀具”“几何体”“方法”中的位置。

1）“程序”：指定将要创建的工序的程序父组。单击右边的下拉箭头，将显示可供选择的程序父组。选定合适的程序父组，操作将继承该程序父组的参数。默认程序父组的名称为“NC_PROGRAM”。

2）“刀具”：指定将要创建的工序的加工刀具。单击右边的下拉箭头，将显示可供选择的刀具父组。选定合适的使用刀具，所创建的操作将使用该刀具对几何体进行加工。如果之前用户没有创建刀具，则在下拉列表框中没有可选的刀具，需要用户在某一加工类型的工序对话框中单独创建。

图 2-42 “创建工序”对话框

3）“几何体”：指定将要创建的工序的几何体。单击右边的下拉箭头，将显示可供选择的几何体。选定合适的几何体，工序将对该几何体进行加工。默认几何体为“MCS_MILL”。

4）“方法”：指定将要创建的操作的加工方法。单击右边的下拉箭头，将显示可供选择的加工方法。选定合适的加工方法，系统将根据该方法中设置的切削速度、内外公差和部件余量对几何体进行切削加工。默认的加工方法为“METHOD”。

（4）名称 指定工序的名称。系统会为每个工序提供一个默认的名字，如果需要更改，在文本框中输入一英文名称，即可为工序指定名称。

2．创建工序实例

创建工序的具体实例这里不再讲述，在后面的章节中会详细讲解。

第2篇 铣削参数设置篇

本篇着重介绍了在铣削加工过程中通用的参数，包括几何体的概念和种类、具体的切削模式、切削参数的使用和设置方法、非切削移动的使用和设置参数等内容。其中切削模式主要介绍了往复、单向、单向轮廓、跟随周边、跟随部件、沿轮廓、标准驱动和摆线等方式。在学完本篇内容后，可以对铣削过程中需要用到的概念和参数有个初步的了解，再结合后面章节的学习，可进一步的理解本篇内容。

第 3 章 UG CAM 铣削通用参数

UG CAM 铣削通用参数指那些由多个处理器共享的选项，但这些并不是对所有处理器来说都是必需的。每个处理器本身又有许多特定的选项，需要根据具体的使用环境进行特别的设置。

内容要点

- 几何体
- 步距
- 公用铣削参数
- 综合加工实例

案例效果

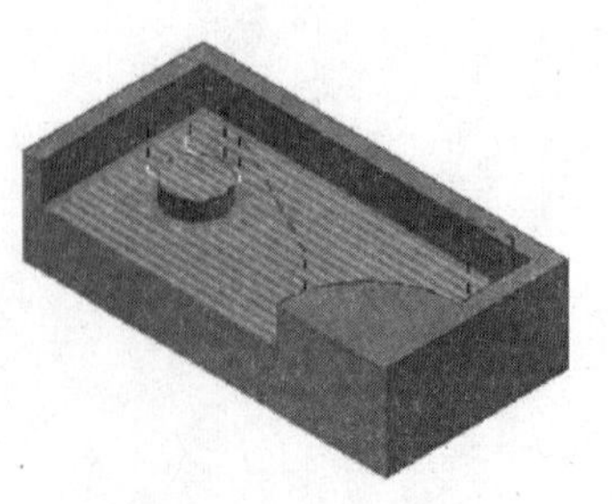
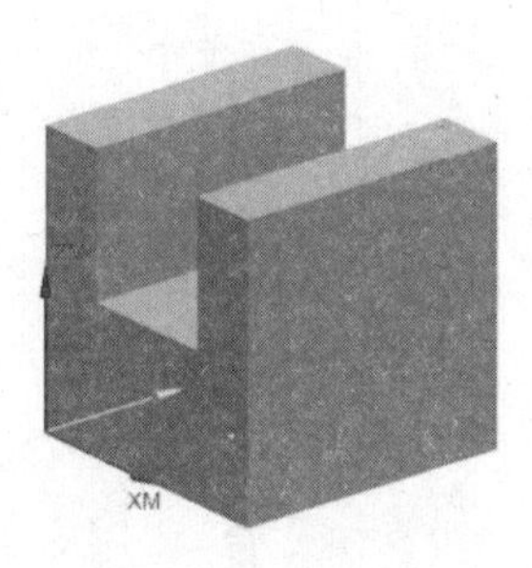

3.1 几何体

在 UG CAM 铣削加工中涉及多种几何体类型，包括部件几何体、毛坯几何体、检查几何体、修剪几何体、边界几何体、切削区域、壁几何体等，每种铣削操作中所用到的几何体类型和数目都不相同，具体用到哪些几何体类型，由铣削操作类型、子类型以及驱动方法等确定。

3.1.1 部件几何体

部件几何体定义的是加工完成后的最终零件，它控制刀具的切削深度和范围。为使用过切检查，必须指定或继承部件几何体。面铣削中的部件几何体和型腔铣的部件几何体概念基本相同。

图 3-1　上边框条

部件几何体可以在“几何”工序导航器中指定。

1）在 UG NX 12.0 加工环境中，在如图 3-1 所示的“上边框条”中单击“几何视图”按钮，弹出如图 3-2a 所示的“工序导航器-几何”。

2）在“工序导航器-几何”中双击“WORKPIECE”，弹出如图 3-2b 所示的“工件”对话框。单击“指定部件”右侧的“选择或编辑部件几何体”按钮，弹出“创建几何体”对话框，在视图中指定部件几何体。图 3-2c 所示为指定的部件几何体，图中通过不同颜色的轮廓线显示出选中的几何体。

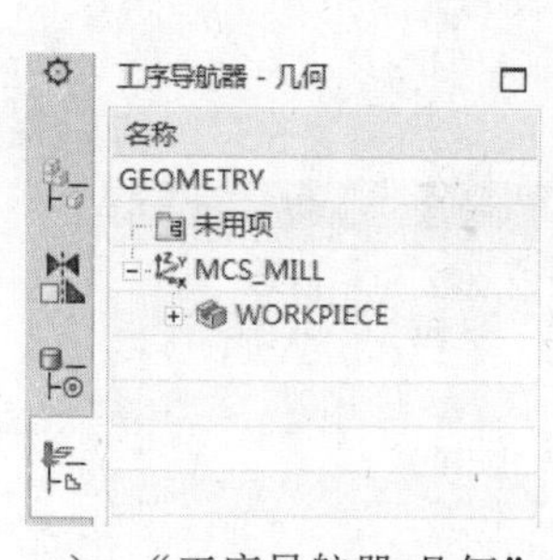

a）“工序导航器-几何”

b）“工件”对话框

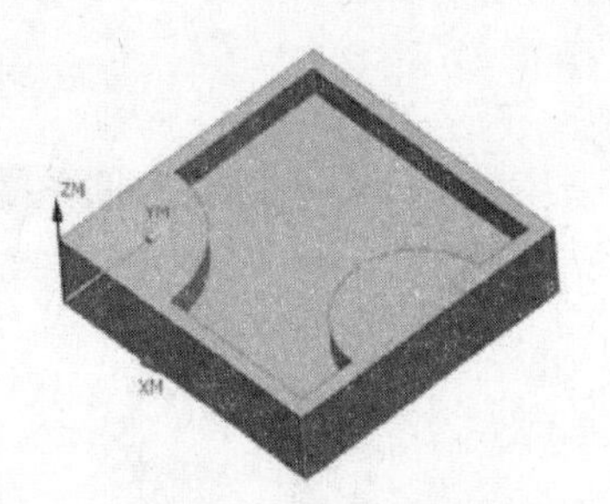

c）指定的部件几何体

图 3-2　指定部件几何体

3.1.2 毛坯几何体

在“工件”对话框中单击“指定毛坯”右侧的“选择或编辑毛坯几何体”按钮，弹出“毛坯几何体”对话框，指定毛坯几何体。毛坯几何体是指要被切削掉原材料的几何体，如图 3-3a 所示。

毛坯边界不表示最终部件，但可以对毛坯边界直接进行切削或进刀，在底面和岛顶部定义切削深度。毛坯几何体经过切削如图 3-3b 所示，最终形成部件几何体，如图 3-3c 所示。

a）毛坯几何体　　b）切削　　c）部件几何体

图 3-3　毛坯几何体切削形成部件几何体

3.1.3 检查几何体

在“工件”对话框中单击“指定检查”右侧的“选择或编辑检查几何体”按钮，弹出“检查几何体”对话框，指定检查几何体。检查几何体是刀具在切削过程中要避让的几何体，如夹具或者已加工的重要表面。

通过“指定检查”选项，可以定义不希望与刀具发生碰撞的几何体，如固定部件的夹具，如图 3-4 所示。用户可以指定“检查余量”的值（平面铣→切削参数→余量→检查余量，“切削参数”对话框如图 3-5 所示）。当刀具遇到“检查几何体”时：

1）如果选中“平面铣→切削参数→连接→优化”下的“跟随检查几何体”复选框，如图 3-6 所示，刀具将绕着检查几何体切削，如图 3-7a 所示。可以看出，刀轨绕开了“检查几何体”。

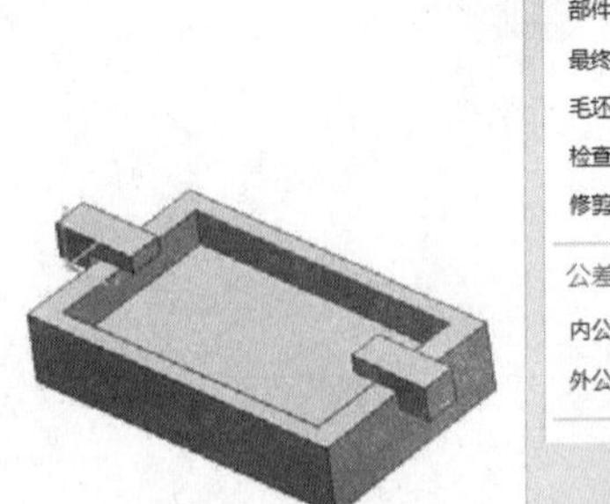

图 3-4　带有夹具的部件

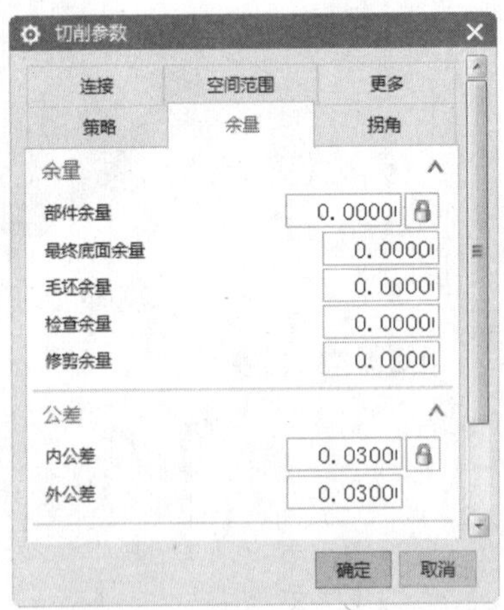

图 3-5　“切削参数”对话框

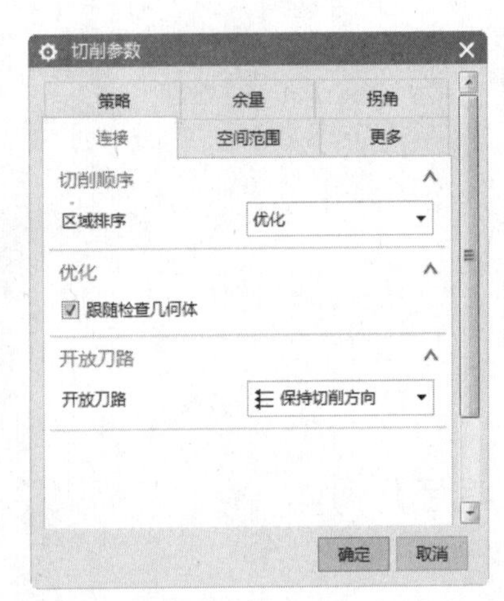

图 3-6　选中“跟随检查几何体”复选框

2）如果在图 3-6 中取消选中“面铣→切削参数→连接→优化”下的“跟随检查几何体”复选框，刀具将退刀。如图 3-7b 所示。可以看到，刀具退刀从上面越过“检查几何体”。

3）设置完检查几何体并选中“跟随检查几何体”复选框后，按照图 3-7 加工生成的 3D 切削结果如图 3-8 所示，可以看到，夹具下面部分的材料未被切削。

a)选中“跟随检查几何体”　b)未选中“跟随检查几何体”

图 3-7　“检查几何体”刀轨

图 3-8　设定“检查几何体”后的切削部件

3.1.4 修剪几何体

在“平面铣”对话框“几何体”栏中单击“指定修剪边界”右侧的“选择或编辑修剪边界”按钮，弹出如图 3-9 所示的“修剪边界”对话框，从中可指定修剪边界，即在各个切削层上进一步约束切削区域的边界。通过将“刀具侧”指定为“内侧”或“外侧”（对于闭合边界），或指定为“左”或“右”（对于开放边界），可定义要从操作中排除的切削区域面积，如图 3-10 所示。

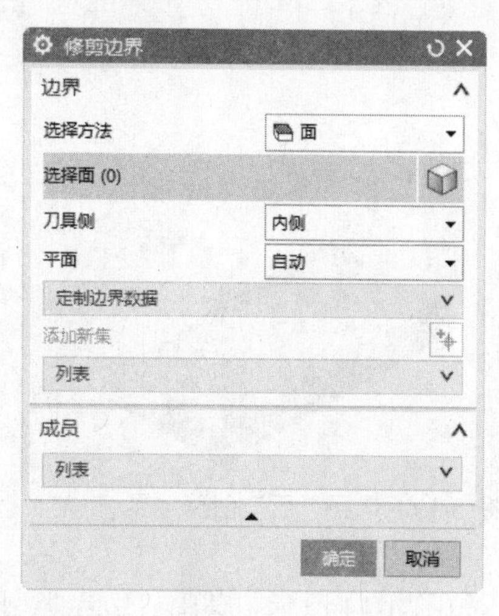

图 3-9　“修剪边界”对话框

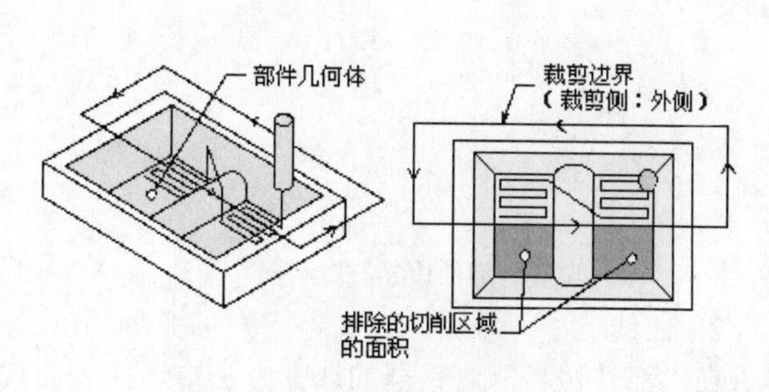

图 3-10　外部修剪侧

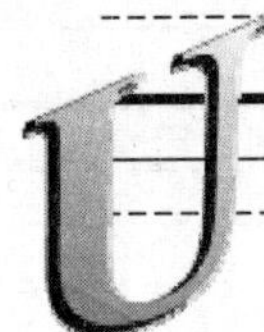

另外，可以指定一个“修剪余量”值（在图 3-5 所示的对话框中通过余量→修剪余量”进行设定）来定义刀具与修剪边界的距离，如图 3-11 所示。

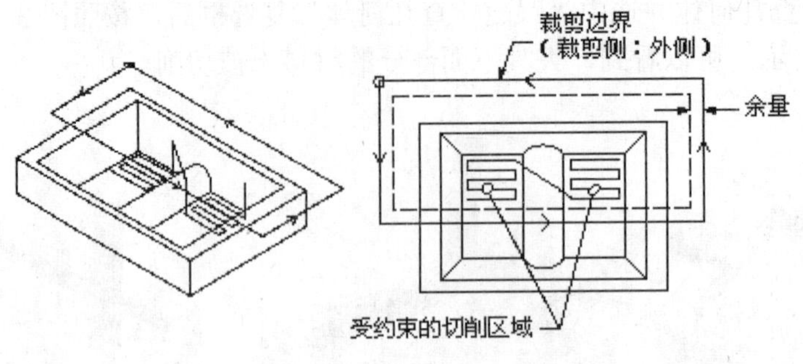

图 3-11　修剪边界

3.1.5 边界几何体

边界几何体包含封闭的边界，这些边界内部的材料指明了要加工的区域。例如，在“平面铣”对话框“几何体”栏中单击“指定部件边界”右侧的“选择或编辑部件边界”按钮，弹出如图 3-12 所示的“部件边界”对话框，可通过选择以下任何一个“选择方法”中的选项来创建边界。

1．面

在几何体中选择满足要求的平面，创建的边界如图 3-13 所示。当通过面创建边界时，默认情况下，与所选面边界相关联的体将自动用作部件几何体，用于确定每层的切削区域。如果希望使用过切检查，则必须选择部件几何体作为几何体父组或操作中的部件。通过“曲线”或“点”创建的边界不具有此关联性。

图 3-12　“部件边界”对话框

图 3-13　选择“面”创建边界

2．曲线

在“部件边界”对话框的选择方法中选择“曲线”，如图 3-14 所示。其中“边界类型”用于确定边界是“封闭”还是“开放”，此时的选择将影响后面的“刀具侧”。如果“类型”为“封闭”，则“刀具侧”为“内侧”或“外侧”；如果“类型”为“开放”，则“刀具侧”为“左”或“右”。选择“曲线”创建的边界如图 3-15 所示。

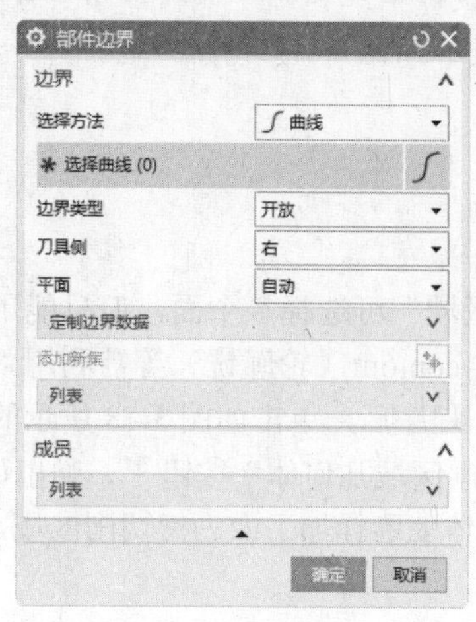

图 3-14　选择“曲线”

图 3-15　选择“曲线”创建边界

3．点

“点”连接起来必须可形成多边形。在“部件边界”对话框的选择方法中选择“点”，如图 3-16 所示。除边界通过“点”方法创建外，其余各选项与图 3-14 的选项相同。通过“点”创建的边界如图 3-17 所示。

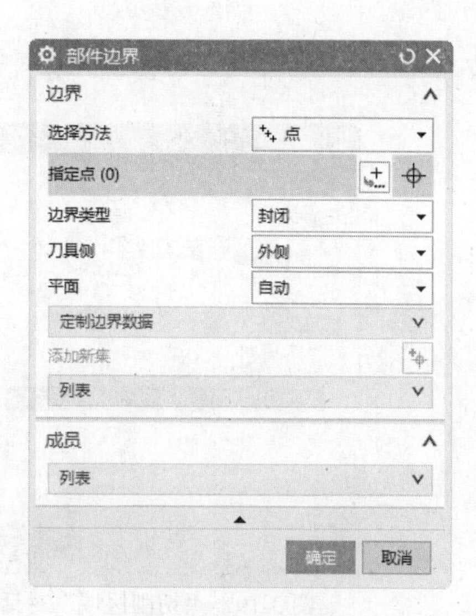

图 3-16　选择“点”

选择创建边界的点

通过“点”创建的边界

图 3-17　选择“点”创建边界

注意

面边界的所有成员都具有相切的刀具位置。必须至少选择一个面边界来生成刀轨。面边界平面的法向必须平行于刀具轴。

3.1.6 切削区域

“切削区域”用于定义要切削的面。通过“切削区域”可选择多个面，但只能用平直的面。mill_planar（平面铣）中的底壁铣、手工面铣以及 mill_contour（轮廓铣）等需利用“切削区域”定义要切削的面。例如，在平面铣中选择“底壁铣”子程序后，单击如图 3-18 所示的“底壁铣”对话框中“指定切削区域底面”右侧的“选择或编辑切削区域几何体”按钮，弹出如图 3-19 所示的“切削区域”对话框，在如图 3-20a 所示的部件几何体上选择加工面为待切削区域，如图 3-20b 所示。

图 3-18 “底壁铣”对话框

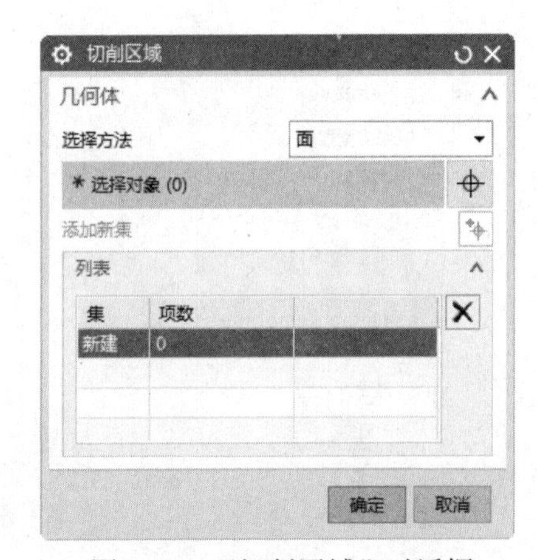

图 3-19 “切削区域”对话框

可以在“面铣削”操作中定义“切削区域”，或者直接从 MILL_AREA 几何体组中继承。

当 MILL_AREA（面几何体）不足以定义部件几何体上所加工的面时，可使用“切削区域”。当希望使用壁几何体时，如果加工的面已具有完成的壁，并且壁需要特别指定的余量而非部件余量时，可使用“切削区域”。只有垂直于刀具轴的平坦的“切削区域”面才会被处理。

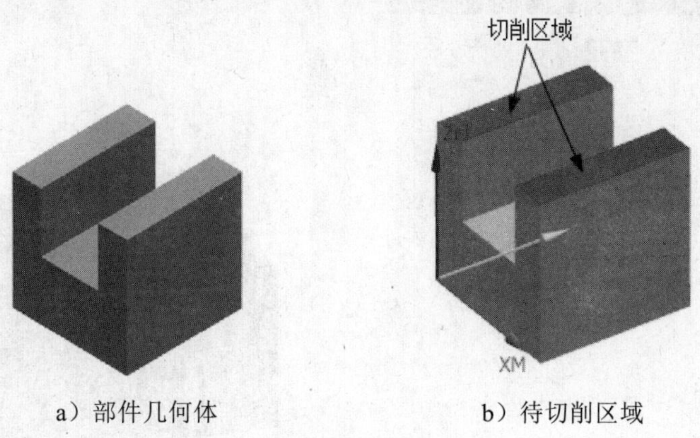

a）部件几何体　　b）待切削区域

图 3-20　选择“切削区域”

要使用“切削区域”，就不能同时在“面铣削”操作中选择或继承“MILL_AREA”。如果“MILL_AREA”与“切削区域”混合使用，必须移除其中的一个，否则将弹出如图 3-21 所示的“操作参数”警告对话框。

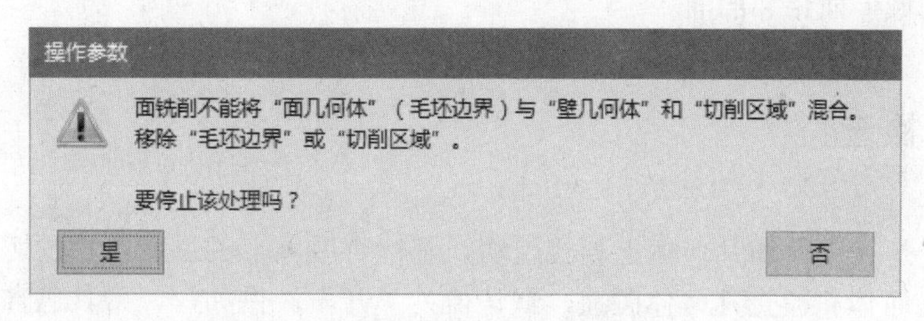

图 3-21　“操作参数”警告对话框

3.1.7 壁几何体

使用“壁余量”和“壁几何体”可以覆盖与工件体上的加工面相关的壁的“部件余量”。在“底壁铣”操作中使用“壁余量”和“壁几何体”，可以将部件上待加工面以外的面选为“壁几何体”，并将唯一的“壁余量”应用到这些面上来替换“部件余量”。例如，单击“底壁铣”对话框中的“切削参数”按钮，在弹出的“切削参数”对话框中可定义“壁余量”，如图 3-22 所示。

“壁几何体”可以由多个修剪面或未修剪面组成，且修剪面或未修剪面都必须包括在“部件几何体”中。例如：在“底壁铣”对话框中单击“指定壁几何体”右侧的“选择或编辑几何体”按钮，打开“壁几何体”对话框，可以在视图中选择几何体或者从“MILL_AREA”几何

体组中继承“切削区域”以定义加工面。图 3-23 所示为在“底壁铣”操作中与几何体关联的几种“面”类型。

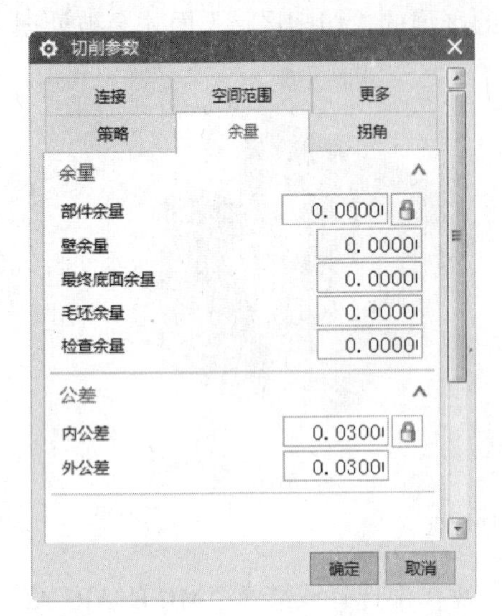

图 3-22　壁余量设置

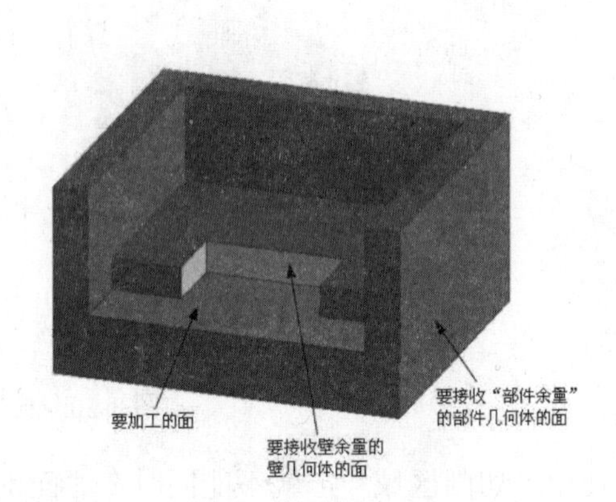

图 3-23　与几何体关联的几种“面”类型

在“底壁铣”对话框中勾选“自动壁”复选框，可以自动识别“壁余量”并将其应用到与选定“切削区域”面相邻的面。

3.1.8 过切检查

过切检查是在零件和几何体上查找过切，不检查毛坯上的过切。“过切检查”选项可防止刀具与部件几何体和检查几何体碰撞，默认值为“开”。例如，，刀具包含夹持器定义，采用刀具和夹持器执行过切检查，如果刀具过切，则会弹出一条警告信息。

“过切检查”仅可用于手动切削模式，此检查能防止刀具碰撞部件几何体。“过切检查”只能处理具有 5 个参数的刀具，且不支持 T 形刀或鼓形刀。

3.2 步距

“步距”用于指定切削刀路之间的距离，是相邻两次走刀之间的间隔距离。间隔距离指在 XY 平面上铣削的刀位轨迹间的距离。因此，所有加工间隔距离都是以平面上的距离来计算的。该距离可直接通过输入一个常数值或刀具直径的百分比来指定，也可以输入残余波峰高度由系统计算切削刀路间的距离。“步距”示意图如图 3-24 所示。

“步距”选项主要有恒定、残余高度、%刀具平直、多重变量，如图 3-25 所示。选择不同的“步距”设置方式，“步距”对应的设置方式也将发生变化。下面介绍各个“步距”选项及其所需的输入值。

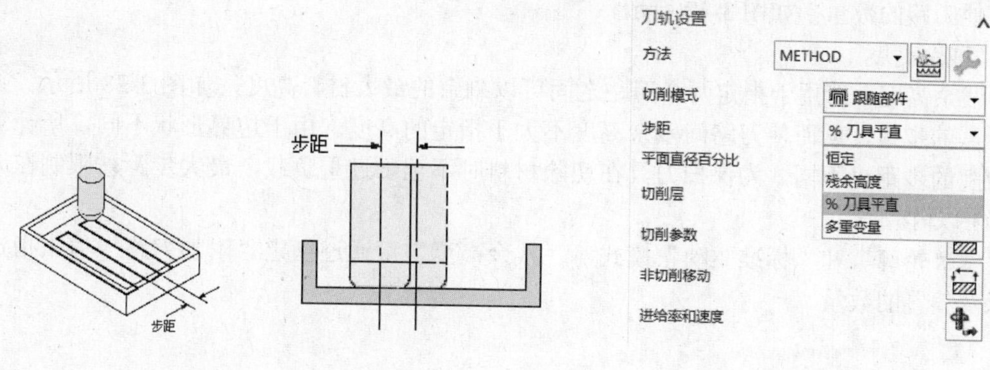

图 3-24 “步距”示意图

图 3-25 “步距”选项

1．恒定

“恒定”用于指定连续切削刀路间的固定距离。在图 3-26a 中，部件切削区域长度为 180mm，切削步距为 15mm，共有 13 条刀路，12 个步距。如果指定的刀路间距不能平均分割所在区域，系统将减小这一刀路间距以保持恒定步距。例如，如果在图 3-26a 中，将步距改为 11mm，那么将生成 17 条刀路，16 个步距，每个步距的长度将改变为 180/16=11.25mm，如图 3-26b 所示。

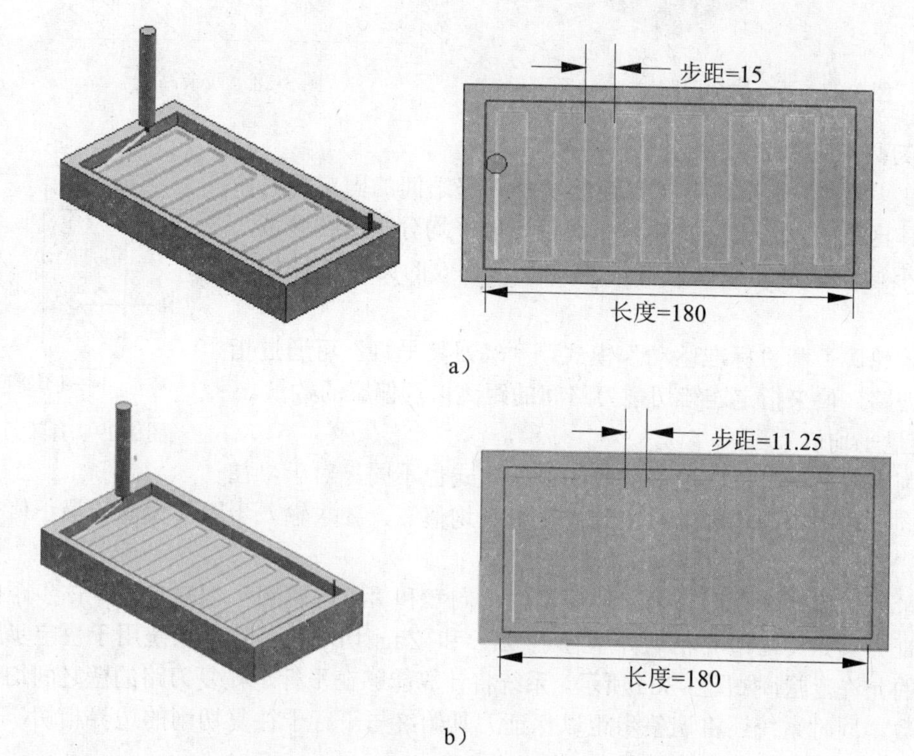

图 3-26 系统保持恒定步进

对于“轮廓”和“标准驱动”模式，可以通过指定“附加刀路”值来指定连续切削刀路间的距离以及偏置的数量。“附加刀路”定义了除沿边界切削的“轮廓”或“标准驱动”刀路之外的其他刀路的数量，如图3-27所示。

2．残余高度

“残余高度”可用于指定两个刀路之间可以剩余的最大材料高度，如图3-28所示。系统将计算所需的步距，从而使刀路间残余高度不大于指定的高度。由于边界形状不同，所计算出的每次切削的步距也不同。为保护刀具在切除材料时不至于过重负载，最大步距被限制在刀具直径的2/3以内。

对于“轮廓”和“标准驱动”模式，“残余高度”可通过指定“附加刀路”值来指定残余高度以及偏置的数量。

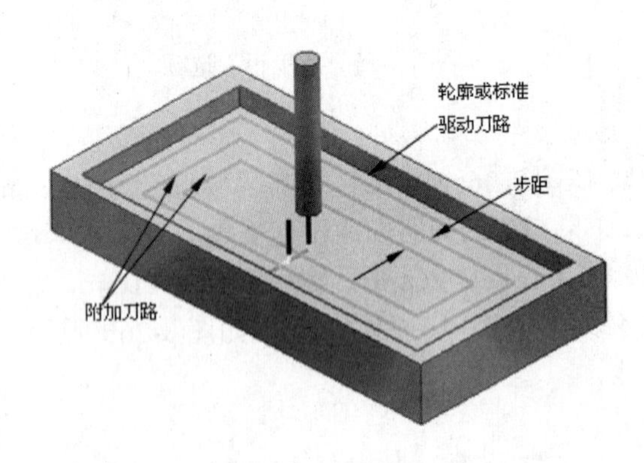

图3-27　两个附加刀路

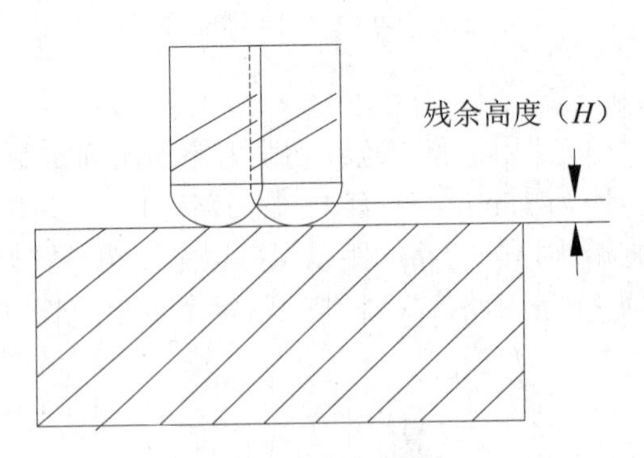

图3-28　残余高度

3．%刀具平直

“%刀具平直”选项可以指定连续切削刀路之间的固定距离作为有效刀具直径的百分比。如果刀路间距不能平均分割所在区域，系统将减小这一刀路间距以保持恒定步距。有效的刀具直径如图3-29所示。

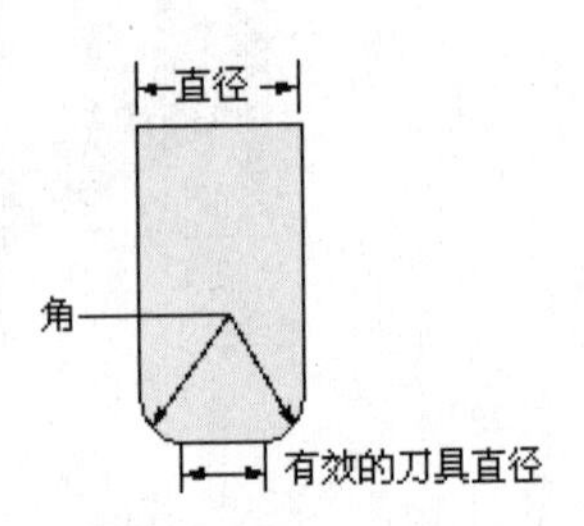

图3-29　有效刀具直径

对于“轮廓”和“标准驱动”模式，“%刀具平直”可通过指定“附加刀路”值来指定连续切削刀路间的距离以及偏置的数量。

4．变量平均值

当切削方法不同时，变量值字段的输入方式也不同。对于“往复”“单向”和“单向轮廓”对应为“变量平均值”，要求输入步距最大值和最小值来指定步距距离。

“变量平均值”选项可以为“往复”“单向”和“单向轮廓”创建步距，该步距能够不断调整以保证刀具始终与边界相切并平行于Zig和Zag切削，可建立系统用于决定步距大小和刀路数量的允许范围，如图3-30a所示。系统将计算能够在平行于往复刀路的壁之间均匀合适的最小步距数，同时系统还将调整步距以保证刀具始终与平行于往复切削的边界相切，刀具沿着壁进行切削而不会剩下多余的材料。

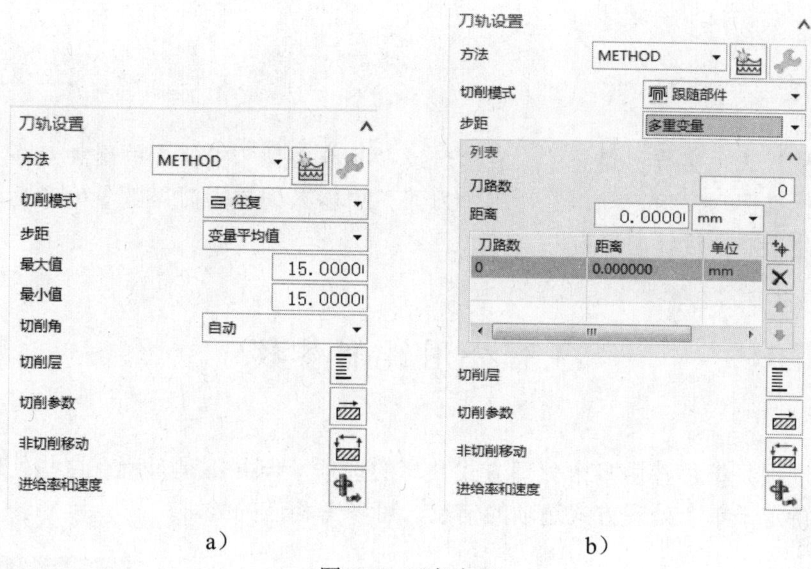

图 3-30　可变步距

5．多重变量

对于“跟随周边”“跟随部件”“轮廓”和“标准驱动”模式，“多重变量”可指定多个步距大小以及相应的刀路数，如图 3-30b 所示。

如果为“变量平均值”步距的最大值和最小值指定相同的值，系统将严格地生成一个固定步距值，但这可能导致刀具在沿平行于 Zig 和 Zag 切削的壁进行切削时留下未切削的材料，如图 3-31 所示，最大步距和最小步距都为 11mm，进行往复切削时，刀路步距固定为 11mm，但在最后刀路切削完毕后，将留有部分未切削材料。

图 3-30b 步距列表中的第一部分始终对应于距离边界最近的刀路，对话框中随后的部分将逐渐向腔体的中心移动，如图 3-32 所示。当结合的“步距”和“刀路数”超出或无法填满要加工的区域时，系统将从切削区域的中心减去或添加一些刀路。例如在图 3-32 中，结合的“步距”和“刀路数”超出了腔体的大小，系统将保留指定的距边界最近的“刀路数”（步距=4 的 3 个刀路和步距=8 的 2 个刀路，共 5 个刀路），但将减少腔体中心处的刀路数（从指定的步距=2 的 8 个刀路减少到 5 个刀路）。

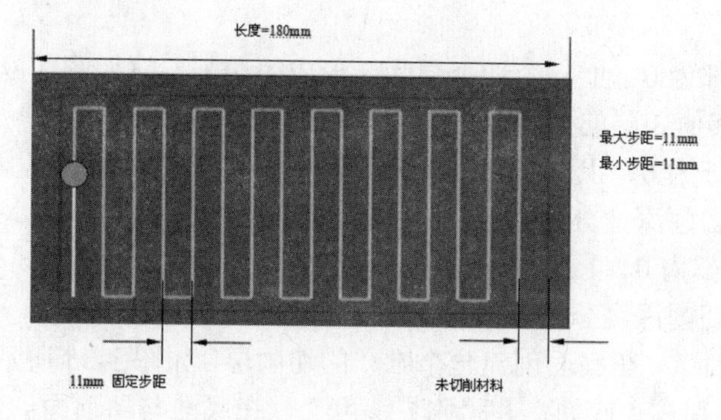

图 3-31　相同的最大和最小值

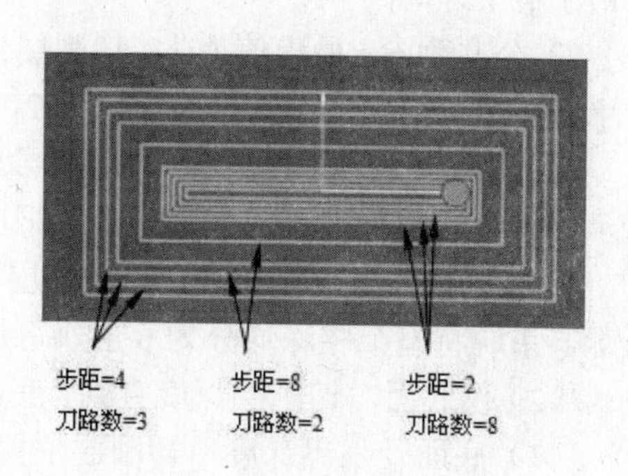

图 3-32　跟随部件多个步距

注意

“多重变量”选项实质上定义了“轮廓”或“标准驱动”中使用的附加刀路，因此，使用“轮廓”或“标准驱动”时，如果在“附加刀路”中输入的值对刀路数量的产生没有影响，则“附加刀路”处于非激活状态。

3.3 公用铣削参数

公用铣削选项是指那些由多个处理方式共享的选项，但并不是对所有这些处理方式来说都是必需的。仅特定于单个处理方式选项的信息，可参考相应的处理方式。

3.3.1 切削深度和最大值

“切削深度”主要用于“平面铣”中，可确定多深度“平面铣”操作中的切削层。可单击“平面铣”对话框“刀轨设置”栏中的“切削层”按钮，在打开的如图 3-33 所示“切削层”对话框中对切削深度进行设置。

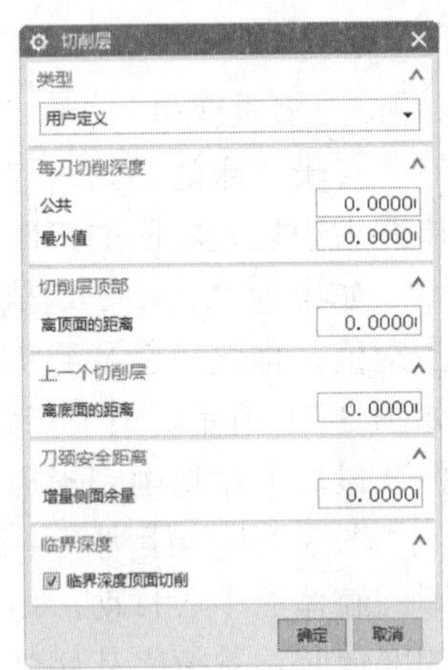

图 3-33 “切削层”对话框

1．类型

（1）用户定义　用户可根据具体切削部件进行相关设置。

1）公共为 6、最小值为 1、切削层顶部为 2、上一个切削层为 2 形成的切削刀轨如图 3-34a 所示，在图中第一层刀轨和最后一层刀轨的切削深度都为 2，中间 3 层深度由系统均分，但深度值在公共 6 和最小值 1 之间。

2）公共为 6、最小值为 1、切削层顶部为 0、上一个切削层为 2 形成的切削刀轨如图 3-34b 所示，最后一层刀轨的切削深度都为 2，其他 3 层的切削深度均分为 6。

3）公共为 6、最小值为 1、切削层顶部为 0、上一个切削层为 0 形成的切削刀轨如图 3-34c 所示，系统将整个腔深均分为 4 层，每层切削深度分为 5。

4）公共为 3.5、最小值为 3、切削层顶部为 0、上一个切削层为 0 形成的切削刀轨如图 3-34d 所示，系统将整个腔深均分为 6 层，每层切削深度分为 20/6=3.33。

（2）仅底面　切削层深度直到“底部面”，在底面创建一个唯一的切削层，如图 3-35 所示。

（3）底面及临界深度　切削层位置分别在“底面”和“临界深度”，在底面与岛顶面创建切削层，岛顶的切削层不超出定义的岛屿边界，仅局限在岛屿的边界内切削毛坯材料，一般用于水平面的精加工，如图 3-36 所示。

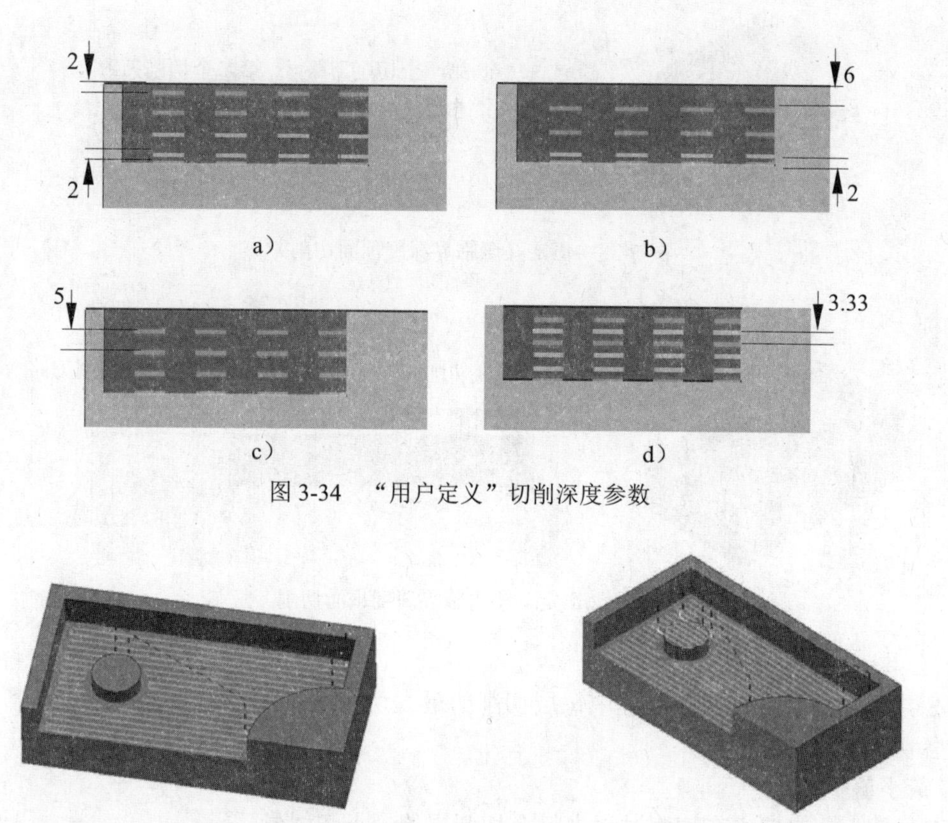

图 3-34 “用户定义”切削深度参数

图 3-35 “仅底面”切削示意

图 3-36 “底面及临界深度”切削示意

（4）临界深度 用于多层切削，切削层位置在岛屿的顶面和底平面上，与“底面及临界深度”选项的区别在于所生成的切削层刀路将完全切除切削层平面上的所有毛坯材料，不局限于边界内切削毛坯材料，如图 3-37 所示。

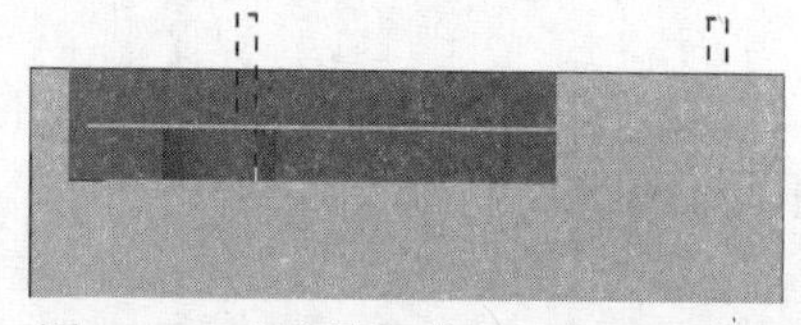

图 3-37 “临界深度”切削示意图

（5）恒定 以一个固定的深度值来产生多个切削层。若输入深度最大值，则除最后一层可能小于最大深度值，其余层都等于最大深度值。图 3-38 和图 3-39 所示分别为选中和删除“临界深度顶面切削”时固定深度切削示意图，切削方式为“平面铣”加工，“切削深度”为 12，“增量侧面余量”为 0，总腔深度为 20，其余设置和“用户定义”中的设置相同。共形成两个切削层。

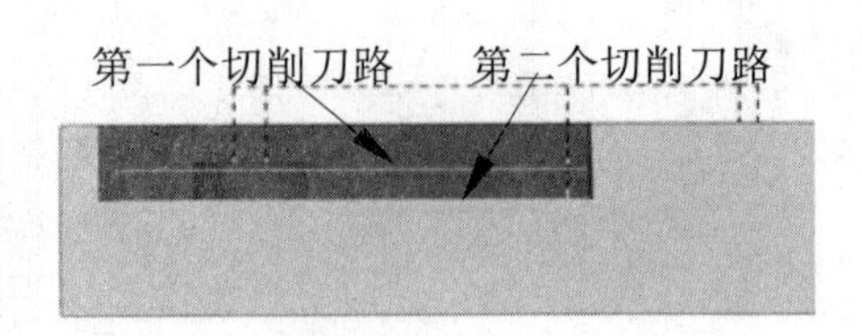

图 3-38　恒定（含临界深度顶面切削）

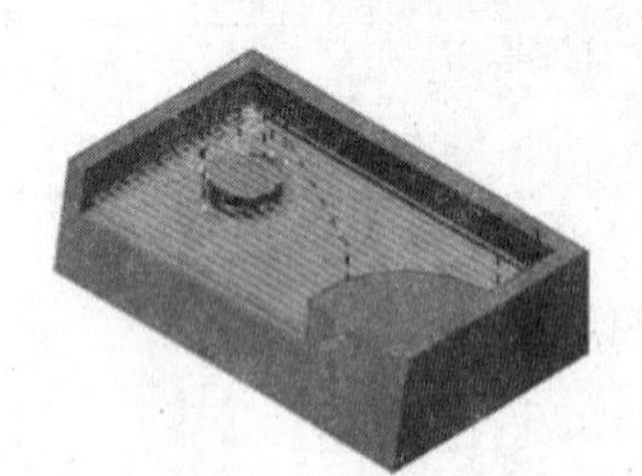
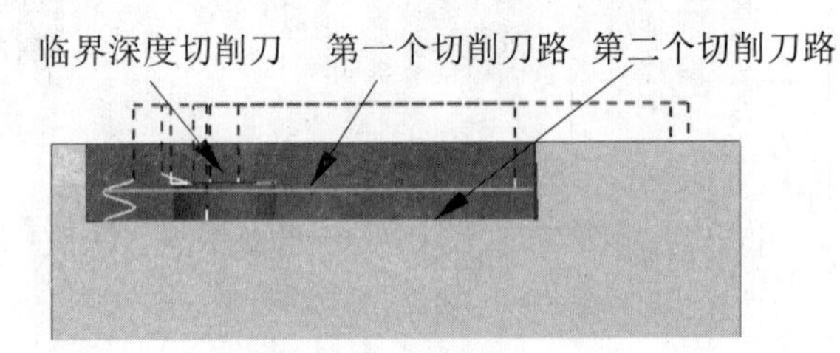

图 3-39　恒定（不含临界深度顶面切削）

2．公共

“公共”用来定义在切削过程中每层切削的最大切削量，对于“恒定”方式，“公共”用来指定各切削层的切削深度。

3．最小值

“最小值”用来定义在切削过程中每个切削层的最小切削量。

4．切削层顶部

“切削层顶部”用来定义在切削过程中第一个切削层的切削量，多深度平面铣操作定义的第一个切削层深度从毛坯几何体的顶面开始测量起，如果没有定义毛坯几何体，则从最高的部件边界平面处测量起。

5．上一个切削层

“上一个切削层”用来定义在切削过程中最后一个切削层的切削量，多深度平面铣操作定义的最后一个切削层深度从底平面测量起。

6．临界深度

选中“临界深度顶面切削”复选框，系统会在每个岛屿的顶部创建一条独立路径。可参考前面“恒定”的相关内容。

7．刀颈安全距离

在切削深度参数中，“增量侧面余量”选项用于为多深度平面铣操作的每个后续切削层增加一个侧面余量值，以保持刀具与侧面间安全距离。输入“增量侧面余量”值，可生成带有一定拔模角度的零件。

3.3.2 进给和速度

在刀轨前进的过程中，不同的刀具运动类型，其“进给率”值会有所不同。对于英制部件，可以按英寸每分钟或英寸每转（ipm、ipr）来提供进给率；对于公制部件，可以按毫米每分钟或毫米每转（mmpm、mmpr）来提供进给率。默认的进给率是 10 ipm（英制）和 10 mmpm（公制）。

在任意铣削工序对话框的“刀轨设置”栏中单击“进给率和速度”按钮，弹出如图 3-40 所示的“进给率和速度”对话框。根据使用的加工子模块，可以将进给率指定给以下某些或全部的刀具移动类型。

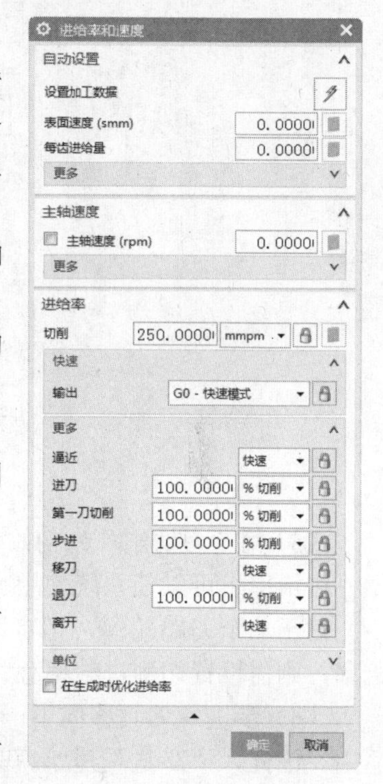

图 3-40　“进给率和速度”对话框

1．自动设置

（1）表面速度　刀具的切削速度。它在各个齿的切削边处测量，测量单位是曲面英尺或米（smm）每分钟。在计算“主轴速度”时，系统使用此值。

（2）每齿进给量　每齿去除的材料量。它以英寸或毫米为单位。在计算“切削进给率”时，系统使用此值。

2．主轴速度

主轴速度是一个计算所得的值，它决定刀具转动的速度，单位为“rpm”。主轴输出模式可从以下选项中进行选择：

■　RPM：按每分钟转数定义主轴速度。
■　SFM：按每分钟曲面英尺定义主轴速度。
■　SMM：按每分钟曲面米定义主轴速度。

3．进给率

刀具随主轴高速旋转，进给率控制刀具对工件的切削速度。进给率主要有以下选项，每项在整个切削过程中的顺序如图 3-41 所示。

（1）切削　在刀具与部件几何体接触时为刀具运动指定的进给率。

（2）快速　只适用于刀轨和 CLSF 中的下一个 GOTO 点。后续的移动使用上一个指定的进给率。

（3）逼近　为从“起点”到“进刀”位置的刀具运动指定的进给率。在使用多个层的“平面铣”和“型腔铣”操作中，使用“逼近”进给率可控制从一个层到下一个层的进给。零“进给率”可以使系统使用“快速”进给率。

（4）进刀　为从“进刀”位置到初始切削位置的刀具运动指定的进给率。当刀具抬起后返回工件时，此进给率也可用于返回进给率。零“进给率”可以使系统使用“切削”进给率。

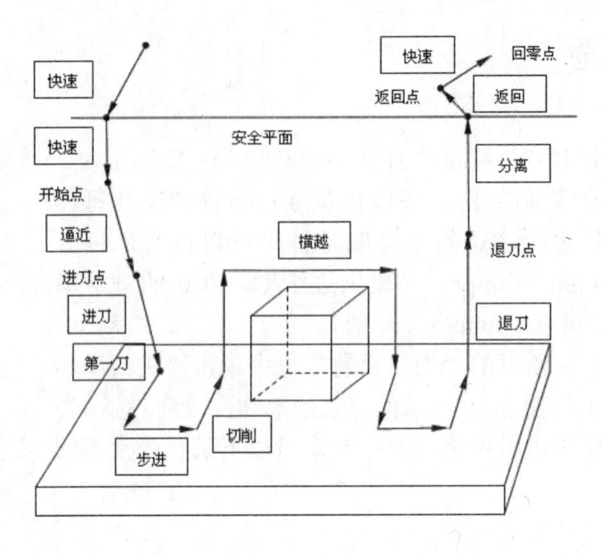

图 3-41　进给率图

（5）第一刀切削　为初始切削刀路指定的进给率（后续的刀路按“切削”进给率值进给）。零“进给率”可以使系统使用“切削”进给率。

对于单个刀路轮廓，指定第一刀切削进给率可以使系统忽略切削进给率。要获得相同的进给率，则需设置切削进给率且将第一刀进给率保留为 0。

（6）步进　刀具移向下一平行刀轨时的进给率。如果刀具从工作表面抬起，则“步进”不适用。因此，“步进”进给率只适用于允许“往复”刀轨的模块。零“进给率”可以使系统使用“切削”进给率。

（7）移刀　运动到下一切削位置时的进给率，或移动到最小安全距离（如果已在切削参数中设置）时的进给率。

只有当刀具是在未切削曲面之上的“竖直间隙”距离，并且是距任何型腔岛或壁的“水平间隙”距离时，才会使用“移刀”进给率，这样可以在移刀时保护部件，并且刀具在移动时也不用抬至“安全平面”。进给率为 0 将使刀具以“快速”进给率移动。

（8）退刀　刀具从“退刀”位置到最终刀轨切削位置的进给率。

（9）离开　刀具移至“返回点”的进给率。“离开”进给率为 0 将使刀具以“快速”进给率移动。

4．单位

（1）设置非切削单位　可将所有的“非切削进给率”单位设置为“mmpr”“mmpm”或“无”，每个非切削进给也可以单独在进给选项里设置单位。

（2）设置切削单位　可将所有的“切削进给率”单位设置为“mmpr”“mmpm”或“无”，每个非切削进给也可以单独在进给选项里设置单位。

3.4 综合加工实例

从下载的电子资料中打开待加工部件，如图 3-42 所示，在“几何”工序导航器中建立“WORKPIECE”和“MILL_AREA”几何体，并同时建立“FACING_MILLING”操作。

1．创建毛坯

1）选择“应用模块”选项卡→“设计”组→“建模”图标，进入建模环境。选择“菜单”→“格式”→“图层设置”命令，弹出如图 3-43 所示的“图层设置”对话框。在“工作层”中输入“2”，按 Enter 键，新建工作图层 2。单击“关闭”按钮，关闭对话框。

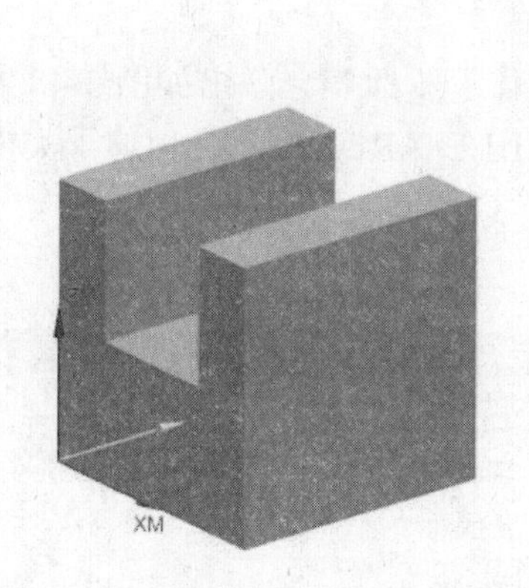

图 3-42　待加工部件

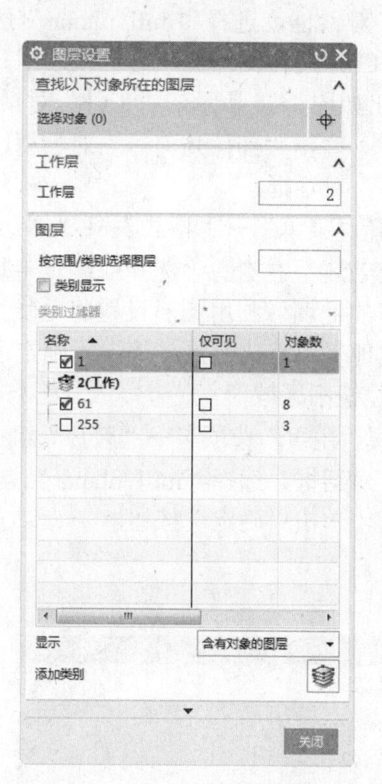

图 3-43　“图层设置”对话框

2）选择“主页”选项卡→“特征”组→“拉伸”图标，弹出“拉伸”对话框，选择待加工部件的底部 4 条边线为拉伸截面，指定“ZC”轴方向为拉伸矢量方向，输入开始距离为 0，结束距离为 85，其他采用默认设置，单击“确定”按钮，生成毛坯，如图 3-44 所示。选择“菜单”→“格式”→“图层设置”命令，双击选择图层 1 为工作图层，取消图层 2 前面的对勾，使图层 2 不可见。单击“关闭”按钮，关闭对话框。

2．创建几何体

1）选择“应用模块”选项卡→“加工”组→“加工”图标，进入加工环境。在上边框条中单击“几何视图”按钮，显示出“几何”工序导航器。

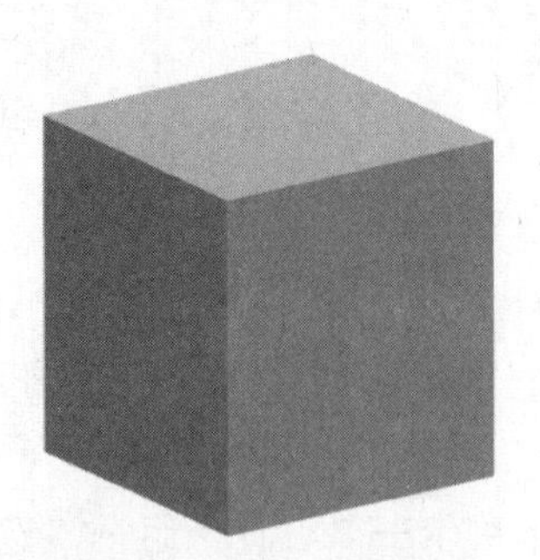

图 3-44　毛坯模型

2）选择“主页”选项卡→“刀片”组→“创建几何体”图标，弹出如图 3-45 所示的“创建几何体”对话框，选择“mill_planar”类型，选择“WORKPIECE”几何体子类型，选择“MCS_MILL”几何体位置，其他采用默认设置，单击“确定”按钮。

3）弹出如图 3-46 所示的“工件”对话框，单击“指定部件”右侧的“选择或编辑部件几何体”按钮，弹出“部件几何体”对话框，选择如图 3-47 所示的部件，单击“确定”按钮，返回到“工件”对话框。

4）选择“菜单”→“格式”→“图层设置”命令，勾选图层“2”，然后单击“工件”对话框“指定毛坯”右侧的“选择或编辑毛坯几何体”按钮，弹出“毛坯几何体”对话框，选择上步创建的毛坯（利用图层设置将毛坯显示和隐藏），单击“确定”按钮，返回到“工件”对话框，其他采用默认设置，单击“确定”按钮，完成工件的设置。

3．创建铣削区域

1）选择“主页”选项卡→“刀片”组→“创建几何体”图标，弹出如图 3-48 所示的“创建几何体”对话框，选择“mill_planar”类型，选择“MILL_AREA”几何体子类型，其他采用默认设置，单击“确定”按钮。

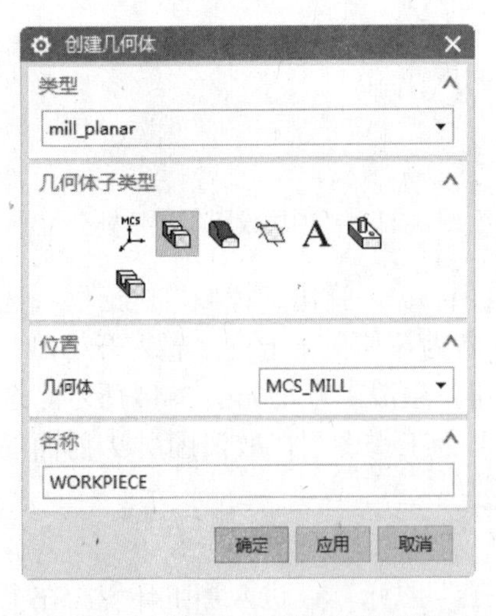

图 3-45　“创建几何体”对话框

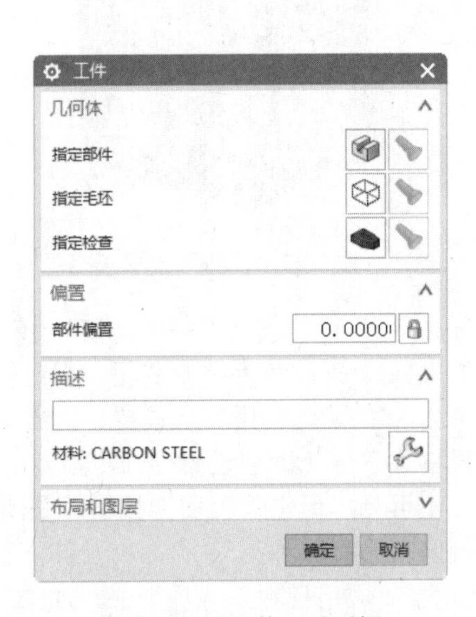

图 3-46　“工件”对话框

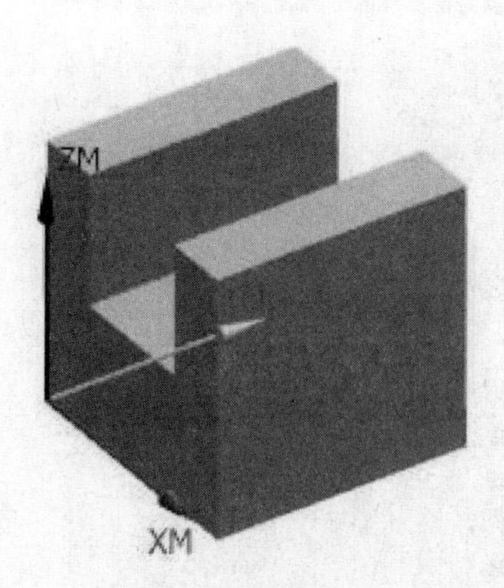

图3-47　指定部件

图3-48　“创建几何体”对话框

2）弹出如图3-49所示“铣削区域”对话框，单击“指定切削区域”右侧的“选择或编辑切削区域几何体”按钮，弹出如图3-50所示的“切削区域”对话框，选择如图3-51所示的切削区域，连续单击“确定”按钮，完成铣削区域的设置。

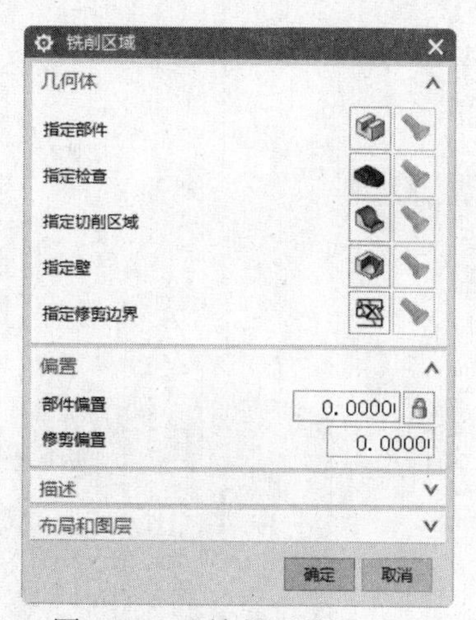

图3-49　“铣削区域”对话框

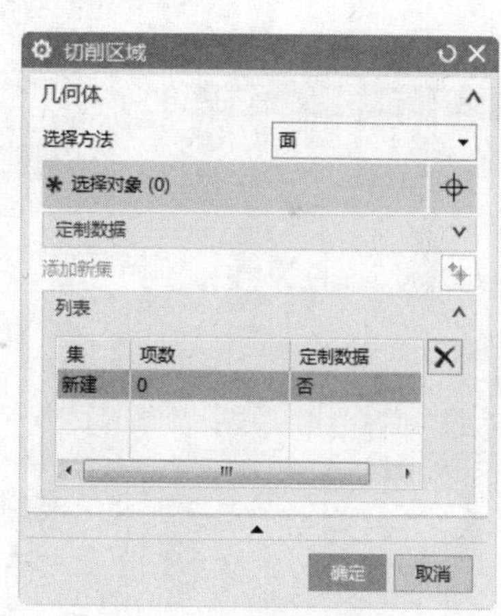

图3-50　“切削区域”对话框

4．创建工序

1）选择“主页”选项卡→“刀片”组→“创建工序”图标，弹出如图3-52所示的“创建工序”对话框，选择“mill_planar”类型，选择“带边界面铣削”工序子类型，选择“MILL_AREA”几何体，输入名称为“FACE_MILLING”，其他采用默认设置，单击“确定”按钮。

2）弹出如图3-53所示的“面铣”对话框，单击“指定面边界”右侧的“选择或编辑面几何体”按钮，弹出“毛坯边界”对话框，选择如图3-54所示的边界，设置刀具侧为“内侧”。

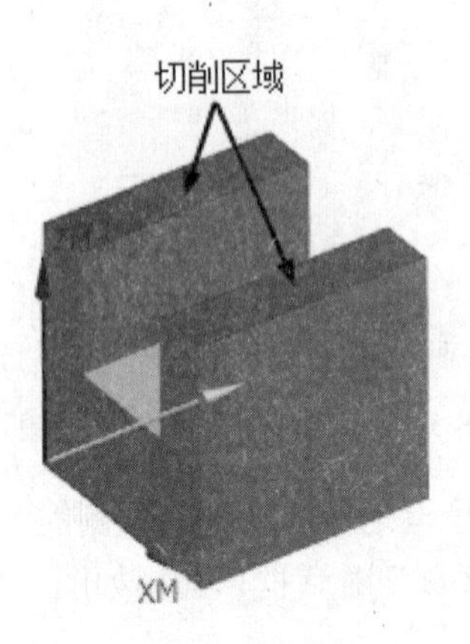

图 3-51 切削区域

图 3-52 “创建工序”对话框

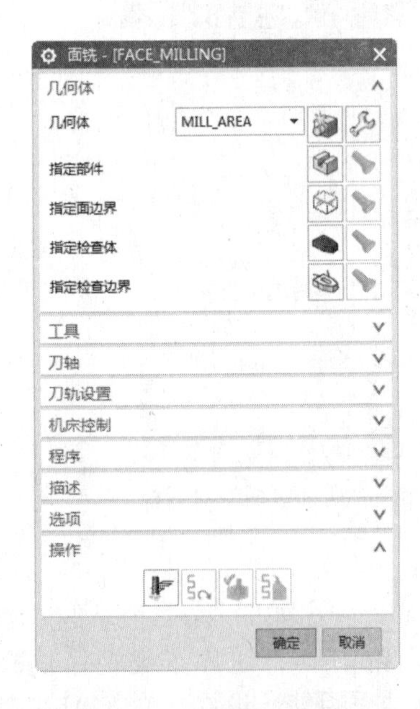

图 3-53 “面铣”对话框

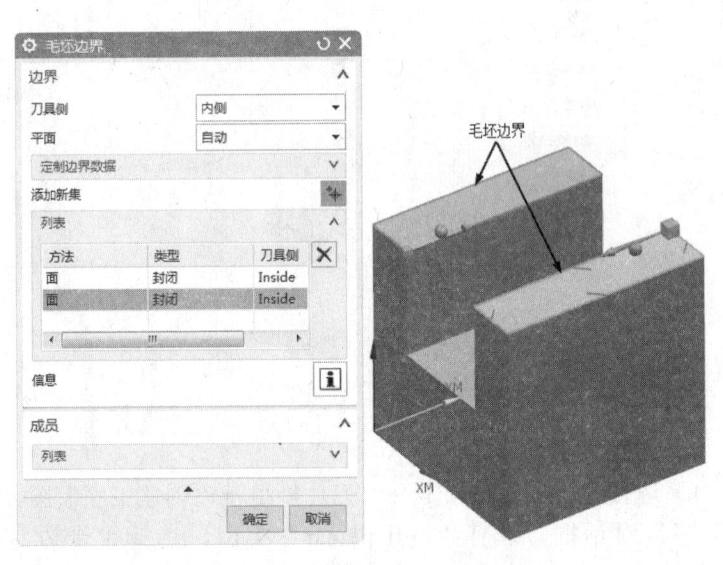

图 3-54 指定毛坯边界

3）在“面铣”对话框的“工具”栏中单击“新建”按钮，弹出如图 3-55 所示的“新建刀具”对话框，选择“MILL”刀具子类型，输入名称为“END10”，单击“确定”按钮，弹出如图 3-56 所示的“铣刀-5 参数”对话框，输入直径为 10mm，其他采用默认设置，单击“确定”按钮，返回“面铣”对话框。

4）在“刀轨设置”栏“切削模式”下拉列表中选择“往复”，单击“操作”栏的“生成刀轨”按钮，生成如图 3-57 所示的刀轨图。

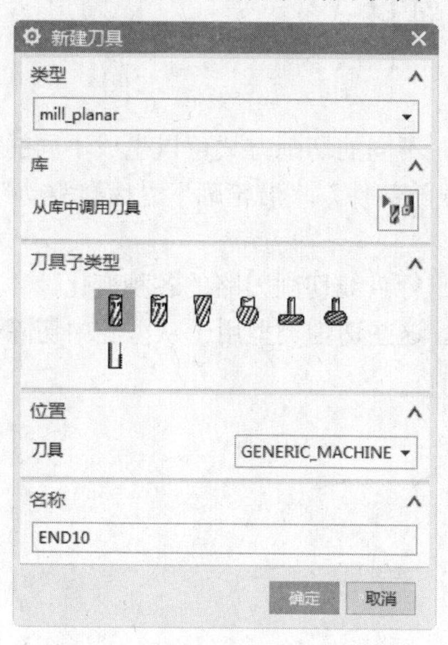

图 3-55 “新建刀具”对话框

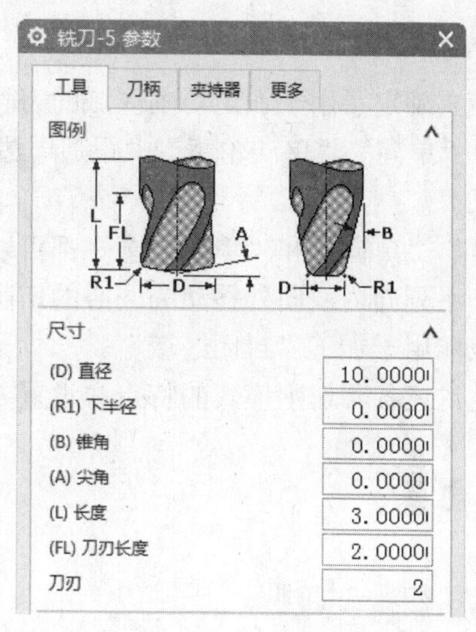

图 3-56 “铣刀-5 参数”对话框

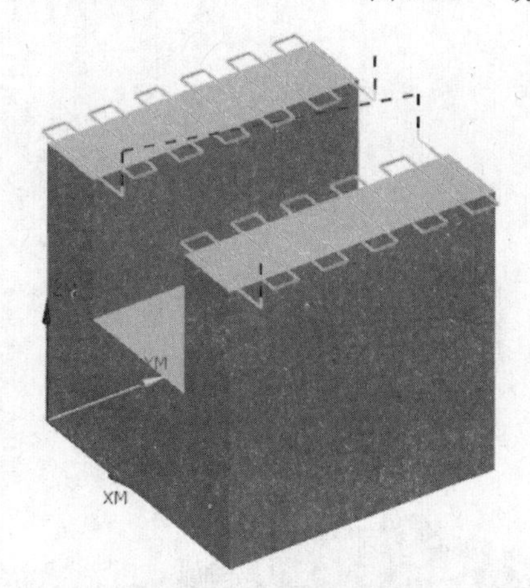

图 3-57 生成的刀轨图

第 4 章 切削模式

切削模式确定了用于加工切削区域的刀轨模式，不同的切削方式可以生成不同的路径。主要有“往复”“单向”“单向轮廓”“跟随周边”“跟随部件”“沿轮廓”“标准驱动”和“摆线”等切削方式。

“往复”“单向”和“单向轮廓”都可以生成平行直线切削刀路的各种变化。“跟随周边”可以生成一系列向内或向外移动的同心的切削刀路。这些切削类型用于从型腔中切除一定体积的材料，但只能用于加工“封闭区域”。

本章将讲述各种切削模式的特点和设置方法。

内容要点

- 往复式切削
- 单向切削
- 单向轮廓切削
- 跟随周边切削
- 跟随部件切削
- 轮廓加工切削
- 标准驱动切削
- 摆线切削

案例效果

4.1 往复式切削（Zig-Zag）

“往复”式切削可创建一系列平行直线刀路，彼此切削方向相反，但步进方向一致。在步距的位移上没有提刀动作，刀具在步进时保持连续的进刀状态，是一种最节省时间的切削方法。切削方向相反，交替出现“顺铣”和“逆铣”切削。指定“顺铣”或“逆铣”切削方向不会影响切削行为，但会影响其中用到的“壁清理”操作的方向。

切削时将尽量保持直线“往复”切削，但允许刀具在限定的步进距离内跟随切削区域轮廓以保持连续的切削运动。

这种方式的特点为：

1）交替出现一系列“顺铣”和“逆铣”切削，“顺铣”或“逆铣”切削方向不会影响切削行为，但会影响“壁清理”操作的方向。

2）使用者如果没有指定切削区域起点，那么刀具的起刀点将尽量地从外围边界的起点处开始切削。

3）“往复”切削基本按直线进行，为保持切削运动的连续性，在不超出横向进给距离的条件下，刀具路径可以沿切削区域轮廓进行切削，但跟随轮廓的刀具路径不能和其他刀具路径相交，并且偏离走刀直线方向的距离应小于横向进给距离。如图 4-1 所示，最后一条“往复”刀路偏离了直线方向，而是跟随切削区域的形状以保持连续的切削刀轨。如果“往复”切削刀路无法跟随切削区域轮廓，那么系统将生成一系列较短的刀路，并在子区域间移动刀具进行切削。如图 4-2 所示，步进始终跟随切削区域轮廓。

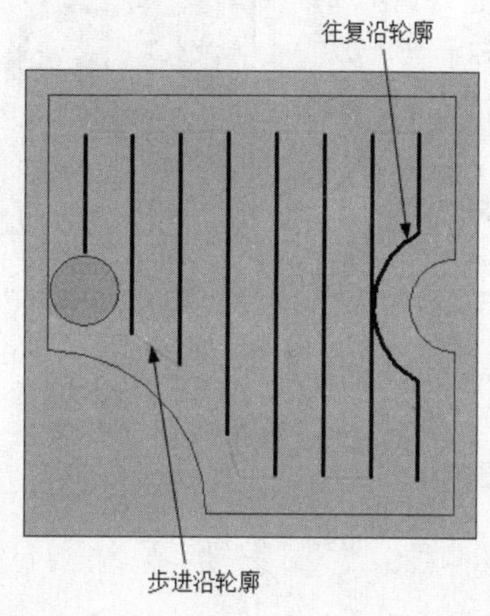

图 4-1　“往复”（沿切削区域轮廓）切削

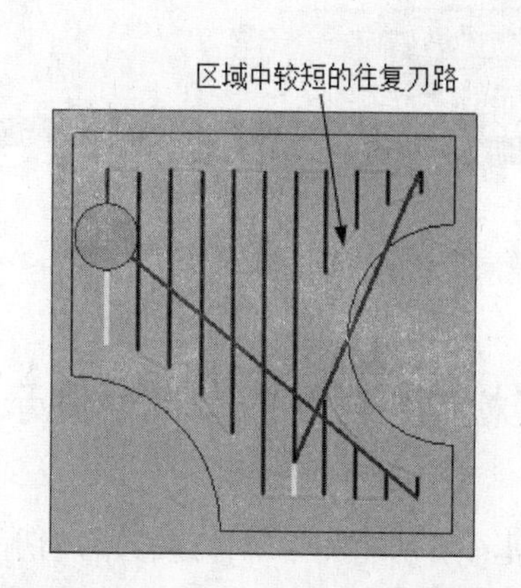

图 4-2　“往复”（不沿切削区域轮廓）切削

4）实际加工中，如果工件腔内没有工艺孔，刀具应该沿斜线切入工件，斜角应控制在 5°以内。

4.2 单向切削（Zig）

4.2.1 单向切削参数

“单向”切削方法可生成一系列线性平行和单向切削刀具路径，在连续的刀路间不执行轮廓切削。它在横向进给前先退刀，然后跨越到下一个刀具路径的起始位置，再以相同的方法进行切削。“单向”切削方法生成的相邻刀具路径之间全是“顺铣”或“逆铣”。

1）刀具从切削刀路的起点处进刀，并切削至刀路的终点。然后刀具退刀，移动至下一刀路的起点，并以相同方向开始切削。

图 4-3 和图 4-4 所示分别为“顺铣”和“逆铣”切削的“单向”刀具运动的基本顺序。

2）在刀路不相交时，“单向”切削生成的刀路可跟随切削区域的轮廓。如果“单向”刀路不相交便无法跟随切削区域，那么将生成一系列较短的刀路，并在子区域间移动刀具进行切削，如图 4-5 所示。

3）当切削方向始终一致，即始终保持“顺铣”或“逆铣”时，刀轨是连续的。

4）“单向”切削非常适用于岛屿的精加工。

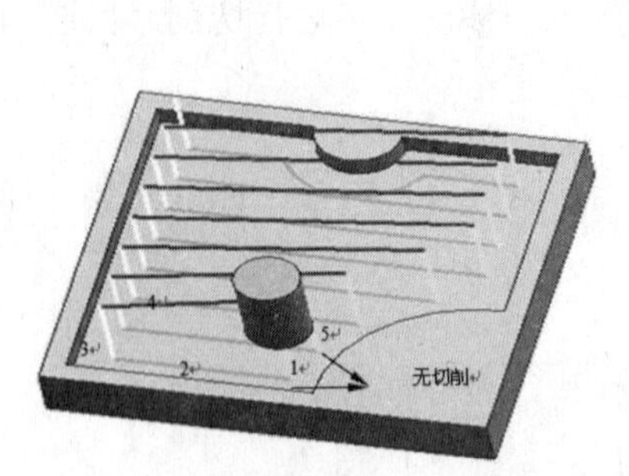

图 4-3 “单向”切削刀轨“顺铣”

图 4-4 “单向”切削刀轨“逆铣”

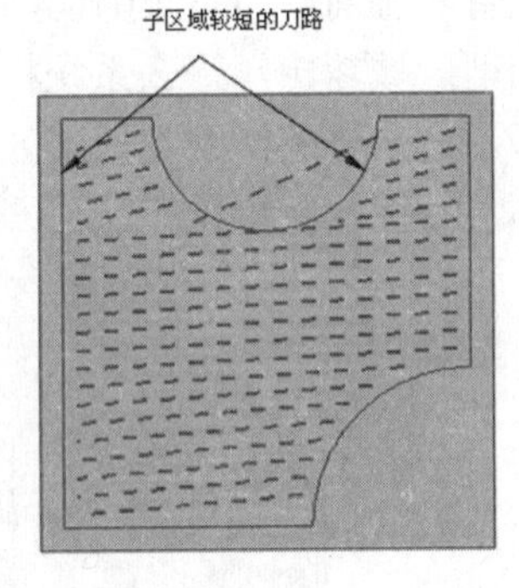

图 4-5 “单向”切削刀轨

4.2.2 轻松动手学——单向切削示例

对图 4-6 所示的加工部件进行单向切削。

1．创建毛坯

1）选择“应用模块”选项卡→“设计”组→“建模”图标，在建模环境中选择“菜单”→“格式”→“图层设置”命令，弹出如图 4-7 所示的“图层设置”对话框。选择图层 2 为工作图层，单击“关闭”按钮。

2）选择“主页”选项卡→“特征”组→“拉伸”图标，弹出如图 4-8 所示的“拉伸”对话框，选择加工部件的底部 4 条边线为拉伸截面，指定矢量方向为“ZC”，输入开始距离为 0，输入结束距离为 50，其他采用默认设置，单击“确定”按钮，生成如图 4-9 所示的毛坯。

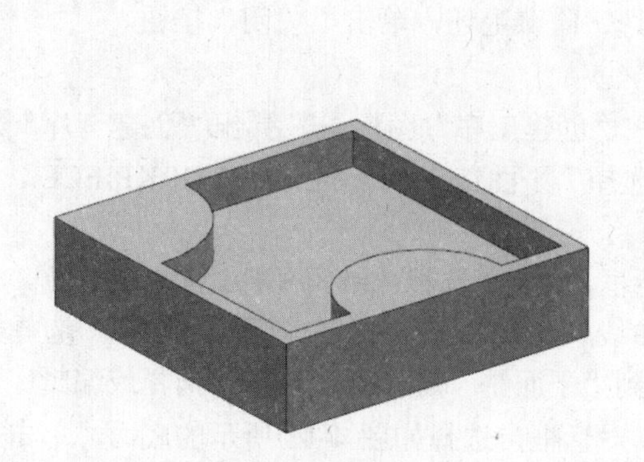

图 4-6　加工部件

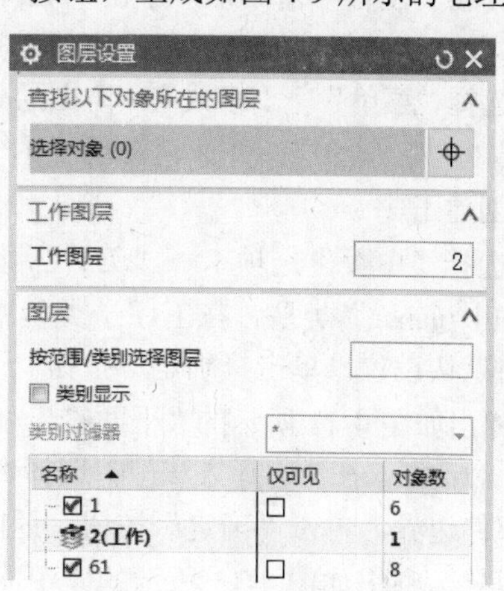

图 4-7　“图层设置”对话框

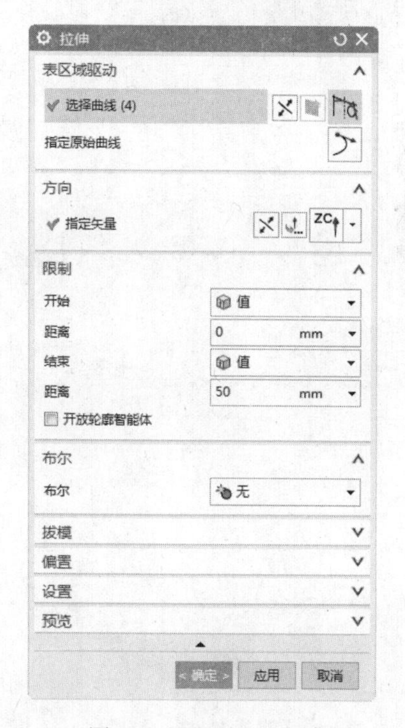

图 4-8　“拉伸”对话框

图 4-9　毛坯

2．创建几何体

1）选择“应用模块”选项卡→“加工”组→“加工”图标，进入加工环境。在上边框条中选择“几何视图”，选择“主页”选项卡→“刀片”组→“创建几何体”图标，弹出如图 4-10 所示“创建几何体”对话框，选择“mill_planar”类型，选择“WORKPIECE”几何体子类型，

其他采用默认设置，单击“确定”按钮。

2）弹出“工件”对话框，单击“选择或编辑部件几何体”按钮，选择如图 4-6 所示的加工部件。单击“选择或编辑毛坯几何体”按钮，选择图 4-9 所示的毛坯。单击“确定”按钮。

3）选择“菜单”→“格式”→“图层设置”命令，弹出如图 4-7 所示的“图层设置”对话框。选择图层 1 为工作图层，并取消图层 2 的勾选，隐藏毛坯，单击“关闭”按钮。

3．创建工序

1）选择“主页”选项卡→“刀片”组→“创建工序”图标，弹出“创建工序”对话框，选择“mill_planar”类型，在工序子类型中选择“平面铣”，选择“WORKPIECE”几何体，其他采用默认设置，单击“确定”按钮。

2）弹出如图 4-11 所示的“平面铣”对话框，单击“选择或编辑部件边界”按钮，弹出“部件边界”对话框，在“选择方法”中选择“曲线”，在“刀具侧”中选择“内侧”，选择如图 4-12 所示的部件边界，单击“确定”按钮，返回到“平面铣”对话框。单击“选择或编辑底平面几何体”按钮，弹出如图 4-13 所示的“平面”对话框，选择如图 4-12 所示的底面，单击“确定”按钮。

图 4-10 “创建几何体”对话框

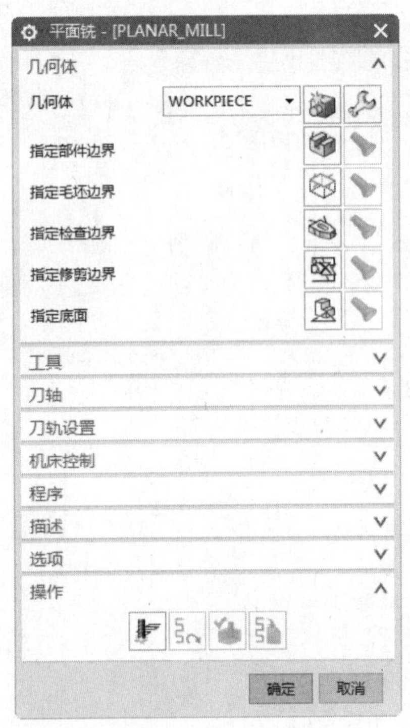

图 4-11 “平面铣”对话框

3）在“工具”栏中单击“新建”按钮，弹出“新建刀具”对话框，选取“MILL”刀具子类型，名称为“END10”，单击“确定”按钮，弹出“铣刀-5 参数”对话框，输入直径为 10mm，其他采用默认设置，单击“确定”按钮，创建直径为 10mm 的刀具。

4）在“刀轨设置”栏中进行如图 4-14 所示的设置，“切削模式”选择“单向”，“切削角”

选择“指定”，“与 XC 的夹角”为 90，“平面直径百分比”为 60。

5）单击“切削层”按钮，弹出如图 4-15 所示的“切削层”对话框，“类型”选择“用户定义”，“公共”设置为 20，单击“确定”按钮。

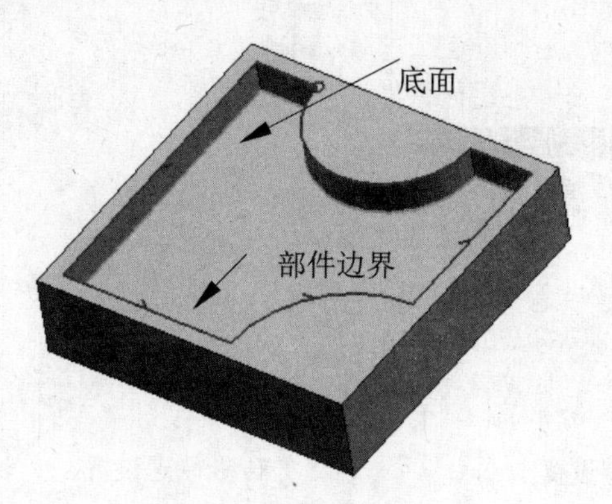

图 4-12　指定部件边界

图 4-13　“平面”对话框

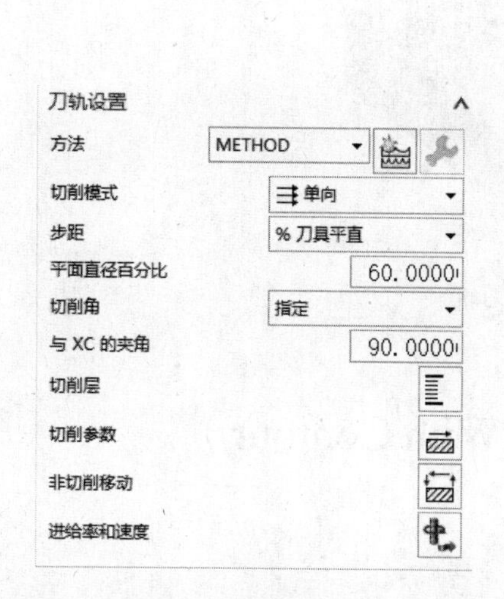

图 4-14　对“刀轨设置”栏进行设置

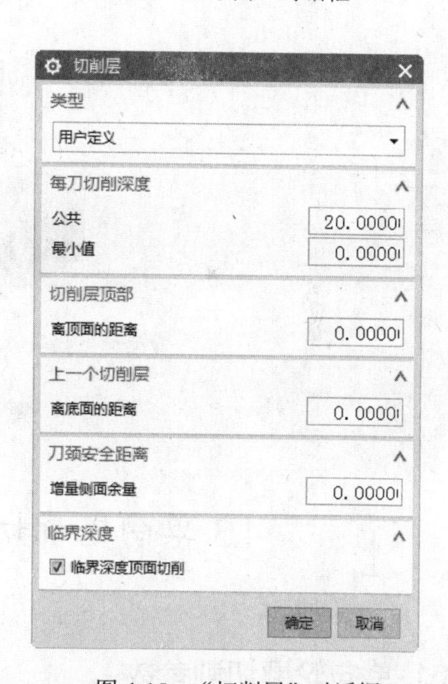

图 4-15　“切削层”对话框

6）单击“非切削移动”按钮，弹出如图 4-16 所示的“非切削移动”对话框。在“进刀”选项卡的“封闭区域”选择“进刀类型”为“插削”，设置“高度”为 0mm，其他采用默认设置。在“退刀”选项卡选择“退刀类型”为“抬刀”，设置“高度”为 50mm。在“转移/快速”选项卡的“安全设置”选择“安全设置选项”为“自动平面”，设置“安全距离”为 0mm；设置“区域之间”的“转移类型”为“毛坯平面”、“安全距离”为 0mm；设置“区域内”的“转移方式”为“进刀/退刀”、“转移类型”为“安全距离-刀轴”。单击“确定”按钮。

7）单击“操作”栏中的“生成”和“确认”按钮，生成如图 4-17 所示的单向切削刀轨。

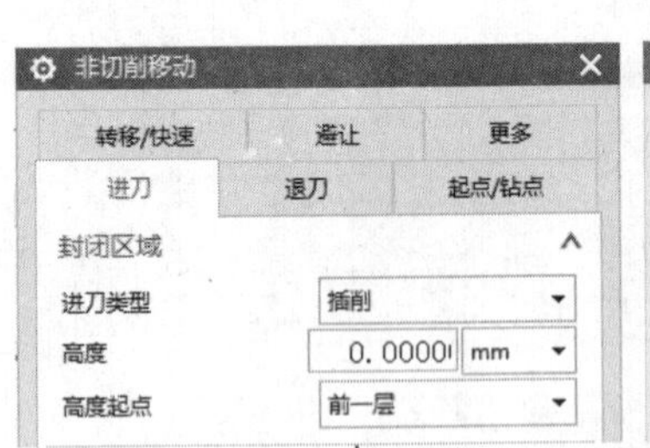

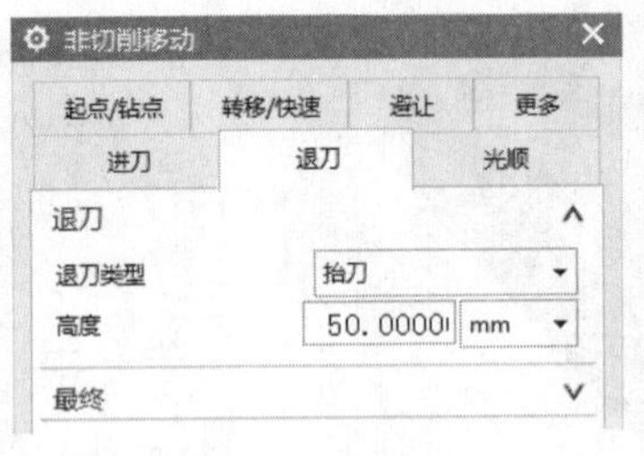

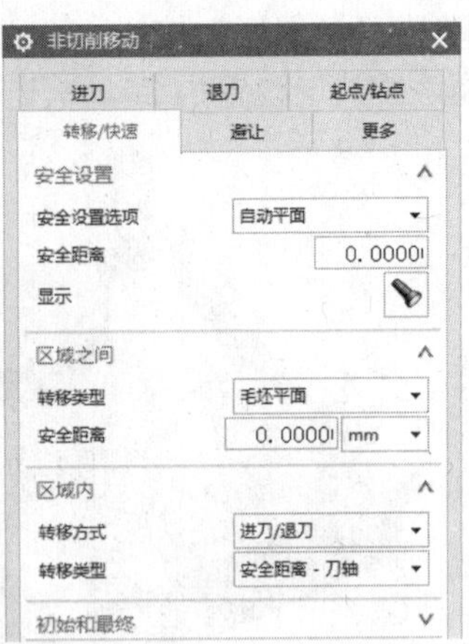

进刀类型设置　　退刀类型设置　　转移/快速设置

图 4-16　“非切削移动”对话框

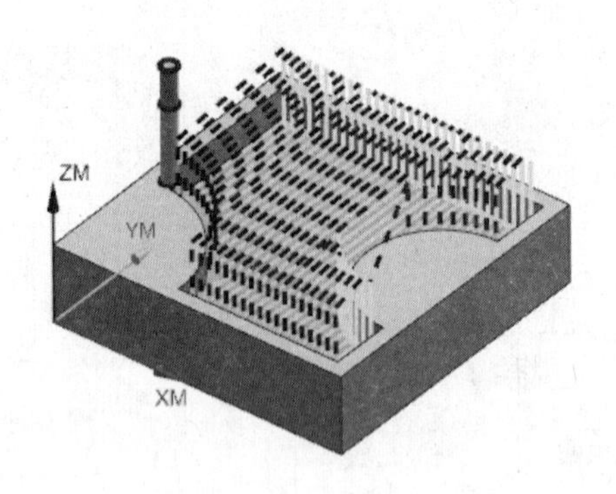

图 4-17　单向切削刀轨

4.3 单向轮廓切削（Zig With Contour）

4.3.1 单向轮廓切削参数

“单向轮廓”创建的“单向”切削图样将跟随两个连续“单向”刀路间的切削区域的轮廓。它将严格保持“顺铣”或“逆铣”切削。系统根据沿切削区域边界的第一个“单向”刀路来定义“顺铣”或“逆铣”刀轨。

“单向轮廓”的切削刀路为一系列“环”，如图 4-18 所示。第一个环有 4 个边，之后的所有环均只有三个边。

刀具从第一个环底部的端点处进刀。系统根据刀具从一个环切削至下一个环的大致方向来定义每个环的底侧。刀具移动的大致方向是从每个环的顶部移至底部。

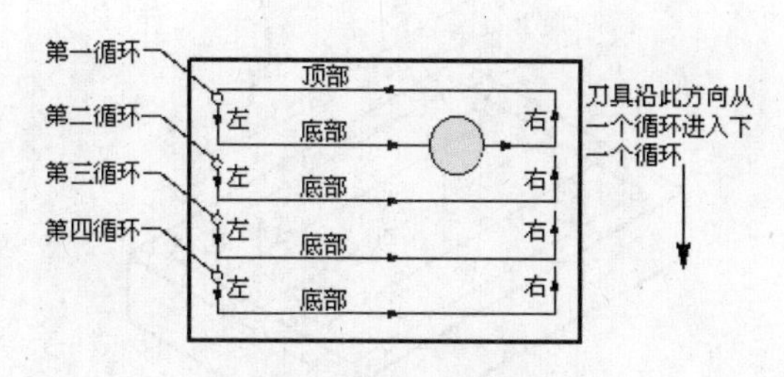

图 4-18　单向轮廓环

切削完第一个环后，刀具将移动到第二个环的起始位置。由于第一个环的底部即对应于第二个环的顶部，因此第二个环中只剩下三个要切削的边。系统将从第二个环（上例中）的左侧边起点处进刀。后续环中将重复此模式。

“单向轮廓”切削方法与“单向”切削方法类似，只是在横向进给时刀具沿区域轮廓进行切削形成刀轨，如图 4-19 所示。

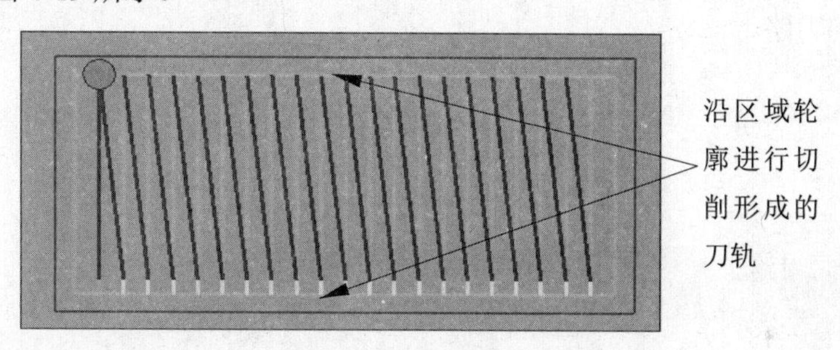

图 4-19　单向轮廓切削

这种方式的特点为：

1）切削图样将跟随两个连续“单向”刀路间的切削区域的轮廓，由沿切削区域边界的第一个“单向”刀路来定义“顺铣”或“逆铣”刀轨。

2）步进在刀具移动时跟随切削区域的轮廓。“单向”刀路也跟随切削区域的轮廓，但必须轮廓不会导致刀路相交。

3）如果存在相交刀路使得“单向”刀路无法跟随切削区域的轮廓，那么系统将生成一系列较短的刀路，并在子区域间移动刀具进行切削。

4）这种加工方式适用于在粗加工后要求余量均匀的零件加工，如侧壁高且薄的零件，加工比较平稳，不会影响零件的外形。

5）刀轨运动顺序根据加工工艺确定。图 4-20 所示为刀轨运动顺序示意图，图中各数字为刀轨运动顺序。

刀具每步运动的过程如下：

1）进刀。首次进刀时刀具应倾斜一定角度，避免直接切入腔体拐角或沿壁面进刀，使切削更加规则。

2）初始步距。

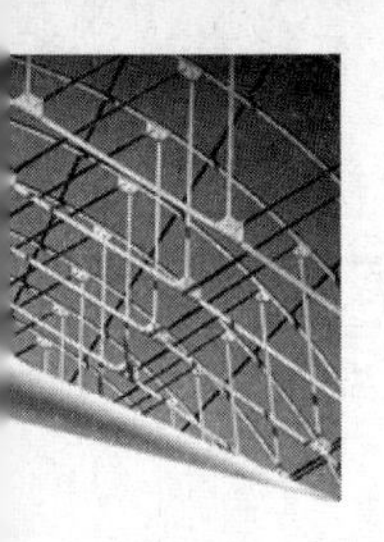

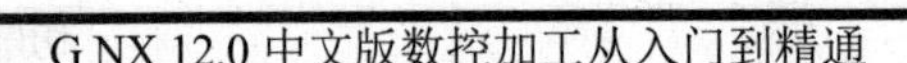

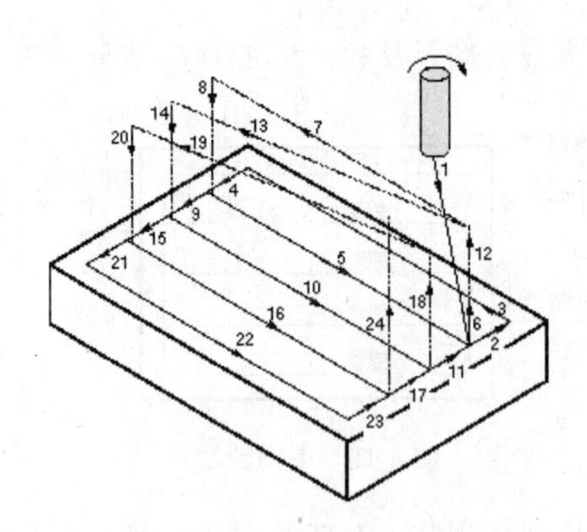

图4-20　刀轨运动顺序示意图

3）初始切削刀路。此刀路与后面其他“单向”切削刀路（图4-20中的5、10、16、22）方向相反。此刀路决定“顺铣”或“逆铣”。

4）步进。

5）第一个单向刀路。

6）退刀。

7）移刀。

8）进刀。

9）步进。

10）第二个单向刀路。

11）步进。

后面的切削过程重复以上过程中的6）～11）步。

4.3.2 轻松动手学——单向轮廓切削示例

创建如图4-21所示的部件，然后进行单向轮廓切削。

1．创建毛坯

1）选择“应用模块”选项卡→“设计”组→“建模”图标，在建模环境中选择“菜单”→“格式”→“图层设置”命令，弹出如图4-22所示的“图层设置”对话框。将图层2设置为工作图层，单击“关闭”按钮。

2）选择“主页”选项卡→“特征”组→“拉伸”图标，弹出如图4-23所示的“拉伸”对话框，选择加工部件的底部4条边线为拉伸截面，指定矢量方向为“ZC”，输入开始距离为0，输入结束距离为30，其他采用默认设置，单击“确定”按钮，生成如图4-24所示的毛坯。

2．创建几何体

1）选择“应用模块”选项卡→“加工”组→“加工”图标，进入加工环境。在上边框条中选择“几何视图”，选择“主页”选项卡→“刀片”组→“创建几何体”图标，弹出“创建几何体”对话框，选择“mill_planar”类型，选择“WORKPIECE”几何体子类型，其他采用默认设置，单击“确定”按钮。

图4-21　“单向轮廓”待切削部件

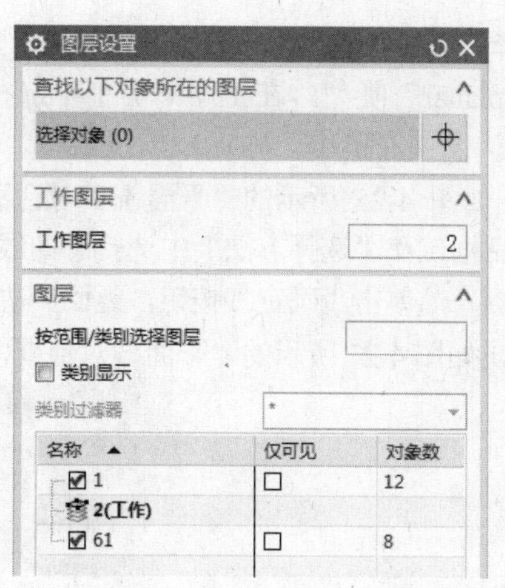

图4-22　“图层设置”对话框

图4-23　“拉伸”对话框

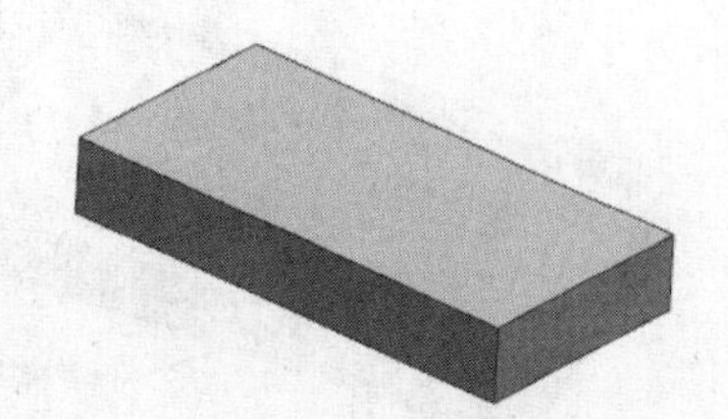

图4-24　毛坯

2）弹出“工件”对话框，单击“选择和编辑部件几何体”按钮，选择如图4-21所示部件。单击“选择和编辑毛坯几何体”按钮，选择图4-24所示的毛坯。单击“确定”按钮。

3）选择“菜单”→“格式”→“图层设置”命令，弹出“图层设置”对话框。选择图层1为工作图层，并取消图层2的勾选，隐藏毛坯，单击“关闭”按钮。

3．创建工序

1）选择“主页”选项卡→“刀片”组→“创建工序”图标，弹出“创建工序”对话框，选择“mill_planar”类型，在工序子类型中选择“平面铣”，选择“WORKPLECE”几何体，其他采用默认设置，单击“确定”按钮。

2）弹出如图 4-25 所示的“平面铣”对话框，单击“选择或编辑部件边界”按钮，弹出“部件边界”对话框，在“选择方法”中选择“曲线”，选择如图 4-26 所示的部件边界，在“刀具侧”中选择“内侧”，单击“确定”按钮，返回到“平面铣”对话框。单击“选择或编辑底平面几何体”按钮，弹出如图 4-27 所示的“平面”对话框，选择如图 4-26 所示的底面。单击“确定”按钮。

图 4-25 “平面铣”对话框

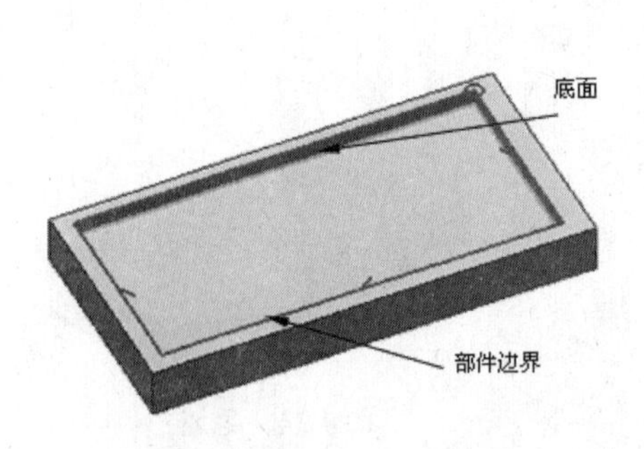

图 4-26 指定部件边界和底面

图 4-27 “平面”对话框

3）在“工具”栏中单击“新建”按钮，弹出“新建刀具”对话框，选取“MILL”刀具子类型，名称为“END10”，单击“确定”按钮，弹出“铣刀-5 参数”对话框，输入直径为 10mm，其他采用默认设置，单击“确定”按钮，创建直径为 10mm 的刀具。

4）在“刀轨设置”栏中进行如图4-28所示的设置。“切削模式”选择“单向轮廓”，“切削角”选择“指定”，“与XC的夹角”为90，“平面直径百分比”为“60”。

5）单击“切削层”按钮，弹出如图4-29所示的“切削层”对话框，“类型”选择“用户定义”，“公共”设置为10，单击“确定”按钮。

6）单击“非切削移动”按钮，弹出如图4-30所示的“非切削移动”对话框，“进刀类型”选择“沿形状斜进刀”，“斜坡角度”为15，其他采用默认设置，单击“确定”按钮。

7）单击“操作”栏中的“生成”和“确认”按钮，生成如图4-31所示的单向轮廓切削刀轨。

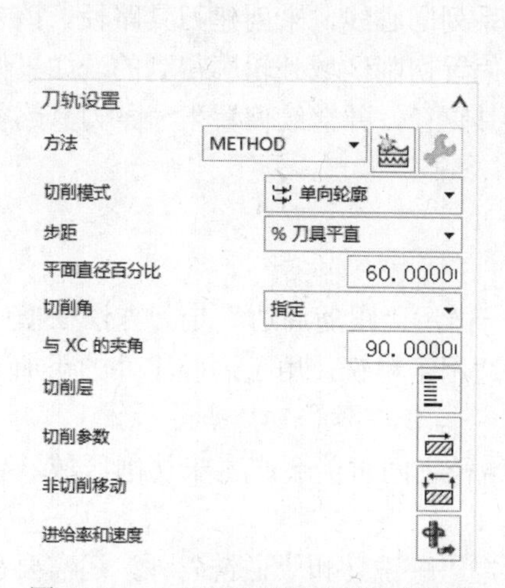

图4-28　对“刀轨设置”栏进行设置

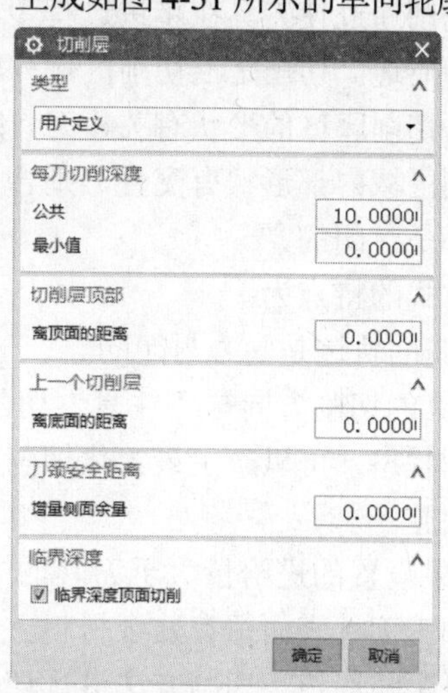

图4-29　“切削层”对话框

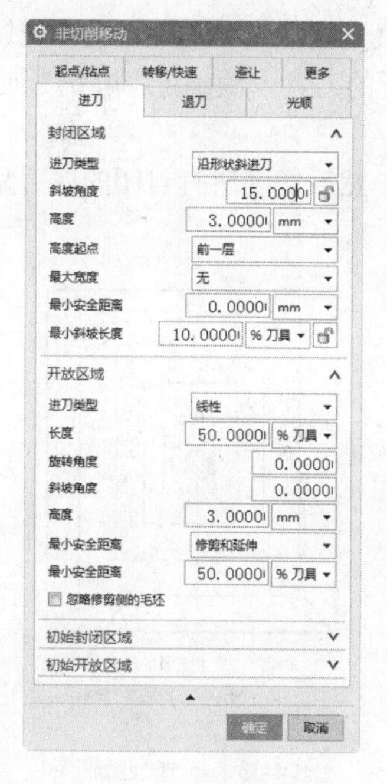

图4-30　进刀类型设置

图4-31　单向轮廓切削刀轨

4.4 跟随周边切削（Follow Periphery）

“跟随周边”切削能跟随切削区域的轮廓生成一系列同心刀路的切削图样。通过偏置该区域的边缘环可以生成这种切削图样。当刀路与该区域的内部形状重叠时，这些刀路将合并成一个刀路，然后再次偏置这个刀路就形成下一个刀路。可加工区域内的所有刀路都将是封闭形状。“跟随周边”切削通过使刀具在步进过程中不断地进刀而使切削运动达到最大程度。

“跟随周边”切削是沿切削区域外轮廓产生一系列同心线，来创建刀具路径。该方法创建的刀具路径与切削区域的形状有关，刀具路径是通过偏置切削区域外轮廓得到的。如果偏置的刀具路径与切削区域内部形状有交叠，则合并成一条刀具路径，并继续偏置下一条刀具路径，所有的刀具路径都是封闭的。

这种方式的特点为：

1）刀具的轨迹是同心封闭的。

2）刀具的切削方向与“往复”切削走刀方法一样，“跟随周边”走刀方法在横向进给时一直保持切削状态，可以产生最大化切削，所以特别适用于粗铣，用于内腔零件的粗加工，如模具的型芯和型腔。

3）如果设置的进给量大于刀具的半径，两条路径之间可能会产生未切削区域，导致切削不完全，在加工工件表面留有残余材料。

利用“跟随周边”切削方法进行切削除需要指定“顺铣”和“逆铣”外，还需要在切削参数对话框中指定横向进给方向，即“向内”或“向内”。

使用“向内”腔体方向时，离切削图样中心最近的刀具一侧确定“顺铣”或“逆铣”，如图 4-32 所示；使用“向外”腔体方向时，离切削区域边缘最近的刀具一侧确定“顺铣”或“逆铣”，如图 4-33 所示。

对于“向内”进给切削，系统首先切削所有开放刀路，然后切削所有封闭的内刀路。切削时根据零件外轮廓向内偏置，产生同心轮廓。

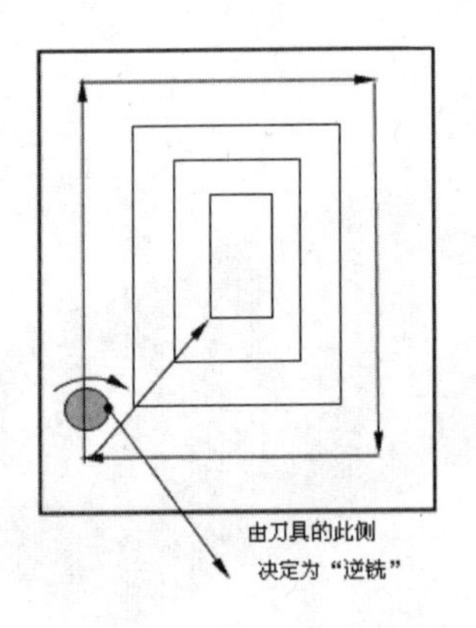

图 4-32 向内“逆铣”

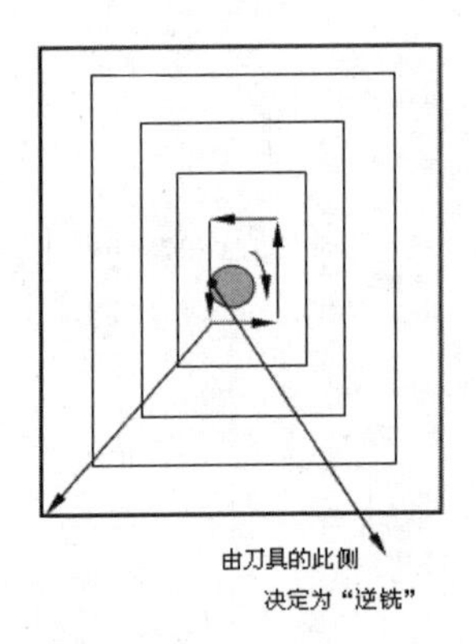

图 4-33 向外“逆铣”

对于“向外”进给切削，系统首先切削所有封闭的内刀路，然后切削所有开放刀路。刀具从工件要切削区域的中心向外切削，直到切削到工件的轮廓。

图4-34所示为使用“顺铣”切削、“向内”腔体方向和使用“顺铣”切削、“向外”腔体方向时“跟随周边”切削刀具运动的轨迹。

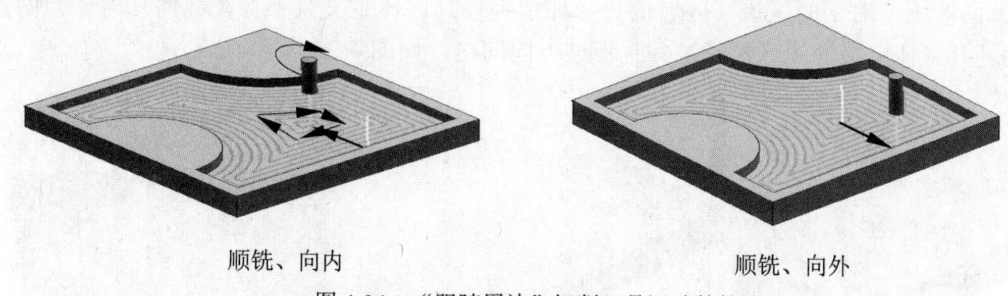

顺铣、向内　　顺铣、向外

图4-34　“跟随周边”切削刀具运动的轨迹

4.5 跟随部件切削（Follow Part）

4.5.1 跟随部件切削参数

“跟随部件”切削方法是根据所指定的零件几何产生一系列同心线，来切削区域轮廓。该方法和“跟随周边”切削方法类似，不相同的是“跟随周边”切削只能从零件几何或毛坯几何定义的外轮廓偏置得到刀具路径，“跟随部件”切削可以保证刀具沿零件轮廓进行切削。

1．特点

1）“跟随部件”切削方法不允许指定横向进给方向，横向进给方向由系统自动确定，即总是朝向零件几何，也就是靠近零件的路径最后切削。

2）如果切削区域中没有“岛屿”等几何形状，此切削方式和“跟随周边”切削方式产生的刀具轨迹相同。

3）根据工件的几何形状来规定切削方向，不需要指定切除材料的内部还是外部。

4）对于型腔，加工方向是向外；对于“岛屿”，加工方向是向内部。

5）适合加工零件中有凸台或“岛屿”的情况，这样可以保证凸台和岛屿的精度。

6）如果没有定义零件几何，该方法就用毛坯几何进行偏置得到刀具路径。

与“跟随周边”切削方法的区别如下：

1）“跟随部件”切削方法通过从整个指定的部件几何体中形成相等数量的偏置。

2）不需要指定切除材料的内部还是外部，对于型腔，加工方向是向外，对于“岛屿”，加工方向是内部。

3）在带有“岛”的型腔区域中使用“跟随部件”切削，不需要使用带有“岛清理”的“跟随周边”切削方式。“跟随部件”切削将保证在不设置任何切换的情况下完整切削整个“部件”

几何体。

4）“跟随部件”切削可以保证刀具沿着整个部件几何体进行切削，无需设置“岛清理”刀路

2. 步进方向

（1）面区域 对于面区域（区域的边缘环由毛坯几何体定义且不存在部件几何体）偏置将跟随由毛坯几何体定义的边缘形状，并且步进方向向内，如图 4-35 所示。

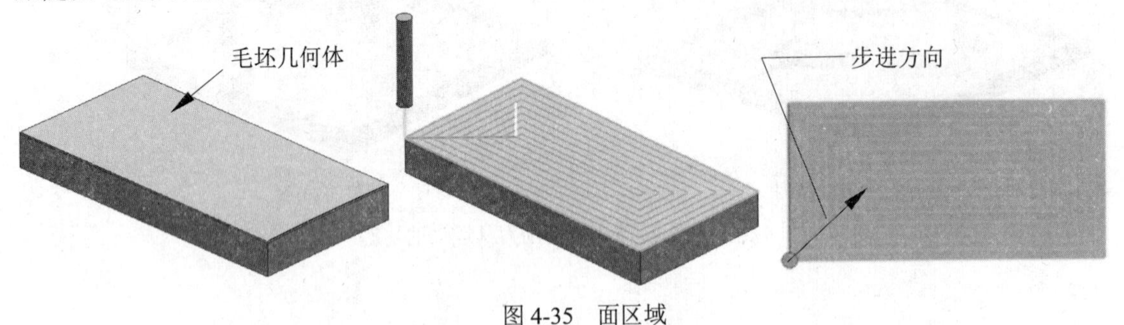

图 4-35 面区域

（2）型芯区域 对于型芯区域（边缘环通过“指定毛坯边界”定义，“岛”通过“指定部件边界”定义），偏置跟随部件几何体的形状，步进方向为向内朝向定义每个“岛”的部件几何体，如图 4-36 所示。

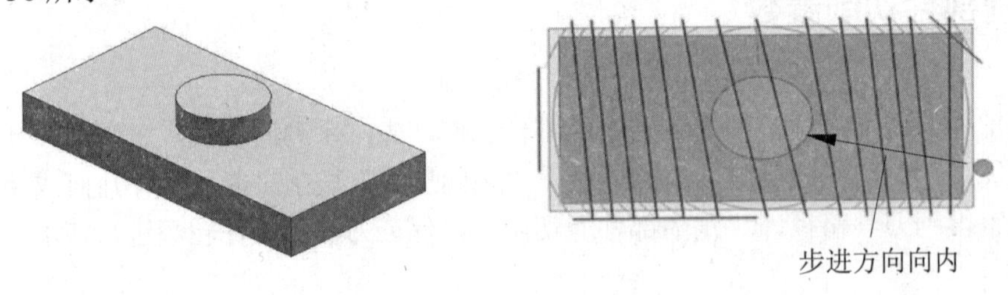

图 4-36 型芯区域

（3）型腔区域 对于型腔区域（边缘环通过“指定部件边界”确定），步进方向向外时则朝向定义型腔边缘的部件几何体，步进方向向内时则朝向定义每个“岛”的部件几何体，如图 4-37 所示。

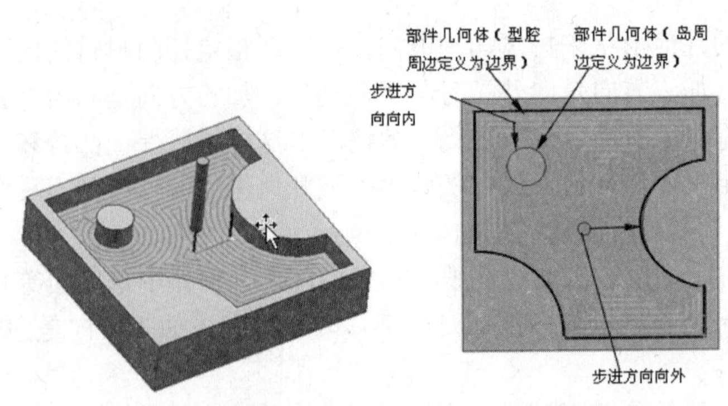

图 4-37 型腔区域

（4）开放侧区域　对于开放侧区域（这些区域中，由于部件几何体和毛坯几何体相交，部件几何体偏置不创建封闭边缘形状），步进方向向外时则朝向定义边缘的“部件”几何体，向内时则朝向定义“岛”的部件几何体。

4.5.2 轻松动手学——跟随部件切削示例

创建如图4-38所示的部件，进行跟随部件切削。

1. 创建毛坯

1）选择“应用模块”选项卡→“设计”组→“建模”图标，在建模环境中选择“菜单”→“格式”→“图层设置”命令，弹出如图4-39所示的“图层设置”对话框。将图层2设置为工作层，单击“关闭”按钮。

图4-38　部件

2）选择“主页”选项卡→“特征”组→→“拉伸”图标，弹出如图4-40所示的“拉伸”对话框，选择加工部件的底部4条边线为拉伸截面，指定矢量方向为“ZC”，输入开始距离为0，输入结束距离为50，其他采用默认设置，单击“确定”按钮，生成如图4-41所示的毛坯。

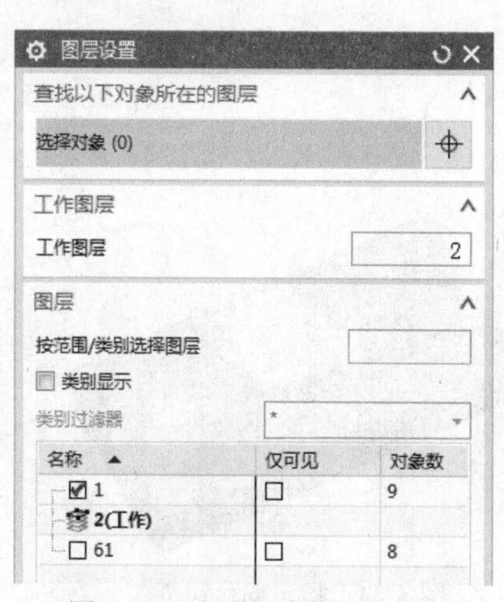

图4-39　“图层设置”对话框

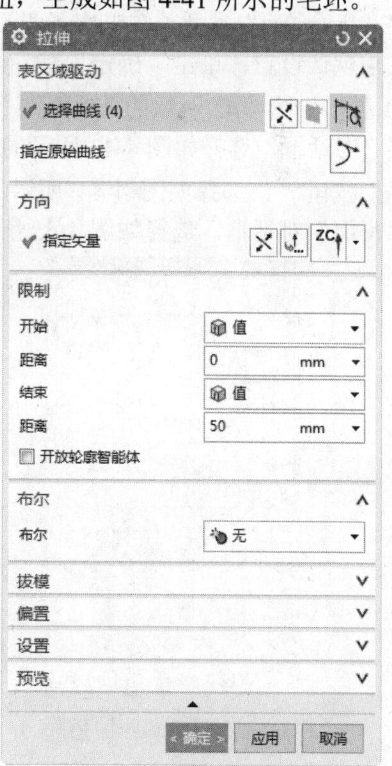

图4-40　“拉伸”对话框

图 4-41　毛坯

2．创建几何体

1）选择“应用模块”选项卡→“加工”组→“加工”图标，进入加工环境。在上边框条中选择“几何视图”，选择“主页”选项卡→“刀片”组→“创建几何体”图标，弹出“创建几何体”对话框，选择“mill_planar”类型，选择“WORKPIECE”几何体子类型，其他采用默认设置，单击“确定”按钮。

2）弹出“工件”对话框，单击“选择或编辑部件几何体”按钮，选择如图 4-38 所示的部件。单击“选择或编辑毛坯几何体”按钮，选择图 4-41 所示的毛坯。单击“确定”按钮。

3）选择“菜单”→“格式”→“图层设置”命令，弹出“图层设置”对话框。选择图层 1 为工作图层，并取消图层 2 的勾选，隐藏毛坯，单击“关闭”按钮。

3．创建工序

1）选择“主页”选项卡→“刀片”组→“创建工序”图标，弹出“创建工序”对话框，选择“mill_planar”类型，在工序子类型中选择“平面铣”，选择“WORKPLECE”几何体，其他采用默认设置，单击“确定”按钮。

2）弹出如图 4-42 所示的“平面铣”对话框，单击“选择或编辑部件边界”按钮，弹出“部件边界”对话框，选择如图 4-43 所示的面，在“刀具侧”中选择“外侧”。单击“选择或编辑毛坯边界”按钮，选择如图 4-44 所示的毛坯边界。单击“选择或编辑底平面几何体”按钮，弹出“平面”对话框，选择如图 4-45 所示的底面。单击“确定”按钮。

图 4-42　“平面铣”对话框

图 4-43　指定部件边界

图 4-44　指定毛坯边界

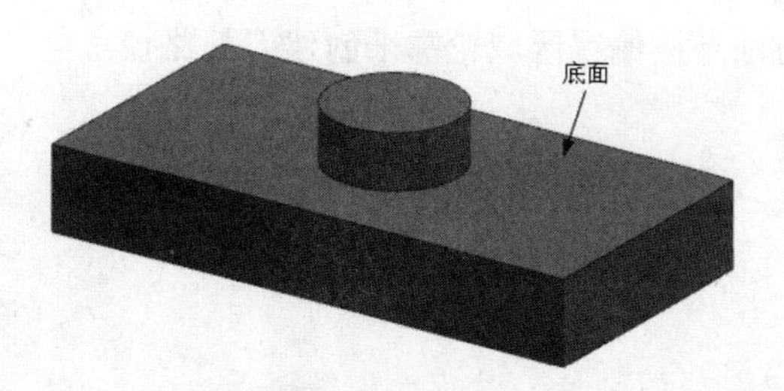

图 4-45　选择底面

3）在“工具”栏中单击“新建”按钮，选取“MILL”刀具子类型，名称为“END10”，单击“确定”按钮，弹出“铣刀-5 参数”对话框，输入直径为 10mm，其他采用默认设置，单击“确定”按钮，创建直径为 10mm 的刀具。

4）在“刀轨设置”栏中选择“切削模式”为“跟随部件”，“平面直径百分比步距”为 80。

5）单击“非切削移动”按钮，弹出如图 4-46 所示的“非切削移动”对话框，在“转移/快速”选项卡中选择“安全设置选项”为“自动平面”，其他采用默认设置，单击“确定”按钮。

6）单击“操作”栏中的“生成”和“确认”按钮，生成如图 4-47 所示的跟随部件切削刀轨。

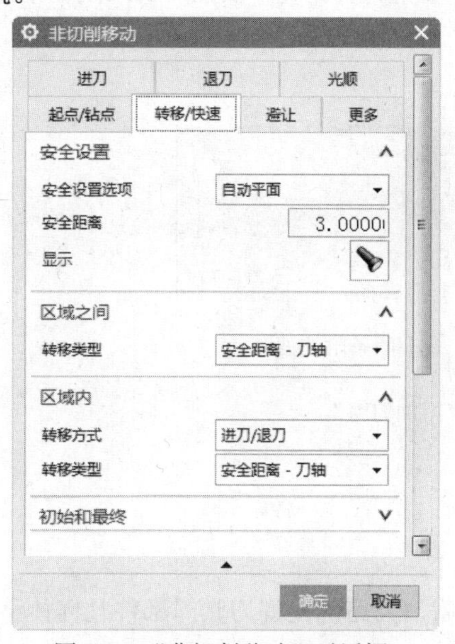

图 4-46　“非切削移动”对话框

图 4-47　跟随部件切削刀轨

4.6 轮廓加工切削（Profile）

“轮廓加工”切削方法是沿切削区域创建一条或多条刀具路径的切削方法，对部件壁面进行精加工。它可以加工开放区域，也可以加工闭合区域。如图 4-48 所示，其切削路径与区域轮廓有

关，该方法是按偏置区域轮廓来创建刀具路径。

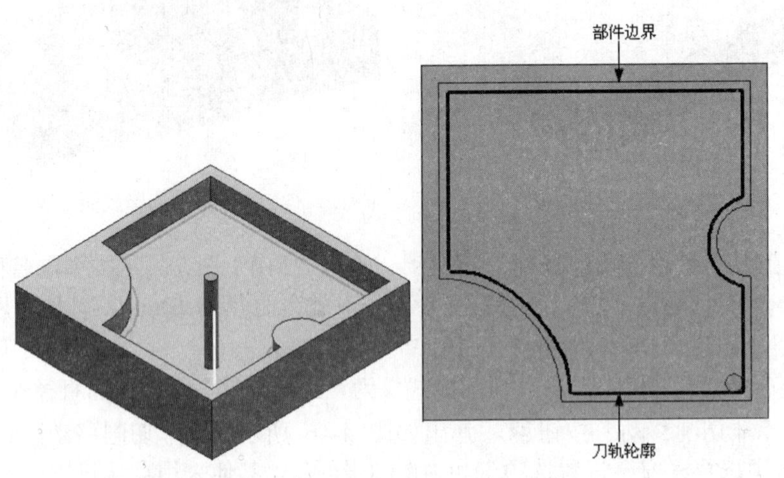

图 4-48 “轮廓加工”切削

“轮廓加工”切削可以通过“附加刀路”选项来指定多条刀具路径，如图 4-49 所示，图 a 所示为无附加刀路，图 b 所示为两条附加刀路。

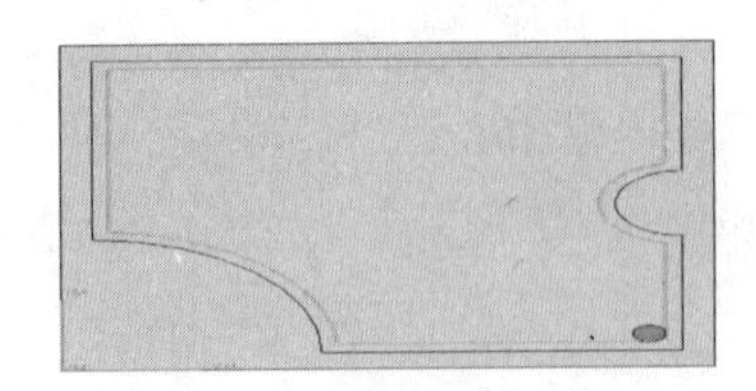

a) 0 条附加刀路

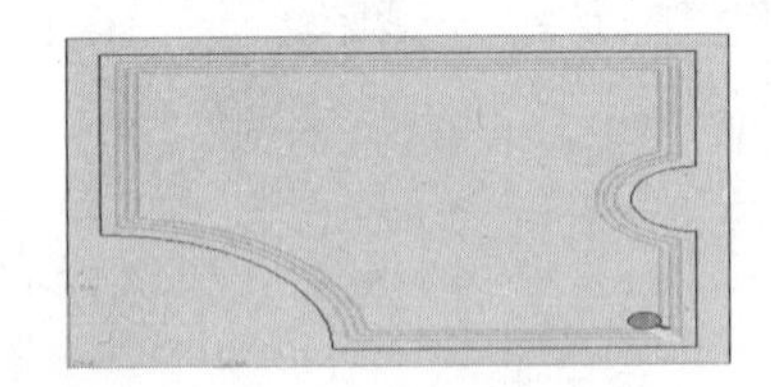

b) 两条附加刀路

图 4-49 “轮廓加工”切削与“附加刀路”

这种方式的特点为：

1）可以加工开放区域，也可以加工闭合区域。

2）可通过一条或多条切削刀路对部件壁面进行精加工。

3）可以通过在“附加刀路”字段中指定一个值来创建附加刀路以允许刀具向部件几何体移动，并以连续的同心切削方式切除壁面上的材料。

4）对于具有封闭形状的可加工区域，轮廓刀路的构建和移动与“跟随部件”切削图样相同。

可以同时切削多个开放区域。如果几个开放区域相距过近导致切削刀路出现交叉，系统将调整刀轨。如果一个开放形”和一个“岛”相距很近，系统构建的切削刀路将只从开放形状指向外，并且系统将调整该刀路使其不会过切“岛”。如果多个“岛”相距很近，系统构建的切削刀路将从“岛”指向外，并且在交叉处合并在一起，如图 4-50 所示。

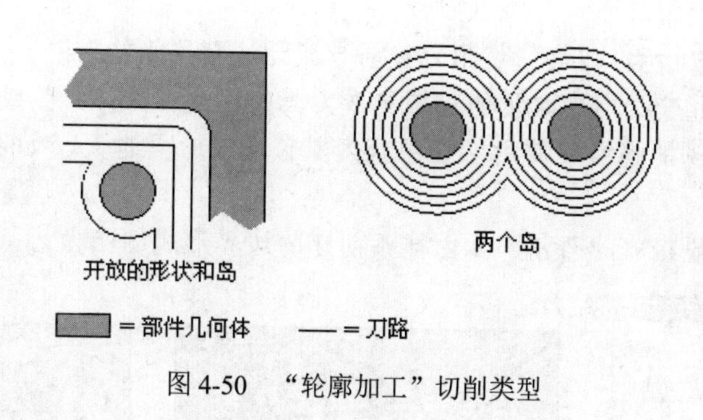

图 4-50　“轮廓加工”切削类型

注意

当步进非常大时（步进大于刀具直径的 50%，小于刀具直径的 100%），连续刀路间的某些区域可能切削不到。“轮廓加工”切削操作使用的边界不能够自相交，否则将导致边界的材料侧不明确。

4.7 标准驱动切削（Standard Drive）

“标准驱动”切削（Standard Drive）是一种轮廓切削方法，类似于“轮廓加工”切削方法。“标准驱动”切削刀具可准确地沿指定边界移动，产生沿切削区域的轮廓刀具路径，但允许刀轨自相交，可通过“切削参数”对话框中的“自相交”选项确定是否允许刀轨自相交，如图 4-51 所示。

注意

1）与“轮廓加工”切削方法不同，“标准驱动”切削方法产生的刀具路径完全按指定的轮廓边界产生，因此刀具路径可能产生交叉，也可能产生过切的刀具路径。

2）“标准驱动”切削不检查过切，因此可能导致刀轨重叠。使用“标准驱动”切削方式时，系统将忽略所有“检查”和“修剪”边界。

“标准驱动”切削方式的特点为：

1）取消了自动边界修剪功能。

2）使用“自相交”选项确定是否允许刀轨自相交。

3）每个形状都作为一个区域来处理，不在形状间执行布尔操作。

4）刀具轨迹只依赖于工件轮廓。

利用“标准驱动”切削与“轮廓加工”切削产生的刀轨如图 4-52 所示。

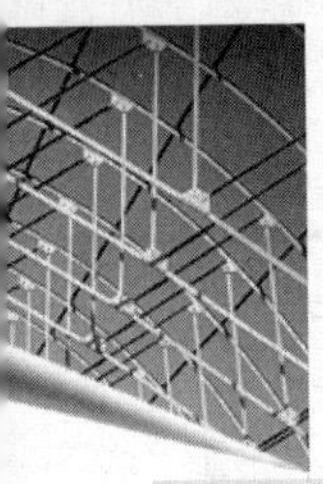

在以下情况下使用“标准驱动”切削可能会导致无法预见的结果:

1）在与边界的自相交处非常接近的位置更改刀具的位置（“位于”或“相切于”）。

2）在刀具切削不到的拐角处使用“位于”刀具位置（刀具过大，如果设为“位于”，则切削不到该拐角）。

3）由多个小边界段组成的凸角，如由样条创建的边界形成的凸角。

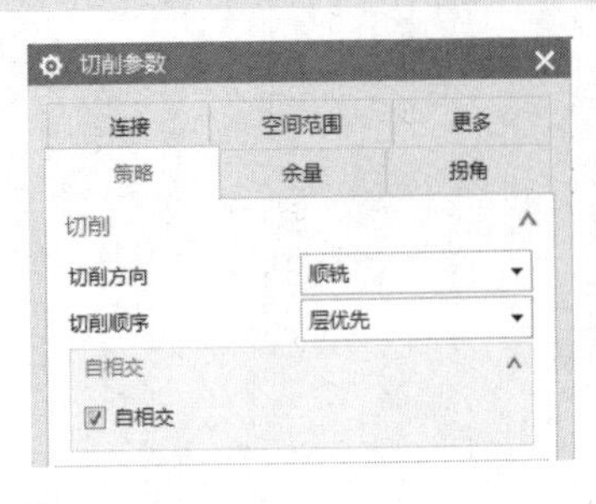

图 4-51　切削参数“自相交”选项

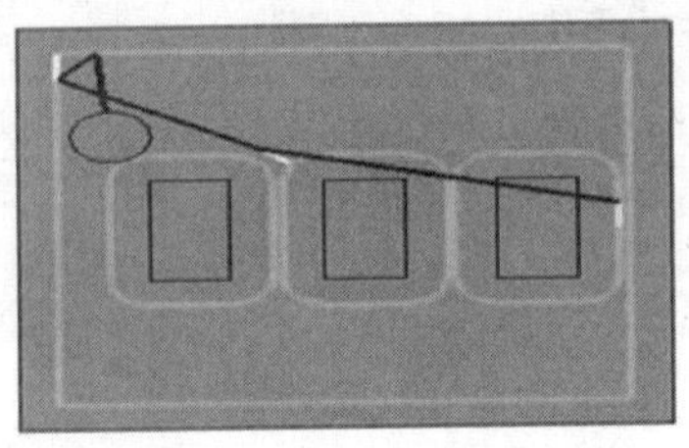

标准驱动

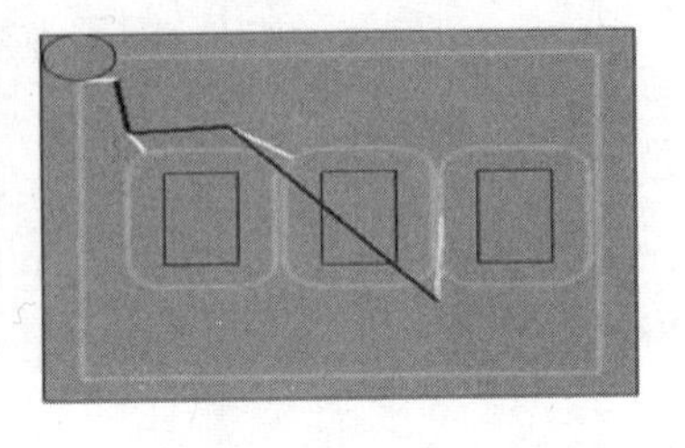

轮廓加工

图 4-52　“标准驱动”切削与“轮廓加工”切削产生的刀轨

4.8 摆线切削（Cycloid）

4.8.1 摆线切削参数

当需要限制过大的步距以防止刀具在完全嵌入切口时折断，且需要避免过量切削材料时，需使用此功能。在进刀过程中，“岛”和部件之间以及窄区域中几乎总是会出现内嵌区域。系统可从部件创建“摆线”切削偏置来消除这些区域。

这种切削模式的特点如下。

1）使用“摆线”切削模式可以限制多余步距，以防刀具完全嵌入材料时损坏刀具。

2）可避免嵌入刀具（在进刀过程中，大多数切削模式会在“岛”和部件之间以及狭窄区域中产生嵌入区域）。

3）对于“摆线”切削模式，有“向外摆线”和“向内摆线”两种模式。“向外摆线”切削模式通常从远离部件壁处开始，向部件壁方向行进。这是首选模式，它将圆形回路和光顺的跟随运动有效地组合在一起，可以更好地排屑并延长刀具寿命。“向内摆线”切削模式是沿回路中的部件切削，然后以光顺“跟随周边”模式向内切削。

“摆线”切削是一种刀具以圆形回环模式移动而圆心沿刀轨方向移动的铣削方法。图 4-53 所示为“摆线”切削图样（请注意回环切削图样）。刀具以小型回环运动方式来加工材料，也就是说，刀具在以小型回环运动方式移动的同时也在旋转。将这种方式与常规切削方式进行比较，在后一种情况下，刀具以直线刀轨向前移动，其各个侧面都被材料包围。选择“摆线切削”模式后，切削参数的设置如图 4-54 中“摆线设置”里的各项所示。

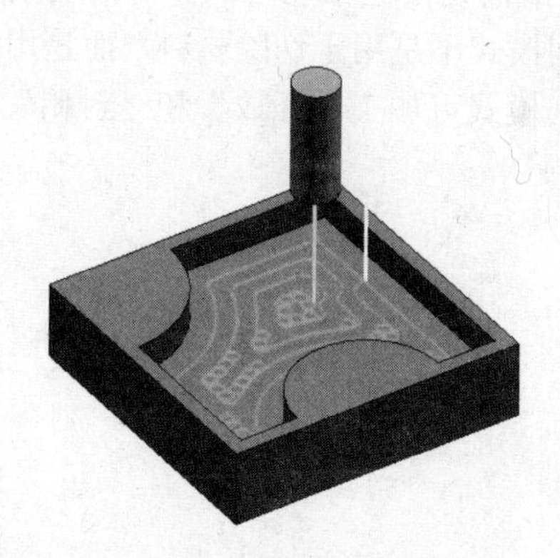

图 4-53　“摆线”切削图样

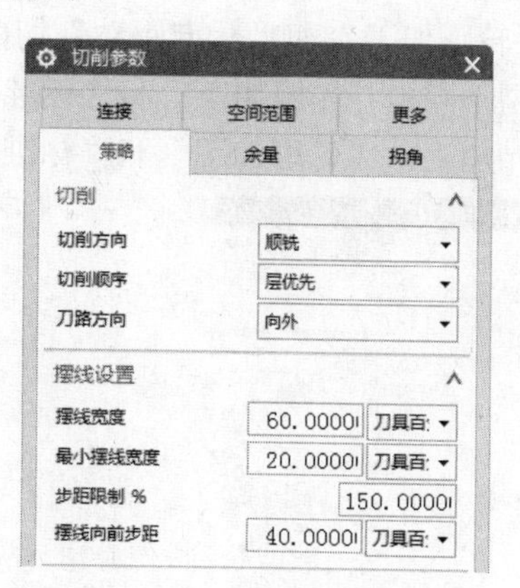

图 4-54　“切削参数”对话框

1．摆线宽度

摆线宽度如图 4-55 所示。图 4-56 所示为摆线切削图样。

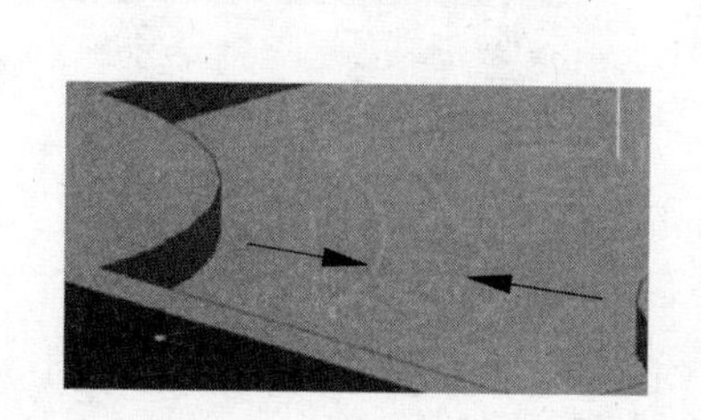

图 4-55　摆线宽度

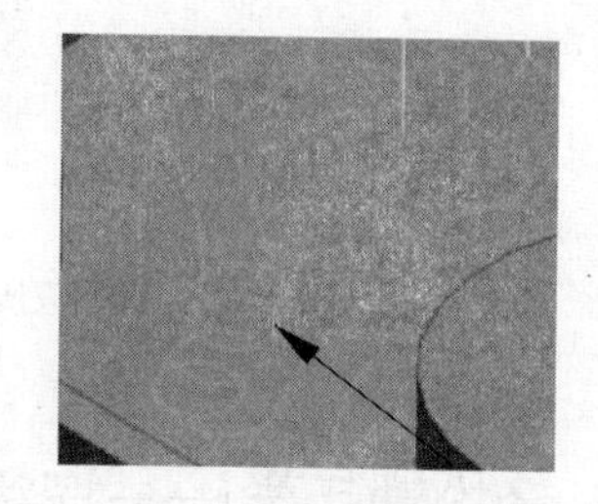

小刀轨宽度　　大刀轨宽度

图 4-56　摆线切削图样

2．摆线向前步距

“摆线向前步距”必须小于或等于刀轨设置里面的步距，如图 4-57 所示，步距的“平面直径百分比”为 50。如果将图 4-54 所示“切削参数”对话框中的“摆线向前步距”设置为 60 ，则弹出如图 4-58 所示的切削设置错误对话框；如果将步距的“平面直径百分比”改为大于 60 或将“摆线向前步距”改为 40“刀具平直百分比”，则可消除设置错误。

此种切削方式的特点和要注意的问题如下：

1）使用“跟随周边”切削模式时，可能无法切削到一些较窄的区域，从而会将一些多余的材料留给下一切削层。鉴于此原因，应在切削参数中打开“壁清理”和“岛清理”，这样可保证刀具能够切削到每个部件和岛壁，从而不会留下多余的材料。

2）使用“跟随周边”“单向”和“往复”切削模式时，应打开“壁清理”选项，这样可保证部件的壁面上不会残留多余的材料，从而不会出现在下一切削层中刀具应切削的材料过多的情况。

3）使用“跟随周边”切削模式时，应打开“岛清理”选项。这样可保证岛的壁面上不会残

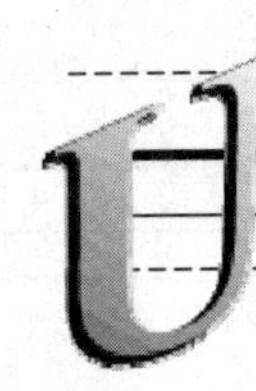

留多余的材料，从而防止在下一切削层中刀具应切削的材料过多。

4）“轮廓加工”和“标准驱动”切削模式将生成沿切削区域轮廓的单一的切削刀路。与其他切削类型不同，“轮廓加工”和“标准驱动”切削模式不是用于切除材料，而是用于对部件的壁面进行精加工。“轮廓加工”和“标准驱动”切削模式可加工“开放”和“封闭”区域。

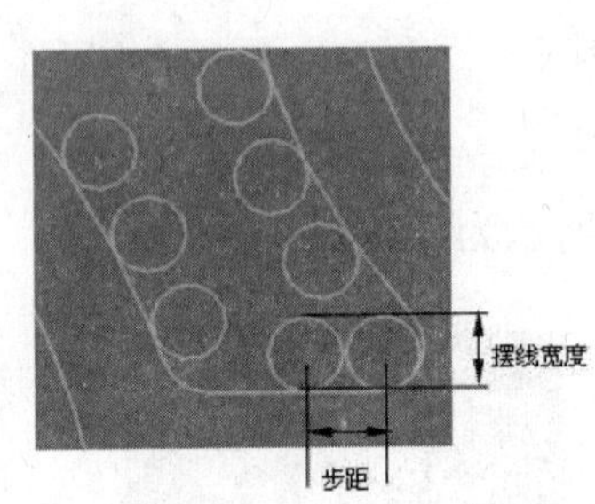

图 4-57　摆线刀轨宽度和步距

图 4-58　切削设置错误

4.8.2 轻松动手学——摆线切削示例

创建如图 4-59 所示的部件，然后进行摆线切削。

1．创建毛坯

1）选择“应用模块”选项卡→“设计”组→“建模”图标，在建模环境中选择“菜单”→“格式”→“图层设置”命令，弹出如图 4-60 所示的“图层设置”对话框。选择图层 2 为工作图层，单击“关闭”按钮。

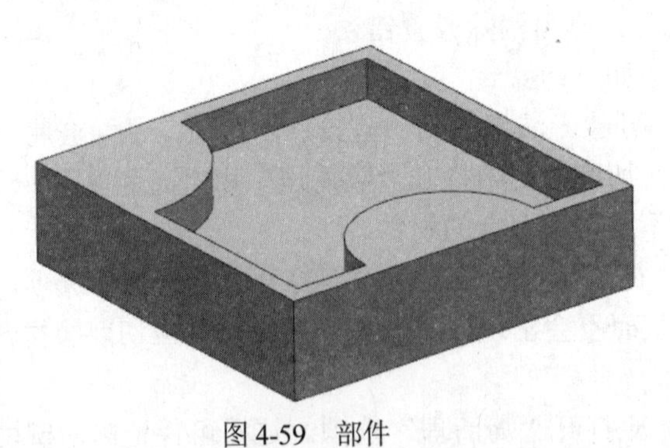
图 4-59　部件

图 4-60　“图层设置”对话框

2）选择“主页”选项卡→“特征”组→“拉伸”图标，弹出如图4-61所示的“拉伸”对话框，选择加工部件的底部4条边线为拉伸截面，指定矢量方向为“ZC”，输入开始距离为0，输入结束距离为50，其他采用默认设置，单击“确定”按钮，生成如图4-62所示的毛坯。

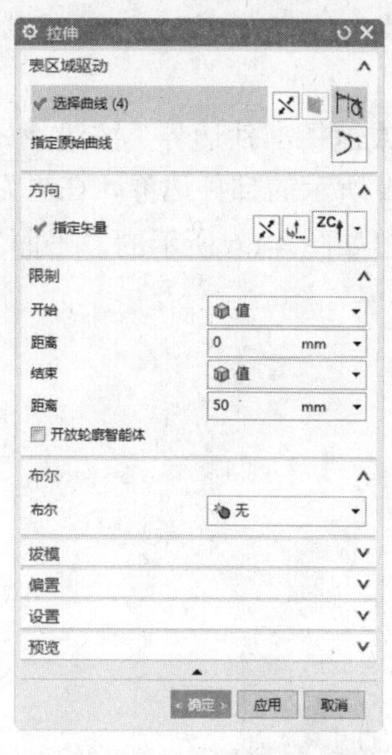

图4-61　“拉伸”对话框

图4-62　毛坯

2．创建几何体

1）选择“应用模块”选项卡→“加工”组→“加工”图标，进入加工环境。在上边框条中选择“几何视图”，选择“主页”选项卡→“刀片”组→“创建几何体”图标，弹出如图4-63所示“创建几何体”对话框，选择“mill_planar”类型，选择“WORKPIECE”几何体子类型，其他采用默认设置，单击“确定”按钮。

图4-63　“创建几何体”对话框

2）弹出“工件”对话框，单击“选择或编辑部件几何体”按钮，选择如图4-59所示的部件。单击“选择或编辑毛坯几何体”按钮，选择图4-62所示的毛坯。单击“确定”按钮。

3）选择“菜单”→“格式”→“图层设置”命令，弹出“图层设置”对话框。选择图层 1

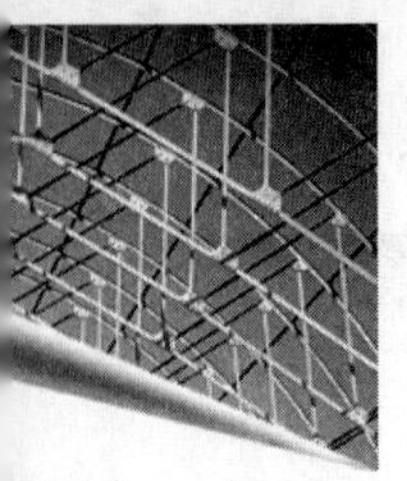

为工作图层，并取消图层 2 的勾选，隐藏毛坯，单击“关闭”按钮。

3. 创建工序

1）选择“主页”选项卡→“刀片”组→“创建工序”图标，弹出“创建工序”对话框，选择“mill_planar”类型，在工序子类型中选择“平面铣”，选择“WORKPIECE”几何体，其他采用默认设置，单击“关闭”按钮。

2）弹出如图 4-64 所示的“平面铣”对话框，单击“选择或编辑部件边界”按钮，弹出“部件边界”对话框，在“选择方法”中选择曲线，选择如图 4-65 所示的部件边界，在“刀具侧”选择“内侧”。单击“选择或编辑底平面几何体”按钮，弹出如图 4-66 所示的“平面”对话框，选择如图 4-67 所示的底面 1。

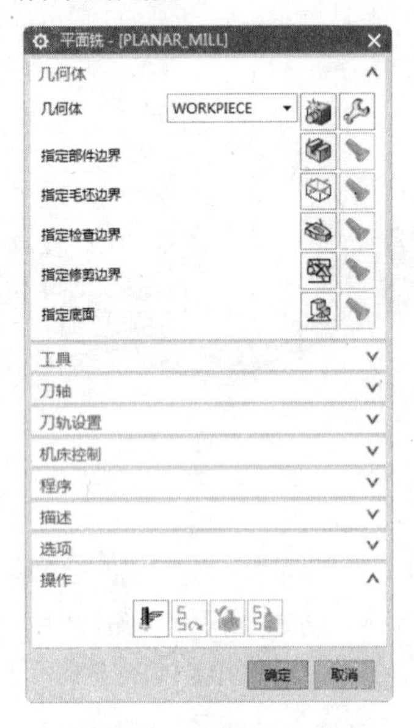

图 4-64 “平面铣”对话框

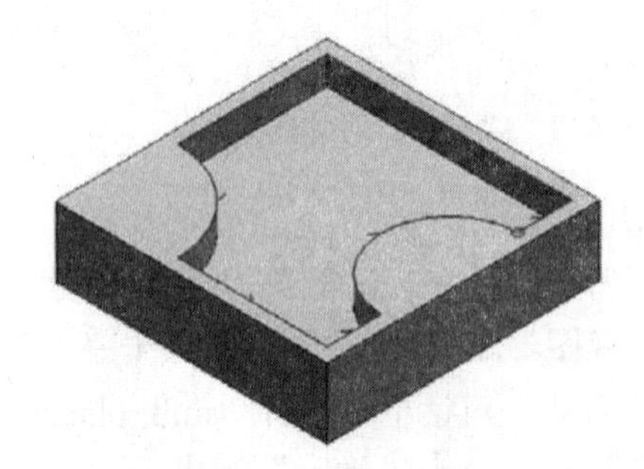

图 4-65 部件边界

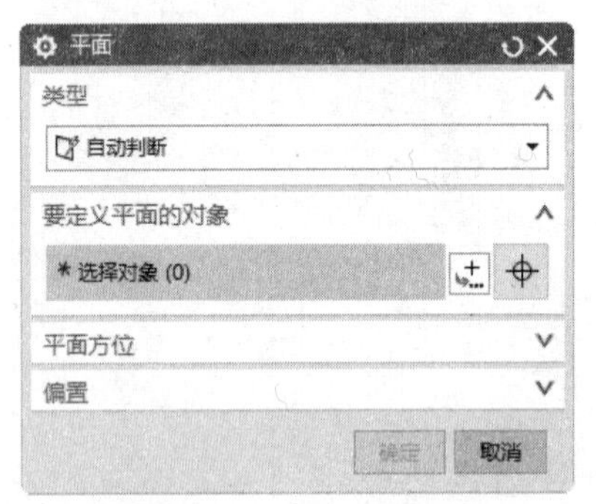

图 4-66 “平面”对话框

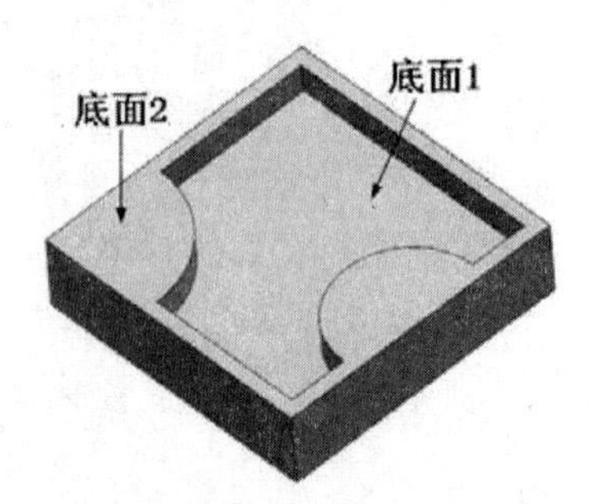

图 4-67 底面

3）在“工具”栏中单击“新建”按钮，选取“MILL”刀具子类型，名称为“END10”，单击“确定”按钮，弹出“铣刀-5 参数”对话框，输入直径为 10mm，其他采用默认设置，单击“确定”按钮，创建直径为 10mm 的刀具。

4）在“刀轨设置”栏中进行如图 4-68 所示的设置。切削模式选择“摆线”，设置“平面直径百分比”为“60”。

5）单击“切削层”按钮，弹出如图 4-69 所示的“切削层”对话框，类型选择“用户定义”，设置“公共”为 20，其他采用默认设置，单击“确定”按钮。

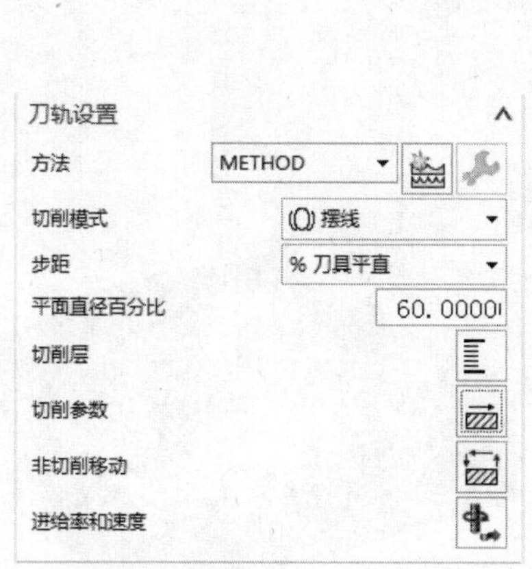

图 4-68　对“刀轨设置”栏进行设置

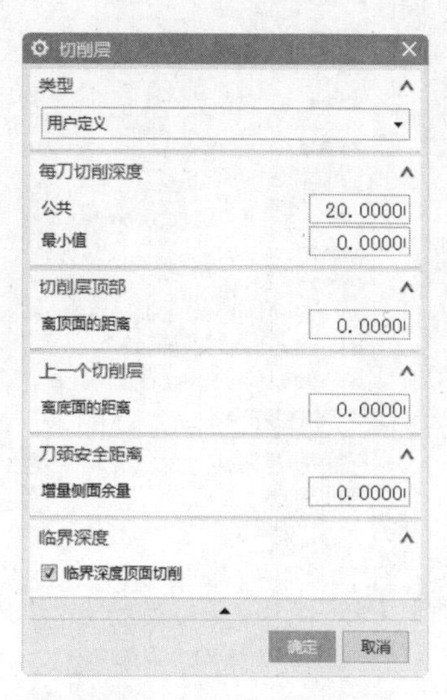

图 4-69　“切削层”对话框

6）单击“切削参数”按钮，弹出如图 4-70 所示的“切削参数”对话框，设置“摆线宽度”为“60%刀具”、“最小摆线宽度”为“20%刀具”、“步距限制%”为 150、“摆线向前步距”为“40%刀具”，其他参数采用默认设置，单击“确定”按钮。

7）单击“非切削移动”按钮，弹出如图 4-71 所示的“非切削移动”对话框。在“进刀”选项卡的“封闭区域”中设置“进刀类型”为“插削”、“高度”为 80mm；在“开放区域”中设置“进刀类型”为“线性”、“长度”为“50%刀具”。在“转移/快速”选项卡的安全设置中，“安全设置选项”选择“平面”，选择如图 4-67 所示的底面 2，单击“确定”按钮。

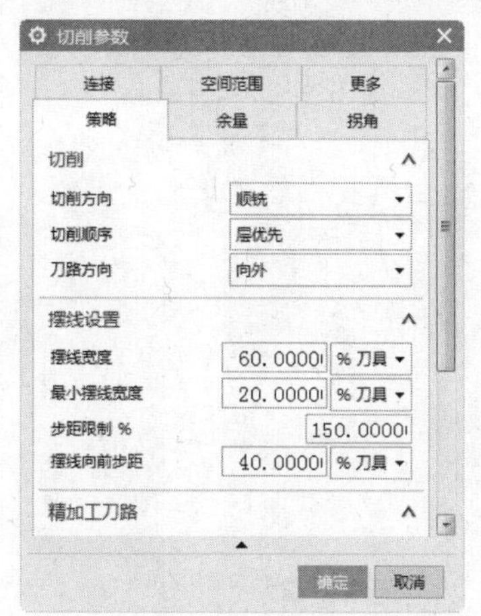

图 4-70　“切削参数”对话框

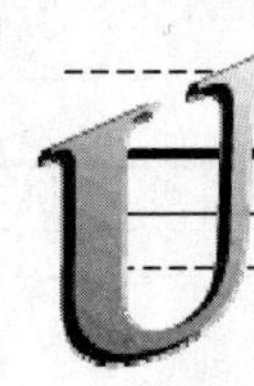

8）单击“操作”栏中的“生成”和“确认”按钮，生成如图 4-72 所示的“摆线”切削。

图 4-71　“非切削移动”对话框

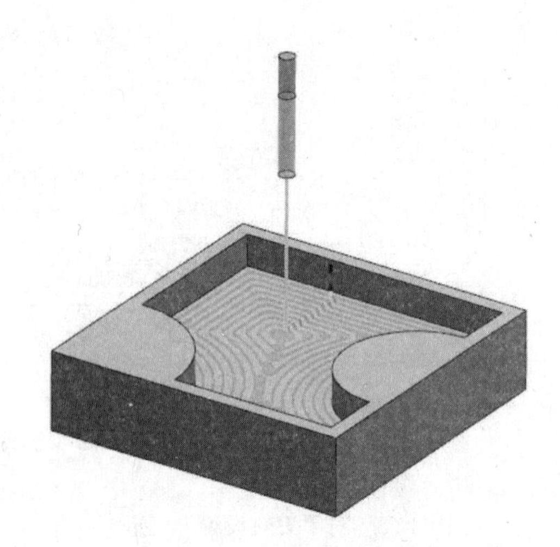

图 4-72　“摆线”切削刀轨

第 5 章 公用切削参数

“切削参数”可设置与部件材料的切削相关的选项。大多数（但并非全部）处理器将共享这些切削参数选项。修改操作的切削参数，可用的参数会发生变化，并由操作的“类型”“子类型”和“切削模式”共同决定。

本章将讲述一些公用切削参数的设置方法。

内容要点

- 策略
- 余量
- 拐角
- 连接
- 多刀路参数

案例效果

5.1 策略

在很多对话框中都有“切削参数”选项，单击相关对话框中的“切削参数”按钮，即可打开“切削参数”对话框，如图 5-1 所示。

5.1.1 策略参数

切削选项是否可用将取决于选定的加工方式（“平面铣”或“型腔铣”）和切削模式（“直线”“跟随部件”“轮廓加工”等）。下面介绍在特定的加工方式或切削模式中可用的选项。

1．切削顺序

切削顺序指定如何处理贯穿多个区域的刀轨，定义刀轨的处理方式，主要有“层优先”和“深度优先”两种切削顺序，如图 5-1 所示。

（1）层优先　刀具在完成同一切削深度层的所有区域切削后，再切削下一个切削深度层。该切削顺序通常适用于工件中有薄壁凹槽的情况。如图 5-2 所示，图 5-2a 所示的毛坯经过“层优先”切削加工得到如图 5-2b 所示的形状，再继续加工至两个槽的切削深度相同，最终得到如图 5-2c 所示的工件。

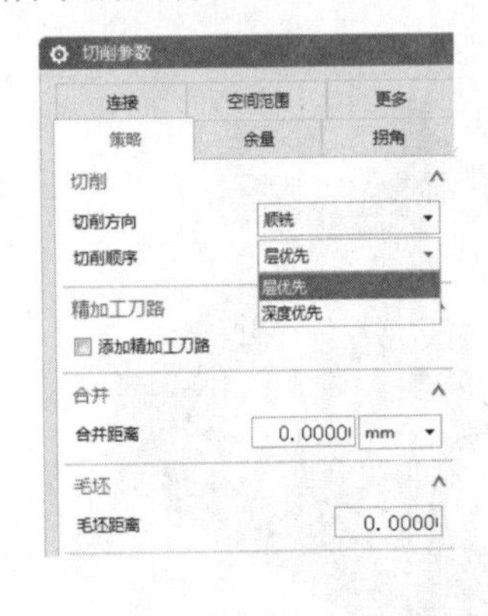

图 5-1　“切削参数”对话框

a)　b)　c)

图 5-2　“层优先”加工示意图

（2）深度优先　系统将切削至每个腔体中所能触及的最深处。也就是说，刀具在到达底部后才会离开腔体。刀具先完成某一切削区域的所有深度上的切削，然后切削下一个特征区域，可减少提刀动作，如图 5-3 所示。

对图 5-2b 和图 5-3 进行比较可以发现，“层优先”切削顺序是 A 和 B 两个区域一起切削，同时切削完毕，但“深度优先”切削则是 A 区域全部切削完毕，再切削 B 区域。图 5-4 所示为切削顺序对比示意图，通过该图能够加深对切削顺序的理解。

2．切削方向

切削方向主要有顺铣（Climb Cut）、逆铣（Convertion Cut）、跟随边界（Follow Boundary）、

边界反向（Reverse Boundary）4 种，可从这 4 种方式中指定切削方向，如图 5-5 所示。

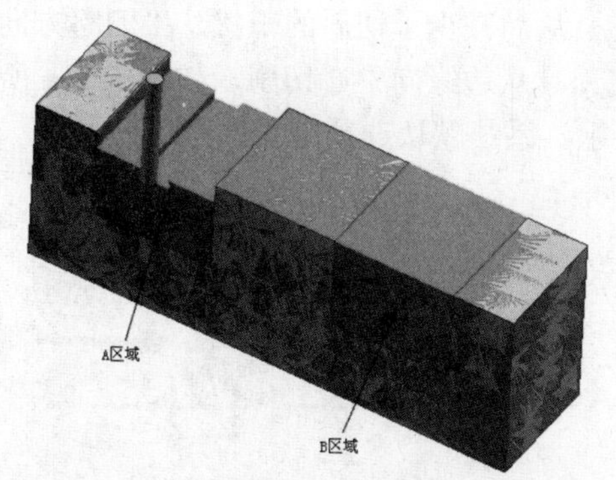

图 5-3　“深度优先”加工示意图

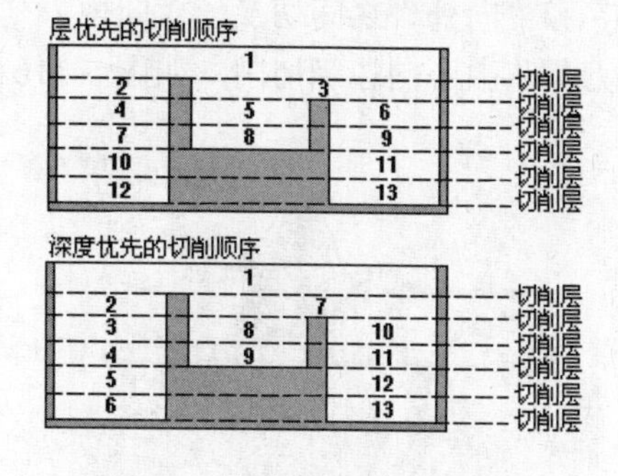

图 5-4　切削顺序对比示意图

（1）顺铣　铣刀旋转产生的切线方向与工件进给方向相同，如图 5-6 所示。

（2）逆铣　铣刀旋转产生的切线方向与工件进给方向相反，如图 5-7 所示。

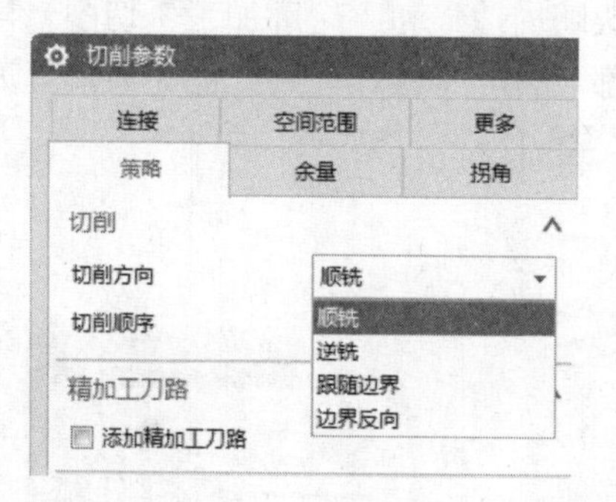

图 5-5　切削方向

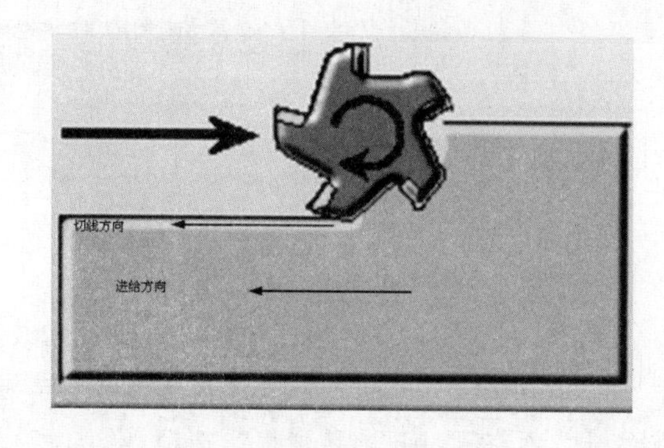

图 5-6　顺铣

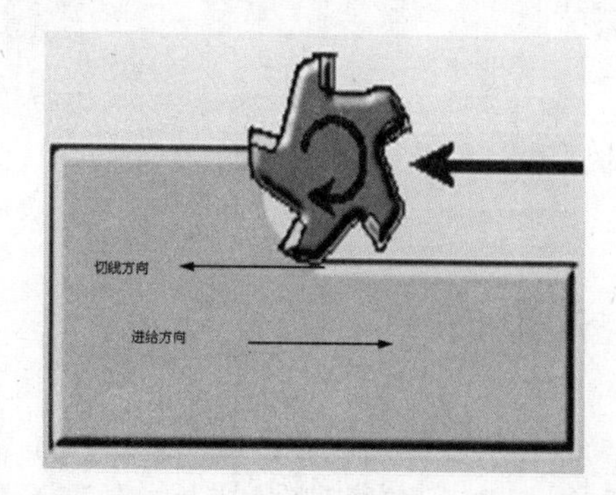

图 5-7　逆铣

（3）跟随边界　切削行进的方向与边界选取时的顺序一致，如图 5-8 所示。

（4）边界反向　切削行进的方向与边界选取时的顺序相反，如图 5-9 所示。

3．刀路方向

刀路方向（仅用于“跟随周边”切削）允许指定刀具从部件的边缘向中心切削（或从部件的

中心向边缘切削），“刀路方向”选项如图 5-10 所示。这种使腔体加工刀轨反向的处理过程为面切削或型芯切削提供了一种方式，它无需预钻孔，从而减少了切屑的干扰。“刀路方向”选项可在“向内”和“向外”之间切换。“向内”是使刀具从边缘向中心切削，如图 5-11a 所示；“向外”则使刀具从中心向边缘切削，如图 5-11b 所示。系统默认选项是“向外”。

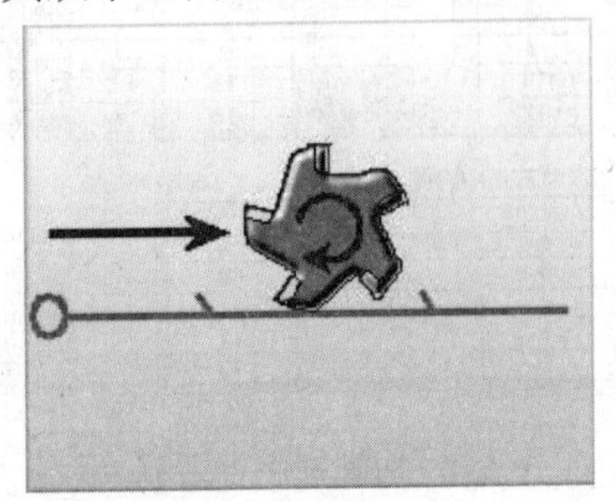

图 5-8　跟随边界

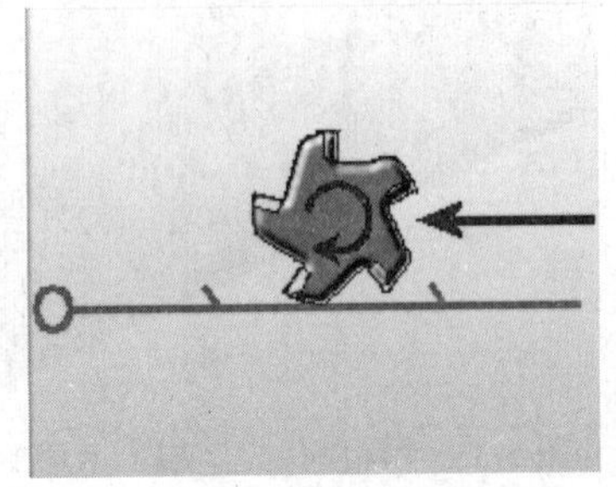

图 5-9　边界反向

4．岛清根

“岛清根”选项（用于“跟随周边”和“轮廓加工”切削）可确保在“岛”的周围不会留下多余的材料，每个“岛”区域都包含一个沿该“岛”的完整清理刀路，如图 5-12 所示。

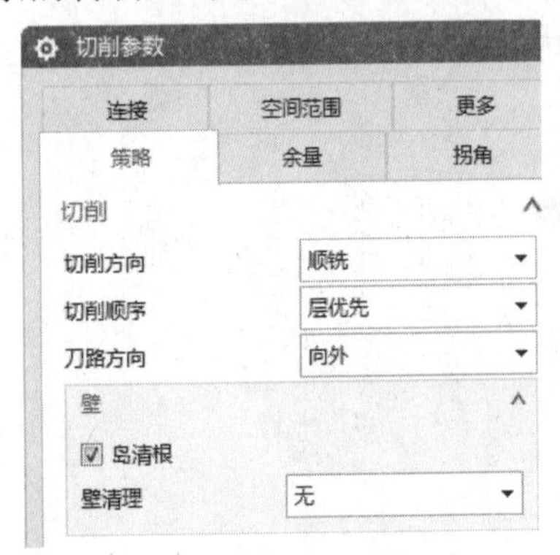

图 5-10　“刀路方向”选项

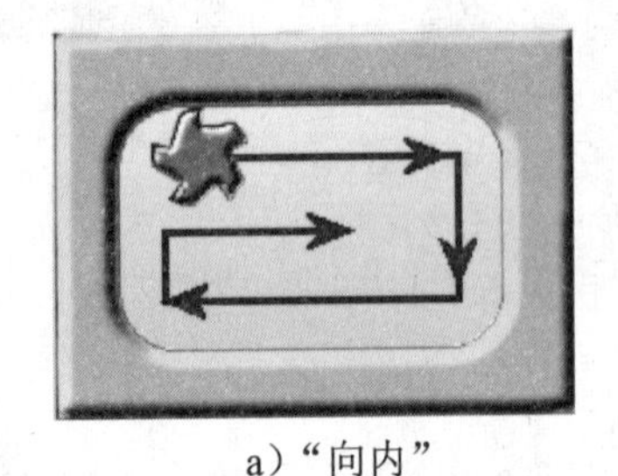

a）“向内”

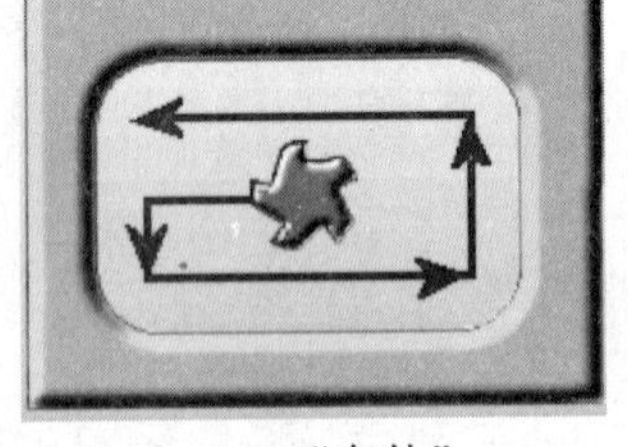

b）“向外”

图 5-11　刀路方向

注意

“岛清根”主要用于粗加工切削。应指定“部件余量”，以防止刀具在切削不均等的材料时便将岛切削到位。当使用“轮廓加工”切削模式时，不需要打开“岛清根”选项。

5．壁清理

“壁清理”是“面切削”“平面铣”和“型腔铣”操作中都具有的切削参数，“壁清理”选项如图 5-13 所示。当使用“单向”“往复”和“跟随周边”切削模式时，使用“壁清理”参数可以去除沿部件壁面出现的脊。系统通过在加工完每个切削层后插入一个“轮廓刀路”来完成清壁操作。使用“单向”和“往复”切削模式时，应打开“壁清理”选项，这样可保证部件的壁面上不会残留多余的材料，从而不会出现在下一切削层中刀具应切削的材料过多的情况。使用“跟随周边”切削模式时无需打开“壁清理”选项。

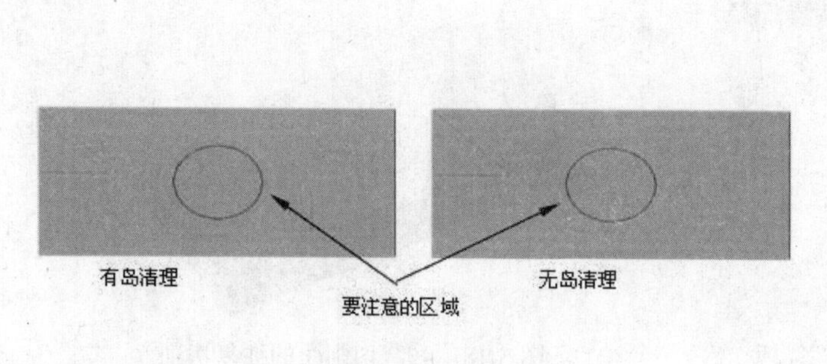

图5-12　岛清根

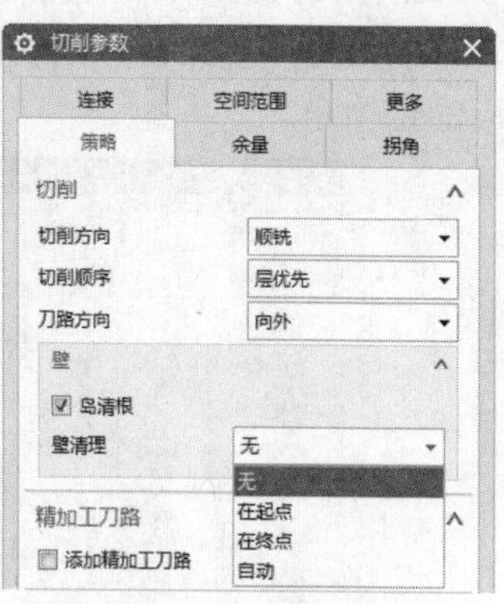

图5-13　“壁清理”选项

“壁清理”主要包括四个选项，下面主要对前三项进行讲解。

（1）无　在切削过程中没有清壁过程。如图5-14所示，在对工件进行平面铣，采用“往复”切削模式时，若在“壁清理”中选择“无”，则切削完毕后会在工件周围壁上留有残余材料（脊）。

（2）在起点　在切削时先进行“壁清理”，然后进行剩余材料的切削。如图5-15所示，在对工件进行平面铣，采用“往复”切削模式时，若在“壁清理”中选择“在起点”，则系统先切削周围的壁，然后在把内部待切削的材料切除。

（3）在终点　在切削时先进行“壁清理”，然后进行剩余材料的切削。如图5-16所示，在对工件进行平面铣，采用“往复”切削模式时，若在“壁清理”中选择“在终点”，则切削完内部材料后，工件壁上留有残余材料，系统将通过清壁切除残料（脊）。

此选项与“轮廓加工”切削不同，“壁清理”用在粗加工中而“轮廓加工”切削属于精加工，“壁清理”使用“部件余量”而“轮廓加工”切削使用“精加工余量”来偏置刀轨。

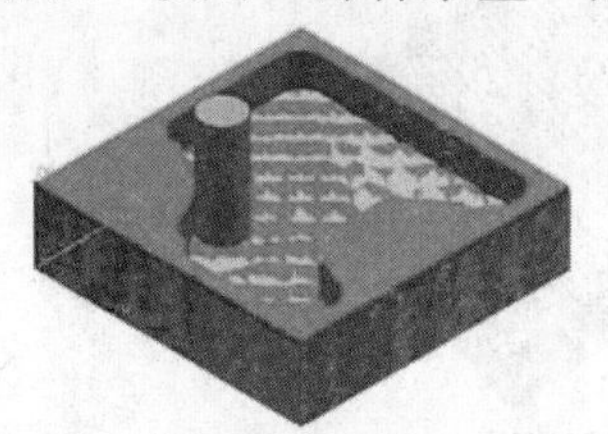

图5-14　无“壁清理”切削

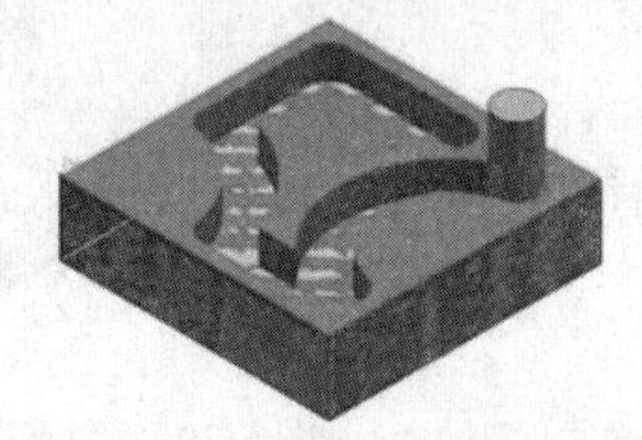

图5-15　“在起点”清壁切削

图5-16　“在终点”清壁切削

6．切削角方式和度数

“切削角”方式可在所有“单向”和“往复”切削类型中使用，使用时需输入要将刀轨旋转的角度（相对于 WCS）。“切削角”选项如图5-17所示。

“剖切角”方式允许指定切削角度，也可由系统自动确定该角度。剖切角是刀轨相对于指定切削角时的 WCS 的 XC 轴所成的角度。剖切角可用在“单向”“往复”和“单向轮廓”切削操作中。

切削角是特定于“面铣削”的一个切削参数。它可以相对于 WCS 旋转刀轨。切削角只决定

“平行线切削模式”中的旋转角度。该旋转角度是相对于 WCS 的 XC 轴测量的，如图 5-18 所示为 45° 切削角的往复切削。使用此选项时，可以选择“指定”并输入一个角度；或选择“自动”让系统来确定每一切削区域的切削角度，或选择“最长的边”，让系统建立平行于外围边界中最长线段的切削角。

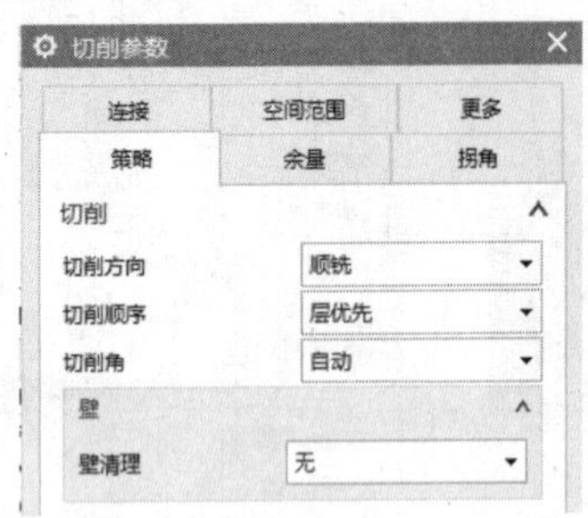

图 5-17 “切削角”选项

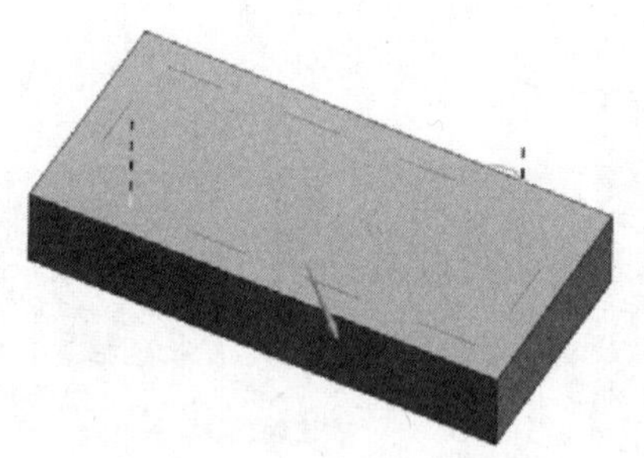

图 5-18 45° 切削角的往复切削

“切削角”方式主要有以下三种选择方式：

（1）自动 允许系统评估每个切削区域的形状，并确定一个最佳的切削角度以尽量减少区域内部的进刀运动，如图 5-19 所示。

（2）指定 允许用户指定切削角度。系统相对于 WCS 的 XC-YC 平面的 X 轴测量切削角度，如图 5-20 所示为指定切削角（90°）方式。对于“往复”切削模式，切削角度增加 180 ° 将得到同样结果。例如，45°切削角和 225°切削角的效果相同。

（3）最长的边 此选项原本只用于外围边界中包含可辨识直线段的情形。如果外围边界中不包含线段，系统将在内部边界中搜索最长线段。

如果为一个矩形腔体指定一个 45° 的切削角，刀具将进入切削层，沿腔体的拐角移动，并以 45°角开始第一次单向切削，所有其他的往复切削都将与第一次的单向切削平行。

图 5-19 “自动”切削角方式

图 5-20 “指定”切削角（90° ）方式

退出“切削参数”对话框后，移动 WCS 不会影响切削的方向，在下次打开该对话框时系统将重新计算切削角度。即使输入了一个相对“工件坐标系的角度值，系统中保存的剖切角仍相对于绝对坐标系。

7. 自相交

“自相交”选项（仅用于“标准驱动”切削）用于“标准驱动”切削方式中是否允许使用自相交刀轨。“自相交”选项如图5-21所示。关闭此选项将不允许在每个形状中出现自相交刀轨，但允许不同的形状相交。

工件各部分的形状不同以及加工所使用的刀具直径的不同，有可能会导致产生自相交刀轨。图5-22所示为对同一个工件采用不同直径的刀具所产生的刀轨。其中，图5-22a所示为采用直径10mm的刀具产生的刀轨，图5-22b所示为采用直径13mm的刀具并选择“自相交”选项后产生的刀轨。这里刀具的直径只是为了说明问题，在实际使用时需根据实际情况选择刀具。

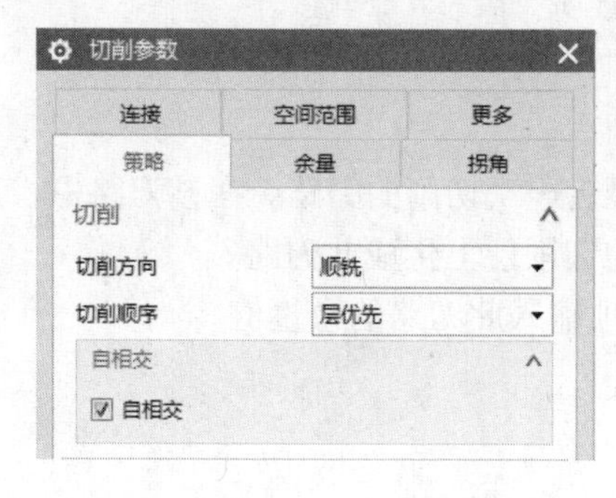

图5-21　“自相交”选项

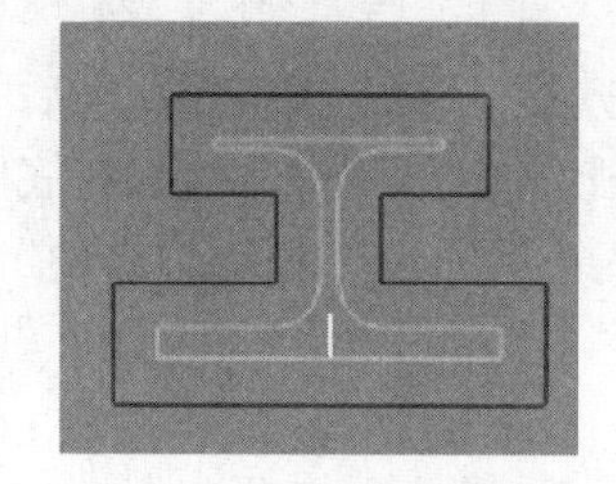

a) 无“自相交”刀轨

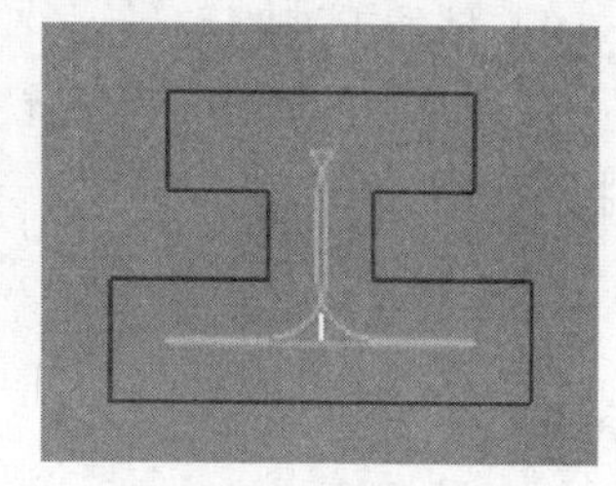

b) “自相交”刀轨

图5-22　对同一个工件采用不同直径的刀具所产生的刀轨

8．切削区域

“切削区域”对话框如图5-23所示。

（1）毛坯距离　定义要去除的材料总厚度。它是在所选面几何体的平面上沿刀具轴测量而得到的。“毛坯距离”示意图如图5-24所示。

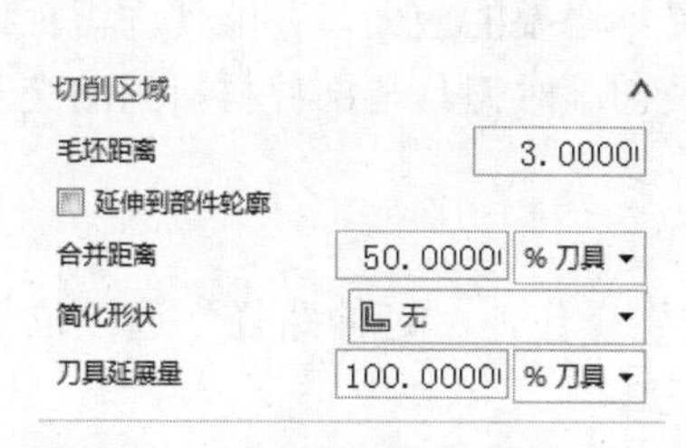

图5-23　“切削区域”对话框

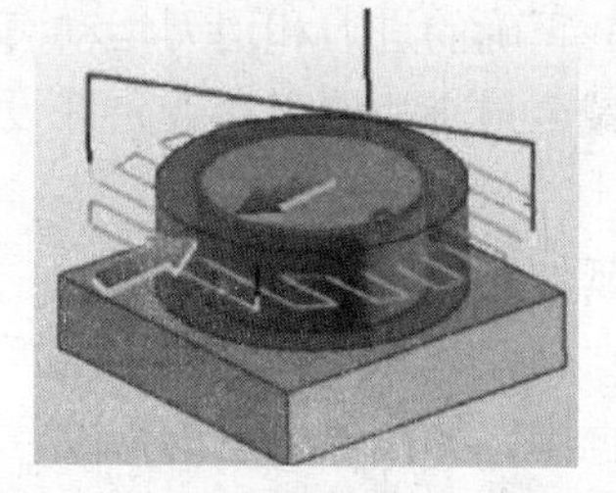

图5-24　“毛坯距离”示意图

（2）延伸到部件轮廓　将切削刀路的末端延伸至部件边界。该选项决定了刀具切削的刀轨是否到达部件的轮廓。图5-24所示为采用“跟随部件”切削模式对同一工件进行面铣削，图5-25a所示为选中“延伸到部件轮廓”时形成的刀轨，图5-25b所示为未选中“延伸到部件轮廓”时形成的刀轨。

（3）合并距离　是指当它的值大于工件同一高度上的断开距离时，刀路就自动连接起来不提刀。反之则提刀。

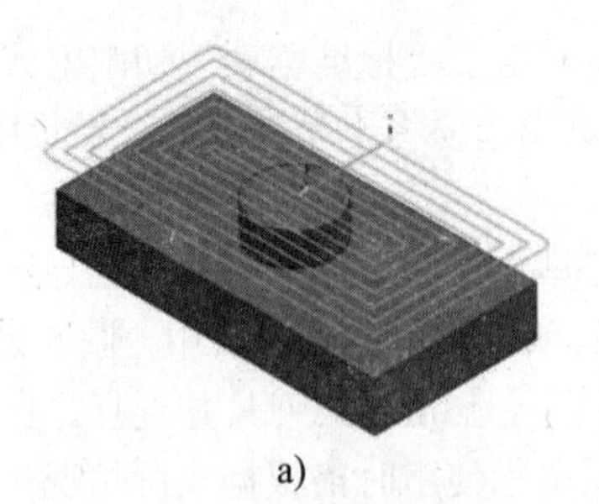

a)

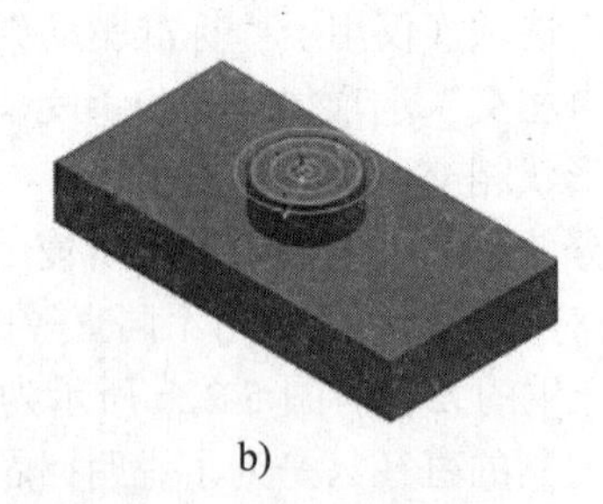

b)

图 5-25　延伸到部件轮廓

9．精加工刀路

精加工刀路（用于平面铣）是刀具完成主要切削后的最后一次切削的刀路。在该刀路中，刀具将沿边界和所有“岛”做一次轮廓铣削。系统只在底面的切削层上生成此刀路。

对于腔体操作，可使用“余量”-> “精加工余量”选项输入此刀路的余量值。

对于精加工刀路，不管指定何种进刀和退刀方式，系统将始终针对剩余操作应用“自动”进刀和退刀方式。

10．最终底面余量

最终底面余量定义了在面几何体上剩余未切削的材料厚度。要去除的材料总厚度是指“毛坯距离”和“最终底面余量”之间的距离。进刀/退刀允许定义正确的刀具运动，以便向工件进刀或从其退刀。正确的进刀和退刀运动有助于避免刀具承受不必要的应力，并能使驻留标记数或部件过切程度减至最小。加工参数允许设置与切削刀具以及切削时刀具与部件材料间的交互有关的选项。

11．延伸路径

对于“自动清根”“区域铣削”和“Z 级轮廓铣”操作，“延伸路径”选项位于“切削参数”对话框中，如图 5-26 所示。

（1）在边上延伸　可使用“在边上延伸”选项来加工部件周围多余的铸件材料。还可以使用它在刀轨路径的起始点和终止点添加切削移动，以确保刀具平滑地进入和退出部件。刀路将以相切的方式在切削区域的所有外部边界上向外延伸。

在以“驱动方法”为“区域铣削”、“切削模式”为“往复”对图 5-27 所示的部件进行“FIXED_CONTOUR”铣削时，指定的“切削区域”如图中的黄线所示，。

图 5-28a 所示为未选中“在边上延伸”时的铣削刀轨，图 5-28b 所示为选中“在边上延伸”、“距离”为 15mm 时的铣削刀轨。

注意，图 5-28b 中的边以及刀轨的起始点和终止点都是沿着部件的侧面延伸的。

使用“在边上延伸”时系统将根据所选的切削区域来确定边界的位置。如果选择的实体不带切削区域，则没有可延伸的边界，延伸长度的限制为刀具直径的 10 倍。

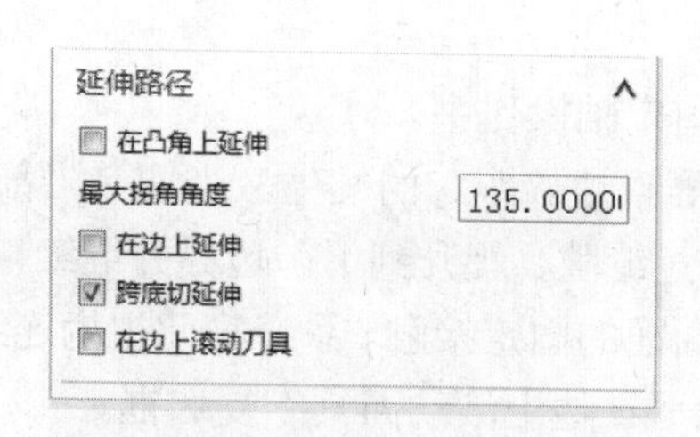

图 5-26　“延伸路径”选项

图 5-27　指定的“切削区域”

a)未选中“在边上延伸”

b)选中“在边上延伸”

图 5-28　“在边上延伸”选中与否的比较

（2）在凸角上延伸　专用于轮廓铣的切削参数。“在凸角上延伸”选项可在切削运动通过内凸角边时提供对刀轨的额外控制，以防止刀具驻留在这些边上。当选中“在凸角上延伸”时，它可将刀具从部件上抬起少许而无需执行“退刀/转移/进刀”序列。可指定“最大拐角角度”，若小于该角度则不会发生抬刀。“最大拐角角度”是专用于“固定轴曲面轮廓铣”的切削参数。为了在跨过内部凸边进行切削时对刀轨进行额外的控制，以免出现抬刀动作。此抬刀动作将输出为切削运动。

（3）在边上滚动刀具　特定于轮廓铣和深度加工的切削参数。驱动轨迹延伸超出了部件表面边缘时，刀具若尝试完成刀轨，同时保持与部件表面的接触，刀具很可能在边上滚动时过切部件。选中“在边上滚动刀具”复选框可以允许刀具在边上滚动，如图 5-29a 所示；如果不选中该复选框，则可防止刀具在边缘滚动，如图 5-29b 所示。不选中“在边上滚动刀具”复选框时，过渡刀具移动是非切削移动。边界跟踪不会发生在使用“垂直于部件”“相对于部件”“4-轴垂直于部件”“4-轴相对于部件”或“双 4-轴相对于部件”等刀具轴定义的可变刀具轴操作中。

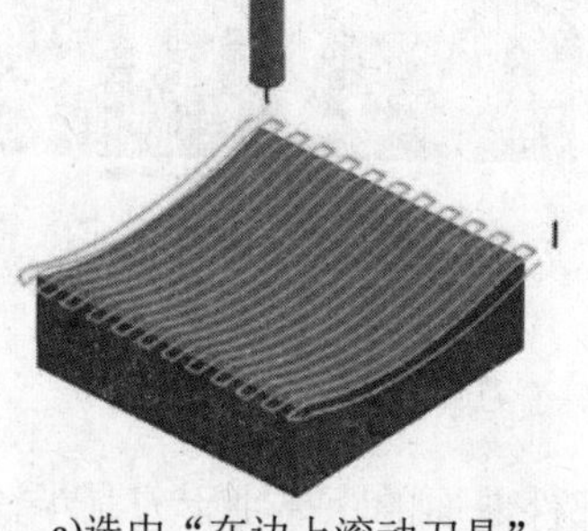

a)选中“在边上滚动刀具”

b)不选中“在边上滚动刀具”

图 5-29　“在边上滚动刀具”选中与否的对比

刀具滚动只会发生在以下情形：

■　当驱动轨迹延伸超出部件表面的边缘时。

■　当刀轴独立于部件表面的法向时，如在固定轴操作中。

1）缝隙：部件曲面上横穿切削方向的缝隙会导致边界跟踪的发生。当刀具沿部件曲面切削时如果遇到缝隙，刀具将从边界上掉落，随后刀具越过缝隙，爬升到下一边界并继续切削。如果缝隙小于刀具直径（见图 5-30），则刀具会保持与部件曲面的固定接触。系统将此视为连续的切削运动，且不会使用退刀或进刀。在这种情况下，不能清除“在边上滚动刀具”复选框。

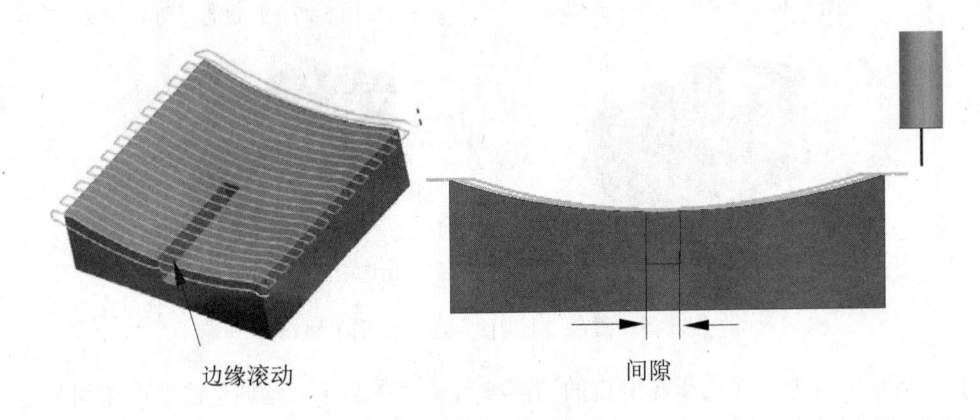

图 5-30　缝隙小于刀具直径

如果缝隙大于或等于刀具直径，则系统必须应用退刀和进刀来跳过缝隙。在这种情况下，可清除“在边上滚动刀具”复选框，如图 5-31 所示。

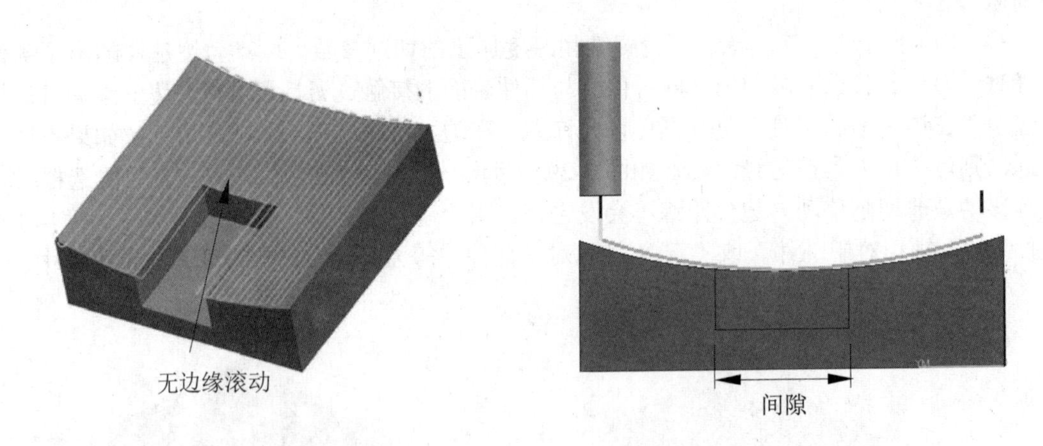

图 5-31　缝隙大于或等于刀具直径

对于“往复”切削类型，当驱动路径延伸超出部件曲面的距离小于刀具半径时，总是会发生边界跟踪。随着刀具沿部件曲面边界滚动，刀具会到达投影的边界，并在掉落前停止。然后刀具跳到下一刀路，同时保持与部件曲面的接触，并开始以相反的方向切削。因为这是一个连续的切削运动并且不需要退刀和进刀，因此不能清除“在边上滚动刀具”复选框。此情形仅适用于“往复”切削类型。

要清除“在边上滚动刀具”复选框，必须首先修改边界，以使其要么与部件边界相对应，要么向部件曲面外延伸的距离足以促使刀具进刀和退刀。

2）竖直台阶：“在边上滚动刀具”总是发生在竖直台阶横穿切削方向时，这会使刀具掉落或爬升到另一部件曲面，对于竖直台阶，不能清除“在边上滚动刀具”复选框，如图 5-32 所示。

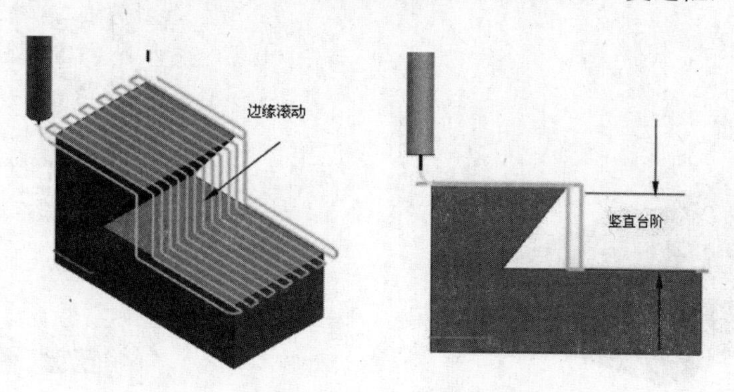

图 5-32　竖直台阶上的“在边上滚动刀具”

3）顺应：当刀具沿平行于切削方向的边界滚动并继续与该边界保持接触时，会发生顺应的“在边上滚动刀具”，如图 5-33 所示。通常不希望清除顺应的“在边上滚动刀具”，因为需要它们来切削边界附近的材料。

4）尖端边界：当切削方向横穿由相邻部件曲面之间的锐角所形成的尖端边界时，总是会发生“在边上滚动刀具”。可使用“在凸角处延伸”来避免发生“在边上滚动刀具”。

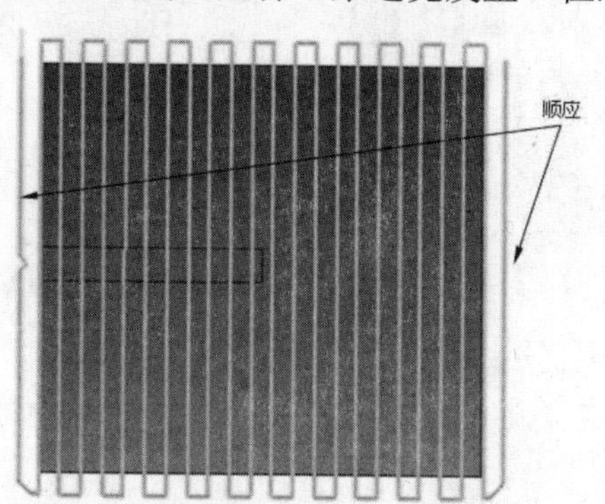

图 5-33　顺应的“在边上滚动刀具”

5.1.2 轻松动手学——策略参数示例

对图 5-34 所示的工件进行“固定轮廓铣”切削。

1）选择“主页”选项卡→“刀片”组→“创建工序”图标，弹出如图 5-35 所示的“创建工序”对话框，选择“mill_contour”类型，在“工序子类型”中选择“固定轮廓铣”，选择“END10”

刀具，选择“WORKPLECE”几何体，其他采用默认设置，单击“确定”按钮。

图 5-34　工件

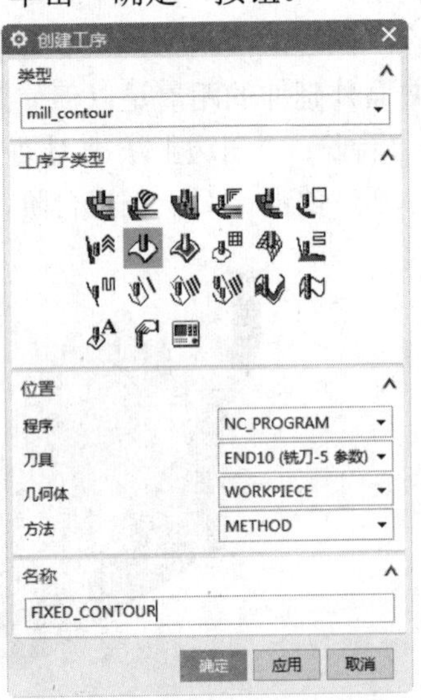

图 5-35　“创建工序”对话框

2）弹出如图 5-36 所示的“固定轮廓铣”对话框，单击“选择或编辑切削区域几何体”按钮，弹出如图 5-37 所示的“切削区域”对话框，选择如图 5-38 所示的切削区域。

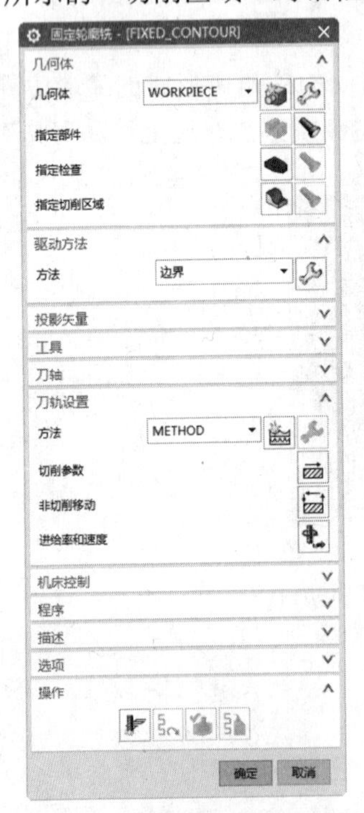

图 5-36　“固定轮廓铣”对话框

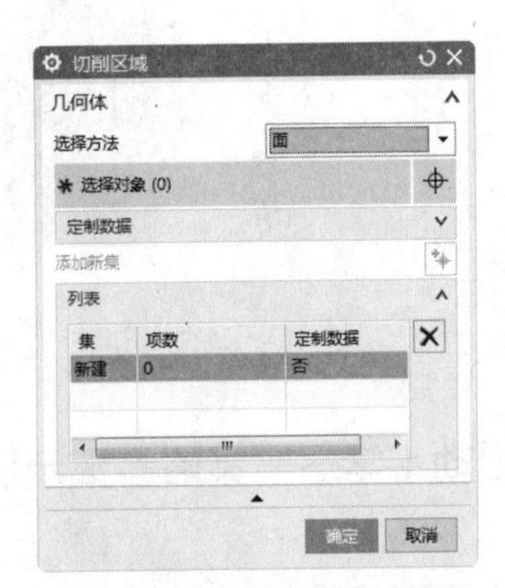

图 5-37　“切削区域”对话框

3）在“驱动方法”栏中选择“区域铣削”方法。

4）单击“切削参数”按钮，弹出如图 5-39 所示的“切削参数”对话框，“切削角”选择

"指定"并设置与"XC 的夹角"为 90°，选中"在凸角上延伸"复选框并将"最大拐角角度"设置为 60°，不选中"在边上延伸"，其他参数采用默认设置，单击"确定"按钮。

图 5-38　切削区域

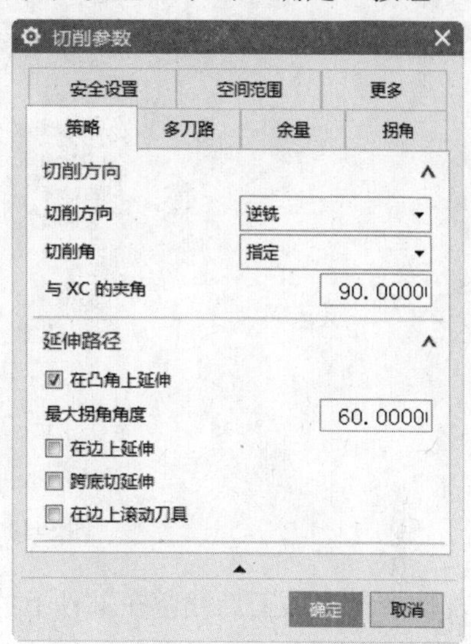

图 5-39　"切削参数"对话框

5）单击"操作"栏中的"生成"和"确认"按钮，生成如图 5-40 所示的刀轨。

图 5-40　刀轨

5.2 余量

5.2.1 余量参数种类

余量参数因"操作子类型"及"切削模式"的不同而不同，如图 5-41 所示。包括以下几种：

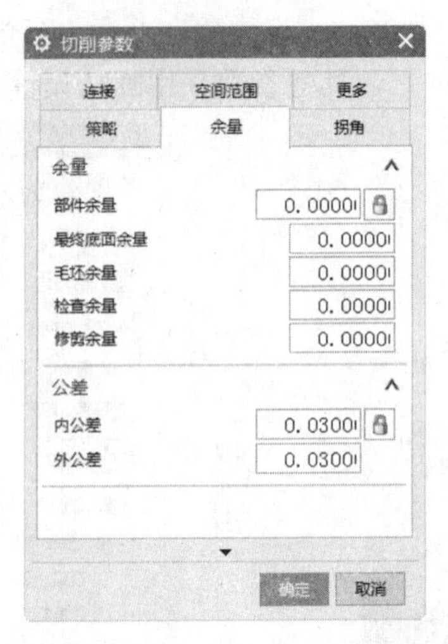

图 5-41 “余量”对话框

（1）部件余量 加工后残留在部件上的环绕着部件几何体的一层材料。主要用于“平面铣”“面铣削”“轮廓铣”。

（2）壁余量 主要用在“面铣”。

（3）毛坯余量 主要用在“平面铣”“型腔铣”“面铣”。

（4）毛坯距离 主要用在“平面铣”“型腔铣”。

（5）检查余量 主要用在“平面铣”“型腔铣”“Z 级铣”“面铣”“轮廓铣”。

（6）最终底面余量 主要用在“平面铣”“面铣”“平面轮廓铣”。

（7）精加工余量 主要用在“平面铣”。

（8）部件底面余量 主要用在“型腔铣”“Z 级铣”“拐角粗加工”“平面铣”“面铣削”。

（9）部件侧面余量 主要用在“Z 级铣”“型腔铣”。

（10）使底面余量与侧面余量一致 主要用在“型腔铣”“Z 级铣”。

（11）修剪余量 主要用在“平面铣”“型腔铣”“Z 级铣”。

5.2.2 余量参数

“余量”选项决定了完成当前操作后部件上剩余的材料量。可以为底面和内部/外部部件壁面指定余量，分别为“底面余量”和“部件余量”。还可以指定完成最终的轮廓刀路后应剩余的材料量（“精加工余量”，将去除任何指定余量的一些或全部），并为刀具指定一个安全距离（最小距离），刀具在移向或移出刀轨的切削部分时将保持此距离。可通过使用“定制边界数据”在边界级别、边界成员级别和组级别上定义“余量要求”。

主要的余量参数如下：

（1）最终底面余量 主要用在平面铣中，可指定在完成由当前操作生成的切削刀轨后，腔体底面（底平面和“岛”的顶部）应剩余的材料量，如图 5-42 所示。在进行切削产生刀轨时，由于留有“最终底面余量”，刀具离工件的最终底面有一定距离，如对图 5-43 所示的部件进行“跟随部件”平面切削，图 5-44a 所示为“最终底面余量”为 5 形成的切削刀轨，图 5-44b 所示为“最终底面余量”为 0 形成的切削刀轨。

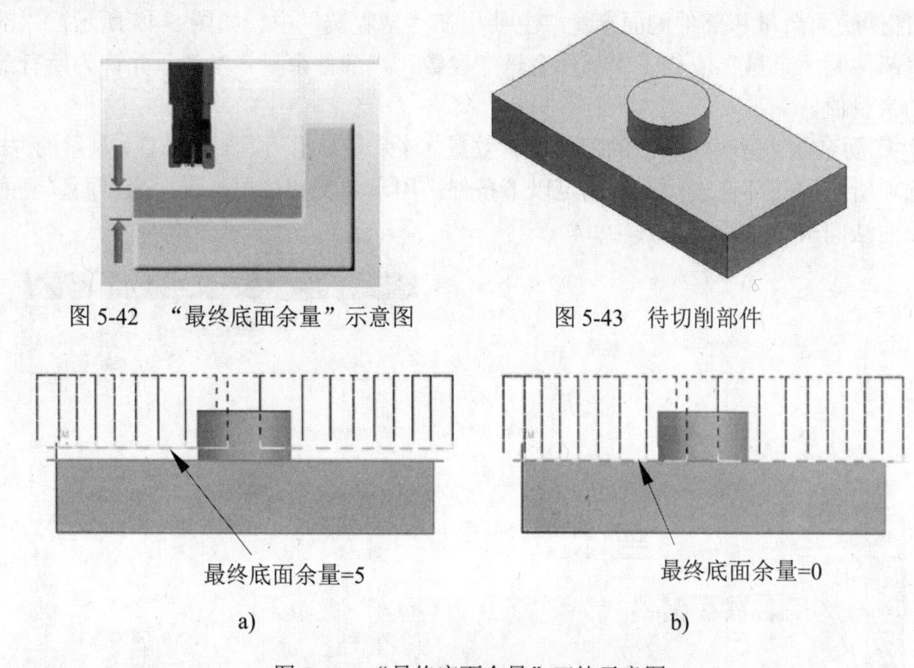

图 5-42　“最终底面余量”示意图

图 5-43　待切削部件

a)　b)

图 5-44　“最终底面余量”刀轨示意图

（2）部件余量　主要用在平面铣中，是完成“平面铣”粗加工操作后留在部件壁面上的材料量。通常这些材料将在后续的精加工操作中被切除。图 5-45 所示为对中间含有“岛屿”的工件进行“跟随部件”平面切削。除了在图 5-45a 中将“部件余量”设置为 5 外，其余两图中的设置完全相同。从中间“岛屿”可以看出，在进行“跟随部件”切削的，图 5-45a 中的刀轨比图 5-45b 中的刀轨距离要大，这主要是因为图 5-45a 要留有设置的部件余量。

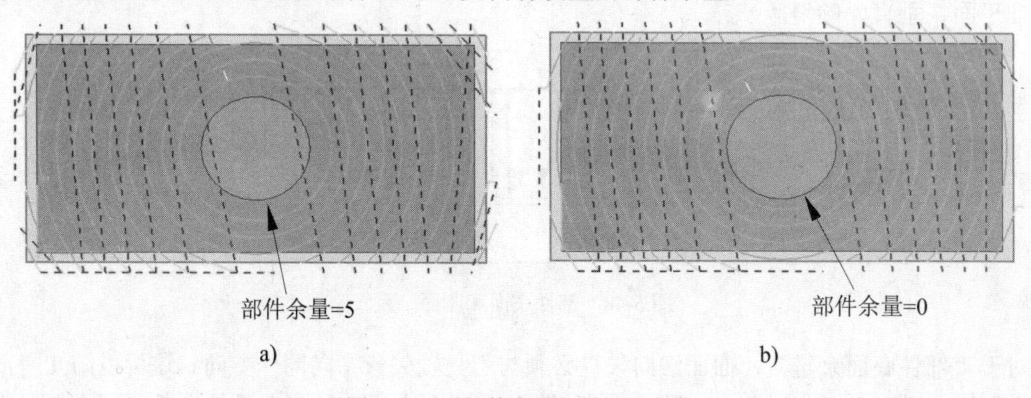

a)　b)

图 5-45　“部件余量”刀轨示意图

在边界或面上应用“部件余量”将导致刀具无法触及某些要切除的材料（除非过切）。图 5-46

所示为由于存在“部件余量”，刀具将无法进入某一区域。

如果将“刀具位置”设置为“开”后定义加工边界，系统将忽略“部件余量”并沿边界进行加工。当指定负的“部件余量”时，所使用的刀具的圆角半径（R1 和/或 R2）必须大于或等于负的余量值。

（3）部件底面余量和部件侧面余量　主要用在“型腔铣”中。如图 5-47 所示，“部件底面余量”和“部件侧面余量”取代了“部件余量”参数。“部件余量”参数只允许为所有部件表面指定单一的余量值。

1）部件底面余量：指底面剩余的部件材料数量。该余量是沿刀具轴（竖直）测量的，如图 5-48 所示。该选项所应用的部件表面必须满足以下条件：用于定义切削层、表面为平面、表面垂直于刀具轴（曲面法向矢量平行于刀具轴）。

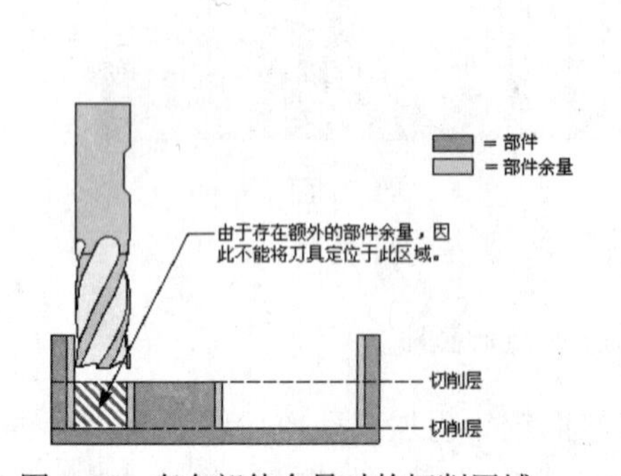

图 5-46　存在部件余量时的切削区域

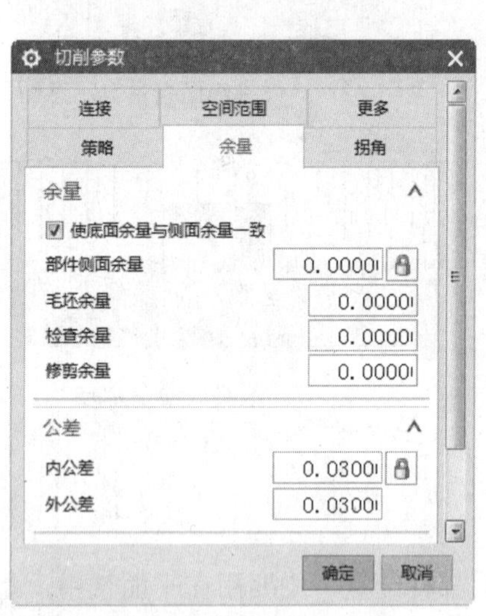

图 5-47　“切削参数”对话框

2）部件侧面余量：指壁面剩余的部件材料数量。该余量是在每个切削层上沿垂直于刀具轴的方向（水平）测量的，如图 5-48 所示。它可以应用在所有能够进行水平测量的部件表面上（平面、非平面、垂直、倾斜等）。

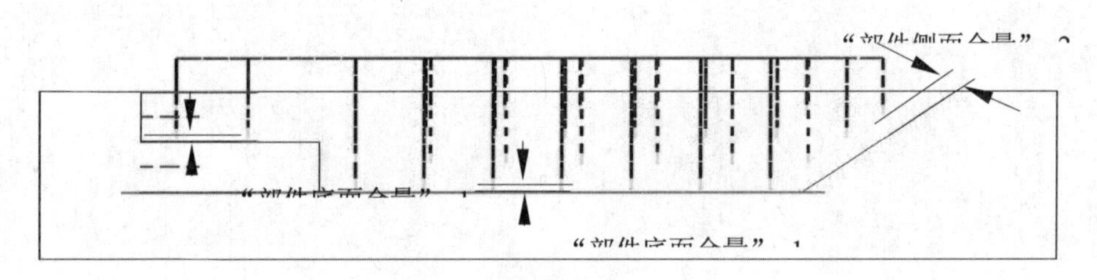

图 5-48　部件底面和侧面余量

对于“部件底面余量”，曲面法向矢量必须与刀具轴矢量指向同一方向。这可以防止“部件底面余量”应用到底切曲面上，如图 5-49 所示。由于弯角曲面和轮廓曲面的实际侧面余量通常难以预测，因此“部件侧面余量”一般应用在主要由竖直壁面构成的部件中。

（4）毛坯余量　是“平面铣”和“型腔铣”中都具有的参数。毛坯余量是刀具定位点与所定义的毛坯几何体之间的距离，应用于具有“相切于”条件的毛坯边界或毛坯几何体，如图 5-50 所示。

注意

如果在“面铣削”中选择了面，则这些面实际上是毛坯边界。因此，系统会绕所选面周围偏置一定距离，即“毛坯余量”；如果用户选择了切削区域，则系统会绕切削区域周围偏置一定距离，即“毛坯余量”，这将扩大切削区域，以包括要加工面边缘的多余材料。

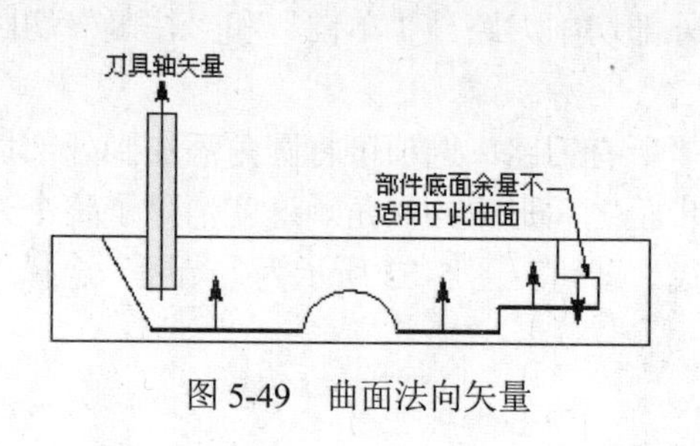

图 5-49　曲面法向矢量

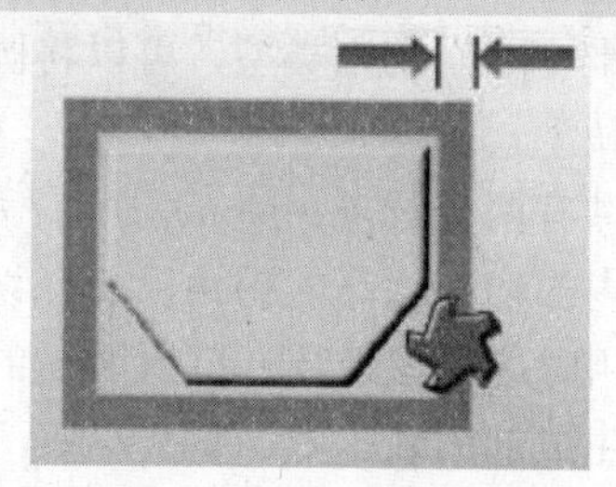

图 5-50　“毛坯余量”示意图

5.3 拐角

“拐角”功能可用于“固定轮廓铣”以及“顺序铣”，可防止在切削凹角或凸角时刀具过切部件。“拐角”选项卡如图 5-51 所示。

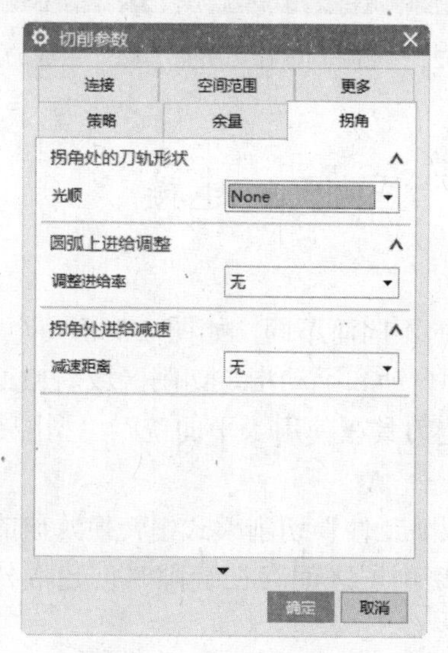

图 5-51　“拐角”选项卡

（1）光顺　在指定的“最小”和“最大”范围内的拐角处的切削刀路上添加圆弧。

（2）圆弧上进给调整　调整所有圆弧记录，以维持刀具侧边而不是中心的进给率。

（3）拐角处进给减速　设置长度、开始位置和减速速度

这些选项仅适用于“平面铣”“型腔铣”“固定和可变轮廓铣”以及“顺序铣”中遇到的以下情况：在切削和第一次切削运动期间，在沿着部件壁切削时。

“光顺”可添加到外部切削刀路的拐角、内部切削刀路的拐角以及在切削刀路和步距之间形成的拐角，使拐角成为圆角。当加工硬质材料或高速加工时，为所有拐角添加圆角尤其有用。拐角可使刀具运动方向突然改变，这样会在加工刀具和切口上产生过多应力。

可用的“圆角”选项会根据指定的切削类型的不同而不同。使用“跟随周边”“跟随工件”“跟随腔体”等切削类型，可以将圆角添加到外部切削刀路和内部切削刀路。使用“轮廓铣”“标准驱动”切削类型，可以将圆角添加到外部切削刀路。“单向”和“往复”切削类型不使用“圆角”。

光顺共有两个选项：None、所有刀路。选择“所有刀路”选项可将圆角添加到外部切削刀路的拐角、内部切削刀路的拐角以及在切削刀路和步距之间形成的拐角。这就消除了整个刀轨中的拐角。使用时选择该选项并键入所需的“圆角半径”即可。图 5-52 所示为“光顺”选择“所有刀路”选项生成的刀轨。

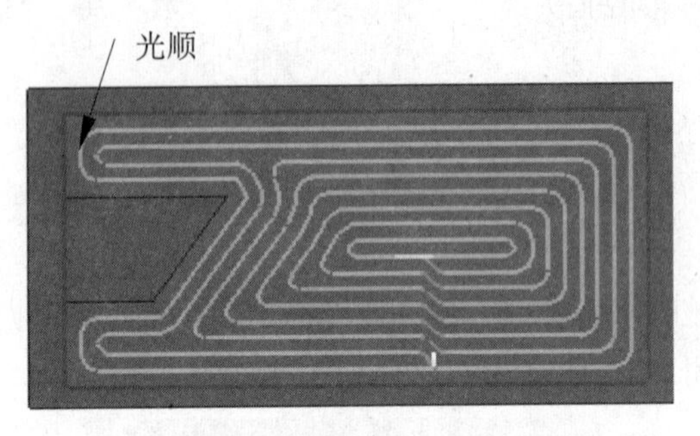

图 5-52 “光顺”选择“所有刀路”生成的刀轨

5.4 连接

“连接”参数因操作子类型的不同而不同，如图 5-53 所示。包括以下几种：

（1）区域排序　提供了几种自动和手动指定切削区域的加工顺序的方法。

（2）跟随检查几何体　确定刀具在使用“平面铣”“型腔铣”遇到检查几何体时将如何操作。

（3）开放刀路　用于在“跟随工件”切削模式中转换开放的刀路。

（4）在层间进行切削　当切削层之间存在缝隙时创建额外的切削。适用于“Z 级轮廓陡峭”。

（5）步距　允许指定切削刀路间的距离。

（6）层到层　切削所有层，而无须提回至安全平面（仅适用于 Z 层）。

（7）最小化进刀数　当存在多个区域时，安排刀轨以将进刀和退刀运动次数减至最少。适用于“平面铣”“面铣”和“型腔铣”中的“往复”切削方法。

（8）最大切削移动距离　定义不切削时希望刀具沿工件进给的最长距离。当系统需要连接不同的切削区域时，如果这些区域之间的距离小于此值，则刀具将沿工件进给。如果该距离大于此值，则系统将使用当前传送方式来退刀、转换并进刀至下一位置。

（9）跨空区域　一个特定于“面铣削”的切削参数。

5.4.1 区域排序

“区域排序”是“平面铣”“型腔铣”和“面铣削”操作中都存在的参数。“区域排序”提供了多种自动或手动指定切削区域加工顺序的方式，如图 5-54 所示。

选择所需的“区域排序”选项可生成刀轨。使用“跟随起点”和“跟随预钻点”选项时还需指定“预钻进刀点”和“切削区域起点”，然后才可生成刀轨。

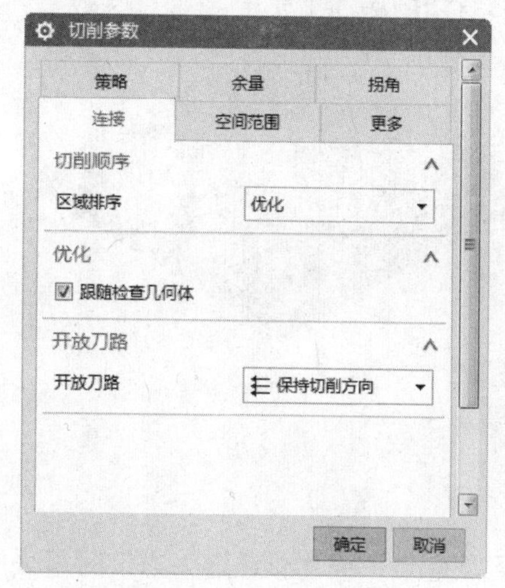

图 5-53　“连接”选项卡

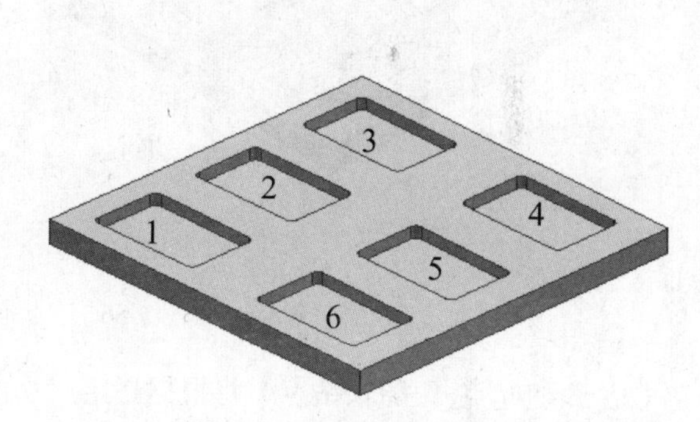

图 5-54　区域排序（优化）

“区域排序”主要包括：

（1）标准　允许处理器决定切削区域的加工顺序, 如图 5-55a 所示。对于“面铣削”操作，当选择曲线作为边界时，系统通常使用边界的创建顺序作为加工顺序，当选择面作为边界时，使用面的创建顺序作为加工顺序，图 5-55a、b 所示分别为通过两种不同的面创建顺序形成的加工顺序(图中数字即为加工顺序)。但情况并不总是这样，因为处理器可能会分割或合并区域，这样顺序信息就会丢失。因此，此时使用该选项，切削区域的加工顺序将是任意和低效的。当使用“层优先”作为“切削顺序”来加工多个切削层时，处理器将针对每一层重复相同的加工顺序。

（2）优化　将根据加工效率来决定切削区域的加工顺序。处理器确定的加工顺序可使刀具尽可能少地在区域之间来回移动，并且刀具的总移动距离最短，如图 5-56 所示。

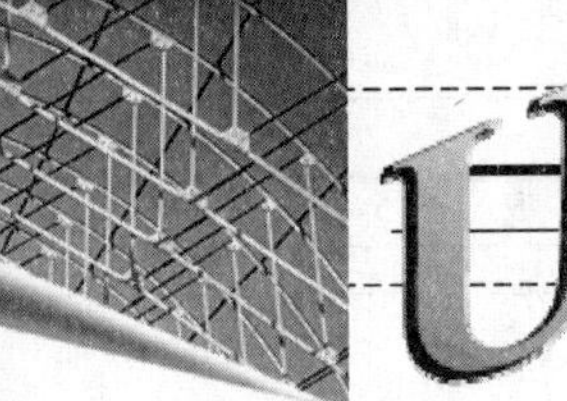

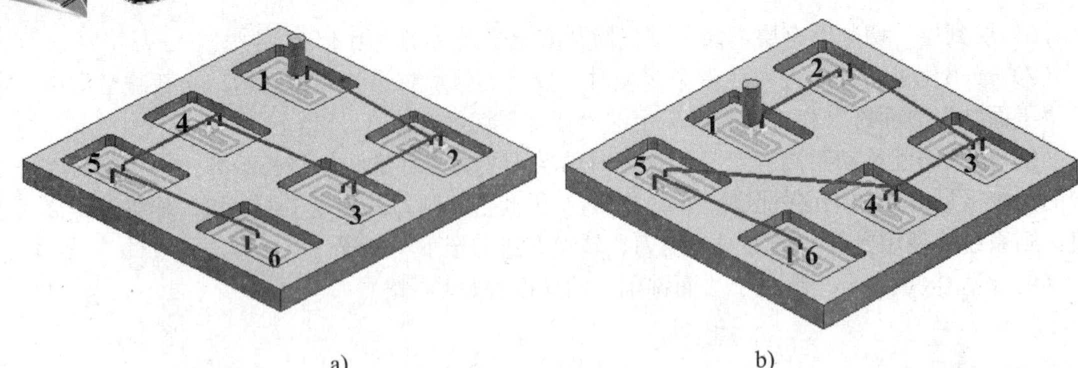

a)　　　　　　　　　　　　　　　　b)

图 5-55　“标准”排序

当使用“深度优先”作为“切削顺序”来加工多个切削层时，将对每个切削区域完全加工完毕，再进行下一个区域的切削，如图 5-56a 所示。

当使用“层优先”作为“切削顺序”来加工多个切削层时，“优化”功能将决定第一个切削层中区域的加工顺序，如在图 5-56a 中为 1-2-3-4-5-6 的顺序，第二个切削层中的区域将以相反的顺序进行加工，以此减少刀具在区域间的移动时间，如在图 5-56b 中为 6-5-4-3-2-1 的顺序。图中箭头给出了加工顺序，这种交替反向将一直继续，直至所有切削层加工完毕。

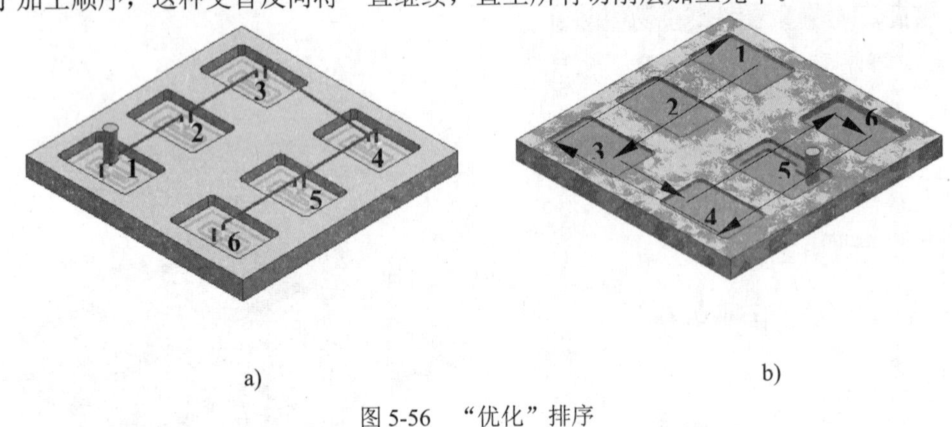

a)　　　　　　　　　　　　　　　　b)

图 5-56　“优化”排序

（3）跟随起点/跟随预钻点　将根据指定“切削区域起点”或“预钻进刀点”时所采用的顺序来确定切削区域的加工顺序。图 5-57 所示为选择“跟随起点”。这些点必须处于活动状态，以便“区域排序”能够使用这些点。如果为每个区域均指定了一个点，处理器将严格按照点的指定顺序加工区域，如图 5-58 所示。

如果没有为每个区域均定义点，处理器将根据连接指定点的线段链来确定最佳的区域加工顺序，如图 5-59 所示。

当使用“层优先”作为“切削顺序”来加工多个切削层时，处理器将针对每一层重复相同的加工顺序。

如果在使用“跟随起点”或“跟随预钻点”生成刀轨时没有定义实际的“预钻进刀点”或“切削区域起点”，或只定义了一个点，那么处理器将使用“标准区域排序”。

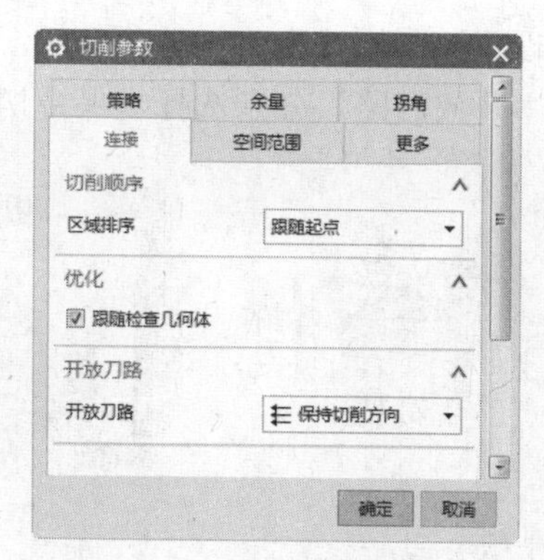

图 5-57　选择“跟随起点”

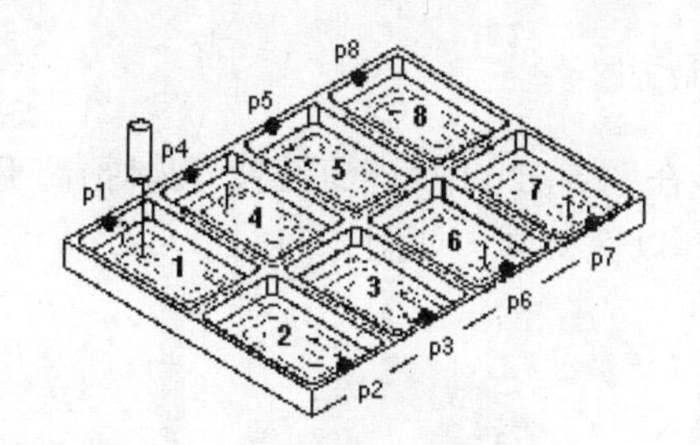

图 5-58　每个区域中均定义了起点 (p1～p8)

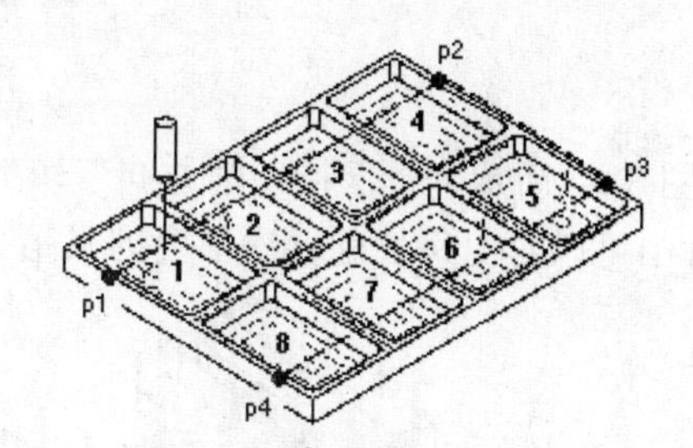

图 5-59　定义了 4 个起点

“区域排序”不使用系统生成的“预钻点”。

5.4.2 开放刀路

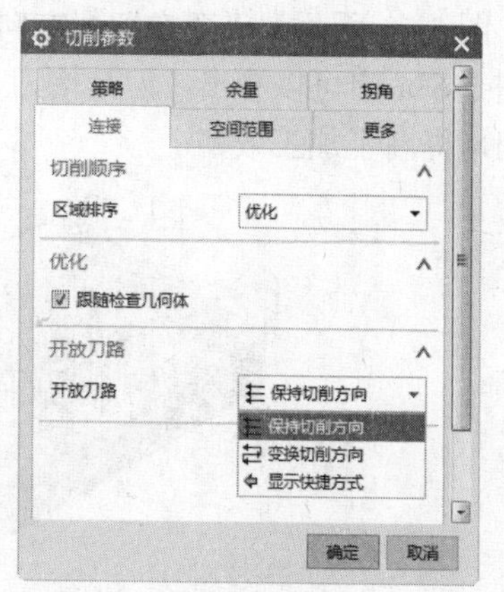

图 5-60　“开放刀路”选项

“开放刀路”提供了“保持切削方向”或“变换切削方向”的方式，如图 5-60 所示。该方式用于在“跟随部件”切削模式的切削过程中转换开放刀路。

（1）保持切削方向　将在“跟随部件”切削模式中保持切削方向不变。如图 5-61a 所示，完成一个切削刀路后，需要抬刀、移刀、进刀进行下一个切削过程。

（2）变换切削方向　将在“跟随部件”切削模式中改变切削方向，类似于“往复”切削模式。如图 5-61b 所示，完成一个切削刀路后，不需要抬刀、移刀、进刀进行下一个切削过程，完成全部切削后抬刀。

对同一工件进行平面铣，可设置切削模式为“跟随部件”，刀具直径为 10mm，在“切削参数”对话框“连接”选项卡中的“开放刀路”分别选择“保持切削方向”和“更改切削方向”。

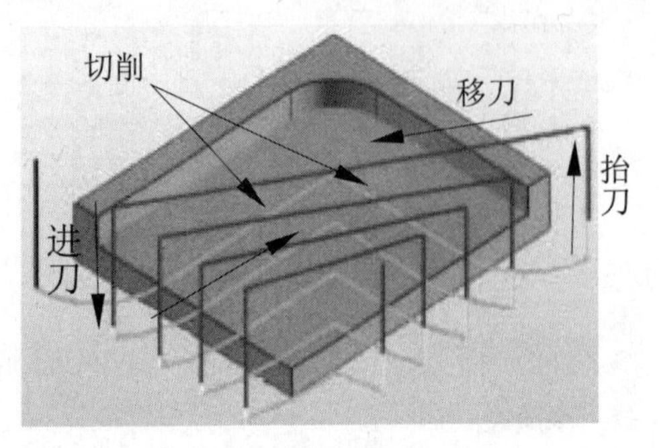

a)保持切削方向

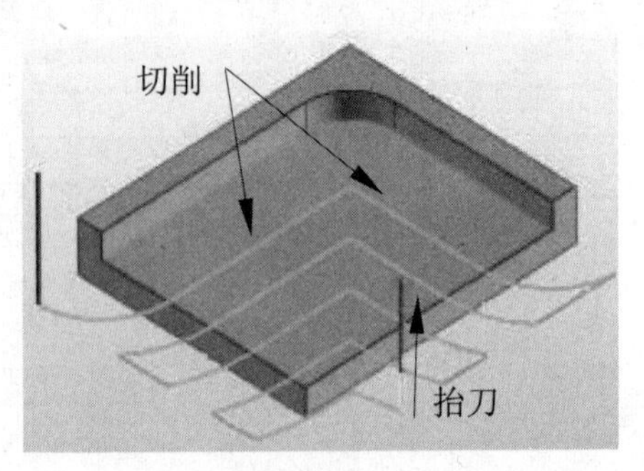

b)变换切削方向

图 5-61　开放刀路

图 5-62 所示为“保持切削方向”切削示意图，在图 5-62b 中可以看出，刀具抬离毛坯；从图 5-62a 中可以看出每切削一次都要刀具抬刀、移刀，以保持同一切削方向。

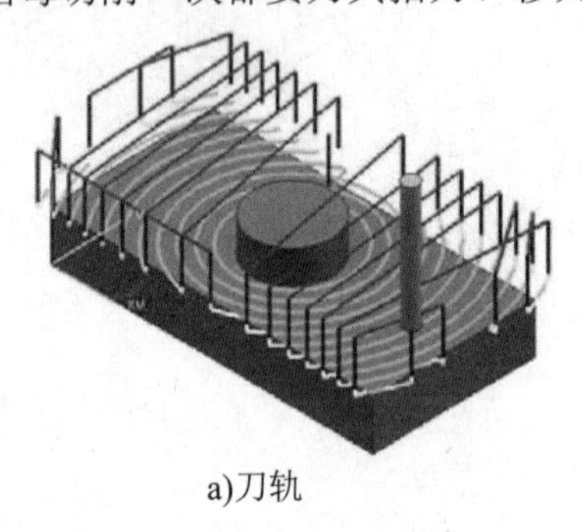

a)刀轨

b)3D 切削(抬刀)

图 5-62　保持切削方向

图 5-63 所示为“变换切削方向”切削示意图。在从图 5-63b 中可以看出，刀具不抬离毛坯，从图 5-63a 中可以看出，刀具抬刀、移刀的次数比“保持切削方向”少很多，减少了抬刀、移刀时间，提高了加工效率。

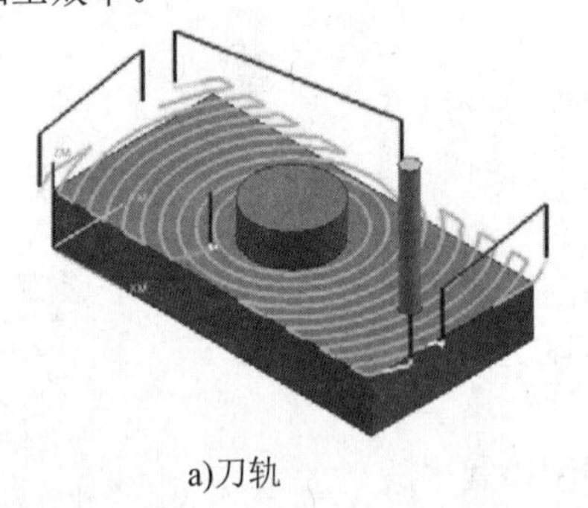

a)刀轨

b)3D 切削(不抬刀)

图 5-63　变换切削方向

5.5 更多参数

“更多”选项卡里的选项如图 5-64 所示。

1．区域连接

“区域连接”是“平面铣”和“型腔铣”都具有的切削参数，主要在“跟随周边”“跟随部件”“轮廓”等切削方式中使用。

生成刀路时，刀轨可能会遇到诸如岛、凹槽等障碍物，此时刀路会将该切削层中的可加工区域分成若干个子区域。刀具会从一个区域退刀，然后在下一个子区域重新进入部件，以此连接各个子区域。“区域连接”决定了如何转换刀路以及如何连接这些子区域。处理器将优化刀路间的步进移动，寻找一条没有重复切割且无需抬起刀具的刀轨。当区域的刀路被分割成若干内部刀路时，区域的“起点”可能被忽略。

“区域连接”可在“开（选中）”和“关（未选中）”之间切换，其状态将影响到基于部件几何体的刀轨。

（1）关闭“区域连接”　当关闭“区域连接”时，如果处理器确认刀轨存在自相交（通常不会发生在简单的矩形刀轨中），它会将交叉部分当作一个区域。岛中的区域将被忽略。关闭“区域连接”后，刀具将在移动至一个新区域时退刀以防止过切凹槽。

关闭“区域连接”可保证生成的刀轨不会出现交叠或过切。此时，系统将分析整个边界并加工刀具可以进入的所有区域。

当部件中的区域间包含“岛”或凹槽时，系统会快速地生成一条刀轨。但是，这可能会产生频繁的退刀和进刀运动，因为系统不会试图保持刀具与凹槽中工作部件的连续接触。

（2）打开“区域连接”　将允许系统更好地预测刀轨的起始位置，以及更好地控制进给率。当从内向外加工腔体时（方向—>向外），刀轨将从最内侧的刀路处开始，如果区域被分割开，将从最内侧刀路中最大的一个刀路处开始。当从外向内加工腔体时（方向—>向内），刀轨的结束位置将位于最内侧刀路。只要刀具完全嵌入材料之中（如初始切削），系统便会使用“第一刀切削进给率”，否则，系统将使用“切削进给率”，不使用“步进进给率”。

2．容错加工

“容错加工”即在不过切部件的情况下查找正确的可加工区域，主要用于“型腔铣”操作中。“容错加工”是特定于“型腔铣”的一个切削参数。对于大多数铣削操作，都应将“容错加工（用于型腔铣）”方式打开。它是一种可靠的算法，能够找到正确的可加工区域而不过切部件。面的“刀具位置”属性将作为“相切于”来处理，而不考虑用户的输入。

由于此方式不使用面的“材料侧”属性，因此当选择曲线时刀具将被定位在曲线的两侧，当没有选择顶面时刀具将被定位在竖直壁面的两侧。

3．边界逼近

切削参数“边界逼近”常用在“平面铣”和“型腔铣”中的“跟随周边”“跟随部件”“轮廓加工”切削模式中。

当边界或“岛”中包含二次曲线或 B 样条时，使用“边界逼近”可以减少处理时间并缩短

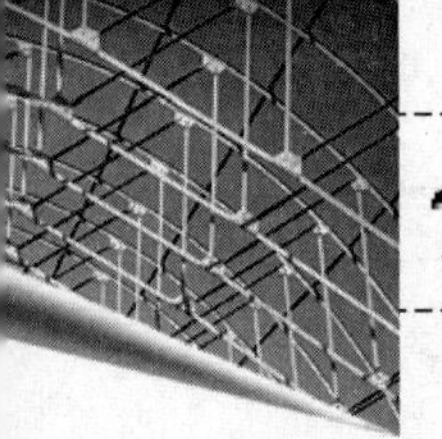

刀轨，其原因是系统通常要对此类几何体的内部刀路（即远离“岛”边界或主边界的刀路）进行不必要的处理，以满足公差限制。

第二个刀路的实际步进和近似公差分别是指定步进的 75% 和 25%。第三个刀路的实际步进和近似公差均为指定步进的 50%。

4．防止底切

在“型腔铣”中，“允许底切”可允许系统在生成刀轨时考虑底切几何体，以此来防止刀夹摩擦到部件几何体。“底切处理”只能应用在非容错加工中（即取消“容错加工”复选框的勾选），如图 5-65 所示。

注意

打开“允许底切”后，处理时间将增加。如果没有明确的底切区域存在，可关闭该功能以减少处理时间。

关闭“允许底切”后，系统将不会考虑底切几何体。这将允许在处理竖直壁面时使用更加宽松的公差。

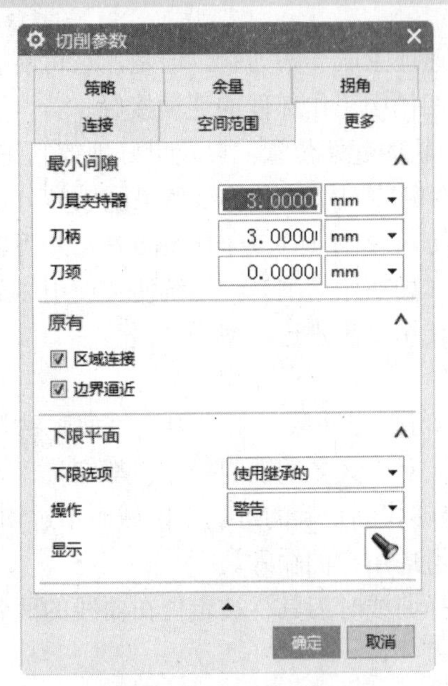

图 5-64 “更多”选项卡

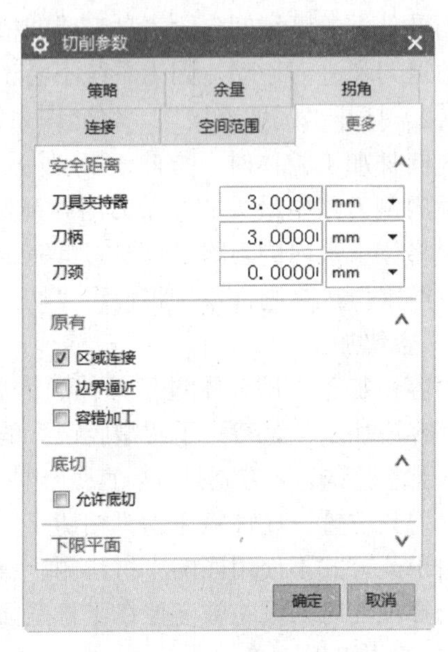

图 5-65 “允许底切”选项

5．向上斜坡角/向下斜坡角

“向上斜坡角”和“向下斜坡角”是专用于轮廓铣的切削参数。“倾斜”选项如图 5-66 所示。

“向上斜坡角”和“向下斜坡角”允许指定刀具的向上和向下角度运动限制。角度是从垂直于刀具轴的平面测量的，只对“固定轴”操作可用。

“向上斜坡角”需要输入一个从 0～90 的角度值。输入的值允许刀具在从 0°（垂直于固定刀具轴的平面）到指定值范围内的任何位置向上倾斜，如图 5-67 所示为 30° 向上斜坡角。

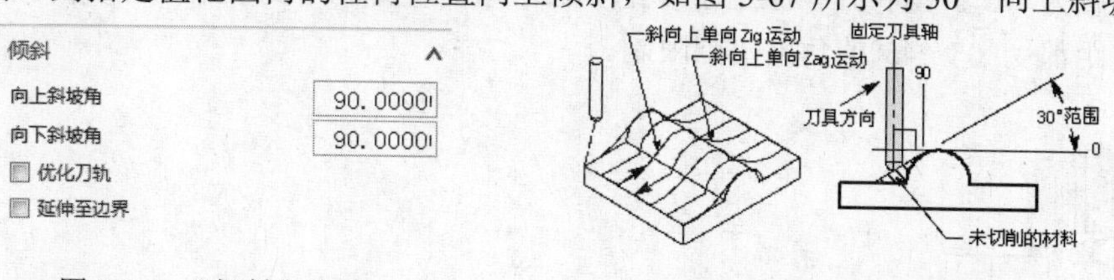

图 5-66　“倾斜”选项　　　　图 5-67　30° 向上斜坡角

“向下斜坡角”需要输入一个从 0～90 的角度值。输入的值允许刀具在从 0°（垂直于固定刀具轴的平面）到指定值范围内的任何位置向下倾斜，如图 5-68 所示为 30° 向下斜坡角。

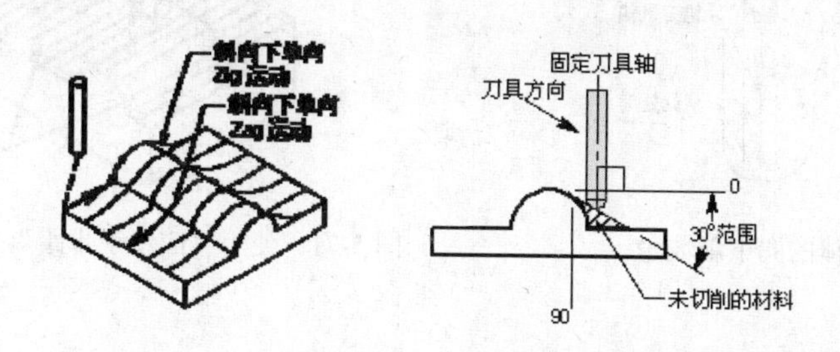

图 5-68　30° 向下斜坡角

默认的向上斜坡角和向下斜坡角值都是 90°。实际上，这些值会禁用此功能，因为它们不对刀具运动进行任何限制。在“往复”切削类型中，刀具方向在每个刀路上反转，将使得向上斜坡和向下斜坡角在每个刀路上颠倒侧面，如图 5-69 所示。

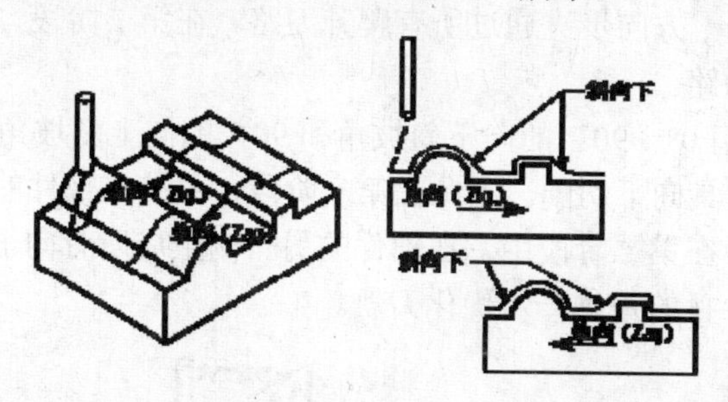

图 5-69　向上斜坡角 90° /向下斜坡角 45°

当“部件轮廓”和“刀具形状”限制了可安全去除的材料量时，“向下斜坡角”非常有用，可防止刀具掉落到需要单独精加工刀路的小腔体中，如图 5-70 所示。掉落到“向下斜坡角”以下的刀具位置会沿刀具轴抬起到该层。

6．应用于步距

“应用于步距”是专用于轮廓铣的切削参数。“应用于步距”与“向上斜坡角”和“向下斜

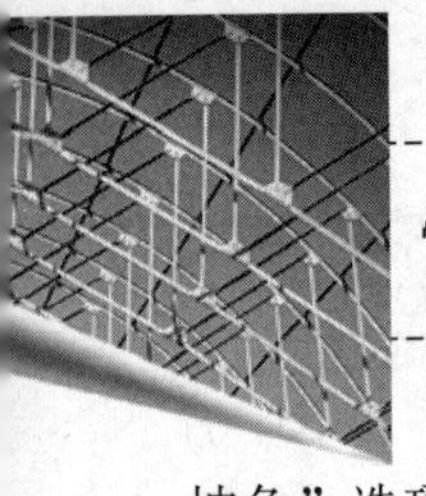

坡角”选项结合使用，可将指定的倾斜角度应用于步距。

图 5-71 所示为使用“应用于步距”对往复刀轨的影响。“向上斜坡角”设置为 45°，“向下斜坡角”设置为 90°。当打开“应用于步距”时，这些值会应用到步距及往复刀路中。向下倾斜的刀路和步距都受 0°～45°的角度范围限制。

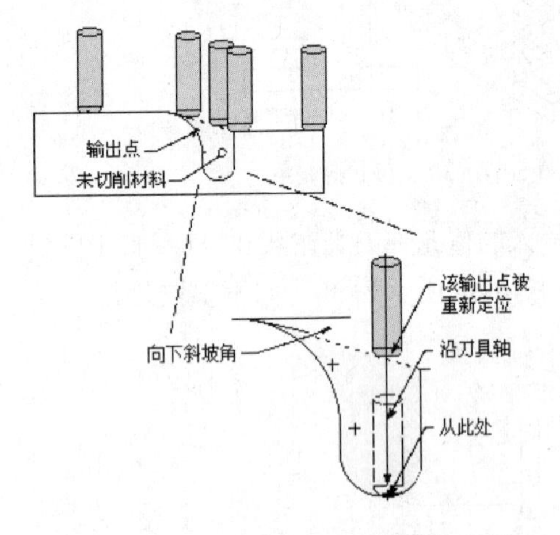

图 5-70 用于避免小腔体的向下斜坡角

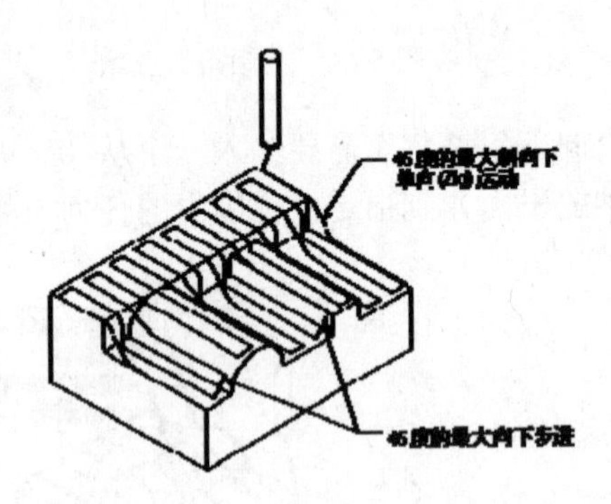

图 5-71 使用“应用于步距”对往复刀轨的影响

7．优化刀轨

“优化刀轨”是专用于轮廓铣的切削参数。此选项可使系统在将向上斜坡角和向下斜坡角与单向（Zig）或往复结合使用时优化刀轨。优化意味着在保持刀具与部件尽可能接触的情况下计算刀轨并最小化刀路之间的非切削运动。仅当向上斜坡角为 90°且向下斜坡角为 0°～90°时，或当向上斜坡角为 0°～90°且向下斜坡角为 90° 时，此功能才可用。

例如，在只允许向上倾斜的单向（Zig）运动中，系统通过在两个阶段创建刀轨来优化刀轨。在第一阶段，系统沿单向（Zig） 方向步进通过所有爬升刀路。在第二阶段，系统沿单向（Zig）的相反方向步进通过所有爬升刀路。

图 5-72 显示了系统如何使用 0°～90° 的向下斜坡角和 90° 的向上斜坡角来优化单向（Zig）运动。0°的向下斜坡角可防止刀具向下切削。因此在第一阶段，系统在部件的一侧生成所有向上切削并移动到部件另一侧，然后在第二阶段中，在部件的另一侧生成所有向上切削。注意，“步距”方向在第二阶段是相反的，目的是进一步优化刀轨。

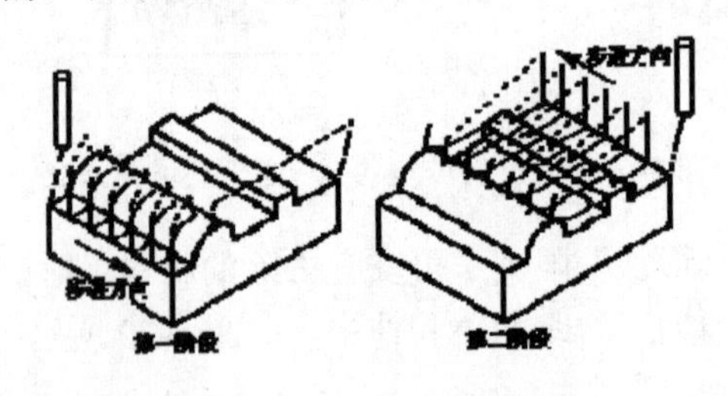

图 5-72 单向 (Zig) 优化

图 5-73 所示为在图 5-66 所示的“倾斜”选项中设置“向下斜坡角”为 0°。“向下斜坡角度”为 0° 时的切削刀轨。通过图 5-73b 所示的 3D 切削示意图可知，刀具只有爬升刀路，只切削部件两个凸起部分，中间部分不切削；从图 5-73a 可以发现，刀路需要不停地抬刀、移刀和进刀切削。

a)刀轨　　b)3D 切削

图 5-73　“向下斜坡角”为 0° 时的切削刀轨

图 5-74 所示为在图 5-66 所示的“倾斜”选项中设置“向下斜坡角”为 90° 时的切削刀轨。通过图 5-74b 所示的 3D 切削示意图可知，刀具除了切削部件两个凸起部分外，中间部分也同时被切削；从图 5-74a 可以发现，刀路完全按照普通的“往复”切削模式，切削过程中不需要抬起刀具，直到切削完毕后再抬刀。

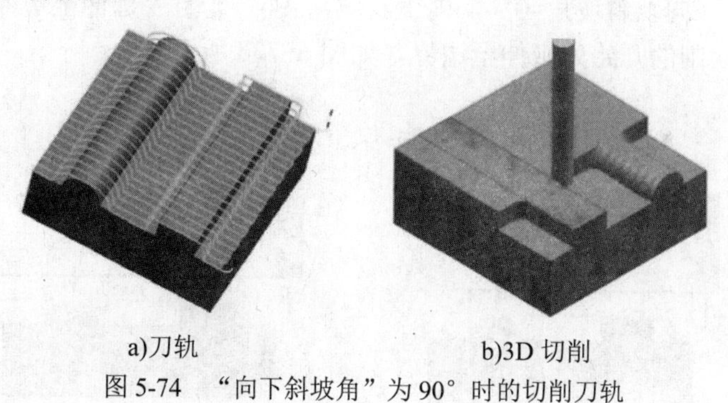

a)刀轨　　b)3D 切削

图 5-74　“向下斜坡角”为 90° 时的切削刀轨

8．延伸至边界

“延伸至边界”是专用于轮廓铣的切削参数。“延伸至边界“可在创建“仅向上”或“仅向下”切削时将切削刀路的末端延伸至部件边界。

对“7. 优化刀轨”中的部件进行“延伸至边界”设置。只进行如下改变：

- 切削模式：单向。
- 向上斜坡角：设置为 0°。
- 向下斜坡角：设置为 90°。
- 在图 5-66 所示的“倾斜”选项卡中不勾选“优化刀轨”，其余设置不变。

图 5-75a 所示为在图 5-66 所示的“倾斜”选项卡中选中“延伸至边界”时的切削刀轨，刀轨延伸到了边界。

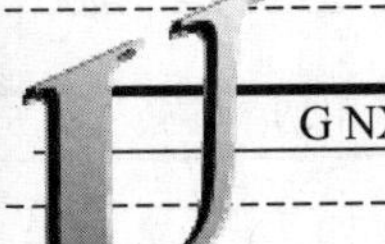

图 5-75b 所示为在图 5-66 所示的“倾斜”选项卡中不勾选“延伸至边界”时的切削刀轨，刀轨没有延伸到边界。

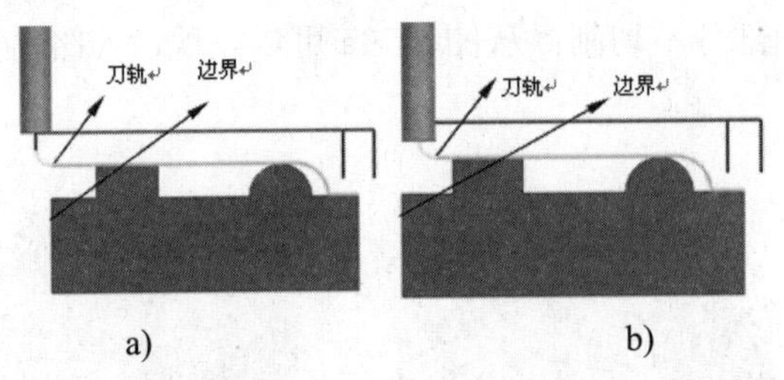

图 5-75　延伸至边界

下面分四种情况分别说明“延伸至边界”对刀轨的影响。

1）“仅向上”（向上斜坡角=90°，向下斜坡角=0°）且“延伸至边界”为清除（OFF）时，每个刀轨都在部件顶部停止切削，如图 5-76a 所示。

2）“仅向上”（向上斜坡角=90°，向下斜坡角=0°）且“延伸至边界”为选中（ON）时，每个刀轨都沿切削方向延伸至部件边界，如图 5-76b 所示。

3）“仅向下”（向上斜坡角=0°，向下斜坡角=90°）且“延伸至边界”为清除（OFF）时，每个刀轨都在部件顶部开始切削，如图 5-76c 所示。

4）“仅向下”（向上斜坡角=0°，向下斜坡角=90°）且“延伸至边界”为选中（ON）时，每个刀轨都在每次切削的开始处延伸至边界，如图 5-76d 所示。

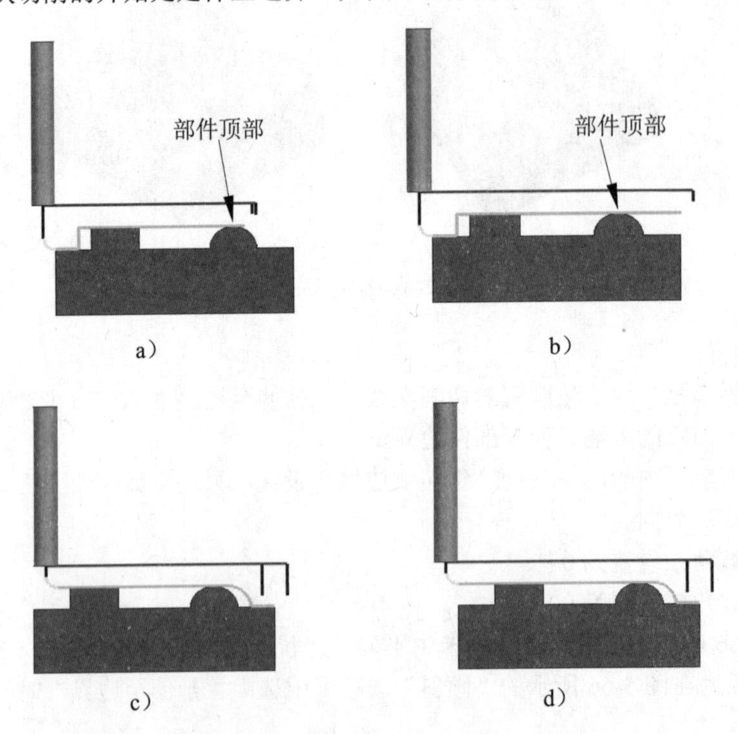

图 5-76　不同“延伸至边界”对刀轨的影响

5.6 多刀路参数

“多刀路”参数应用于固定和可变轮廓铣操作。主要包括“部件余量偏置”“多重深度切削“ “步进方法”“增量”等选项，如图 5-77 所示。

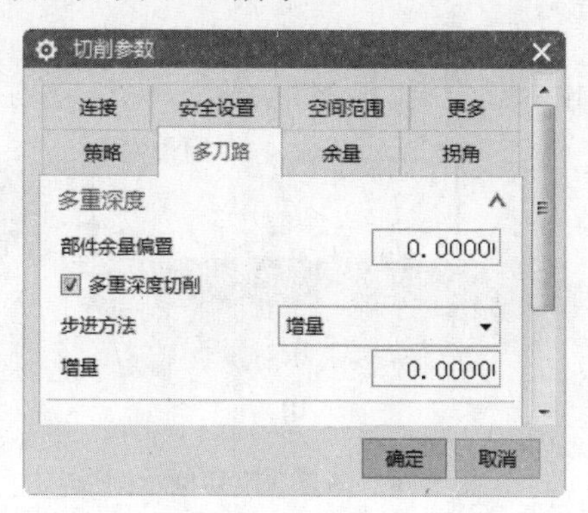

图 5-77　“多刀路”选项卡

5.6.1 部件余量偏置

“部件余量偏置”是专用于轮廓铣的切削参数。“部件余量偏置”是在操作过程中去除的材料量。“部件余量”是操作完成后所剩余的材料量。“部件余量偏置”加上“部件余量”为操作开始前的材料量。即最初余量 = 部件余量 + 部件余量偏置。因此，“部件余量偏置”是增加到“部件余量”的额外余量，必须大于或等于零。

- 在对移刀运动的碰撞检查过程中，“部件余量偏置”用于刀具和刀柄。
- “部件余量偏置”还可用于非切削运动中，以确定自动进刀/退刀距离。
- 当使用“多重深度切削”选项时，“部件余量偏置”还可用于定义刀具开始切削的位置。

5.6.2 多重深度切削

“多重深度切削”允许沿着部件几何体的一个切削层逐层加工，以便一次去除一定量的材料。每个切削层中的刀轨是作为垂直于部件几何体的“接触点”的偏置单独计算的。由于当刀轨轮廓远离部件几何体时刀轨轮廓的形状会改变，因此每个切削层中的刀轨必须单独计算。“多重深度切削”将忽略部件曲面上的定制余量（包括部件厚度）。

例如，对图 5-78a 所示的部件进行“固定轮廓铣”。操作步骤如下：

1）在“创建工序”对话框中选择“mill_contour”类型，选择“固定轮廓铣”操作子类型，创建直径为 10mm 的刀具，名称为“END10”，选中该刀具；选择“WORKPIECE” 几何体，名称为“FIXED_CONTOUR”。

2）单击“确定”按钮，弹出“固定轮廓铣”对话框，如图 5-78a 所示指定部件。指定切削区域如图 5-78a 所示。

3）选择“区域铣削”驱动方法，并单击“驱动方法”右边的，弹出“区域铣削驱动方法”对话框，设置“切削模式”为“往复”，“平面直径百分比”为 50，“步距已应用”选择“在平面上”，“切削角”设置为“指定”，输入“与 XC 的夹角”为 0°，单击“确定”按钮。

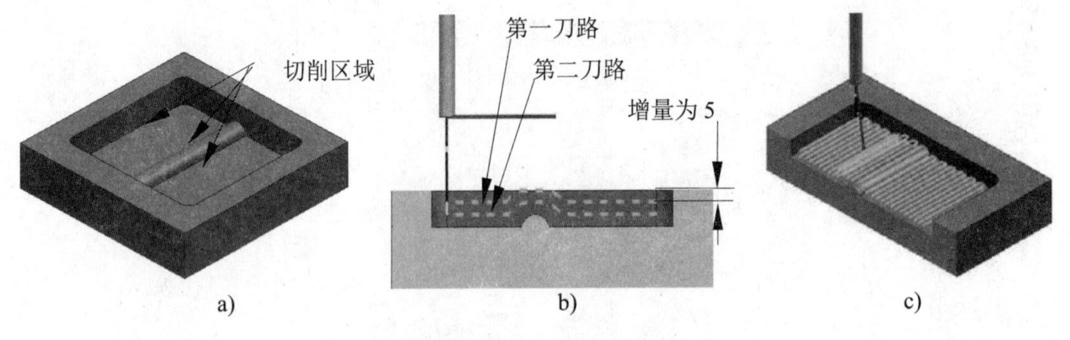

图 5-78　多重深度切削示例

4）在“切削参数”对话框的“多刀路”选项卡中设置“部件余量偏置”为 10，选中“多重深度切削”，选择“步进方法”为“增量”，设置“增量”为 5；在“余量”选项卡中设置“部件余量”为 5。

“增量”如图 5-78b 所示，生成两个深度为 5 的刀路。图 5-78c 所示为形成的刀轨（对部件进行了垂直于 Z 轴的剖切）。

5）在“切削参数”对话框中设置“部件余量”为 2，“部件余量偏置”为 10，选中“多重深度切削”，选择“步进方法”为“增量”。如果“增量”值为 5，则形成 2 层刀轨，如图 5-79a 所示；如果“增量”值为 4，则形成两个 4mm 深的层和 1 个 2mm 的层，共 3 个层，如图 5-79b 所示。

6）在“切削参数”对话框中设置“部件余量”为 10，“部件余量偏置”为 10，选中“多重深度切削”，选择“步进方法”为“增量”。如果“增量”值为 4，则形成两个 4mm 深的层和 1 个 2mm 的层，共 3 个层，如图 5-79c 所示。但对图 5-79c 和 b 进行比较可以发现，两者的部件余量不同，图 5-79c 中底部和四周都留有 10mm 的部件余量。

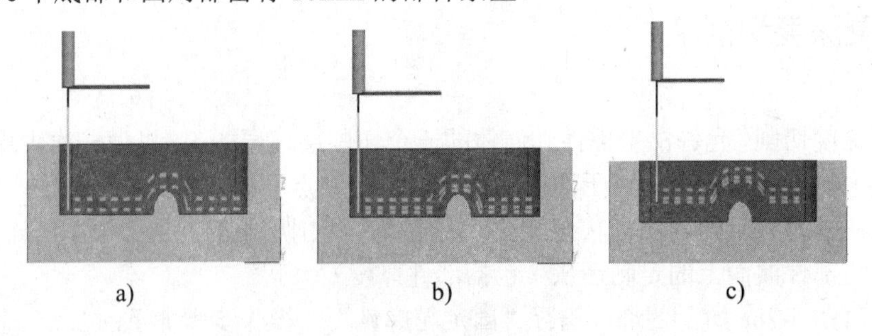

图 5-79　多重深度切削

只能为使用部件几何体的操作生成多重深度切削（如果未选择部件几何体，则在驱动几何体上只生成一条刀轨）。仅当“部件余量偏置”大于或等于零时才能使用多重深度切削。

5.6.3 步进方法

选中“多重深度切削”复选框，可激活“刀路数”或“增量”选项。

切削层的数量是根据“增量”或“刀路数”指定的。“增量”允许定义切削层之间的距离。默认的“增量”值是“部件余量偏置”值。默认的“刀路数”是 0。如果指定了“刀路数”，则系统会自动计算增量。如图 5-79 所示，“部件余量偏置”为 10，如果指定“刀路数”为 3，则每层的增量为 10/3。

如果指定了“增量”，则系统会自动计算刀路数。如果指定的“增量”未平均分配到要去除的材料量（部件余量偏置）中，则系统计算的刀路数将调整为下一个更大的整数，最后的余量将是剩余部分。如图 5-80 所示，“部件余量偏置”为 20，如果指定“增量”为 4，则刀路数为 3，其中第一层和第二层为 4，最后一层（即图中的第三层刀路）的“增量”为 2。

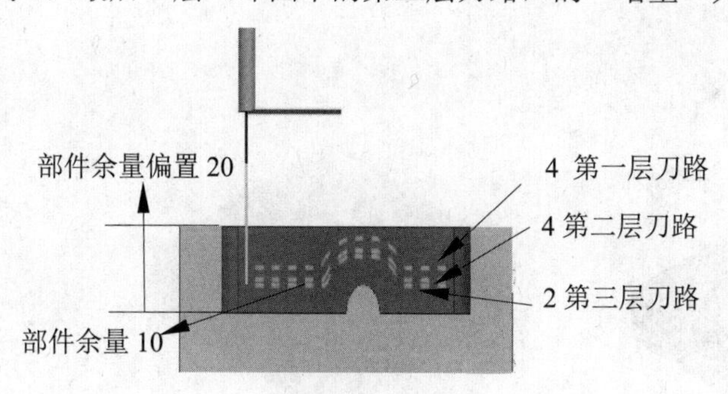

图 5-80 步进方法

如果“部件余量偏置”为零，则余量值必须为零且只生成一层刀路。如果“部件余量偏置”为零且未选择“刀路数量”选项，则可使用任何正整数并可生成该数量的刀路。这对于精加工切削后的部件平滑切削很有用。

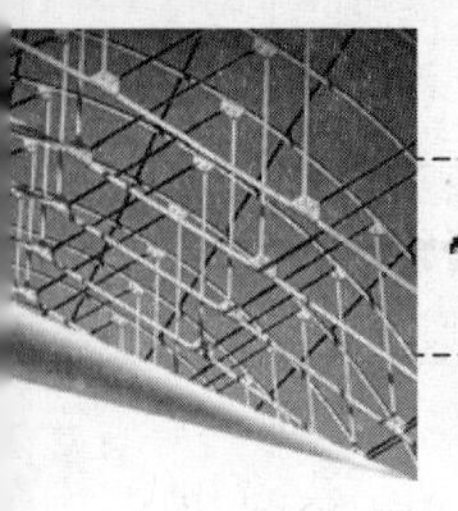

第 6 章　非切削移动

非切削移动可控制刀具不切削零件材料时的各种移动，可发生在切削移动前、切削移动后或切削移动之间。非切削移动包含一系列适用于部件几何表面和检查几何表面的进刀、退刀、分离、跨越与逼近移动以及在切削路径之间的刀具移动，控制如何将多个刀轨段连接为一个操作中相连的完整刀轨。

本章将讲述非切削移动的相关参数设置方法。

内容要点

- 进刀
- 退刀
- 起点/钻点
- 转移/快速
- 避让

案例效果

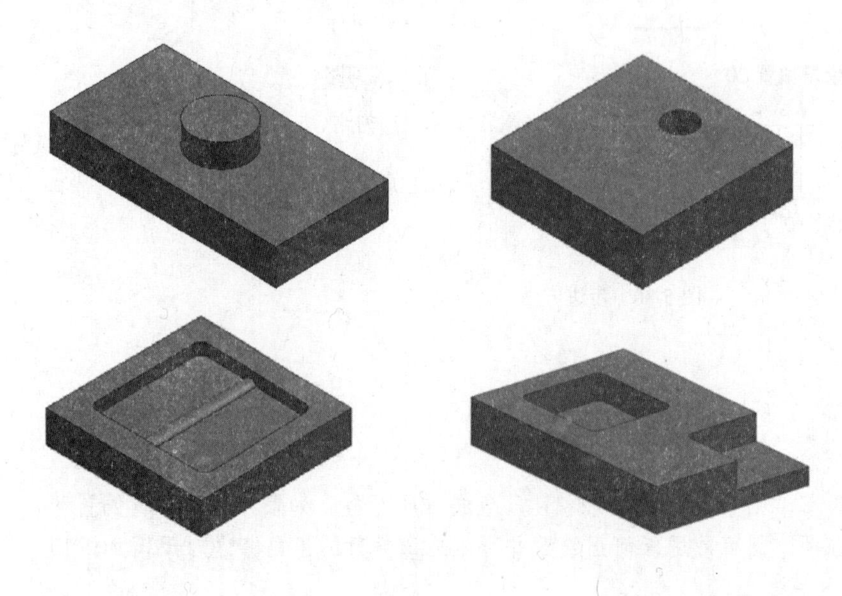

6.1 概述

非切削移动可以简单到单个的“进刀”和“退刀”，或复杂到一系列定制的进刀、退刀和移刀（分离、移刀、逼近）移动，如图 6-1 所示。这些移动的设计目的是协调刀路之间的多个部件曲面、检查曲面和提升操作。非切削移动包括刀具补偿，因为刀具补偿是在非切削移动过程中激活的。

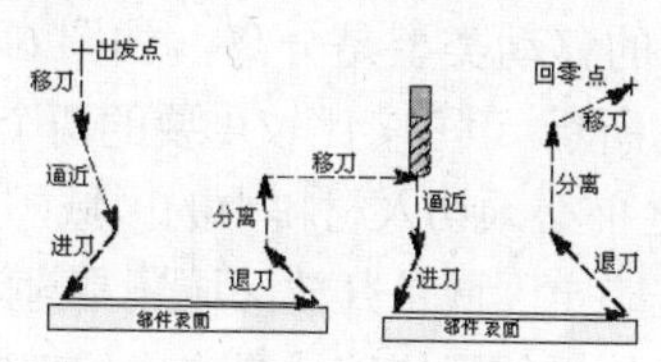

图 6-1 非切削移动

要实现精确的刀具控制，所有非切削移动都是在内部向前（沿刀具运动方向）计算的。但是进刀和逼近除外，因为它们是从部件表面开始向后构建的，以确保切削之前与部件的空间关系，如图 6-2 所示。以向前方向计算上述的移刀运动时，系统可以使用“出发点”作为已知的固定参考位置。

非切削移动类型及功能见表 6-1。

如果安全平面未定义，刀具会从“起点”直接转至进刀移动的起点，从退刀移动的终点直接转至“返回”点，如图 6-3 所示。

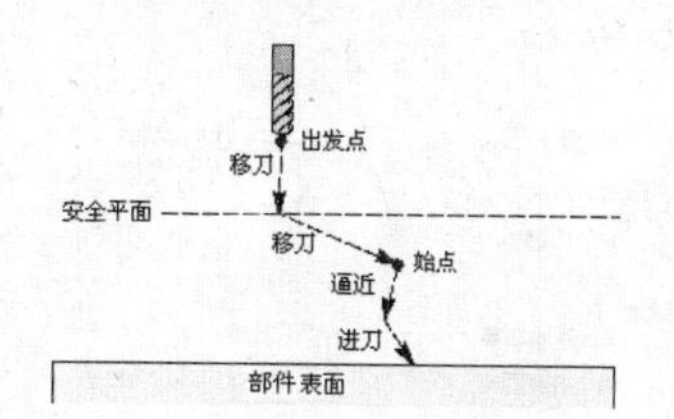

图 6-2 移刀运动的向前构造

图 6-3 安全平面没有定义非切削运动类型

表 6-1 非切削移动类型

类型	描述
快进	在安全几何体上或其上方的所有移动
移刀	在安全几何体下方移动。示例：“直接”和“最小安全值 Z” 类型的移动
逼近	从“快进”或“移刀”点到“进刀”移动起点的移动
进刀	使刀具从空中来到切削刀路起点的移动
退刀	使刀具从切削刀路离开到空中的移动
分离	从“退刀”移动到“快进”或“移刀”移动起点的移动

如果安全平面已定义，则：

- 如果“起点”位于安全平面的上方，则刀具会转至“起点”，然后转至安全平面。 所指定的移动类型是“快进”。如果“起点”位于安全平面的下方，则刀具会转至安全平面，然后转至“起点”。所指定的移动类型是“逼近”。
- 如果“返回”点位于安全平面的上方，则刀具会转至安全平面或退刀移动的点，然后转至“返回”点。所指定的移动类型是“快进”。
- 如果“返回”点位于安全平面的下方，则刀具会转至“返回”点，然后转至安全平面或退刀移动的起点。所指定的移动类型是分离，如图 6-4 所示。

“非切削移动”对话框如图 6-5 所示。其中，比较重要的两个概念为“封闭区域”和“开放区域”。封闭区域是指刀具到达当前切削层之前必须切入材料中的区域，开放区域是指刀具在当前切削层可以凌空进入的区域，如图 6-6 所示。在确定区域是开放区域还是封闭区域时，不仅仅只考虑几何体，还要考虑操作、切削模式和修剪边界。如果使用修剪边界来定位切削区域，系统将假定该区域是封闭区域，即使修剪边界以外只有一小块毛坯或者修剪边界与毛坯重合时也如此。

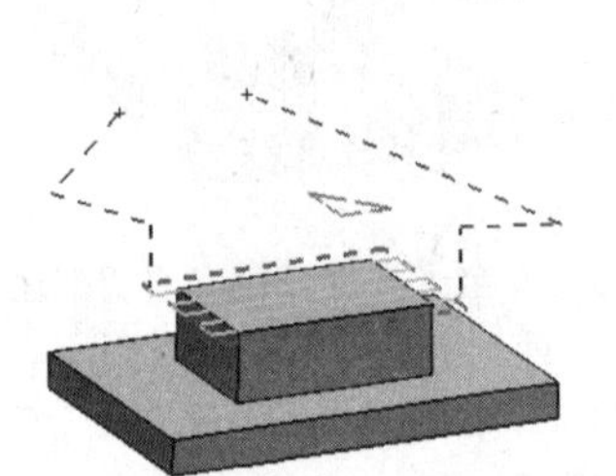

图 6-4　安全平面定义了非切削移动类型

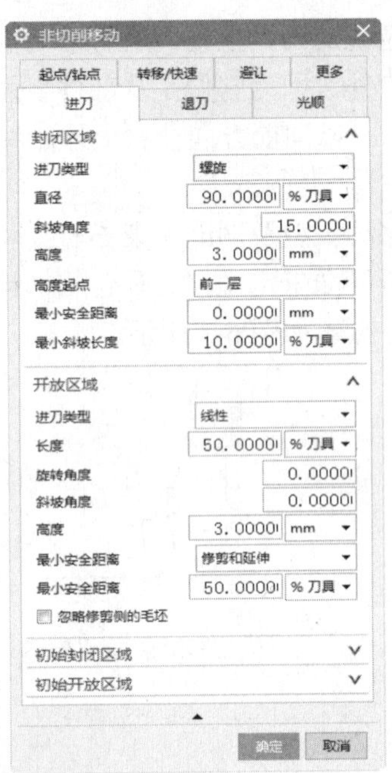

图 6-5　“非切削移动”对话框

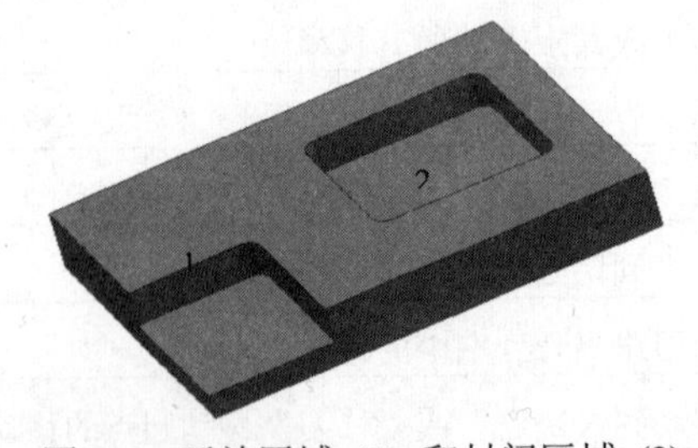

图 6-6　开放区域 (1) 和封闭区域 (2)

6.2 进刀

6.2.1 进刀相关知识

进刀分为封闭区域进刀和开放区域进刀。封闭区域是刀具到达切削层时必须切入到部件材料内部的区域，开放区域是通过非闭合区域到达切削层的区域。一般来说，开放区域进刀是首选，其次是封闭区域。

如果开放区域进刀失败，封闭区域进刀可作为备份进刀使用，封闭区域进刀第一次试着到达最小安全平面值的外面（作为开放区域），避免刀具全部进入零件内部。该区域只有沿着壁的材料且封闭区域内的区域是开放的。

1．封闭区域

（1）进刀类型

1）螺旋：螺旋进刀轨迹是螺旋线。“螺旋”首先尝试创建与起始切削运动相切的螺旋进刀。如果进刀过切部件，则会在起始切削点周围产生螺旋，如图6-7所示。如果起始切削点周围的螺旋进刀失败，则刀具将沿内部刀路倾斜，就像指定了“在形状上”一样。

螺旋进刀的一般规则是：如果处理器根据输入的数据无法在材料外找到开放区域来向工件进刀，则刀具将倾斜进入切削层。当使用轮廓切削方法时，在许多情况下刀具都有向工件进刀的空间，并且此空间位于材料外。在这些情况下刀具不会倾斜进入切削层。如果没有可以作为进刀的开放区域时，刀具将倾斜进入切削层，否则，刀具将进刀到开放区域。

如果无法执行螺旋进刀或如果已指定“单向”“往复”或“单向轮廓”，则系统在使刀具倾斜进入部件时会沿着对刀轨的跟踪路线运动。系统将沿远离部件壁的刀轨运动，以避免刀具沿壁运动。在刀具下降到切削层后，刀具会步进到第一个切削刀路（如有必要）并开始第一个切削，如图6-8所示。

注意

在使用向外递进的“跟随周边”操作中，系统在倾斜进入部件时将沿着刀轨的最内部刀路运动。如果最内部的刀轨受到太多限制，则系统会沿着刀轨的下一个最大的刀路跟踪。

2）插削：允许倾斜只出现在沿直线切削的情形中。当与“跟随部件”“跟随周边”或“轮廓”（当没有隐含的安全区域时）一起使用时，进刀将根据步进向内还是向外来跟踪最内侧或最外侧的切削刀路。圆形切削将保持恒定的深度，直到出现下一直线切削，这时倾斜将恢复。

对于“跟随周边”模式下的“插削”倾斜类型，刀轨向外“插削”对于“跟随周边”等带“向内”腔体方向的、为避免沿弯曲壁倾斜的操作非常有用，如图6-9所示。

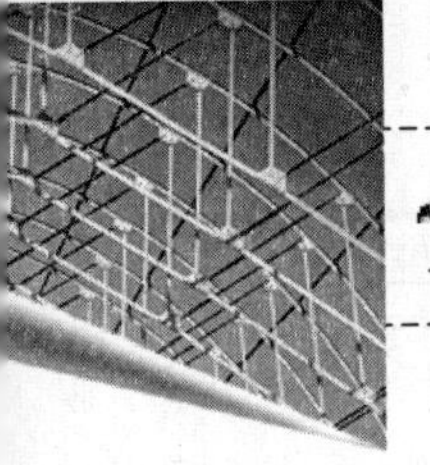

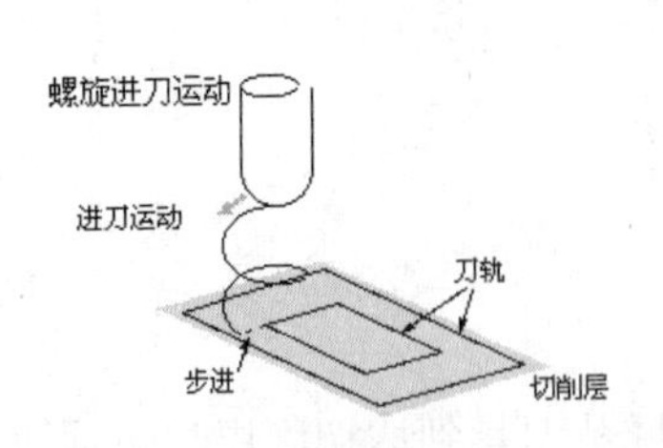

图 6-7　螺旋进刀运动

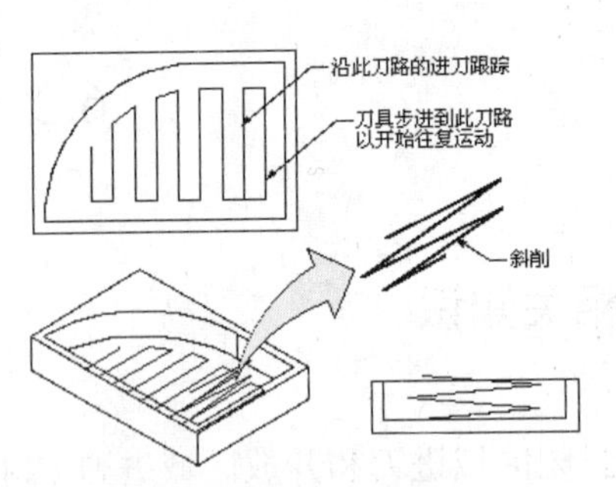

图 6-8　“螺旋”倾斜类型 (往复刀轨)

当与“单向”“往复”或“单向轮廓”一起使用时，进刀将跟踪远离部件的直线切削刀路，以避免刀具沿部件运动，如图 6-10 所示。在刀具沿此刀路倾斜运动到切削层后，刀具会步进到第一个切削刀路（如有必要）并开始第一个切削。

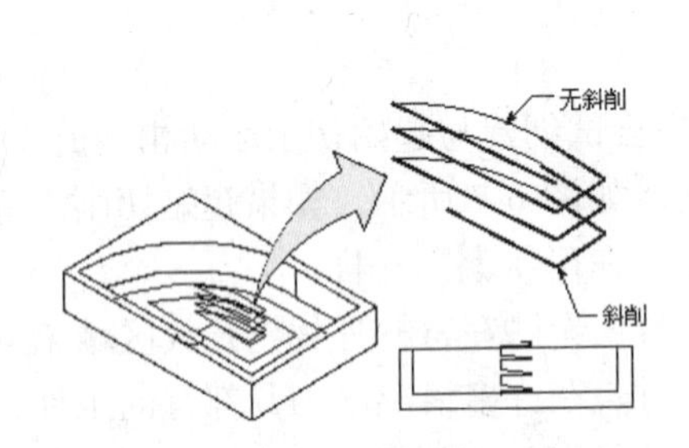

图 6-9　“插削”倾斜类型（跟随周边）

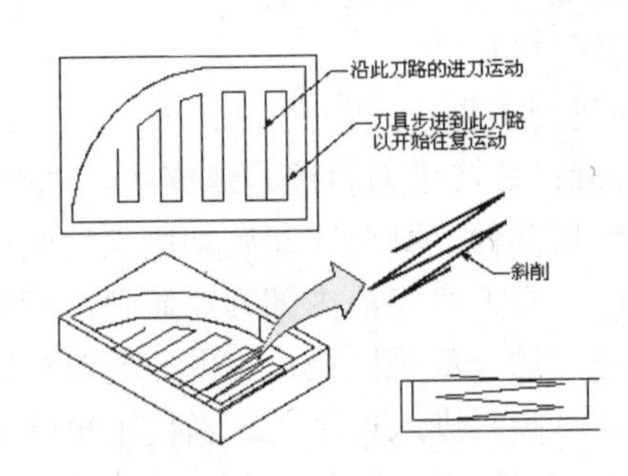

图 6-10　“插削”倾斜类型（往复刀轨）

3）沿形状斜进刀：允许倾斜出现在沿所有被跟踪的切削刀路方向上，而不考虑形状。当与“跟随部件”“跟随周边”或“轮廓”（当没有隐含的安全区域时）一起使用时，进刀将根据步距向内还是向外来跟踪向内或向外的切削刀路。对于与“跟随周边”一起使用的“沿形状斜进刀”倾斜类型，向外当与“单向”“往复”或“单向轮廓”一起使用时，“在形状上”与“在直线上”的运动方式相同，如图 6-11 所示。

（2）斜坡角度　是当执行“沿形状斜进刀”或“螺旋”时，刀具切削进入材料的角度。斜坡角度是在垂直于部件表面的平面中测量的，如图 6-12 所示。斜坡角度决定了刀具的起始位置，因为当刀具下降到切削层后必须靠近第一切削的起始位置。斜坡角度可指定大于 0° 但小于 90° 的任何值。如果要切削的区域小于刀具半径，则不会出现倾斜。

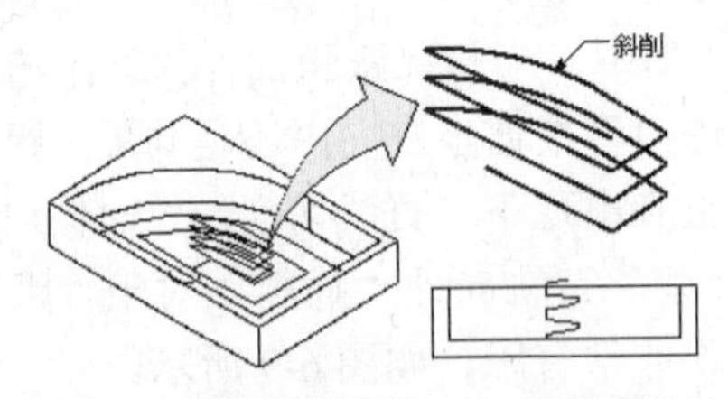

图 6-11　“沿形状斜进刀”(跟随周边)

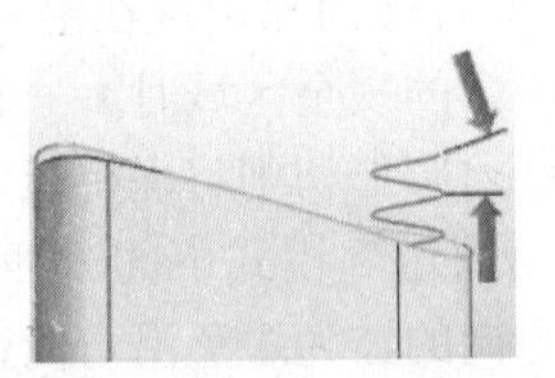

图 6-12　斜坡角度

（3）直径　可为螺旋进刀指定所需的或最大倾斜直径。此直径只适用于“螺旋”进刀类型。当决定使用“螺旋”进刀类型时，系统首先尝试使用“直径”来生成螺旋运动。如果区域的大小不足以支持“直径”，则系统会减小倾斜直径并再次尝试螺旋进刀。此过程会一直继续直到“螺旋”进刀成功或刀轨直径小于“最小倾斜长度-直径”。如果区域的大小不足以支持与“最小倾斜长度-直径”相等的“直径”，则系统不会切削该区域或子区域，而继续切削其余的区域。

“直径”表示为了在部件中打孔，而又不在孔的中央留下柱状原料，刀具可能要走的最大刀轨直径，如图6-13所示。无论何时对材料采用螺旋进刀都应使用“直径”。

（4）最小斜坡长度　可为“螺旋”“沿形状斜进刀”指定最小斜坡长度或直径。无论在何时使用非中心切削刀具（如插入式刀具）执行斜削或螺旋切削材料，都应设置“最小斜坡长度”。这可以确保倾斜进刀运动不会在刀具中心的下方留下未切削的小块或柱状材料，如图6-14所示。“最小斜坡长度”选项控制自动斜削或螺旋进刀切削材料时，刀具必须走过的最短距离。对于防止有未切削的材料接触到刀的非切削底部的插入式刀具，“最小斜坡长度”格外有用。

如果切削区域太小以至于无足够的空间用于最小螺旋直径或最小倾斜长度，则会忽略该区域，并显示一条警告消息。这可防止插入式刀具进入太小的区域。此时必须更改进刀参数，或使用不同的刀具来切削这些区域。

2．开放区域

（1）进刀类型　与封闭区域相同，如果没有开放区域进刀，则使用封闭区域进刀。

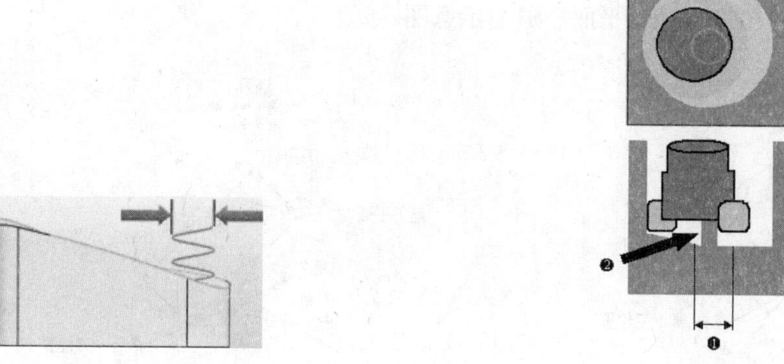

图6-13　直径

图6-14　最小斜面长度

1—最小面长度-直径百分比　2—希望避免的小块或柱状材料

1）线性：“线性”进刀将创建一个线性进刀移动，其方向可以与第一个切削运动相同，也可以与第一个切削运动成一定角度。“旋转角度”是相切于初始切削点的矢量方向的夹角，“斜坡角”是垂直于工件表面与初始切削点的矢量方向的夹角，如图6-15所示。

2）线性-相对于切削：将创建一个线性进刀移动，其方向可以与第一个切削运动相同，也可以与第一个切削运动成一定角度。

3）圆弧：生成和开始切削运动相切的圆弧进刀。

4）点：由点构造器指定的点作为进刀点，允许运动从指定的点开始，并且添加一圆弧光滑过渡进刀。

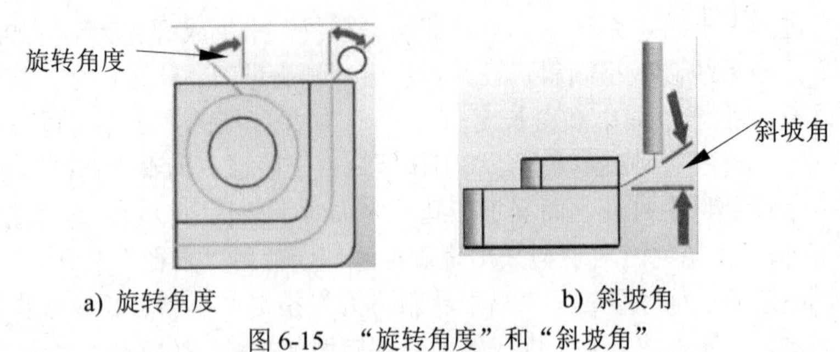

a) 旋转角度　　b) 斜坡角

图 6-15　“旋转角度”和“斜坡角”

5）线性-沿矢量：通过矢量构造器指定一个矢量来决定进刀方向，输入一个距离值来决定进刀点位置。

6）角度 角度 平面：通过平面构造器指定一个平面决定进刀点的高度位置，输入两个角度值决定进刀方向。角度可确定进刀运动的方向，平面可确定进刀起点。

（2）旋转角度　是根据第一刀的方向来测量的。正旋转角度值是在与部件表面相切的平面上，从要加工的第一点处第一刀的切向矢量开始，沿逆时针方向测量的。

（3）斜坡角度　是在与包含旋转角度所述矢量的部件表面相垂直的平面上沿顺时针方向测量的。负倾斜角度值是沿逆时针方向测量的。

在图 6-16 和图 6-17 中，角 1 =旋转角度，角 2 =斜坡角度，图 6-16 所示为“角度 角度 平面”进刀示意图，图 6-17 所示为“角度 角度 平面”退刀示意图。

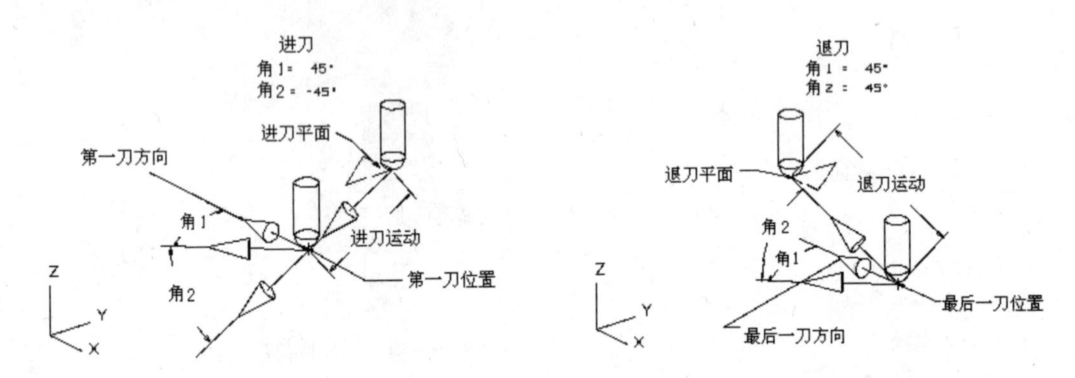

图 6-16　使用“角度 角度 平面”进刀　　图 6-17　使用“角度 角度 平面”退刀

（4）指定平面　需要通过矢量构造器指定一个矢量来决定进（退）刀方向，通过平面构造器指定一个平面来决定进（退）刀点。这种进（退）刀运动是直线。

3．初始封闭区域

初始封闭区域是指一个切削封闭区域，其“进刀类型”设置和封闭区域设置相同。

4．初始开放区域

初始开放区域是指一个切削开放区域，其“进刀类型”设置和开放区域设置相同。

6.2.2 轻松动手学——进刀示例

对图 6-18 所示的部件进行“平面铣”。

图 6-18 部件

1. 创建毛坯

1）选择“应用模块”选项卡→“设计”组→“建模”图标，在建模环境中选择“菜单”→“格式”→“图层设置”命令，弹出如图 6-19 所示的“图层设置”对话框。将图层 2 设置为工作层，单击“关闭”按钮。

2）选择“主页”选项卡→“特征”组→“拉伸”图标，弹出如图 6-20 所示的“拉伸”对话框，选择加工部件的底部 4 条边线为拉伸截面，指定矢量方向为“ZC”，输入开始距离为 0，输入结束距离为 50，其他采用默认设置，单击“确定”按钮，生成如图 6-21 所示的毛坯。

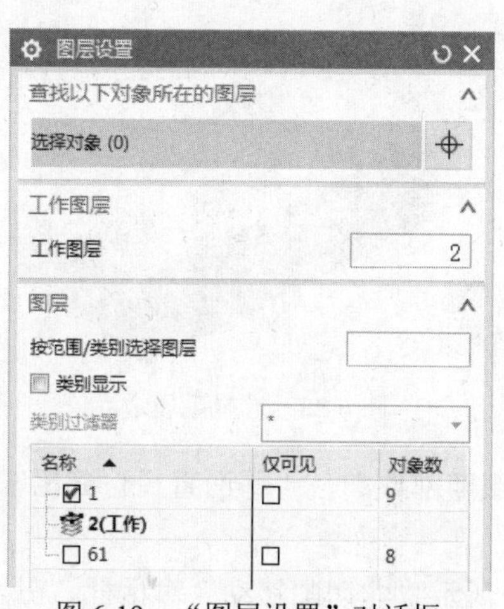

图 6-19 “图层设置”对话框

图 6-20 “拉伸”对话框

图 6-21　毛坯

2．创建几何体

1）选择“应用模块”选项卡→“加工”组→“加工”图标，进入加工环境。在上边框条中选择“几何视图”，选择“主页”选项卡→“刀片”组→“创建几何体”图标，弹出“创建几何体”对话框，选择“mill_planar”类型，选择“WORKPIECE”几何体子类型，其他采用默认设置，单击“确定”按钮。

2）弹出“工件”对话框，单击“选择或编辑部件几何体”按钮，选择如图 6-18 所示的部件。单击“选择或编辑毛坯几何体”按钮，选择图 6-21 所示的毛坯。单击“确定”按钮。

3）选择“菜单”→“格式”→“图层设置”命令，弹出如图 6-19 所示的“图层设置”对话框。选择图层 1 为工作图层，并取消图层 2 的勾选，隐藏毛坯，单击“关闭”按钮。

3．创建工序

1）选择“主页”选项卡→“刀片”组→“创建工序”图标，弹出“创建工序”对话框，选择“MILL_PLANAR”类型，在“工序子类型”中选择“平面铣”，选择“WORKPIECE”几何体，其他采用默认设置，单击“确定”按钮。

2）弹出“平面铣”对话框，单击“选择或编辑部件边界”按钮，弹出“部件边界”对话框，选择如图 6-22 所示的部件边界。单击“选择或编辑底平面几何体”按钮，弹出“平面”对话框，选择如图 6-22 所示的底面。单击“选择或编辑毛坯边界”按钮，选择如图 6-23 所示的毛坯边界。

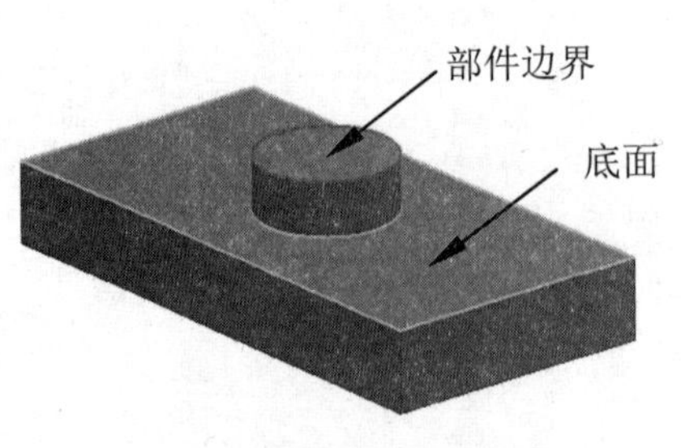

图 6-22　部件边界与底面

图 6-23　选择毛坯边界

3）在“刀轨设置”栏中设置“切削模式”为“跟随部件”、“平面直径百分比”为 40，如图 6-24 所示。

4）单击“非切削移动”按钮，弹出如图 6-25 所示“非切削移动”对话框。在“进刀”选项卡“封闭区域”的“进刀类型”中选择“与开放区域相同”，在“开放区域”中设置“进刀类型”为“线性”、“长度”为“100%刀具”、“旋转角度”为30、“斜坡角度”为30、“高度”为15、“最小安全距离”为“50%刀具”，在“初始封闭区域”的“进刀类型”中选择“无”，在“初始开放区域”的“进刀类型”中选择“与开放区域相同”；在“退刀”选项卡的“退刀类型”中选择“与进刀相同”。

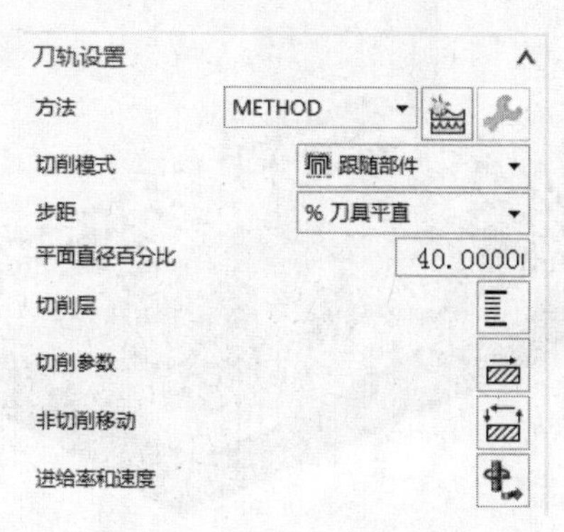

图6-24 “刀轨设置”栏

图6-25 “非切削移动”对话框

5）在“工具”栏中单击“新建”按钮，选取“MILL”刀具子类型，名称为“END10”，单击“确定”按钮，弹出“铣刀-5参数”对话框，输入直径为10，其他采用默认设置，单击“确定”按钮，创建直径为10mm的刀具。

6）在“平面铣”对话框中的“操作”栏中单击“生成”按钮和“确认”按钮，生成如

图 6-26 所示的刀轨。

图 6-26　生成刀轨

7）返回“平面铣”对话框，单击“非切削移动”按钮，在“非切削移动”对话框中对“开放区域”栏中设置“进刀类型”为“圆弧”、“半径”为 3mm、“圆弧角度”为 90°、“高度”为 15 mm、“最小安全距离”为“50%刀具”，在“转移/快速”选项卡中设置“安全设置选项”选择“平面”，并选择如图 6-22 所示的底面，其余设置不变，如图 6-27 所示。

8）在“平面铣”对话框中的“操作”栏中单击“生成”按钮和“确认”按钮，生成如图 6-28 所示的刀轨。

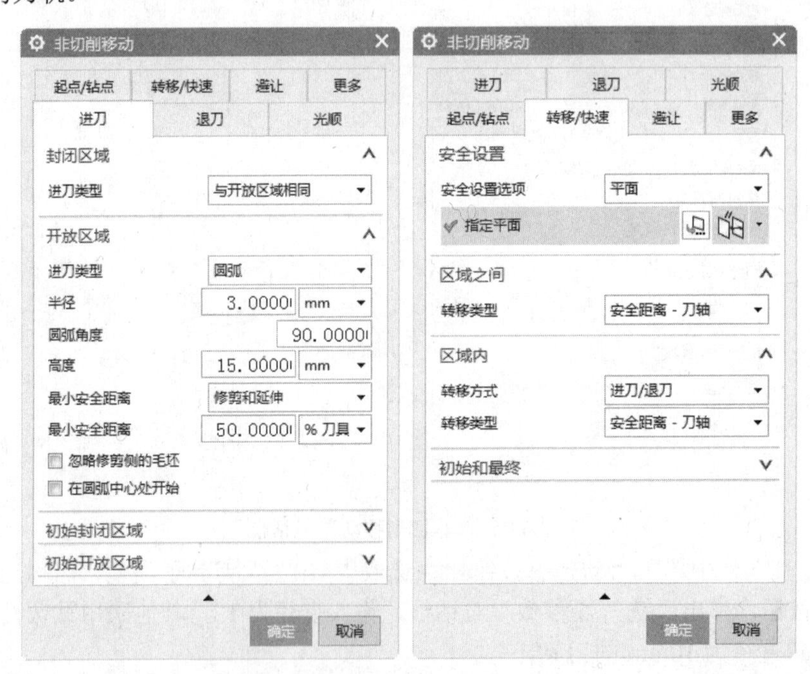

图 6-27　“非切削移动”对话框

图6-28 生成刀轨

6.3 退刀

退刀类型主要有以下几种：与进刀相同、线性、线性-相对于切削、圆弧、点、抬刀、线性-沿矢量、角度 角度 平面、矢量平面、无。

各种类型的设置方法与进刀相同。

6.4 起点/钻点

6.4.1 “起点/钻点”相关知识

“非切削移动”对话框中的“起点/钻点”选项卡主要包括“重叠距离”“区域起点”“预钻点”等选项，如图6-29所示。

1．重叠距离

重叠距离是在切削过程中刀轨进刀点与退刀点重合的刀轨长度，可提高切入部位的表面质量，如图6-30所示。

2．区域起点

区域起点有两种方式：默认和自定义指定。可定义切削区域开始点来定义进刀位置和横向进给方向。“默认区域起点”选项为“中点”和“拐角”，如图6-31所示。自定义“区域起点”可以通过点构造器进行选择指定，指定的自定义点在下面的“列表”中列出，亦可在“列表”中删除。

3．预钻点

预钻点允许指定“毛坯”材料中先前钻好的孔内或其他空缺内的进刀位置。所定义的点沿着刀具轴投影到用来定位刀具的“安全平面”上，然后刀具向下移动直至进入空缺处。在此空缺处，刀具可以直接移动到每个层上处理器定义的起点。“预钻孔进刀点”不会应用到“轮廓驱动切削

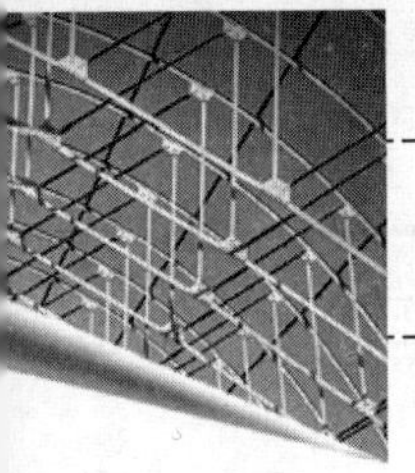
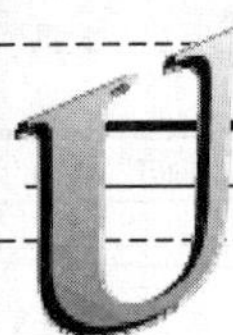

类型”和“标准驱动切削类型”。

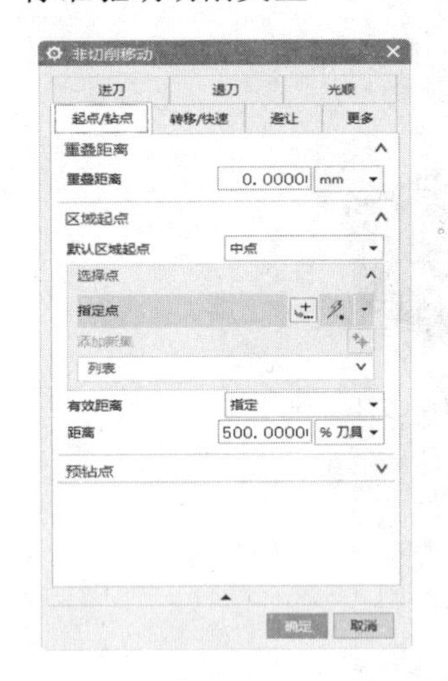

图 6-29 “起点/钻点”选项卡

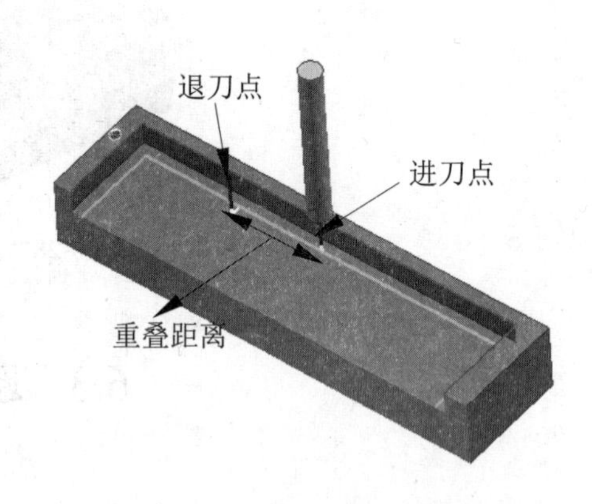

图 6-30 自动进刀和退刀的重叠距离

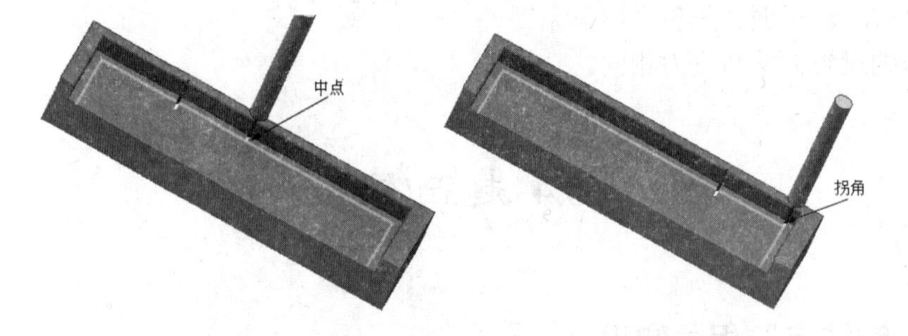

图 6-31 “默认区域起点”选项

在做平面铣挖槽加工时，经常是在整块实心毛坯上铣削，在铣削之前可在毛坯上位于每个切削区的适当位置预先钻一个孔用于铣削时进刀。在创建平面铣的挖槽操作时，可通过指定钻进刀点来控制刀具在预钻孔位置进刀。刀具在安全平面或最小安全间隙开始沿刀具轴方向对准预钻进刀点垂直进刀。刀具在安全平面或最小安全间隙开始沿刀具轴方向对准预钻进刀点垂直进刀，切削完各切削层。

如果以一个切削区域指定了多个预钻进刀点，则只有最接近这个区域的切削刀轨起始点的那一个有效，对于轮廓和标准驱动切削方法，预钻进刀点无效。设定预钻孔点必须指定孔的位置和孔的深度。这里指定的预钻孔点不能应用于点位加工操作的预钻选项中，点位加工操作只能运用进刀/退刀方法选项中的预钻孔创建的预钻点。

6.4.2 轻松动手学——起点/钻点示例

对图 6-32 所示的部件进行加工，并对“预钻孔”设置进行说明。

1．创建几何体

1）选择“应用模块”选项卡→“加工”组→“加工”图标，进入加工环境。在上边框条中选择“几何视图”，选择“主页”选项卡→“刀片”组→“创建几何体”图标，弹出“创建几何体”对话框，选择“mill_planar”类型，选择“WORKPIECE”几何体子类型，其他采用默认设置，单击“确定”按钮。

2）弹出“工件”对话框，单击“选择和编辑部件几何体”按钮，选择如图6-32所示的部件。单击“选择和编辑毛坯几何体”按钮，选择图层2中的模型为毛坯，如图6-33所示。单击“确定”按钮。

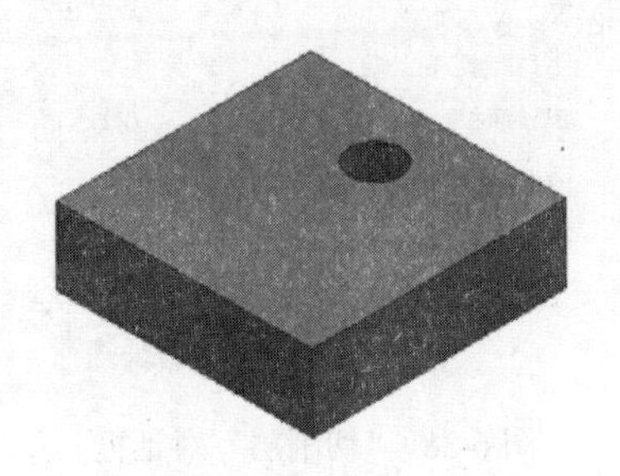

图6-32　部件

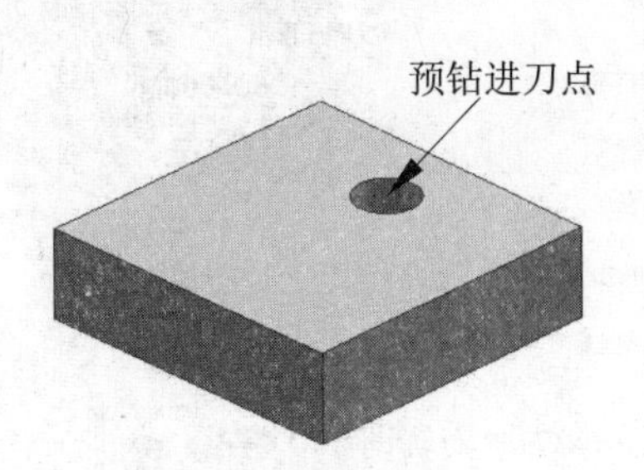

图6-33　毛坯模型

2．创建刀具

1）选择“主页”选项卡→“刀片”组→“创建刀具”图标，弹出“创建刀具”对话框，选择“mill_planar”类型，选择“MILL”刀具子类型，输入名称为END10，其他采用默认设置，单击“确定”按钮。

2）弹出“铣刀-5参数”对话框，输入直径为10，其他采用默认设置，单击“确定”按钮。

3．创建工序

1）选择“主页”选项卡→“刀片”组→“创建工序”图标，弹出“创建工序”对话框，选择“mill_planar”类型，在“工序子类型”中选择“平面铣”，选择“WORKPIECE”几何体，选择“END10”刀具，其他采用默认设置，单击“确定”按钮。

2）弹出“平面铣”对话框，单击“选择或编辑部件边界”按钮，弹出“部件边界”对话框，在“选择方法”中选择“面”，选择如图6-34所示的面。单击“选择或编辑毛坯边界”按钮，弹出“毛坯边界”对话框，在“选择方法”中选择“面”，选择如图6-35所示的面；单击“选择或编辑底平面几何体”按钮，弹出“平面”对话框，指定如图6-36所示的底面。

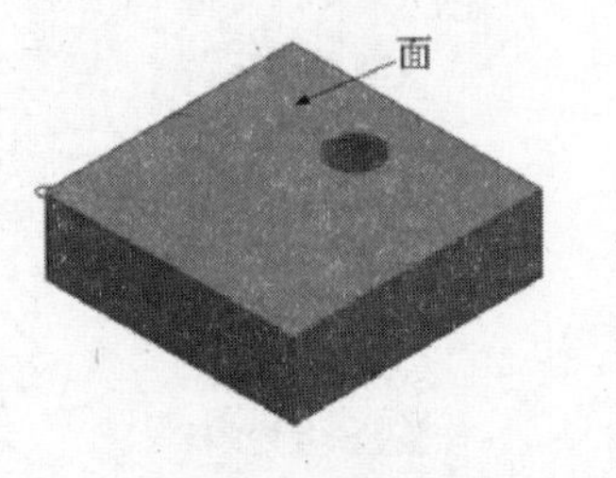

图6-34　部件边界

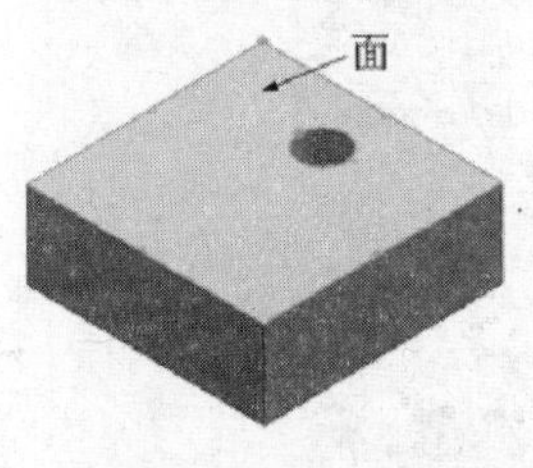

图6-35　毛坯边界

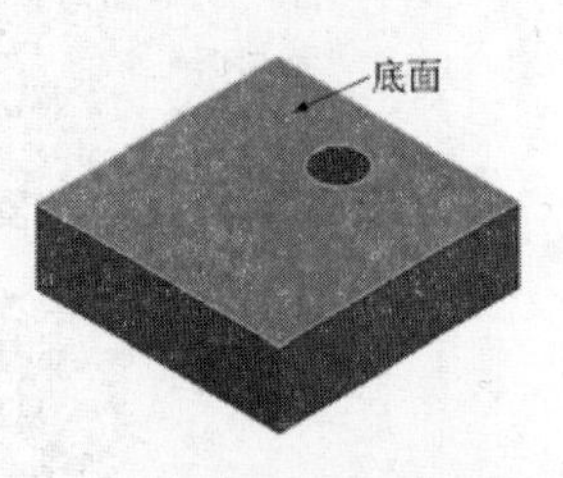

图6-36　指定底面

3）在“刀轨设置”栏中设置“切削模式”为“跟随周边”，“平面直径百分比”为 50，如图 6-37 所示。

4）单击“切削层”按钮，弹出如图 6-38 所示的“切削层”对话框，“类型”选择“恒定”，“公共”为 6，其他采用默认设置，单击“确定”按钮。

图 6-37 “刀轨设置”栏

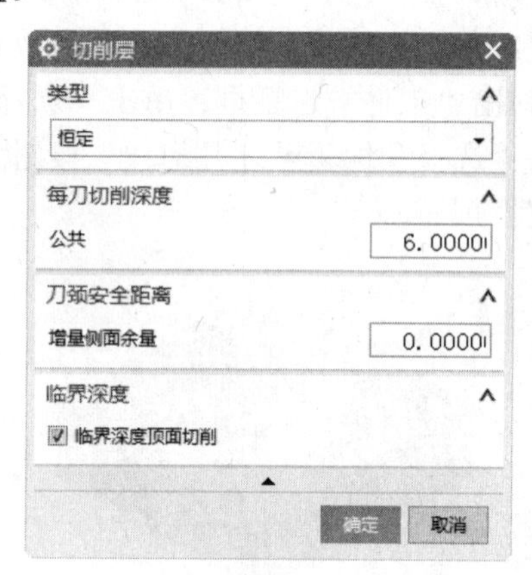

图 6-38 “切削层”对话框

5）在“平面铣”对话框中单击“非切削移动”按钮，弹出如图 6-39 所示的“非切削移动”对话框。在选择“进刀”选项卡，在“封闭区域”栏中设置“进刀类型”为“插削”、“高度”为 3，在“开放区域”栏中设置“进刀类型”为“线性”、长度为“50%刀具”。切换至“起点/钻点”选项卡，“预钻点”选择预钻孔的中心点，设置“有效距离”设置为“指定”、“距离”为“300%刀具”，单击“确定”按钮。

图 6-39 “非切削移动”对话框

6）单击“操作”栏中的“生成”按钮和“确认”按钮，生成如图6-40所示的刀轨。

图6-40 “预钻进刀点”刀轨

6.5 转移/快速

6.5.1 “转移/快速”相关知识

转移/快速即刀具从一个切削区域转移到下一个切削区域的运动。共有三种情形：从当前的位置移动到指定的平面，从指定的平面内移动到高于开始进刀点的位置（或高于切削点）；从指定的平面内移动到开始进刀点（或切削点）。“转移/快速”选项卡如图6-41所示。

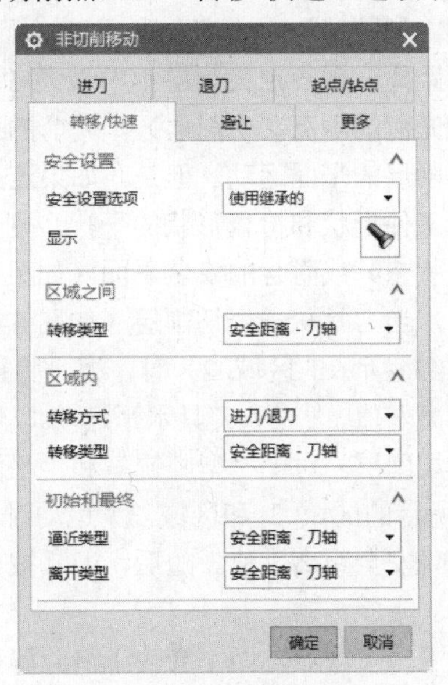

图6-41 “转移/快速”选项卡

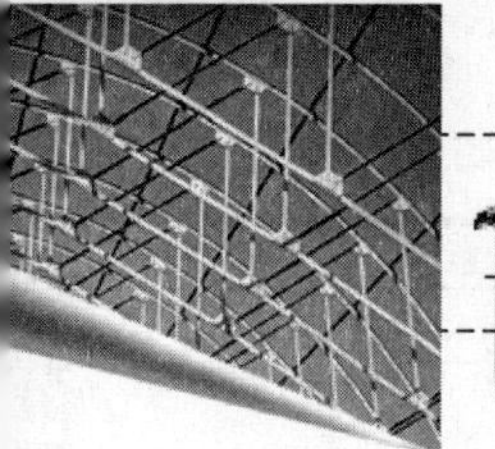

（1）安全设置　刀具在间隙或垂直安全距离的高度做传递运动，如图6-42所示。有4种类型用于指定安全平面。

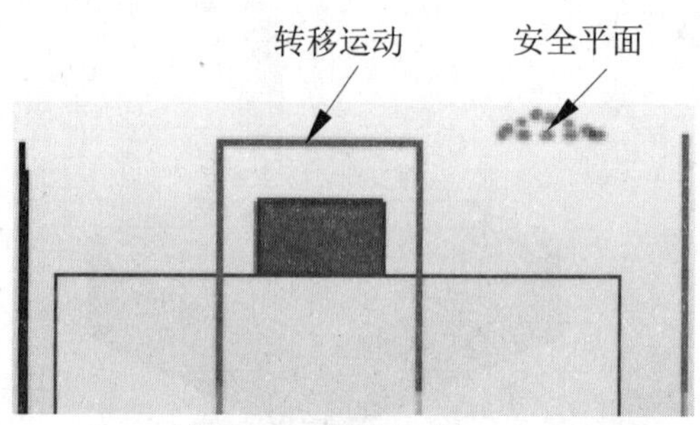

图6-42　传递运动

1）使用继承的：使用在加工几何父节点组MCS指定的安全平面。

2）无：不使用“间隙”。

3）自动平面：使用零件的高度加上“安全距离”值定义安全平面。

4）平面：使用平面构造器定义安全平面。

（2）区域内　为在较短距离内清除障碍物而添加的退刀和进刀。

1）转移方式：用于指定刀具如何从一个切削区域转移到下一个切削区域。可通过定义“进刀/退刀”“抬刀和插削”指定“转移方式”。使用“进刀/退刀（默认值）”会添加水平运动，使用“抬刀和插削”会随着竖直运动移刀。

2）转移类型：指定要将刀具移动到的位置，主要选项有：

- “安全距离-最短距离”：首先应用直接运动（如果它是无干扰的），否则最短的安全距离使用先前的安全平面。对于“平面铣”，最短安全距离由部件几何体和检查几何体中的较大者定义。对于“型腔铣”，“安全距离-最短距离”由部件几何体、检查几何体、毛坯几何体加毛坯距离或用户定义顶层中的最大者定义。
- “前一平面”：返回到先前的等高（切削层）。先前的平面可使刀具在移动到新切削区域前抬起并沿着上一切削层的平面运动。但是，如果连接当前位置与下一进刀开始处上方位置的转移运动受到工件形状和检查形状的干扰，则刀具将退回到并沿着“安全平面”（如果它处于活动状态）或隐含的安全平面（如果“安全平面”处于非活动状态）运动。对于“型腔铣”，当刀具从一个切削层（如图6-43a所示的区域1）移动到下一较低的切削层（如图6-43a所示的区域 2）时，刀具将抬起，直到其距离等于当前切削层上方的“竖直安全距离”值。然后，刀具水平运动但不切削，直至到达新层的进刀点，接着刀具向下进刀到新切削层。对于“型腔铣”和“平面铣”，当在同一切削层上相连的区域间（如图6-43a所示的区域 2 和区域 3）运动时，刀具将抬起，直到其距离等于上一切削层上方的“竖直安全距离”值。随后，刀具按如上所述进行运动，只是进刀运动会返回到当前切削层。
- “直接”：直接移动到下一个区域，而不会为了清除障碍而添加运动。
- “毛坯平面”：返回到毛坯平面，再移动到下一个区域。

■ “安全距离-刀轴”：安全平面至毛坯几何体的距离为刀轴长度。

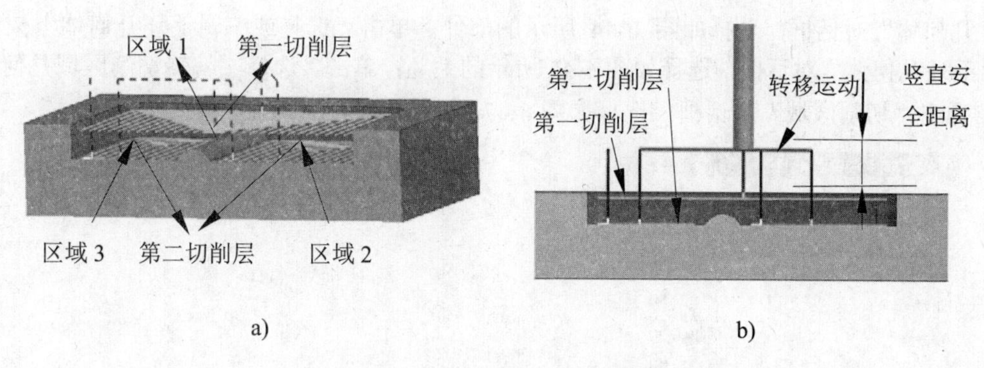

图6-43 “前一平面”移刀类型

（3）区域之间 用于指定刀具在不同的切削区域间跨越到何处。主要包括前一平面、直接、最小安全值Z、毛坯平面等选项。各选项的使用方法和功能与“区域内”相同。

6.5.2 轻松动手学——转移/快速示例

对图6-44所示的部件进行“型腔铣”。

1．创建毛坯

1）选择“应用模块”选项卡→“设计”组→“建模”图标，在建模环境中选择“菜单”→“格式”→“图层设置”菜单命令，弹出“图层设置”对话框。新建工作图层2，单击“关闭”按钮。

2）选择“主页”选项卡→“特征”组→“拉伸”图标，弹出“拉伸”对话框，选择加工部件的底部4条边线为拉伸截面，指定矢量方向为“ZC”，输入开始距离为0，输入结束距离为40，其他采用默认设置，单击“确定”按钮，生成如图6-45所示的毛坯。

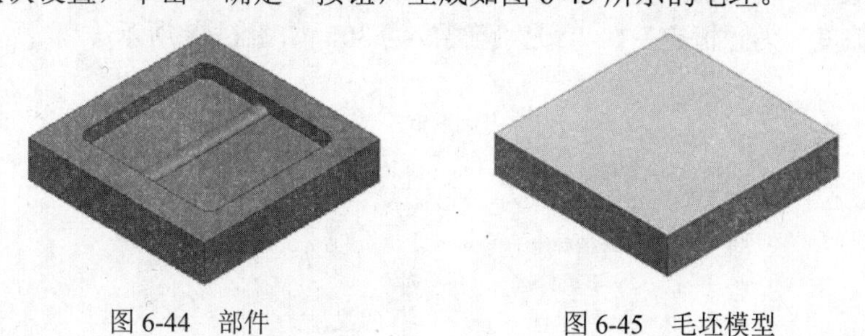

图6-44 部件　　图6-45 毛坯模型

2．创建工序

1）选择“应用模块”选项卡→“加工”组→“加工”图标，进入加工环境。在上边框条中选择“几何视图”，选择“主页”选项卡→“刀片”组→“创建工序”图标，弹出“创建工序”对话框，选择“MILL_CONTOUR”类型，在“工序子类型”中选择“型腔铣”，选择“NONE”几何体，其他采用默认设置，单击“确定”按钮。

2）弹出如图 6-46 所示的“型腔铣”对话框，单击“选择或编辑部件几何体”按钮，弹出“部件几何体”对话框，选择如图 6-44 所示的部件；单击“选择或编辑毛坯几何体”按钮，弹出“毛坯几何体”对话框，选择如图 6-45 所示的毛坯；单击“选择或编辑切削区域几何体”按钮，弹出“切削区域”对话框，选择如图 6-47 所示的切削区域。

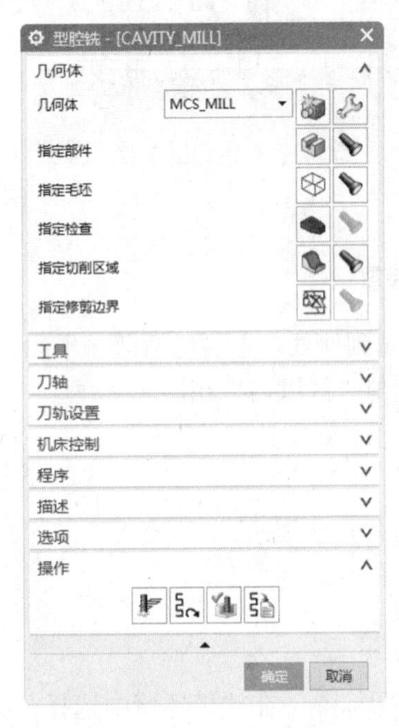

图 6-46 “型腔铣”对话框

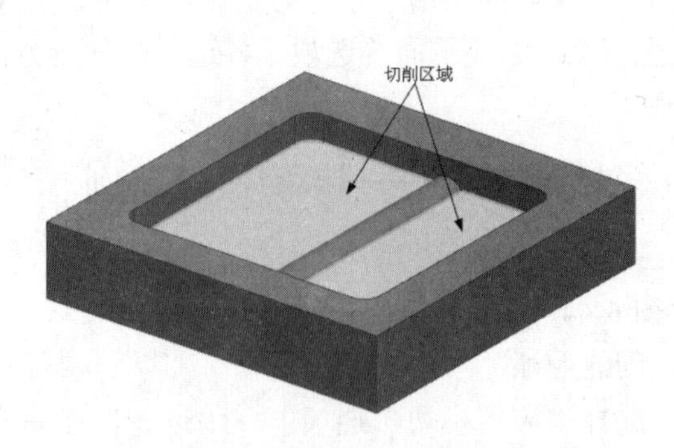

图 6-47 指定切削区域

3）在“工具”栏中单击“新建”按钮，选取“MILL”刀具子类型，名称为“END10”，单击“确定”按钮，弹出“铣刀-5 参数”对话框，输入直径为 10，其他采用默认设置，单击“确定”按钮，创建直径为 10mm 的刀具。

4）在“刀轨设置”栏中的“切削模式”选择“跟随部件”，设置“步距”为“50%刀具平直”、“公共每刀切削深度”为“恒定”、“最大距离”为 30，如图 6-48 所示。

图 6-48 “刀轨设置”栏

5）单击“非切削移动”按钮，弹出如图 6-49 所示的“非切削移动”对话框。在“转移/快速”选项卡的“区域之间”栏中设置“转移类型”为“毛坯平面”、“安全距离”为0。

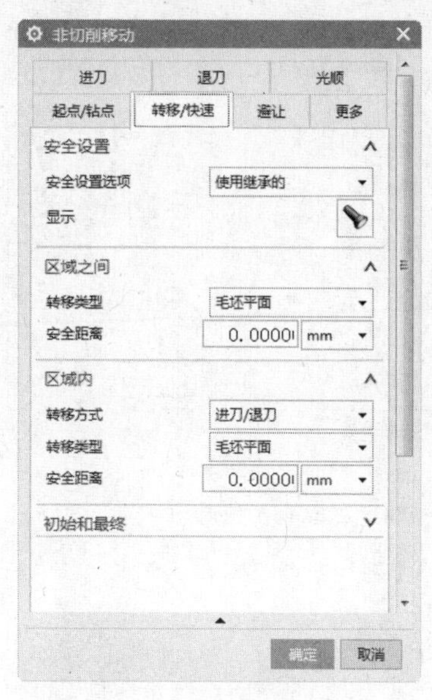

图 6-49 “非切削移动”对话框

6）生成的刀轨如图 6-50a 所示。如果将“安全距离”设置为 20，则生成的刀轨如图 6-50b 所示。

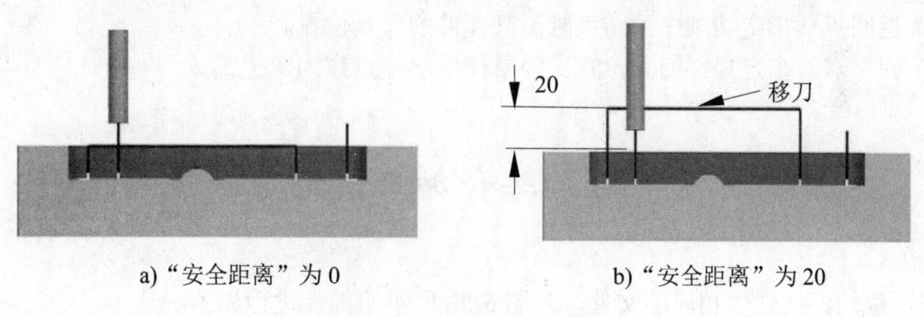

a)“安全距离”为0　　b)“安全距离”为20

图 6-50 “安全距离”示意图

6.6 避让

“避让”是控制刀具作非切削运动的点或平面.操作刀具的运动可分为两部分：一部分是刀具切入工件之前或离开工件之后的刀具运动，称为非切削运动；另一部分是刀具去除零件材料的切削运动。

刀具切削零件时，由零件几何形状决定刀具路径；在非切削运动中，刀具的路径则由避让几何体指定的点或平面控制。并不是每个操作都必须定义所有的避让几何体，一般是根据实际需要灵活确定。“避让”由“出发点”“起点”“返回点”“回零点”等共同决定，如图 6-51 所示。

图 6-51　“避让”选项卡

（1）出发点　指定新刀轨开始处的初始刀具位置。

（2）起点　为可用于避让几何体或装夹组件的起始序列指定一个刀具位置。

（3）返回点　指定切削序列结束时离开部件的刀具位置。

（4）回零点　指定最终刀具位置。经常使用出发点作为此位置。

6.7 综合加工实例

打开下载的源文件中相应的文件，对图 6-52 所示的部件进行加工。

1．创建毛坯

1）选择“应用模块”选项卡→“设计”组→“建模”图标，在建模环境中选择“菜单”→“格式”→“图层设置”菜单命令，弹出“图层设置”对话框，新建工作图层 2，单击“关闭”按钮。

2）选择“主页”选项卡→“特征”组→“拉伸”图标，弹出“拉伸”对话框，选择加工部件的底部 4 条边线为拉伸截面，指定矢量方向为“ZC”，输入开始距离为 0，输入结束距离为 50，其他采用默认设置，单击“确定”按钮，生成如图 6-53 所示的毛坯。

2．创建几何体

1）选择“应用模块”选项卡→“加工”组→“加工”图标，进入加工环境。在上边框条中选择“几何视图”，选择“主页”选项卡→“刀片”组→“创建几何体”图标，弹出“创建几何体”对话框，选择“mill_planar”类型，选择“WORKPIECE ”几何体子类型，选择“MCS_MILL”几何体，其他采用默认设置，单击“确定”按钮。

图6-52　加工部件

图6-53　毛坯

2）弹出“工件”对话框，单击“选择或编辑部件几何体”按钮，选择如图6-52所示的部件。单击“选择或编辑毛坯几何体”按钮，选择图6-53所示的毛坯。单击“确定”按钮。

3）选择“菜单”→“格式”→“图层设置”命令，弹出如图6-19所示的“图层设置”对话框，选择图层1为工作图层，并取消图层2的勾选，隐藏毛坯，单击“关闭”按钮。

3．创建刀具

1）选择“主页”选项卡→“刀片”组→“创建刀具”图标，弹出如图6-54所示的“创建刀具”对话框，选择“mill_planar”类型，选择“MILL”刀具子类型，输入名称为“END10”，其他采用默认设置，单击“确定”按钮。

2）弹出如图6-55所示的“铣刀-5参数”对话框，输入直径为10，其他采用默认设置，单击“确定”按钮。

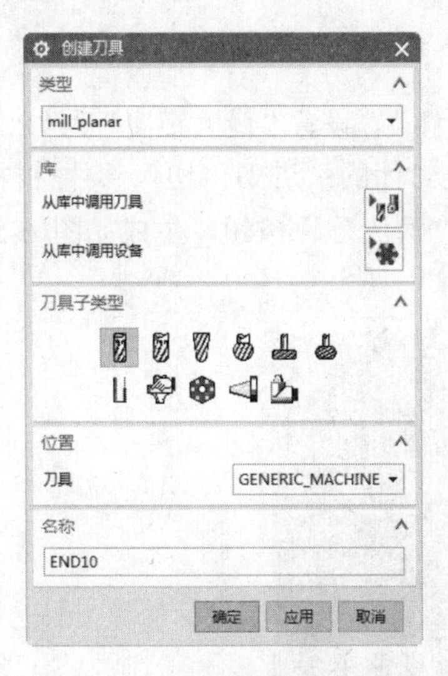

图6-54　“创建刀具”对话框

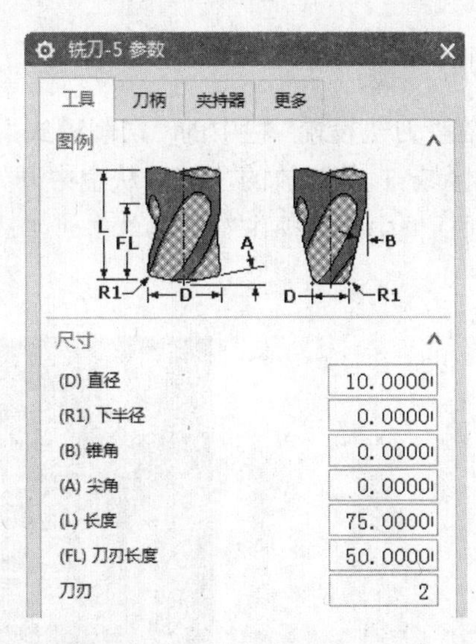

图6-55　“铣刀-5参数”对话框

4．创建工序

1）选择“主页”选项卡→“刀片”组→“创建工序”图标，弹出“创建工序”对话框，选择“mill_planar”类型，在“工序子类型”中选择“底壁铣”，选择“WORKPIECE”几何体，刀具选择“END10”，其他采用默认设置，单击“确定”按钮。

2）弹出如图 6-56 所示的“底壁铣”对话框，单击“选择或编辑切削几何体”按钮，弹出“切削区域”对话框，选择如图 6-57 所示的切削区域。

图 6-56 “底壁铣”对话框

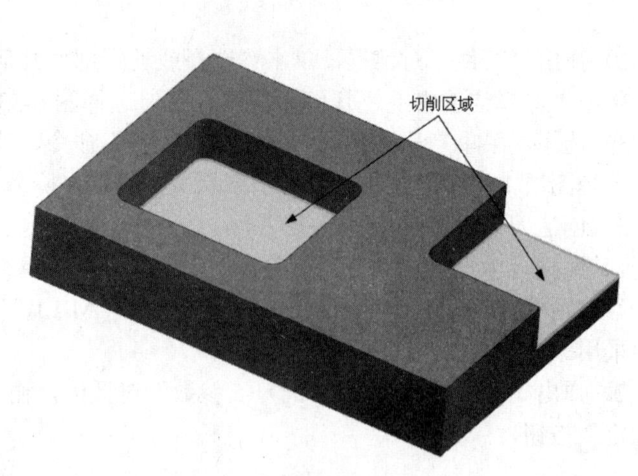

图 6-57 指定切削区域

3）在“刀轨设置”栏中的“切削模式”选择“跟随部件”，设置“最大距离”为“80%刀具”。

4）区域 1 是开放的，进刀从空中开始。区域 2 是封闭的：进刀将切入部件材料。在“底壁铣”对话框中的“操作”栏中单击“生成”按钮和“确认”按钮，生成如图 6-58 所示的刀轨。

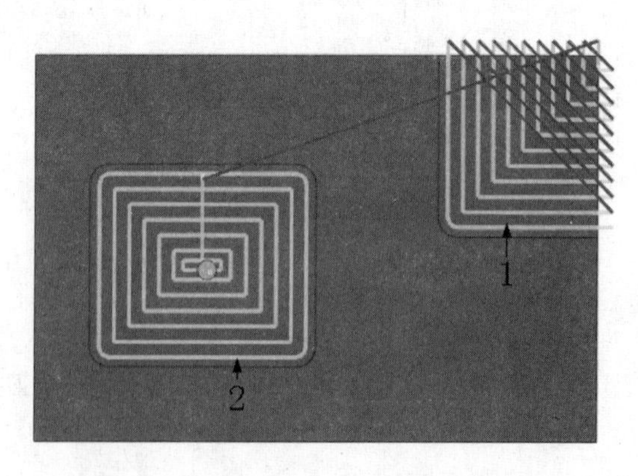

图 6-58 “跟随部件”切削模式（区域 1 开放，区域 2 封闭）

5）如果“切削模式”选择“轮廓”切削方式，区域 1 是开放的，进刀从空中开始。区域 2

是开放的：进刀从空中开始。在“底壁铣”对话框中的“操作”栏中单击“生成”按钮和“确认”按钮，生成如图 6-59 所示的刀轨。

6）如果“切削模式”选择“跟随周边”切削方式，区域 1 是封闭的，进刀将切入部件材料；区域 2 是封闭的，进刀将切入部件材料。在“底壁铣”对话框中的“操作”栏中单击“生成”按钮和“确认”按钮，生成刀轨，如图 6-60 所示。

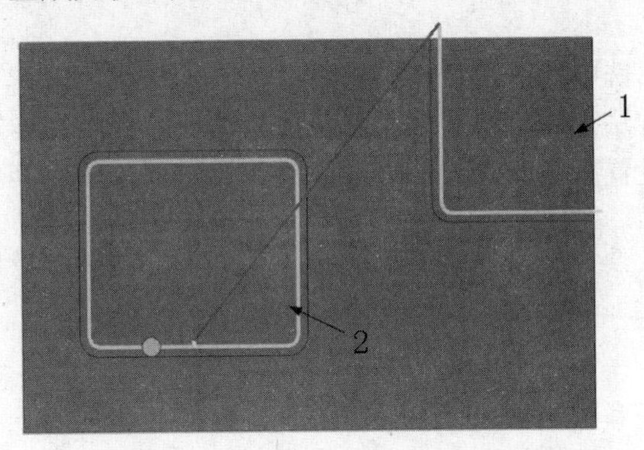

图 6-59　“轮廓”切削模式（区域 1 开放，区域 2 封闭）

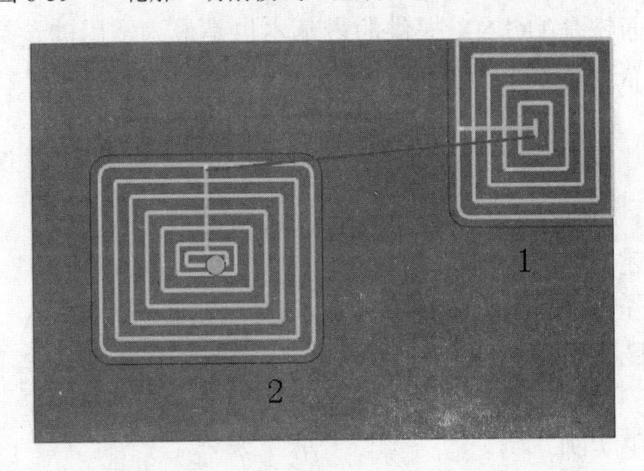

图 6-60　“跟随周边”切削模式（区域 1 封闭，区域 2 封闭）

第3篇　铣削加工篇

本篇着重介绍了轮廓铣中的平面铣、型腔铣、插铣和深度轮廓铣等铣削操作类型，以及轮廓铣中常用铣削操作的方法，并给出了多个示例进行说明。在学完本篇内容后，读者可以对轮廓铣中的相关参数及其设置有比较深入的理解，并可为进一步学习其他轮廓铣操作方法奠定基础。

第 7 章　平面铣

平面铣是一种 2.5 轴的加工方式，在加工过程中首先完成水平方向 XY 两轴联动，然后再对零件进行 Z 轴切削。平面铣是 UG NX 提供的最基本也是最为常用的一类加工方式之一。平面铣主要用来对具有平面特征的面和“岛”进行加工。

内容要点

- 平面铣概述
- 平面铣的子类型
- 创建平面铣的基本过程
- 切削深度
- 平面铣加工实例

案例效果

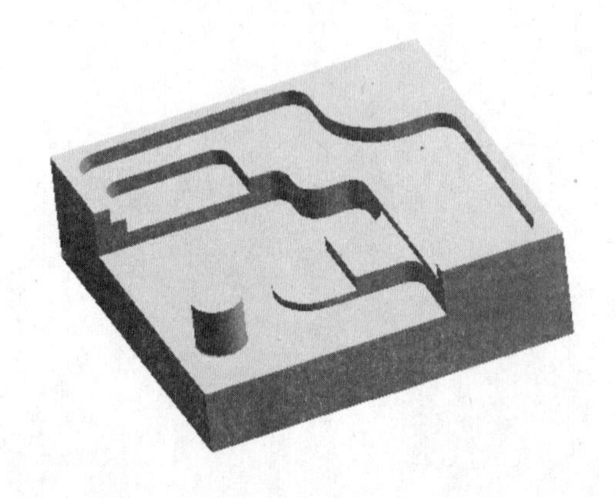
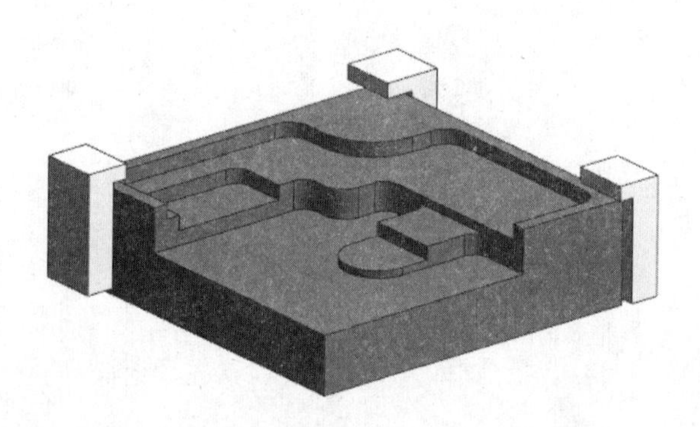

7.1 平面铣概述

平面铣可以加工零件的直壁、“岛屿”顶面和腔槽底面为平面的零件。平面铣根据二维图形定义切削区域，所以不必做出完整的零件形状；它可以通过边界指定不同的材料侧方向，定义任意区域为加工对象，可以方便地控制刀具与边界的位置关系。

“平面铣”可用于切削具有竖直壁的部件（包括垂直于刀具轴的平面“岛屿”和底面），如图 7-1 所示。平面铣操作创建了可去除平面层中的材料量的刀轨，这种操作类型最常用于粗加工材料，并为精加工操作做准备。

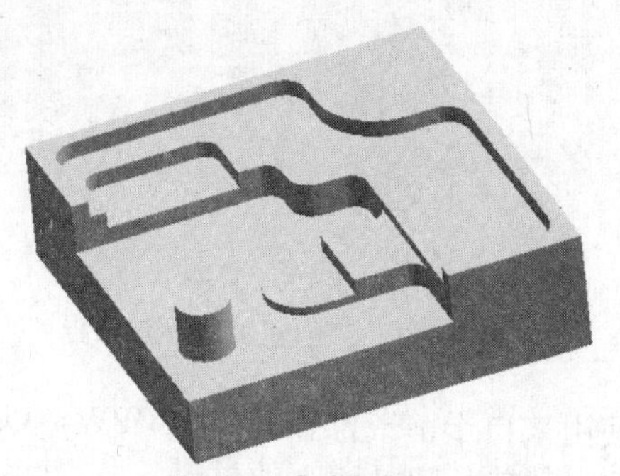

图 7-1　平面铣部件

平面铣主要加工零件的侧面与底面（包括岛屿和腔槽），但加工“岛屿”和腔槽时平面铣的刀具轨迹必须是在平行于 XY 坐标平面的切削层上产生的，在切削过程中刀具轴线方向相对工件不发生变化，属于固定轴铣，切削区域由加工边界确定约束。

7.2 平面铣的子类型

在“主页”选项卡的“刀片”组中单击“创建工序”图标，将弹出如图 7-2 所示的“创建工序”对话框。在“类型”栏中，系统默认的类型是“mill_planar”，即平面铣类型。

在“工序子类型”中列出了平面铣的所有加工方法，一共有 15 种子类型，其中前 4 种为主要的平面铣加工方法，应用比较广泛，一般的平面铣加工用前 4 种基本上能满足要求。其他的加工方式由前 4 种演变产生，适合于一些比较特殊的几何形状的加工。下面分别介绍这 15 种子类型。

（1）底壁铣　切削底面和壁。

（2）带 IPW 的底壁铣　使用 IPW（中间产品毛坯）切削底面和壁。

（3）带边界面铣削　基本的面切削操作，用于切削实体上的平面。

（4）手工面铣　它使用户能够把刀具正好放在所需的位置。

（5）平面铣　用平面边界定义切削区域，切削到底平面。

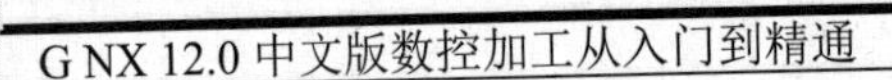

（6）平面轮廓铣　特殊的二维轮廓铣切削类型，用于在不定义毛坯的情况下轮廓铣，常用于修边。

图 7-2　“创建工序”对话框

（7）清理拐角　使用来自于前一操作的二维 IPW，以跟随部件切削类型进行平面铣。常用于清除角，因为这些角中有前一刀具留下的材料。

（8）精铣壁　默认切削方法为轮廓铣削，默认深度为只有底面的平面铣。

（9）精铣底面　默认切削方法为跟随零件铣削，将余量留在底面上的平面铣。

（10）槽铣削　使用槽铣削处理器的工序子类型切削实体上的平面可高效加工线型槽和使用 T 形刀具的槽。

（11）孔铣　使用螺旋式和/或螺旋切削模式来加工盲孔和通孔或凸台。

（12）螺纹铣　使用螺旋切削铣削螺纹孔。

（13）平面文本　对文字曲线进行雕刻加工。

（14）铣削控制　建立机床控制操作，添加相关后置处理命令。

（15）用户定义铣　用自定义参数建立操作。

7.3 创建平面铣的基本过程

7.3.1 创建平面铣操作

选择“主页”选项卡→“刀片”组→“创建工序”图标，弹出如图 7-2 所示的“创建工序”对话框。选中一种工序子类型，如平面铣，然后单击“确定”或“应用”按钮，弹出如图 7-3 所示的“平面铣”对话框，在该对话框中可以进行相关操作。

7.3.2 “平面铣”设置

“几何体”栏中列出了在进行数控编程时需要用到的多种几何体边界设置，如“指定部件边界”“指定毛坯边界”“指定检查边界”“指定修剪边界”和“指定底面”。单击“几何体”右边的图标，将展开如图 7-4 所示的“几何体”栏。其中各选项简单说明如下。

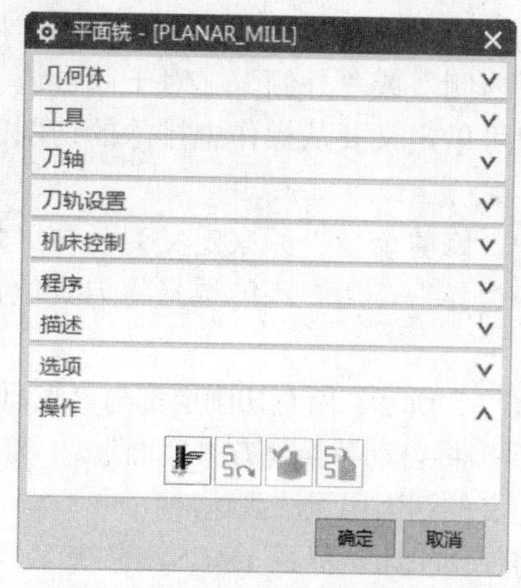

图 7-3　“平面铣”对话框

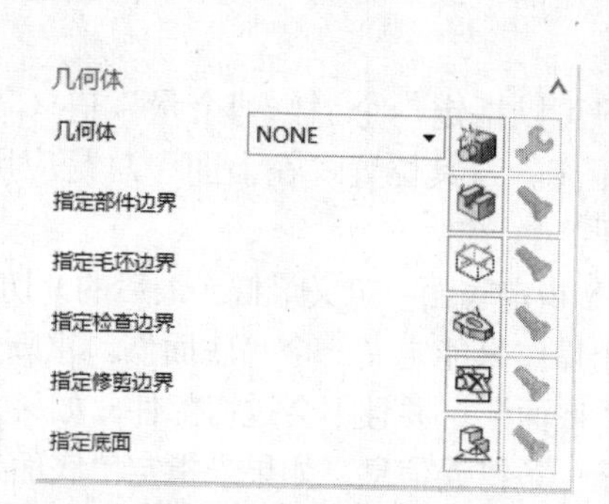

图 7-4　“几何体”栏

（1）指定部件边界　该选项指定表示将要完成的部件的几何体，如图 7-5 所示。

（2）指定毛坯边界　该选项指定表示将要切削掉的原材料的几何体，如图 7-5 所示。毛坯边界不表示最终部件，但可以对毛坯边界直接进行切削或进刀。

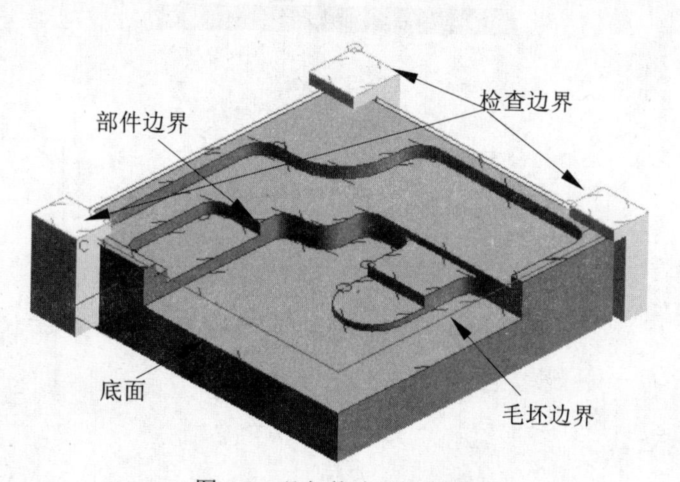

图 7-5　几何体边界示意图

（3）指定检查边界　可以通过“选择或编辑检查边界”按钮定义不希望与刀具发生碰撞的几何体，如夹具和压板，如图 7-5 所示，使得刀具不会在“检查几何体”覆盖将要删除的材

料空间的区域进行切削。用户可以指定“检查余量”的值（“切削”→“检查余量”），此值定义刀具位置和“检查几何体”之间的距离。“相切于”刀具位置被应用于“检查边界”。当刀具遇到“检查几何体”时，它将绕着“检查几何体”切削，或者退刀，这取决于“切削参数”对话框中“跟随检查”的状态。检查边界没有开放边界，只有封闭边界。可以通过指定检查边界的余量（Check Stock）定义刀具离开检查边界的距离。当刀具碰到“检查几何体”时，可以在检查边界的周围产生刀位轨迹，也可以产生退刀运动，这可以根据需要在“切削参数”对话框中进行设置。

（4）指定修剪边界　可以通过“选择或编辑修剪边界”按钮指定将在各个切削层上进一步约束切削区域的边界。通过将“刀具侧”指定为“内侧”或“外侧”（对于闭合边界），或指定为“左侧”或“右侧”（对于开放边界），用户可以定义要从操作中排除的切削区域的面积。

用户可以指定一个“修剪余量”值（“切削”→“修剪余量”）来定义刀具与“修剪几何体”的距离。刀具位置“在上面”总是应用于“修剪边界”，用户不能选择将刀具位置指定为“相切于”。

（5）指定底面　定义最低（最后的）切削层，如图 7-5 所示。所有切削层都与“底面”平行生成。每个操作只能定义一个“底面”。重新定义“底面”将自动替换现有“底面”。 刀具必须能够到达“底面”，并且不会过切部件。如果“底面”定义的切削层无法到达，则会显示一条错误信息。如果未指定“底面”，系统将使用机床坐标系 (MCS) 的 X-Y 平面。

在“几何体”栏中单击各“指定 xx 边界”右边的图标时，将弹出 “xx 边界”对话框（如图 7-6 所示为“部件边界”对话框），进行边界创建，此时创建的边界为临时边界。所谓临时边界，是指创建的边界受制于所属的几何体，几何体如果发生了变化，对应的临时边界也将发生变化。临时边界可以通过曲线、边界、面、点等创建。

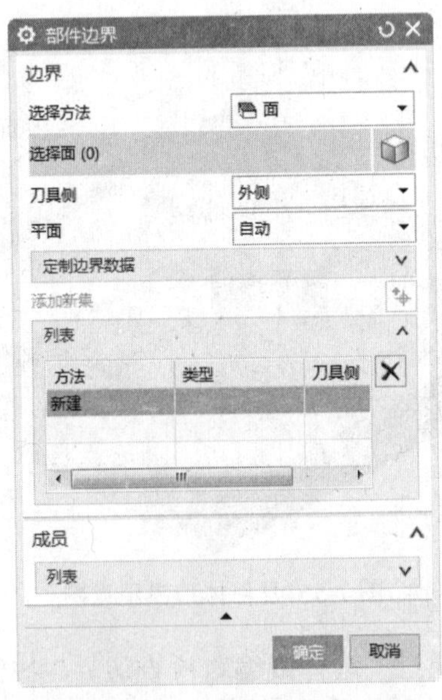

图 7-6　“部件边界”对话框

7.3.3 刀轨设置

刀轨设置如图 7-7 所示。

图 7-7　刀轨设置

1．方法

方法主要有 METHOD、MILL_FINISH、MILL_ROUGH、MILL_SEMI_FINISH、NONE 等系统本身的方法，也可以单击右边的图标为本操作创建方法。

2．切削模式

“平面铣”和“型腔铣”操作中的“切削类型”决定了加工切削区域的刀轨图样。

“往复”“单向”和“单向轮廓”切削模式都可以生成平行直线切削刀路。“跟随周边”切削模式可以生成一系列向内或向外移动的同心的切削刀路。这些切削模式用于从型腔中切除一定体积的材料，但只能用于加工封闭区域。

使用“跟随周边”切削模式时，可能无法切削到一些较窄的区域，从而会将一些多余的材料留给下一切削层。鉴于此原因，应在切削参数中打开“清壁”和“岛清根”选项。这样可以保证刀具能够切削到每个部件和“岛”壁，从而不会留下多余的材料。

使用“跟随周边”“单向”和“往复”切削模式时，应打开“清壁”选项。这可保证部件的壁面上不会残留多余的材料，从而不会在下一切削层中出现刀具应切削材料过多的情况。

“轮廓加工”和“标准驱动”切削模式将生成沿切削区域轮廓的单一的切削刀路。与其他切削类型不同，“轮廓加工”和“标准驱动”切削模式不是用于切除材料，而是用于对部件的壁面进行精加工。“轮廓加工”和“标准驱动”切削模式可加工开放和封闭区域。

用户定义或系统定义的控制点将决定每种切削类型的初始进刀位置。

7.4 切削深度

切削深度允许用户决定切削层的深度。切削深度可以由“岛”顶部、底平面和键入值来定义。只有在刀具轴与底面垂直或者部件边界与底面平行的情况下，才会应用“切削深度”参数。

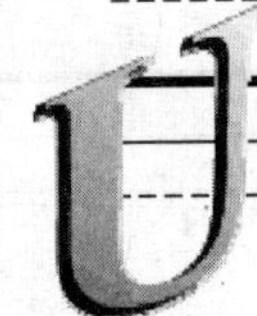

如果刀具轴与底面不垂直或部件边界与底面不平行，则刀轨将仅在底面上生成（正如将“类型”设为“仅底面”）。

1．公共

“公共”值是指在“初始”层之后且在“最终”层之前的每个切削层定义允许的最大切削深度。

2．最小值

“最小值”是指在“初始”层之后且在“最终”层之前的每个切削层定义允许的最小切削深度。

3．初始

“初始”是指多层“平面铣”操作的第一个切削层定义的切削深度。

4．最终

“最终”是指多层“平面铣”操作的最后一个切削层定义的切削深度。

5．增量侧面余量

“增量侧面余量”是指向多层粗加工刀轨中的每个后续层添加的侧面余量值。

7.4.1 类型

“类型”允许用户指定定义切削深度的方式。下面介绍几种主要的“类型”。

1．用户定义

“用户定义”可以只输入数值来指定切削深度。此选项可激活“最大”“最小”“初始”“最终”以及“增量侧面余量”，“岛顶部的层”按钮也变成可用。

2．仅底面

“仅底面”可在底平面上生成单个切削层。

3．底面及临界深度

“底面及临界深度”可先在底平面上生成单个切削层，接着在每个“岛”顶部生成一条清理刀路。清理刀路仅限于每个“岛”的顶面，且不会切削“岛”边界的外侧。

4．临界深度

“临界深度”可先在每个“岛”的顶部生成一个平面切削层，接着在底平面生成单个切削层。与不切削“岛”边界外侧的清理刀路的区别是，切削层生成的刀轨可完全删除每个平面层内的所有毛坯材料。

5．恒定

“恒定”可在某一恒定深度生成多个切削层。“最大”值可用来指定切削深度，也可以指定一个“增量侧面余量”值。“临界深度”可以用来为与切削层不重合的“岛”顶部定义附加清理刀路。

7.4.2 公共和最小值

“公共”为在“切削层顶部”之后且在“上一个切削层”之前的每个切削层定义允许的最大切削深度。“最小值”为在“切削层顶部”之后且在“上一个切削层”之前的每个切削层定义允许的最小切削深度。这两个选项一起作用时可以定义一个允许的范围，在该范围内可以定义切削深度，如图 7-8 所示。系统创建相等的深度，使其尽可能接近指定的“公共”深度。位于此范围的“临界深度”将定义切削层。不在此范围内的“岛”顶部将不会定义切削层，但可能会通过清理刀路使用“岛”顶面切削选项对其进行加工。

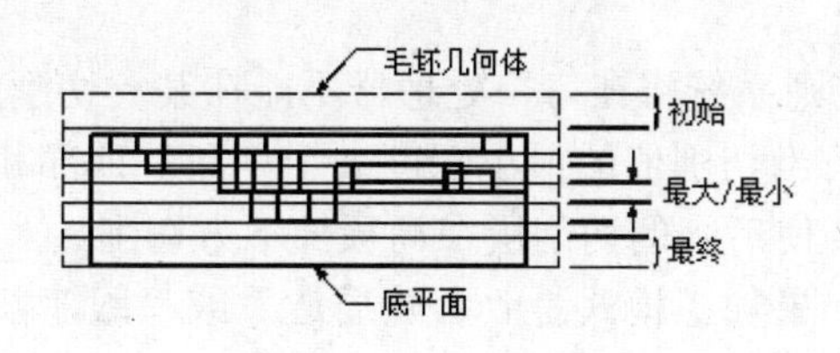

图 7-8 定义切削深度

注意

如果“公共”等于 0.000，则系统将在底平面上生成单个切削层，不考虑其他“切削深度”参数。例如，如果“公共”等于 0.000，则“临界深度”和“上一个切削层”将不会影响操作。

7.4.3 切削层顶部

“切削层顶部”允许为多层“平面铣”操作的第一个切削层定义切削深度。此值从“毛坯边界”平面测量（在未定义“毛坯边界”的情况下从最高的“部件边界”平面测量），且与“最大值”和“最小值”无关。

7.4.4 上一个切削层

“上一个切削层”允许为多层“平面铣”操作的最后一个切削层定义切削深度。此值从“底平面”测量。

如果“最终”大于 0.000，则系统至少生成两个切削层：一个在“底平面”上方最终距离处，另一个在“底平面”上。“公共”必须大于零以便生成多个切削层。

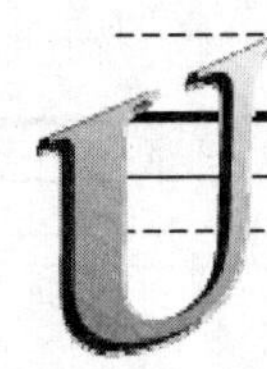

7.4.5 增量侧面余量

“增量侧面余量”可向多层粗加工刀轨中的每个后续层添加侧面余量值。添加“增量侧面余量”可维持刀具和壁之间的侧面间隙，并且当刀具切削更深的切削层时，可以减轻刀具上的压力。

7.4.6 临界深度

如果选中“临界深度”，则系统将在每个处理器不能在某一切削层上进行初始清理的“岛”的顶部生成一条单独的刀路。当切削值的最小深度大于“岛”顶部和先前的切削层之间的距离时，则会发生以上情况，这会使后续的切削层在岛顶部下方切削。

使用“临界深度”时，如果加工模式是“跟随周边”或“跟随部件”，则系统总是通过区域连接生成“跟随周边”刀轨。如果加工模式是“单向”“往复”或“单向轮廓”，则总是通过“往复”刀轨清理“岛”顶。“轮廓加工”和“标准”切削模式不会生成这样的清理刀路。

无论设置了何种进刀方式，处理器都将为刀具寻找一个安全点，如从“岛”的外部进刀至“岛”顶表面，同时不过切任何部件壁。在“岛”的顶部曲面被某一切削层完成加工的情况下，此参数将不会影响所得的刀轨。软件仅在必要时才生成一个单独的清理刀路，以便对“岛”进行顶面切削。图 7-9 所示为处理器决定切削层平面的方式。

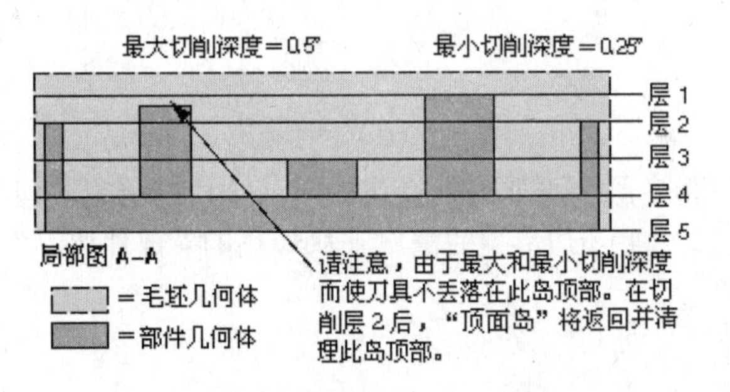

图 7-9　处理器决定切削层平面的方式

7.5　平面铣加工实例

打开下载的源文件中的相应文件，待加工部件如图 7-10 所示，对其进行“ROUGH_FOLLOW”加工。

7.5.1 创建毛坯和几何体

1．创建毛坯

1）选择“应用模块”选项卡→“设计”组→“建模”图标，在建模环境中选择“菜单”→“格式”→“图层设置”命令，弹出如图7-11所示的“图层设置”对话框。选择图层2为工作图层，单击“关闭”按钮。

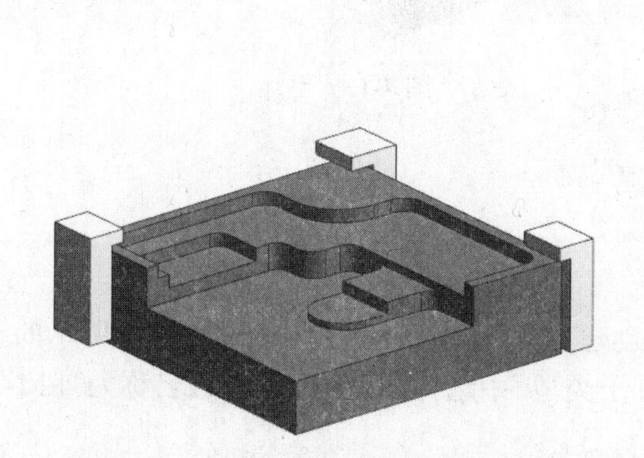

图7-10　待加工部件

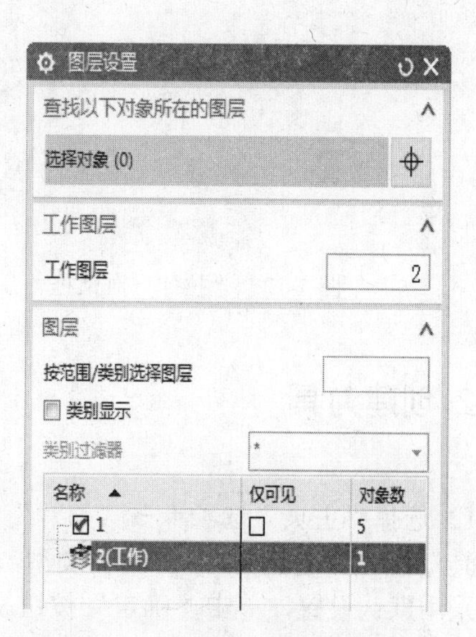

图7-11　“图层设置”对话框

2）选择“主页”选项卡→“特征”组→“拉伸”图标，弹出如图7-12所示的“拉伸”对话框，选择加工部件的底部4条边线为拉伸截面，指定矢量方向为“ZC”，输入开始距离和结束距离为1.8，其他采用默认设置，单击“确定”按钮，生成如图7-13所示的毛坯。

2．创建几何体

1）选择“应用模块”选项卡→“加工”组→“加工”图标，进入加工环境。在上边框条中选择“几何视图”，选择“主页”选项卡→“刀片”组→“创建几何体”图标，弹出“创建几何体”对话框，选择“mill_planar”类型，选择“WORKPIECE”几何体子类型，位置为“NONE”，其他采用默认设置，单击“确定”按钮。

2）弹出“工件”对话框，单击“选择和编辑部件几何体”按钮，选择如图7-10所示的待加工部件。单击“选择和编辑毛坯几何体”按钮，选择如图7-13所示的毛坯。单击“确定”按钮。

3）选择“菜单”→“格式”→“图层设置”命令，弹出如图7-11所示的“图层设置”对话框。选择图层1为工作图层，并取消图层2的勾选，隐藏毛坯，单击“关闭”按钮。

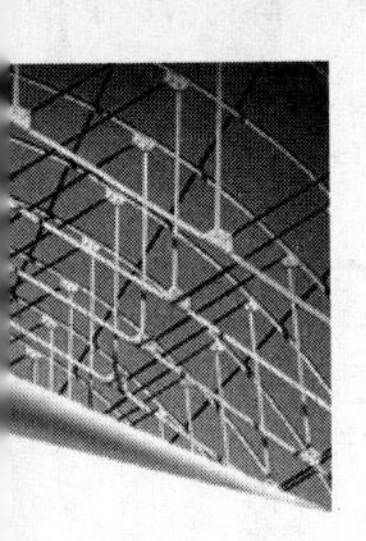

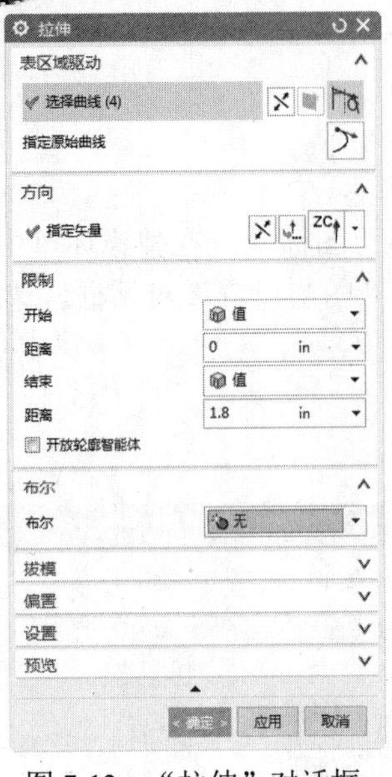

图 7-12 “拉伸”对话框

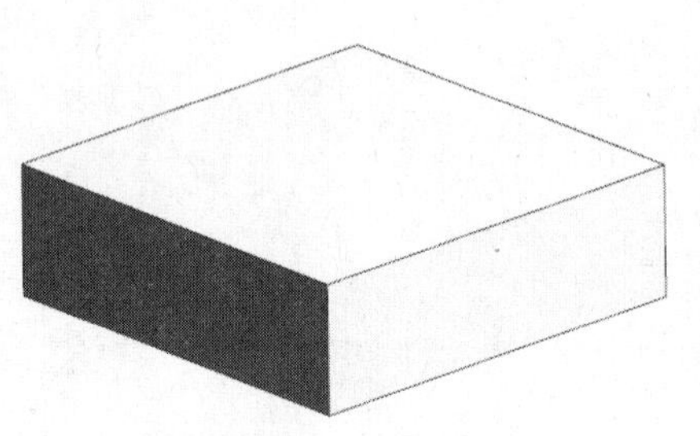

图 7-13 毛坯

7.5.2 创建刀具

1）选择“主页”选项卡→“刀片”组→“创建刀具”图标，弹出如图 7-14 所示的“创建刀具”对话框，选择“mill_planar”类型，在“刀具子类型”中选择面铣刀，输入名称为“EM-.5”，其他采用默认设置，单击“确定”按钮。

2）弹出如图 7-15 所示的“铣刀-5 参数”对话框，设置参数如下：直径为 0.5、下半径为 0、长度为 3.0、锥角为 0、尖角为 0、刀刃长度为 2、刀刃为 2。单击“确定”按钮。

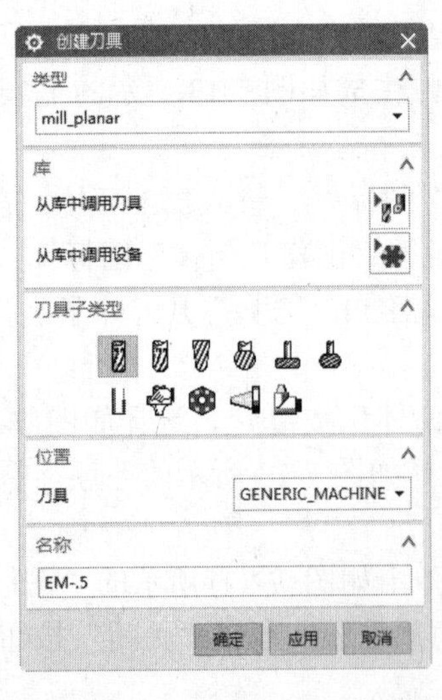

图 7-14 “创建刀具”对话框

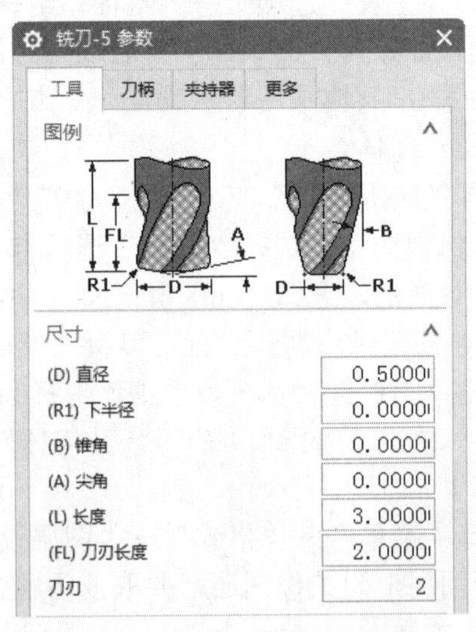

图 7-15 “铣刀-5 参数”对话框

7.5.3 创建工序

1）选择“主页”选项卡→“刀片”组→“创建工序”图标，弹出如图 7-16 所示的“创建工序”对话框，选择“mill_planar”类型，在“工序子类型”中选择“平面铣”，选择“WRKPLECE”几何体，选择“END-.5”刀具，名称为“ROUGH_FOLLOW”，其他采用默认设置，单击“确定”按钮。

2）弹出如图 7-17 所示的“平面铣”对话框，单击“选择或编辑部件边界”按钮，弹出“部件边界”对话框，选择如图 7-18 所示的面，设置“刀具侧”为“外侧”。单击“选择或编辑毛坯边界”按钮，弹出“毛坯边界”对话框，选择如图 7-19 所示的毛坯边界，设置“刀具侧”为“内侧”。单击“选择或编辑检查边界”按钮，弹出“检查边界”对话框，选择如图 7-20 所示的检查边界，设置“刀具侧”为“外侧”。单击“选择或编辑底平面几何体”按钮，弹出“平面”对话框，选择如图 7-21 所示的底面。

图 7-16　“创建工序”对话框

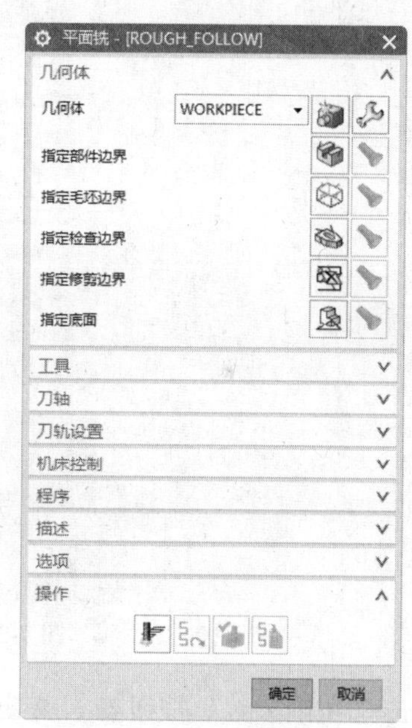

图 7-17　“平面铣”对话框

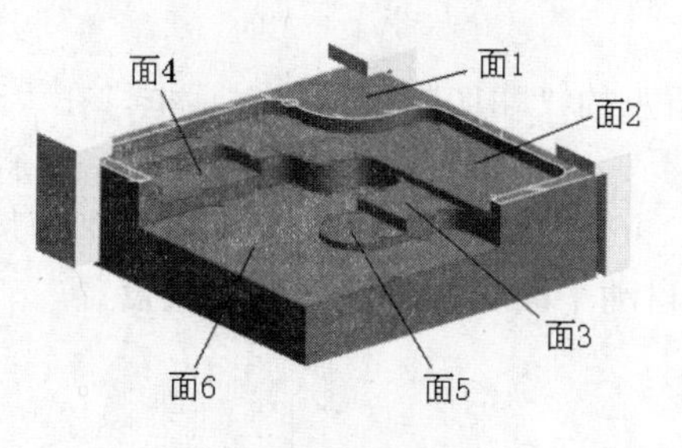

图 7-18　选择面

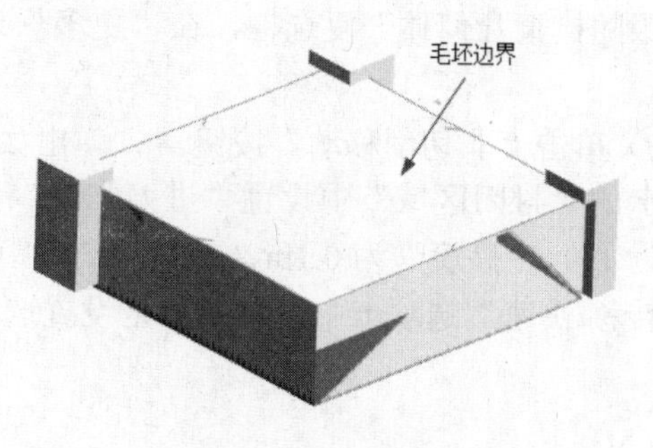

图 7-19　指定毛坯边界

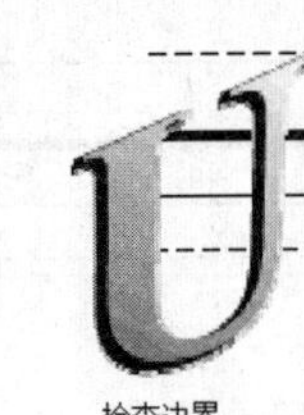

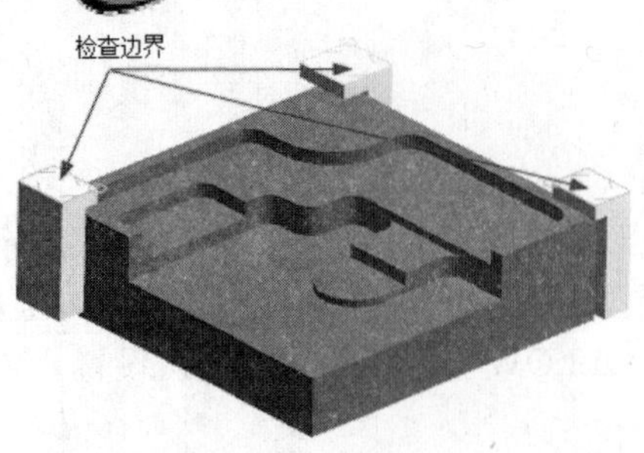

图 7-20　指定检查边界

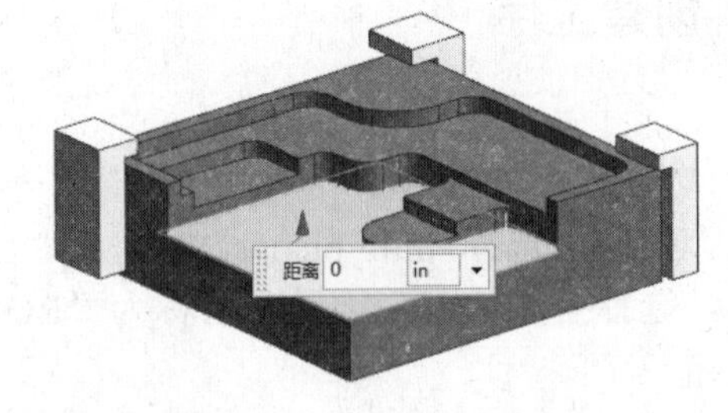

图 7-21　指定底面

3）在“刀轨设置”栏中设置“切削模式”为“跟随部件”、“平面直径百分比”为35。

4）单击“切削层”按钮，弹出“切削层”对话框，“类型”选择“用户定义”，设置“公共”为0.25。“最小值”为0.1，其他采用默认设置，如图7-22所示。单击“确定”按钮。

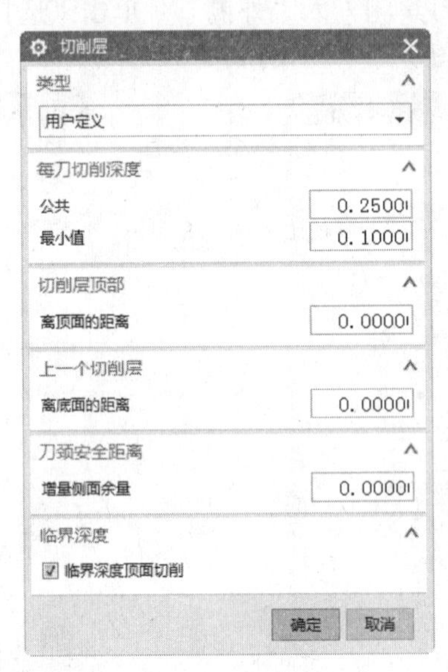

图 7-22　“切削层”对话框

5）单击“切削参数”按钮，弹出如图7-23所示的“切削参数”对话框。在“策略”选项卡中设置“切削方向”为“顺铣”、“切削顺序”为“深度优先”，在“连接”选项卡中勾选“跟随检查几何体”复选框，在“更多”选项卡中勾选“区域连接”复选框。单击“确定”按钮。

6）单击“非切削移动”按钮，弹出如图7-24所示的“非切削移动”对话框。在“进刀”选项卡的“封闭区域”中设置“进刀类型”为“螺旋”、“直径”为“90%刀具”、“斜坡角度”为15、“高度”为0.1in、“最小安全距离”为0.1 in、“最小斜坡长度”为“70%刀具”，在“转移/快速”选项卡中设置“安全设置选项”为“自动平面”，其他采用默认设置。

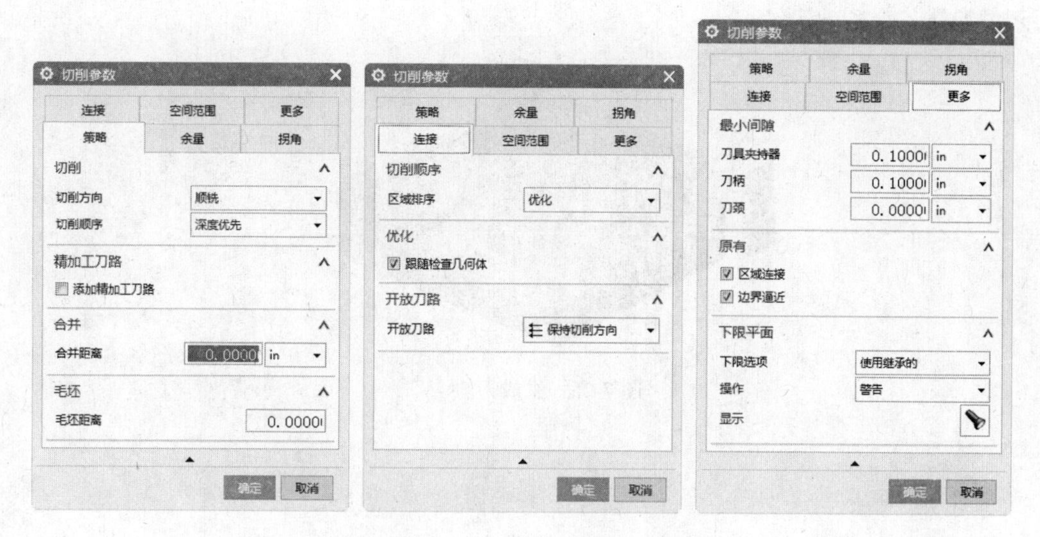

图 7-23　“切削参数”对话框

图 7-24　“非切削移动”对话框

7）在“平面铣”对话框中的“操作”栏里单击“生成” 和“确认” 按钮，生成如图

7-25 所示的刀轨。

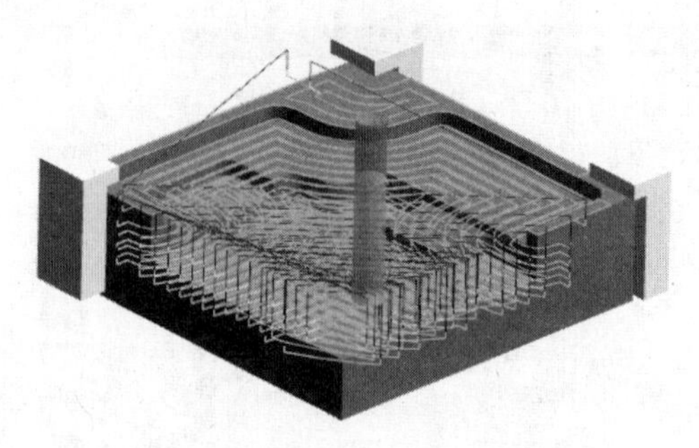

图 7-25　生成刀轨

第 8 章　型腔铣

型腔铣可以根据型腔或型芯的形状，将要切除的部位在 Z 轴方向上分成多个切削层进行切削，每一切削层的深度可以不同。型腔铣操作创建的刀轨可以切削掉平面层中的材料。这一类型的操作可以用于加工复杂的零件，常用于对材料进行粗加工，为后续的精加工做准备。

本章将介绍型腔铣的基础理论知识以及 UG 型腔铣的参数设置方法和操作技巧。

内容要点

- 型腔铣概述
- 工序子类型
- 型腔铣中的几何体
- 切削层设置
- 切削
- 型腔铣加工实例

案例效果

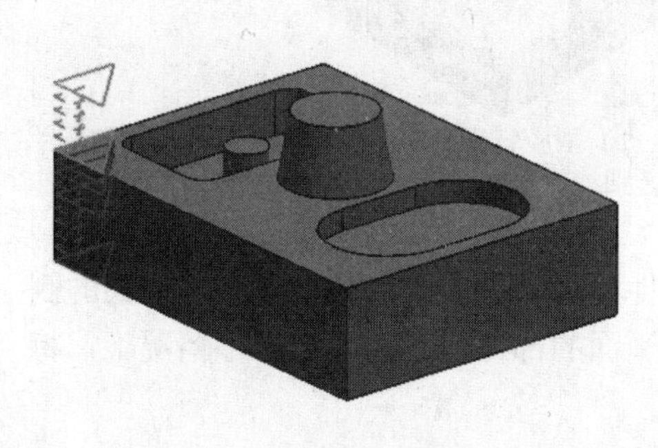

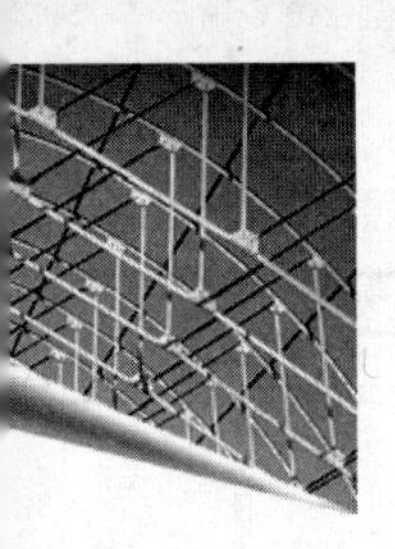

8.1 型腔铣概述

型腔铣和平面铣的切削原理相似，也是由多个垂直于刀轴矢量的平面和零件平面求出交线，进而得到刀具路径。

1．型腔铣和平面铣相同点

1）刀轴都是垂直于切削平面，并且固定，可以切除那些垂直于刀轴矢量的切削层中的材料。

2）刀具路径使用的切削方法也基本相同。

3）开始点控制选项和进退刀选项也完全相同，都提供多种进退刀方式。

4）其他参数选项，如切削参数选项、拐角控制选项和避让几何选项等也基本相同。

2．型腔铣和平面铣不同点

1）定义材料的方法不同。“平面铣”使用边界来定义部件材料，而“型腔铣”使用边界、面、曲线和体来定义部件材料。

2）切削适应的范围不同。平面铣用于切削具有竖直壁面和平面突起的部件，并且部件底面应垂直于刀具轴，平面铣部件如图 8-1a 所示；而型腔铣用于切削带有锥形壁面和轮廓底面的部件，底面可以是曲面，并且侧面不需垂直于底面，型腔铣部件如图 8-1b 所示。

3）切削深度定义方式不同。平面铣通过指定的边界和底面高度差来定义切削深度；型腔铣是通过毛坯几何和零件几何来共同定义切削深度，并且可以自定义每个切削层的深度。

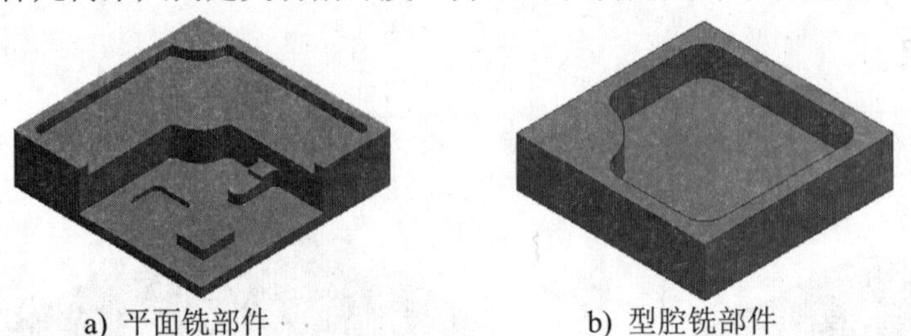

a) 平面铣部件　　b) 型腔铣部件

图 8-1　平面铣和型腔铣区别

3．型腔铣和平面铣选用原则

型腔铣在数控加工中应用最广泛，可以用于大部分部件的粗加工以及直壁或者斜度不大的侧壁精加工。平面铣用于直壁、“岛屿”顶面和槽腔底面为平面的部件的加工。在很多情况下，特别是粗加工时，型腔铣可以替代平面铣。

8.2 工序子类型

在“主页”选项卡的“刀片”组中单击“创建工序”图标，弹出如图 8-2 所示的“创建工序”对话框。选择“mill_contour”类型。

图 8-2　“创建工序”对话框

图 8-2 中的“工序子类型”栏中一共列出了 21 种子类型，各项的含义如下：

（1）型腔铣　基本的型腔铣操作，用于去除毛坯或 IPW 及部件所定义的一定量的材料，带有许多平面切削模式，常用于粗加工。

（2）自适应铣削　在垂直于固定轴的平面切削层使用自适应切削模式对一定量的材料进行粗加工，同时维持刀具进刀一致。

（3）插铣　特殊的铣加工操作，主要用于需要长刀具的较深区域。插铣可对难以到达的深壁使用长细刀具进行精铣非常有利。

（4）拐角粗加工　切削拐角中的剩余材料，这些材料因前一刀具的直径和拐角半径关系而无法去除。

（5）剩余铣　清除粗加工后剩余加工余量较大的角落，以保证后续工序均匀的加工余量。

（6）深度轮廓铣　基本的 Z 级铣削，用于以平面切削方式对部件或切削区域进行轮廓铣。

（7）深度加工拐角　精加工前一刀具因直径和拐角半径关系而无法到达的拐角区域。

（8）固定轮廓铣　基本的固定轴曲面轮廓铣操作，用于以各种驱动方式、包容和切削模式轮廓铣部件或切削区域。刀具轴是 +ZM。

（9）区域轮廓铣　区域铣削驱动，用于以各种切削模式切削选定的面或切削区域。常用于半精加工和精加工。

（10）曲面区域轮廓铣　默认为曲面区域驱动方法的固定轴铣。

（11）流线　用于流线铣削面或切削区域。

（12）非陡峭区域轮廓铣　与“轮廓区域铣”相同，但只切削非陡峭区域。经常与ZLEVEL_PROFILE_STEEP 一起使用，以便在精加工切削区域时控制残余波峰。

（13）陡峭区域轮廓铣　区域铣削驱动，用于以切削方向为基础、只切削非陡峭区域。与“CONTOUR_ZIGZAG”或 “轮廓区域铣”一起使用，可以通过十字交叉前一往复切削来降低残余波峰。

（14）单刀路清根　自动清根驱动方式，清根驱动方法中选单路径，用于精加工或减轻角及谷。

（15）多刀路清根　自动清根驱动方式，清根驱动方法中选单路径，用于精加工或减轻角及谷。

（16）清根参考刀具　自动清根驱动方式，清根驱动方法中选参考刀路，以前一参考刀具直径为基础的多刀路，用于铣削剩下的角和谷。

（17）实体轮廓 3D　特殊的三维轮廓铣切削类型，其深度取决于边界中的边或曲线。常用于修边。

（18）轮廓 3D　特殊的三维轮廓铣切削类型，其深度取决于边界中的边或曲线。常用于修边。

（19）轮廓文本　切削制图注释中的文字，用于三维雕刻。

（20）用户定义铣　此刀轨由用户定制的 NX Open 程序生成。

（21）铣削控制　它只包含机床控制事件。

8.3 型腔铣中的几何体

在每个切削层中，刀具能切削而不产生过切的区域称为加工区域。型腔铣的切削区域由曲面或者实体几何定义。可以指定部件几何体和毛坯几何体，也可以利用“MILL_AREA”指定部件几何体的被加工区域，此时加工区域可以是部件几何体的一部分，也可以是整个零件几何体。

选择“主页”选项卡→“刀片”组→“创建几何体”图标，弹出如图 8-3 所示的“创建几何体”对话框，选择几何体类型，进行几何体的指定。型腔铣的几何体包括：部件几何体、毛坯几何体、检查几何体、切削区域几何体、修剪几何体。

图 8-3　“创建几何体”对话框

8.3.1 部件几何体

部件几何体即代表最终部件的几何体，如图 8-4 所示。“部件几何体”对话框如图 8-5 所示，通过部件几何体的选项，用户能够编辑、显示和指定要加工的轮廓曲面。指定的部件几何体将与驱动几何体（通常是边界）结合起来使用，共同定义切削区域。

“体”（片体或实体）“平面体”“曲面区域”或“面”等可指定为“部件几何体”。由于整个实体都保持了关联性，为容易处理，一般情况下都选择实体，独立的平面可随着实体的更新而改变。如果希望只切削实体上一些平面，可将切削区域限制为小于整个部件。

图 8-4　部件几何体

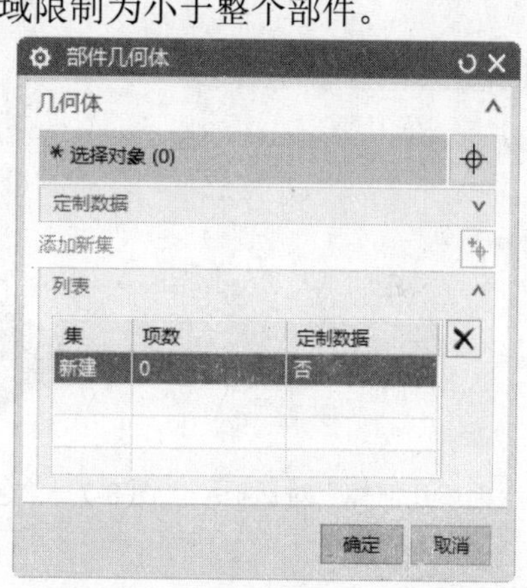

图 8-5　“部件几何体”对话框

8.3.2 毛坯几何体

毛坯几何体表示要切削的原始材料的几何体或小平面体（不表示最终部件）并且可以直接切削或进刀。用户可以在“MILL_GEOM”和“WORKPIECE”几何体组中将起始工件定义为毛坯几何体。如果起始工件尚未建模，则可以通过使用与 MCS 对齐的长方体，或通过对部件几何体应用三维偏置值，来方便地定义起始工件。

当在“型腔铣”对话框中单击“选择或编辑毛坯几何体”时，系统将弹出“毛坯几何体”对话框，如图 8-6 所示。

下面将该对话框中的“类型”进行说明：

（1）几何体　选择“几何体”项时可以选择“体”“面”“面和曲线”“曲线”选项。

（2）部件的偏置　可基于整个部件周围的偏置距离来定义毛坯几何体。

（3）包容块　使用“包容块”类型可以在部件的外围定义一个与活动 MCS 对齐的自动生成的长方体，如图 8-7 所示。如果需要一个比默认长方体更大的长方体，可以在 6 个可用的输入框中输入值，如图 8-8 所示，也可以在如图 8-7 所示的长方体上直接拖动图柄，在拖动图柄时系

统将动态地修改输入框中的值以反映长方体各边的位置。如果未定义部件几何体，系统将定义一个尺寸为零的长方体。由于包容块位于活动的 MCS 周围，因此不能将其用在使用不同 MCS 的多个操作中。

（4）包容圆柱体　使用“包容圆柱体”类型可以在部件的外围定义一个与活动 MCS 为中心自动生成的圆柱体。如果需要一个比默认圆柱体更大的圆柱体，可以在输入框中输入值，或直接拖动圆柱体上的图柄，在拖动图柄时系统将动态地修改输入框中的值以反映圆柱体直径和高度的位置。

（5）IPW-过程工件　用于表示内部的“工序模型”(IPW)。IPW 是完成上一步操作后材料的状态。

图 8-6　“毛坯几何体”对话框

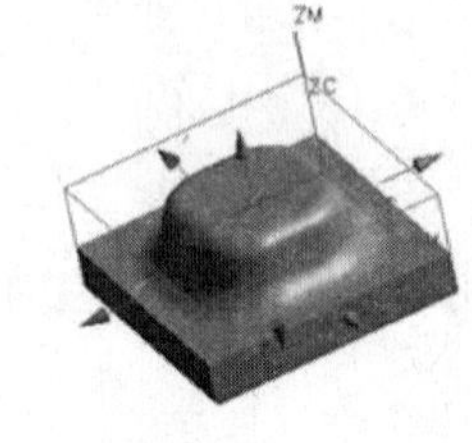

图 8-7　“包容块”示意图

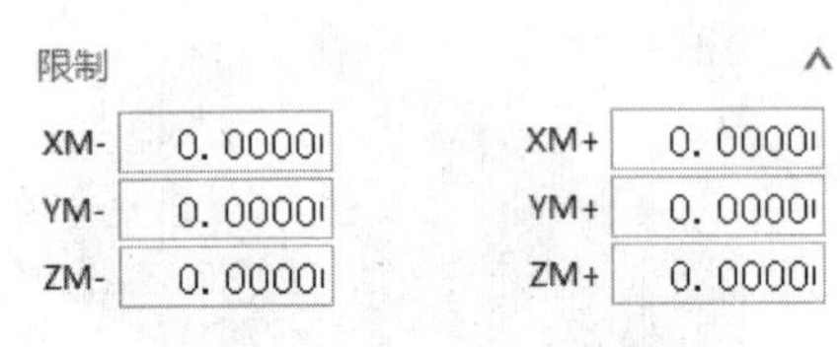

图 8-8　输入框

8.3.3 修剪边界

“修剪边界”选项可指定将在每一切削层上进一步约束切削区域的边界。可以通过将“刀具侧”指定为“内侧”或“外侧”（对封闭边界），或指定为“左”或“右”（对于开放边界），定义要从操作中排除的切削区域的这一部分。

8.3.4 岛

“岛”指由内部仍剩余材料的部件边界所包围的区域，如图 8-9 所示为由内部仍剩余材料的部件几何体构成的“岛”。

腔体可由两种边界来定义：一种边界是内部仍剩余材料的边界，另一种边界是外部仍剩余材料的边界。上方的边界是用外部仍剩余材料的边界定义的，这样可使刀具落在腔体的内部。下方的边界是用内部仍剩余材料的边界定义的，这样可有效地定义腔体的底面，如图 8-10 所示。

在图 8-10 中，只有岛 A 符合传统的岛定义。但是在 UG NX 中将腔体底部 B 以及所有梯级（如 C 和 D）都作为岛，原因是这些区域是根据内部仍剩余材料的“部件边界”所定义的。

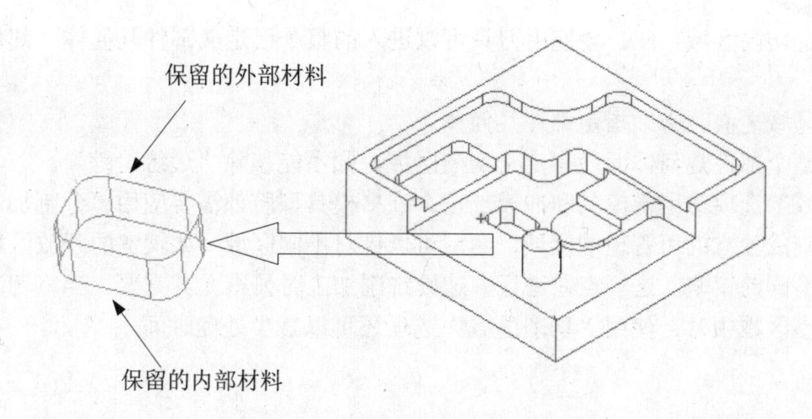

图 8-9　由部件边界所定义的"岛"

在"型腔铣"中，"部件几何体""毛坯几何体"和"检查几何体"都由边界、面、曲线和实体来定义。当用户选择曲线后，系统会创建一个沿拔模角从该曲线延伸到最低切削层的面。

系统将这些面限制于那些定义它们的边上，并且这些面不能投影到这些边之外。"部件几何体"与"毛坯几何体"的差可定义要去除的材料量，如图 8-11 所示。

"毛坯几何体"可以表示上面所述的原始余量材料，也可以通过定义与所选部件边界、面、曲线或实体的相同偏置来表示锻件或铸件。

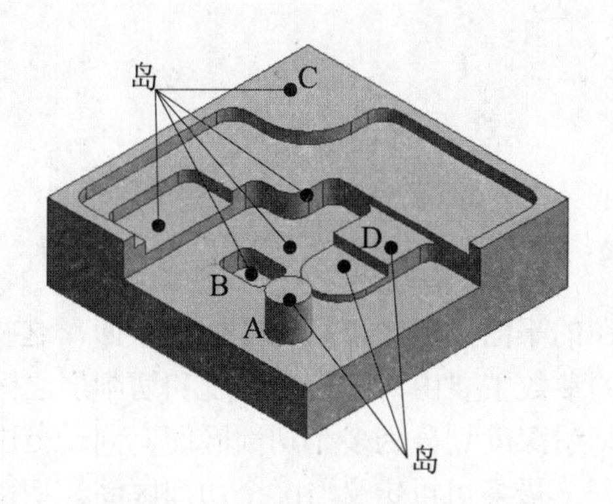

图 8-10　由内部仍剩余材料的部件边界所定义的岛

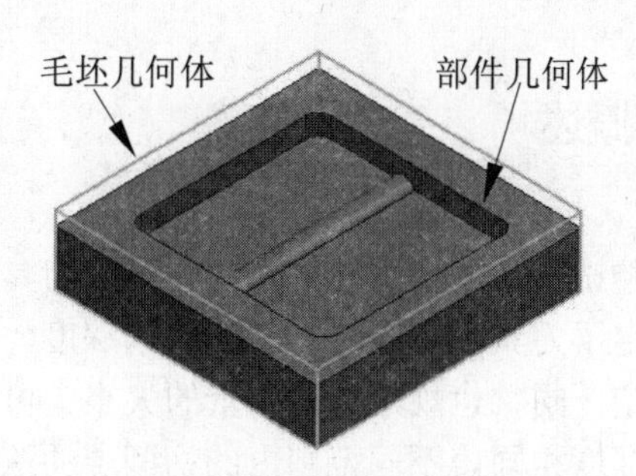

图 8-11　型腔铣中的毛坯几何体和部件几何体

8.3.5 切削区域

"切削区域"选项可指定几何体或特征，以创建此操作要加工的切削区域。用户只需选择部件上特定的面来包含切削区域，而不需要选择整个实体，这样有助于省去裁剪边界这一操作。切削区域指定了部件被加工的区域，它可以是部件几何体的一部分，也可以是整个部件几何体。

指定切削区域时需注意以下几点：

- 切削区域的每个成员必须包括在部件几何体中。

- 如果不指定切削区域，NX 会使用刀具可以进入的整个已定义部件几何体（部件轮廓）作为切削区域。
- 指定切削区域之前，必须指定部件几何体。
- 如果使用整个部件几何体而没有定义切削区域，则不能移除“边缘追踪”。

“切削区域”选项常用于模具和冲模加工。许多模具型腔都需要应用“分割加工”策略，这时型腔将被分割成独立的可管理的区域，然后可以针对不同区域（如较宽的开放区域或较深的复杂区域）应用不同的策略。这一点在进行高速硬铣削加工时显得尤其重要。当将切削区域限制在较大部件的较小区域中时，使用“切削区域”选项还可以减少处理时间。

注意

为避免碰撞和过切，应将整个部件（包括不切削的面）选作部件几何体。切削区域位于型腔铣操作的几何体选择中，也可以从几何体组中继承。选择单个面或多个面作为切削区域。用户可以使用“切削区域延伸”（“切削参数”对话框“策略”选项卡）将刀具移出切削表面，在开放区域中掠过切削区域的外部边。

8.4 切削层设置

8.4.1 概述

型腔铣是水平切削操作，切削层是刀具轨迹所在的平面。用户可以指定切削平面，这些切削平面决定了刀具在切除材料时的切削深度。切削层的参数主要由切削的总深度和切削层之间的距离来确定，同时也规定了切削量的大小。可以将总切削深度划分为多个切削区间，同一范围内的切削层深度相同，不同范围内的切削层的深度可不同，最多可以定义 10 个切削区间。切削区域的大小由切削中的最高位和最低位决定，每一个 Z 级平面可认为是一个切削层，如图 8-12 所示。最高层和最低层的 Z 值为最高和最低切削范围。

对于“型腔铣”，最高范围的默认上限是部件、毛坯或切削区域几何体的最高点。如果在定义切削区域时使用毛坯，那么默认上限将是切削区域的最高点。如果切削区域不具有深度（如为水平面），并且没有指定毛坯，那么默认的切削范围上限将是部件的顶部。定义切削区域后，最低范围的默认下限将是切削区域的底部。当没有定义切削区域时，最低范围的下限将是部件或毛坯几何体的底部最低点。显示切削层平面（三角形）时不计算底面余量。生成刀轨时，各层将根据指定的底面余量值向上调整。

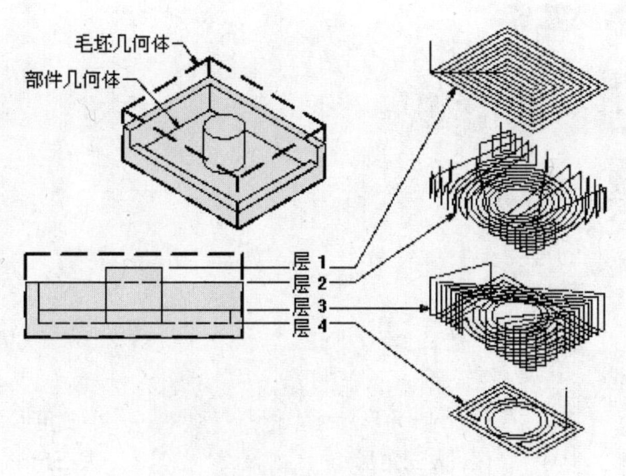

图 8-12　切削层示例

8.4.2 切削层

“切削层”对话框由全局信息、当前范围信息和附加选项三个部分组成，如图 8-13 所示。

1．标识“范围类型”

- 大三角形是范围顶部、范围底部和关键深度，如图 8-14 所示。
- 小三角形是切削深度，如图 8-14 所示。
- 选定的范围以可视化“选择”颜色显示。
- 其他范围以加工“部件”颜色显示。
- “结束深度”以加工“结束层”颜色显示。
- 白色三角形位于顶层或顶层之上。洋红色三角形位于顶层之下。
- 实线三角形具有关联性（它们由几何体定义）。
- 虚线三角形不具有关联性。

系统按以下方式标识切削层：大三角形是范围顶部、范围底部和关键深度，小三角形是切削深度。

UG NX 为用户提供了三种标识范围的方法：

（1）自动　即将范围设置为与任何平面对齐。这些是部件的关键深度，图 8-15 中的大三角形即为关键深度。只要用户没有添加或修改局部范围，切削层将保持与部件的关联性。软件将检测部件上的新的水平表面，并添加关键层与之匹配，如图 8-15 所示。

（2）用户定义　允许用户通过定义每个新范围的底面来创建范围。通过选择面定义的范围将保持与部件的关联性，但不会检测新的水平表面。

（3）单侧　将根据部件和毛坯几何体设置一个切削范围，如图 8-16 所示。使用此种方式时，系统对用户的行为做了如下限制：

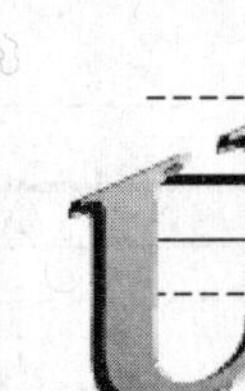

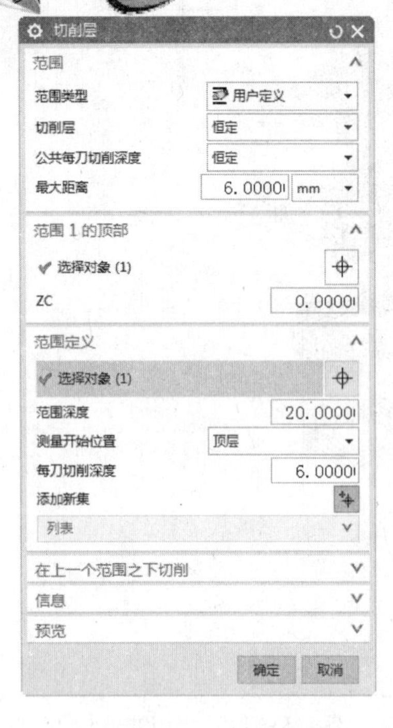

图 8-13 “切削层”对话框

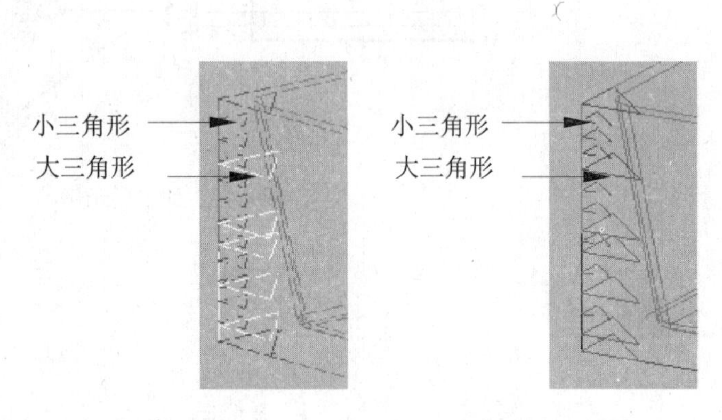

图 8-14 标识切削层

- 用户只能修改顶层和底层。
- 如果用户修改了其中的任何一层，则在下次处理该操作时系统将使用相同的值。如果用户使用默认值，它们将保留与部件的关联性。
- 用户不能将顶层移至底层之下，也不能将底层移至顶层之上，这将导致这两层被移动到新的层上。
- 系统使用“每刀的公共深度”值来细分这一单个范围。

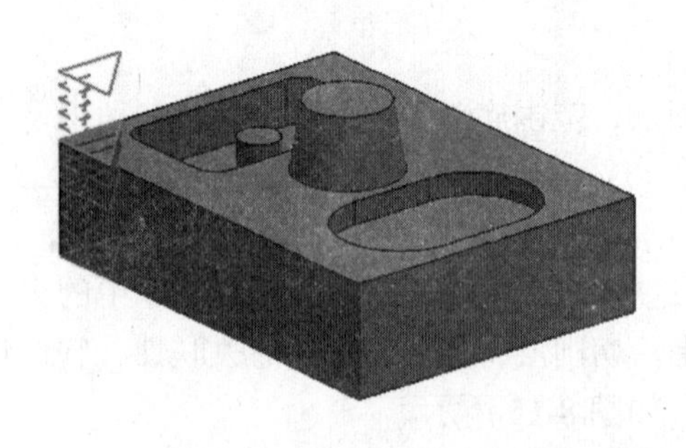

图 8-15 自动生成

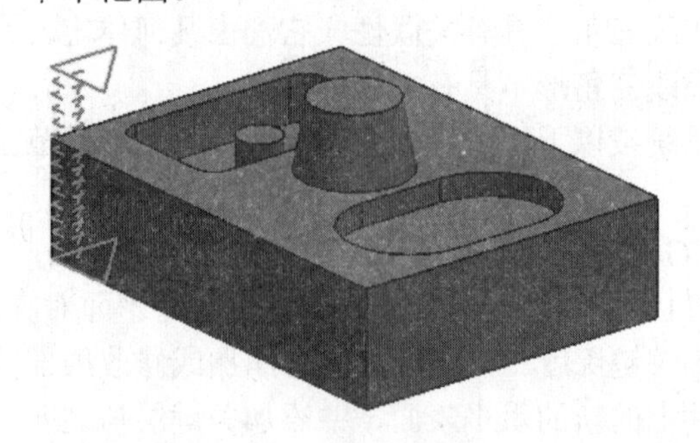

图 8-16 切削层“单侧”设置

2．公共每刀切削深度

“公共每刀切削深度”是添加范围时的默认值。该值将影响“自动”或“单侧”模式中所有切削范围的“每次切削深度”。对于“用户定义”模式，如果全部范围都具有相同的初始值，那么“公共每刀切削深度”将应用在所有这些范围中。如果它们的初始值不完全相同，系统将询问用户是否要为全部范围应用新值。

系统将计算出不超过指定值的相等深度的各切削层。图 8-17 显示了系统如何根据指定的“公共每刀切削深度”0.25 进行调整。

（1）恒定　将切削深度保持在公共每刀切削深度值。

（2）残余高度　仅用于深度加工操作。可调整切削深度，以便在部件间距和残余高度方面更加一致。“最优化”在斜度从陡峭或几乎竖直变为表面或平面时创建其他切削，最大切削深度不超过公共每刀切削深度值。“残余高度”切削层如图 8-18 所示。

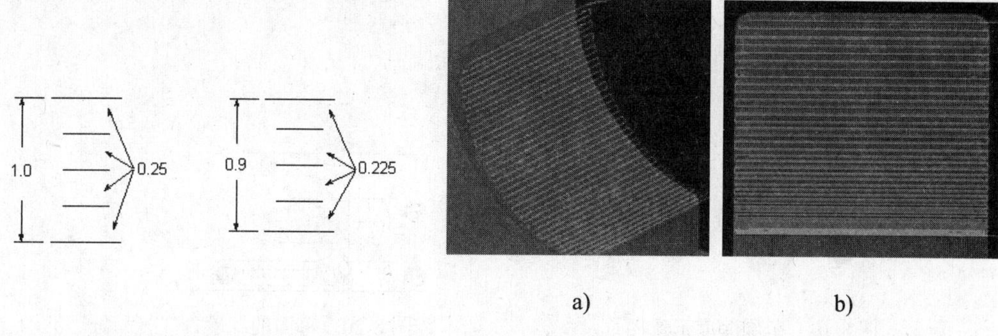

图 8-17　调整“公共每刀切削深度”

图 8-18　“残余高度”切削层

如果希望仅在底部范围处切削，可打开此选项，切削范围不会再被细分。打开此选项将使“公共每刀切削深度”选项处于非活动状态。

3．临界深度顶面切削

“临界深度顶面切削”只在“单侧”范围类型中可用。使用此选项在完成水平表面下的第一次切削后直接来切削（最后加工）每个关键深度。这与“平面铣”中的“岛顶面的层”选项类似。

4．范围定义

当希望添加、编辑或删除切削层时，用户需要选择相应的范围。

（1）测量开始位置　可以使用“测量开始位置”下拉菜单来确定如何测量范围参数。注意：当用户选择点或面来添加或修改范围时，“测量开始位置”选项不会影响范围的定义。

1）顶层：指定范围深度值从第一个切削范围的顶部开始测量。

2）当前范围顶部：指定范围深度从当前突出显示的范围的顶部开始测量。

3）当前范围底部：指定范围深度从当前突出显示的范围的底部开始测量，也可使用滑尺来修改范围底部的位置。

4）WCS 原点：指定范围深度从工件坐标系原点处开始测量。

（2）范围深度　可以输入“范围深度”值来定义新范围的底部或编辑已有范围的底部。这

一距离是从指定的参考平面（顶层、范围顶部、范围底部、工件坐标系原点）开始测量的。使用正值或负值来定义范围在参考平面之上或之下。所添加的范围将从指定的深度延伸到范围的底部，但不与其接触。而所修改的范围将延伸到指定的深度处，即使先前定义的范围已从过程中删除，如图 8-19 所示。也可以使用滑尺来更改“范围深度”，移动滑块时，“范围深度”值将随之调整以反映当前值。

（3）每刀切削深度　与“公共每刀切削深度”类似，但前者将影响单个范围中的每次切削的最大深度。通过为每个范围指定不同的切削深度，可以创建具有如下特点的切削层，即在某些区域内每个切削层将切削下较多的材料，而在另一些区域内每个切削层只切削下较少的材料。如图 8-20 所示，范围“1”使用了较大的“局部每刀切削深度 (A)”值，从而可以快速地切削材料，范围“2”使用了较小的“局部每刀切削深度 (B)”值，以便逐渐切削掉靠近圆角轮廓处的材料。

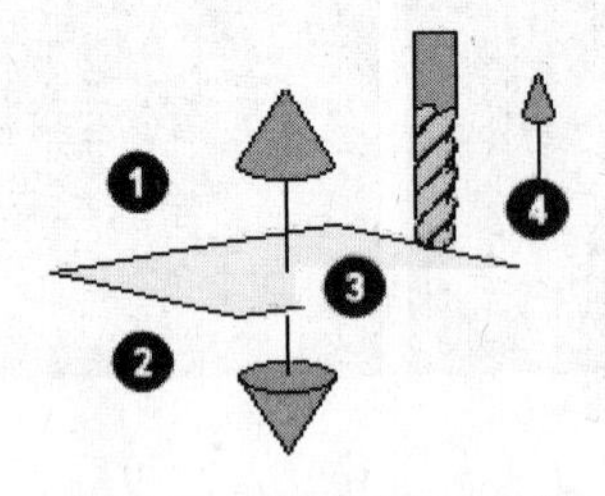

图 8-19　范围深度示意图

1—负值应用方向　2—正值应用方向

3—参考平面　4—刀具轴方向

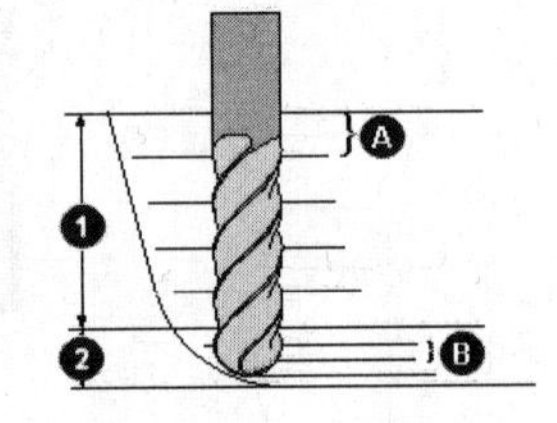

图 8-20　每刀的深度

要添加新范围，可在图 8-13 所示的对话框中进行如下设置：

1）“测量开始位置”选择“顶层”，设置“范围深度”为 20、“每刀切削深度”为 5。单击“确定”按钮，创建图 8-21 所示的“范围 1”。

2）单击按钮 ，进行“范围 2”的创建。“测量开始位置”选择“当前范围底部”，设置“范围深度”为 30、“每刀切削深度”为 10。单击“确定”按钮，创建图 8-21 所示的“范围 2”。

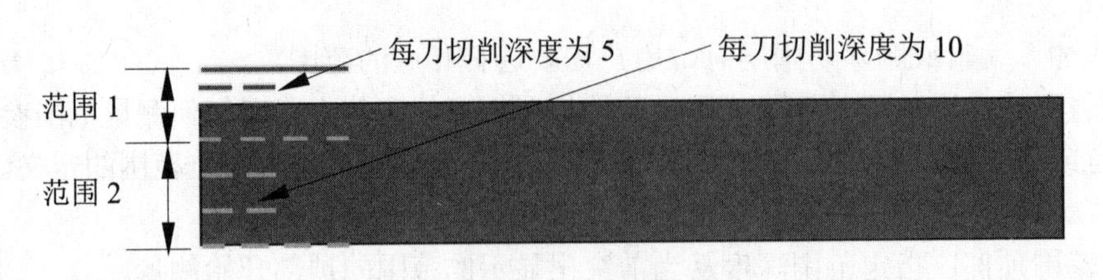

图 8-21　创建范围

8.5 切削

切削方式决定了加工切削区域的刀具路径图样和走刀方式。型腔铣操作有 7 种切削方式，包括往复切削（Zig-Zag）、单向切削（Zig）、单向沿轮廓切削（Zig With Contour）、跟随周边切削（Follow Periphery）、跟随部件切削（Follow Part）、摆线走刀（Trochoidal）、沿轮廓切削（Profile）。

8.5.1 毛坯距离

毛坯距离是特定于型腔铣的一个切削参数。在选择几何体组之前，用户可以使用此参数将部件上的剩余材料定义为恒定厚度，而无需选择毛坯。但是，几何体组允许用户在毛坯几何体中使用“从部件偏置”，并且效果优于使用“毛坯距离”（可参考 8.3.2 节“毛坯几何体”）。

对于型腔铣而言，指定毛坯距离的首选方法是使用铣削几何体组。在几何体中指定毛坯时，选择“从部件偏置”，然后输入距离，这是一种比较好的方法，因为用户能够将多个型腔铣操作置于该组中，并共享该几何体。

8.5.2 参考刀具

要加工上一个刀具未加工到的拐角中剩余的材料时，可使用参考刀具，如图 8-22 所示。

如果是刀具拐角半径的原因，则剩余材料会在壁和底部面之间；如果是刀具直径的原因，则剩余材料会在壁之间。在选择了参考刀具的情况下，操作的刀轨与其他型腔铣或深度加工操作相似，但是会仅限制在拐角区域。

参考刀具通常是用来对区域进行粗加工的刀具。软件首先计算指定的参考刀具剩下的材料，然后为当前操作定义切削区域。

注意

必须选择一个直径大于当前操作所用刀具的刀具。如果参考刀具的半径与部件拐角的半径之差很小，则所要去除的材料的厚度可能会因过小而检测不到。可指定一个更小的加工公差，或选择一个更大的参考刀具，以获得更佳效果。如果使用较小的加工公差，则软件将能够检测到更少量的剩余材料，但这可能需要更长的处理时间。选择较大的参考刀具可能是上策。

图 8-23 所示为使用自动块作为毛坯的型腔铣路径。如果将参考刀具添加到以上操作，则仅切削拐角，那么得到的路径如图 8-24 所示。

图 8-22 参考刀具

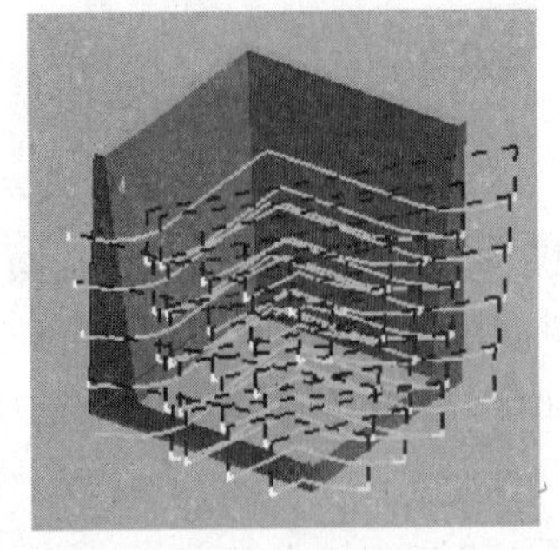

图 8-23 自动块作为毛坯的型腔铣路径

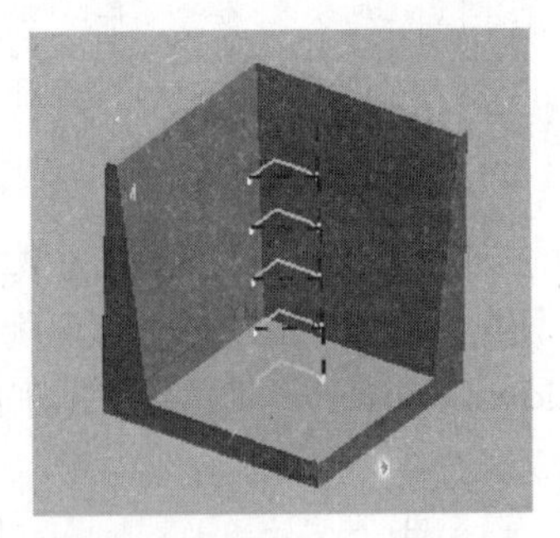

图 8-24 带有参考刀具的路径

在指定了“参考刀具偏置”后将激活“重叠距离”。“重叠距离”将待加工区域的宽度沿切面延伸指定的距离。

8.5.3 使用刀具夹持器

“使用刀具夹持器”是“底壁加工”“深度轮廓加工”“固定轮廓铣”（根据驱动方法）和“型腔铣”都使用的切削参数。在“固定轮廓铣”中，“使用刀具夹持器”可用于“区域铣削”和“清根”。

夹持器在刀具定义对话框中被定义为一组圆柱或带锥度的圆柱，如图 8-25 所示。“深度轮廓铣”“型腔铣”和“固定轴曲面轮廓铣”操作的“区域铣削”和“清根”驱动方法可使用此刀具夹持器定义，以确保刀轨不碰撞夹持器。在该操作中，这些选项必须切换为“开”，以识别刀具夹持器。

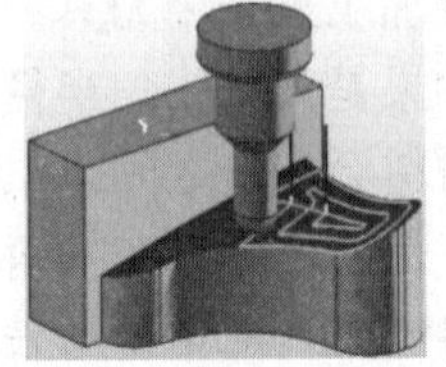

图 8-25 刀具夹持器

在“曲面轮廓铣”和“深度铣”中，如果检测到刀具夹持器和工件间发生碰撞，则发生碰撞的区域会在该操作中保存为“2D 工件”几何体。该几何体可在后续操作中用作修剪几何体，以便在需要将刀具夹持器或工件碰撞时留下的材料移除的区域中包含切削运动。

在“型腔铣”中，如果系统检测到刀具夹持器和工件间发生碰撞，则不会切削发生碰撞的区域。所有后续的“型腔铣”操作必须使用“基于层的 IPW”选项，才能移除这些未切削区域。

8.6 型腔铣加工实例

打开下载的源文件中的相应文件，对图 8-26 所示的待加工部件进行型腔铣削加工，具体创建方法如下：

1．创建毛坯

1）在建模环境中，选择“菜单”→“格式”→“图层设置”命令，弹出“图层设置”对话框。新建工作图层 2，单击“关闭”按钮。

2）选择“主页”选项卡→“特征”组→“拉伸”图标，弹出“拉伸”对话框，选择加工部件的底部 4 条边线为拉伸截面，指定矢量方向为“ZC”，输入开始距离和结束距离为 50，其他采用默认设置，单击“确定”按钮，生成如图 8-27 所示的毛坯。

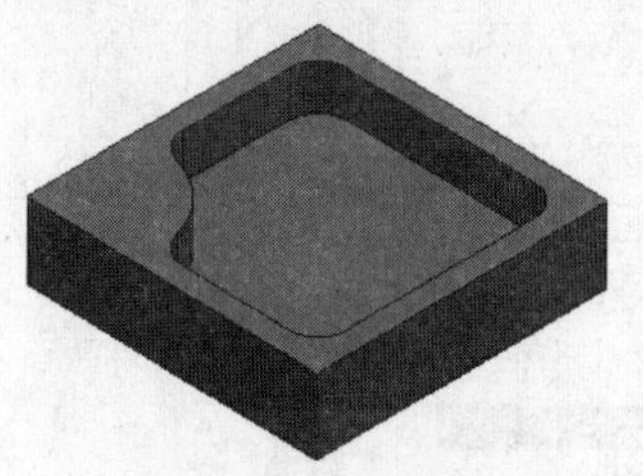

图 8-26　待加工部件

图 8-27　毛坯

2．创建几何体

1）选择“应用模块”选项卡→“设计”组→“加工”图标，进入加工环境。在上边框条中选择“几何视图”，选择“主页”选项卡→“刀片”组→“创建几何体”图标，弹出如图 8-28 所示的“创建几何体”对话框，选择“mill_contour”类型，选择“WORKPIECE ”几何体子类型，选择几何体为“MCS_MILL”，输入名称为“WORKPIECE”，单击“确定”按钮。

2）弹出如图 8-29 所示的“工件”对话框。单击“选择或编辑部件几何体”按钮，选择如图 8-26 所示的部件。单击“选择或编辑毛坯几何体”按钮，选择图 8-27 所示的毛坯。单击“确定”按钮。

图 8-28　“创建几何体”对话框

图 8-29　“工件”对话框

3）选择“菜单”→“格式”→“图层设置”命令，弹出如图 8-30 所示的“图层设置”对话框。选择图层 1 为工作图层，并取消图层 2 的勾选，隐藏毛坯，单击“关闭”按钮。

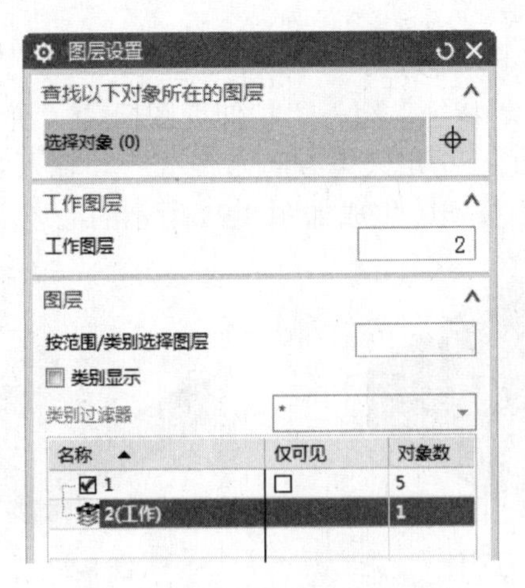

图 8-30　“图层设置”对话框

3．创建刀具

1）选择“主页”选项卡→“刀片”组→“创建刀具”图标，弹出如图 8-31 所示的“创建刀具”对话框，选择“mill_contour”类型，选择“MILL”刀具子类型，输入名称为“END12”，其他采用默认设置，单击“确定”按钮。

2）弹出如图 8-32 所示的“铣刀-5 参数”对话框，输入直径为 12，其他采用默认设置，单击“确定”按钮。

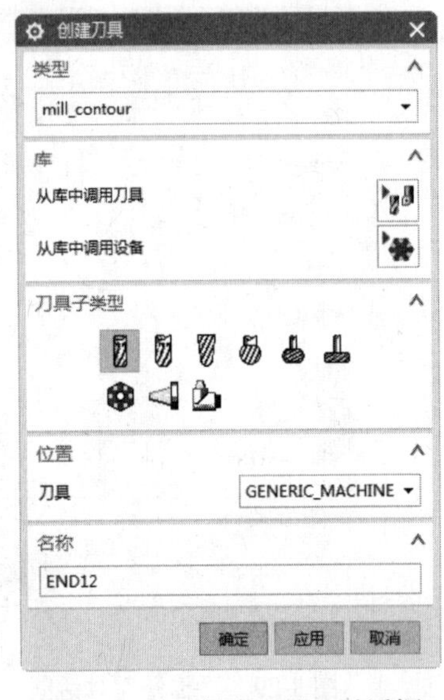

图 8-31　“创建刀具”对话框

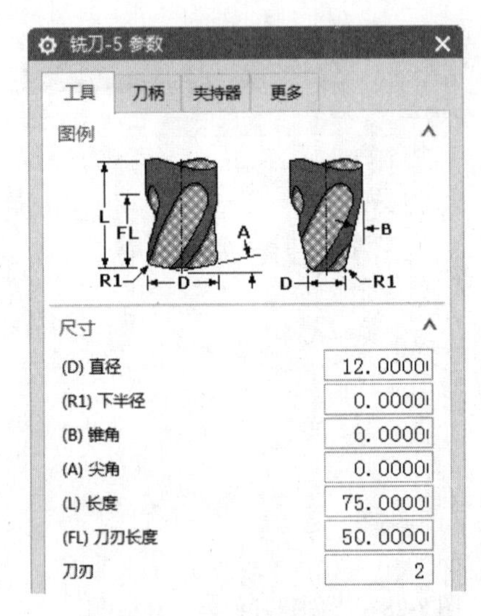

图 8-32　“铣刀-5 参数”对话框

4．创建工序

1）选择“主页”选项卡→“刀片”组→“创建工序”图标，弹出如图 8-33 所示的“创建工序”对话框，选择“mill_contour”类型，在“工序子类型”中选择“型腔铣”，选择“WORKPIECE”

几何体，选择“END12”的刀具，选择“MILL_ROUGH”方法，其他采用默认设置，单击“确定”按钮。

2）弹出“型腔铣”对话框，在“刀轨设置”栏中进行如图 8-34 所示的设置。“切削模式”选择“跟随部件”，设置“平面直径百分比”为“50”、“最大距离”为 6。

3）单击“切削参数”按钮，弹出如图 8-35 所示的“切削参数”对话框。在“策略”选项卡中选择“切削顺序”为“深度优先”；在“余量”选项卡中取消“使用底面余量和侧面余量一致”复选框的勾选，设置“部件侧面余量”为 0.5、“部件底面余量”为 0.3；在“空间范围”选项卡的“毛坯”栏中“过程工件”选择“使用 3D”选项；在“更多”选项卡中勾选“边界逼近”和“容错加工”复选框。单击“确定”按钮。

4）由于在图 8-35 所示的“切削参数”对话框中选择了“使用 3D”选项，故将在图 8-34 所示的“型腔铣”对话框中多出“显示所得的 IPW”图标，如图 8-36 所示。

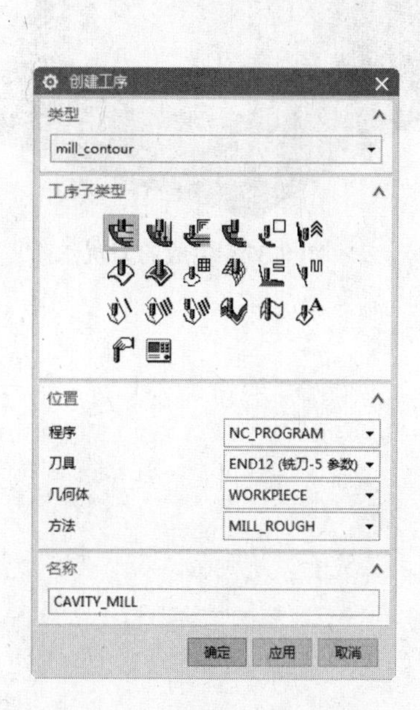

图 8-33　“创建工序”对话框

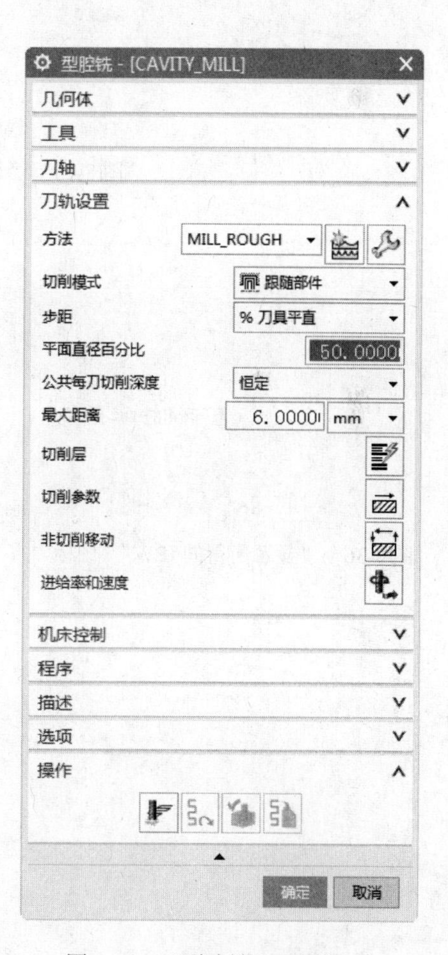

图 8-34　“型腔铣”对话框

5）进行完以上全部设置后，在“操作栏”中单击“生成”图标，生成刀轨，再单击“确认”图标，实现刀轨的可视化，可进行刀轨的动画演示和察看。最终生成的刀轨如图 8-37 所示。

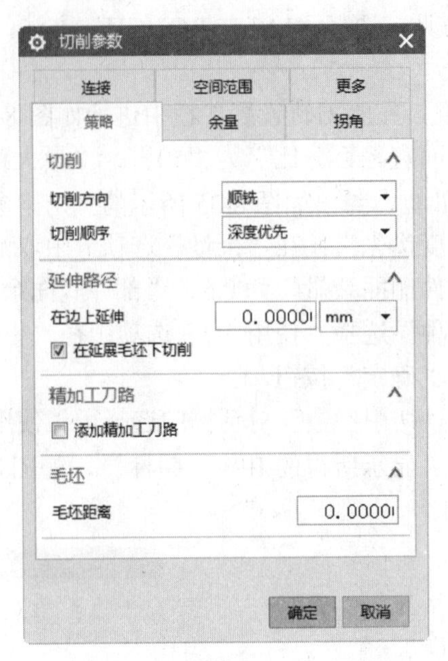

图 8-35 “切削参数”对话框

图 8-36 “显示所得的 IPW” 图标

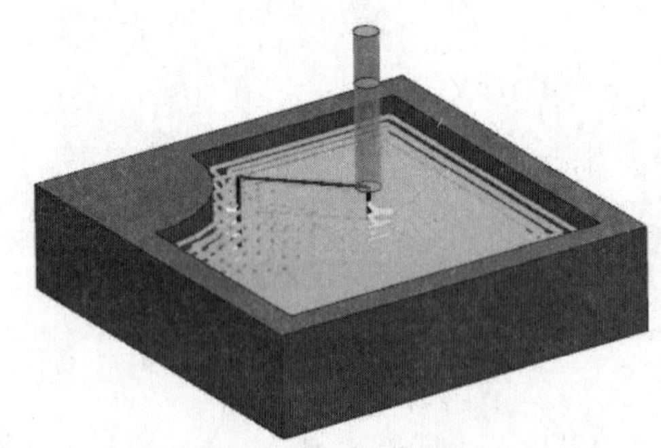

图 8-37 生成的刀轨

第9章 插铣和深度轮廓铣

“插铣”和“深度轮廓铣”是两种重要的铣削加工方法，适用于较深或较陡峭区域加工，可以高效地去除毛坯材料。

本章将介绍“插铣”和“深度轮廓铣”的基础理论知识以及 UG“插铣”和“深度轮廓铣”相关参数的设置方法和操作技巧。

内容要点

- 插铣
- 深度轮廓铣
- 深度轮廓铣加工实例

案例效果

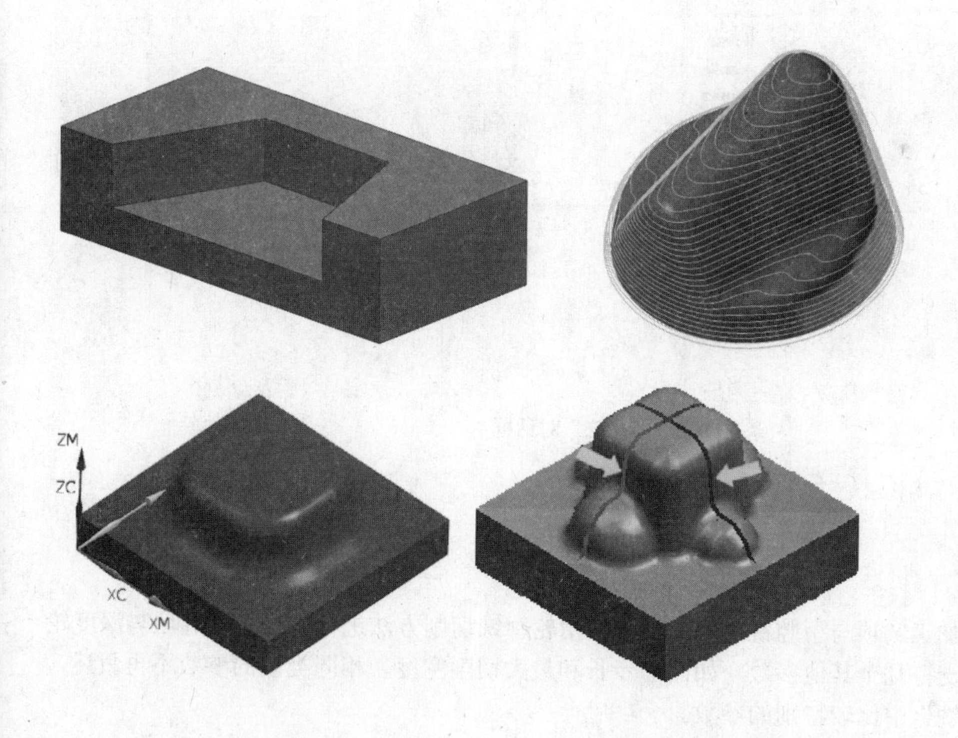

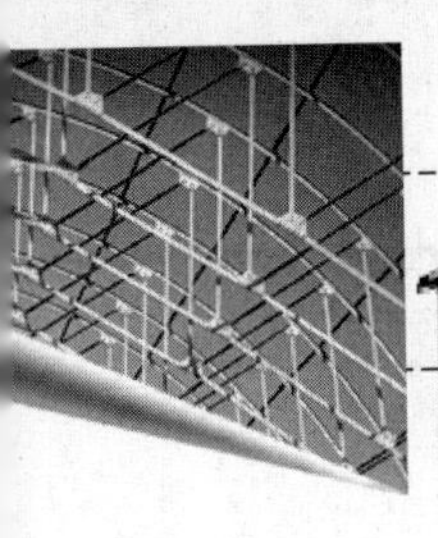

9.1 插铣

“插铣”是一种独特的铣操作，最适合于需要长刀具的较深区域中。连续插铣运动利用刀具沿 Z 轴移动时增加的刚度，可高效地切削掉大量的毛坯。径向力减小后，就可以使用细长的刀具并保持高的材料移除率。插铣使用狭长刀具装备，非常适合对难以到达的较深的壁进行精加工。使用插铣粗加工轮廓化的外形通常会留下较大的刀痕和台阶。在以下操作中使用处理中的工件，以便获得更一致的剩余余量。

在“创建工序”对话框中单击“插铣”图标，弹出“插铣”对话框，如图 9-1 所示。

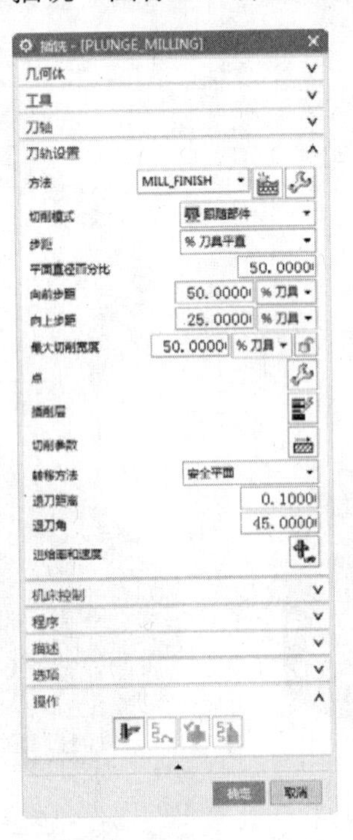

图 9-1 “插铣”对话框

9.1.1 操作参数

插铣操作的粗加工选项与型腔铣类似。插铣使用轮廓铣切削方法进行精加工，选项与深度轮廓铣操作类似，还支持几个其他参数，如向前步长和最大切削宽度。相同类型的参数不再叙述，这里主要讲解“插铣”中比较特别的参数。

1．插铣区域

大多数深度加工操作都是自上而下切削的。插铣在最深的插铣深度处开始，则每个连续的区域都将忽略先前的区域。

型腔有多个区域时，可将其分组，然后按顺序切削（自底向上）。图 9-2 所示为多个区域的切削顺序。

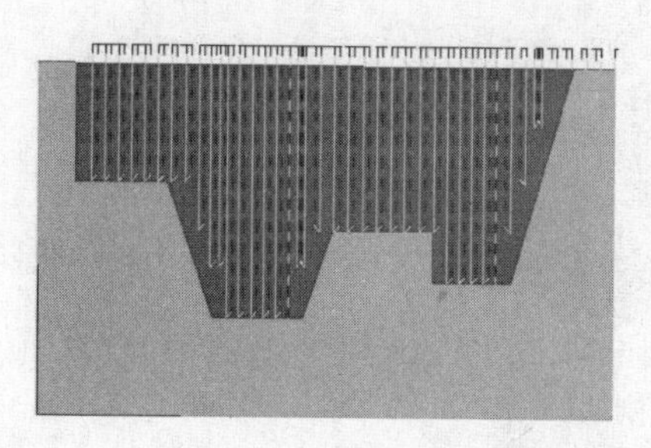

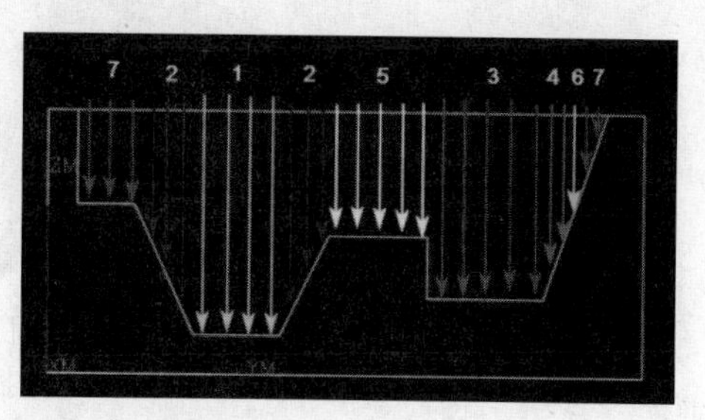

图 9-2　多个区域的切削顺序

2．向前步距和向上步距

“向前步距”和“向上步距”如图 9-3 所示。“向前步距”指定从一次插入到下一次插入向前移动的步长。需要时，系统会减小应用的向前步长，以使其在最大切削宽度值内。

对于非对中切削工况，横越步长距离或向前步长距离必须小于指定的最大切削宽度值。系统减小应用的向前步长，以使其在最大切削宽度值内。

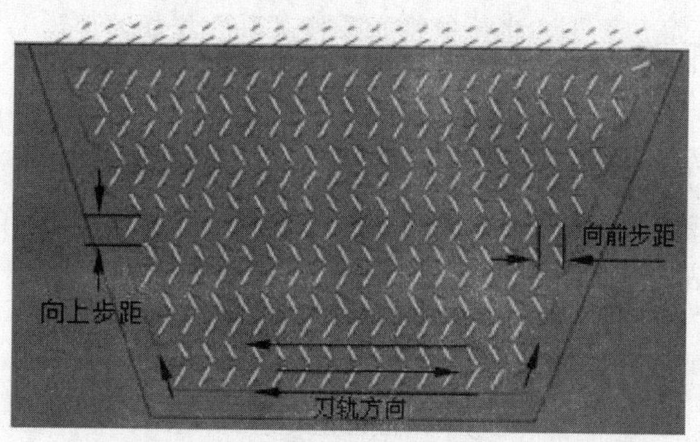

图 9-3　“向前步距”和“向上步距”

3．最大切削宽度

“最大切削宽度”是刀具可切削的最大宽度（俯视刀轴时）。这通常由刀具制造商根据刀片的尺寸来提供。如果“最大切削宽度”比刀具半径小，则刀具的底部中央位置会有一个未切削部分。此参数可确定插铣操作的刀具类型。“最大切削宽度”可以限制横越步长和向前步长，以便防止刀具的非切削部分插入实体材料中。

对于对中切削刀具，可将“最大切削宽度”设置为“50%刀具”或更高，以使切削量达到最大。 系统此时假定这是对中切削刀具，并且不检查以确定刀具的非切削部分与处理中的工件是否碰撞。

对于非对中切削刀具，将“最大切削宽度”设置为“50%刀具”以下。系统此时假定这是非对中切削刀具，并且使用最大切削宽度确定刀具的非切削部分是否与处理中的工件碰撞。

4．插削层

每个“插铣”操作均有单一的插入范围。使用“插削层”对话框可定义范围的顶层和底层。

“单个”根据部件、切削区域和毛坯几何体设置一个范围，如图 9-4 所示。

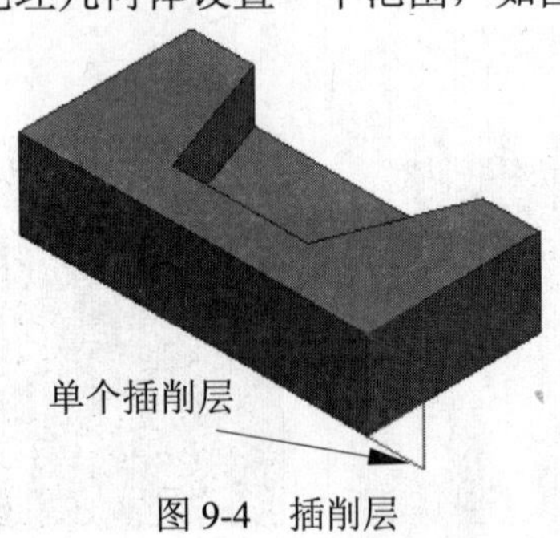

图 9-4 插削层

注意

- 只有两层：顶部和底部。
- 如果修改了其中的任何一层，则在下次处理该操作时系统将使用相同的值。如果使用默认值，它们将保留与部件和毛坯的关联性。
- 不能将顶层移至底层之下，也不能将底层移至顶层之上。

5．点

“预钻进刀点”允许刀具沿着刀轴下降到一个空腔中，刀具可以从此处开始进行腔体切削。区域起点决定了进刀的近似位置和步进方向。这两种方法都可指定用来确定切削层如何使用这些点的深度值。在“插铣”对话框中单击“点”图标，弹出如图 9-5 所示的“控制几何体”对话框，其中包含“预钻进刀点”和“切削区域起点”。

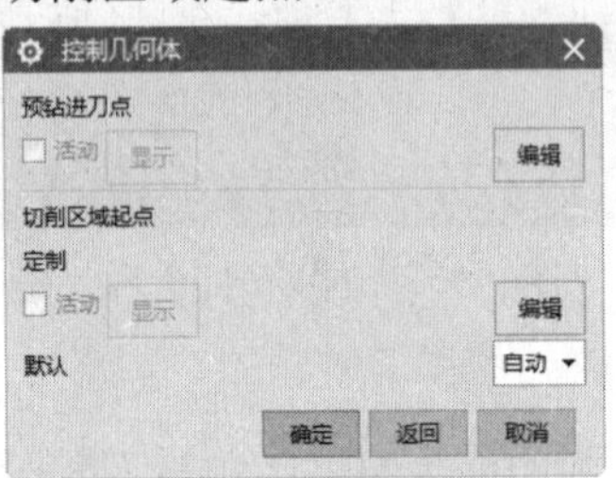

图 9-5 “控制几何体”对话框

（1）预钻进刀点 指定“毛坯”材料中先前钻好的孔内或其他空腔内的进刀位置。所定义的点沿着刀轴投影到用来定位刀具的“安全平面”上，然后刀具沿刀轴向下移动至空腔中，并直接移动到每个切削层上由处理器确定的起点。“预钻进刀点”不会应用到“轮廓驱动”切削类型和“标准驱动”切削类型。

如果指定了多个“预钻进刀点”，则使用此区域中距处理器确定的起点最近的点。只有在指定深度内向下移动到切削层时，刀具才使用预钻孔进刀点。一旦切削层超出了指定的深度，则处理器将不考虑“预钻进刀点”，并使用处理器决定的起点。只有在“进刀方法”设置为“自动”的情况下，“预钻进刀点”才是活动的。

“控制几何体”对话框“预钻进刀点”中的其他选项说明如下：

1）活动：表示刀具将使用指定的控制点进入材料。

2）显示：可高亮显示所有的控制点以及它们相关的点编号，作为临时屏幕显示，以供视觉参考。

3）编辑：可指定和删除“预钻进刀点”。“编辑”不能移动点或更改现有点的属性，必须“移除”现有的点并“附加”新的点。单击“编辑”按钮，将弹出如图 9-6 所示的“预钻进刀点”对话框。其中各选项说明如下：

- 附加：可一开始就指定点，也允许以后再添加点。
- 移除：可删除点，使用鼠标选择要移除的点。
- 点/圆弧：允许在现有的点或现有圆弧的中点指定“预钻孔进刀点”。
- 光标：可使用光标在 WCS 的 XC-YC 平面上表示点位置。
- 一般点：可用点构造器子功能来定义相关的或非关联的点。
- 深度：可输入一个值，该值可决定将使用“预钻进刀点”的切削层的范围。对于在指定“深度”处或指定“深度”以内的切削层，系统使用“预钻进刀点”。对于低于指定“深度”的层，系统不考虑使用“预钻进刀点”。通过输入一个足够大的“深度”值或将“深度”值保留为默认的零值可将“预钻进刀点”应用至所有的切削层。

系统沿着刀轴从顶层平面起测量深度，不管该平面是由最高的“部件”边界定义还是由“毛坯”边界定义，如图 9-7 所示。

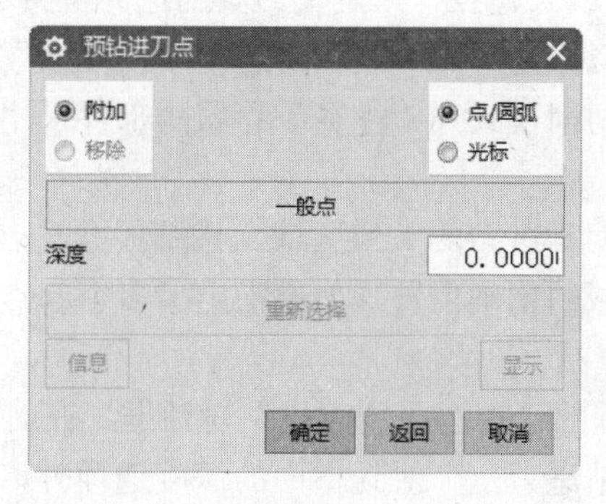

图 9-6　“预钻进刀点”对话框

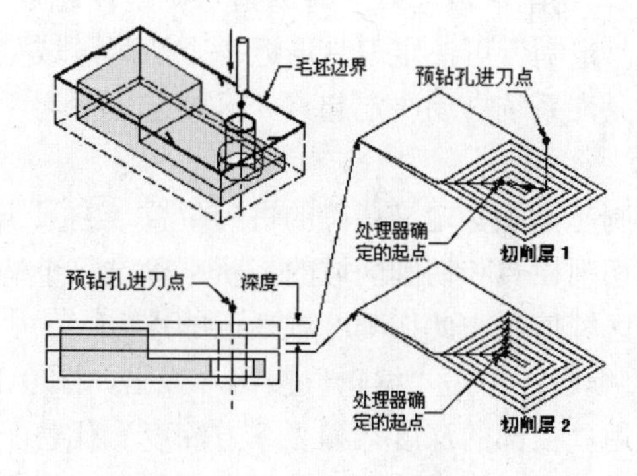

图 9-7　“深度”示意图

在图 9-7 中，“深度”从由“毛坯”边界定义的平面测量。“预钻孔进刀点”用于“切削层 1”，因为此切削层在指定的深度内。但是，“切削层 2”不使用“预钻孔进刀点”，因为此切削层低于指定的深度。实际上，“切削层 2”使用处理器确定的起点。应确保在指定点之前设置深度值，否则不能将深度值赋予“预钻进刀点”。

 **注意**

能编辑现有的“预钻孔进刀点”的“深度”。要指定新的深度，必须移除现有的点，然后将新的点附加到适当位置，同时确保在指定新点之前设置新的深度值。

使用预钻点的方法有两种：

1）自动生成“预钻进刀点”：

■ 创建和生成插铣操作。

■ 创建和生成钻孔操作。

■ 对钻孔操作重排序，将其放在铣操作之前。

2）手动指定“预钻进刀点”：可在图 9-5 所示的“控制几何体”对话框的“预钻进刀点”中单击“编辑”按钮，在弹出的如图 9-6 所示的“预钻进刀点”对话框中进行预钻点设置。

在“预钻进刀点”对话框中选择“附加”和“点/圆弧”后，单击“一般点”按钮将弹出“点”对话框，可进行点的指定。选择如图 9-8 中指定的点，返回到“预钻进刀点”对话框中后将激活“移除”和“光标”，可删除已有的预钻点。单击“确定”按钮，返回到“控制几何体”对话框，这时将激活“活动”选项，单击“显示”按钮，将对已有的预钻点进行编号显示，预钻点编号显示如图 9-9 所示。

图 9-8　选择的预钻点

图 9-9　预钻点编号显示

（2）切削区域起点　通过指定“定制起点”或“默认起点”来定义刀具的进刀位置和步进方向。“定制”可决定刀具逼近每个切削区域壁的近似位置，而“默认”选项（“标准”或“自动”）允许系统自动决定起点。区域起点适用于所有切削模式（“往复”“跟随部件”“轮廓”等）。

定制起点不必定义精确的进刀位置，它只需定义刀具进刀的大致区域。系统根据起点位置、指定的切削模式和切削区域的形状来确定每个切削区域的精确位置。如果指定了多个起点，则每个切削区域使用与此切削区域最近的点。

1）编辑：单击“编辑”按钮，弹出如图 9-10 所示的“切削区域起点”对话框。在对话框中除了使用“上部的深度”和“下方深度”代替了“预钻进刀点”对话框中的深度选项外，“切削区域起点”对话框中的所有编辑选项与在“预钻进刀点”中描述的“编辑”选项的功能完全一样。

“上部的深度”和“下方深度”可定义要使用“定制切削区域起点”的切削层的范围。只有在这两个深度上或介于这两个深度之间的切削层可以使用“定制切削区域起点”，如图 9-11 所示。如果“上部的深度”和“下部的深度”值都设置为零（默认情况），则“切削区域起点”应用至所有的层。位于“上部的深度”和“下方深度”范围之外的切削层使用“默认切削区域起点”。应确保在指定点之前设置深度值，否则不能将深度值赋予“切削区域起点”。

■ 上部的深度：用于指定使用当前定制“切削区域起点”深度的范围上限。深度沿着刀轴从最高层平面起测量，不管该平面是由“毛坯”边界定义还是由“部件”边界定义，如图 9-11 所示。“定制切削区域起点”不会用于“上部的深度”之上的切削层。

■ 下方深度：用于指定使用当前定制“切削区域起点”深度的范围下限。深度沿着刀轴从最高层平面起测量，不管该平面是由“毛坯”边界定义还是由“部件”边界定义，如图 9-11 所示。

定制“切削区域起点”不会用于“下方深度”之下的切削层。

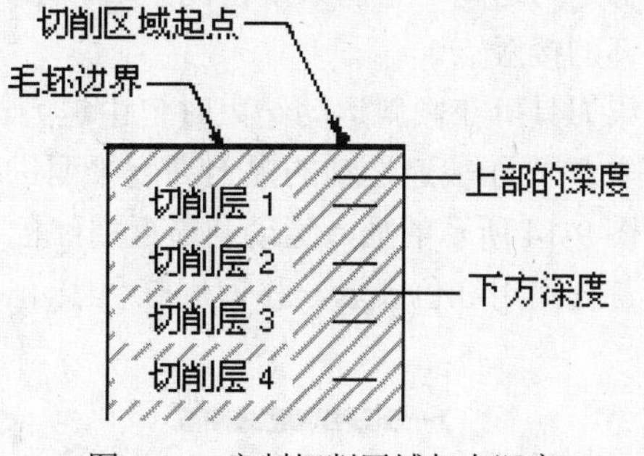

图 9-10　“切削区域起点”对话框　　图 9-11　定制切削区域起点深度

注意

不能编辑现有的定制“切削区域起点”的“深度”值。要指定新的“深度”值，必须移除现有的点，然后将新的点附加到适当位置，同时确保在指定新点之前设置新的“深度”值。

2）默认：可为系统指定两种方法之一，以自动决定“切削区域起点”。只有在没有定义任何定制“切削区域起点”时，系统才会使用“标准”或“自动”默认切削区域起点，并且这两个起点只能用于不在“上部的深度”和“下方深度”范围内的切削层。可以将“默认”选项设为以下两种选项之一：

- 标准：可建立与区域边界的起点尽可能接近的“切削区域起点”。边界的形状、切削模式和岛与腔体的位置可能会影响系统定位的“切削区域起点”与“边界起点”之间的接近程度。移动“边界起点”会影响“切削区域起点”的位置。例如，在图 9-12 中，移动“边界起点”会使刀具无法嵌入部件的拐角中。
- 自动：保证将在最不可能引起刀具进入材料的位置使刀具进刀至部件, 如图 9-13 所示。它可建立“切削区域”。

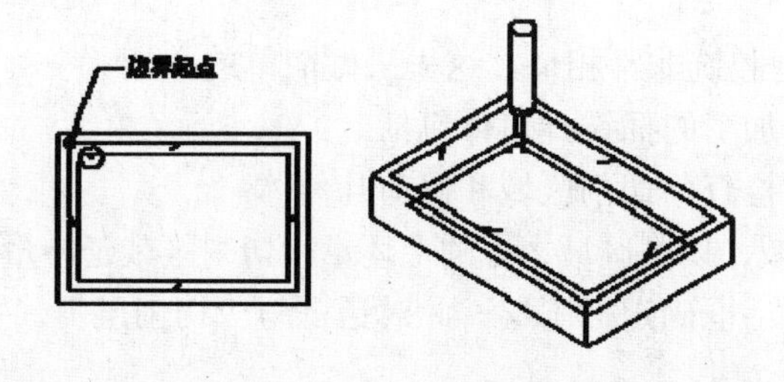

图 9-12　“标准”切削区域起点

6．进刀与退刀

（1）进刀　插铣有单一进刀和退刀运动。可指定毛坯以上的竖直进刀距离（沿刀轴），从安全平面/快速移动的提刀高度平面进行逼近移动，从毛坯之上的竖直安全距离沿刀轴进行进刀运

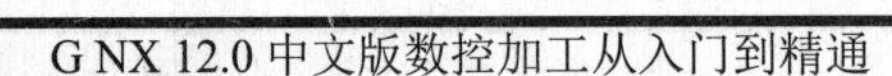

动。

（2）退刀　指定退刀距离和退刀角度。可沿通过指定的竖直退刀角和水平退刀角形成的 3D 矢量进行退刀运动，它由系统自动生成。水平退刀角使刀具远离由退刀距离指定的上次插入的刀具与毛坯的接触点。

如果刀具可在倾斜运动结束时自由退刀，可进行此退刀运动，从退刀运动的终点沿刀轴（Z 轴）向安全平面/快速运动的提刀高度平面进行分离运动。

如图 9-14 所示的插入运动，逼近用红色表示，进刀用黄色表示，切削用青色表示，退刀用白色表示，分离用红色表示，移刀用红色表示。

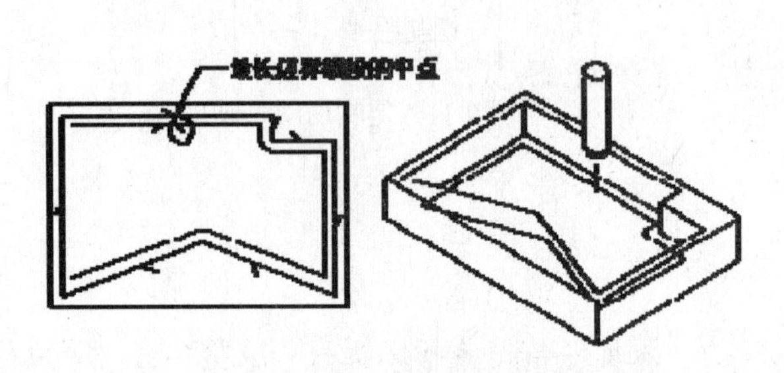

图 9-13　“自动”切削区域起点

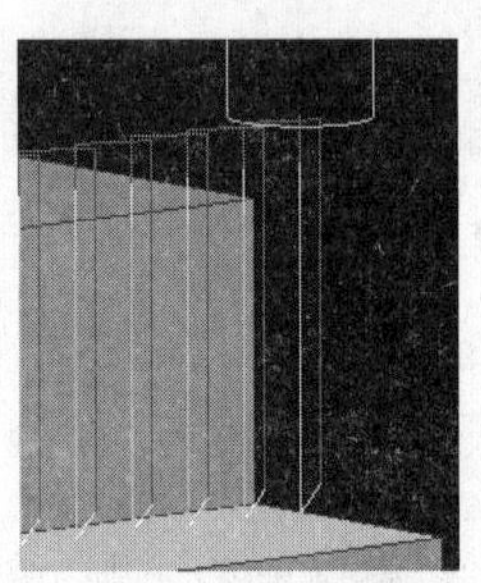

图 9-14　退刀示意图

（3）退刀角　在“插铣”对话框中的“退刀角”文本框中输入角度，确定退刀角。图 9-15a 所示为退刀角为 60°，图 9-15b 所示为退刀角为 30°，图中白色为退刀角方向。

a)退刀角为 60°

b)退刀角为 30°

图 9-15　退刀角

7．插铣粗加工

用于粗加工的插铣与型腔铣非常相似，这里只做简单的介绍。

（1）几何体　用于粗加工的插铣几何体包括：

1）支持部件、毛坯、检查、切削区域和修剪几何体。

2）使用指定的切削区域、切削区域之上的毛坯量和切削区域延伸量，以便确定要切削的量。

3）使用“插削层”对话框确定插削层，此对话框与“切削层”（单个范围）类似。

注意

毛坯不是粗加工操作所必需的。如果型腔是封闭的并且没有毛坯，则从假定的毛坯顶部开始插入。最好定义“毛坯几何体”，因为假定的毛坯可能无法反映加工意图。

（2）切削方法　用于粗加工时插铣的切削参数（摆线除外）与型腔铣的类似。此外，以下规则可用于“跟随部件”模式，以便优化用于粗加工的插铣刀轨。

1）自底向上切削区域标识可确保首先切削型腔底部的大部分区域。

2）在每个指定的区域中，一般跟随部件顺序是从远离部件壁处开始，然后向部件壁方向移动。

3）对于非对中切削刀具，插入点限制在当前切削层，这样就可确保刀具插铣的深度始终小于等于前一次插铣的深度。

8．插铣精加工

对于通过“插铣”进行的精加工，使用“轮廓铣”切削模式并指定“切削区域”几何体。

（1）轮廓　“插铣”所具有的精加工选项与“深度轮廓铣”的类似。以下规则适用于“轮廓铣”切削模式，以便优化插铣刀轨进行精加工：

1）忽略毛坯。

2）添加在边上延伸选项。

3）可以在单层内向上切削和向下切削。

（2）毛坯　“插铣”不使用毛坯几何体、处理中的工件和最小材料厚度进行精加工。它将忽略毛坯和几何体组中包括的 IPW 几何体。

（3）带拔模斜度的壁　“插铣”适用于对立壁进行精加工。对于通过“插铣”进行的精加工，可使用“轮廓铣”切削模式并指定切削区域几何体。对于带拔模斜度的壁，系统在不同的等高处创建插铣。

9.1.2 轻松动手学——插铣粗加工示例

对图 9-16 所示的待加工部件进行插铣操作。本示例只为说明插铣加工的操作方式，因此未给出“预钻孔点”。

1．创建毛坯

（1）选择“应用模块”选项卡 “设计”组中单击“建模”图标，进入建模环境。选择“菜单”→“格式”→“图层设置”命令，弹出“图层设置”对话框。新建工作图层 2，单击“关闭”按钮。

（2）选择“主页”选项卡→“特征”组→“拉伸”图标，弹出“拉伸”对话框，选择加工部件的底部 4 条边线为拉伸截面，指定矢量方向为“ZC”，输入开始距离为 0，输入结束距离为 50，其他采用默认设置，单击“确定”按钮，生成如图 9-17 所示的毛坯。

2．创建几何体

1）选择“应用模块”选项卡“加工”组中单击“加工”图标，进入加工环境。在上边框条中选择“几何视图”，单击“主页”选项卡“刀片”组中的“创建几何体”图标，弹出“创建几何体”对话框，在“类型”下拉列表框中选择“mill_contour”，在“几何体子类型”栏中选择“WORKPIECE”，在“几何体”下拉列表框中选择“MCS_MILL”，其他采用默认设置，如图 9-18 所示。单击“确定”按钮。

图 9-16 待加工部件

图 9-17 毛坯模型

2）弹出如图 9-19 所示的“工件”对话框。单击“选择或编辑部件几何体”按钮，选择如图 9-16 所示的部件。单击“选择或编辑毛坯几何体”按钮，选择如图 9-17 所示的毛坯。单击“确定”按钮。

图 9-18 “创建几何体”对话框

图 9-19 “工件”对话框

选择“菜单”→“格式”→“图层设置”命令，弹出如图 9-20 所示的“图层设置”对话框。选择图层 1 为工作图层，并取消图层 2 的勾选，隐藏毛坯，单击“关闭”按钮。

3．创建刀具

1）选择“主页”选项卡→“刀片”组→“创建刀具”图标，弹出如图 9-21 所示的“创建刀具”对话框，选择“mill_contour”类型，选择“MILL”刀具子类型，输入名称为“END12”，其他采用默认设置，单击“确定”按钮。

2）弹出如图 9-22 所示的“铣刀-5 参数”对话框，输入直径为 12，其他采用默认设置，单击“确定”按钮。

4．创建工序

1）选择“主页”选项卡→“刀片”组→“创建工序”图标，弹出如图 9-23 所示的“创建工序”对话框，选择“mill_contour”类型，在“工序子类型”中选择“插铣”，选择“WORKPIECE”几何体，选择刀具为“END12”，方法为“MILL_ROUGH”，其他采用默认设置，单击“确定”

按钮。

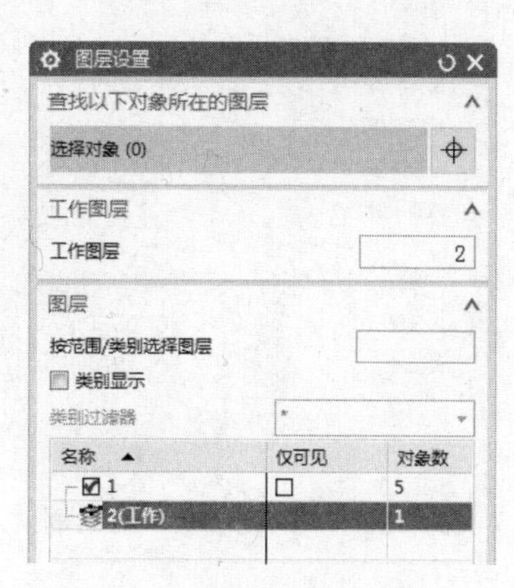

图 9-20 “图层设置”对话框

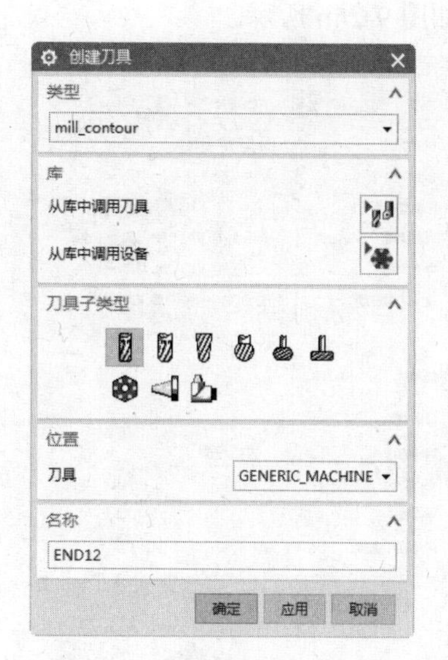

图 9-21 “创建刀具”对话框

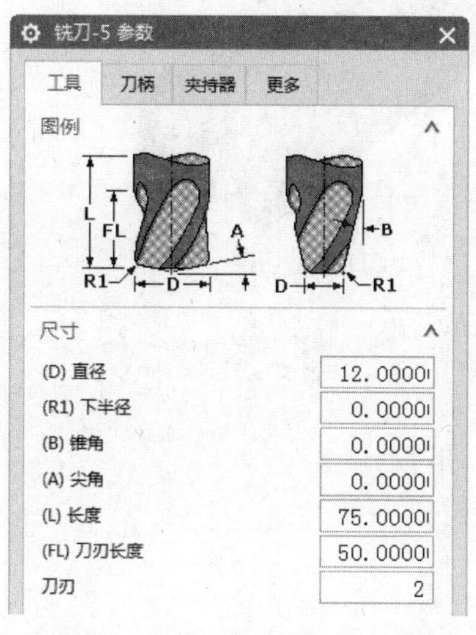

图 9-22 “铣刀-5 参数”对话框

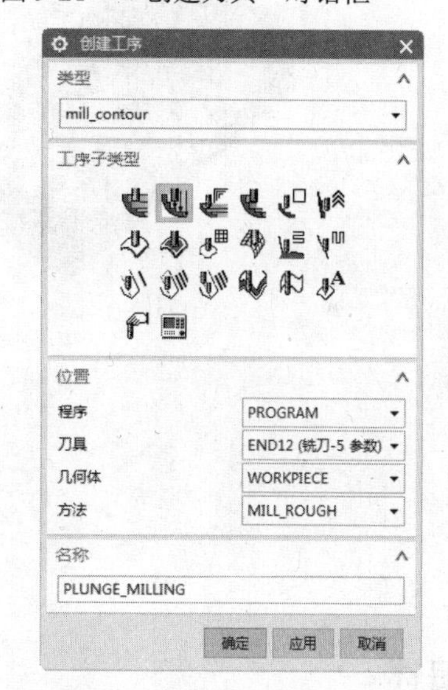

图 9-23 “创建工序”对话框

2）弹出“插销”对话框。在“刀轨设置”栏中“切削模式”选择“跟随部件”，设置“平面直径百分比”为 50、“向前步距”为“50%刀具”、“向上步距”为“25%”、“最大切削宽度”为“50%刀具”、“转移方法”为“安全平面”、“退刀距离”为 5、“退刀角”为 45，如图 9-24 所示。

3）单击“切削参数”按钮，弹出如图 9-25 所示的“切削参数”对话框，在“余量”选项卡中选中“使底面余量和侧面余量一致”复选框，设置“部件侧面余量”为 1；在“连接”选项卡中设置开放刀路为“保持切削方向”，其余保持默认设置。单击“确定”按钮。

4）在“操作”栏中单击“生成”和“确认”按钮，生成如图 9-26 所示的刀轨，3D 动态切削图如图 9-26b 所示。

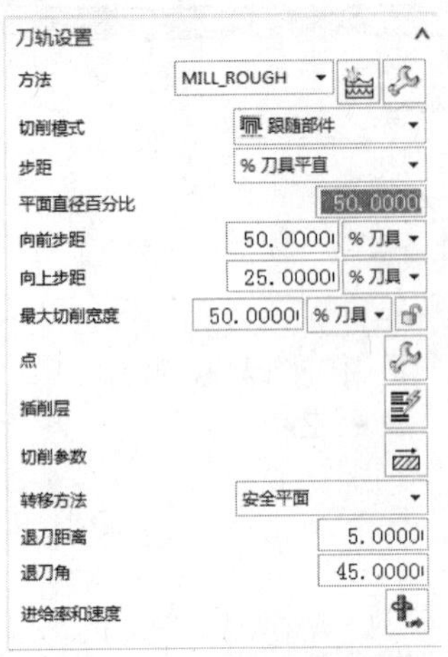

图 9-24 “刀轨设置”栏

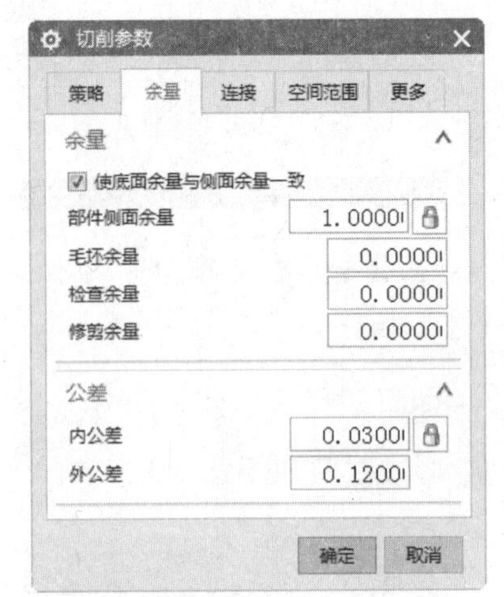

图 9-25 “切削参数”对话框

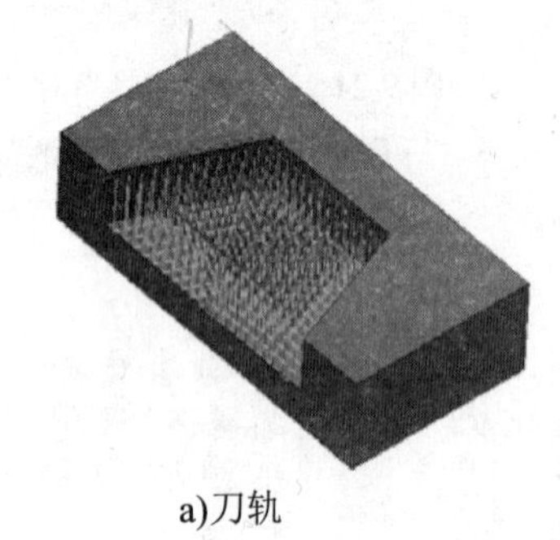

a)刀轨

b)3D 动态切削

图 9-26 生成的刀轨

9.2 深度轮廓铣

9.2.1 概述

“深度轮廓铣”是一个固定轴铣削模块，其设计目的是对多个切削层中的实体/面建模的部件进行轮廓铣。使用此模块只能切削部件或整个部件的陡峭区域。除了部件几何体，还可以将切削区域几何体指定为部件几何体的子集以限制要切削的区域。如果没有定义任何切削区域几何体，则系统将整个部件几何体当作切削区域。在生成刀轨的过程中，处理器将跟踪该几何体，检测部件几何体的陡峭区域，对跟踪形状进行排序，识别要加工的切削区域，并在不过切部件的情况下对所有切削层中的这些区域进行切削。

1．代替型腔铣

许多定义的“深度轮廓铣”参数与“型腔铣”操作中所需的参数相同。在有些情况中，使用

“轮廓铣”切削方式的“型腔铣”可以生成类似的刀轨。由于“深度轮廓铣”是为半精加工和精加工而设计的，因此使用“深度轮廓铣”代替“型腔铣”会有以下优点：

- ■ 不需要毛坯几何体。
- ■ 将使用在操作中选择的或从“mill_area”中继承的切削。
- ■ 区域。
- ■ 可以从“mill_area”组中继承裁剪边界。
- ■ 具有陡峭包容。
- ■ 当切削深度优先时按形状进行排序，而“型腔铣”按区域进行排序。这意味着先切削完一个岛部件形状上的所有层，才移至下一个岛。
- ■ 在闭合形状上可以通过直接斜削到部件上在层之间移动，从而创建螺旋状刀轨。
- ■ 在开放形状上可以交替方向进行切削，从而沿着壁向下创建往复运动。

2．高速加工

“深度轮廓铣”用于在陡峭壁上保持将近恒定的残余波峰高度和切屑载荷，对“高速加工”尤其有效：

- ■ 可以保持陡峭壁上的残余波峰高度。
- ■ 可以在一个操作中切削多个层。
- ■ 可以在一个操作中切削多个特征（区域）。
- ■ 可以对薄壁工件按层（水线）进行切削。
- ■ 在各个层中可以广泛使用线形、圆形和螺旋形进刀方式。
- ■ 可以使刀具与材料保持恒定接触。
- ■ 可以通过对陡峭壁使用“Z 级切削”来进行精加工。

“深度轮廓铣”对“高速加工”有效的原因是可在不抬刀的情况下切削整个区域。可通过使用以下方法来完成此操作：层到层；混合切削方向。

9.2.2 创建工序方法

选择“主页”选项卡→“刀片”组→“创建工序”图标，弹出如图9-27所示的“创建工序”对话框，在“工序子类型”中选择“深度轮廓铣”，然后单击“确定”按钮，将弹出如图9-28所示的“深度轮廓铣”对话框。

在“深度轮廓铣”对话框中可以对加工的几何体、工具、切削层、切削参数、非切削移动以及进给率和速度等进行设置，可以生成和播放刀轨并进行过切等检查。

（1）几何体　“深度轮廓铣”使用与“固定轮廓铣”中的“区域铣削”相同的几何体类型，主要有：

1）部件几何体：由切削后表示“部件”的实体和面组成。

2）切削区域几何体：表示部件几何体上要加工的区域。它可以是部件几何体的子集，也可以是整个部件几何体。

3）检查几何体：由表示夹具的实体和面组成。

4）修剪几何体：由表示要修剪的边的闭合边界组成。所有修剪边界的刀具位置都为“在上面”。

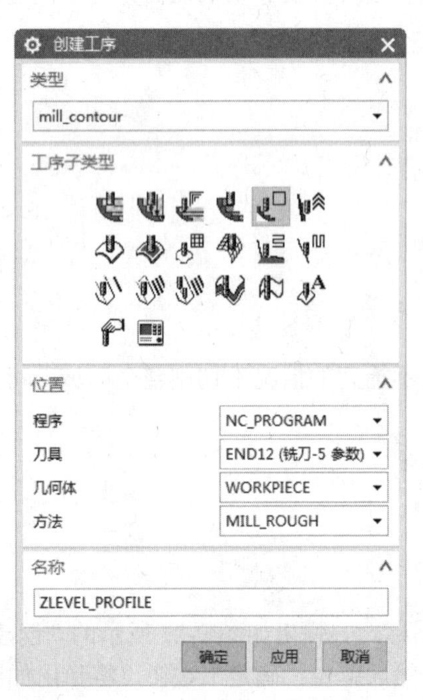

图 9-27 “创建工序”对话框

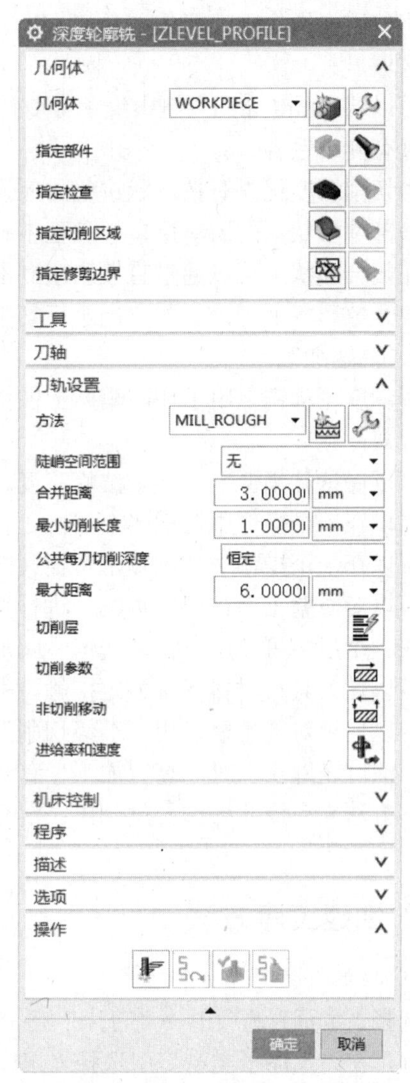

图 9-28 “深度轮廓铣”对话框

（2）刀轨设置

1）方法：主要有“METHOD”“MILL_FINISH”“MILL_ROUGH”“MILL_SEMI_FINISH”“NONE”等几种，由于“深度轮廓铣”主要用在精加工和半精加工中，因此“MILL_FINISH”与“MILL_SEMI_FINISH”的应用较多，当已有的加工方法不能满足加工要求时，可以通过“创建方法”创建新的加工方法。

2）陡峭空间范围：有“无”和“仅陡峭的”两个选项。如果选择“无”生成刀轨，由于此方法不采用平坦区域和陡峭区域的识别，在零件上生成刀轨的横距（Stepover）是均匀的，故导致在陡峭区域的残余量较大。为了使残余量均匀，须对陡峭区域进行补加工。UG/CAM 系统根据陡角以及切削方向判断陡峭区域，刀轨只在沿着切削方向的陡峭区域上生成，一般用于陡峭区域较小的地方。如果选择“仅陡峭的”生成刀轨，将根据设定的陡角判断平坦区域和陡峭区域并在平坦区域生成刀轨，然后采用等高铣加工陡峭区域，使整个区域得到加工，并且残余量均匀。该选项一般用于陡峭区域较大的地方。

3）合并距离：用于通过切削运动来消除刀轨中小的不连续性或不希望出现的缝隙。在“合并距离”选项右边的编辑框中输入具体的数值，即确定了不连续性或不希望出现的缝隙的上限值。

4）最小切削长度：在“最小切削长度”选项右边的编辑框中输入具体的数值，可限制系统生成小于此值的切削移动。

5）公共每刀切削深度：在该选项右边的编辑框中输入具体的数值，可确定切削移动每刀的切削深度。

6）切削参数：在“深度轮廓铣”对话框中单击“切削参数”按钮，将打开如图 9-29 所示的“切削参数”对话框，在该对话框中可以对切削方向、部件余量、公差、连接、毛坯、安全间距等进行设置。

7）进给率和速度：在“深度轮廓铣”对话框中单击“进给率和速度”按钮，将打开如图 9-30 所示的“进给率和速度”对话框，在该对话框中可以对主轴速度和进给率等进行设置。

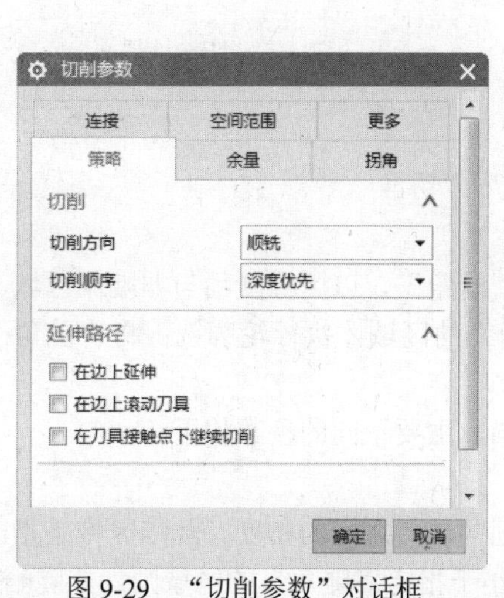

图 9-29 “切削参数”对话框

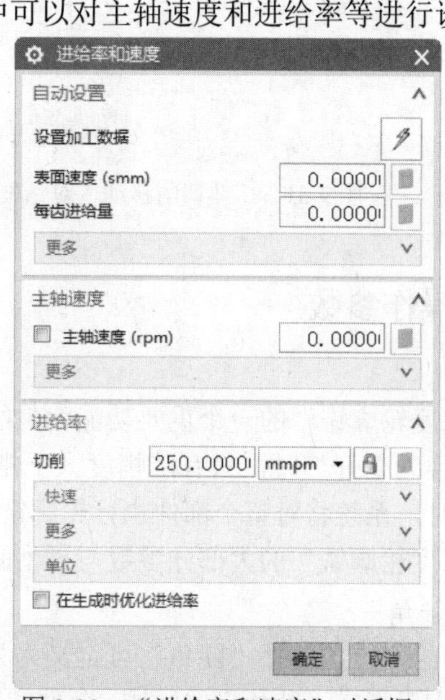

图 9-30 “进给率和速度”对话框

8）非切削移动：在“深度轮廓铣”对话框中单击“非切削移动”按钮，将打开如图 9-31 所示的“非切削移动”对话框，在该对话框中可以对进刀类型、斜坡角度和高度、退刀类型、区域内和区域间的传递类型、开始点等进行设置。

（3）机床控制 “深度轮廓铣”对话框中的“机床控制”栏如图 9-32 所示。单击图标，可以从已存在的开始事件和结束事件的后处理命令中挑选所需的命令，并复制到当前操作中。另外，可以单击图标，可编辑建立开始事件或结束事件。

图 9-31 “非切削移动”对话框

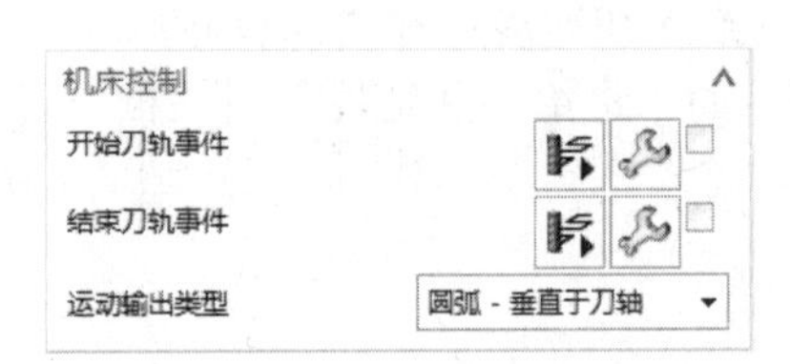

图 9-32 “机床控制”栏

9.2.3 操作参数

“深度轮廓铣”的一个重要功能就是能够指定“陡角”，以区分陡峭与非陡峭区域。将“陡角”切换为“开”时，只有陡峭度大于指定“陡角”的区域才执行轮廓铣；将“陡角”切换为“关”时，系统将对整个部件执行轮廓铣。

“深度轮廓铣”的大部分参数与“型腔铣”相同，主要不同的参数如下。

1．陡角

任何给定点的部件“陡角”可定义为刀具轴和面的法向之间的角度。陡峭区域是指部件的陡峭角度大于指定“陡角”的区域，部件的陡峭角度小于指定“陡角”的区域则为非陡峭区域。将“陡角”切换为“开”时，只有陡峭角度大于或等于指定“陡角”的部件区域才可进行切削；将“陡角”切换为“关”时，系统将对部件（由部件几何体和任何限定的切削区域几何体来定义）进行切削。

2．合并距离

“合并距离”能够通过连接不连贯的切削运动来消除刀轨中小的不连续性或不希望出现的缝隙。这些不连续性发生在刀具从“工件”表面退刀的位置，有时由表面间的缝隙引起，或者当工件表面的陡峭度与指定的“陡角”非常接近时由工件表面陡峭度的微小变化引起。输入的值决定了连接切削移动的端点时刀具要跨过的距离。

3．切削顺序

“深度轮廓铣”与按切削区域排列切削轨迹的“型腔铣”不同，它是按形状排列切削轨迹的，可以按“深度优先”对形状执行轮廓铣，也可以按“层优先”对形状执行轮廓铣。在前者中，每个形状（如岛屿）是在开始对下一个形状执行轮廓铣之前完成轮廓铣的；在后者中，所有形状都是在特定层中执行轮廓铣的，之后切削下一层中的各个形状。

4．避让

系统可从几何体组中继承安全平面和下限平面，这样可以在同一安全平面中执行某些操作。如果以避让方式指定安全平面，则继承将会关闭。如果想在几何体组中使用该平面，则需要转至继承列表并重新打开继承。

5．确定最高和最低范围

对于“深度轮廓铣”，如果未定义“切削区域”，最高范围的默认上限和最低范围的默认下限将根据部件几何体的顶部和底部来确定；如果定义了“切削区域”，它们将根据切削区域的最高点和最低点来确定。

9.2.4 切削参数

“深度轮廓加工”操作的大部分参数与平面铣和型腔铣的切屑参数相同。下面就“深度轮廓铣”操作中比较重要的切削参数进行说明。

1．层到层

“层到层”是一个特定于“深度轮廓铣”的切削参数。使用“层到层”的“直削”和“斜削”选项可确定刀具从一层到下一层的放置方式，它可切削所有的层而无须抬刀至安全平面。在“切削参数”对话框中单击“连接”选项卡标签，弹出如图 9-33 所示的“连接”选项卡，“层到层”共有 4 个选项。

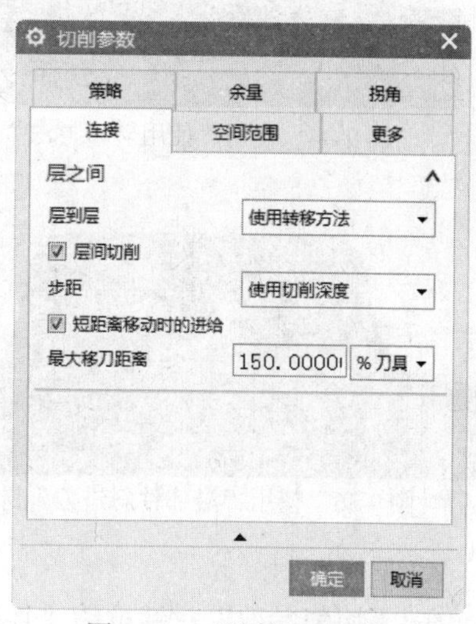

图 9-33　“连接”选项卡

如果加工的是开放区域，则在“层到层”下拉菜单中的最后两个选项（沿部件斜进刀、沿部件交叉斜进刀）都将变灰。

（1）使用转移方法　该选项使用在“进刀/退刀”对话框中所指定的信息。在图 9-34 中刀具在完成每个刀路后都抬刀至安全平面。

（2）直接对部件进刀 “直接对部件进刀”将跟随部件，与步进运动相似。使用切削区域的起点来定位这些运动，如图 9-35 所示。“直接对部件进刀”与使用直接的转移方式并不相同。“直接对部件进刀”是一种直线快速运动，不执行过切或碰撞检查。

（3）沿部件斜进刀 “沿部件斜进刀”将跟随部件，从一个切削层到下一个切削层，斜削角度为“进刀和退刀”参数中指定的斜角，如图 9-36 所示。这种切削具有更恒定的切削深度和残余波峰，并且能在部件顶部和底部生成完整刀路。

提示：请使用切削区域的起点来定位这些斜削。

（4）沿部件交叉斜进刀 “沿部件交叉斜进刀”与部件斜削相似，不同的是在斜削进下一层之前完成每个刀路，如图 9-37 所示。

图 9-34 使用“使用转移方法”选项

图 9-35 使用“直接对部件进刀”选项

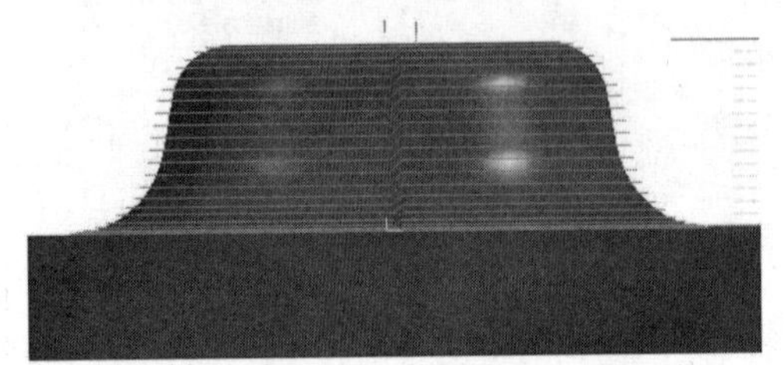

图 9-36 使用“沿部件斜进刀”选项

图 9-37 使用“沿部件交叉斜进刀”选项

2．层间切削

在 “切削参数”对话框的“连接”选项卡中选中该选项，可在“深度轮廓铣”加工中的切削层间存在间隙时创建额外的切削，对精加工非常有用。

“层间切削”优点：

1）可消除在标准“层到层”加工操作中留在浅区域中的大残余波峰，无须为非陡峭区域创建单独的区域铣削操作，也无须使用非常小的切削深度来控制非陡峭区域中的残余波峰。

2）可消除因在含有大残余波峰的区域中快速载入和卸载刀具而产生的刀具磨损甚至破裂。当用于半精加工时，该操作可生成更多的均匀余量。当用于精加工时，退刀和进刀的次数更少，并且表面精加工更连贯。

图 9-38 所示为使用“层间切削”与否对刀轨的影响。其中，图 9-38a 中包含有大间隙的浅区域，图 9-38b 所示为由“层间切削”生成的附加间隙刀轨。

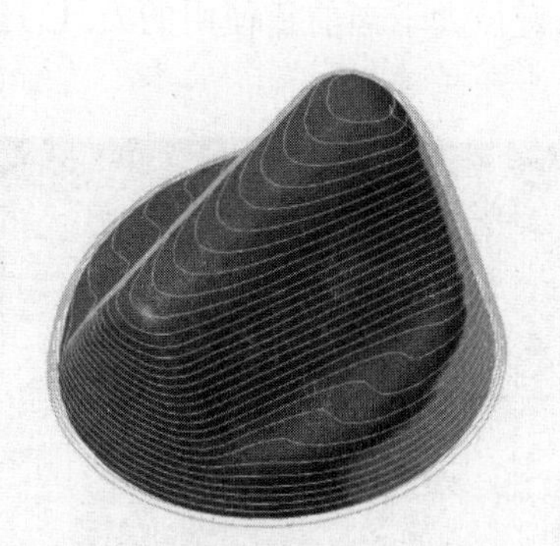

a)不使用“层间切削”

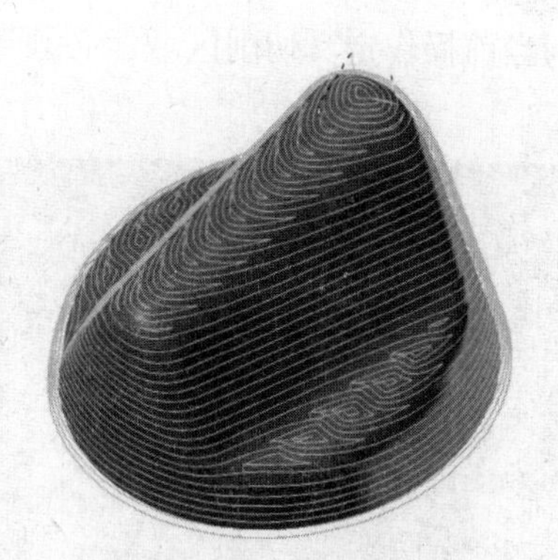

b)使用“层间切削”

图9-38 使用“层间切削”与否对刀轨的影响

“层间切削”选项包括：

1）步距：这是加工间隙区域时所使用的步距。在图9-33所示的“连接”选项卡中打开“步距”右边的下拉列表框，里面列出了可进行步距设置的4个选项：“使用切削深度”“恒定”“残余高度”“%刀具”。

2）“使用切削深度”选项：“使用切削深度”选项是默认选项。步距将与当前切削范围的切削深度相匹配。可指定步进距离来进一步控制这些区域中的残余波峰高度。

由于每个切削层范围可以有不同的切削深度，因此如果指定了“使用切削深度”，则该深度所在的范围可确定该间隙区域的步距。如果间隙区域跨越了一些没有定义切削层的范围，则间隙区域将使用跨越范围的最小切削深度。

3）“恒定”“残余高度”及“%刀具”等选项可以参考型腔铣。

3．最大移刀距离

指定不切削时希望刀具沿工件进给的最长距离。当系统需要连接不同的切削区域时，如果这些区域之间的距离小于此值，则刀具将沿工件进给。如果该距离大于此值，则系统将使用当前转移方式来退刀、移刀并进刀至下一位置。此值可指定为距离或刀具直径的百分比。

在“连接”选项卡中选中“短距离移动时的进给”，将激活“最大移刀距离”，在右边的下拉列表框中有两个选项共选择单位：mm、%刀具。在左边的文本框中输入具体的数值，确定最大移刀距离。图9-39a所示为未选“短距离移动时的进给”的局部切削刀轨，图9-39b所示为选中“短距离移动时的进给”且“最大移刀距离”为5mm时的局部切削刀轨。

4．参考刀具

“深度轮廓铣”参考刀具可用于“深度加工拐角铣”进行拐角精铣，如图9-40所示。这种切削与“深度轮廓铣”操作相似，但仅限于上一刀具无法加工（由于刀具直径和拐角半径的原因）的拐角区域。

如果是刀具拐角半径的原因，则材料会剩余在壁和底面之间；如果是刀具直径的原因，则材料会剩余在壁之间。这种切削仅限于这些拐角区域。

“参考刀具”通常是先前用来粗加工区域的刀具。系统将计算由指定的参考刀具留下的剩余

材料，然后为当前操作定义切削区域。必须选择一个直径大于当前正使用的刀具直径的刀具。

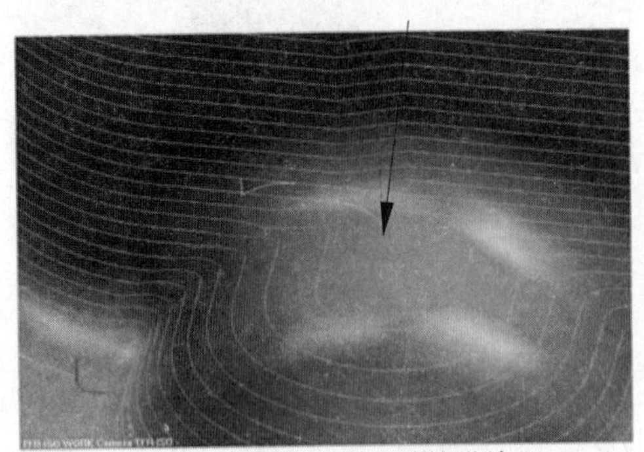
a) 未选“短距离移动时的进给”

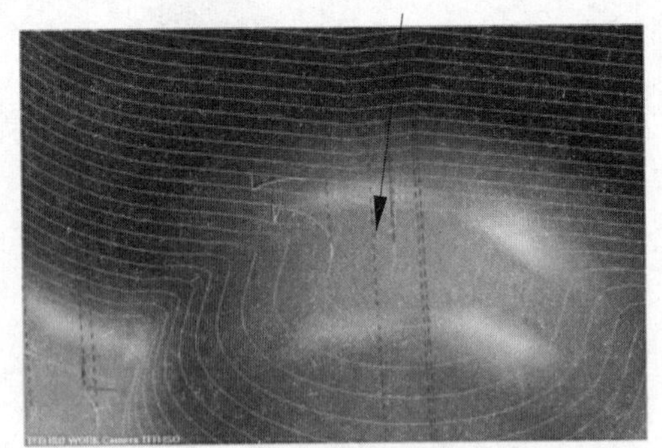
b) 选取“短距离移动时的进给”

图 9-39 “最大移刀距离”示意图

5．切削顺序

与按切削区域排列切削跟踪的型腔铣不同，深度轮廓铣按形状排列切削跟踪。可以按“深度优先”对形状执行轮廓铣，也可以按“层优先”对形状执行轮廓铣。在“深度优先”中，每个形状（如岛）是在开始对下一个形状执行轮廓铣之前完成轮廓铣的，如图 9-41a 所示；在“层优先”中，所有形状都是在特定层中执行轮廓铣的，之后切削下一层中的各个形状，图 9-41b 所示。

图 9-40 使用参考刀具的“深度轮廓铣”

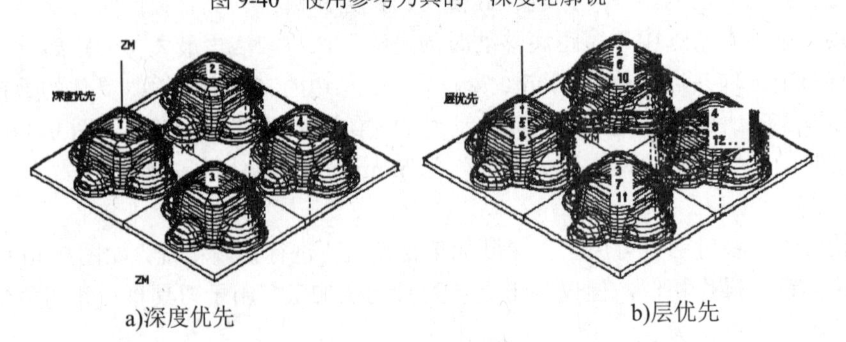

a)深度优先

b)层优先

图 9-41 切削顺序

9.2.5 轻松动手学——优化示例

“深度轮廓铣”操作在接近垂直的切削区域能够创建比较好的表面精度，但是在比较平缓的区域，相邻刀轨分布距离会产生较大的残余高度。

在“加工”环境里打开如图 9-42 所示的待优化零件模型。

1．创建刀具

1）选择“主页”选项卡→“刀片”组→“创建刀具”图标，弹出“创建刀具”对话框，选择“mill_contour”类型，选择“MILL”刀具子类型，输入名称为“END.25”，其他采用默认设置，单击“确定”按钮。

2）弹出“铣刀-5 参数”对话框，输入“直径”为“0.25 in”、“下半径”为“0.125 in”，其他采用默认设置，单击“确定”按钮。

2．创建工序

1）选择“主页”选项卡→“刀片”组→“创建工序”图标，弹出“创建工序”对话框，选择“mill_contour”类型，在“工序子类型”中选择“深度轮廓铣”，选择“WORKPIECE”几何体，选择“END.25”刀具，选择“MILL_FINISH”方法，其他采用默认设置，单击“确定”按钮。

2）弹出“深度轮廓铣”对话框。单击“选择或编辑部件几何体”按钮，弹出“部件几何体”对话框，选择如图 9-42 所示的待优化零部件。单击“选择或编辑铣削几何体”按钮，弹出如图 9-43 所示的“切削区域”对话框，选择如图 9-44 所示的切削区域，单击“确定”按钮。

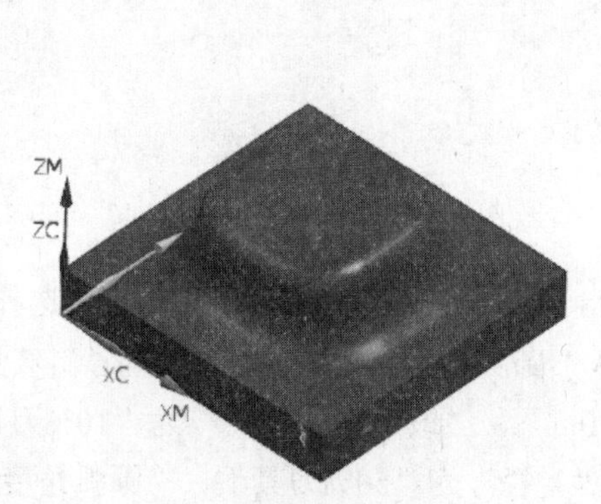

图 9-42　待优化零件模型

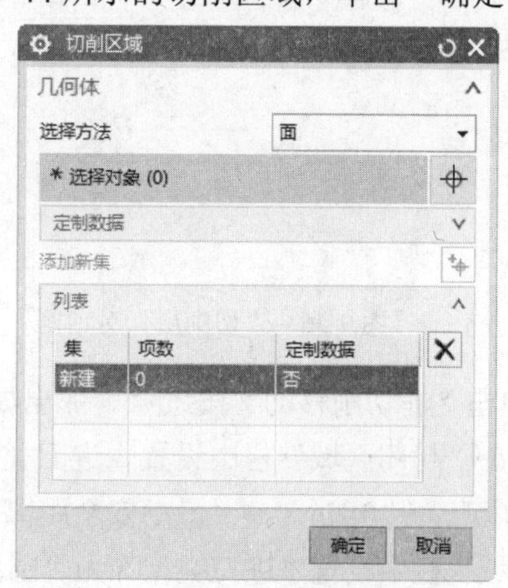

图 9-43　“切削区域”对话框

3）在“刀轨设置”栏中设置“合并距离”为“0.1in”、“最小切削长度”为“30%刀具”、“最大距离”为“0.1 in”，如图 9-45 所示。

4）单击“切削层”按钮，弹出如图 9-46 所示的“切削层”对话框，“切削层”选择“恒定”，单击“确定”按钮。

图 9-44　选择切削区域

图 9-45　“刀轨设置”栏

5）单击“切削参数”按钮，弹出如图 9-47 所示“切削参数”对话框，在“连接”选项卡中“层到层”选择“沿部件斜进刀”，单击“确定”按钮。

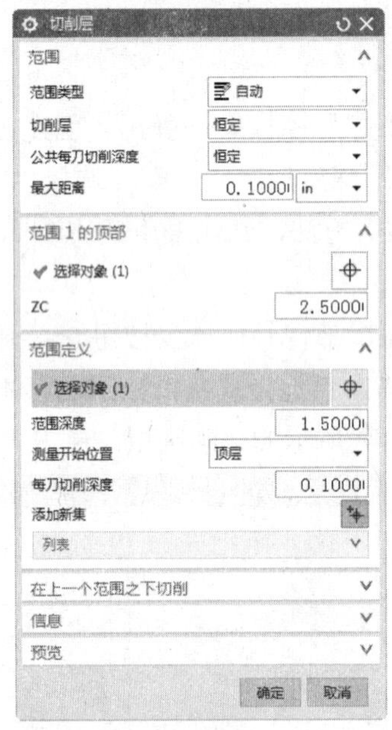

图 9-46　“切削层”对话框

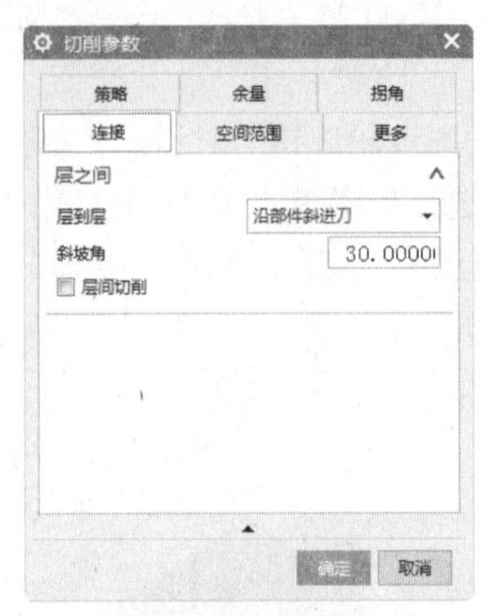

图 9-47　“切削参数”对话框

6）单击“非切削移动”按钮，弹出如图 9-48 所示的“非切削移动”对话框。选择“进刀”选项卡，在“封闭区域”栏中设置“进刀类型”为“沿形状斜进刀”，设置设置“斜坡角度”为30、“高度”为“0.1in”、“最小安全距离”为“0in”、“最小斜坡长度”为“10%刀具”；在“开放区域”栏中设置“进刀类型”为“圆弧”、“半径”为“50%刀具”、“圆弧角度”为 90、“高度”为“0.1in”、“最小安全距离”为“50%刀具”。在“起点/钻点”选项卡中设置“重叠距离”为“0.2in”，其他采用默认设置，单击“确定”按钮。

7）在“操作”栏中单击“生成”图标，生成刀轨，图 9-49 所示。可以看到，在非陡峭区与陡峭区之间刀轨分布不均。

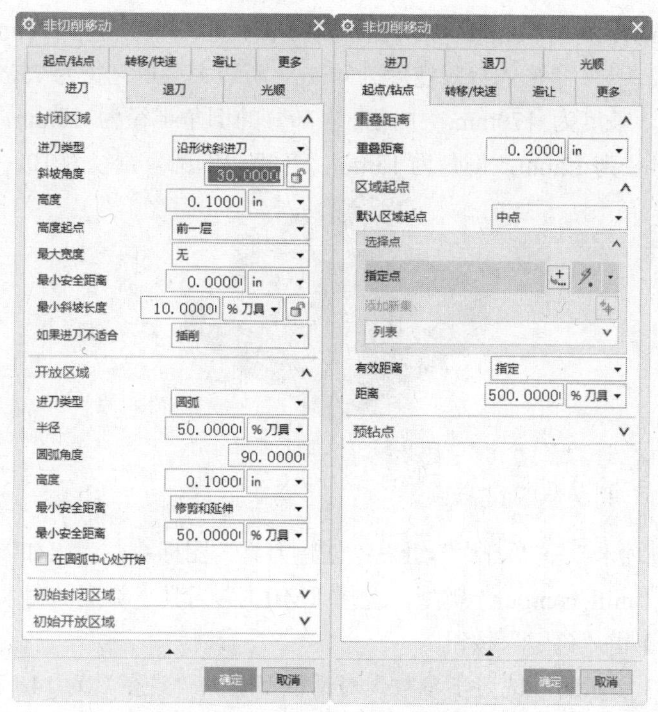

图 9-48　“非切削移动”对话框

8）在图 9-46 所示的“切削层”对话框中，“切削层”选择“最优化”，单击“确定”按钮，返回到“深度轮廓铣”对话框中。其余设置保持不变。

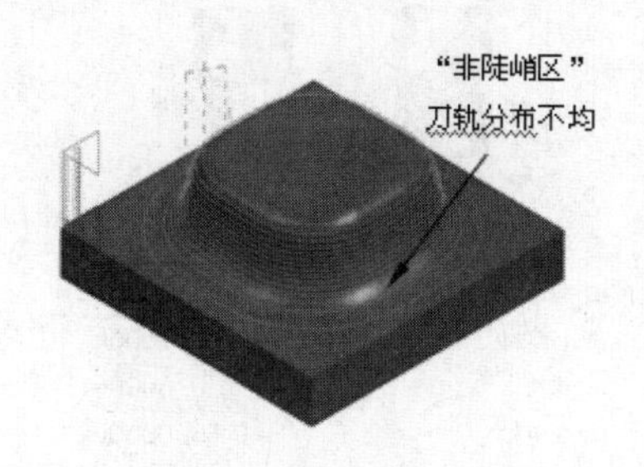

图 9-49　优化前刀轨分布图

图 9-50　优化后刀轨分布图

9）在“深度轮廓铣”对话框中，单击“生成”图标，生成刀轨，如图 9-50 所示。可以看到，在陡峭区和非陡峭区之间刀轨分布得比较均匀。

9.3 深度轮廓铣加工示例

打开下载的源文件中的相应文件，待加工部件如图 9-51 所示，其主要尺寸如下：底座的长为 200mm、宽为 200mm、高为 50mm，中间凸出部分长、宽、高分别为 100mm、100mm、80mm，拔模角为 5°，中间成“十”字形的缝隙宽度为 4mm，两边大弓形直径为 75mm，长度为 170mm，小弓形直径为 50mm，长度为 170mm。中间凸出部分的倒角半径为 10mm，两边大弓形倒角为 30mm，两边小弓形半径为 12mm，倒角为 15mm，各“边倒圆”直径为 10。

图 9-51　待加工部件

1．创建刀具

1）选择“主页选项卡”→“刀片”组→“创建刀具”图标，弹出如图 9-52 所示的“创建刀具”对话框，选择“mill_contour”类型，选择“MILL”刀具子类型，输入名称为“END14”，其他采用默认设置，单击“确定”按钮。

2）弹出如图 9-53 所示的“铣刀-5 参数”对话框，输入“直径”为 14，其他采用默认设置，单击“确定”按钮。

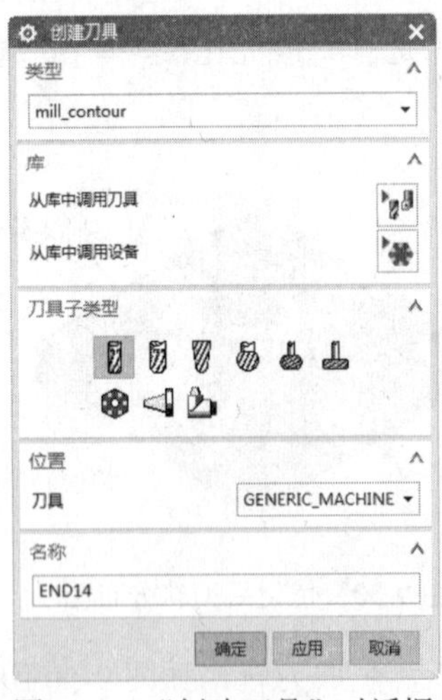

图 9-52　“创建刀具”对话框

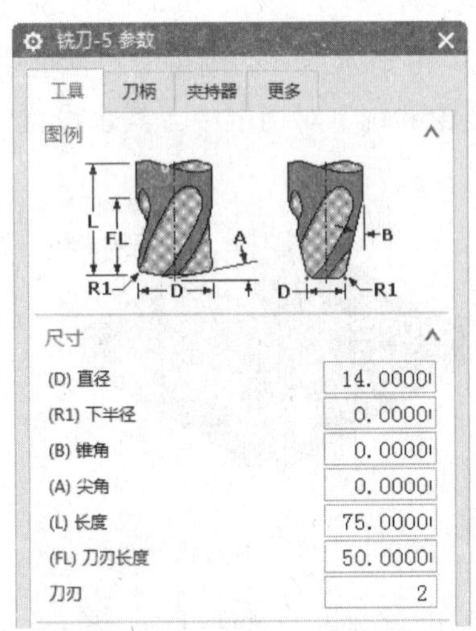

图 9-53　“铣刀-5 参数”对话框

2．加工操作

1）在图 9-54 所示的“工序导航器-程序顺序”中右击“PROGRAM”，在弹出的快捷菜单里单击“插入”→“工序...”，打开“创建工序”对话框，选择“深度轮廓铣”工序子类型，刀具选择“END14”，几何体选择“WORKPIECE”，方法选择“MILL_FINISH”，名称为“ZLEVEL_PROFILE”。单击“确定”按钮，弹出“深度轮廓铣”对话框。

2）单击“选择或编辑部件几何体”按钮，弹出“部件几何体”对话框，选择如图 9-51 所示的待加工部件。单击“选择或编辑铣削几何体”按钮，弹出“切削区域”对话框，选择如图 9-55 所示的切削区域。

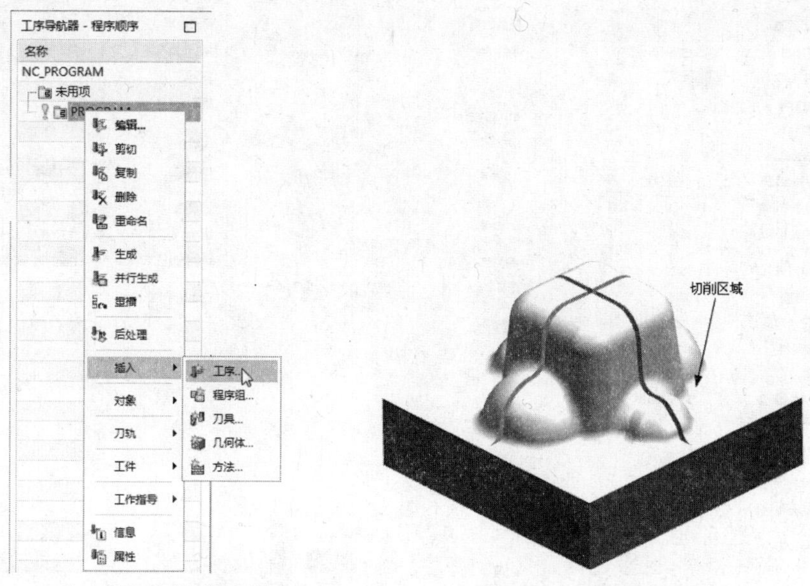

图 9-54　“工序导航器-程序顺序”　　　　图 9-55　选择切削区域

3）单击“切削参数”按钮，弹出如图 9-56 所示的“切削参数”对话框，在“策略”选项卡中设置“切削顺序”为“层优先”，在“连接”选项卡中“层到层”选择“使用转移方法”，单击“确定”按钮。

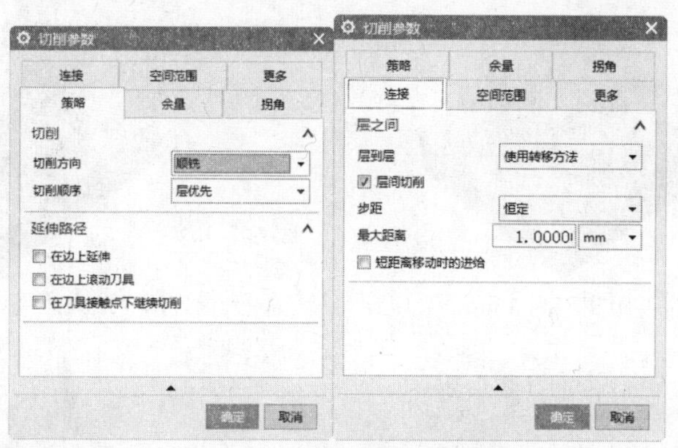

图 9-56　“切削参数”对话框

4）单击 “非切削移动”按钮，弹出如图 9-57 所示的“非切削移动”对话框，在“进刀”选项卡的“封闭区域”中，“进刀类型”选择“螺旋”，“直径”设置为“90%刀具”，“斜坡角度”设置为 15，“高度”设置为 2.54mm，“最小安全距离”设置为 0，“最小斜坡长度”设置为 0；在“开放区域”选项卡中，“进刀类型”选择“圆弧”，“半径”设置为 7mm，“圆弧角度”设置为 90，“高度”设置为 2.54mm，“最小安全距离”设置为 2.54mm。在“起点/钻点”选项卡中，“重叠距离”设置为 5mm。在“转移/快速”选项卡中，“安全设置选项”选择“自动平面”，“安全距离”设置为 5.08mm，其他选项保持为默认值。

图 9-57 “非切削移动”对话框

5）设置完毕后，单击“确定”按钮返回到“深度轮廓铣”对话框，将“合并距离”设置为 3，其他参数保持为默认值。在“操作”栏中单击“生成”图标，生成刀轨，如图 9-58a 所示。

a)“合并距离”为 3 mm

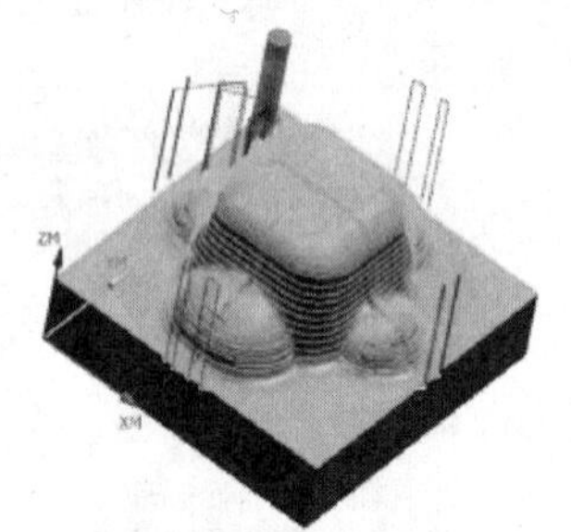

b)“最大距离”为 1 mm

c)“合并距离”修改为 5mm

d)“陡峭角度”为 80

图 9-58 “深度轮廓铣”刀轨图

6）在“切削参数”对话框“连接”选项卡中，选中“层间切削”，将“步距”设置为“恒定”，“最大距离”设置为 1。单击“确定”按钮返回到“深度轮廓铣”对话框，单击“生成”图标，生成刀轨，如图 9-58b 所示。

7）在前面的分析中“合并距离”设置为 3 mm，“零件中间槽宽”为 4mm，如果将“合并距离”修改为 5mm，则产生的刀具轨迹如图 9-58c 所示。可以看到，产生连续的轨迹。

8）在“深度轮廓铣”对话框中，“陡峭空间范围”选择“仅陡峭的”，设置“陡峭角度”为 80，产生的刀具轨迹如图 9-58d 所示。可以看到，只有陡峭角度大于 80 的面被切削。

第 10 章 铣削加工实例

前面几章分别讲述了“平面铣”“型腔铣”“插铣”和“深度轮廓铣”等铣削加工方法，本章将讲述几个综合案例，以帮助读者加深对前面所学各种铣削加工方法的掌握和理解，提高实践操作技能。

内容要点

- 平面铣加工综合实例
- 轮廓铣加工综合实例

案例效果

10.1 平面铣加工综合实例 1

打开下载的源文件中的相应文件，待加工部件如图 10-1 所示，对其进行如下铣削：

- 粗加工：平面铣，使用 ϕ12mm 平底刀，侧面余量为 0.6mm，底面余量为 0.3mm。
- 侧壁精加工：平面轮廓铣，使用 ϕ12mm 平底刀。

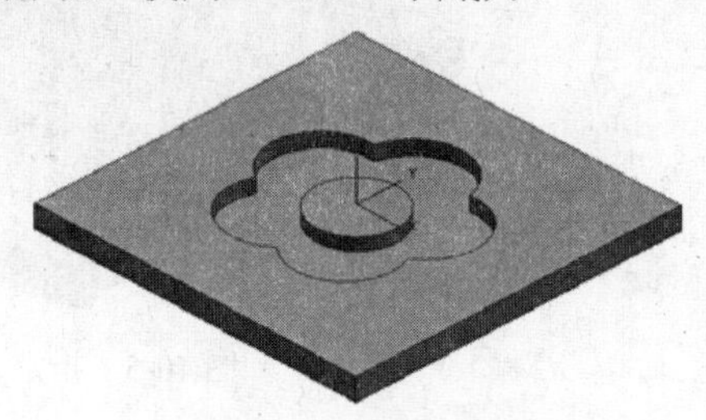

图 10-1　待加工部件

10.1.1 创建“MILL_BND”

1．编辑坐标系

1）在“工序导航器-几何”中选择坐标系“MCS_MILL”，如图 10-2 所示，进行加工坐标 MCS 定位，双击“MCS_MILL”图标后，弹出如图 10-3 所示的“Mill Orient”对话框。单击“指定 MCS”右边的图标，定位 MCS。

图 10-2　工序导航器-几何

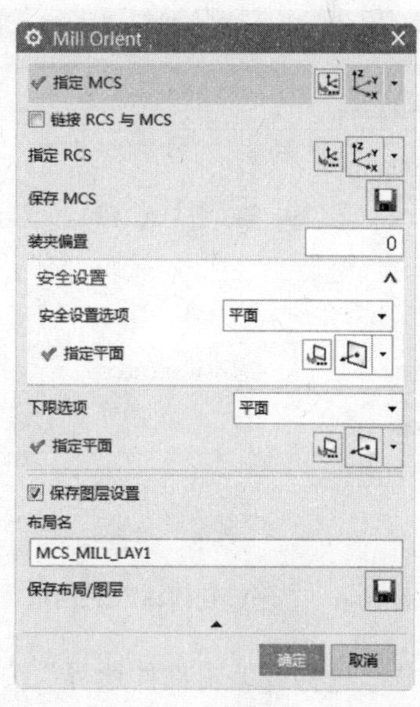

图 10-3　“Mill Orient”对话框

2）指定“安全平面”。在“安全设置”栏中，“安全设置选项”选择“平面”，单击“指

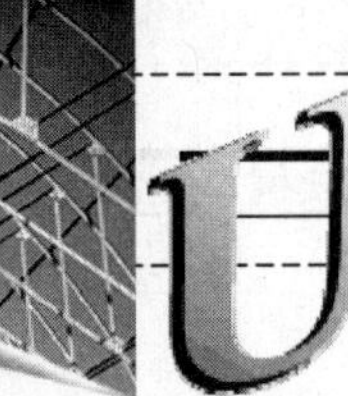

定平面”图标，弹出如图 10-4 所示的“平面”对话框，选择“按某一距离”类型，选择部件的表面，如图 10-5 所示输入“距离”为 50，单击“确定”按钮。

图 10-4 “平面”对话框

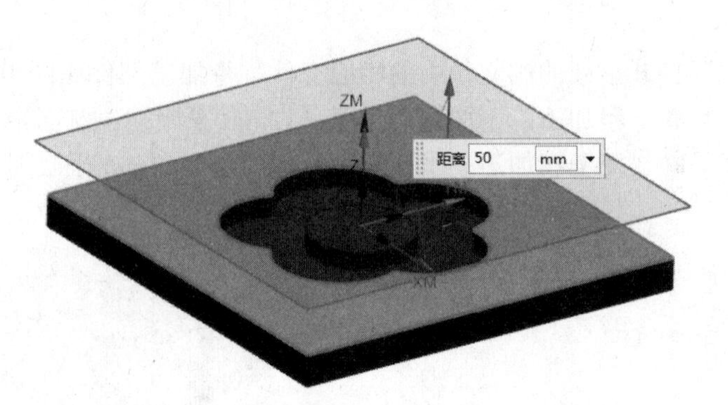

图 10-5 指定“安全平面”

2．建立“MILL_BND”几何体

1）在“WORKPIECE”下创建几何体。选择“主页”选项卡→“刀片”组→“创建几何体”图标，打开如图 10-6 所示的“创建几何体”对话框。

2）在“几何体子类型”中选择“MILL_BND”图标，在“位置”栏中“几何体”选择“WORKPIECE”，输入“名称”为“MILL_BND”，单击“确定”按钮，弹出“铣削边界”对话框，如图 10-7 所示。

图 10-6 “创建几何体”对话框

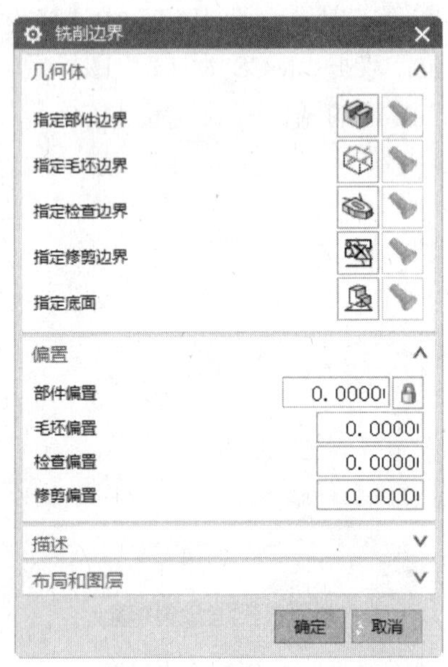

图 10-7 “铣削边界”对话框

3）单击“选择或编辑部件边界”按钮，弹出如图 10-8 所示的“部件边界”对话框。在“边界”栏的“选择方法”中选择“面”，选择“刀具侧”为“内侧”。指定的部件边界如图 10-9 所示。单击“确定”按钮。

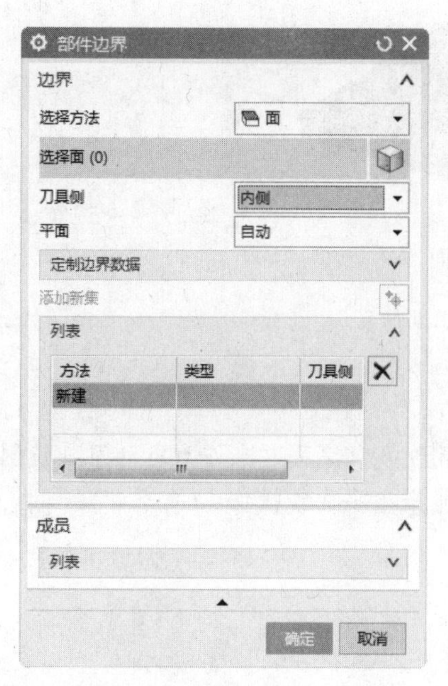

图 10-8　“部件边界”对话框

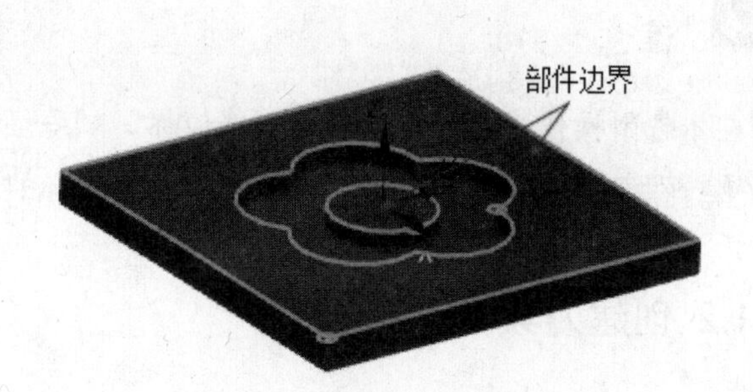

图 10-9　指定部件边界

4）单击“选择或编辑毛坯边界”，弹出如图 10-10 所示的“毛坯边界”对话框，在“边界”栏的“选择方法”中选择“面”，选择“刀具侧”为“内侧”，指定的毛坯边界如图 10-11 所示，单击“确定”按钮。

图 10-10　“毛坯边界”对话框

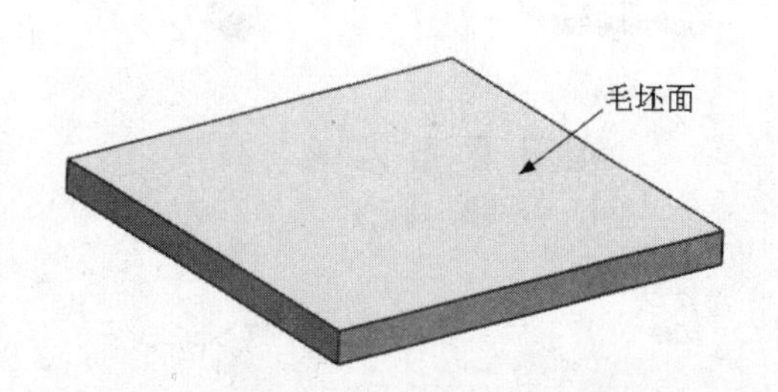

图 10-11　指定毛坯边界

5）单击“选择或编辑底平面几何体”按钮，弹出“平面”对话框，在“类型”中选择“自动判断”，选中的底面如图 10-12 所示。

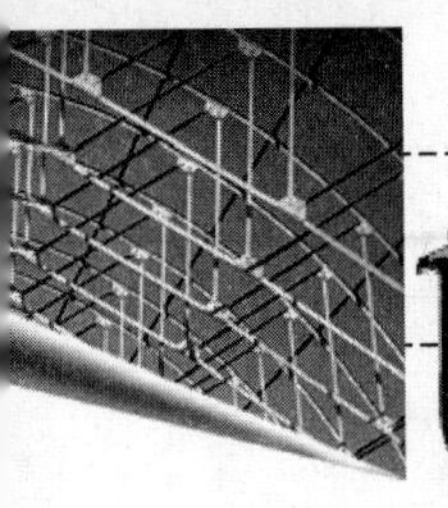

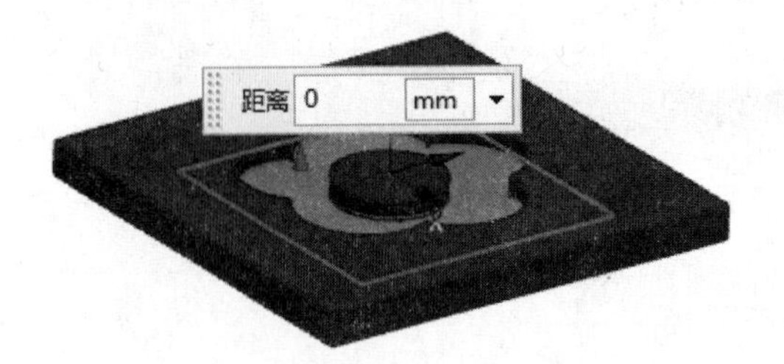

图 10-12　指定的底面

注意

在本铣削操作中，需要指定“部件边界”“毛坯边界”及“底面”，作为驱动刀具铣削运动的区域。如果没有“部件边界”和“毛坯边界”，将不能产生平面铣操作。

10.1.2 创建刀具

1）选择“主页”选项卡→“刀片”组→“创建刀具”图标，弹出如图 10-13 所示的“创建刀具”对话框，选择“mill_planar”类型，选择“mill”刀具子类型，输入名称为“END12”，其他采用默认设置，单击“确定”按钮。

2）弹出如图 10-14 所示的“铣刀-5 参数”对话框，输入直径为 12，其他采用默认设置，单击“确定”按钮。

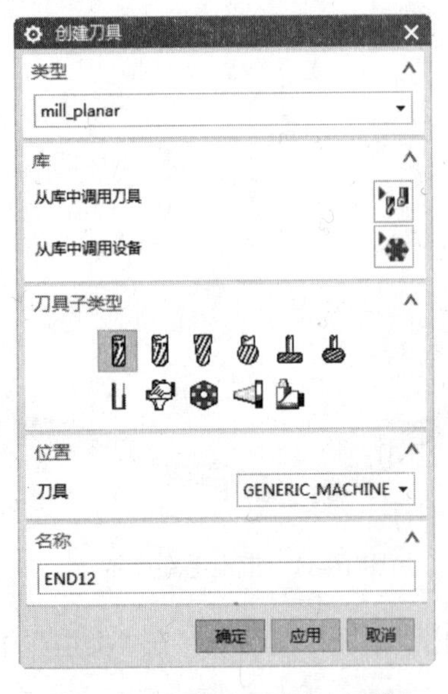

图 10-13　“创建刀具”对话框

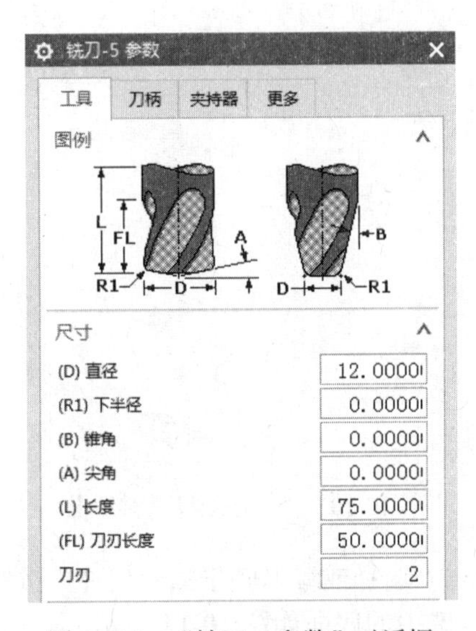

图 10-14　“铣刀-5 参数”对话框

10.1.3 平面铣粗加工

1）选择“主页”选项卡→“刀片”组→“创建工序”图标，弹出如图10-15所示的“创建工序”对话框。选择“平面铣”工序子类型，“刀具”选择“END12”，“几何体”选择“MIL_BND”，“方法”选择“MILL_ROUGH”，“名称”为“PMXCJZ”，单击“确定”按钮。

2）弹出如图10-16所示的“平面铣”对话框。在“刀轨设置”栏中进行如图10-16所示的设置，“切削模式”选择“跟随部件”，设置“平面直径百分比”为70。

3）单击“切削层”按钮，弹出如图10-17所示的“切削层”对话框。“类型”选择“用户定义”，设置“公共”为6，单击“确定”按钮。

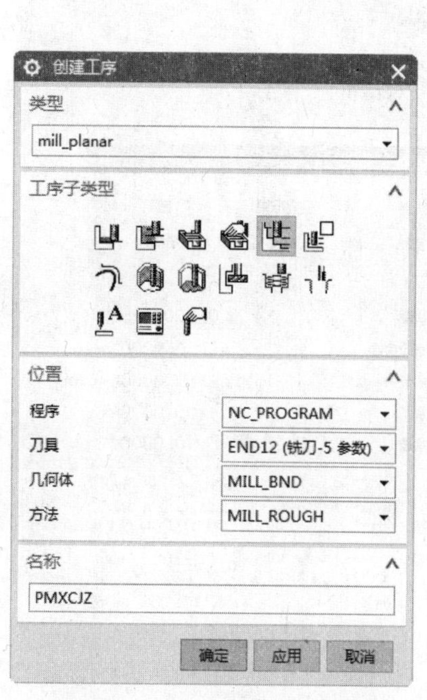

图10-15　“创建工序”对话框

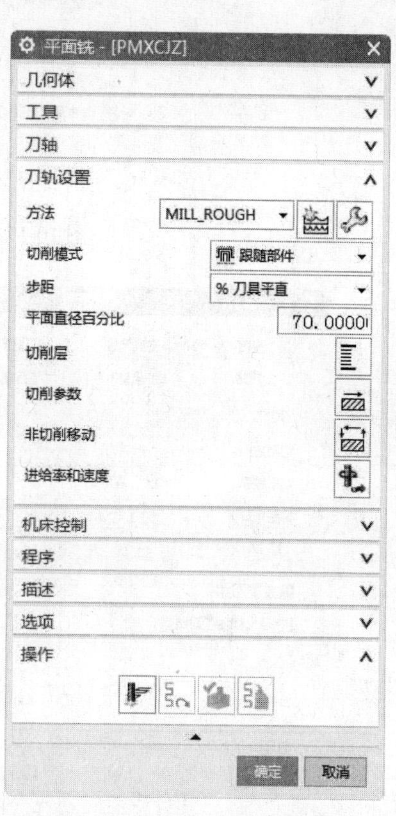

图10-16　“平面铣”对话框

4）单击“切削参数”按钮，弹出如图10-18所示的“切削参数”对话框。在“策略”选项卡中设置“切削顺序”为“深度优先”，在“余量”选项卡中设置“部件余量”为0.6，单击“确定”按钮。

5）在“平面铣”对话框中的“操作”栏里单击“生成”图标和“确认”图标生成刀轨，如图10-19所示。

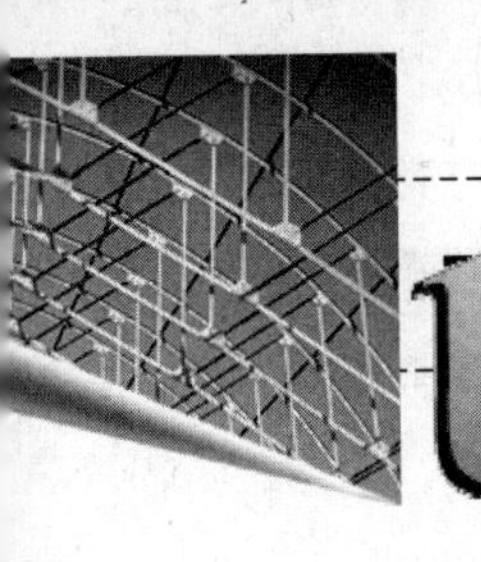

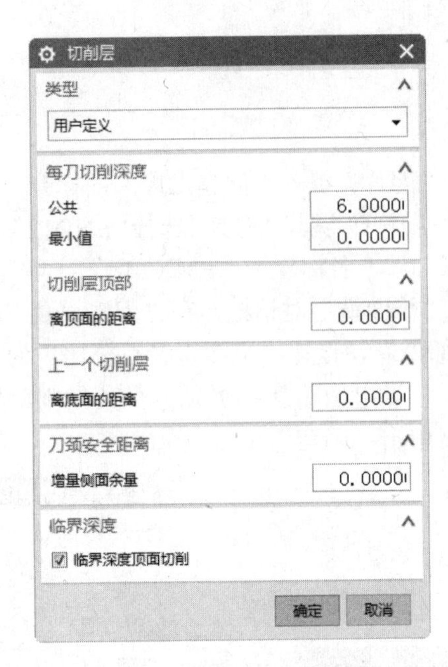

图 10-17 “切削层”对话框

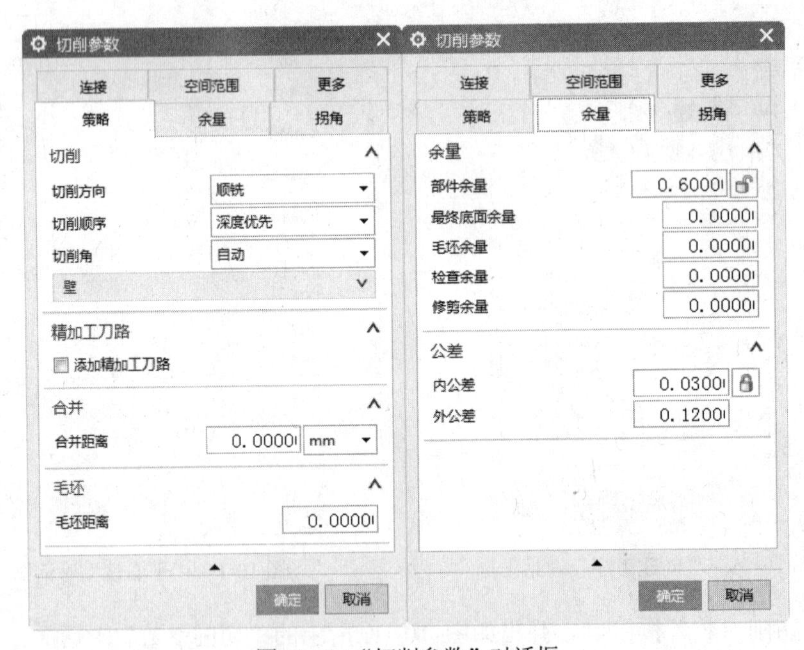

图 10-18 “切削参数”对话框

6）如果不采用“跟随部件”的切削模式，而是采用“往复”切削模式，则需要在“切削参数”对话框进行“壁清理”设置（切削参数→策略→壁→壁清理）。如果不设置壁清理，切削后的部件将如图 10-20a 所示，不能满足切削要求，切削后刀轨如图 10-20b 所示。如果在“壁清理”中选择“在终点”，切削后的部件将如图 10-21a 所示，满足切削要求，切削后刀轨如图 10-21b 所示。

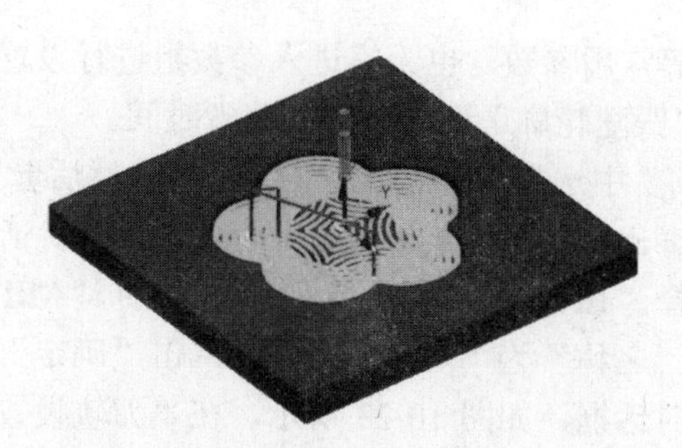

图 10-19　平面铣（跟随部件）刀轨

a)切削后部件　　b)切削后刀轨

图 10-20　平面铣（往复、无壁清理）后的部件

a)切削后部件　　b)切削后刀轨

图 10-21　平面铣（往复、在终点）后的部件

10.1.4 侧壁铣削

对部件进行侧壁铣削（平面轮廓精铣）时，平面轮廓铣可用于直接对轮廓进行精加工，直接选择平面轮廓铣方式可以提高参数设置速度，在操作对话框中无需选择切削方式，可以直接设置

部件余量、切削深度、进给等常用参数，也无需进入参数组进行设置。可以代替在创建时选择平面铣“mill_planar”方式及“跟随轮廓”切削方式，节省时间。

1）在“工序导航器-几何”中选择“MILL_BND”节点，然后选择“主页”选项卡→“刀片”组→“创建工序”图标，弹出如图10-22所示的“创建工序”对话框。选择“平面轮廓铣”工序子类型，“刀具”选择“END12”，“几何体”选择“MILL_BND”，“方法”选择“MILL_SEMI_FINISH”，“名称”为“PMLKJX”。单击“确定”按钮。

2）弹出“平面轮廓铣”对话框，如图10-23所示。在“刀轨设置”栏中，设置“部件余量”为0.1、“切削深度”为“用户定义”、“公共”为3。

图10-22 “创建工序”对话框

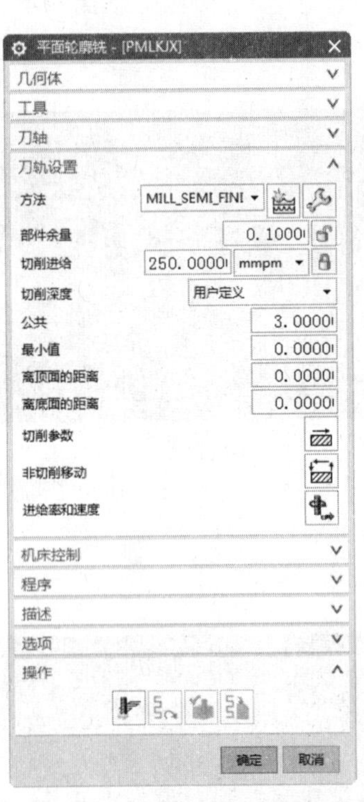

图10-23 “平面轮廓铣”对话框

3）在“操作”栏里单击“生成”图标和“确认”图标，生成刀轨，如图10-24所示。

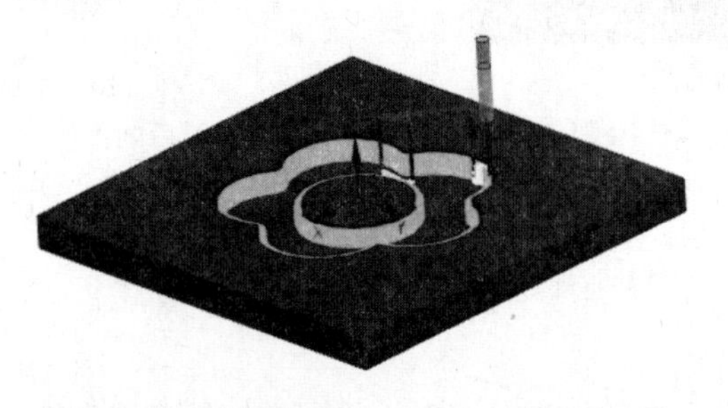

图10-24 部件侧壁铣削（平面轮廓铣）刀轨

10.1.5 底面和临界深度铣削

1）在“工序导航器-几何”里右击“PMXCJZ”，弹出如图 10-25 所示的快捷菜单，选择“复制”选项，复制“PMXCJZ”平面铣操作。

2）在“MILL_BND”上右击，在弹出的快捷菜单上选择“内部粘贴”选项，如图 10-26 所示。粘贴后重命名为“PMXDMX”。

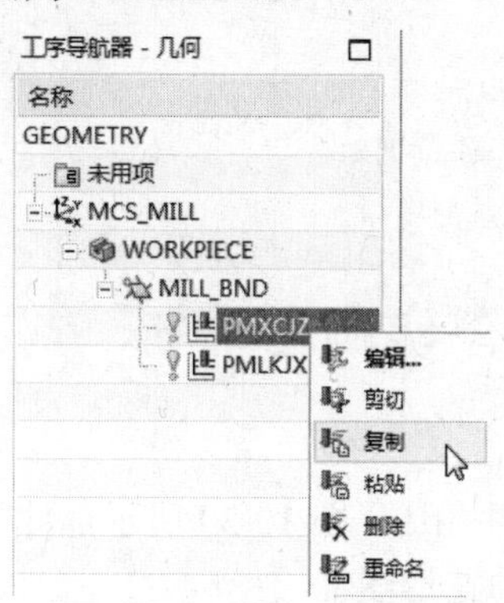

图 10-25　选择“复制”选项

图 10-26　选择“内部粘贴”选项

3）双击“PMXDMX”节点，在“平面铣”对话框中将“平面直径百分比”设置为“50”。

4）单击“切削层”按钮，弹出如图 10-27 所示的“切削层”对话框，选择“底面及临界深度”类型，单击“确定”按钮。

5）单击“切削参数”按钮，弹出如图 10-28 所示“切削参数”对话框，将“部件余量”设置为 0，“最终底面余量”设置为 0，其余参数设置保持默认值，单击“确定”按钮。

6）在“操作”栏里点击“生成”和“确认”生成刀轨，如图 10-29 所示。

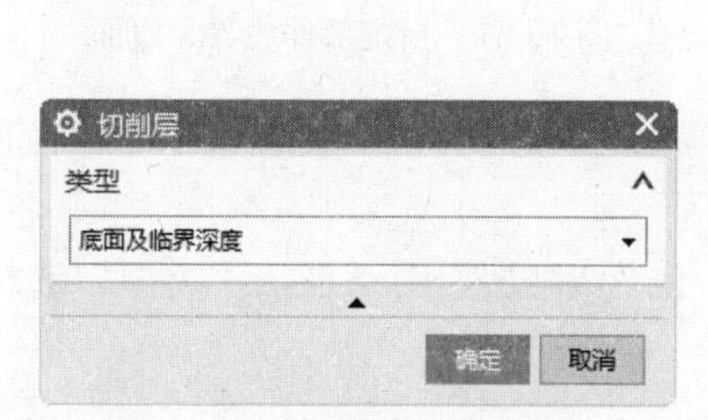

图 10-27 “切削层”对话框

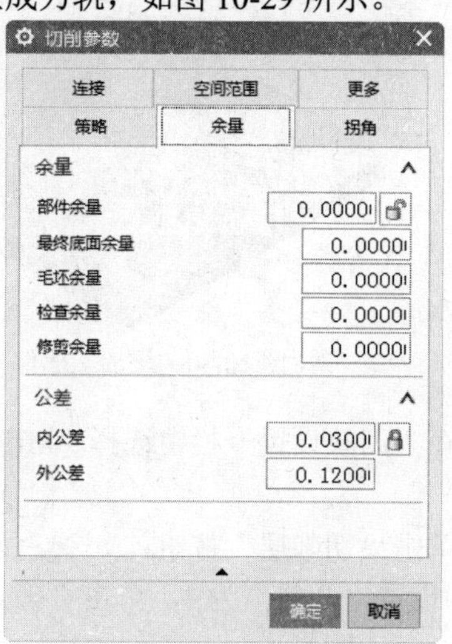

图 10-28 “切削参数”对话框

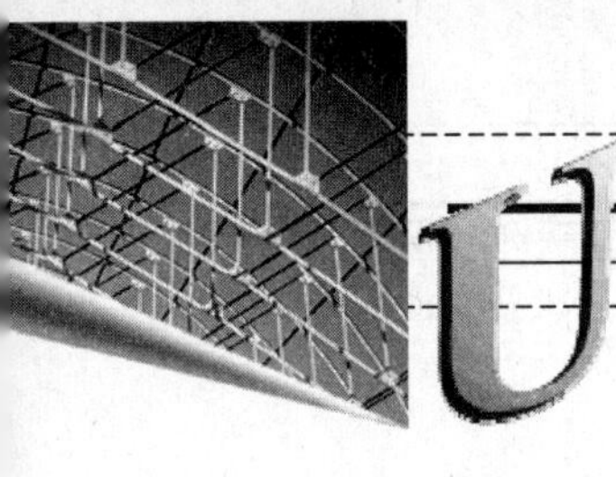

图 10-29 “底面及临界深度”铣削刀轨

10.2 平面铣加工综合实例 2

打开下载的源文件中的相应文件。与图 10-1 所示部件相比，图 10-30 所示部件在夹角上多了一花形图案，进行铣削，并在其他三个夹角上铣出同样的花形图案。

1）选择“主页”选项卡→“刀片”组→“创建工序”图标，弹出“创建工序”对话框，选择“mill_planar”类型，在“工序子类型”中选择“平面铣”，选择“WORKPIECE”几何体，刀具选择“END12”，方法选择“MILL_ROUGH”，名称输入“PMXH”，其他采用默认设置，单击“确定”按钮。

2）弹出“平面铣”对话框。单击“选择或编辑部件边界”按钮，弹出“部件边界”对话框，“选择方法”选择“曲线”，选择如图 10-31 所示的部件边界，设置“刀具侧”为“内侧”。单击“选择或编辑底平面几何体”按钮，弹出“平面”对话框，选择如图 10-31 所示的底面。

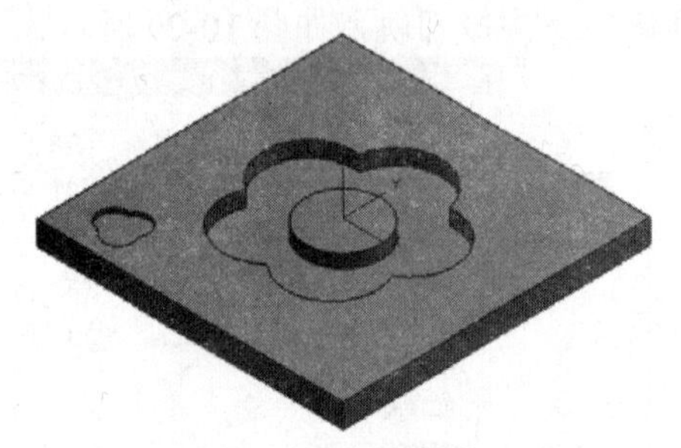

图 10-30 待加工部件

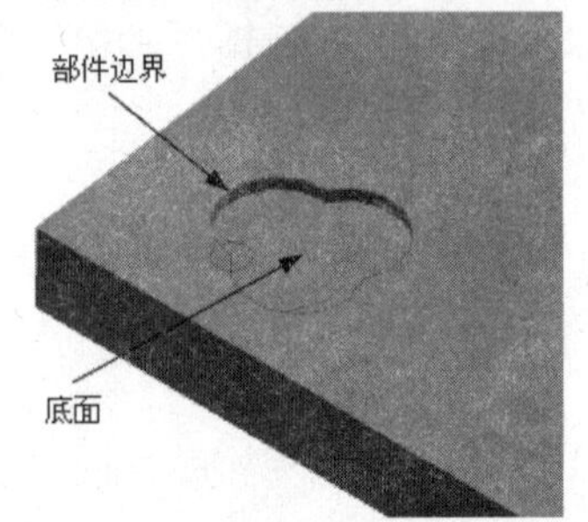

图 10-31 指定部件边界和底面

3）在“刀轨设置”栏中选择“MILL_ROUGH（粗加工）”方法，设置“平面直径百分比”为 70。

4）单击“切削层”按钮，弹出如图 10-32 所示“切削层”对话框，“类型”选择“用户定义”，设置“公共”为 3，单击“确定”按钮。

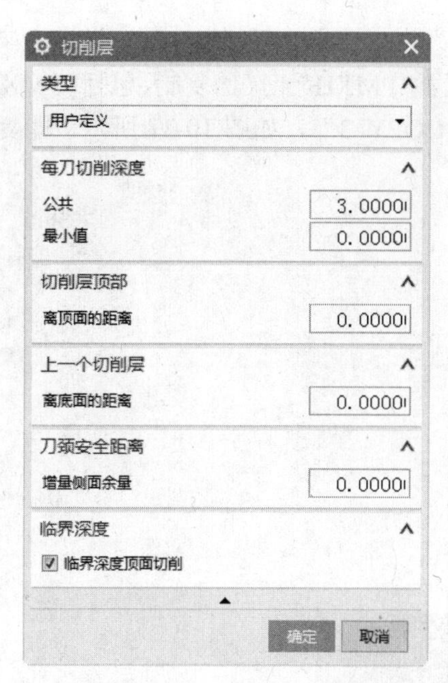

图 10-32 “切削层”对话框

5）单击“切削参数”按钮，弹出如图 10-33 所示的“切削参数”对话框。在“策略”选项卡中选择“切削顺序”为“深度优先”，在“余量”选项卡中设置“部件余量”为 0.6，单击“确定”按钮。

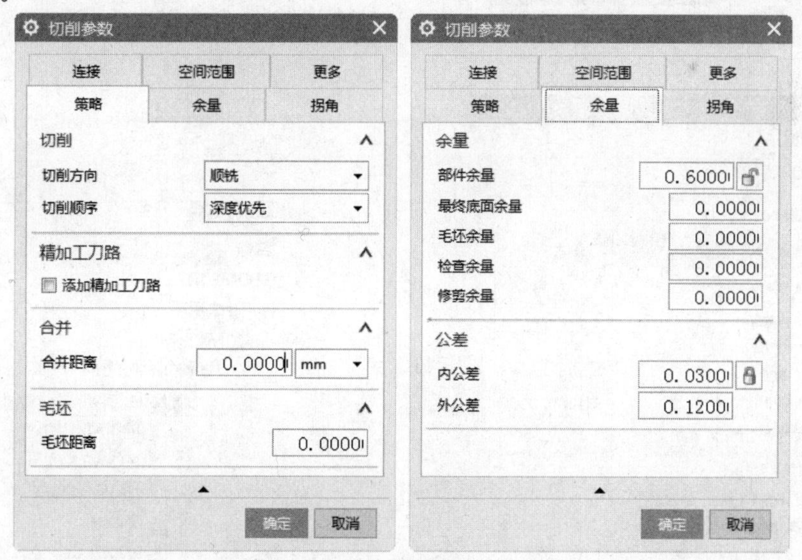

图 10-33 “切削参数”对话框

6）在“操作”栏里单击“生成”图标和“确认”图标，生成刀轨，如图 10-34 所示。

7）右击“PMXH”，在弹出的快捷菜单中选择“对象”→“变换”选项，如图 10-35 所示，弹出“变换”对话框，如图 10-36 所示，选择“矩形阵列”类型，设置“指定参考点”和“指定阵列原点”为图形的中心点，输入“XC 向数量”为 2、“YC 向数量”为 2、“XC 偏置”为 280、

“YC 偏置”为 280，在“结果”栏中选择“复制”选项。设定完毕后，单击“确定”按钮，可发现在“工序导航器-几何”里生成了“PMXH”工序的复制，包括“PMXH_COPY”“PMXH_COPY_1”“PMXH_COPY_2”“PMXH_COPY_3”，如图 10-37 所示，即复制了“PMXH”的铣削工序方法。

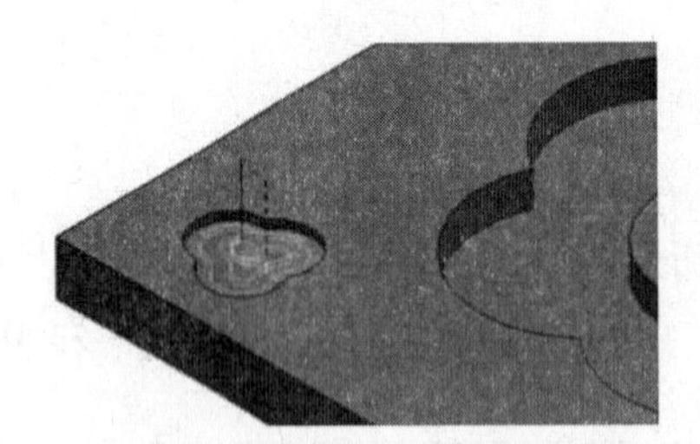

图 10-34　生成刀轨

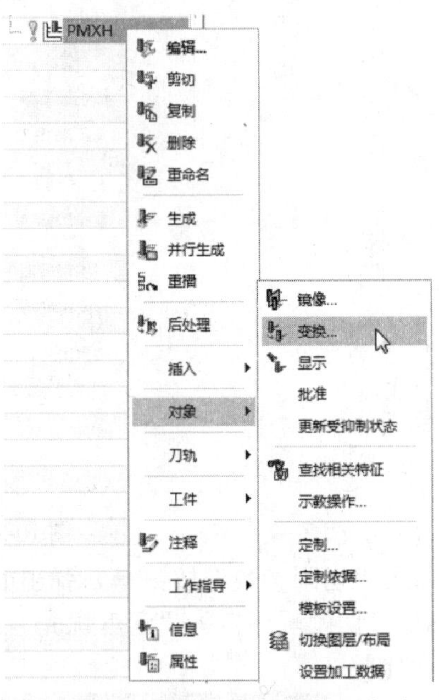

图 10-35　选择“变换”选项

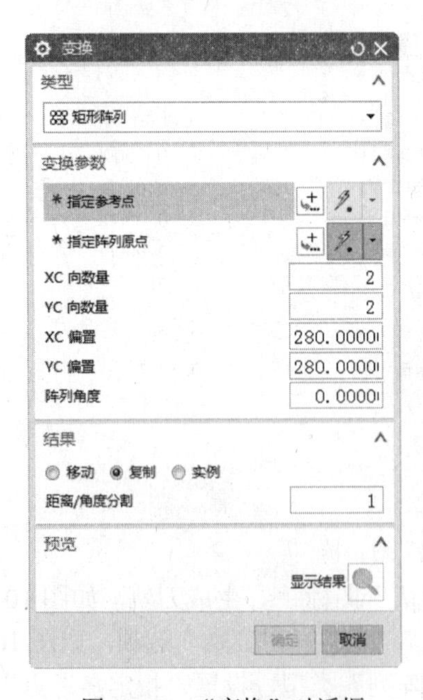

图 10-36　“变换”对话框

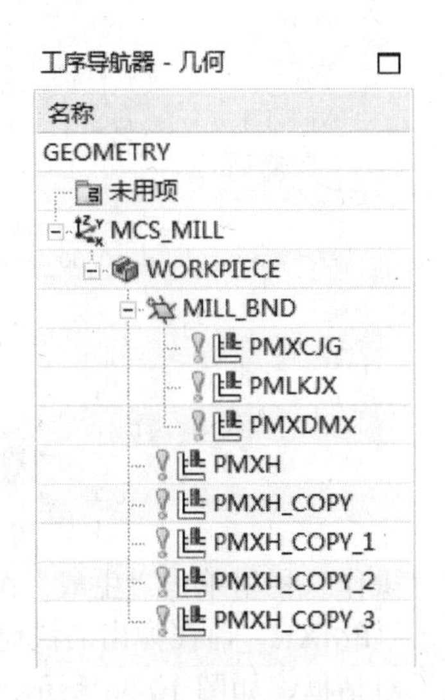

图 10-37　复制“PMXH”工序方法

（8）在“工序导航器-几何”里删除“PMXH_COPY”，然后选中“PMXH、PMXH_COPY_1”“PMXH_ COPY_2”“PMXH_COPY_3”，右击鼠标，在弹出的快捷菜单里选择“刀轨”→“确认”按钮，如图 10-38 所示，弹出如图 10-39 所示的“刀轨可视化”对话框，在图中选择“3D 动态”属性页，进行切削动画演示。

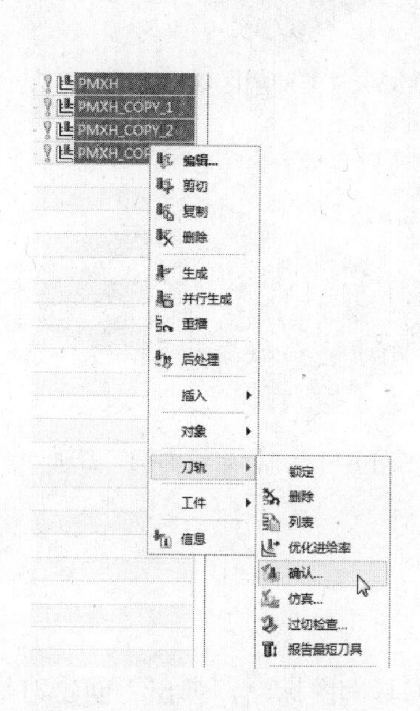

图 10-38　选择“确认”选项

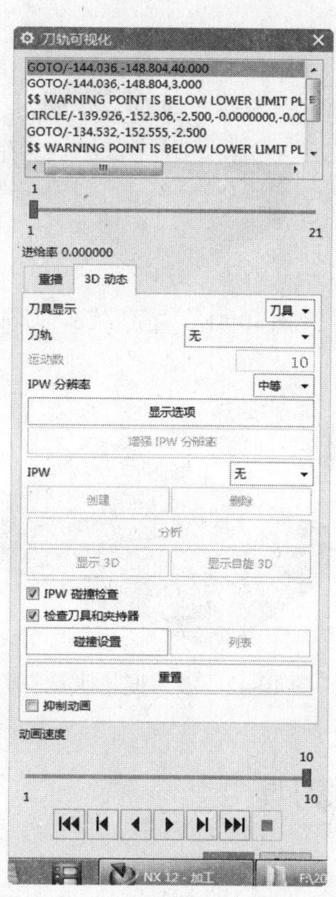

图 10-39　“可视化刀轨”对话框

10.3 轮廓铣加工综合实例 1

本实例将采用“区域铣”加工工件，其加工特点如下：

1）直接选择加工区域。

2）类似边界控制加工。

3）可以在区域内自动计算避免干涉。

4）尽可能采用该加工方法。

打开下载的源文件中的相应文件，待加工部件如图 10-40 所示。该零件加工包含 4 道加工工序：

图 10-40　待加工部件

■　型腔铣：粗加工，加工后的刀轨如图 10-41 所示。

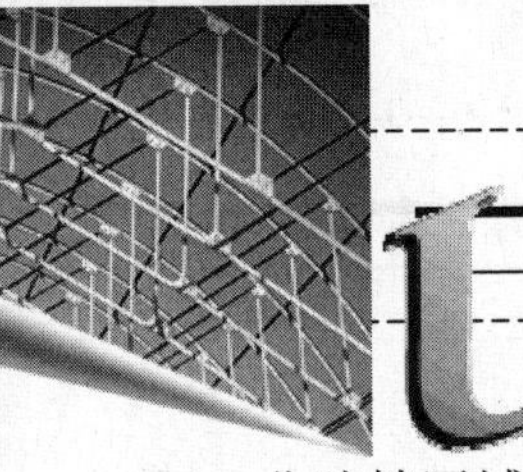

- 非陡峭区域轮廓铣：非陡峭面铣削，加工后的刀轨如图 10-42 所示。
- 深度轮廓铣：陡峭面 Z 向分层加工，加工后的刀轨如图 10-43 所示。
- 固定轮廓铣：沿着指定切削区域进行铣削加工，加工后的刀轨如图 10-44 所示。

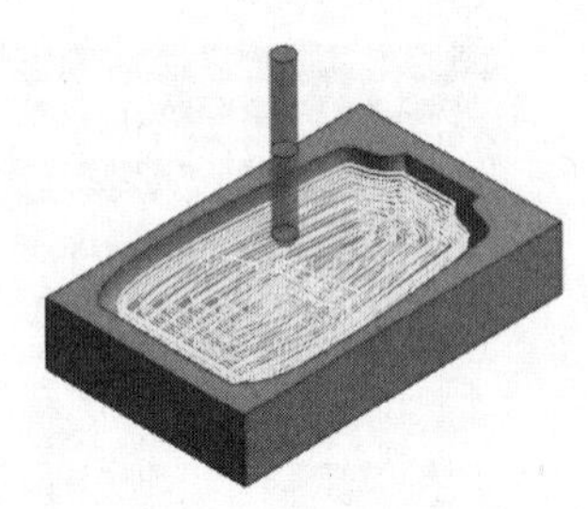

图 10-41 “型腔铣”刀轨

图 10-42 “非陡峭区域轮廓铣”刀轨

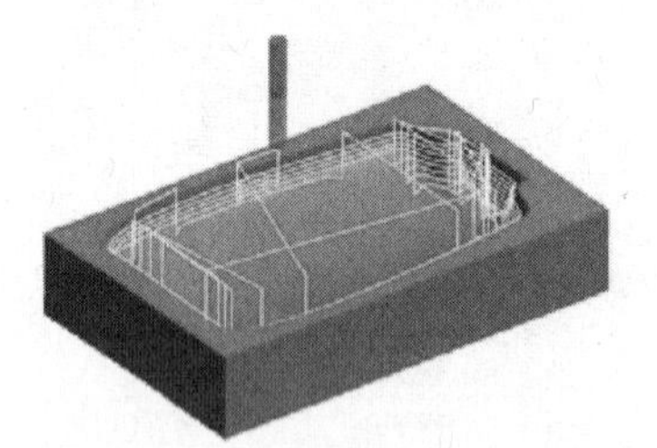

图 10-43 “深度轮廓铣”刀轨

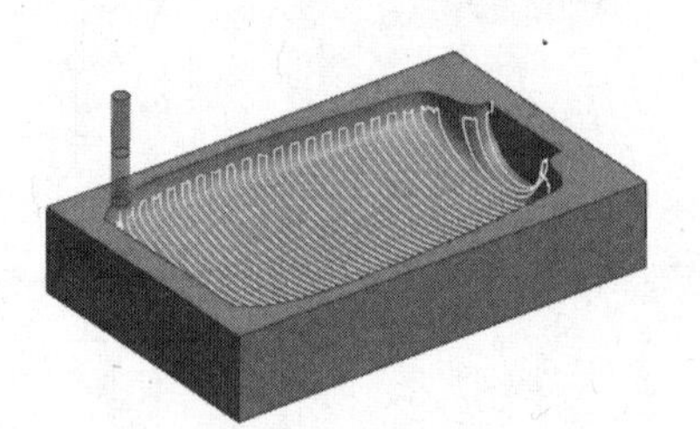

图 10-44 “固定轮廓铣”刀轨

10.3.1 创建刀具

1）选择“主页”选项卡→“刀片”组→“创建刀具”图标，弹出“创建刀具”对话框，选择“mill_contour”类型，选择“MILL”刀具子类型，输入名称为“T1”，其他采用默认设置，单击“确定”按钮。

2）弹出“铣刀-5 参数”对话框，输入“直径”为 0.25、“下半径”为 0.125、“长度”为 2、“锥角和尖角”为 0、“刀刃长度”为 1、“刀刃”为 2，其他采用默认设置，单击“确定”按钮。

3）重复上述步骤创建刀具“T2”。输入“直径”为 0.15、“下半径”为 0.075、“长度”为 1、“锥角和尖角”为 0、“刀刃长度”为 0.5、“刀刃”为 2，其他采用默认设置，单击“确定”按钮。

10.3.2 创建几何体

1）选择“主页”选项卡→“刀片”组→“创建几何体”图标，弹出如图 10-45 所示的“创建几何体”对话框，选择“mill_contour”类型，选择“WORKPIECE”几何体子类型，其他采用默认设置，单击“确定”按钮。

2）弹出如图 10-46 所示的“工件”对话框。单击“选择或编辑部件几何体”按钮，选择如图 10-40 所示的部件。单击“选择或编辑毛坯几何体”按钮，选择图 10-47 所示的毛坯。单击“确定”按钮。

图 10-45　“创建几何体”对话框

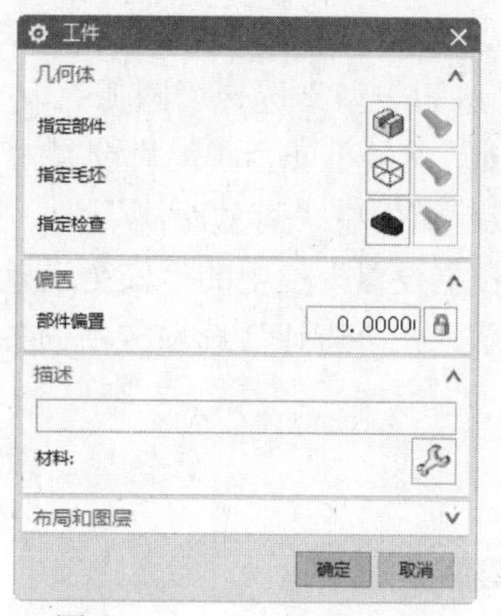

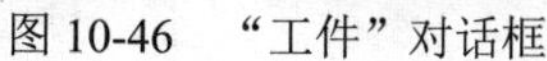
图 10-46　“工件”对话框

图 10-47　指定毛坯

10.3.3 型腔铣

1）选择“主页”选项卡→“刀片”组→“创建工序”图标，弹出“创建工序”对话框，选择“mill_contour”类型，在“工序子类型”中选择“型腔铣”，选择“WORKPIECE”几何体，“刀具”选择“T1”，“方法”选择“MILL_ROUGH”，其他采用默认设置，单击“确定”按钮。

2）弹出“型腔铣”对话框，在“刀轨设置”栏中进行设置。“切削模式”选择“跟随部件”，设置“平面直径百分比”为 70，“公共每刀切削深度”选择“恒定”，设置“最大距离”为“0.05in”，如图 10-48 所示。

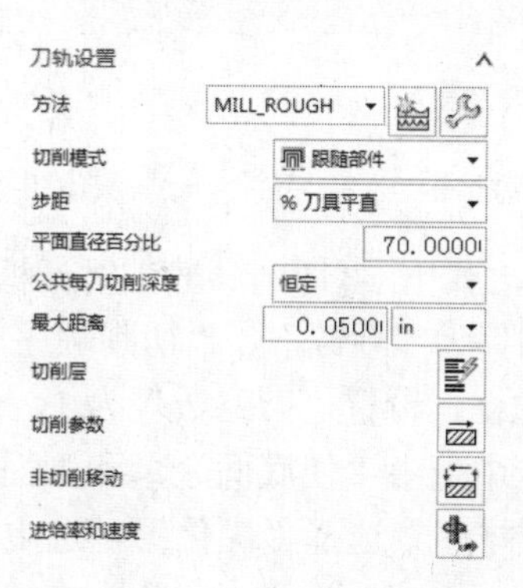

图 10-48　“刀轨设置”栏

3）单击“切削层”按钮，弹出如图 10-49 所示的“切削层”对话框，“范围类型”选择“用户定义”，“切削层”选择“恒定”，“测量开始位置”选择“顶层”，设置“范围深度”

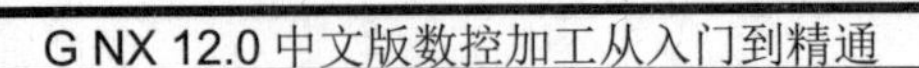

为 0.76，“每刀切削深度”为 0.05，单击“确定”按钮。

4）单击“非切削移动”按钮，弹出如图 10-50 所示的“非切削移动”对话框。在“进刀”选项卡的“封闭区域”栏中，“进刀类型”选择“螺旋”，“直径”设置为“90%刀具”，“斜坡角度”设置为 15，“高度”设置为 0.1in，“最小安全距离”设置为 0，“最小斜坡长度”设置为 0；在“开放区域”栏中，“进刀类型”选择“圆弧”，“半径”设置为 0.25in，“圆弧角度”设置为 90，“高度”设置为 0.1in，“最小安全距离”设置为 0.1in。在“起点/钻点”选项卡中“重叠距离”设置为 0.15in，“区域起点”中“有效距离”为“指定”，“距离”为“300%刀具”。在“转移/快速”选项卡中，“安全设置”栏中的“安全设置选项”选择“自动平面”，“安全距离”设置为 0.1，如图 10-51 所示。在“避让”选项卡中的各选项设置为“无”。单击“确定”按钮。

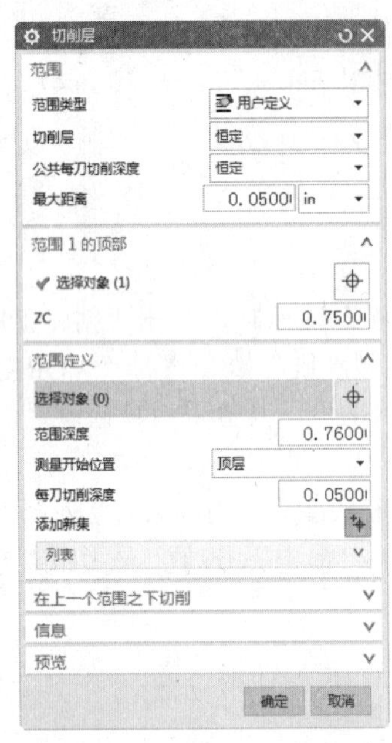

图 10-49 “切削层”对话框

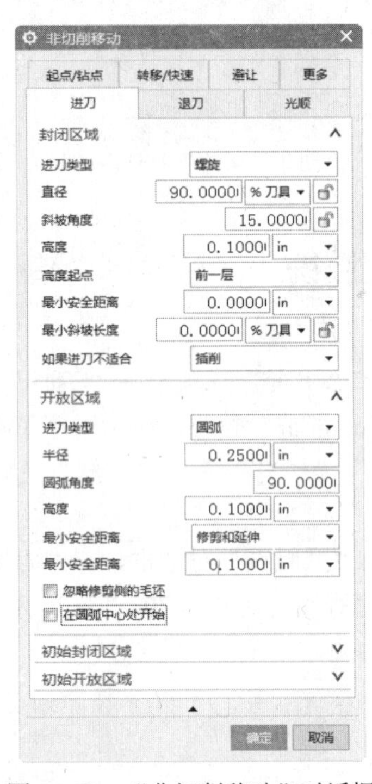

图 10-50 “非切削移动”对话框

5）单击“切削参数”按钮，弹出 “切削参数”对话框。在如图 10-52 所示的“策略”选项卡的“切削”栏设置“切削方向”为“顺铣”、“切削顺序”为“层优先”；在“精加工刀路”栏中勾选“添加精加工刀路”复选框，设置“刀路数”为 1、“精加工步距”为“5%刀具”。在如图 10-53 所示的“余量”选项卡中选中“使底面余量和侧面余量一致”，“部件侧面余量”为 0.06。在“连接”选项卡中“区域排序”选择“优化”，选中“跟随检查几何体”。在“空间范围”选项卡的“毛坯”栏中的“修剪方式”选择“无”。在“更多”选项卡的“最小间隙”栏中设置“刀具夹持器”为 0.1in。单击“确定”按钮。

6）在“操作”栏中单击“生成”图标，生成刀轨，如图 10-54 所示。单击“确认”图标，实现刀轨的可视化，可进行刀轨的动画演示和察看。

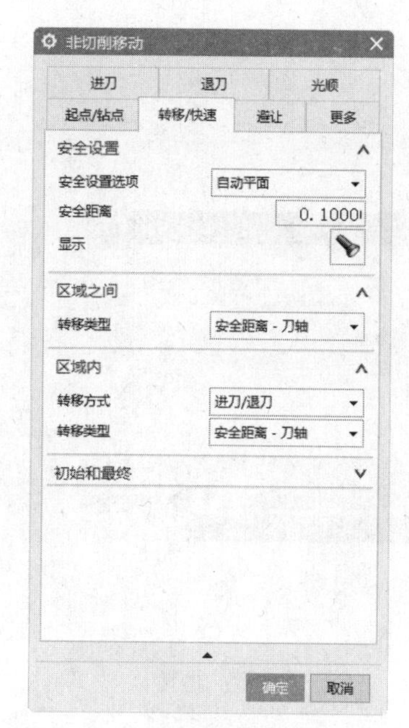

图 10-51　“转移/快速”选项卡

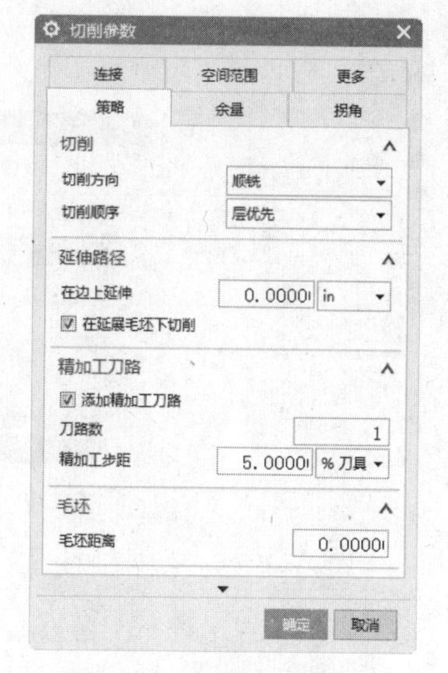

图 10-52　“策略”选项卡

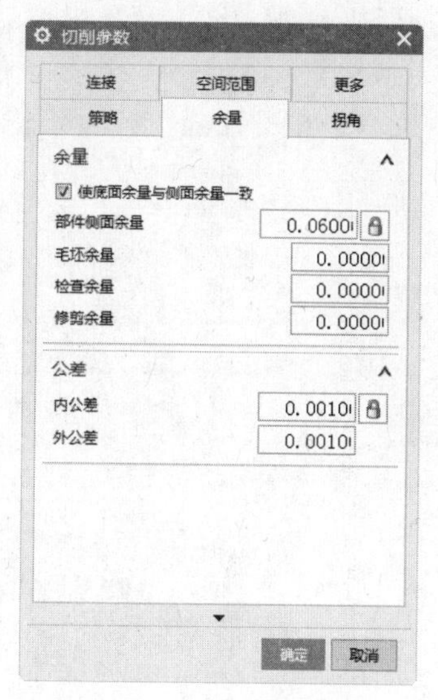

图 10-53　“余量”选项卡

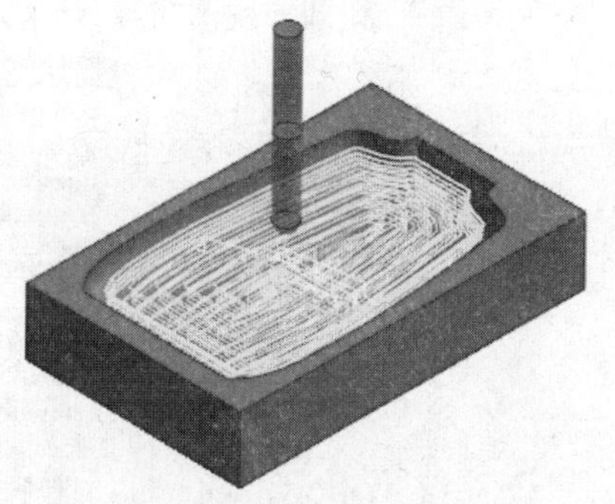

图 10-54　生成的“型腔铣”刀轨

10.3.4 非陡峭区域轮廓铣

1）选择“主页”选项卡→“刀片”组→“创建工序”图标，弹出“创建工序”对话框，选择“mill_contour”类型，在“工序子类型”中选择“非陡峭区域轮廓铣”，选择“WORKPIECE”几何体，刀具选择“T2”，方法选择“MILL_FINISH”，其他采用默认设置，单击“确定”按钮。

2）弹出如图 10-55 所示的“非陡峭区域轮廓铣”对话框，单击“选择或编辑切削区域几何体”按钮，弹出如图 10-56 所示的“切削区域”对话框，选择如图 10-57 所示的“切削区域”，单击“确定”按钮。

3）在“驱动方法”栏的“方法”中选择“区域铣削”，单击“编辑”图标，打开如图 10-58 所示的“区域铣削驱动方法”对话框，设置“陡峭壁角度”为 70、“非陡峭切削模式”为“往复”“切削方向”为“顺铣”　“平面直径百分比”为 50　“步距已应用”为“在平面上”。设置完成

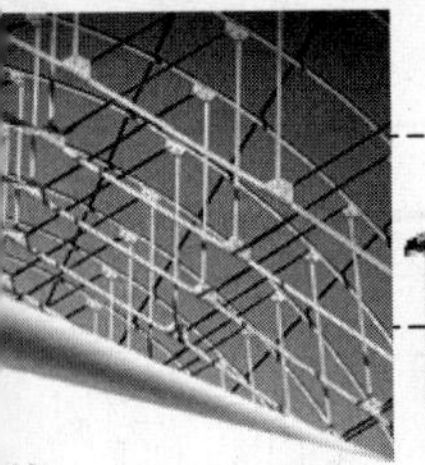

后，单击“确定”按钮。

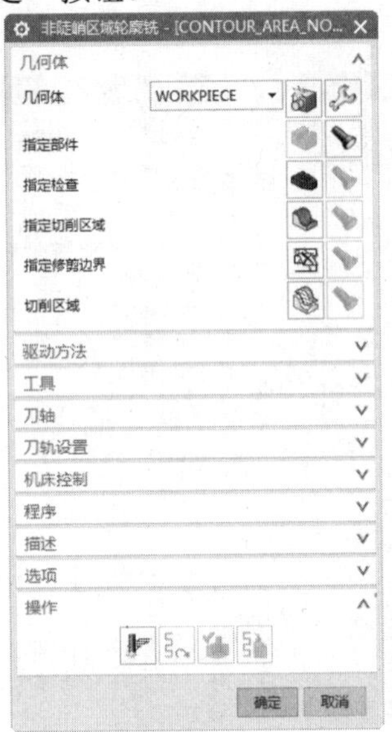

图 10-55　“非陡峭区域轮廓铣”对话框

图 10-56　“切削区域”对话框

图 10-57　选择切削区域

图 10-58　“区域铣削驱动方法”对话框

4）单击“非切削移动”按钮，弹出如图 10-59 所示的“非切削移动”对话框。在“进刀”选项卡的“开放区域”栏中“进刀类型”选择“插削”，设置“高度”为“200%刀具”；在“根据部件/检查”栏中“进刀类型”选择“与开放区域相同”；在“初始”栏中“进刀类型”选择“与开放区域相同”。在“退刀”选项卡的“开放区域”栏中“退刀类型”选择“与进刀相同”，在“根据部件/检查”栏中的“退刀类型”选择“与开放区域退刀相同”，在“最终”栏中的“退刀类型”选择“与开放区域退刀相同”。在“转移/快速”选项卡的“区域距离”栏中“区域距离”输入“200%刀具”；在“区域之间”栏中“逼近方法”选择“安全距离-刀轴”，“安全设置选项”选择“自动平面”，设置“安全距离”为 0.1；在“离开”栏中“离开方法”选择“安全距离-最短距离”，“安全设置选项”选择“自动平面”，设置“安全距离”为 0.1；在“移刀”栏中“移刀类型”选择“直接”。单击“确定”按钮。

图 10-59　“非切削移动”对话框

5）在“操作”栏中单击“生成”图标，生成刀轨，如图 10-60 所示。单击“确认”图标，实现刀轨的可视化，可进行刀轨的动画演示和察看。

图 10-60 生成“非陡峭区域轮廓铣”刀轨

10.3.5 深度轮廓铣

1）选择“主页”选项卡→“刀片”组→“创建工序”图标，弹出“创建工序”对话框，选择“mill_contour”类型，在“工序子类型”中选择“深度轮廓铣”，选择“WORKPIECE”几何体，刀具选择“T2”，方法选择“MILL_FINISH”，其他采用默认设置，单击“确定”按钮。

2）弹出如图 10-61 所示的“深度轮廓铣”对话框，单击“选择或编辑切削区域几何体”图标，弹出“切削区域”对话框，选择如图 10-62 所示的切削区域。

图 10-61 “深度轮廓铣”对话框

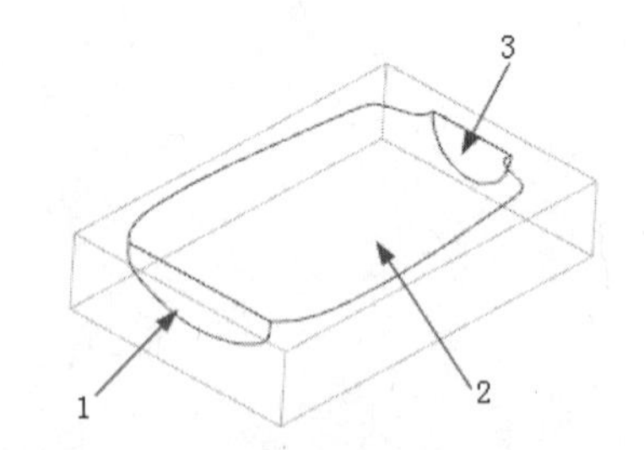

图 10-62 “深度轮廓铣”切削区域

3）在“刀轨设置”栏中进行设置，“陡峭空间范围”选择“仅陡峭的”，设置“角度”为 55、“合并距离”为 0.1 in、“最小切削长度”为 0.03 in、“公共每刀切削深度”选择“恒定”，设置“最大距离”为 0.05 in，如图 10-63 所示。

4）单击“非切削移动”按钮，弹出如图 10-64 所示的“非切削移动”对话框。在“进刀”选项卡的“封闭区域”栏中“进刀类型”选择“沿形状斜进刀”，“斜坡角度”设置为 30，“高度”设置为 0.1in；在“开放区域”栏中“进刀类型”选择“圆弧”，“半径”设置为 0.25in，“圆弧角度”设置为 90，“高度”设置为 0.1in，“最小安全距离”设置为 0.1in；在“退刀”选项卡中“退刀类型”选择“与进刀相同”。在“转移/快速”选项卡中“安全设置选项”选择“自动平面”，“安全距离”设置为 0.2in，单击“确定”按钮。

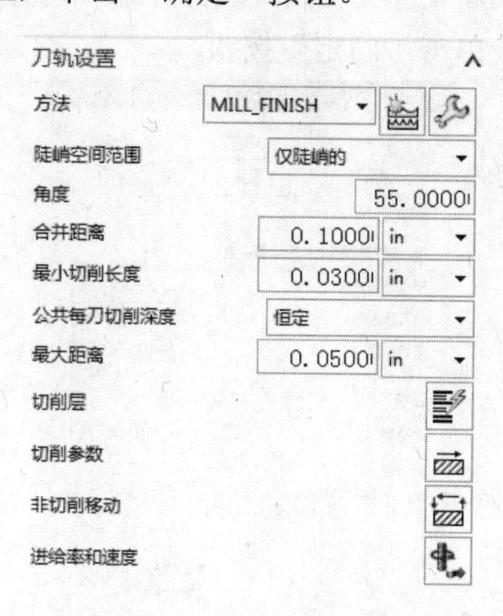

图 10-63 “刀轨设置”栏

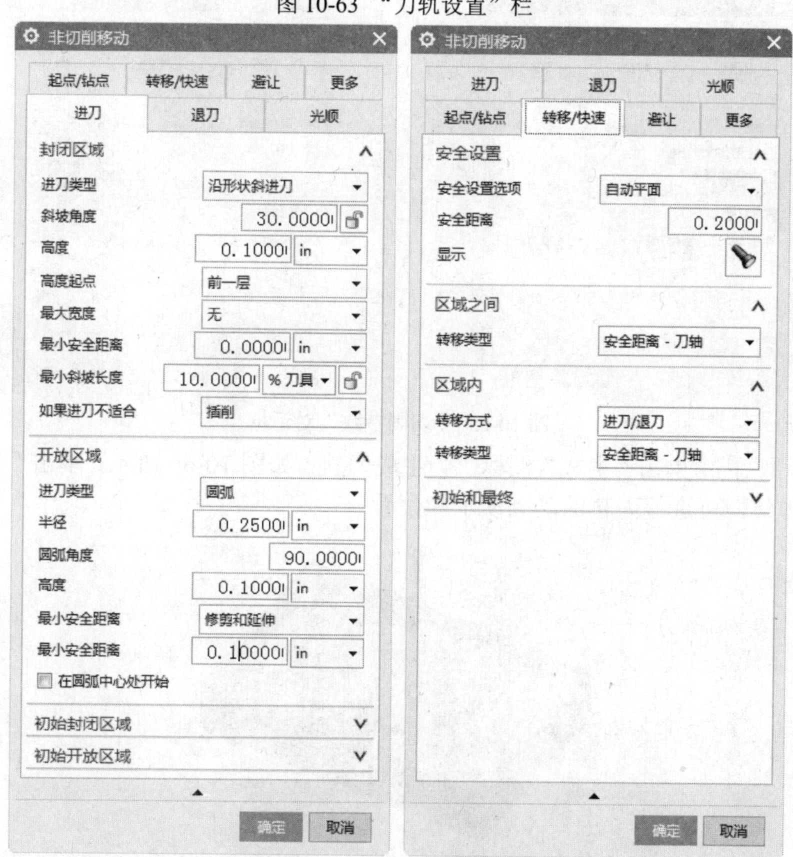

图 10-64 “非切削移动”对话框

5）单击“切削参数”按钮，弹出如图 10-65 所示的“切削参数”对话框，在“策略”选项卡中“切削方向”选择“顺铣”，“切削顺序”选择“深度优先”，选中“在边上滚动刀具”；在“余量”选项卡中选中“使底面余量与侧面余量一致”；在“连接”选项卡中“层到层”选择“使用转移方法”；在“空间范围”选项卡中“修剪方式”选择“轮廓线”；在“更多”选项卡中“刀具夹持器”设置为0.1in。单击“确定”按钮。

图 10-65 “切削参数”对话框

6）在“操作”栏中单击“生成”图标，生成刀轨，如图 10-66 所示。单击“确认”图标，实现刀轨的可视化，可进行刀轨的动画演示和察看。

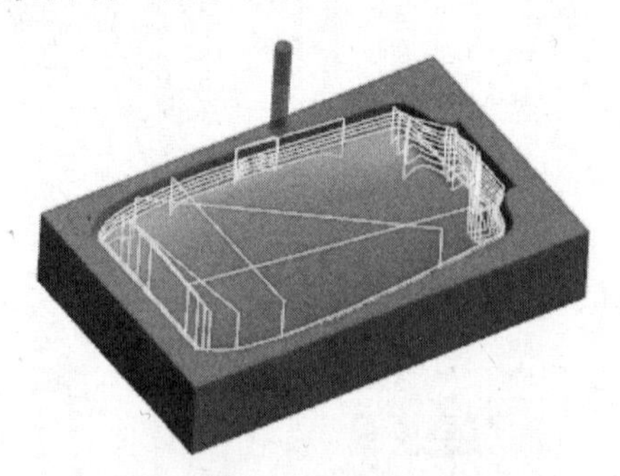

图 10-66 生成“深度轮廓铣”刀轨

10.3.6 固定轮廓铣

1）选择“主页”选项卡→“刀片”组→“创建工序”图标，弹出“创建工序”对话框，选择“mill_contour”类型，在“工序子类型”中选择“固定轮廓铣”，选择“WORKPIECE”几何体，刀具选择“T2”，方法选择“MILL_FINISH”，其他采用默认设置，单击“确定”按钮。

2）弹出如图 10-67 所示的“固定轮廓铣”对话框，单击“选择或编辑切削区域几何体”按钮，弹出“切削区域”对话框，选择如图 10-68 所示的切削区域。

图 10-67　“固定轮廓铣”对话框

图 10-68　“固定轮廓铣”切削区域

3）在“驱动方法”中选择“边界”，单击“编辑”按钮，打开如图 10-69 所示的“边界驱动方法”对话框，单击“选择或编辑驱动几何体”按钮，弹出如图 10-70 所示的“边界几何体”对话框，“模式”选择“曲线/边”，“材料侧”选择“外部/右”，指定如图 10-71 所示的驱动边界，单击“确定”按钮。在“驱动设置”栏中“切削模式”选择“往复”，“平面直径百分比”设置为 50，“切削角”设置为“自动”，单击“确定”按钮。

4）单击“切削参数”按钮，弹出如图 10-72 所示的“切削参数”对话框，在“更多”选项卡中设置“最大步长”为“30%刀具”，“向上斜坡角”为 90、“向下斜坡角”为 90，其余设置保持默认值。

5）单击“非切削移动”按钮，弹出如图 10-73 所示的“非切削移动”对话框，在“开放区域”栏中设置“进刀类型”为“圆弧-平行于刀轴”、“半径”为“50%刀具”、“圆弧角度”为 90、“旋转角度”为 0；在“根据部件/检查”栏中设置“进刀类型”为“线性”、“长度”为“80%刀具”、“旋转角度”为 180、“斜坡角度”为 45。单击“确定”按钮。

6）进行完以上全部设置后，在“操作”栏中单击“生成”图标，生成刀轨，如图 10-44

所示。单击“确认”图标，实现刀轨的可视化，可进行刀轨的动画演示和察看。

图 10-69 “边界驱动方法”对话框

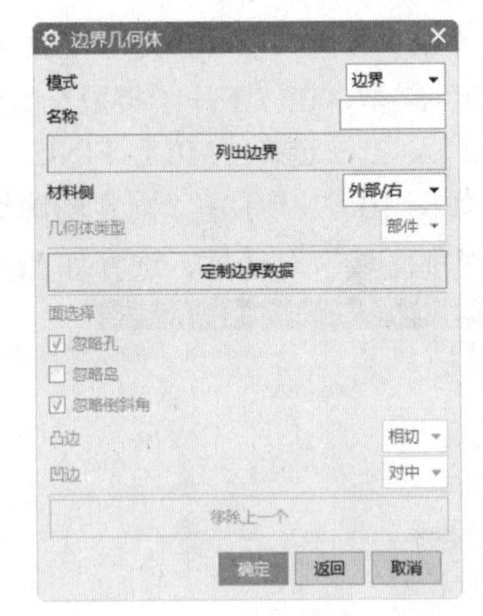

图 10-70 “边界几何体”对话框

图 10-71 指定的边界

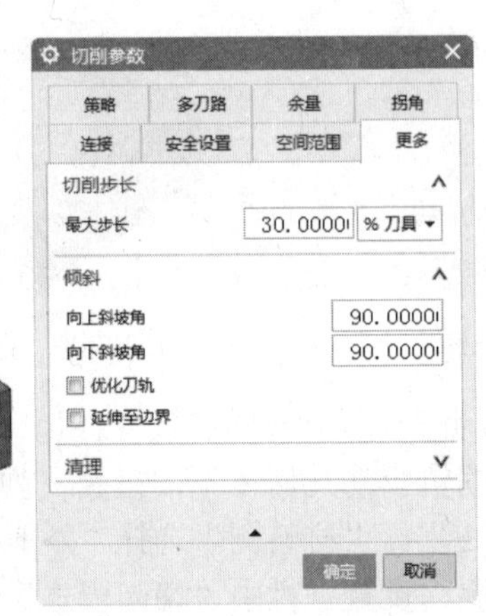

图 10-72 “切削参数”对话框

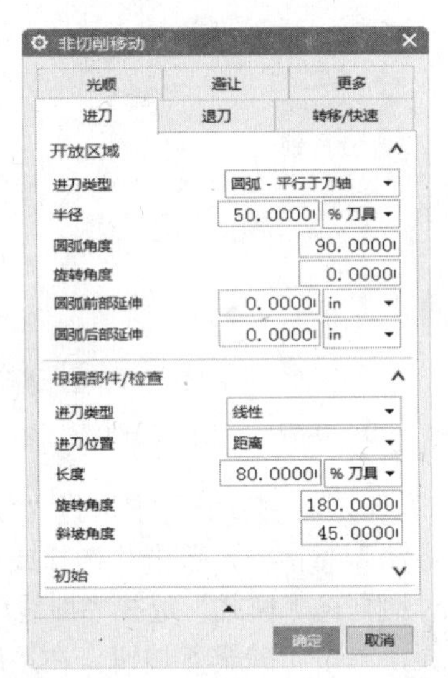

图 10-73 “非切削移动”对话框

10.4 轮廓铣加工综合实例 2

打开下载的源文件中的相应文件，图 10-74 所示为待加工型芯工件。本实例将使用“FIX_CONTOUR”铣驱动加工方式对其进行加工，“驱动方法”为“区域铣削”。此种方法相当于“CONTOUR_FLOW”方式。

图 10-74　待加工型芯工件

10.4.1 创建刀具

1）选择“主页”选项卡→“刀片”组→“创建刀具”图标，弹出“创建刀具”对话框，选择“mill_contour”类型，选择“MILL”刀具子类型，输入名称为“T1”，其他采用默认设置，单击“确定”按钮。

2）弹出“铣刀-5 参数”对话框，输入“直径”为 0.25、“下半径”为 0.125、“长度”为 3，锥角和尖角为 0，刀刃长度为 2，刀刃为 2，其他采用默认设置，单击“确定”按钮。

10.4.2 创建几何体

1）选择“主页”选项卡→“刀片”组→“创建几何体”图标，弹出“创建几何体”对话框，选择“mill_contour”类型，选择“MILL_AREA”几何体子类型，名称为“MILL_AREA”，其他采用默认设置，单击“确定”按钮。

2）弹出如图 10-75 所示的“铣削区域”对话框。单击“选择或编辑部件几何体”按钮，选择如图 10-74 所示的整个部件。单击“选择或编辑切削区域几何体”按钮，指定切削区域，如图 10-76 所示。

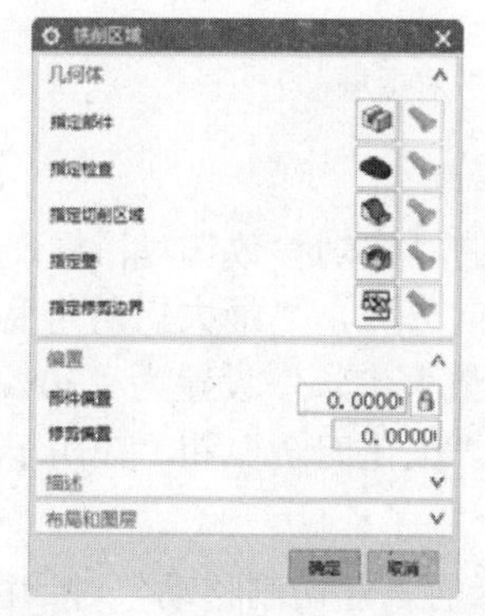

图 10-75　“铣削区域”对话框

图 10-76　指定的切削区域

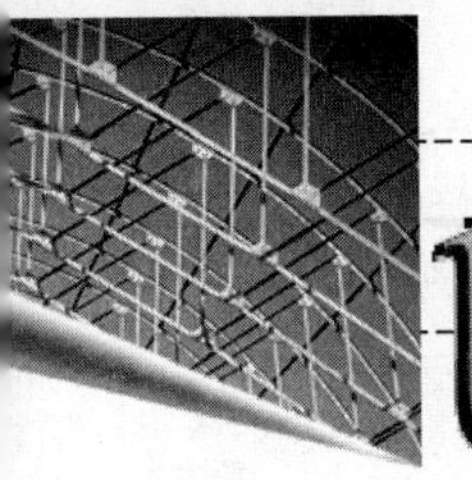

10.4.3 创建工序

1）选择“主页”选项卡→“刀片”组→“创建工序”图标，弹出“创建工序”对话框，选择“mill_contour”类型，在“工序子类型”中选择“固定轮廓铣”，选择“MILL_AREA”几何体，刀具选择“T1”，方法选择“MILL_FINISH”，其他采用默认设置，单击“确定”按钮。

2）弹出“固定轮廓铣”对话框，在“驱动方式”栏中，“方法”选择“区域铣削”，打开如图 10-77 所示的“区域铣削驱动方法”对话框。在“陡峭空间范围”栏中“方法”选择“无”，在“驱动设置”栏中“非陡峭切削模式”选择“跟随周边”，“刀路方向”选择“向外”，“切削方向”选择“顺铣”，“平面直径百分比”为 50，“步距已应用”选择“在平面上”。

图 10-77　“区域铣削驱动方法”对话框

3）单击“切削参数”按钮，弹出如图 10-78 所示的“切削参数”对话框。在“策略”选项卡中“切削方向”选择“顺铣”，“刀路方向”选择“向外”，“最大拐角角度”为 135°，选中“在边上滚动刀具”复选框；在“更多”选项卡中“最大步长”设置为“30%刀具”，“向上斜坡角”设置为 90，“向下斜坡角”设置为 90，选中“优化刀轨”和“应用于步进”，单击“确定”按钮。

4）单击“非切削移动”按钮，弹出如图 10-79 所示的“非切削移动”对话框。在“进刀”选项卡的“开放区域”栏中“进刀类型”选择“插削”，“高度”设置为“200%刀具”；在“根据部件/检查”栏中“进刀类型”选择“与开放区域相同”；在“初始”栏中“进刀类型”选择“与开放区域相同”。在“退刀”选项卡的“开放区域”栏中“退刀类型”选择“与进刀相同”。在“根据部件/检查”栏中“退刀类型”选择“与开放区域退刀相同”，在“最终”栏中“退刀类型”选择“与开放区域退刀相同”。

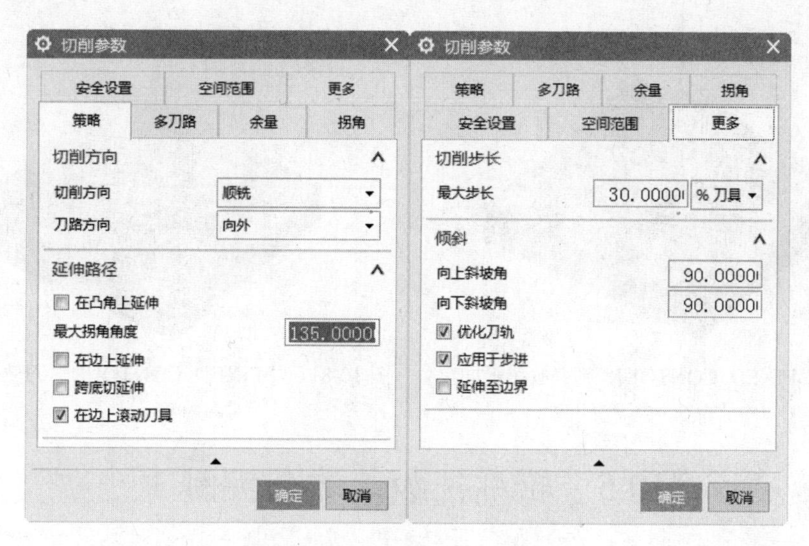

图 10-78 “切削参数”对话框

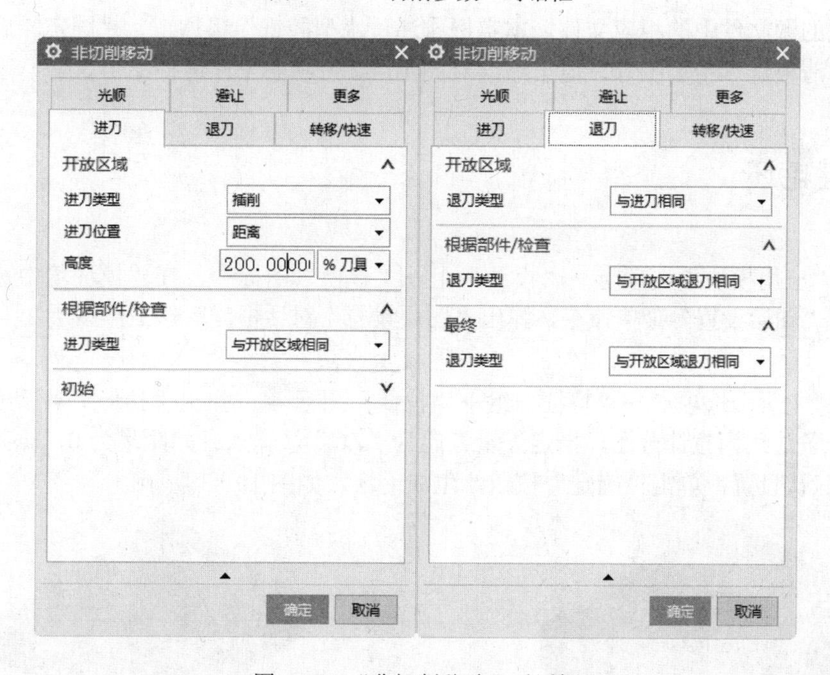

图 10-79 “非切削移动”对话框

5）在“操作”栏中单击“生成”图标，生成刀轨，如图 10-80 所示。单击“确认”图标，实现刀轨的可视化，可进行刀轨的动画演示和察看。

6）为“控制加工残留高度”，可将图 10-77“区域铣削驱动方法”对话框中“驱动设置”栏

中的“步距已应用”设置为“在部件上”，单击“生成”图标和“确认”图标后，生成的刀轨如图 10-81 所示。

图 10-80 “FIXED_CONTOUR”刀轨(在平面上)

图 10-81 “FIXED_CONTOUR”刀轨(在部件上)

10.5 轮廓铣加工综合实例 3

打开下载的源文件中的相应文件，本实例将通过“型腔铣”粗加工、“固定轮廓铣”半精加工、“多刀路清根铣”精加工等三道工序，对图 10-82 所示的工件进行加工。

10.5.1 创建毛坯

1）选择“应用模块”选项卡→“设计”组→“建模”图标，在建模环境中选择“菜单”→“格式”→“图层设置”菜单命令，弹出“图层设置”对话框。新建工作图层 2，单击“关闭”按钮。

2）选择“主页”选项卡→“特征”组→“拉伸”图标，弹出“拉伸”对话框，选择加工部件的底部 4 条边线为拉伸截面，指定矢量方向为“ZC”，输入开始距离为 0，输入结束距离为 1，其他采用默认设置，单击“确定”按钮，生成毛坯，如图 10-83 所示。

图 10-82 工件

图 10-83 毛坯

创建几何体

1）选择“应用模块”选项卡→“加工”组→“加工”图标，进入加工环境。在上边框条中选择“几何视图”，选择“主页”选项卡→“刀片”组→“创建几何体”图标，弹出“创建几何体”对话框，选择“mill_contour”类型，选择“WORKPIECE”几何体子类型，其他采用默认设置，单击“确定”按钮。

2）弹出“工件”对话框，单击“选择或编辑部件几何体”按钮，选择如图 10-82 所示的工件。单击“选择或编辑毛坯几何体”按钮，选择如图 10-83 所示的毛坯。单击“确定”按钮。

3）选择“菜单”→“格式”→“图层设置”命令，弹出如图 10-84 所示的“图层设置”对话框。选择图层 1 为工作图层，并取消图层 2 的勾选，隐藏毛坯，单击“关闭”按钮。

10.5.2 创建刀具

1）选择“主页”选项卡→“刀片”组→“创建刀具”图标，弹出“创建刀具”对话框，选择“mill_contour”类型，选择“MILL”刀具子类型，输入名称为“T1”，其他采用默认设置，单击“确定”按钮。

2）弹出“铣刀-5 参数”对话框，输入“直径”为 0.5、“下半径”为 0.25、“长度”为 2、“刀刃长度”为 1.5、“刀刃”为 2，其他采用默认设置，单击“确定”按钮。

10.5.3 型腔铣

1）选择“主页”选项卡→“刀片”组→“创建工序”图标，弹出“创建工序”对话框，选择“mill_contour”类型，在“工序子类型”中选择“型腔铣”，选择“WORKPIECE”几何体，刀具选择“T1”，方法为“MILL_ROUGH”，其他采用默认设置，单击“确定”按钮。

2）弹出“型腔铣”对话框，在“刀轨设置”栏中设置“切削模式”为“跟随部件”、“平面直径百分比”为 25、“公共每刀切削深度”为“恒定”、“最大距离”为 0.25in，如图 10-85 所示。

3）单击“切削参数”图标，弹出如图 10-86 所示的“切削参数”对话框，在“策略”选项卡中“切削方向”选择“顺铣”，其余参数保持默认值，单击“确定”按钮。

4）单击“非切削移动”按钮，弹出如图 10-87 所示的“非切削移动”对话框，在“进刀”选项卡的“封闭区域”栏中“进刀类型”选择“螺旋”，设置“直径”为“90%刀具”、“斜坡角度”为 15、“高度”为 0.1in、“最小安全距离”为 0.1in、“最小斜坡长度”为“90%刀具”；在“开放区域”栏中“进刀类型”选择“线性”，设置“长度”为“50%刀具”、“最小安全距离”为“50%刀具”。单击“确定”按钮。

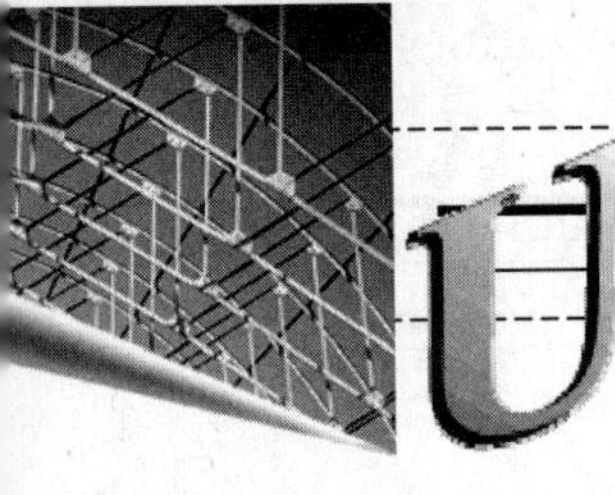

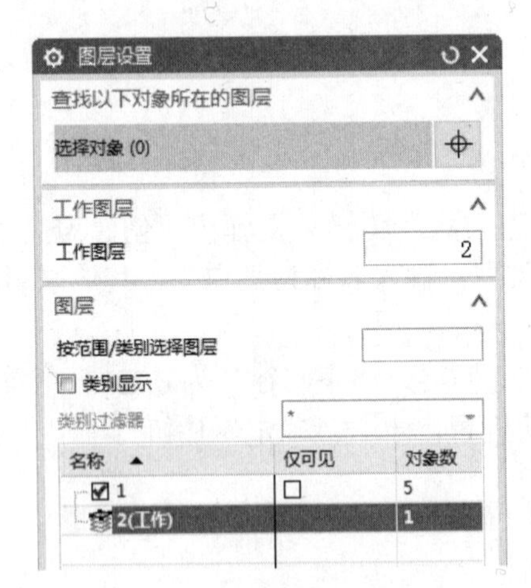

图 10-84 “图层设置”对话框

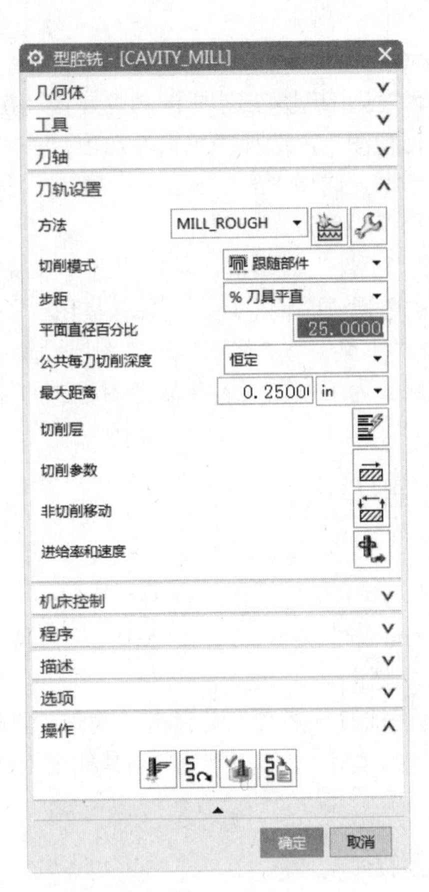

图 10-85 “型腔铣”对话框

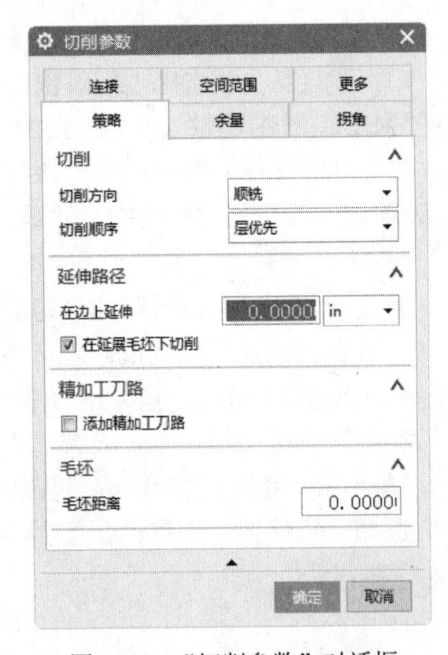

图 10-86 “切削参数”对话框

5）在“操作栏”中单击“生成”图标，生成刀轨，如图 10-88 所示。单击“确认”图标，实现刀轨的可视化，可进行刀轨的动画演示和察看。

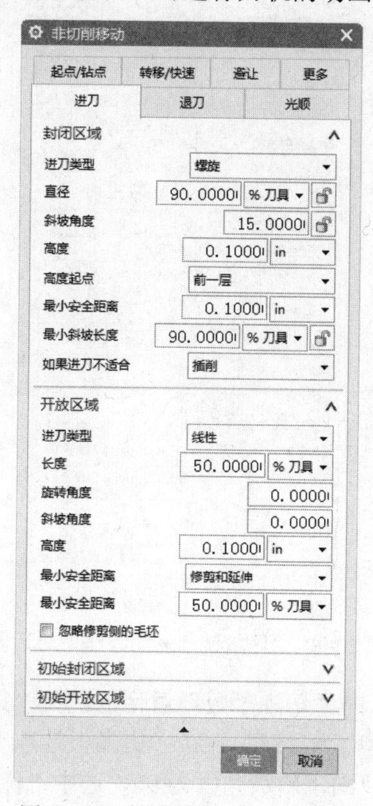

图 10-87　“非切削移动”对话框

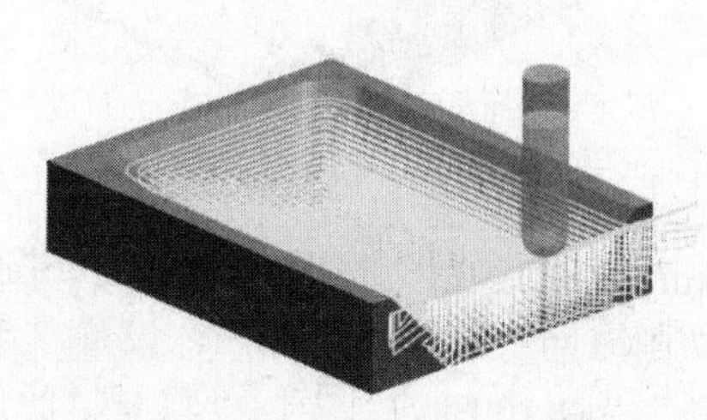

图 10-88　生成的“型腔铣”刀轨

10.5.4 固定轮廓铣

下面利用“固定轮廓铣”铣削方法对工件进行半精加工，切削方式为 Zig-Zag（往复）。

1）选择“主页”选项卡→“刀片”组→“创建工序”图标，弹出“创建工序”对话框，选择“mill_contour”类型，在工序子类型中选择“固定轮廓铣”，选择“WORKPIECE”几何体，刀具为“T1”，方法选择“MILL_SEMI_FINISH”，其他采用默认设置，单击“确定”按钮。

2）弹出“固定轮廓铣”对话框，单击“选择或编辑切削区域几何体”按钮，弹出“切削区域”对话框，选择如图 10-89 所示的切削区域，单击“确定”按钮。

3）在“驱动方法”栏中“方法”选择“区域铣削”，单击“编辑”按钮，弹出如图 10-90 所示的“区域铣削驱动方法”对话框，设置“方法”为“无”、“非陡峭切削模式”为“往复”、“切削方向”为“顺铣”、“平面直径百分比”为“20”、“步距已应用”为“在平面上”，单击“确定”按钮。

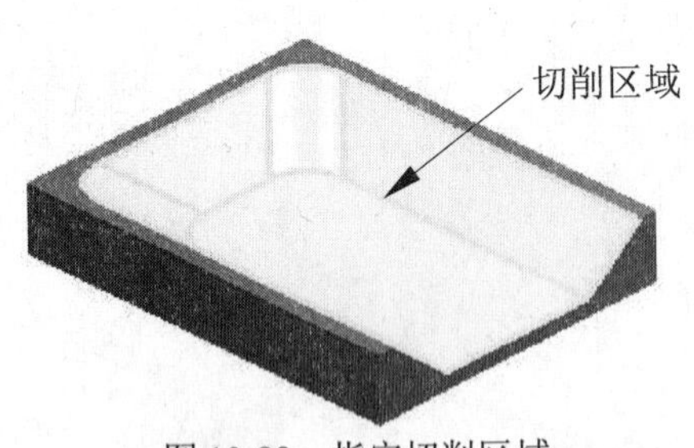

图 10-89　指定切削区域

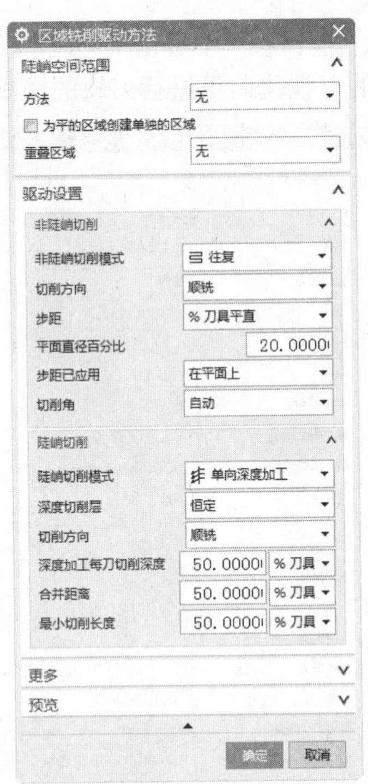

图 10-90　“区域铣削驱动方法”对话框

4）单击“切削参数”按钮，弹出如图 10-91 所示的“切削参数”对话框。在“策略”选择卡中“切削方向”选择“顺铣”，设置“最大拐角角度”为 135°；在“更多”选项卡中设置“最大步长”为“100%刀具”、“向上斜坡角”为 90，“向下斜坡角”为 90，选中“优化刀轨”和“应用于步进”，其余参数保持默认值，单击“确定”按钮。

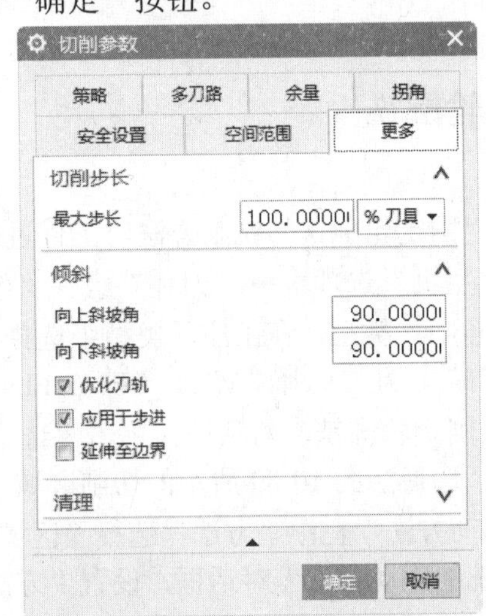

图 10-91　“切削参数”对话框

5）单击“非切削移动”按钮，弹出如图 10-92 所示的“非切削移动”对话框，在“进刀”选项卡的“开放区域”栏中“进刀类型”选择“插削”，设置“高度”为“200%刀具”；在“转移/快速”选项卡的“区域距离”栏中设置“区域距离”为“200%刀具”。单击“确定”按钮。

图 10-92　“非切削移动”对话框

6）进行完以上全部设置后，在“操作”栏中单击“生成”图标，生成刀轨，如图 10-93 所示。单击“确认”图标，实现刀轨的可视化，可进行刀轨的动画演示和察看。

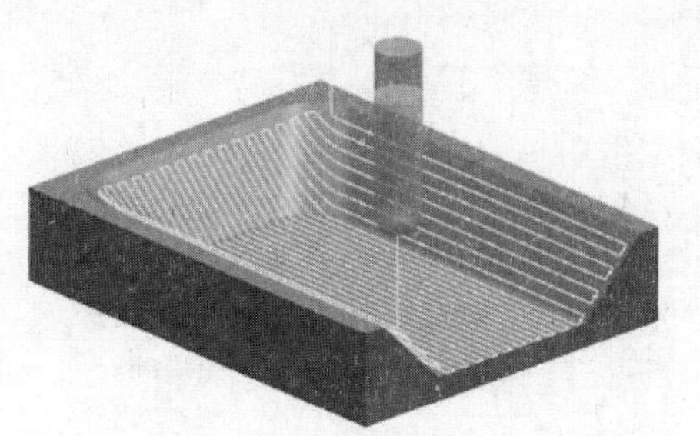

图 10-93　生成“固定轮廓铣”刀轨

10.5.5 多刀路清根铣

下面利用“多刀路清根”驱动方式进行精加工。铣削方式选择“MILL_FINISH”。

1）选择“主页”选项卡→“刀片”组→“创建工序”图标，弹出“创建工序”对话框，选择“mill_contour”类型，在“工序子类型”中选择“多刀路清根”，选择“WORKPIECE”几何体，刀具选择“T1”，方法选择“MILL_FINISH”，其他采用默认设置，单击“确定”按钮。

2）弹出如图 10-94 所示的“多刀路清根”对话框，单击“选择或编辑切削区域几何体”图标，弹出“切削区域”对话框，选择切削区域，如图 10-89 所示。

3）在“驱动几何体”栏中设置“最大凹度”为165、“最小切削深度”为0.03in、“合并距离”为0.03 in，如图10-95所示。

图10-94 “多刀路清根”对话框

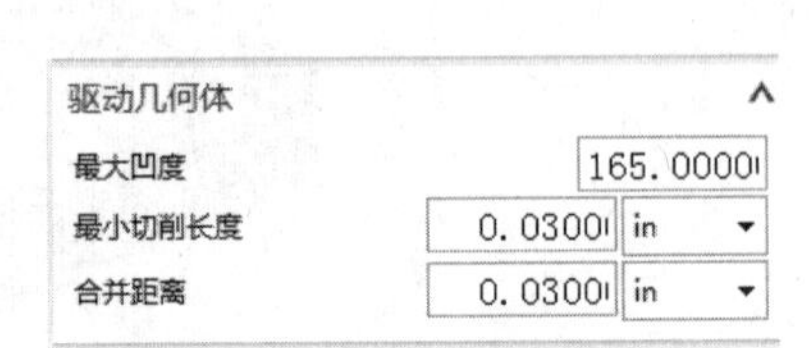

图10-95 “驱动几何体”栏

4）在“驱动设置”栏中设置“非陡峭切削模式”为“往复”、“步距”为0.1、“每侧步距数”为11、“顺序”为“由内向外”，如图10-96所示。

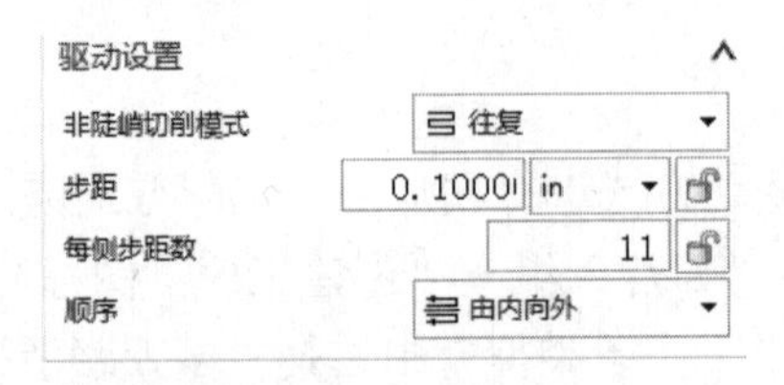

图10-96 “驱动设置”栏

5）单击“切削参数”按钮，弹出如图10-97所示的“切削参数”对话框，在“更多”选项卡中设置“最大步长”为“100%刀具”，其他参数保持默认值，单击“确定”按钮。

图 10-97 “切削参数”对话框

6）单击“非切削移动”按钮，弹出如图 10-98 所示的“非切削移动”对话框，在“转移/快速”选项卡的“区域距离”栏中设置“区域距离”为“200%刀具”，其他参数保持默认值，单击“确定”按钮。

7）在“机床控制”栏“运动输出类型”中选择“圆弧-垂直于刀轴”。

8）在“操作”栏中单击“生成”图标，生成刀轨，如图 10-99 所示。单击“确认”图标，实现刀轨的可视化，可进行刀轨的动画演示和察看。

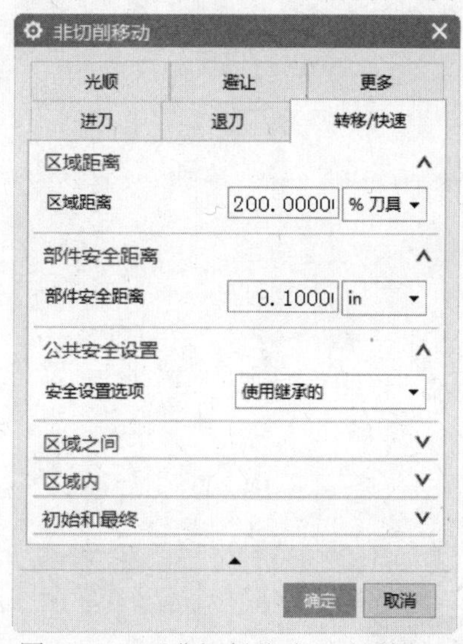

图 10-98 “非切削移动”对话框

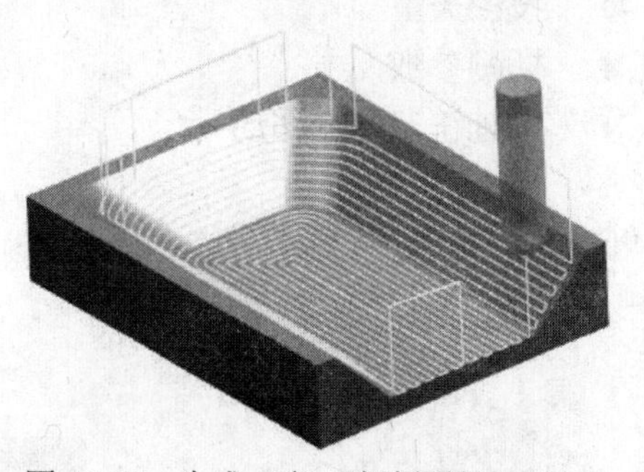

图 10-99 生成“多刀路清根铣”刀轨

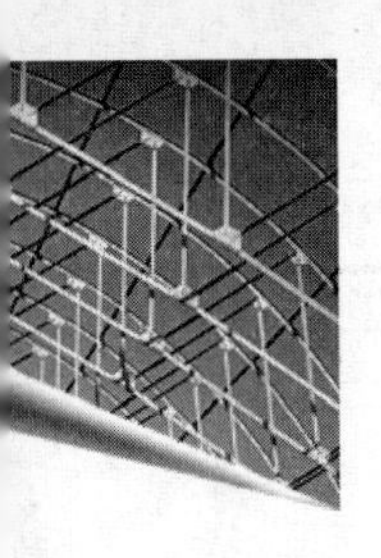

第4篇 多轴铣加工篇

本篇介绍了多轴铣的基本概念和多种操作类型，重点讲述了投影矢量、多轴铣驱动方式、可变流线铣、刀轴等多轴铣重要的概念和设置方法，并针对不同的知识点给出了详细的示例说明，最后给出了综合示例，旨在通过练习来提高读者对多轴铣操作的理解和掌握程度。在学完本篇内容后，读者可以初步掌握多轴铣的操作方法。

第 11 章 多轴铣基本参数

多轴铣包括固定轴曲面轮廓铣和可变轴曲面轮廓铣。“固定轴”和“可变轴”是用于精加工由曲面轮廓形成的区域的加工方式。它们允许通过精确控制刀轴和投影矢量来使刀具沿着非常复杂的曲面进行复杂轮廓运动。

本章将讲述多轴铣加工的基础理论和基本参数的设置方法。

内容要点

- 多轴铣子类型
- 投影矢量
- 切削参数
- 多轴铣非切削移动

案例效果

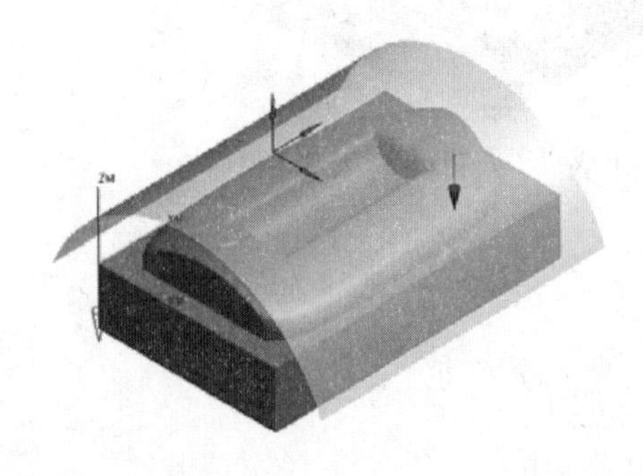
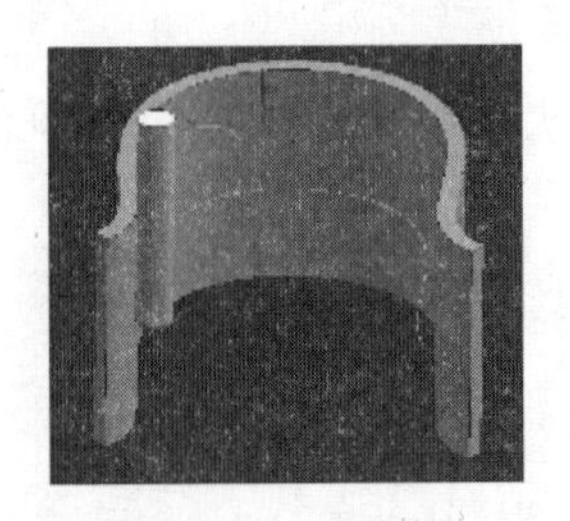

11.1 概述

“固定轴曲面轮廓铣”刀具路径是通过将驱动点投影至零件几何体上来进行创建的。驱动点从曲线、边界、面或曲面等驱动几何体生成，并沿着指定的投影矢量投影到零件几何体上。然后，刀具定位到部件几何体以生成刀具路径。

“固定轴曲面轮廓铣”的主要控制要素为驱动几何（Drive Geometry)），系统首先在驱动几何上产生一系列驱动点阵，并将这些驱动点沿着指定的方向投影至零件几何表面，刀具位于与零件表面接触的点上，从一个点运动到下一个切削点。“固定轴曲面轮廓铣”刀具路径的生成分两个阶段：首先在指定的驱动几何上产生驱动点，然后将这些驱动点沿指定的矢量方向投影到零件几何表面形成接触点。

在固定轴曲面轮廓铣中，所有部件几何体都是作为有界实体处理的。相应的，由于曲面轮廓铣实体是有限的，因此刀具只能定位到部件几何体（包括实体的边）上现有的位置。刀具不能定位到部件几何体的延伸部分。但驱动几何体是可延伸的。图11-1所示为使用驱动曲面的可变轮廓。

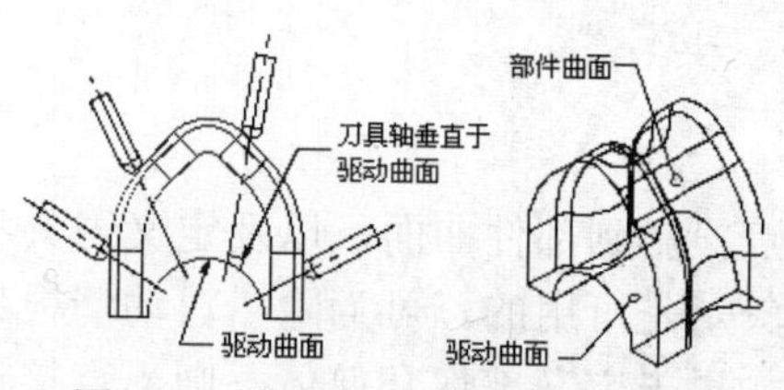

图11-1 使用驱动曲面的可变轮廓

11.1.1 生成驱动点

驱动点可以从部分或全部零件几何中创建，也可以从其他与零件几何不相关联的几何上创建。

图11-2所示为通过将驱动点从有界平面投影到部件曲面上来创建操作，即首先在边界内创建驱动点阵列，然后沿指定的投影矢量将其投影到部件曲面上。

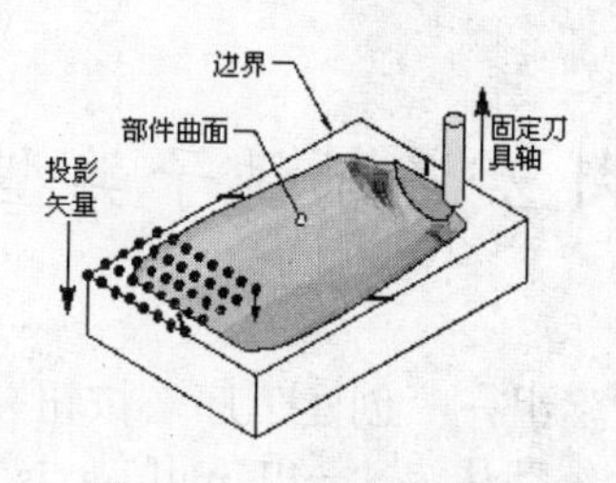

图11-2 驱动点的投影

11.1.2 投影驱动点

将产生的驱动点投影到零件几何表面上产生接触点，刀具将定位到部件曲面上的接触点，如图 11-3 所示。当刀具在部件上从一个接触点运动到另一个点时，可使用刀具尖端的“输出刀具位置点”来创建刀轨。

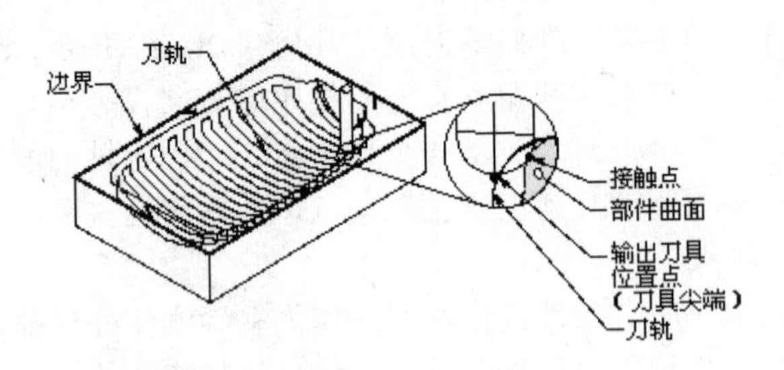

图 11-3　边界驱动方式

11.1.3 投影矢量

投影矢量允许定义将驱动点投影到部件曲面，以及定义刀具将接触的部件曲面的侧面。所选的驱动方式决定了哪些投影矢量是可用的。可为除“自动清根”（不使用投影矢量）以外的所有驱动方式定义投影矢量。如果未定义部件几何体，则当直接在驱动几何体上加工时，不使用投影矢量。

11.1.4 驱动方式

驱动方式允许定义创建刀轨时所需的驱动点。有些驱动方式允许沿着曲线创建一串驱动点，而其他方式则允许在一个区域内创建驱动点阵列。一旦定义了驱动点，即可用它们来创建刀轨。如果未选择部件几何体，则直接从驱动点创建刀轨。否则，可通过将驱动点沿投影矢量投影到部件曲面来创建刀轨。

11.2 多轴铣子类型

选择“主页”选项卡→“刀片”组→“创建工序”按钮，弹出如图 11-4 所示的“创建工序”对话框。在“类型”栏中，系统默认为“mill_multi-axis”，即选择“多轴铣”类型。

在“工序子类型”选项组中列出了多轴铣的所有加工方法，一共有 11 种子类型，介绍其中 6 种子类型如下：

图 11-4　“创建工序”对话框

（1）可变轮廓铣　用于以各种驱动方法、空间范围和切削模式对部件或切削区域进行轮廓铣。对于刀轴控制，有多种选项。

（2）可变流线铣　该方式可以以相对较短的刀具路径获得到较为满意的加工效果。

（3）外形轮廓铣　采用外形轮廓铣驱动方法。通过选择底部面，使用这种铣削方式可借助刀具侧面来加工斜壁。

（4）固定轮廓铣　用于以各种驱动方法、空间范围和切削模式对部件或切削区域进行轮廓铣。刀轴可以设为用户定义矢量。

（5）深度五轴铣　用一个较短的刀具精加工陡峭的深壁和带小圆角的拐角，而不是像固定轴操作中那样要求使用较长的小直径刀具。刀具越短，进给率和切削载荷越高，生产效率越高。

（6）顺序铣　刀具借助部件曲面、检查曲面和驱动曲面来驱动。当需要对刀具运动、刀轴和循环进行全面控制时，则使用这种铣削。

11.3 投影矢量

“投影矢量”是大多数“驱动方式”共用的选项。它用于决定“驱动点”投影到“部件表面”的方式。“投影矢量”定义驱动点投影到部件表面的方式和刀具要接触的部件表面侧，“投影矢量”示意图如图 11-5 所示，“驱动点”沿着“投影矢量”投影到“部件表面”上。

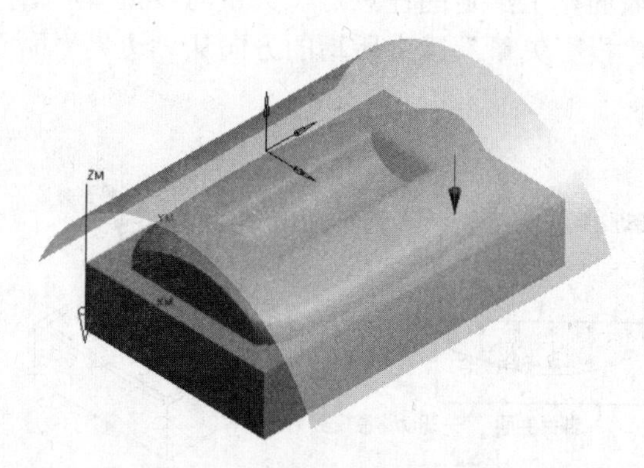

图 11-5　“投影矢量”示意图

11.3.1 投影矢量简介

“投影矢量”的方向决定刀具要接触的部件表面侧。刀具总是从“投影矢量”逼近的部件表面一侧定位到部件表面上。驱动点投影到部件表面如图 11-6 所示。“驱动点”移动时以“投影矢量”的相反方向（仍然沿着矢量轴）从“驱动曲面”投影到“部件表面”，如图中箭头的相反方向所示。在图 11-6 中，驱动点 p1 即以“投影矢量”的相反方向投影到“部件表面”上来创建 p2。

注意

选择“投影矢量”时要小心，要避免出现“投影矢量”平行于“刀轴矢量”或“投影矢量”垂直于部件表面法向的情况。这些情况可能会引起刀轨的竖直波动。

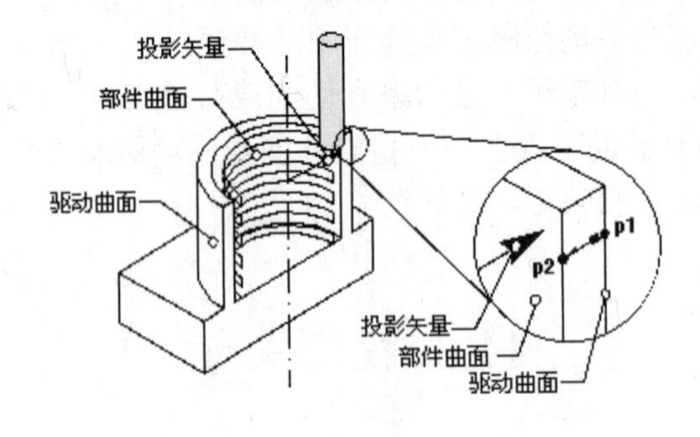

图 11-6 驱动点投影到部件表面

可用的“投影矢量”类型由“驱动方式”决定。“投影矢量”选项是所有的“驱动方式”（除“自动清根”之外）所共有的。

图 11-6 说明了“驱动点”如何投影到“部件表面”上。在该图中中，“投影矢量”被定义为“固定的”。在“部件表面”上给定的任意点，矢量与 ZM 轴平行，要投影到“部件表面”上，则“驱动点”必须以“投影矢量”箭头所指的方向从“边界平面”进行投影，如图 11-7 所示。

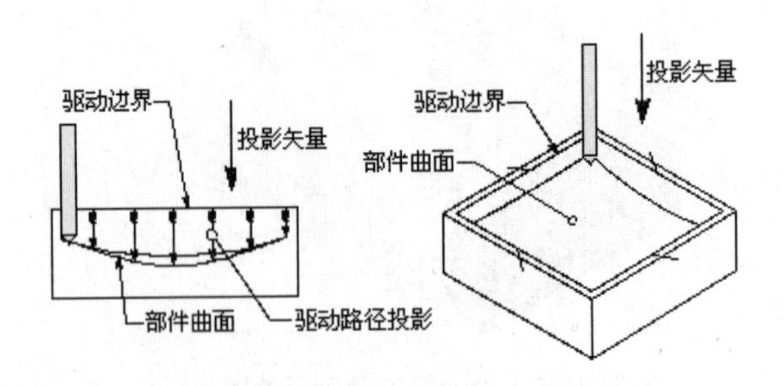

图 11-7 刀轨以投影矢量的方向投影

“投影矢量”的方向决定了刀具要接触的“部件表面”侧，图 11-8 说明了“投影矢量”的方向如何决定刀具要接触的“部件表面”侧。在图 11-8～图 11-12 中，刀具接触相同的“部件表面”（圆柱内侧），但是接触侧根据“投影矢量”方向的不同而有所不同。

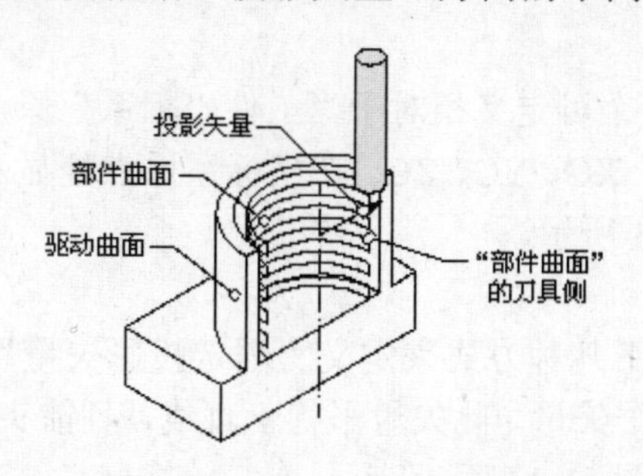

图 11-8　投影矢量决定部件表面的刀具侧

图 11-9 所示为“投影矢量-朝向直线”产生了不需要的结果。刀具沿着“投影矢量”的方向从圆柱的外侧逼近“部件表面”并过切部件。

图 11-10 所示为“投影矢量-远离直线”产生了需要的结果。刀具沿着“投影矢量”的方向从圆柱的内侧逼近“部件表面”且没有过切部件。

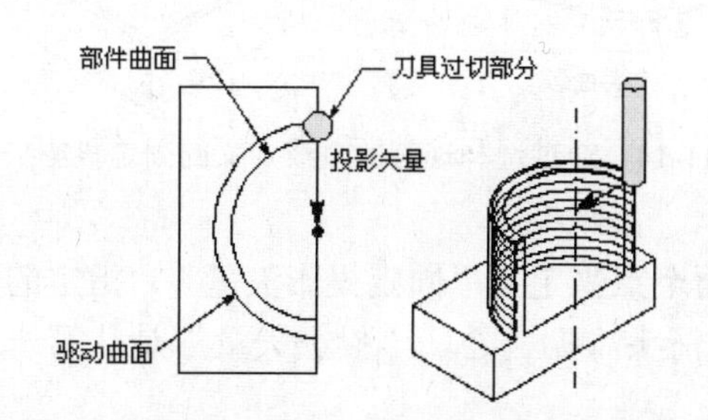

图 11-9　朝向直线的投影矢量

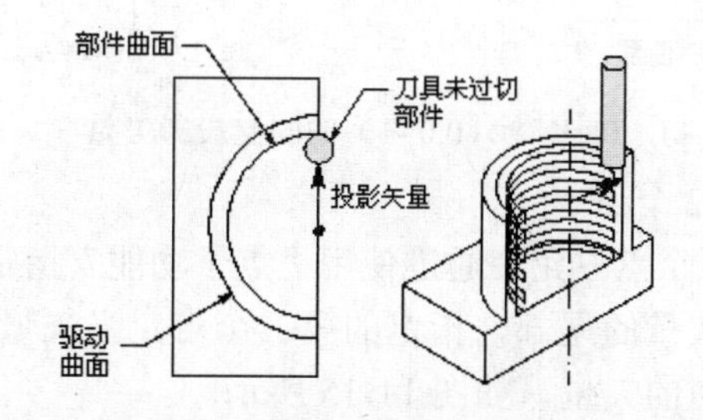

图 11-10　远离直线的投影矢量

使用“远离点”或“远离直线”作为“投影矢量”时，从部件表面到矢量焦点或聚焦线的最小距离必须大于刀具的半径，如图 11-11 所示。必须允许刀具末端定位到投影矢量焦点或者沿着投影矢量聚焦线定位到任何位置，同时不过切部件表面。

当刀具末端定位到焦点或者沿着聚焦线定位到任何位置时，如果刀具过切部件表面，如图 11-12 所示，则系统不能保证生成良好的刀轨。

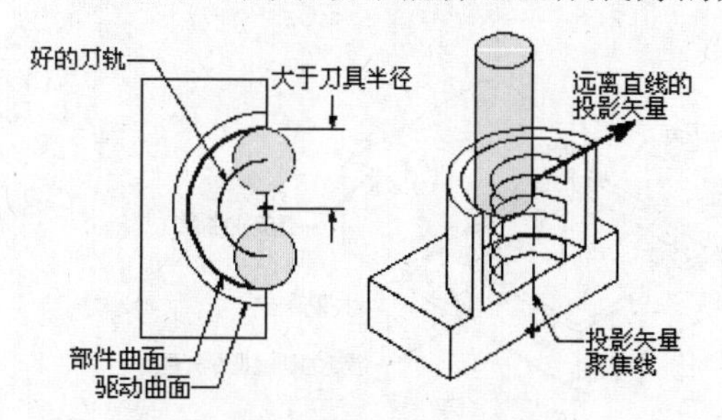

图 11-11　刀具不过切部件表面

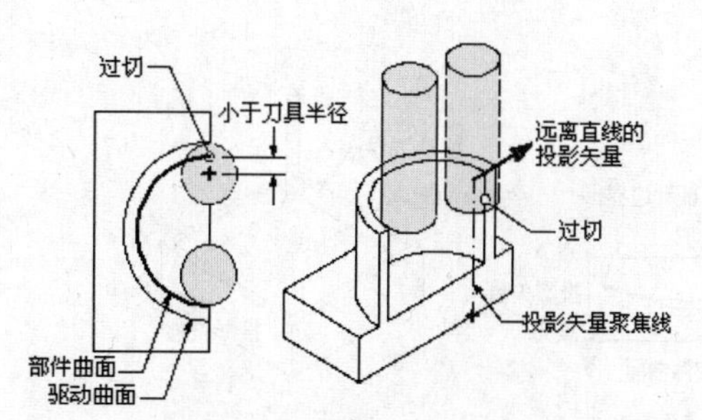

图 11-12　刀具定位到投影矢量聚焦线时过切部件表面

11.3.2 投影矢量点

1．I, J, K 投影矢量

“I, J, K”允许通过键入一个可定义相对于“工件坐标系”原点的矢量的值来定义“固定投影矢量”。I、J、K 分别对应于 XC、YC、ZC。在坐标系原点处显示该矢量。I，J，K 为 (0,0,-1) 是默认的投影矢量，如图 11-13 所示。

2．直线端点

“直线端点”允许通过以下几种方式来定义“固定投影矢量”：定义两个点、选择一条现有的直线或者定义一个点和一个矢量。此矢量平行于直线，且箭头指向第二个选择的点的方向，或者指向所选的直线一端，如图 11-14 所示。

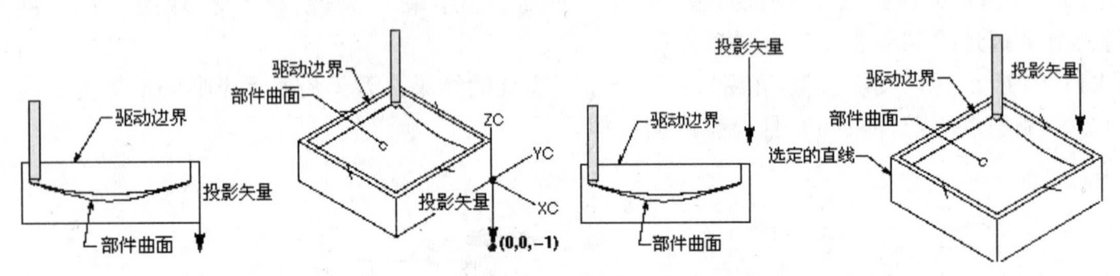

图 11-13　I，J，K 为（0,0,-1）的固定投影矢量　　图 11-14　通过选择现有的直线定义的固定投影矢量

3．2 个点

“2 个点”允许通过使用“点子功能”指定两个点来定义“固定投影矢量”。指定的第一个点定义矢量的尾部，指定的第二个点定义矢量的箭头。换言之，“投影矢量”是从第一个点到第二个点的矢量，如图 11-15 所示。

4．与曲线相切

“与曲线相切”允许定义与所选曲线相切的“固定投影矢量”。可在曲线上指定一个点，选择一条现有的曲线，并在显示的两个相切矢量中选择一个。例如，选择“与曲线相切”作为“投影矢量”，使用“点”对话框定义一个点（如图 11-16 所示的点 a）以放置矢量原点，选择一条曲线以定义矢量斜率（如图 11-16 所示的曲线 b）；选择显示的两个相切矢量之一（如图 11-16 所示的矢量 c）。

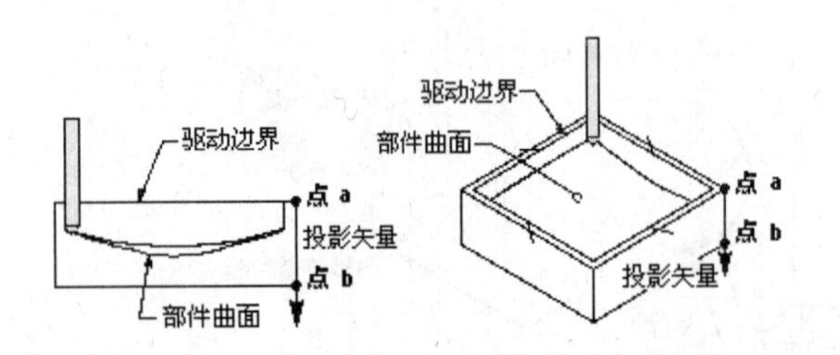

图 11-15　由两个点定义的固定投影矢量

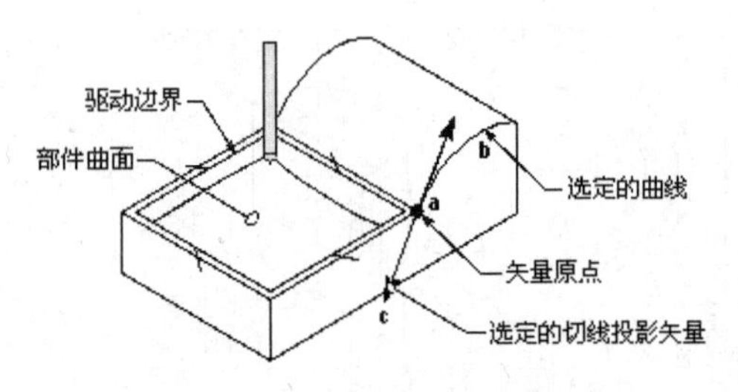

图 11-16　与曲线相切的固定投影矢量

5．球面坐标

“球面坐标”通过两个角度值（Phi 和 Theta）定义固定矢量。Phi 由 +ZC 在 ZC-XC 平面上从 ZC 向 XC 轴旋转所成的角度测得。Theta 是从 XC 向 YC 绕 ZC 轴旋转的角度。由球面坐标定义的固定刀轴如图 11-17 所示。

6．刀轴

“刀轴”根据现有的“刀轴”定义一个“投影矢量”。使用“刀轴”时，“投影矢量”总是指向“刀轴矢量”的“相反”方向。“刀轴”投影矢量如图 11-18 所示。

在图 11-18 中，“投影矢量”向下使得刀具与部件表面从顶部开始接触。“驱动点”从边界平面投影到部件表面上。

注意

如果刀轴在“接触点”处与“部件表面”法向相关（垂直和 4 轴“刀轴”选项），则不能沿着“刀轴”进行投影，系统将会弹出错误提示。

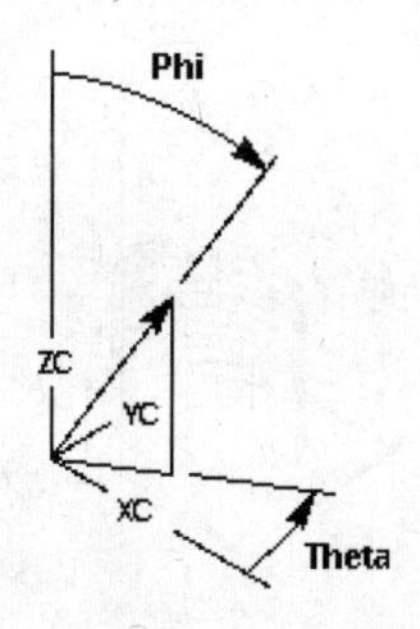

图 11-17　由球面坐标定义的固定刀轴

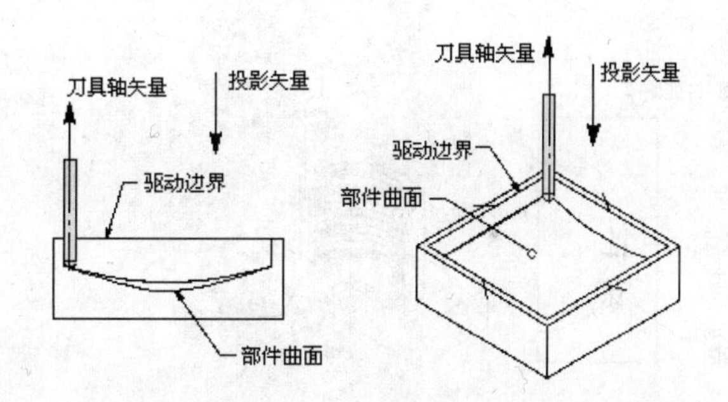

图 11-18　“刀轴”投影矢量

7．远离点

“远离点”创建从指定的焦点向部件表面延伸的“投影矢量”。此选项可用于加工焦点在球面中心处的内侧球形（或类似球形）曲面。“驱动点”沿着偏离焦点的直线从驱动曲面投影到部件表面。焦点与部件表面之间的最小距离必须大于刀具半径。

在图 11-19 中，选择离开点作为“投影矢量”，选择图中所示的点 a，“驱动点”按“投影矢量”的相反方向投影到部件表面上。

8．朝向点

“朝向点”创建从部件表面延伸至指定焦点的“投影矢量”。此选项可用于加工焦点在球面中心处的外侧球形（或类似球形）曲面。

在图 11-20 中，球面同时用作驱动曲面和部件表面。因此“驱动点”以零距离从驱动曲面投影到部件表面。“投影矢量”的方向决定了部件表面的刀具侧，使刀具从外侧向焦点定位。

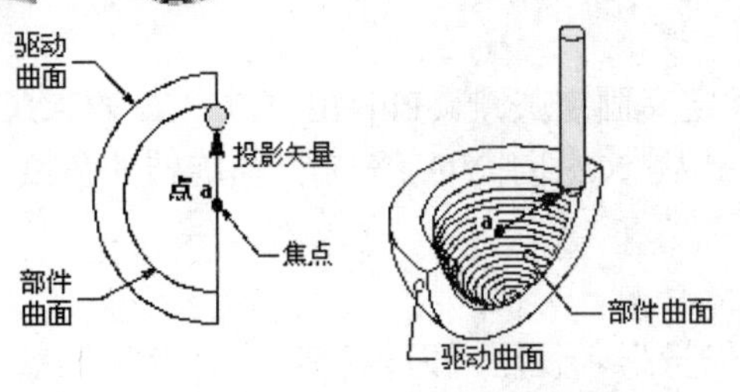

图 11-19　远离点的投影矢量

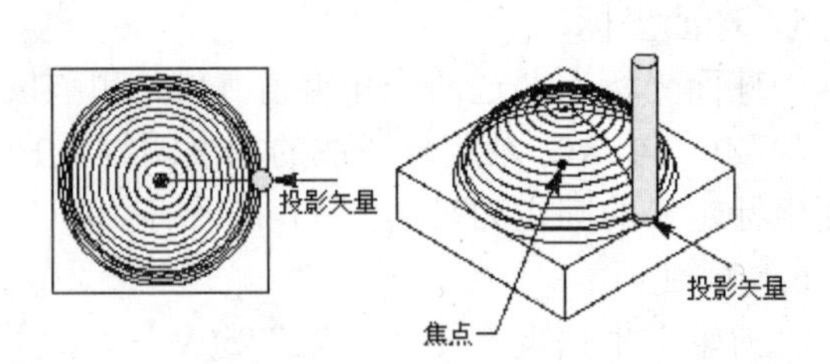

图 11-20　朝向点的投影矢量

11.3.3 投影矢量线概念

1．远离直线

“远离直线”可创建从指定的直线延伸至部件表面的“投影矢量”，可用于加工内部圆柱面，其中指定的直线作为圆柱中心线。刀具的位置将从中心线移到部件表面的内侧，“驱动点”沿着偏离所选聚焦线的直线从驱动曲面投影到部件表面，如图 11-21 所示。聚焦线与部件表面之间的最小距离必须大于刀具半径。

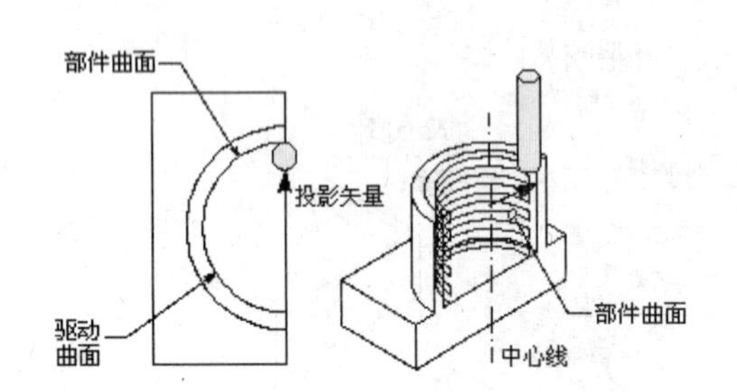

图 11-21　远离直线的投影矢量

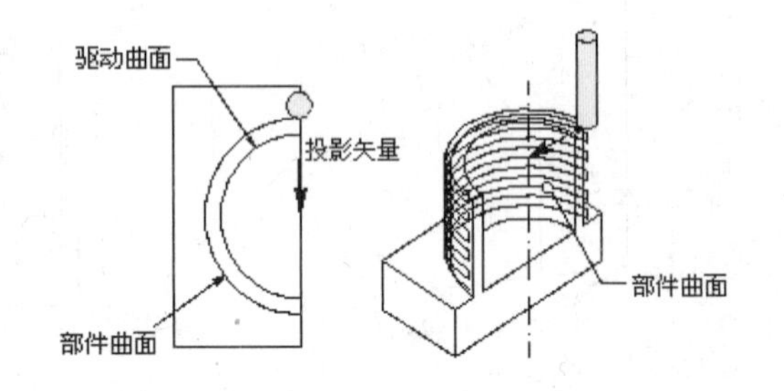

图 11-22　朝向直线的投影矢量

2．朝向直线

“朝向直线”可创建从部件表面延伸至指定直线的“投影矢量”，可用于加工外部圆柱面，其中指定的直线作为圆柱中心线。刀具的位置将从部件表面的外侧移到中心线。“驱动点”沿着向所选聚焦线收敛的直线从驱动曲面投影到部件表面，如图 11-22 所示。

3．垂直于驱动体

“垂直于驱动体”允许相对于驱动曲面法线定义“投影矢量”。只有在使用“曲面驱动方法”时，此选项才是可用的。此选项能够将“驱动点”均匀分布到凸起程度较大的部件表面（相关法线超出 180° 的部件表面）上。与“边界”不同的是，驱动曲面可以用来缠绕部件表面周围的“驱动点”阵列，以便将它们投影到部件表面的所有侧面，垂直于驱动曲面的投影矢量如图 11-23 所示。

当投影垂直于驱动曲面且驱动曲面是一个球面或圆柱面时，它的工作方式与“远离点”“朝向点”或“直线投影矢量”的工作方式一样，这取决于驱动曲面的材料侧。

因为“投影矢量”方向以“材料侧法向矢量”的反向矢量进行计算，因此正确定义“材料侧法向矢量”是十分重要的。“材料侧矢量”应该指向如图 11-23 所示要删除的材料。

4．朝向驱动体

如果使用了“曲面驱动方法”，则应使用“朝向驱动体”投影矢量以避免铣削到计划外的部件几何体。“朝向驱动体”工作方式与“垂直于驱动体”投影方式类似，但有以下区别：

1）它设计用于型腔铣削。

2）驱动曲面位于部件内部。

3）驱动曲面也可以是部件表面。

4）投影从距驱动曲面较短距离的位置处开始（“垂直于驱动曲面”的投影则从无限远处开始）。

5）刀轨受到驱动曲面边界的限制。

典型示例为铣削型腔的内部，如图 11-24 所示。

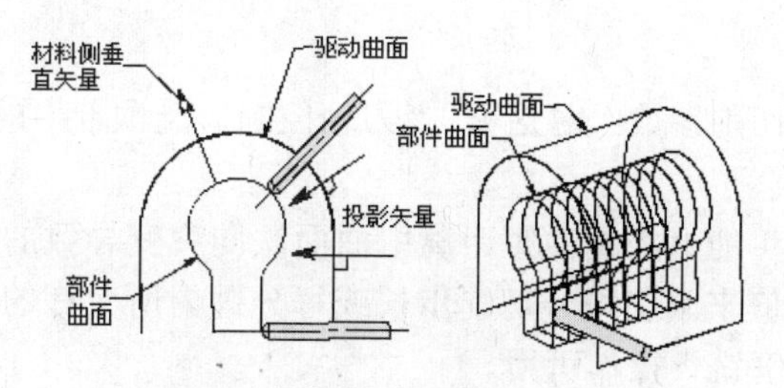

图 11-23　垂直于驱动曲面的投影矢量

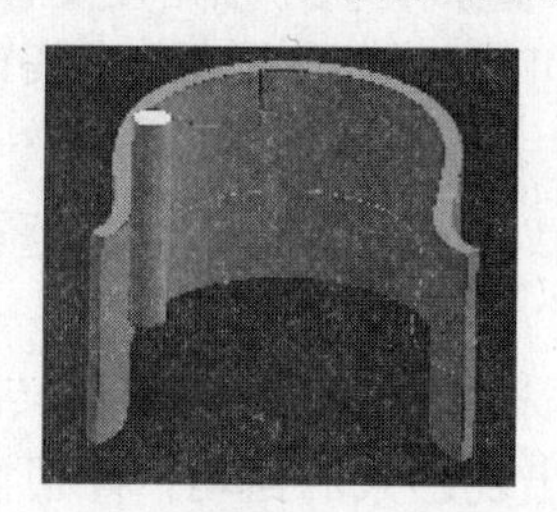

图 11-24　铣削型腔内部（朝向驱动体）

11.4 切削参数

多轴铣的切削参数与轮廓铣等相似，主要包括策略、多刀路、余量、安全设置、空间范围、刀轴控制和更多等选项，“切削参数”对话框如图 11-25 所示。这里只介绍多轴铣中比较特殊的切削参数。

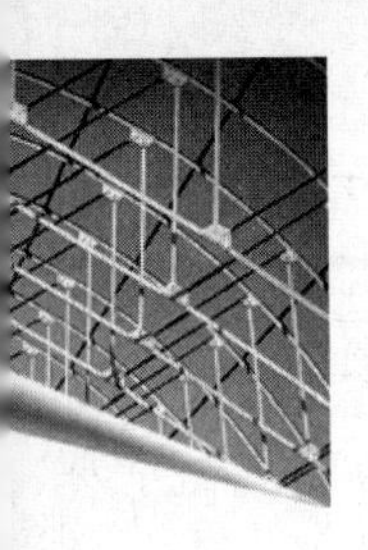

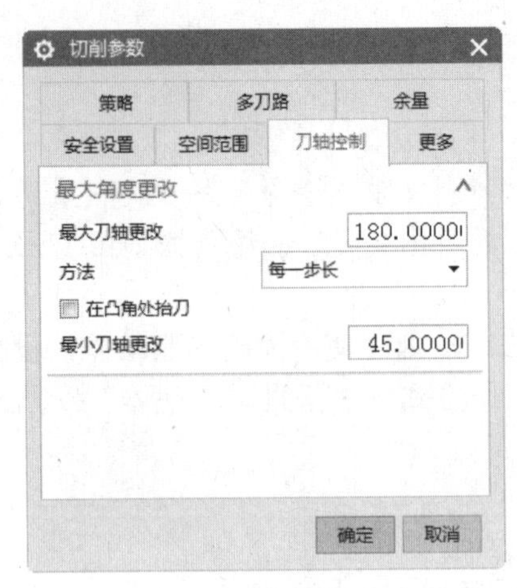

图 11-25　“切削参数”对话框

11.4.1 刀轴控制

可以通过设置“切削参数”对话框 “刀轴控制”选项卡中的参数，实现对刀轴的控制。

1．最大刀轴更改

“最大刀轴更改”能够控制由短距离中曲面法向突变导致的部件表面上刀轴的剧烈变化。它允许指定一个度数值来限制每一切削步长或每分钟内所允许的刀轴角度更改。“最大刀轴更改”仅对于“可变轮廓铣”操作可用。

（1）每一步长　允许指定一个值来限制刀轴角度更改，以度/切削步长为单位。如果步长所需的刀轴更改超出指定限制，则可插入额外的更小步长以便不超出指定的每一步长“最大刀轴更改”值。图 11-26 说明了当指定非常小的“每一步长”值时如何插入额外的步长。小的“每一步长”值可产生更平滑的刀轴运动，从而产生更光滑的精加工表面。然而，若指定太小的“每一步长”值，则会使刀具驻留在一个区域的时间过长。

（2）每分钟　允许指定一个值来限制每分钟内刀轴转过的角度，单位为度。它可以防止旋转轴在曲面中由于小的波状特征而出现过大的摆动，还可防止刀具在尖角处留下驻留痕迹。指定相对较小的值可使刀轴沿曲面的法向缓慢更改，并可产生带有较少刀轴更改的刀轨，如图 11-27 所示。

当刀轴依赖于曲面法向（如垂直于部件、相对于驱动、双 4 轴在驱动体上）以及当精加工带有尖角的曲面或当包含可被刀具以很大程度放大的细微波状特征时，应该使用此选项。将“插补”指定为刀轴时，“每分钟”选项是不可用的。

2．在凸角处抬刀

“在凸角处抬刀”可在切削运动通过凸边时提供对刀轨的附加控制，以防止刀具驻留在这些边上。当选中“在凸角处抬刀”时，它可执行“重定位退刀/移刀/进刀”序列，如图 11-28 所示。可指定“最小刀轴更改”，它可确定将触发退刀运动的刀轴变化。任何所需的刀轴调整都将在转移运动过程中进行。

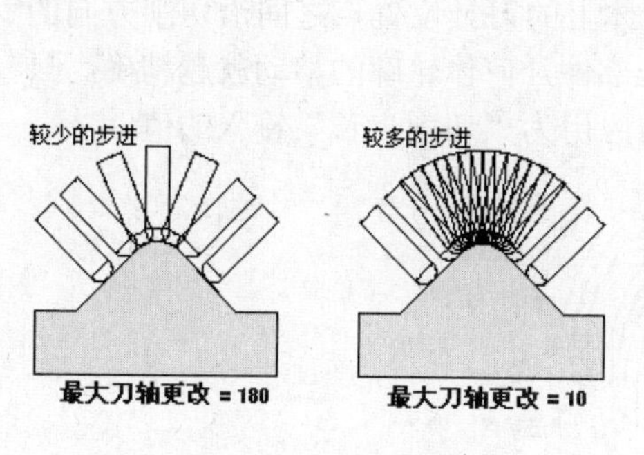

图 11-26　最大刀轴更改

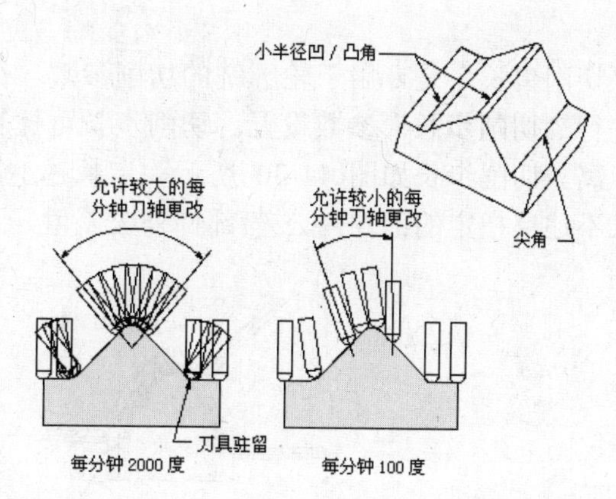

图 11-27　较小的“每分钟”值限制每分钟的刀轴更改

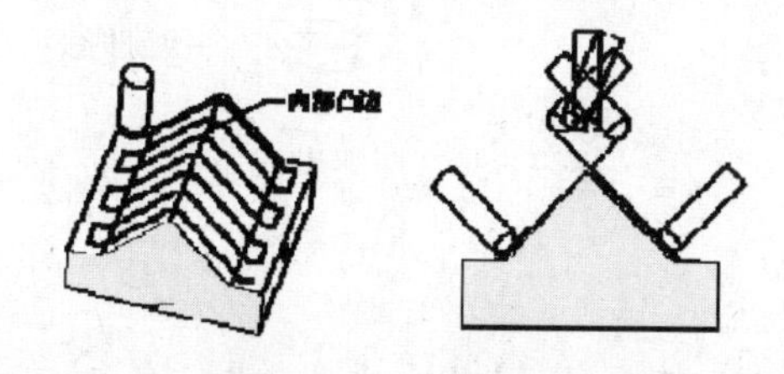

图 11-28　在凸角处抬刀

3．最小刀轴更改

指定一个刀轴角度变化的最小值，以度为单位。

11.4.2 最大拐角角度

“最大拐角角度”是专用于“固定轮廓铣”的切削参数。为了在跨过内凸边进行切削时对刀轨进行额外的控制，可指定最大拐角角度，以免出现抬起动作。最大拐角角度如图 11-29 所示。此抬起动作将输出为切削运动。

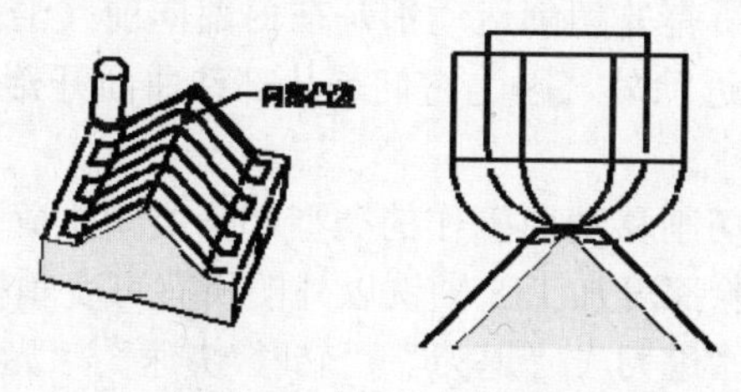

图 11-29　最大拐角角度

11.4.3 切削步长

“切削步长”是专用于轮廓铣的切削参数。在“切削参数”对话框中的“更多”选项中，可以进行“切削步长”参数设置。切削步长可控制壁几何体上的刀具位置点之间沿切削方向的线性距离。切削步长如图 11-30 所示。步长越小，刀轨沿部件几何体轮廓的移动就越精确。只要步长不违反指定的部件内公差/部件外公差值，系统就会应用为“切削步长”输入的值。

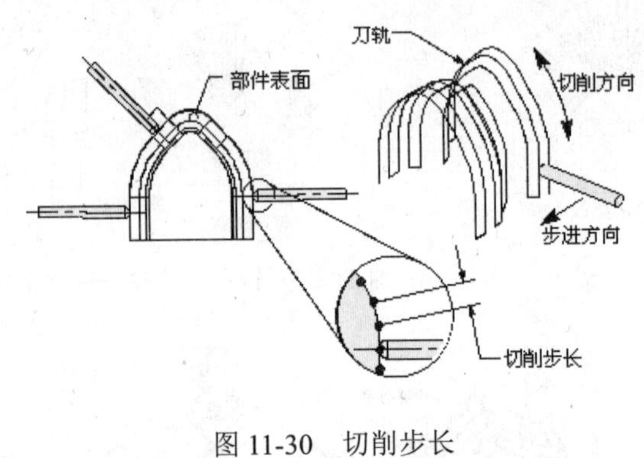

图 11-30　切削步长

11.5 多轴铣非切削移动

多轴铣和普通铣削一样，也有非切削移动问题。本节将讲述多轴铣非切削移动的设置。

11.5.1 概述

“非切削移动”允许指定运动，以便将刀具定位于切削运动之前、之后和之间。非切削运动可以简单到单个的进刀和退刀，或复杂到一系列定制的进刀、退刀和转移（离开、移刀、逼近）运动，如图 11-31 所示。这些运动的设计目的是协调刀路之间的多个部件曲面、检查曲面和抬起操作。

要实现精确的刀具控制，所有非切削运动都是在内部向前（沿刀具运动方向）计算的，如图 11-32 所示。但是进刀和逼近除外，因为它们是从部件曲面开始向后构建的，以确保切削之前与部件的空间关系。

曲面轮廓铣操作的可用非切削移动由操作的类型和子类型来确定。此处的非切削适用于所有的固定轴曲面轮廓铣操作及除深度加工 5 轴铣以外的所有可变轴操作。在图 11-33 所示为“非切削移动”对话框，其中包括“进刀”“退刀”“转移/快速”“光顺”“避让”和“更多”选项卡。

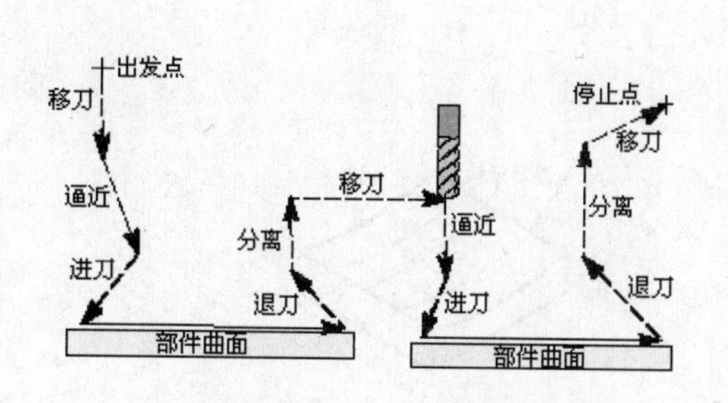

图 11-31 非切削移动

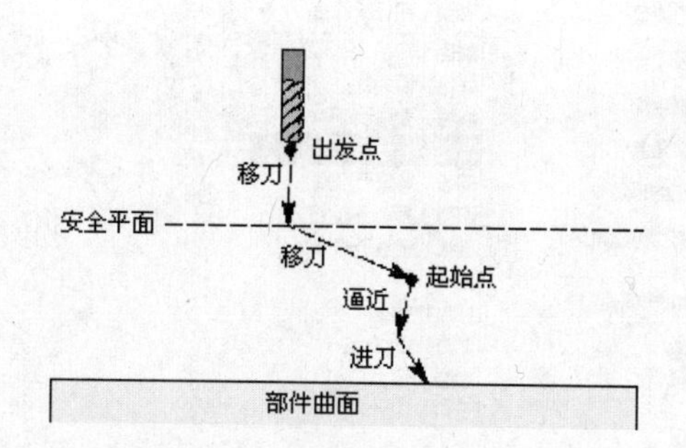

图 11-32 移刀运动的向前构建

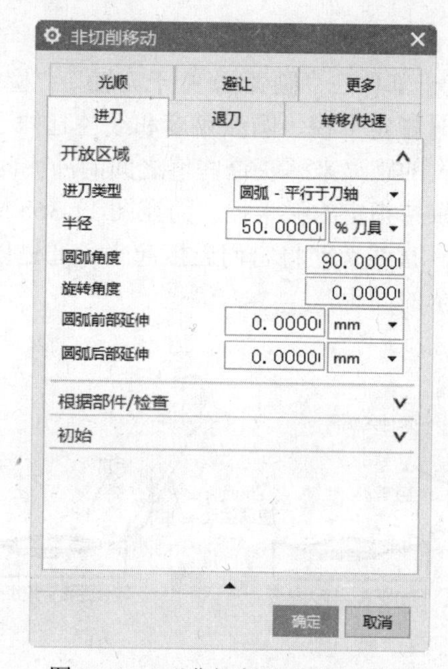

图 11-33 “非切削移动”对话框

11.5.2 进刀和退刀

“进刀”和“退刀”允许指定刀具与向部件曲面的来回运动相关联的参数。所定义的参数与进刀和退刀的特定工况相关联。“进刀类型”允许指定刀轨的形状，可指定线性、圆弧或螺旋状的刀轨。“进刀类型”如图 11-34 所示。

1．线性进刀

线性进刀包括“线性”“线性-沿矢量”“线性-垂直于部件”三个选项。选择“线性-沿矢量”进刀类型后，将激活“矢量”构造器进行矢量的指定。“线性”选项会使刀具直接沿着指定的线性方向进刀或退刀，如图 11-35 所示。

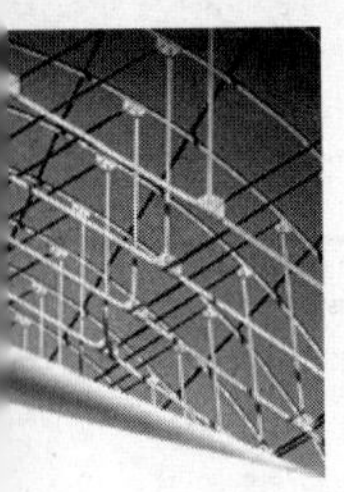

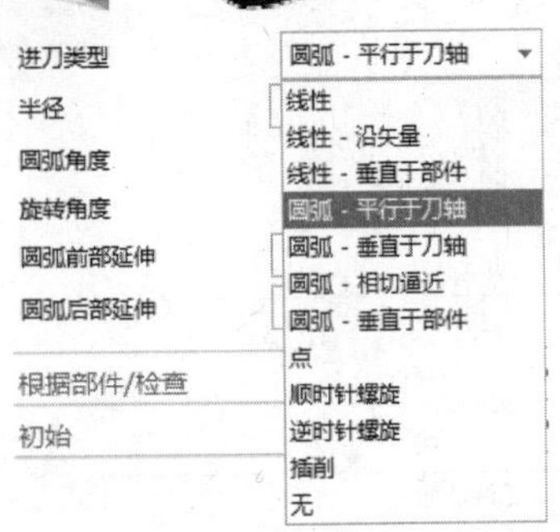

图 11-34 “进刀类型”下拉列表

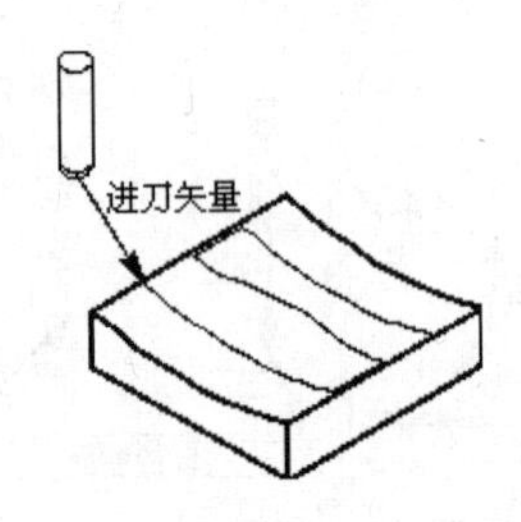

图 11-35 沿着指定的线性方向运动

2．圆弧进刀

圆弧进刀包括“圆弧–垂直于部件”“圆弧-平行于刀轴”“圆弧-垂直于刀轴”“圆弧-相切逼近”选项。圆弧进刀允许同时指定半径、圆弧角度和线性延伸（距离），系统会通过始终保持指定的半径并调整为使用更大的距离来解决这些值之间的冲突问题，如图 11-36 所示。在图 11-36a 中，系统延伸了距离以保持指定的弧半径。而在图 11-36b 中，系统保持指定的距离和弧半径，但是通过与弧相切的刀具直线运动将它们连接起来。通过以这种方法解决半径和距离之间的冲突，系统可始终确定安全的间距。

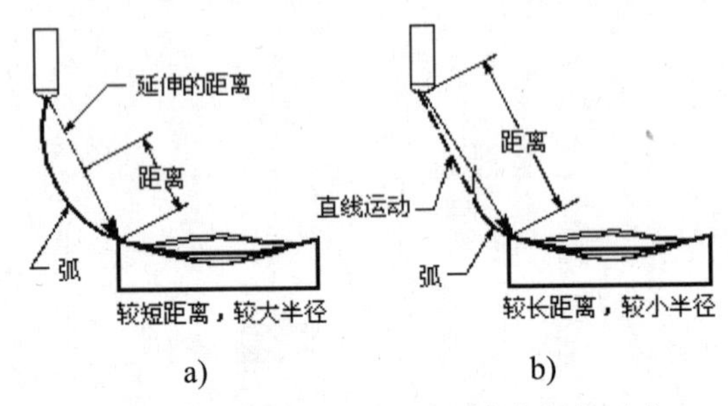

图 11-36 系统解决半径和距离之间的冲突

（1）圆弧–垂直于部件 使用进刀或退刀矢量以及切削矢量来定义包含圆弧刀具运动的平面。弧的末端始终与切削矢量相切，如图 11-37 所示。

（2）圆弧-平行于刀轴 使用进刀或退刀矢量和刀轴来定义包含弧刀具运动的平面，弧的末端不必与切削矢量相切，如图 11-38 所示。

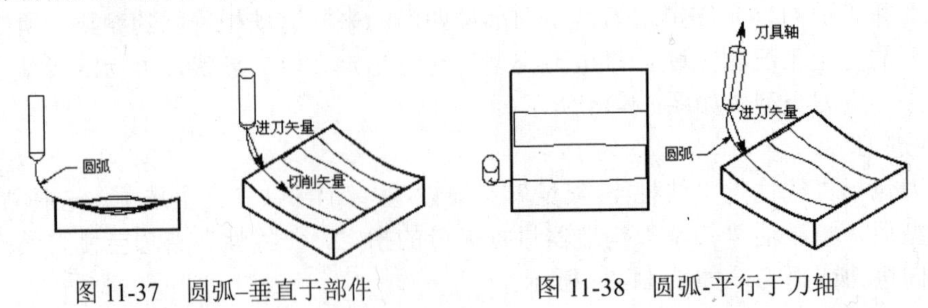

图 11-37 圆弧–垂直于部件

图 11-38 圆弧-平行于刀轴

（3）圆弧-垂直于刀轴　使用垂直于刀轴的平面来定义包含弧刀具运动的平面，弧的末端垂直于刀轴，但是不必与切削矢量相切，如图 11-39 所示。

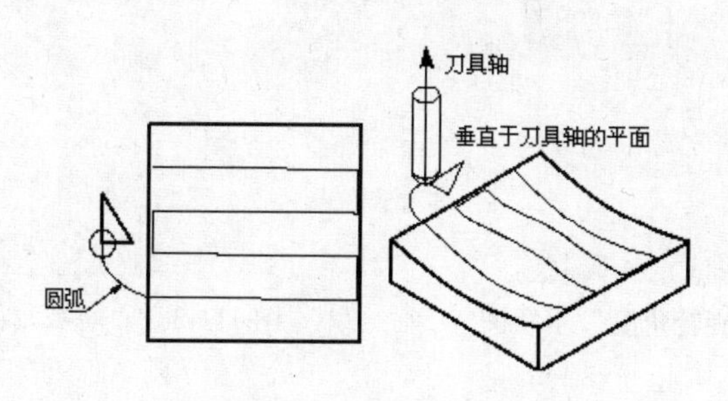

图 11-39　圆弧-垂直于刀轴

（4）圆弧-相切逼近　使用逼近运动末端的相切矢量和切削矢量来定义包含弧刀具运动的平面，弧运动将同时与切削矢量和逼近运动相切，如图 11-40 所示。

圆弧进刀类型需要指定进刀时的“半径”和“线性延伸”，如图 11-41 所示。“半径”允许通过键入值来指定圆弧和螺旋进刀的半径。如果指定的半径和指定的距离之间有冲突，则系统会保持使用“半径”并调整“线性延伸”距离来解决进刀问题。

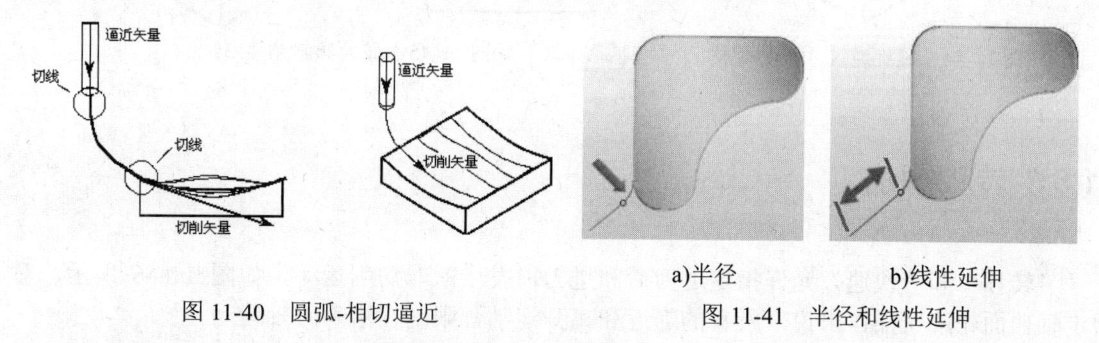

a)半径　　b)线性延伸

图 11-40　圆弧-相切逼近　　图 11-41　半径和线性延伸

（5）圆弧进刀参数　除了半径和圆弧角度外，还包括：

1）旋转角度：是在与部件表面相切的平面中，从第一个接触点开始测量的，如图 11-42 所示。如果旋转角度为正数，则会使该运动背离部件壁。如果有多条刀路，那么在旋转角度为正数时，还会使该运动背离下一个切削运动。当部件不可用时，正旋转角度会使该运动向右旋转。如果指定负数旋转角度，则会沿着相反的方向旋转。

2）斜坡角度：“斜坡角度”矢量从与部件表面相切的平面提升的高度如图 11-43 所示。如果斜坡角度为正数，则会朝着刀轴向上运动。如果斜坡角度为负数，则会背离刀轴向下运动。

3．顺时针（逆时针）螺旋

可在固定轴下降到材料中时产生以圆形倾斜的进刀，螺旋的中心线始终平行于刀轴。此选项最好与允许进刀轴周围存在足够材料的“跟随腔体”或“同心弧”等切削方式一起使用（见图 11-44），以避免过切边界壁或检查曲面。“螺旋”仅对于进刀运动可用。螺旋进刀的陡峭度取决于“斜坡度”值。螺旋线进刀中的“斜坡度”指定了螺旋线进刀的陡峭度。系统可能会稍微减小所指定的倾斜角度以创建完整的螺旋线旋转。该角度参照与螺旋中心线垂直的平面，如图 11-45 所示。

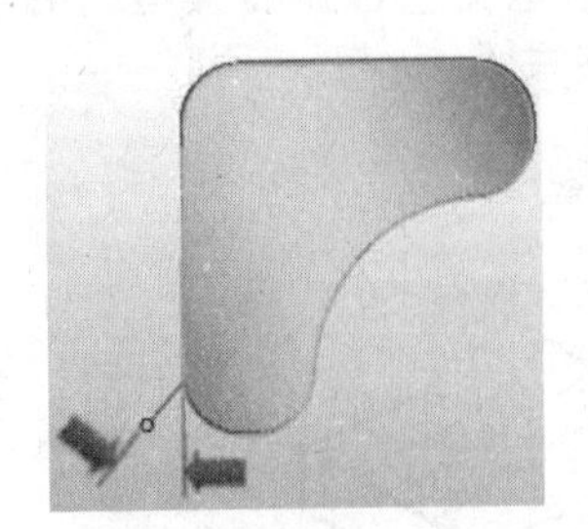

图 11-42 “旋转角度”示意图

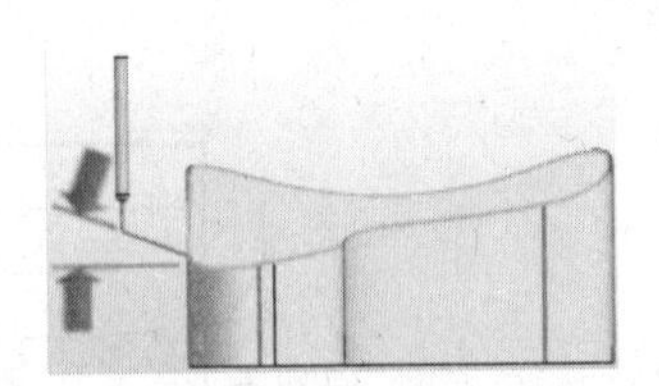

图 11-43 “斜坡角度”示意图

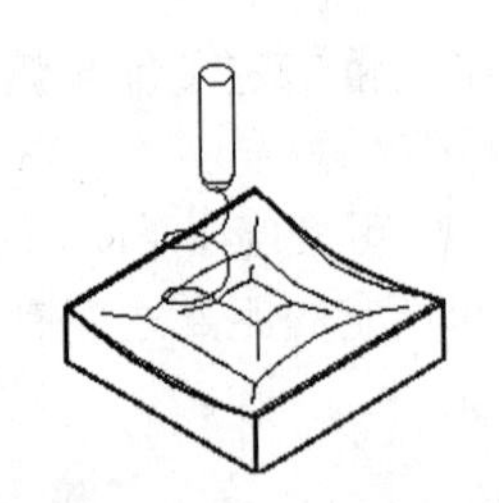

图 11-44 螺旋逆铣（跟随腔体）

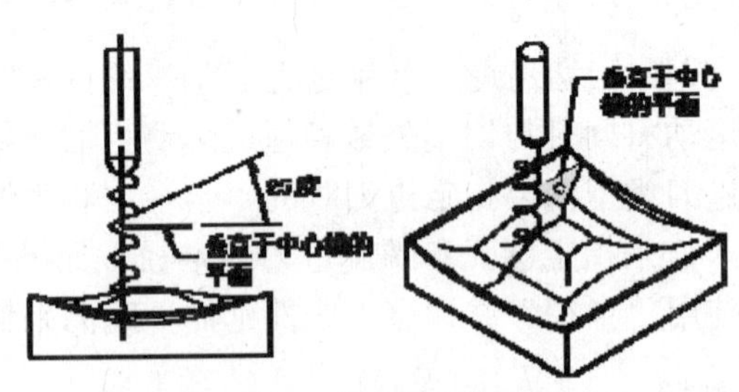

图 11-45 最大倾斜角度 25°

11.5.3 转移/快速

“转移”和“快速”允许指定退刀后和进刀前发生的非切削运动，如图 11-46 所示。对于固定轴曲面轮廓铣操作来说，所有的逼近和离开运动都限制在沿着刀轴运动。

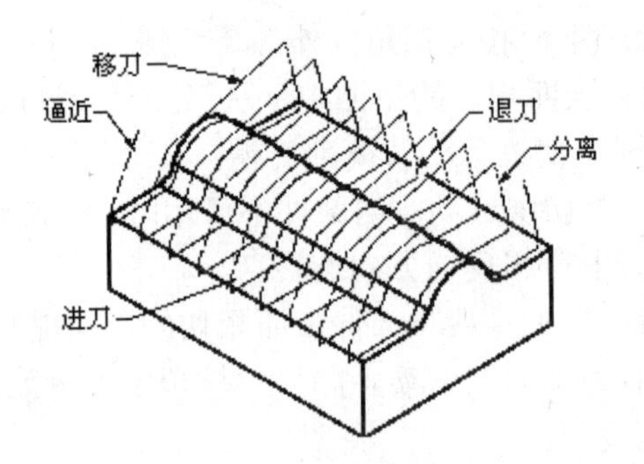

图 11-46 逼近和离开

在图 11-46 中，逼近和离开用于抬起移刀，以允许刀具从部件的一侧迅速移动到另一侧并避开部件曲面。进刀和退刀距离应保持最小，因为它们使用较慢的进给率。

“转移/快速”选项卡设置如图 11-47 所示。

1．逼近和离开

当需要指定不同于进刀和退刀的进给率和方向时，定义“逼近”和“离开”很有用。“逼近”组指定进刀前发生的移动，“离开”组指定退刀后发生的移动。“逼近”方法下拉列表如图 11-48 所示。“离开方法”和“逼近方法”相对应。

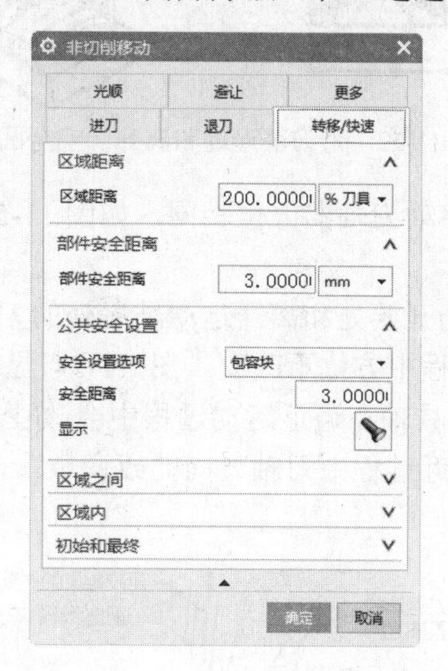

图 11-47　“转移/快速”选项卡

图 11-48　“逼近方法”下拉列表

（1）沿矢量　选择“沿矢量”方法后，将同时激活“指定矢量”“距离”“刀轴”等选项。其设置如图 11-49 所示。“距离”指定了逼近点与进刀点的距离，“刀轴”包括“无更改”和“指定刀轴”两个选项。“沿矢量”使用“矢量”构造器将逼近或离开矢量指定为任何所需的方位。沿矢量逼近和离开（指定矢量）如图 11-50 所示。

（2）沿刀轴　使逼近或离开矢量的方向与刀轴一致。沿刀轴逼近和离开（竖直刀轴）如图 11-51 所示。

图 11-49　“沿矢量”逼近选项

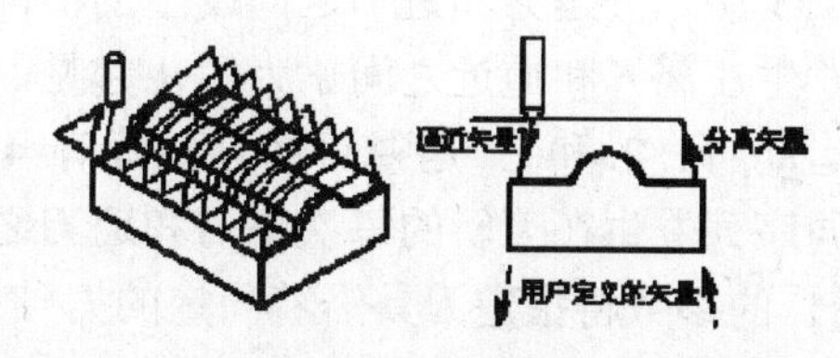

图 11-50　沿矢量逼近和离开（指定矢量）

图 11-52 所示为沿安全圆柱的矢量方向进行的逼近和离开移动。

（3）“刀轴”参数　在“沿矢量”逼近选项中，出现了“刀轴”选项。“刀轴”包括“无更改”和“指定刀轴”两个选项，使用这两个选项可指定逼近运动开始处和离开运动结尾处的刀轴方向。仅当使用“可变轮廓铣”时这两个选项才可用。

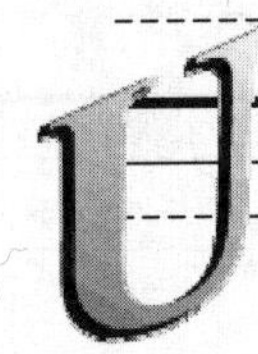

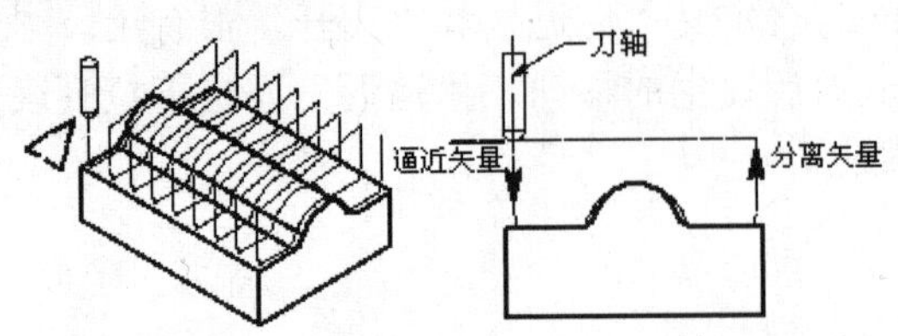

图 11-51　沿刀轴逼近和离开（竖直刀轴）

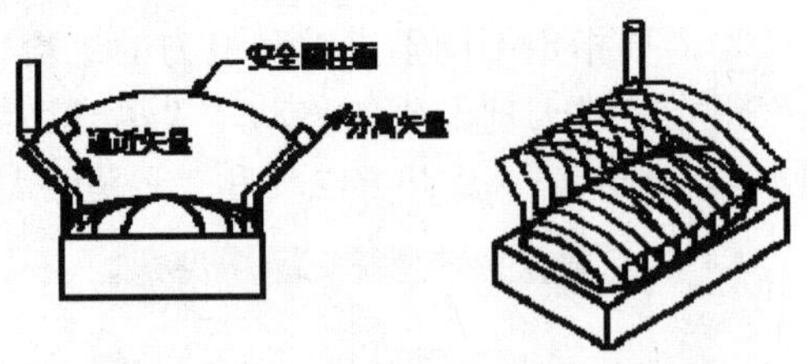

图 11-52　沿刀轴逼近和离开（安全圆柱）

1）无更改：使逼近移动开始时的刀轴方位与进刀移动刀轴的方位相同，如图 11-53 所示。离开移动结束时的刀轴方位与退刀移动刀轴的方位相同。

2）指定刀轴：使用“矢量”构造器来定义逼近运动开始处和离开运动结尾处的刀轴方向。刀轴在逼近移动过程中会更改方位，但是在进刀移动过程中方位不改变。图 11-54 显示了逼近运动开始处的刀轴方向是如何由矢量定义的。注意，刀具轴在逼近运动过程中会改变方向，但是在进刀运动过程中方向不改变。刀轴控制允许控制逼近过程中刀轴方向的改变量。

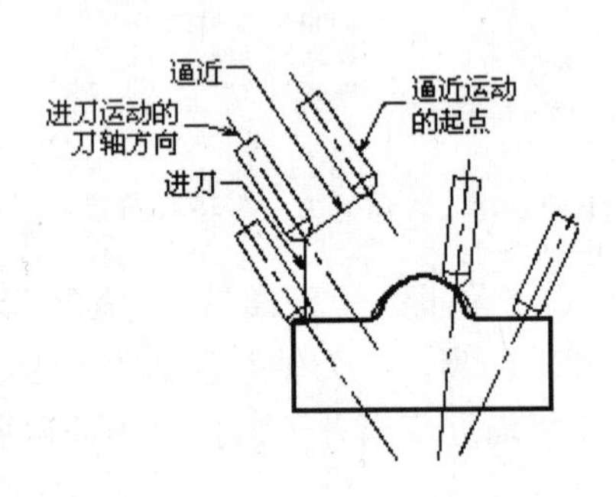

图 11-53　逼近移动方向指定为“无更改”

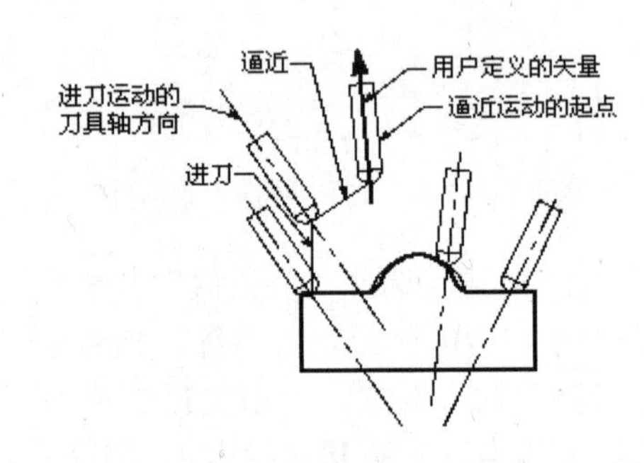

图 11-54　逼近移动方向为“指定刀轴”

2．移刀

“移刀”可指定刀具从“离开”终点（如果“离开”设置为“无”，则为“退刀”终点；或者是初始进刀的出发点）到“逼近”起点（如果“逼近”设置为“无”，则为“进刀”起点；或者是最终退刀的回零点）的移动方式。通常，移刀发生在进刀和退刀之间或离开和逼近之间。

图 11-55 所示为退刀和进刀之间发生的沿同一方向单向 (Zig) 切削的 4 个移刀运动序列。移刀通常发生在离开和逼近之间。为简化起见，图 11-55 中只显示了一次进刀和退刀之间的移刀运动，运动 1、2 和 3 是中间移刀，运动 4 是最终移刀。由三个中间移刀和一个最终移刀组成的相同序列发生在刀轨的每次进刀和退刀之间。

移刀 1 的参数将指定刀具沿着固定的刀轴运动到安全平面 A。移刀 2 的参数可指定刀具直接运动到安全点 B。移刀 3 的参数可指定刀具沿着固定的刀轴运动到安全平面 A。移刀 4（末端移刀）的参数可指定刀具直接运动到进刀的起点。

3．最大刀轴更改

在“转移/快速”选项卡中的“最大刀轴更改”选项限制“逼近”和“离开”过程中每次刀具移动刀轴方位可以更改的范围。如果刀轴的更改大于指定的限制，系统会插入中间刀具位置。此选项仅在可变轴轮廓铣中有效。图 11-56 中说明了逼近移动开始时刀轴的方位，该方位与进刀移动的刀轴方位不同。“最大刀轴更改”允许刀轴沿着逼近路线移动时逐渐更改其方位。

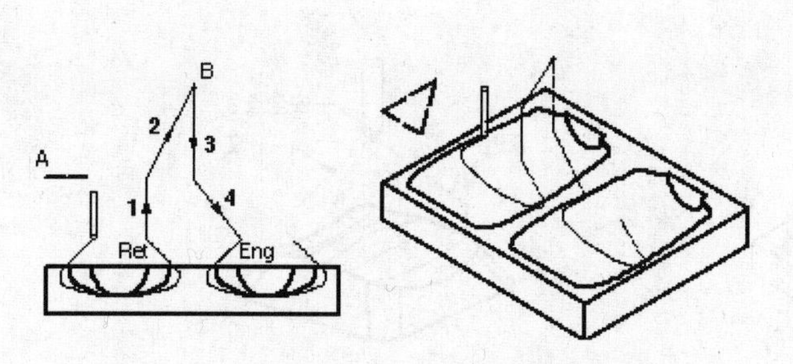

图 11-55 沿同一方向单向(Zig)切削的移刀

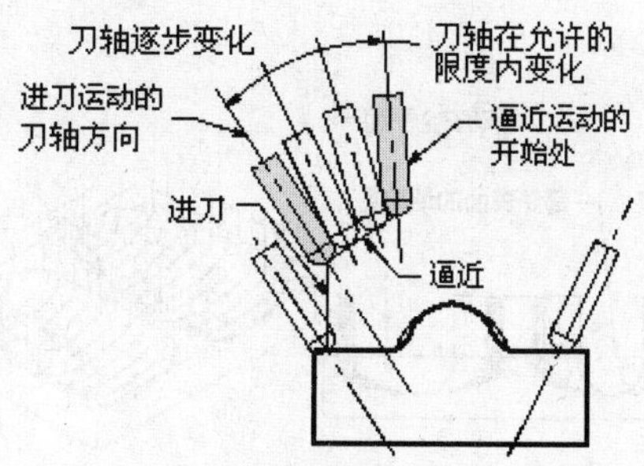

图 11-56 逼近移动的刀轴控制

11.5.4 公共安全设置

“公共安全设置”允许为进刀、退刀、逼近、离开和移刀的各种工况指定安全几何体。进刀和逼近运动开始于定义的安全几何体，而所有其他运动则终止于定义的安全几何体。

安全几何体可定义为点、平面、球及圆柱边框等，“公共安全设置”栏如图 11-57 所示。此外，如果几何体组中定义了安全平面，则它可用作“使用继承的”选项。

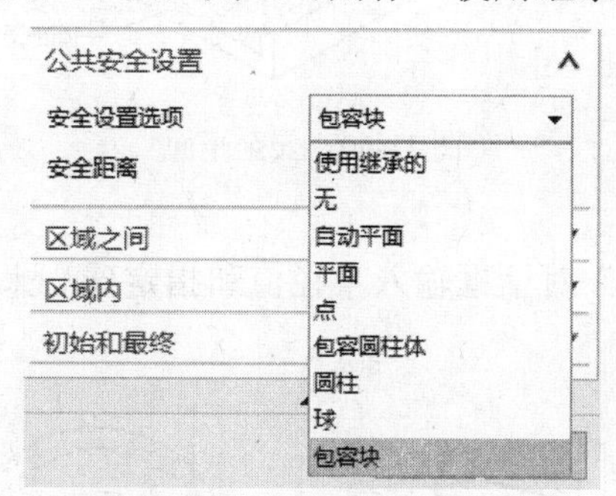

图 11-57 “公共安全设置”栏

只要定义了安全几何体，每个实体（点、平面、球或圆柱）就可以与每个非切削运动的特定工况相关联。创建的安全几何体不能编辑，只能删除但仅当安全几何体未用于当前运动中时才能将其删除。

1．自动平面

“自动平面”可在安全距离值处创建一个安全平面，该值须在由指定部件和检查几何体（包括部件余量和检查余量）定义的最高点之上。在图 11-57 所示的“公共安全设置”栏中选择“自动平面”方式后将激活“安全距离”选项，可输入数值。安全距离是由输入的“安全距离”值与部件偏置距离之和确定的。如果未定义部件几何体，则以驱动曲面为参考来确定“自动平面”安全平面的位置。图 11-58 所示为利用“自动平面”方式生成的安全平面。

2．点

“点”允许通过使用“点”对话框将关联或不关联的点指定为安全几何体（安全点），如

图 11-59 所示。

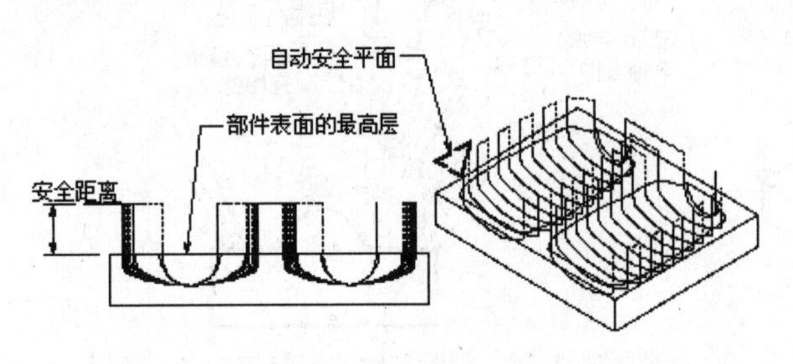

图 11-58 “自动平面”安全平面

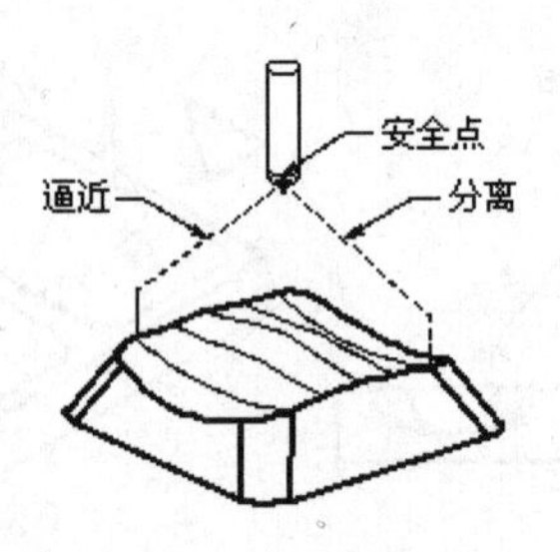

图 11-59 用于逼近和离开的安全点

3．平面

“平面”允许通过使用“平面”对话框将关联或不关联的平面指定为安全几何体（安全平面），如图 11-60 所示。

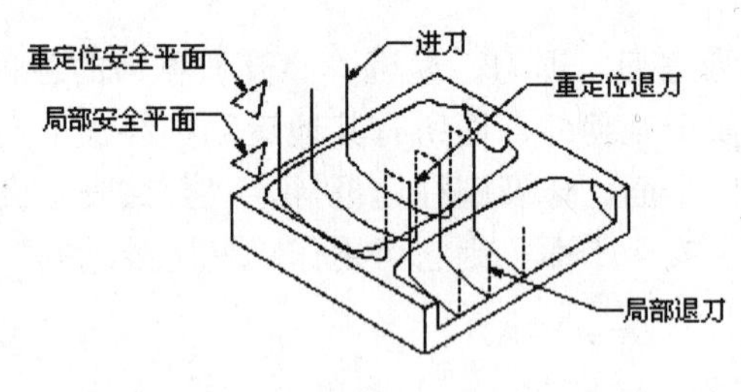

图 11-60 安全平面

4．球

“球”允许通过使用“点”对话框输入半径值和指定球心来将球指定为安全几何体（安全球），如图 11-61 所示。

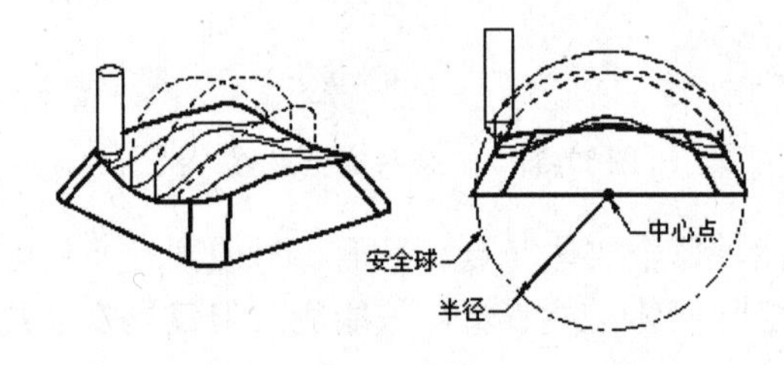

图 11-61 用于进刀和退刀的安全球

除了对球的进刀和退刀外，进刀和退刀之间的移刀会沿着球的几何轮廓运动。

5．圆柱

“圆柱”允许通过使用“点”对话框输入半径值和指定中心，并使用“矢量子”构造器指定轴，从而将圆柱指定为安全几何体（安全圆柱），此圆柱的长度是无限的，如图 11-62 所示。

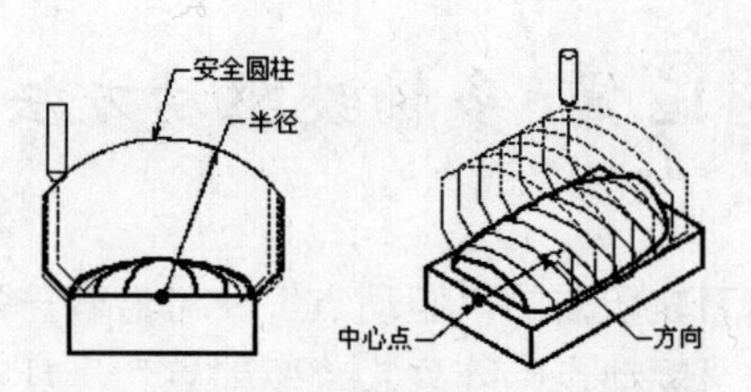

图 11-62　用于逼近和离开的安全圆柱

注意

除了对圆柱的进刀和退刀外，进刀和退刀之间的移刀会沿着圆柱的几何轮廓运动。

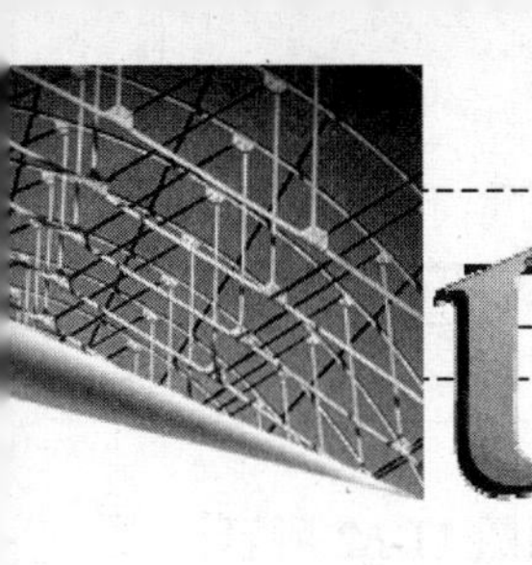

第 12 章 多轴铣驱动方法

“驱动方法”允许定义创建刀轨所需的“驱动点”。可沿着一条曲线创建一串的“驱动点”或在边界内或在所选曲面上创建“驱动点”阵列。“驱动点”一旦定义就可用于创建刀轨。如果没有选择部件几何体，则刀轨直接从“驱动点”创建。否则，刀轨从投影到部件表面的“驱动点”创建。

选择合适的驱动方法应该由希望加工的表面的形状及“刀轴”和“投影矢量”要求决定。所选的驱动方法决定了可以选择的驱动几何体的类型，以及可用的“投影矢量”“刀具轴”和“切削模式”。

本章将讲述多轴铣各种驱动方法的设置方法和实例。

内容要点

- 曲线/点驱动方法
- 螺旋式驱动方法
- 径向切削驱动方法
- 曲面区域驱动方法
- 边界驱动方法
- 区域铣削驱动方法
- 清根驱动方法
- 外形轮廓加工驱动方法
- 可变流线铣

案例效果

12.1 曲线/点驱动方法

“曲线/点驱动方法”通过指定点和选择曲线来定义驱动几何体。指定点后，驱动路径生成为指定点之间的线段。指定曲线后，驱动点沿着所选择的曲线生成。在这两种情况下，驱动几何体投影到部件表面上，然后在此部件表面上生成刀轨。曲线可以是开放或闭合的、连续或非连续的以及平面或非平面的。

1．点驱动方法

当由点定义驱动几何体时，刀具沿着刀轨按照指定的顺序从一个点移至下一个点。如图 12-1 所示，当指定 1、2、3、4 四个点后，系统在 1 与 2、2 与 3、3 与 4 之间形成直线，在直线上生成驱动点，驱动点沿着指定的矢量方向投影到零件表面上，生成投影点。刀具定位在这些投影点，在移动过程中生成刀具轨迹。

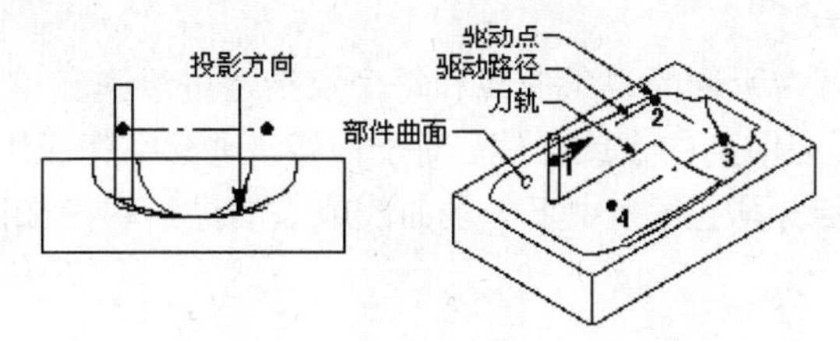

图 12-1　由点定义的驱动几何体

2．曲线驱动方法

当由曲线定义驱动几何体时，系统将沿着所选择的曲线生成驱动点，刀具按照曲线的指定顺序在各曲线之间移动，形成刀具路径。如图 12-2 所示，当指定驱动曲线后，系统将驱动曲线沿着指定的投影矢量方向投影到零件表面上，刀具沿着零件表面上的投影线，从一条投影线移动到另一条投影线，在移动过程中生成刀具轨迹。所选的曲线可以是连续的，也可以是不连续的。

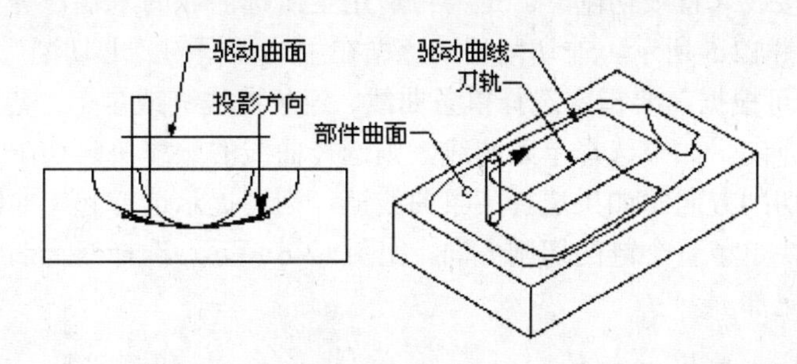

图 12-2　由曲线定义的驱动几何体

一旦选定了某个驱动几何体，将显示一个指向默认切削方向的矢量。对于开放曲线，所选的端点决定起点。对于闭合曲线，起点和切削方向是由选择曲线时采取的顺序决定的。同一个点可以使用多次，只要它在序列中没有被定义为连续的。可以通过将同一个点定义为序列中的第一个点和最后一个点来定义闭合的驱动路径。

如果仅指定了一个驱动点或指定了几个驱动点，那么在投影时，部件几何体上只定义了一个位置，不会生成刀轨且会显示一个错误消息。

“曲线/点驱动方法”中包括以下选项：

（1）驱动几何体　可选择并编辑用于定义刀轨的点和曲线。同时也允许指定所选驱动几何体的参数，如进给率、提升和切削方向。

1）选择：用于初始选择驱动几何体并指定与驱动几何体相关联的参数。可以选择曲线和点。如果选择点，则切削方向由选择点的顺序决定。如果选择曲线，则选择曲线的顺序可决定切削序列，而选择每条曲线的大致方向决定该曲线的切削方向，如图 12-3 所示。所选曲线的端点决定切削的起点。所选的曲线可以是连续的，也可以是不连续的。默认情况下，不连续的曲线可以和连接线（切削移动）连接在一起。

2）定制切削进给率：可为所选的每条曲线和每个点指定进给率和单位。必须首先指定进给率和单位，然后再选择它们要应用到的点或曲线。对于曲线，进给率将应用到沿着曲线的切削移动。不连续曲线或点之间的连接线假定序列中下一条曲线或点的进给率，如图 12-4 所示。

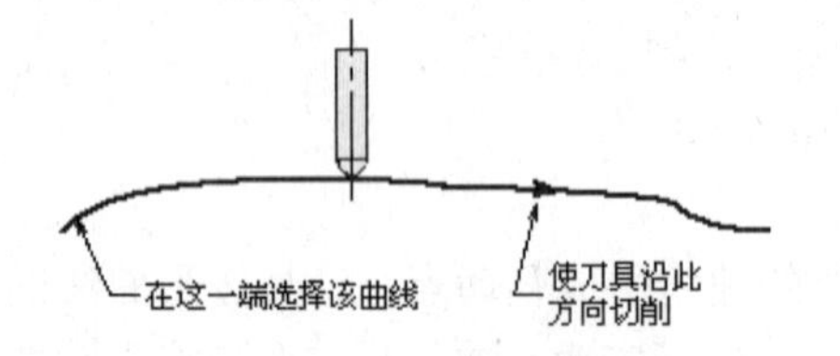

图 12-3　决定切削方向

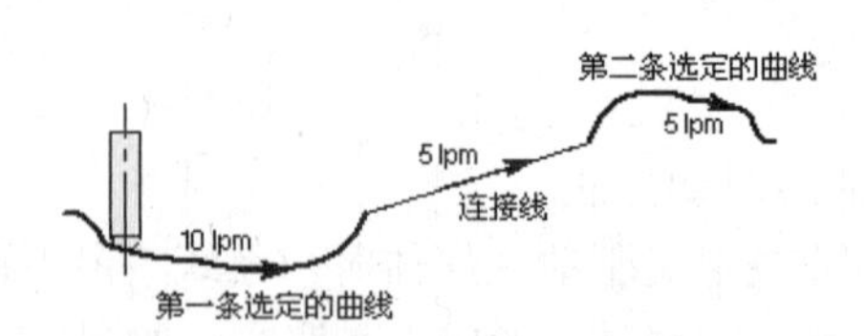

图 12-4　定制切削进给率

3）在端点处局部提升：可指定不连续曲线之间的非切削移动。如果不激活此选项，系统将在曲线之间生成一条连接线（直线切削）。退刀可应用至所选曲线的末端，进刀应用至该序列中下一条曲线的开头，如图 12-5 所示。非切削移动遵循在主对话框的“非切削”选项下定义的参数。

4）几何体类型：可根据需要指定选择单条曲线、连续曲线链或是单个点。如果选择点，则选择点的顺序决定切削方向。如果选择单条曲线，则选择曲线的顺序决定切削，而选择每条曲线的大致顺序决定曲线的切削方向。如果选择某条曲线链，则会提示选择起始曲线和终止曲线，选择终止曲线的大致方向决定了整个链的切削方向，如图 12-6 所示，选择终止曲线的大致顺序决定整个链的方向性矢量的尾部。

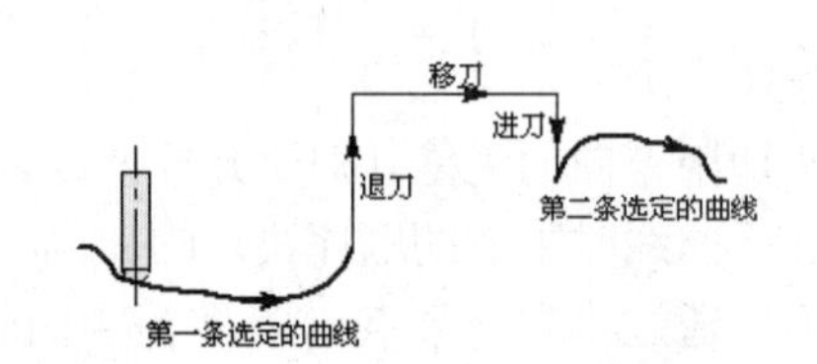

图 12-5　应用至第一条所选曲线的提升

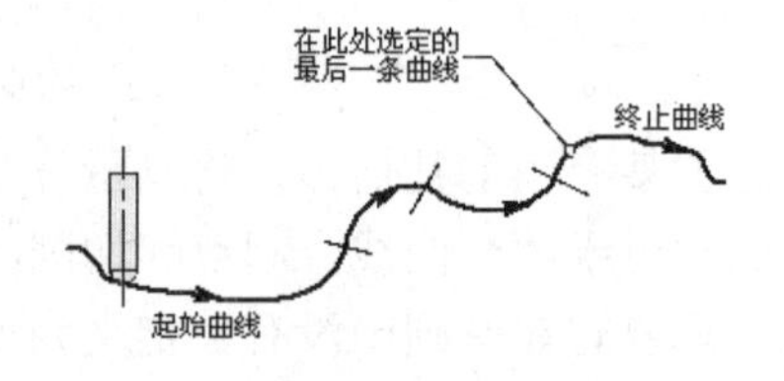

图 12-6　决定切削方向

（2）切削步长　控制沿着驱动曲线创建的驱动点之间的距离。驱动点越近，则刀轨遵循驱动曲线越精确。可以通过指定公差或指定点的数目来控制切削步长，如图 12-7 所示。

（3）公差　可指定驱动曲线之间允许的最大垂直距离和两个连续点间直线的延伸度。如果此垂直距离不超出指定的公差值，则生成驱动点。一个非常小的公差可以生成许多相互非常靠近的驱动点。生成的驱动点越多，刀具就越接近驱动曲线。

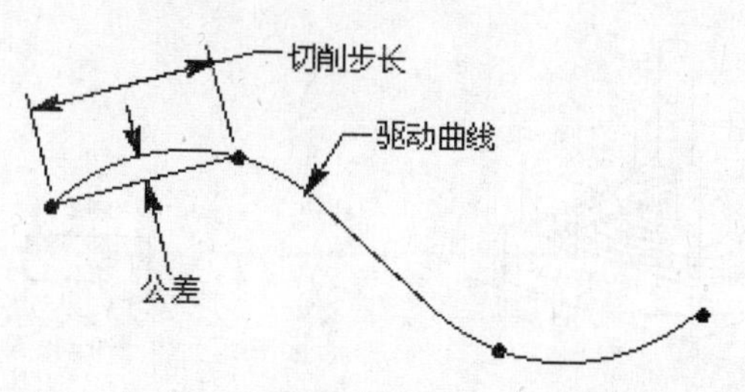

图 12-7　通过指定公差定义的切削步长

12.2 螺旋式驱动方法

“螺旋式驱动方法”可定义从指定的中心点向外螺旋生成驱动点的驱动方法。驱动点在垂直于投影矢量并包含中心点的平面上生成，然后驱动点沿着投影矢量投影到所选择的部件表面上，如图 12-8 所示。中心点定义螺旋的中心，它是刀具开始切削的位置。如果不指定中心点，则系统使用绝对坐标系的（0,0,0）。如果中心点不在部件表面上，它将沿着已定义的投影矢量移动到部件表面上。螺旋的方向（顺时针与逆时针）由“顺铣”或“逆铣”切削方向控制。

和其他驱动方法不同，“螺旋式驱动方法”在步距移动时没有突然的换向，而是保持恒定的切削速度，光顺地向外移动。对于高速加工应用程序很有用。

“螺旋式驱动方法”包括以下选项：

（1）螺旋中心点　用于定义螺旋驱动路径的中心点。

（2）步距　指定连续的刀路之间的距离，如图 12-9 所示。螺旋切削方式步进是一个光顺且恒定的向外转移，它不需要在方向上的突变。

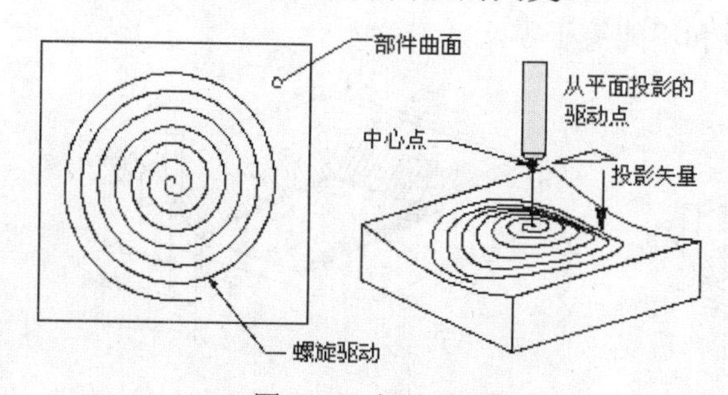

图 12-8　螺旋式驱动方法

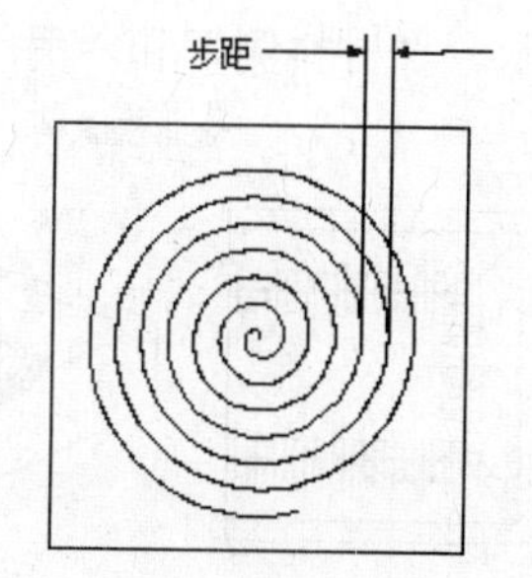

图 12-9　“螺旋式驱动方法”的步距

（3）最大螺旋半径　通过指定“最大半径”来限制要加工的区域。此约束通过限制生成的驱动点数目来减少处理时间。半径在垂直于投影矢量的平面上测量。

如果指定的半径包含在部件表面内，则退刀之前刀具的中心按此半径定位。如果指定的半径超出了部件表面，则刀具继续切削直到它不能再放置在部件表面上。然后刀具退出部件，当它可以再次放置到“部件表面”上时再进入部件，如图 12-10 所示。

（4）顺铣切削/逆铣切削　顺铣切削和逆铣切削可根据主轴旋转定义驱动路径切削的方向，如图 12-11 所示。

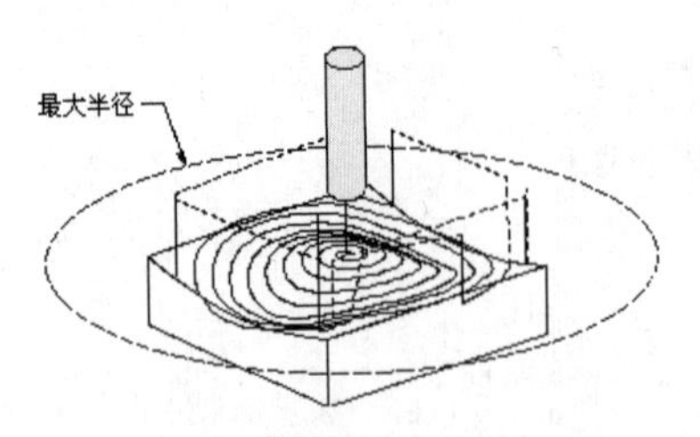

图 12-10　未超出和超出部件表面的最大半径

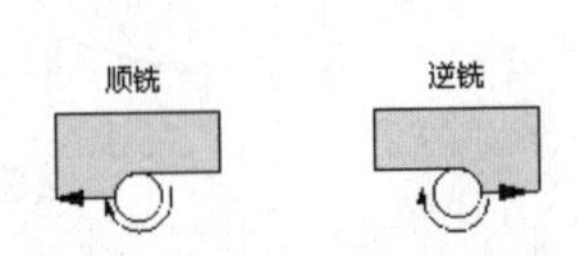

图 12-11　顺铣切削和逆铣切削

12.3 径向切削驱动方法

“径向切削驱动方法”可使用指定的“步进距离”“带宽”和“切削模式”生成沿着并垂直于给定边界的驱动路径，此驱动方法可用于创建清理操作。径向切削驱动方法如图 12-12 所示。

“径向切削驱动方法”包括以下选项：

1．驱动几何体

单击“指定几何体”右侧的“选择或编辑驱动几何体”按钮，弹出“临时边界”对话框，选择定义要切削的区域。只有在部件中存在永久边界时才会显示“径向边界”对话框。如果定义了多个边界，将允许刀具从一个边界向下一个边界移动。

2．带宽

“带宽”定义在边界平面上测量的加工区域的总宽度。带宽是“材料侧”和“另一侧”偏置值的总和。

“材料侧”是从按照边界指示符的方向看过去的边界右手侧。“另一侧侧”是左手侧，如图 12-13 所示。“材料侧”和“另一侧”的总和不能等于零。

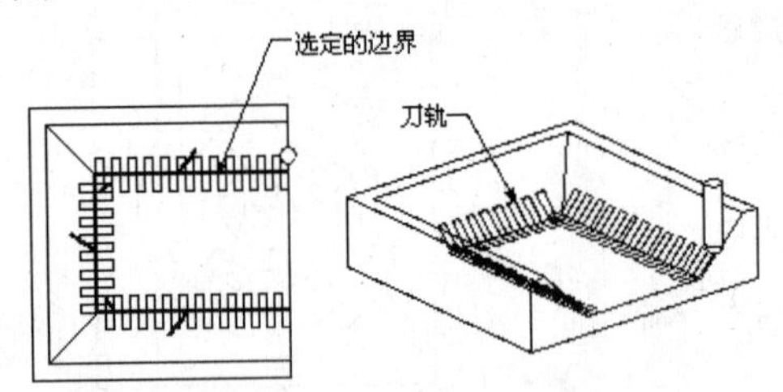

图 12-12　径向切削驱动方法

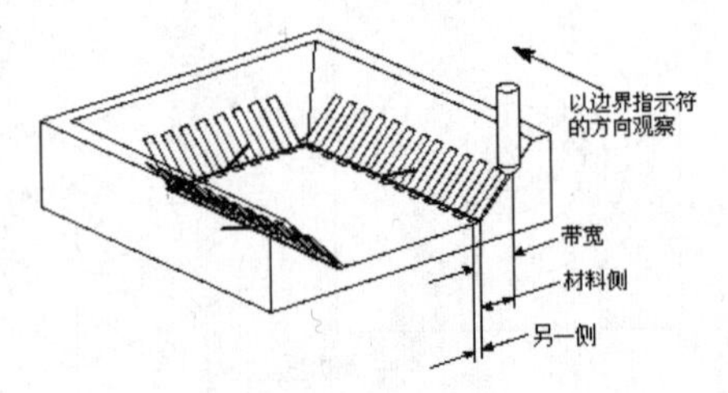

图 12-13　“材料侧”和“另一侧”

3．切削类型

“切削类型”可定义刀具从一个切削刀路移动到下一个切削刀路的方式。可用选项有往复（Zig-Zag）和单向（Zig），如图 12-14 所示。

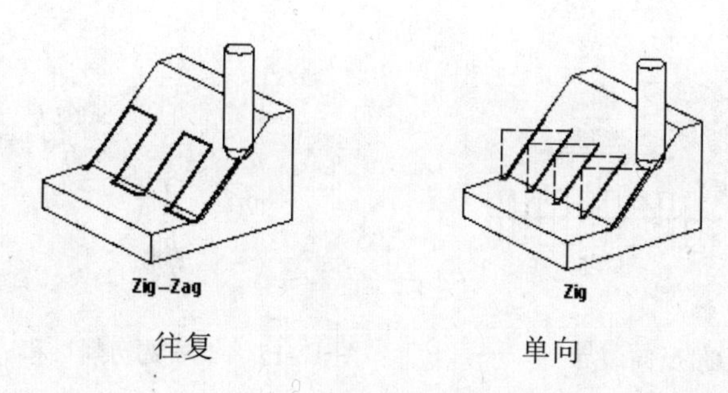

图 12-14　径向切削驱动方法

4．步距

“步距”可指定连续的驱动路径之间的距离，如图 12-15 所示。步距是直线距离，它可以在连续驱动路径间最宽的点处测量，也可以在边界相交处测量，这取决于所使用的“步距”方式。

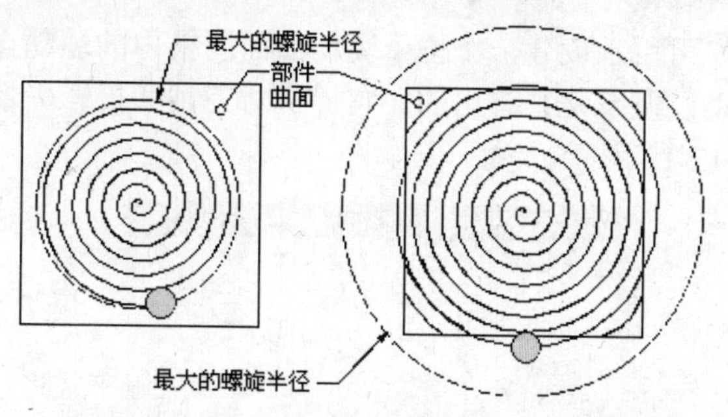

图 12-15　步距（径向切削驱动方法）

径向切削驱动方法使用的“步距”方式如下：

（1）恒定　可指定连续的切削刀路间的固定的直线距离。

（2）残余高度　允许系统计算将波峰高度限制为您输入的值的“步距”。系统将步进的大小限制为略小于三分之二的刀具直径，而不管将残余波峰高度指定为多少。

（3）刀具平直百分比　可根据有效刀具直径的百分比定义“步距”。

（4）最大值　可从键盘输入一个值，用于定义“步进”之间的最大允许距离。

5．刀轨方向

“跟随边界”和“边界反向”决定刀具沿着边界移动的方向。“跟随边界”允许刀具按照边界指示符的方向沿着边界“单向”或“往复”向下移动；“边界反向”允许刀具按照边界指示符的相反方向沿着边界“单向”或“往复”向下移动，如图 12-16 所示。

6．切削方向

“顺铣切削”和“逆铣切削”可根据主轴旋转定义“驱动路径”切削的方向。只有在“单向”模式中才可以使用这些选项，如图 12-17 所示。

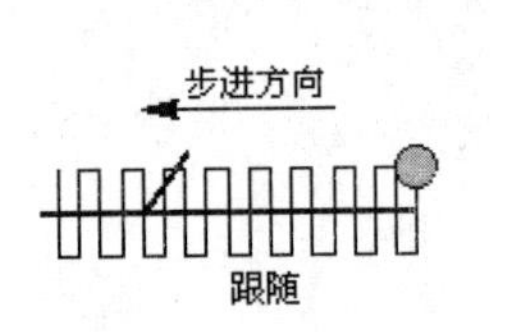

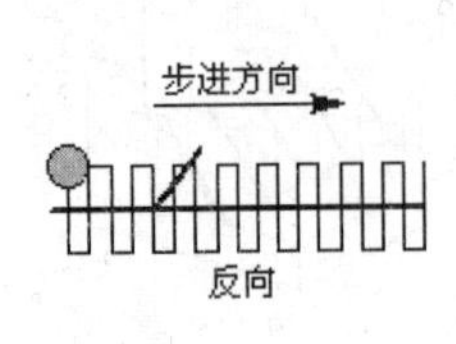

图 12-16　跟随/反向边界

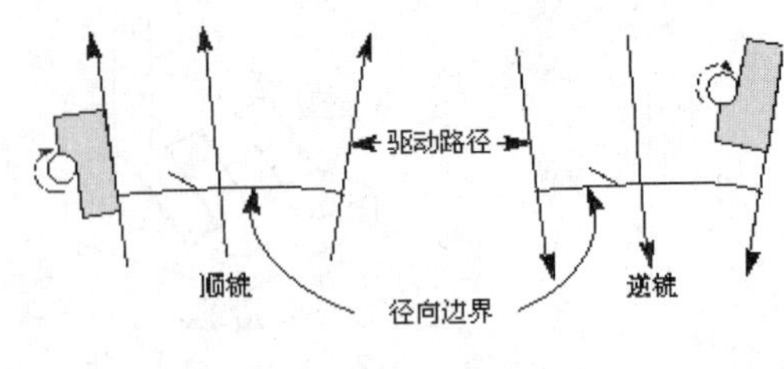

图 12-17　“顺铣切削”和“逆铣切削”（跟随边界）

12.4 曲面区域驱动方法

“曲面区域驱动方法”可用于创建一个位于驱动曲面网格内的驱动点阵列。加工需要可变刀轴的复杂曲面时，这种驱动发发发是很有用的。它提供对刀轴和投影矢量的附加控制。“曲面区域驱动方法”对话框如图 12-18 所示。

曲面区域驱动方法
驱动几何体
指定驱动几何体
刀具位置　相切
偏置
驱动设置
切削模式　往复
步距　数量
步距数　10
显示接触点
更多
切削步长　数量
第一刀切削　10
最后一刀切削　10
过切时　无
预览
确定　取消

图 12-18　“曲面区域驱动方法”对话框

将驱动曲面上的点按指定的投影矢量的方向投影，这样即可在部件表面上生成刀轨。如果未定义部件表面，则可以直接在驱动曲面上创建刀轨。驱动曲面不必是平面，但是必须按一定的行序或列序进行排列，如图 12-19 所示。相邻的曲面必须共享一条共用边，且不能包含超出在“预设置”中定义的“链公差”的缝隙。可以使用裁剪过的曲面来定义驱动曲面，只要裁剪过的曲面具有 4 个侧。裁剪过的曲面的每一侧可以是单个边界曲线，也可以由多条相切的边界曲线组成。这些相切的边界曲线可以被视为单条曲线。

“曲面区域驱动方法”不会接受排列在不均匀的行和列中的驱动曲面或具有超出“链公差”的缝隙的驱动曲面，如图 12-20 所示。

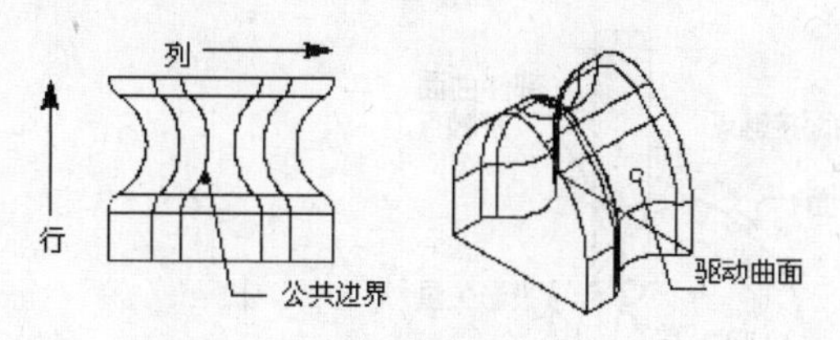

图 12-19　行和列均匀的矩形网格

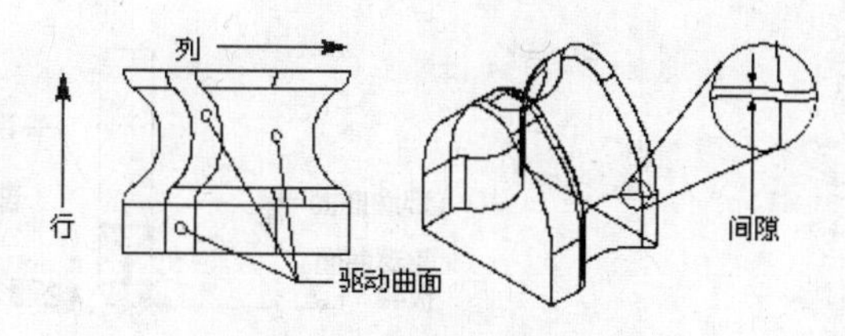

图 12-20　不均匀的行和列

必须按有序序列选择驱动曲面。它们不会被随机选择。选择相邻曲面的序列可以用来定义行。选择完第一行后，必须指定选择下一行。必须按与第一行相同的顺序选择曲面的第二行和所有的后续行。

图 12-21 中，选择曲面 1～4 后，指定希望开始的下一行。可让系统在每一行建立曲面编号。每个后续的行需要与第一个曲面相同的编号。一旦选择了驱动曲面，系统将显示一个默认的“驱动方向矢量”，可重新定义驱动方向。

行定义结束后，系统将显示材料侧矢量。材料侧矢量应该指向要删除的材料，如图 12-22 所示。要反转此矢量，可在“曲面区域驱动方法”对话框中单击“材料反向”按钮。

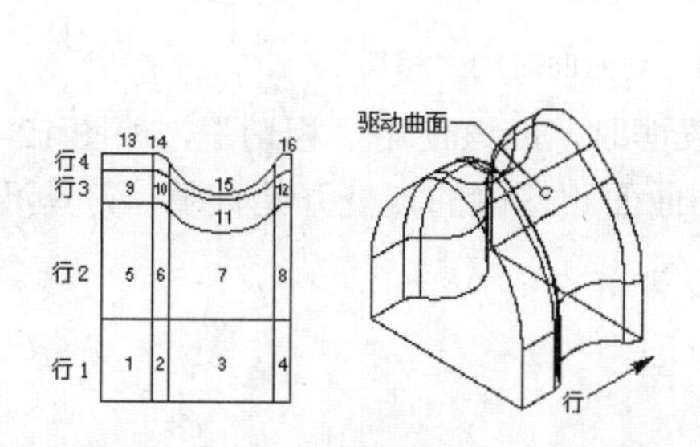

图 12-21　驱动曲面选择序列

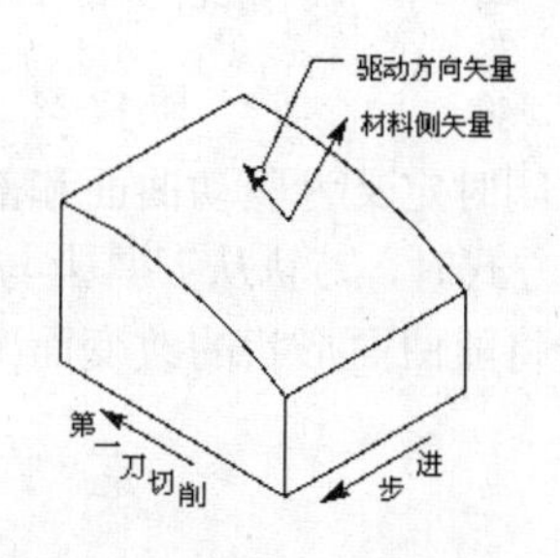

图 12-22　材料侧和驱动方向矢量

“曲面区域驱动方法”包括以下选项。

1．驱动几何体

单击“指定驱动几何体”右侧的“选择或编辑驱动几何体”按钮，弹出“驱动几何体”对话框，初始定义驱动几何体。

2．刀具位置

“刀具位置”决定系统如何计算部件表面上的接触点。刀具通过从驱动点处沿着投影矢量移动来定位到部件表面。

“相切”可以创建部件表面接触点，首先将刀具放置到与驱动曲面相切的位置，然后沿着投影矢量将其投影到部件表面上，在该表面上，系统将计算部件表面接触点，如图 12-23 所示。“相切于”通常用于最大化部件表面清理，在陡峭曲面上将获得更大的范围。

“对中”可以创建部件表面接触点，首先将刀尖直接定位到“驱动点”，然后沿着投影矢量将其投影到部件表面上，在该表面上，系统将计算部件表面接触点，如图 12-23 所示。

直接在驱动曲面上创建刀轨时（未定义任何部件表面），“刀具位置”应该切换为“相切”

位置。根据使用的刀轴，“对中”会偏离驱动曲面，如图 12-24 所示。

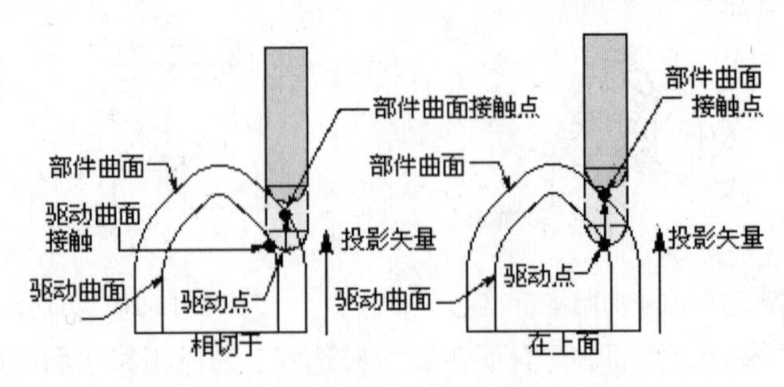

图 12-23　“相切”和“对中”刀具位置

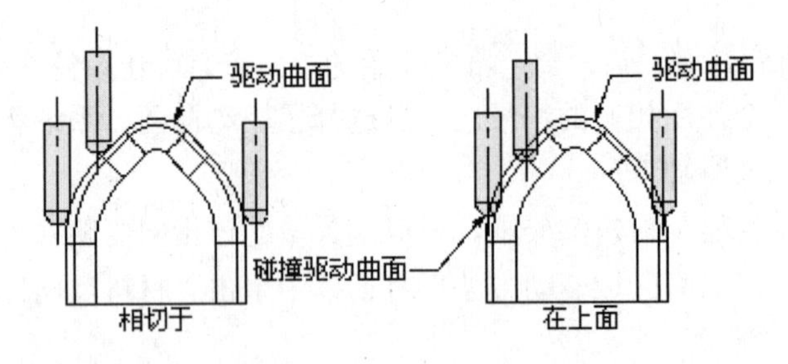

图 12-24　切削驱动曲面时的“相切”

同一曲面被同时定义为驱动曲面和部件表面时，应该使用“相切”，如图 12-25a 所示。使用“相切于”位置方式时，刀轨从刀具上与切削曲面相接触的点处开始计算。刀具沿着曲面移动时，刀具上的接触点将随曲面形状的改变而改变。

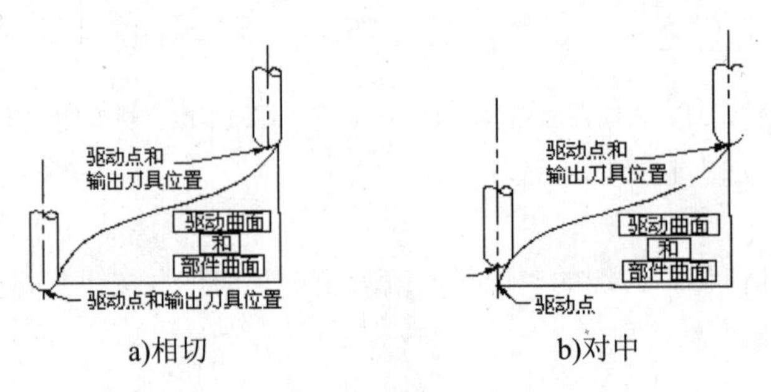

a)相切　　b)对中

图 12-25　驱动曲面和部件表面为同一曲面

3．切削方向

“切削方向”可指定切削方向和第一个切削将开始的象限。可以通过选择在曲面拐角处成对出现的矢量箭头之一来指定切削方向，如图 12-26 所示。

4．材料反向

“材料反向”可反向驱动曲面材料侧法向矢量的方向。此矢量决定刀具沿着驱动路径移动时接触驱动曲面的哪一侧（仅用于“曲面区域驱动方法”）。“材料侧”法向矢量必须指向要删除的材料。材料侧矢量如图 12-27 所示。

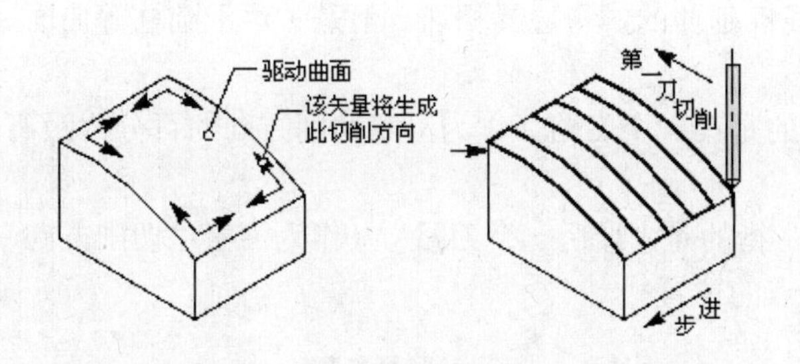

图 12-26　通过所选矢量指定切削方向

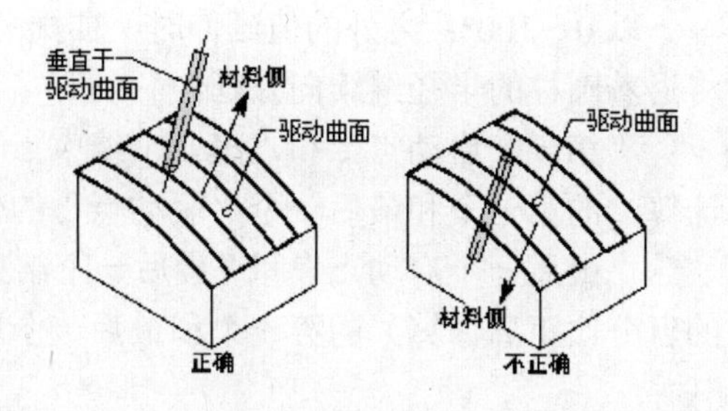

图 12-27　材料侧矢量

没有部件几何体的情况下，刀轨精确跟随驱动路径，驱动曲面的“材料侧”成为刀轨的加工侧。有部件几何体的情况下，刀轨由驱动路径投影而成，投影矢量决定刀轨的加工侧。

5．切削区域

“切削区域”有 “曲面%”或“对角点”两个选项，定义了在操作中要使用整个驱动曲面区域的多少或比例。

（1）曲面%　通过为第一个刀路的开始和结束点、最后一个刀路的开始和结束点、第一个步距以及最后一个步距输入一个正的或负的百分比值来决定要利用的驱动曲面区域的大小，如图 12-28 所示。

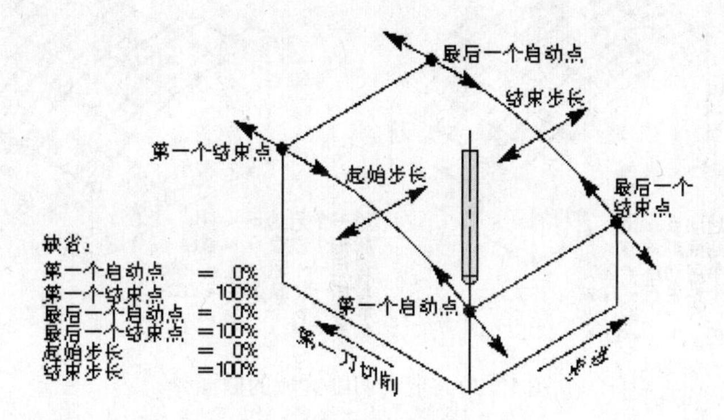

图 12-28　曲面%

仅使用一个驱动曲面时，整个曲面是 100%。对于多个曲面，100% 被该方向的曲面数目均分。每个曲面被赋予相同的百分比，不管曲面大小。换言之，如果有 5 个曲面，则每个曲面分配 20%，不管各个曲面的相对大小。

“第一个启动点”“最后一个启动点”和“起始步长”均被视为 0%，输入一个小于 0% 的值（负的百分比）可以将切削区域延伸至曲面边界外，输入一个大于 0% 的值可以减小切削区域。“第一个结束点” “最后一个结束点”和“结束步长”均被视为 100%。输入一个小于 100%的值可以减小切削区域。输入一个大于 100% 的值可以将切削区域延伸至曲面边界外。定义切削区域的曲面%如图 12-29 所示。

以 0～100% 之外的值延伸时，曲面总是线性延伸的，与边界相切。但是，对于圆柱等曲面，将沿着圆柱的半径继续向外延伸。

“第一个启动点”和“第一个结束点”指的是第一个刀路（作为沿着切削方向的百分比距离计算）的第一个和最后一个“驱动点”的位置。

“最后一个启动点”和“最后一个结束点”指的是“最后一个刀路”（作为沿着“切削方向”的百分比距离计算）的第一个和最后一个驱动点的位置。

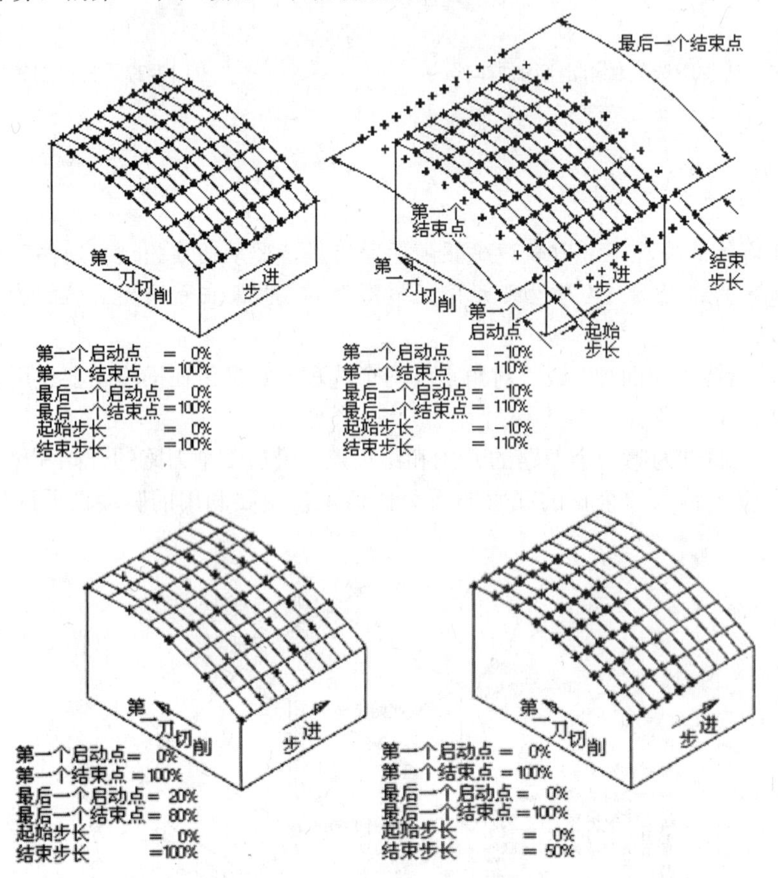

图 12-29　定义切削区域的曲面%

“起始步长”和“结束步长”是沿着“步进”方向（即垂直于第一个“切削方向”）的百分比距离。

注意

当指定了多个驱动曲面时，“最后一个启动点”和“最后一个结束点”不可用。

（2）对角点　决定操作要利用的“驱动曲面”区方法是选择“驱动曲面”面并在这些面上指定用来定义区域的对角点。

第一步：选择“驱动曲面”面，在该面中，可以确定用来定义驱动区域的第一个对角点（图

12-30 中的面 a）。

第二步：在所选的面上指定一个点以定义区域的第一个对角点（图 12-30 中的点 b）。可以在面上的任意位置指定一个点，或者使用“点子功能”来选择面的一条边界。在图 12-30 中，面 a 上的点 b 为指定的点。

第三步：选择“驱动曲面”面，在该面中，可以确定用来定义驱动区域的第二个对角点（图 12-30 中的面 c）。如果第二个对角点和第一个对角点位于相同的面，则再次选择同一个面。

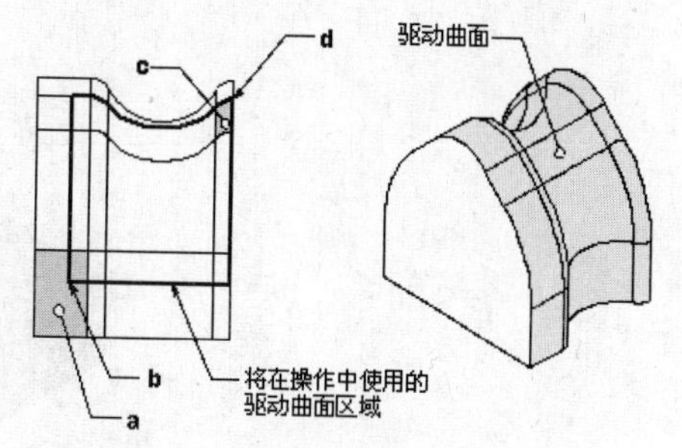

图 12-30　定义切削区域的对角点

第四步：在所选的面上指定一个点以定义区域的第二个对角点（图 12-30 中的点 d）。同样，也可以在面上的任意位置指定一个点，或者使用“点”构造器来选择面的一条边界。在图 12-30 中，已经使用“点”构造器中的“结束点”选项指定了点 d 以选择面 c 的某个拐角。

6．数目

“数目”可指定在刀轨生成过程中要沿着切削刀路生成的驱动点的最小数目。如果需要，则会自动生成刀轨的其他点。最好沿着驱动刀轨选择一个足够大的数目以捕捉驱动几何体的形状和特征，否则将会出现意外的结果。

所选择的切削图样决定可以输入的数值。如果所选的图样是平行线，可以指定沿着“第一个”和“最后一个”切削刀路的点的数目。如果为这两个刀路指定了不同的值，则系统在“第一个切削”和“最后一个切削”之间生成一个点梯度。

如果选择了“跟随腔体”作为图样，则可以指定沿着切削方向、步进方向和切削方向的相反方向的点的数目。

12.5 边界驱动方法

12.5.1 边界驱动

“边界驱动方法”可通过指定“边界”和“内环”定义切削区域。切削区域由“边界”“环”或二者的组合定义。

当“环”必须与外部部件表面边界相应时，“边界”与部件表面的形状和大小无关。将已定义的切削区域的驱动点按照指定的投影矢量的方向投影到部件表面，这样就可以生成刀轨。“边界驱动方法”在加工部件表面时很有用，它需要最少的刀轴和投影矢量控制。

“边界”可通过曲线、点、永久边界和面来创建，既可以与零件的表面形状有关联性，也可以没有关联性。“边界驱动方法”示意图如图 12-31 所示。但“内环”必须与零件表面形状有关联性，即“内环”需要建立在零件表面的外部边缘。

系统根据指定的边界生成驱动点。驱动点沿着指定的投影矢量方向投影到零件表面上以生成投影点，从而生成刀具轨迹。

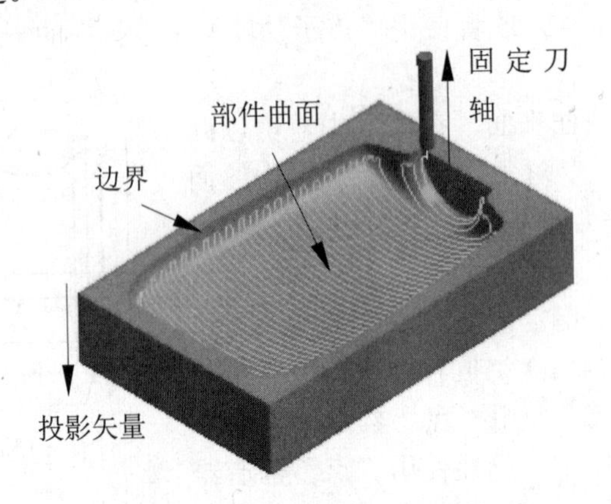

图 12-31 “边界驱动方法”示意图

“边界驱动方法”与“平面铣”的工作方式大致上相同，与“平面铣”不同的是“边界驱动方法”可用来创建沿复杂表面轮廓移动刀具的精加工操作。

与“曲面区域驱动方法”相同的是，“边界驱动方法”可创建包含在某一区域内的“驱动点”阵列。在边界内定义驱动点一般比选择驱动曲面更为快捷和方便。但是，使用“边界驱动方法”时，不能控制刀轴或相对于驱动曲面的投影矢量。

边界可以由一系列曲线、现有的永久边界、点或面构成。它们可以定义切削区域外部，如岛和腔体。边界可以超出部件表面的大小范围，也可以在部件表面内限制一个更小的区域，还可以与部件表面的边重合，边界示意图如图 12-32 所示。当边界超出部件表面的大小范围时，如果超出的距离大于刀具直径，将会发生“边界跟踪”，但当刀具在部件表面的边界上滚动时，通常会引起不良状况。

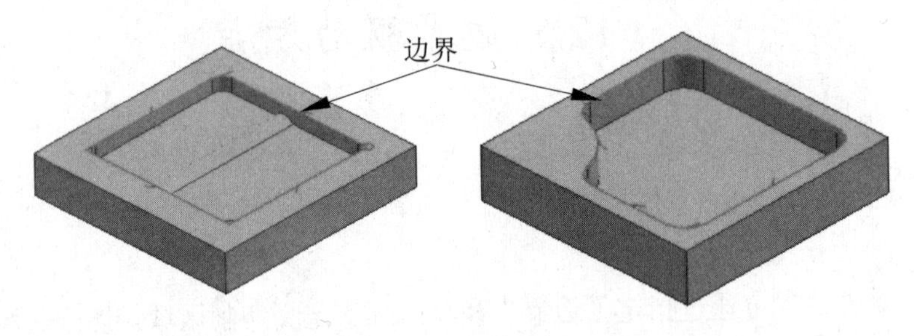

图 12-32 边界示意图

当边界限制了部件表面的区域时，必须使用“对中”“相切”或“接触”将刀具定位到边界上。当切削区域和外部边界重合时，最好使用被指定为“对中”“相切”或“接触”的“部件包容环”（与边界相反）。

“边界驱动方法”包括以下选项。

1. 驱动几何体

在如图 12-33 所示的“边界驱动方法”对话框中单击“指定驱动几何体”右边的按钮，弹出如图 12-34 所示的“边界几何体”对话框，在该对话框中可进行边界定义。

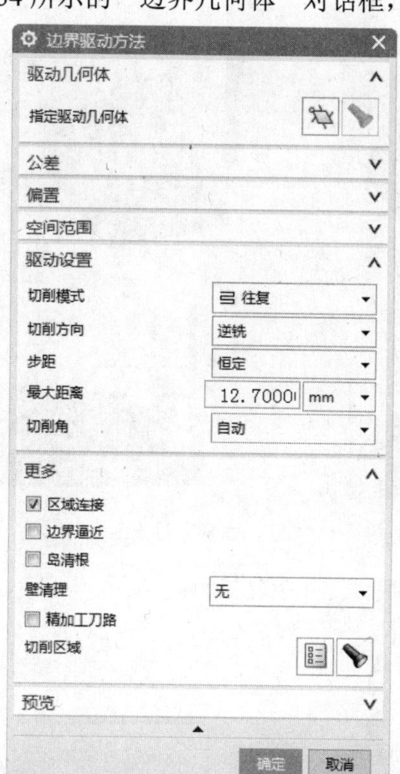

图 12-33　“边界驱动方法”对话框

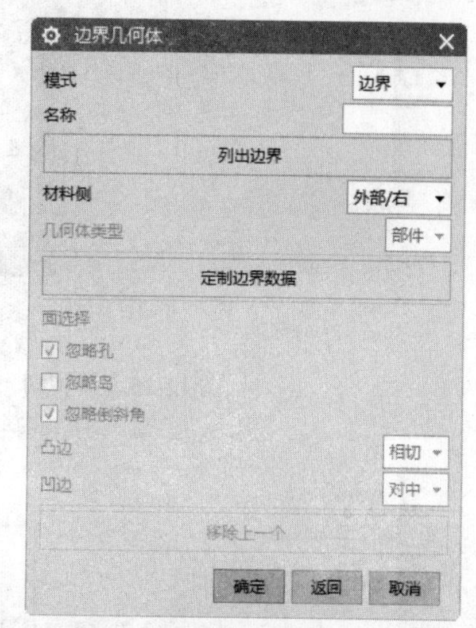

图 12-34　“边界几何体”对话框

“接触”刀具位置只能在具有刀轴的“边界驱动方法”中使用，并且只有在使用“曲线/边”或“点”指定边界模式下才可用，在“边界”或“面”模式下无“接触”选项。

边界成员和相关刀具位置的关系可以用图 12-35 所示的图形表示。如果是“相切”位置，则刀具的侧面沿着投影矢量与边界对齐，如图 12-35a 所示；如果是“对中”位置，则刀具的中心点沿着投影矢量与边界对齐，如图 12-35b 所示；如果是“接触”位置，则刀具将与边界接触，如图 12-35c 所示。

与“对中”或“相切”不同，“接触”位置根据刀尖沿着轮廓表面移动时的位置改变。刀具沿着曲面前进，直到它接触到边界。在轮廓化的表面上，刀尖处的接触点位置不同。需要注意的是，在图 12-36 中，当刀具在部件相反的一侧时，接触点位于刀尖相反的一侧。

指定了边界的刀具位置时，“接触”不能与“对中”和“相切”结合使用。如果要将“接触”

用于任何一个成员，则整个边界都必须使用“接触”。

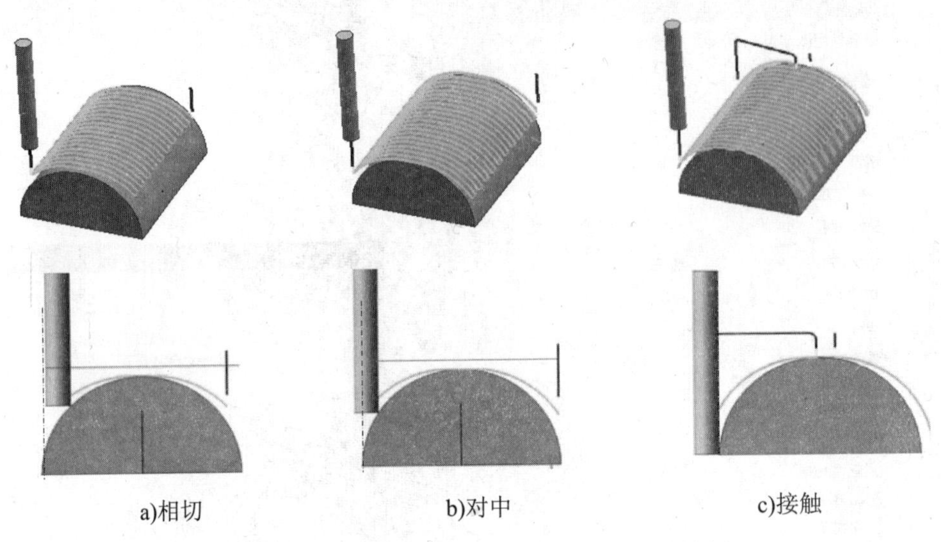

图 12-35 “相切”“对中”和“接触”位置示意图

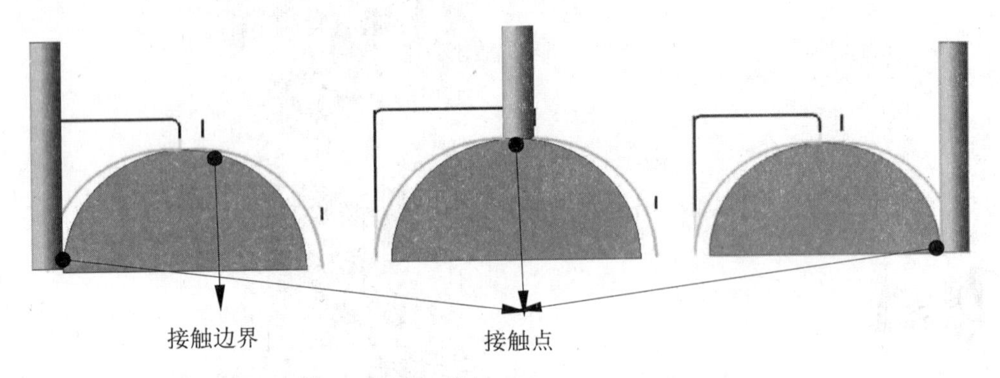

图 12-36 接触点位置

“接触”边界进行选择时，可以如图 12-37a 所示选择部件的底面，也可以另建一个平面进行投影，如图 12-37b 所示。

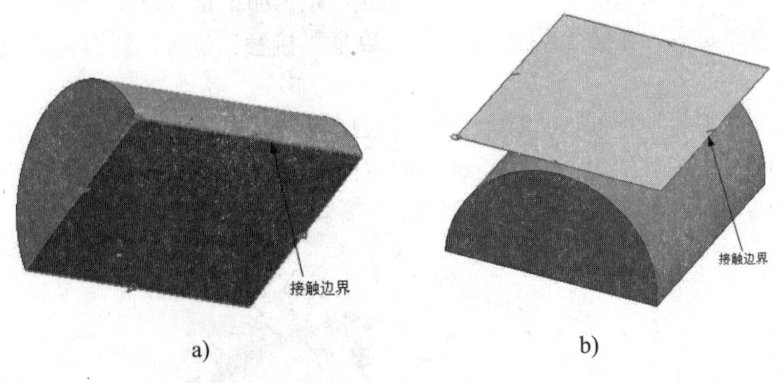

图 12-37 接触边界

2．部件空间范围

部件空间范围通过沿着所选部件表面和表面区域的外部边界创建环来定义切削区域。“环”类似于边界，可定义切削区域。但“环”是在部件表面上直接生成的且无需投影。“环”可以是平面或非平面且总是封闭的，它们沿着所有的部件外表面边界生成，如图12-38所示。

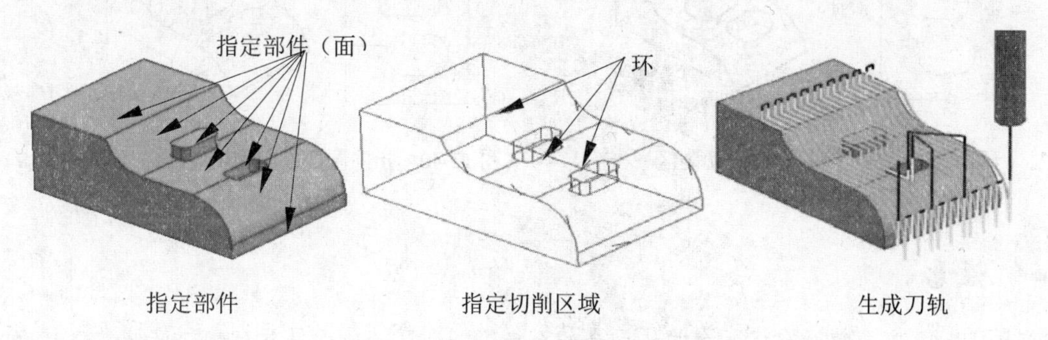

图12-38　沿着部件外表面边界生成的环

注意

从实体创建部件空间范围时，要选择加工的“面”而不是选择“体”。选择“体”将导致“无法”生成环。“体”包含多个可能的外部边界，导致阻止生成环。选择要加工的面可清楚地定义外部边界，并能生成所需的环。

“环”可定义要切削的主要区域以及要避免的岛和腔体。岛和腔体刀具位置指示符（沿着环的箭头或半箭头）相对于主包容环指示符的方向可决定某区域是包含在切削区域中还是被排除在切削区域之外。默认情况下，系统将岛和腔体的刀具位置指示符定义为指向主包含环指示符的相反方向，这样使得区域被排除在切削区域之外，如图12-39所示。指定所有环可以使系统使用所有的三个环。默认情况下，系统将利用接触刀具位置初始定义每个环。如果要指定不使用岛环和腔体环，可选择“编辑”并将“使用此环”切换为“关”，也可以将刀具位置由“接触”改为“对中”或“相切”。

注意

部件表面不相邻。如果岛或腔体的刀具位置指示符的方向与主包容环指示符的方向相同，那么只有岛或腔体会形成切削区域。这种情况会使主包容环被完全忽略，所以应该避免出现这种情况。

图12-40所示为岛环的指示符指向与主包容环相同的方向。出现这种情况是因为部件表面A与定义主包容环的部件表面不相邻，使得系统将岛环定义为另一个外部边界。图12-40中显示的部件表面 A 应该在单独创建的操作中进行加工。

可以将环和边界结合起来使用，以便定义切削区域。沿着刀具轴向平面投影时，边界和环的公共区域可定义切削区域，如图12-41所示。可以将环和边界结合起来定义多个切削区域，如图

12-42 所示。

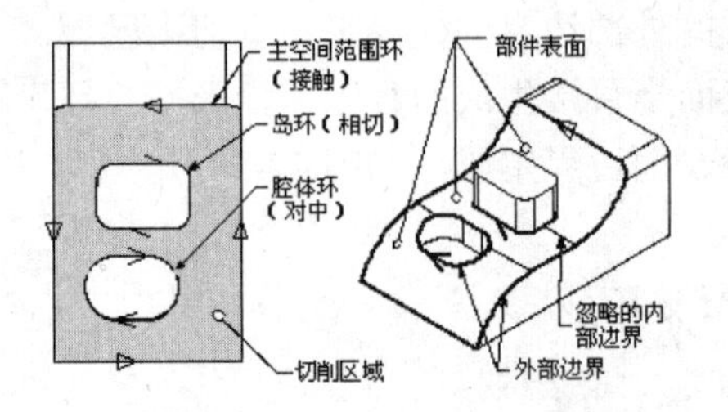

图 12-39　由“环”定义的切削区域

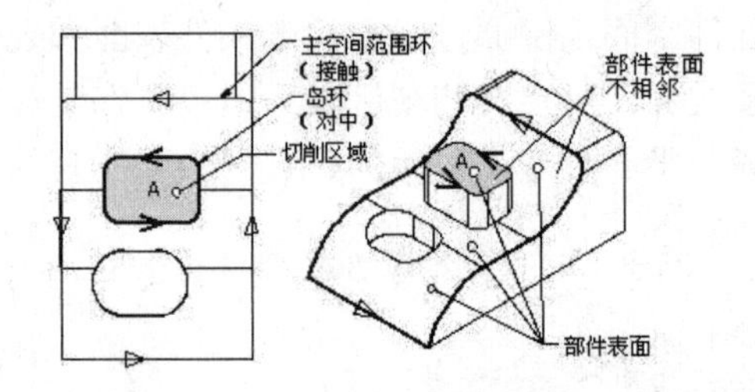

图 12-40　指向同一方向的主环和岛环指示符

注意

在图 12-42 中系统没有将所有的边界合并至一个切削区域，而是找到相交区域并将其定义为切削区域。

向平面上投影时，应该避免使用互相之间直接叠加的环和边界。可能会存在一些不确定性，如某一区域是包含在切削区域中还是被排除在切削区域外，以及是将刀位设置为“对中”“接触”还是“相切”。

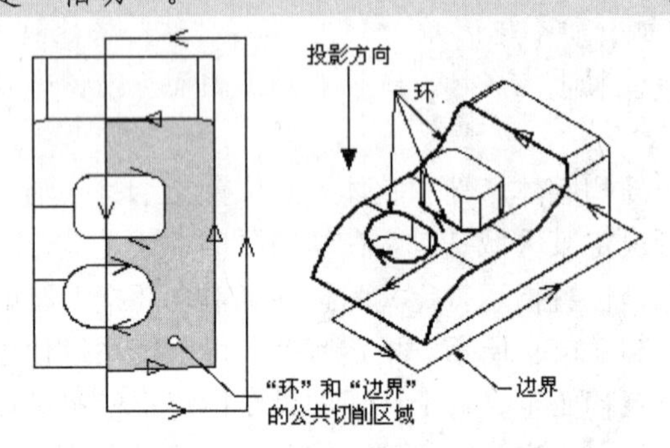

图 12-41　由环和边界定义的切削区域

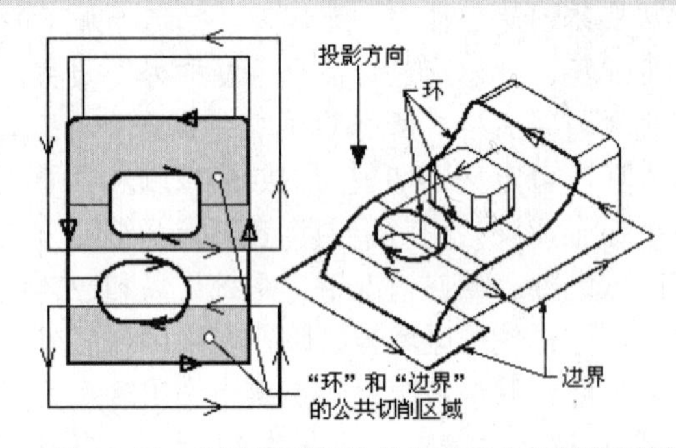

图 12-42　通过将环和边界相交定义的切削区域

3．空间范围

“边界驱动方法”对话框中的“空间范围”栏（见图 12-43）包括“编辑”按钮和“显示”按钮。如果将“显示”按钮切换至“开”位置，则系统将所有的外部部件表面边缘确定为环。然后可使用“编辑”按钮来指定定义切削区域时所需要使用的环。

4．切削模式

切削模式可定义刀轨的形状。某些模式可切削整个区域，而其他模式仅围绕区域的周界进行切削，在“边界驱动方法”对话框中可以对切削模式进行设置。“切削模式”下拉列表如图 12-44 所示，主要包括以下几种切削模式：

1）跟随周边、轮廓、标准驱动。

2）平行线：单向、往复、单向轮廓、单向步进。

3）同心圆弧：同心单向、同心往复、同心单向轮廓、同心单向步进。

4）径向线：径向单向、径向往复、径向单向轮廓、径向单向步进。

跟随周边、轮廓加工、标准驱动、单向、往复、单向轮廓、单向步进等切削方式已经介绍过，不再赘述，“同心圆弧”和“径向线”切削方式中的单向、往复、单向轮廓、单向步进等含义与单列的单向、往复、单向轮廓、单向步进等切削类型是相同的，区别在于切削图样不同。

图 12-43　“空间范围”栏

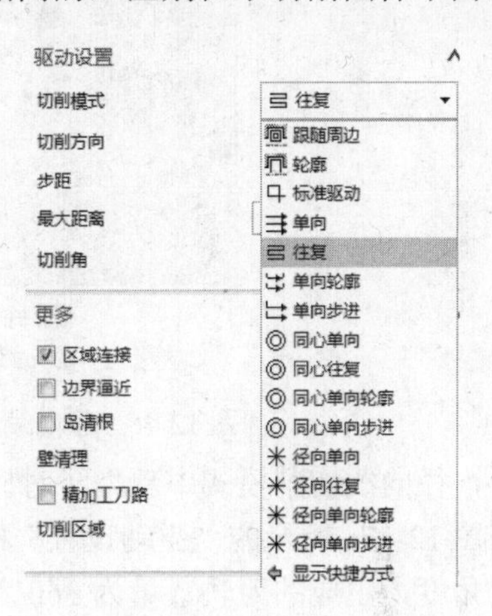

图 12-44　“切削模式”下拉列表

(1)同心圆弧　可从用户指定的或系统计算的最优中心点创建逐渐增大的或逐渐减小的圆形切削模式。此切削模式需要指定阵列中心，指定加工腔体的方法是“向内”或“向外”。在全路径模式无法生成的拐角部分，系统在刀具运动至下一个拐角前生成同心圆弧。当选择“同心单向”“同心往复”“同心单向轮廓”“同心单向步进”切削模式时，将激活“阵列中心”选项。

同心圆弧下的 4 种切削模式的刀轨如图 12-45 所示。

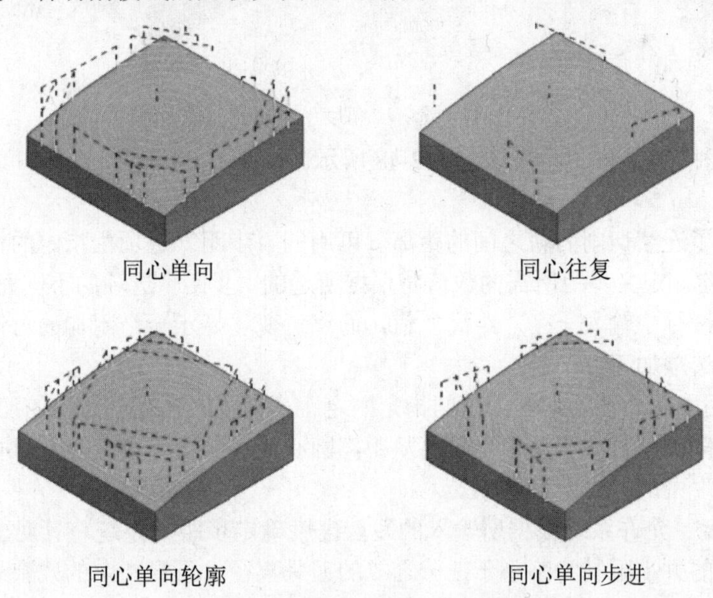

图 12-45　同心圆弧切削模式的刀轨

(2) 径向线　可创建线性切削模式。这种切削模式可从用户指定的或系统计算的最优中心点延伸。此切削模式需要指定阵列中心，指定加工腔体的方法是“向内”或“向外”。该切削模式

的步距是在距中心最远的边界点处沿着圆弧测量的，如图 12-46 所示。当选择“同心单向”“同心往复”“同心单向轮廓”“同心单向步进”切削模式时，将激活“阵列中心”选项。

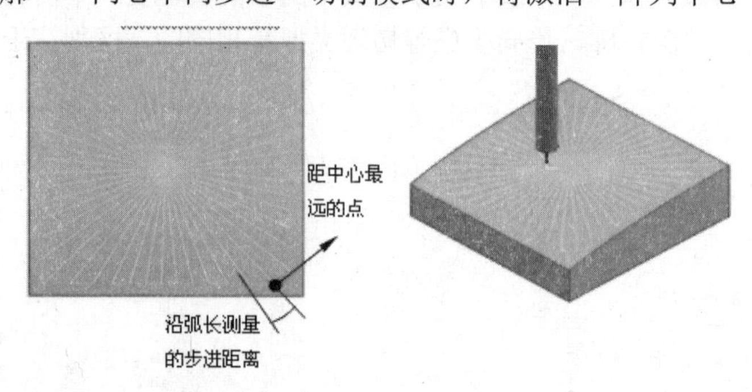

图 12-46　径向线切削模式的刀轨（往复切削并向外）

另外，径向线切削模式中新增了对应“成角度”步距值，此时“步距”值是指相邻刀轨间的角度。在图 12-47a 所示的“驱动设置”栏中的“步距”选择“角度”，输入角度值即可确定相邻刀轨间的角度，生成的刀轨数量为 360/角度值。在图 12-47a 中设置“成角度”值为 30°，生成的刀轨如图 12-47b 所示，共有 12 条刀轨。

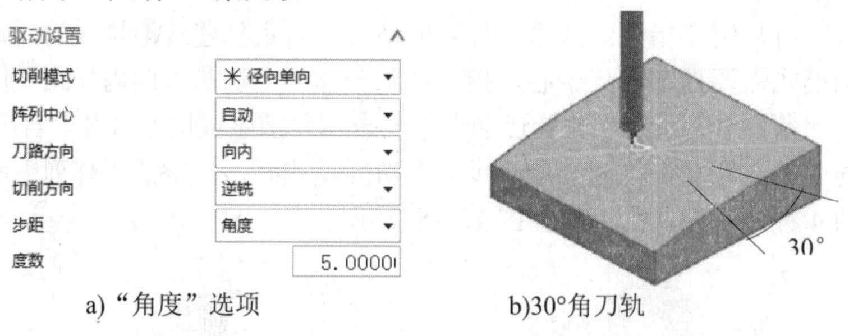

a)“角度”选项　　b)30°角刀轨

图 12-47　选择“角度”生成的刀轨

径向线下的 4 种切削模式的刀轨如图 12-48 所示。

5．步距

“步距”指定了连续切削刀轨之间的距离。可用的“步距”选项由指定的切削类型（单向、往复、径向等）确定。定义步距所需的数值将根据所选的“步距”选项的不同而有所变化。例如，“恒定”需要在后续行中输入一个“距离”值，而“可变”显示一个附加的对话框，它要求输入几个值。“步距”选项如下：

（1）恒定　用于在连续的切削刀轨间指定固定距离。步距在驱动轨迹的切削刀轨之间测量。用于“径向线”切削类型时，“恒定”距离从距离圆心最远的边界点处沿着弧长进行测量。此选项类似于“平面铣”中的“恒定”选项。

（2）残余高度　允许系统根据所输入的残余高度确定步距。系统将针对驱动轨迹计算残余高度。系统将步距的大小限制为略小于三分之二的刀具直径，不管指定的残余高度的大小。此选项类似于“平面铣”中的“残余高度”选项。

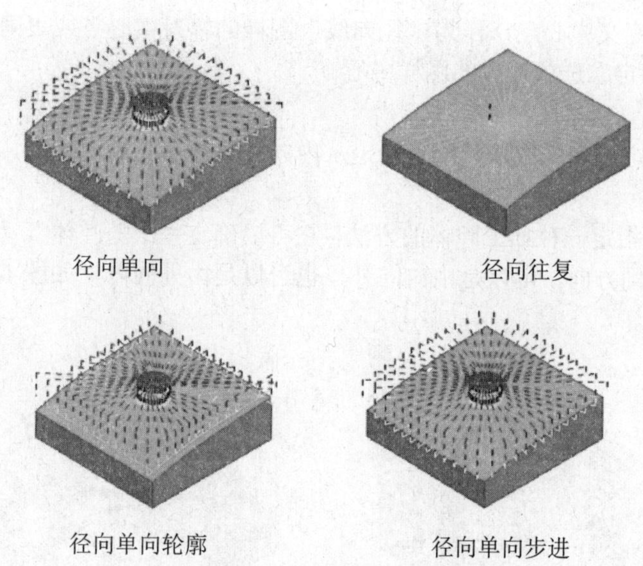

图 12-48　径向线切削模式的刀轨

（3）%刀具平直　用于根据有效刀具直径的百分比定义步距。有效刀具直径是指实际上接触到腔体底部的刀具的直径。对于球头铣刀，系统将其整个直径用作有效刀具直径。此选项类似于“平面铣”中的“刀具直径”选项。

（4）角度　用于从键盘输入角度来定义常量步距。此选项仅可以和径向切削模式结合使用。可通过指定角度定义一个恒定的步距，即辐射线间的夹角。

6．刀路中心

“刀路中心”可交互式地或自动地定义“同心单向”和“径向单向”切削模式的中心点，包括两个选项：

（1）自动　允许系统根据切削区域的形状和大小确定“径向线”或“同心圆弧”最有效的模式中心位置。图 12-49a 所示为“自动”选项生成的图样中心。

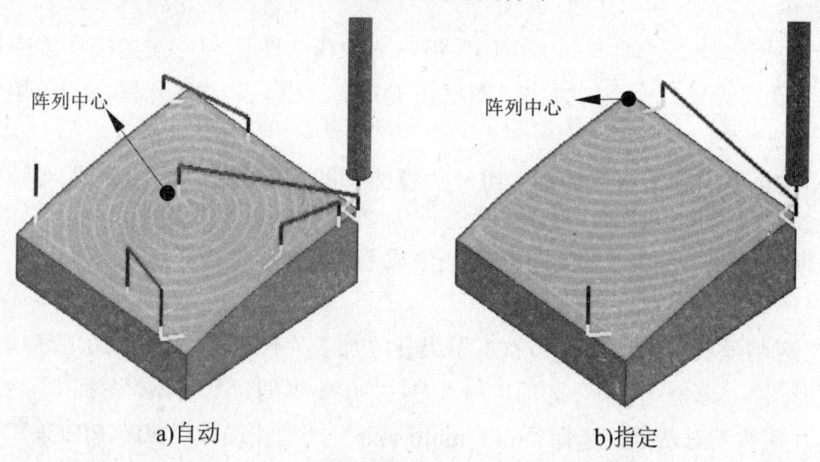

图 12-49　刀路中心

（2）指定　由用户定义“径向线”图样的辐射中心点或“同心圆弧”的圆心。系统打开“点”

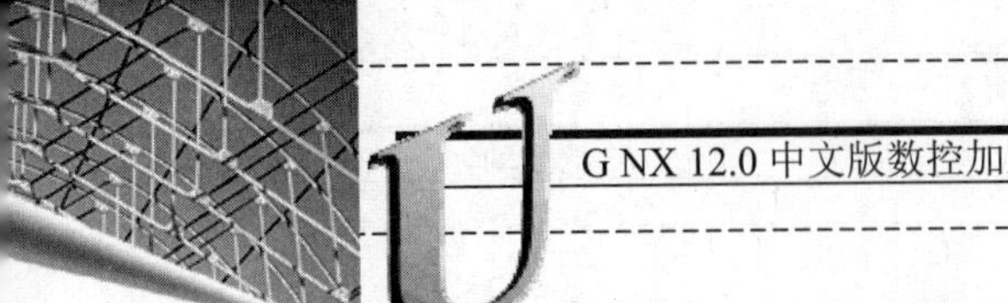

构造器对话框交互式定义中心点，作为“径向线”图样的辐射中心点或“同心圆弧”的圆心。如图 12-49b 所示为“指定”选项生成的图样中心。

7．刀路方向

“刀路方向”指定腔加工方法，用于确定从内向外还是从外向内切削，用于跟随周边、同心和径向切削模式。

向外/向内：用于指定一种加工腔体的方法，它可以确定“跟随腔体”“同心圆弧”或“径向线”切削类型中的切削方向，可以是由内向外，也可以是由外向内，如图 12-50 所示。

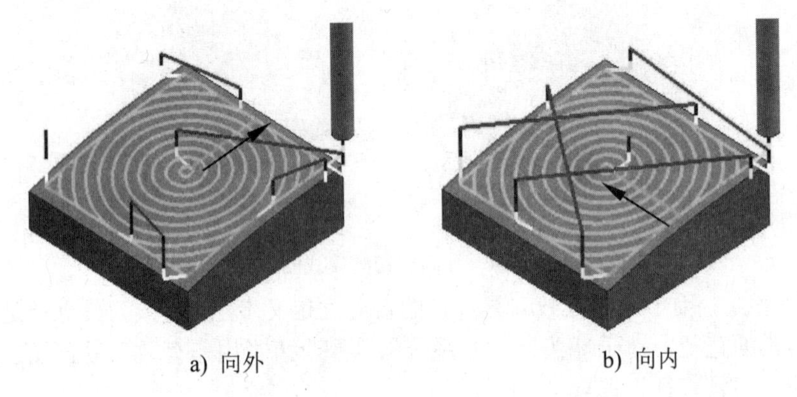

a）向外　　b）向内

图 12-50　“同心圆弧”的切削方向

12.5.2 轻松动手学——边界驱动示例

打开下载的源文件中的相应文件，图 12-51 所示为待加工部件。本示例将对其进行固定轮廓铣，驱动方式为边界驱动。

1．创建毛坯

1）选择“应用模块”选项卡→“设计”组→“建模”图标，在建模环境中选择“菜单”→“格式”→“图层设置”命令，弹出“图层设置”对话框。新建工作图层 2，单击“关闭”按钮。

2）选择“主页”选项卡→“特征”组→“拉伸”图标，弹出“拉伸”对话框，选择加工部件的底部 4 条边线为拉伸截面，指定矢量方向为“XC”，输入开始距离为 0，输入结束距离为 40，其他采用默认设置，单击“确定”按钮，生成毛坯，如图 12-52 所示。

2．创建几何体

1）选择“应用模块”选项卡→“加工”组→“加工”图标，进入加工环境。在上边框条中选择“几何视图”，选择“主页”选项卡→“刀片”组→“创建几何体”图标，弹出如图 12-53 所示的“创建几何体”对话框，选择“mill_multi-axis”类型，选择“WRKPIECE”几何体子类型，其他采用默认设置，单击“确定”按钮。

2）弹出如图 12-54 所示的“工件”对话框。单击“选择或编辑部件几何体”按钮，选择如

图 12-51 所示的部件。单击“选择或编辑毛坯几何体”按钮，选择如图 12-52 所示的毛坯。单击“确定”按钮。

图 12-51　待加工部件

图 12-52　毛坯

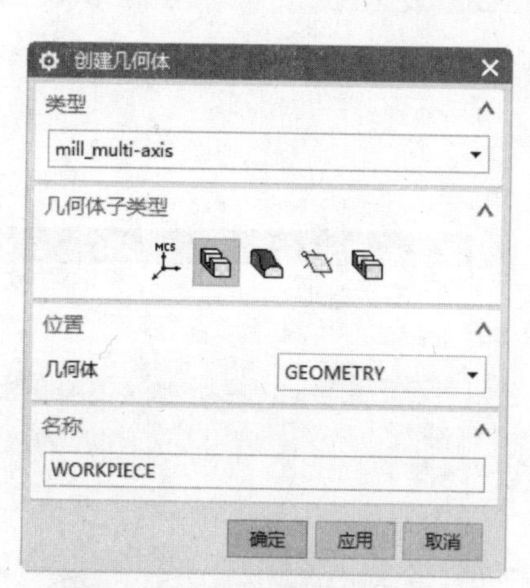

图 12-53　“创建几何体”对话框

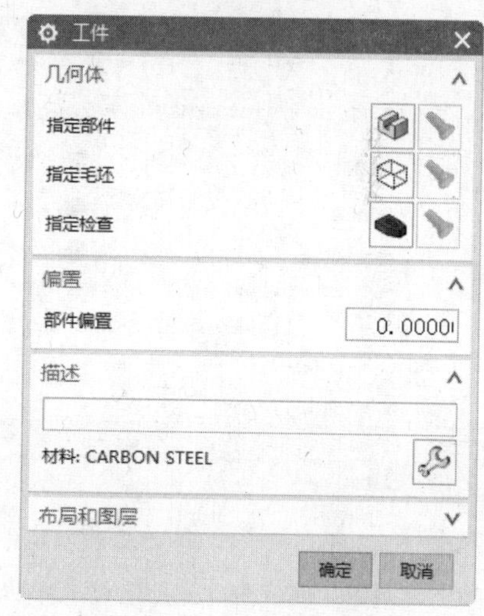

图 12-54　“工件”对话框

3）选择“菜单”→“格式”→“图层设置”命令，弹出如图 12-55 所示的“图层设置”对话框。选择图层 1 为工作图层，并取消图层 2 的勾选，隐藏毛坯，单击“关闭”按钮。

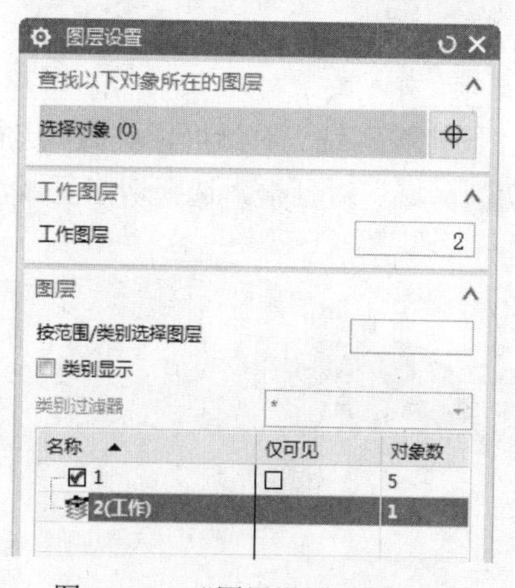

图 12-55　“图层设置”对话框

3．创建刀具

1）选择“主页”选项卡→“刀片”组→“创建刀具”图标，弹出“创建刀具”对话框，选择“mill_multi-axis”类型，选择“MILL”刀具子类型，输入名称为“END12”，其他采用默认设置，单击“确定”按钮。

2）弹出“铣刀-5参数”对话框，输入直径为12，其他采用默认设置，单击“确定”按钮。

4．创建工序

1）选择“主页”选项卡→“刀片”组→“创建工序”图标，弹出“创建工序”对话框，选择“mill_multi-axis”类型，在“工序子类型”中选择“固定轮廓铣”图标，选择“WORKPIECE”几何体，刀具选择“END12”，方法选择“MILL_ROUGH”，其他采用默认设置，单击“确定”按钮。

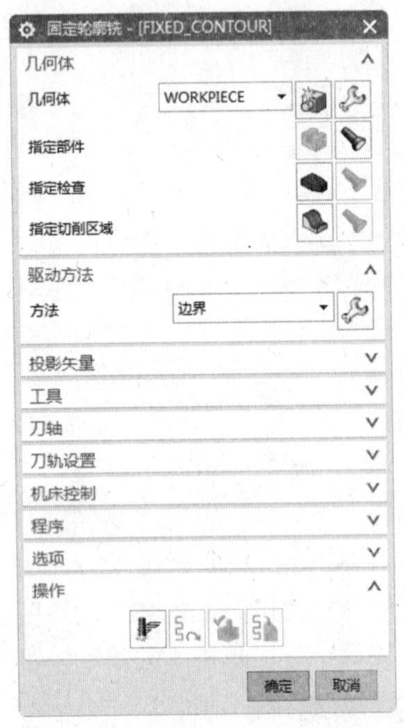

图12-56　“固定轮廓铣”对话框

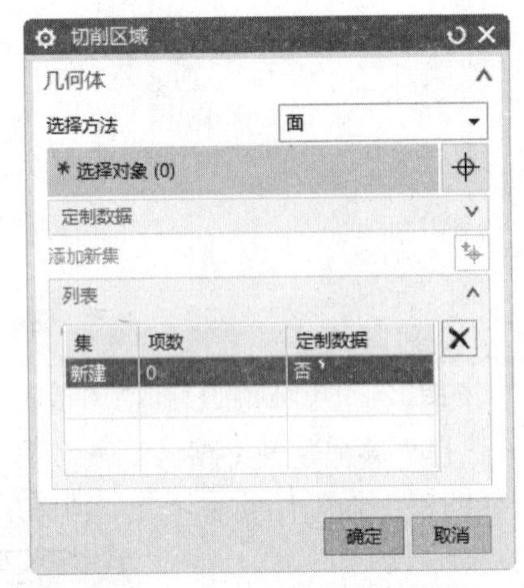

图12-57　“切削区域”对话框

2）弹出如图12-56所示的“固定轮廓铣”对话框，单击“选择或编辑切削区域几何体”按钮，弹出如图12-57所示的“切削区域”对话框，选择切削区域，如图12-58所示。

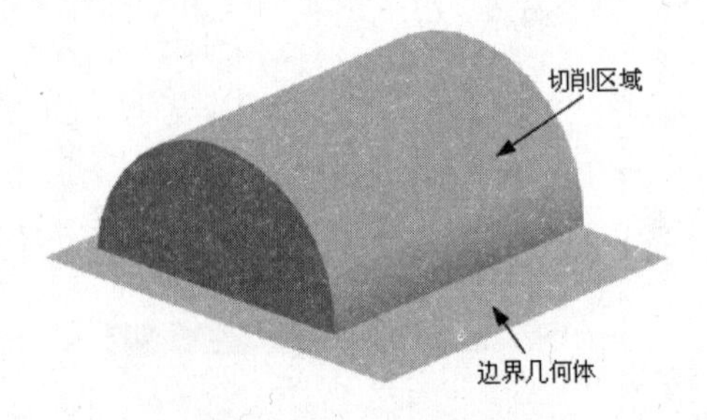

图12-58　选择切削区域

3）在“驱动方法”中选择“边界”，单击“编辑”图标，弹出如图12-59所示的“边界驱动方法”对话框，单击“选择或编辑驱动几何体”按钮，弹出如图12-60所示的“边界几何体”对话框，设置“模式”为“面”、“材料侧”为“外侧”。选择如图12-58所示的边界几何体平面，单击“确定”按钮。返回到“边界驱动方法”对话框，设置“部件空间范围”为“关”、“切削模式”为“往复”、“平面直径百分比”为“50”、“切削角”为“指定”，“与XC的夹角”为90，其余参数保持默认值，单击“确定”按钮。

4）进行完以上全部设置后，在“操作”栏中单击“生成”图标，生成刀规，如图12-61a所示。单击“确认”图标，实现刀轨的可视化，如图12-61b所示，进行刀轨的演示和察看。

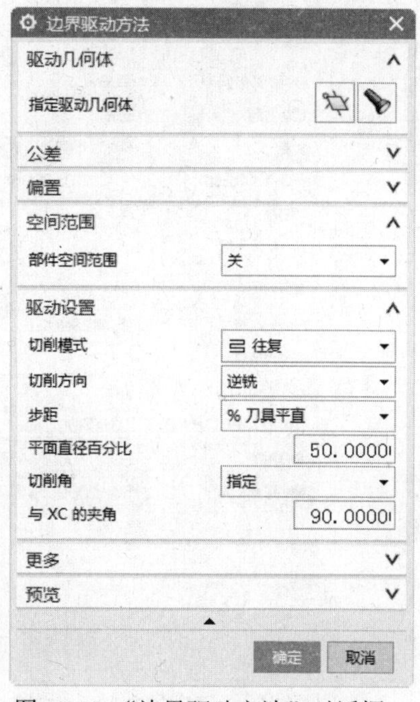

图12-59　“边界驱动方法”对话框

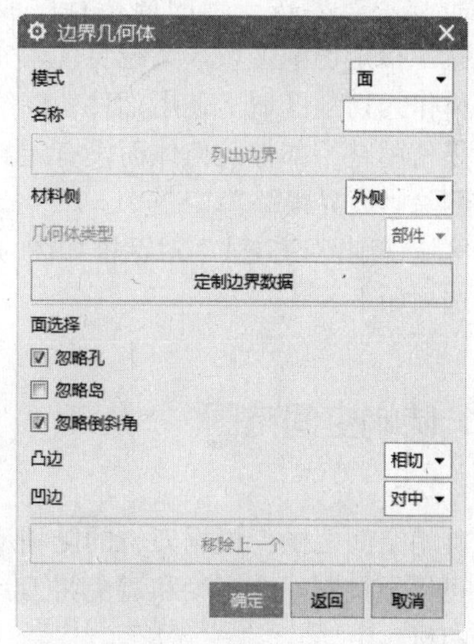

图12-60　“边界几何体”对话框

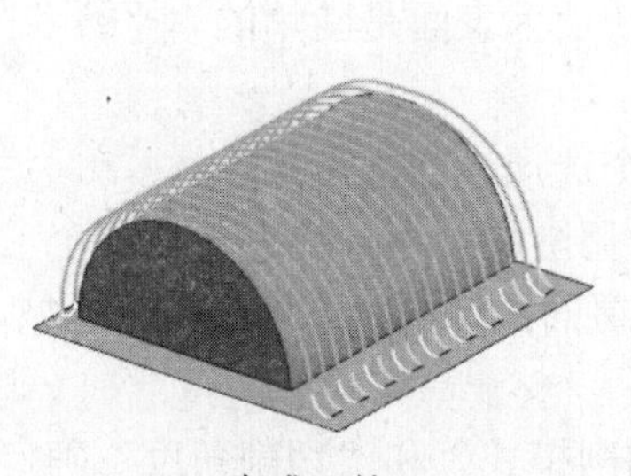

a) 生成刀轨

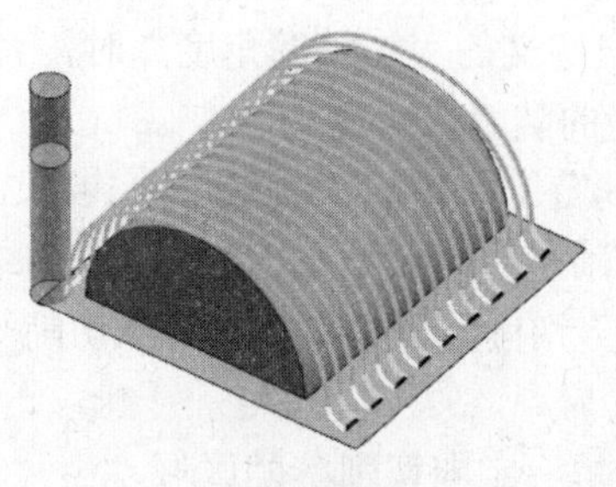

b)刀轨可视化

图12-61　生成的刀轨

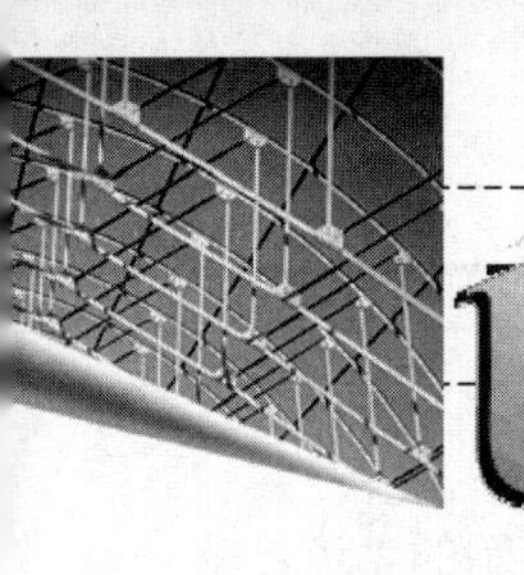

12.6 区域铣削驱动方法

“区域铣削驱动方法”能够定义“固定轮廓铣”操作，方法是指定切削区域并且在需要的情况下添加“陡峭包含”和“裁剪边界”约束。这种驱动方法类似于“边界驱动方法”，但是它不需要驱动几何体，只能用于“固定轮廓铣”操作，因此用户应该尽可能使用“区域铣削驱动方法”来代替“边界驱动方法”。

可以通过选择“曲面区域”“片体”或“面”来定义切削区域。与“曲面区域驱动方法”不同，切削区域几何体不需要按一定的栅格行序或列序进行选择。如果不指定切削区域，系统将使用完整定义的部件几何体作为切削区域，使用部件轮廓线作为切削区域。如果使用整个部件几何体而没有定义切削区域，则不能删除“边界跟踪”。

“区域铣削驱动方法”对话框如图 12-62 所示，主要的选项如下。

12.6.1 陡峭空间范围

“陡峭空间范围”根据刀轨的陡峭度限制切削区域。它可用于控制残余高度和避免将刀具插入到陡峭曲面上的材料中。

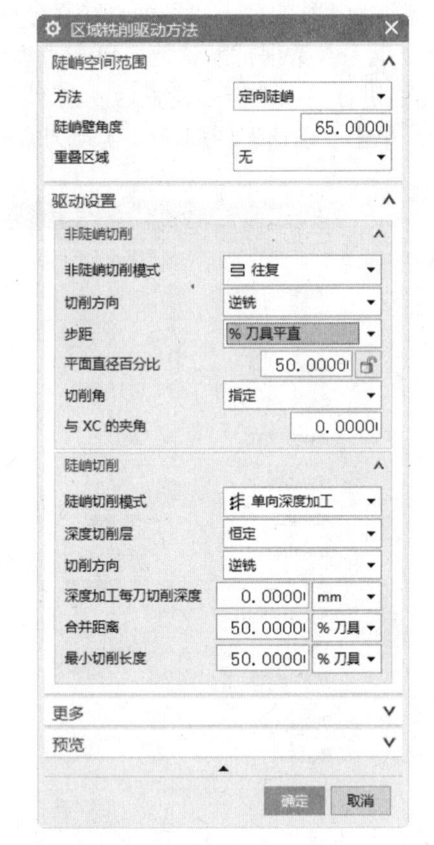

图 12-62 “区域铣削驱动方法”对话框

“陡峭壁角度”能够确定系统何时将部件表面识别为陡峭的，在每个接触点处计算部件表面角，然后将它与指定的“陡峭壁角度”进行比较。实际表面角超出用户定义的“陡峭壁角度”时，系统认为表面是陡峭的。平缓的曲面的陡峭壁角度为 0°，而竖直壁的陡峭壁角度为 90°。

在“陡峭空间范围”栏的“方法”中共有 3 个选项，分别是：

（1）无　切削整个区域。在刀具轨迹上不使用陡峭约束，允许加工整个工件表面。

（2）非陡峭　切削非陡峭区域。用于切削平缓的区域，而不切削陡峭区域。通常可作为等高轮廓铣的补充。

（3）定向陡峭　定向切削陡峭区域，由“切削模式”和“切削角度”确定，从 WCS 的 XC 轴开始，绕 ZC 轴旋转指定的切削角度就是路径模式方向。

“陡峭空间范围”栏中的“方法”使用“无”时生成切削整个切削区域的刀轨，如图 12-63a 所示。使用“非陡峭”、“陡峭壁角度”为 65°时生成切削部件顶部平缓区域的刀轨，如图 12-63b

所示。使用“定向陡峭”、“陡峭壁角度”为 65°、切削角度为 0° 时生成的刀轨切削 X 方向的两个侧面，如图 12-63c 所示；切削角度为 90° 时生成的刀轨切削 X 方向的两个侧面，如图 12-63d 所示。

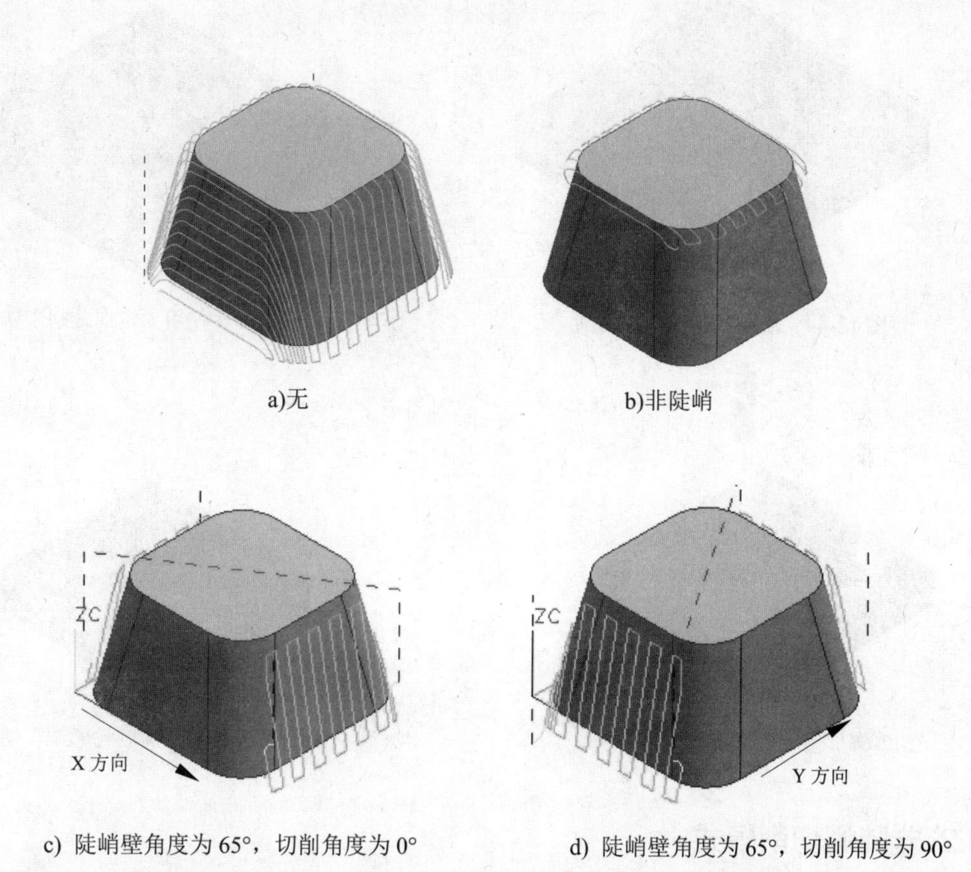

a)无　　b)非陡峭

c) 陡峭壁角度为 65°，切削角度为 0°　　d) 陡峭壁角度为 65°，切削角度为 90°

图 12-63　“陡峭空间范围”栏中不同的 “方法”形成的刀轨

两种常用的方法可以用来加工切削区域，它们使用两种操作和陡峭空间范围的组合：

（1）方式 1　后面跟有“定向陡峭”的“非陡峭空间范围”。这种方式常用于不包含很多近似垂直区域的区域，如图 12-64 中的未切削区域，要切削这些区域，必须使用“定向陡峭”再次进行切削，如图 12-65 所示。创建不带有陡峭空间范围的往复刀轨，并随后沿带有“定向陡峭”空间范围和由第一个刀轨旋转 90° 形成的切削角的往复刀轨移动时可以使用这种方式。

（2）方式 2　使用“非陡峭”切削（见图 12-66），后跟“深度轮廓铣”（见图 12-67）。如果切削区域中有非常陡峭的区域，常用此方式。

“非陡峭”切削将刀轨的陡峭度限制为指定的“陡峭壁角度”，仅加工刀轨陡峭度小于等于指定的“陡峭壁角度”的区域（此时陡峭侧未被加工）。要加工陡峭区域，可使用“深度轮廓铣”（见图 12-67）。在这两个操作中使用同一陡角（ “陡峭壁角度”为 55°），可以加工整个切削区域。如果切削区域中有非常陡峭的区域，则常用到此方法。系统将使用深度切削对图 12-64 中的“非陡峭”切削遗留未切的陡峭区域进行加工。

图 12-64　使用“非陡峭”切削

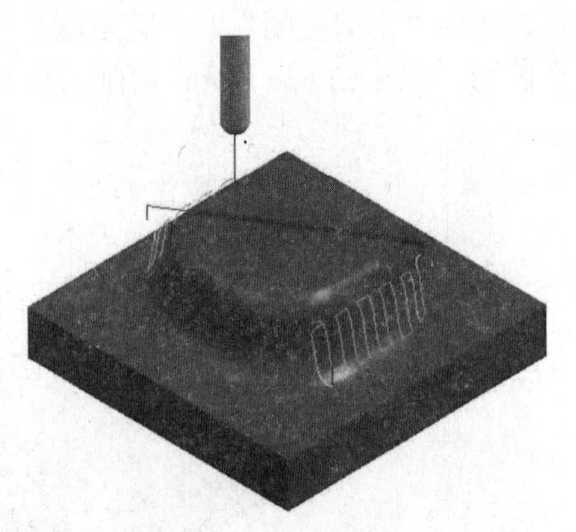

图 12-65　使用“定向陡峭”切削

图 12-66　使用“非陡峭”切削

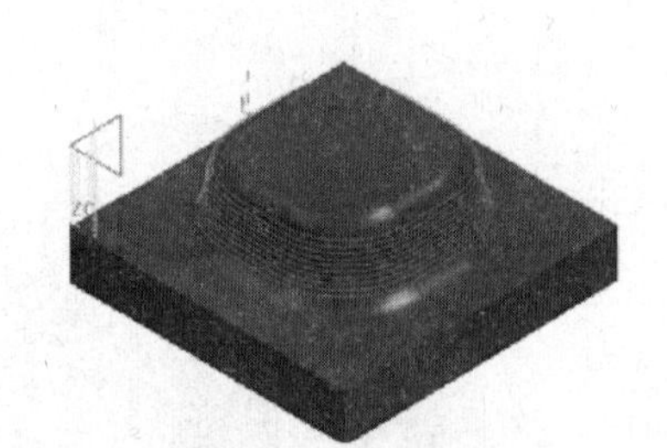

图 12-67　使用“深度轮廓铣”切削

12.6.2 非陡峭切削模式

除了添加“往复上升”外，“区域铣削驱动方法”中使用的“切削模式”与“边界驱动方法”中使用的一样。“往复上升”根据指定的局部进刀、退刀和移刀运动，在刀路之间抬刀，如图 12-68 所示。

12.6.3 步距已应用

在“区域铣削驱动方法”对话框中，“步距已应用”有两个选项：“在平面上”（见图 12-69）和“在部件上”（见图 12-70）。

（1）在平面上　如果切换为“在平面上”，那么当系统生成用于操作的刀轨时，步距是在垂直于刀具轴的平面上测量的。如果将此刀轨应用至具有陡峭壁的部件，如图 12-71 所示，那么此部件上实际的步距不相等。因此，“在平面上”最适用于非陡峭区域。

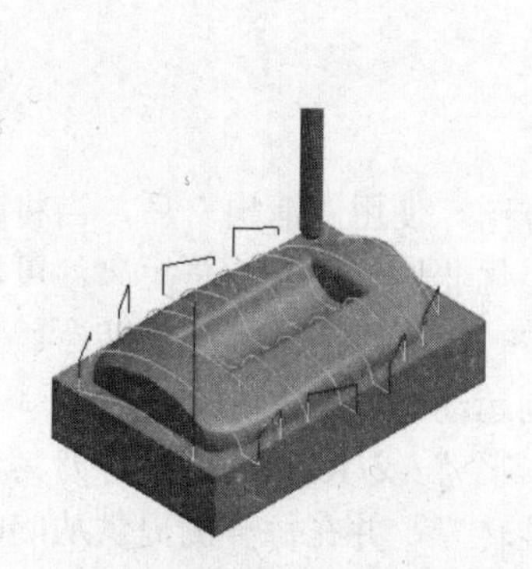

图 12-68　往复上升

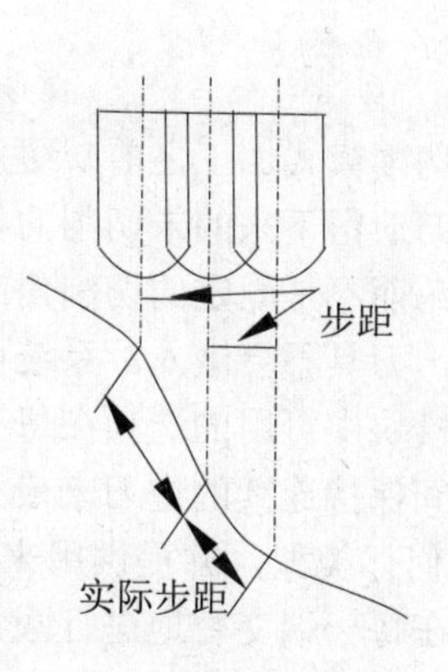

图 12-69　在平面上

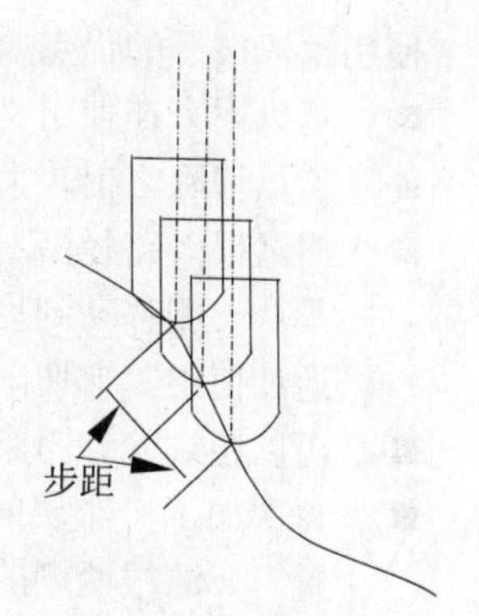

图 12-70　在部件上

（2）在部件上　可用于使用“往复”切削类型的“跟随周边”和“平行”切削图样。如果切换为“在部件上”，当系统生成用于操作的刀轨时，步距是沿着部件测量的。因为“在部件上”沿着部件测量步距，因此它适用于具有陡峭壁的部件。通过对部件几何体较陡峭的部分维持更紧密的步进，以实现对残余波峰的附加控制。在图 12-72 中可以看出步进距离是相等的。

注意

指定的步距是部件上允许的最大距离。步距可以根据部件的曲率不同而有所不同（步距值小于指定的步距）。

图 12-71　“在平面上”刀轨

图 12-72　“在部件上”刀轨

12.7 清根驱动方法

12.7.1 清根驱动

“清根驱动方法”能够沿着部件表面形成的凹角和凹谷生成刀轨。生成的刀轨可以进行优化，

方法是使刀具与部件尽可能保持接触并最小化非切削移动。“自动清根”只能用于“固定轮廓铣”操作。

使用“清根”的优点如下：

- 可以用来在使用“往复”切削模式加工之前减缓角度。
- 可以移除之前较大的球面刀遗留下来的未切削的材料。
- “清根”路径沿着凹谷和角而不是固定的切削角或 UV 方向。使用“清根”后，当将刀具从一侧移动到另一侧时，刀具不会嵌入。系统可以最小化非切削移动的总距离，可以通过使用“非切削移动”模块中可用的选项在每一端获得一个光顺的或标准的转弯。
- 可以通过允许刀具在步距间保持连续的进刀来最大化切削运动。
- 每次加工一个层的某些几何体类型，并提供用来切削“多个”或 RTO（“参考刀具偏置”）清根两侧的选项，在每一端交替地进行圆角或标准转弯，并在每一侧提供从陡峭侧到非陡峭侧的选项。此操作的结果是利用更固定的切削载荷和更短的非切削移动距离切削部件。

可以通过选择“固定轮廓铣”中的“清根驱动方法”创建“清根”操作，也可以通过在“轮廓铣（mill_contour）”中选择“flowcut_single”“flowcut_multiple”“flowcut_ref_tool”或“flowcut_smooth”等操作子类型创建“清根”操作。“清根驱动方法”对话框如图 12-73 所示。可以指定“单刀路”“多刀路”或“参考刀具偏置”。对话框中的主要选项如下。

1．驱动几何体

（1）最大凹度　使用“最大凹度”可决定要切削哪些凹角、凹谷及沟槽。例如，如果对图 12-74 所示的部件进行加工，则第一批操作后 160° 凹谷内可能没有剩余材料。这是因为此凹谷比较浅且比较平坦。但不能加工接下来两个凹谷中的所有材料，这两个凹谷分别是 110° 和 70 °，像这样的尖锐拐角和深谷中遗留了更多的材料。

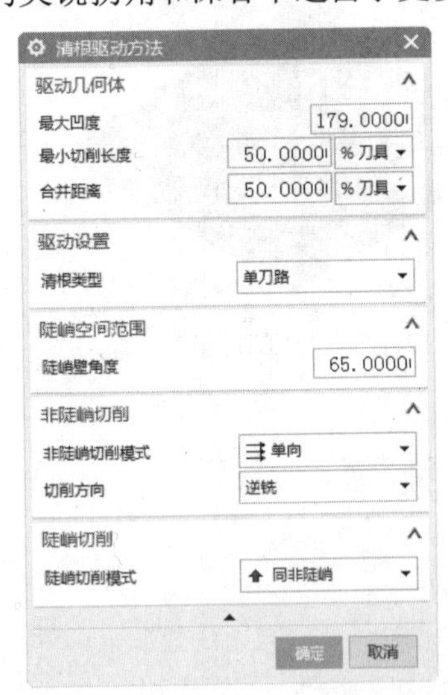

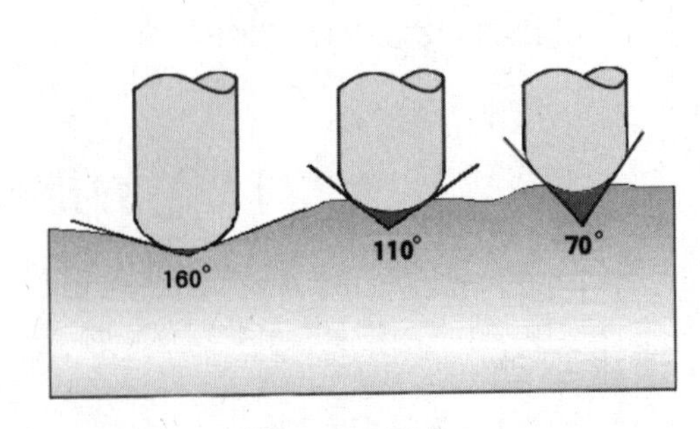

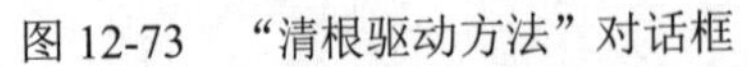
图 12-73　“清根驱动方法”对话框

图 12-74　凹角

当返回到先前的刀路错过的深谷进行加工时，仅加工那些深谷并跳过先前已经加工过的浅谷，这样会更为有效。也可以通过“最大凹度”指定要忽略的角进行此项操作。例如，在“清根驱动方法”对话框中，将“最大凹度”设置为 120°，则将加工 110° 和 70° 的凹谷，而不会加工 160° 的凹谷。

在“清根驱动方法”对话框中，“最大凹度”右侧的文本框中输入的凹角值必须大于 0、小于或等于 179，并且是正值。如果“最大凹度”被设置为 179°，则所有小于或等于 179° 的角均被加工，即切削了所有的凹谷。如果“最大凹度”被设置为 160°，则所有小于或等于 160° 的角均被加工。当刀具遇到那些在部件面上超过了指定最大值的区域时，刀具将回退或转移到其他的区域。

（2）最小切削长度　“最小切削长度”能够除去可能发生在部件的隔离区内的短刀轨分段，不会生成比此值更小的切削运动。在图 12-75 中要除去可能发生在圆角相交处的非常短的切削运动时，此选项尤其有用。

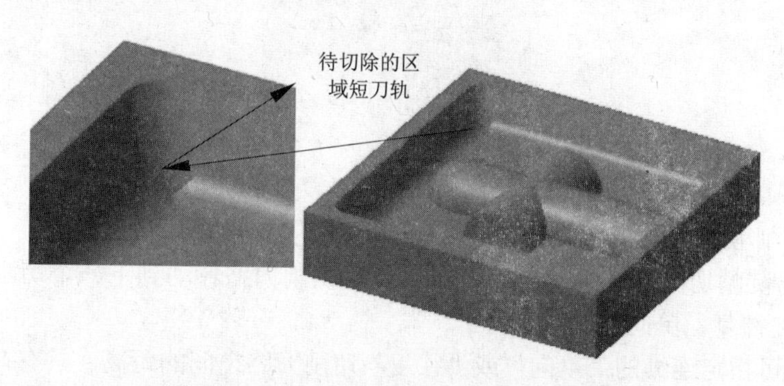

图 12-75　除去小且孤立的区域的切削运动

2．陡峭空间范围

“陡峭空间范围”根据输入的“陡峭壁角度”控制操作的切削区域，分为陡峭部分和非陡峭部分以限制切削区域，以避免刀具在零件表面产生过切。

“陡峭壁角度”值可输入的范围为 0°～90°。

3．驱动设置

（1）清根类型

- 单刀路：将沿着凹角和凹谷产生一个切削刀路，如图 12-76 所示。
- 多刀路：可指定偏置数和偏置之间的步距，这样便可在中心清根的任一侧产生多个切削刀路，如图 12-77 所示，图中偏置数为 2，步距为 0.2in。此选项可激活“切削模式”“步距”“序列”和“偏置数”选项。
- 参考刀具偏置：可指定一个参考刀具直径从而定义要加工的区域的整个宽度，还可以指定一个步距从而定义内部刀路，这样便可在中心清根的任一侧产生多个切削刀路，如图 12-78 所示。图中“参考刀具直径”为 0.75in，“步距”为 0.2in，生成 4 条刀轨。此选项有助于在使用大（参考）刀具对区域进行粗加工后清理加工。此选项可激活对话框中的“切削模式”“步距”“序列”“参考刀具直径”以及“重叠距离”字段。

图 12-76　清根“单刀路”

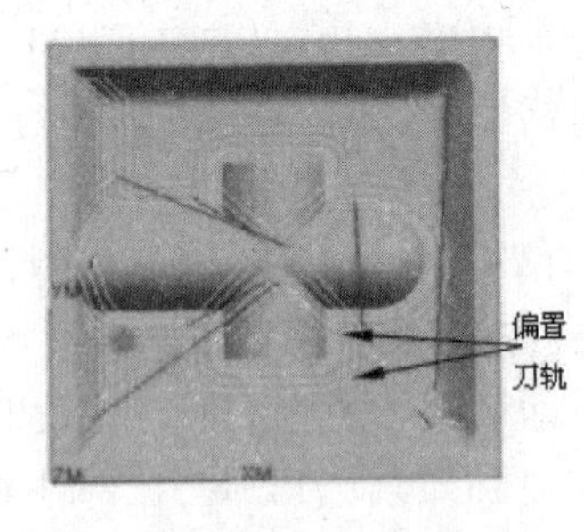

图 12-77　清根“多刀路”

图 12-78　清根“参考刀具偏置”

4．非陡峭切削/陡峭切削

（1）非陡峭/陡峭切削模式　可定义刀具从一个切削刀路移动到下一个切削刀路的方式。以下切削类型可用：往复、单向、往复上升。

（2）步距　可指定连续的“单向”或“往复”切削刀路之间的距离。只有在指定了“多个偏置”或“参考刀具偏置”的情况下才可使用此选项，步距在部件表面内测量。

（3）每侧步距数　能够指定要在中心“清根”每一侧生成的刀路的数目。例如，清根“多刀路”中的“每侧步距数”等于 2。只有在指定了“多刀路”的情况下，“每侧步距数”才是可用的。

（4）顺序　“顺序”可确定执行“往复”和“往复上升”切削刀路的顺序。只有在指定了“多刀路”或“参考刀具偏置”的情况下，“顺序”才是可用的。各个“顺序”选项如下所述。

1）由内向外：“由内向外”从中心“清根”开始向某个外部刀路运动，沿凹槽切第一刀，步距向外一侧移动，直到这一侧加工完毕，然后刀具移回中心切削，接着再向另一侧运动，直到这一侧加工完毕。可选择中心“清根”的任一侧开始序列。

2）由外向内：“由外向内”从某个外侧刀路开始向中心“清根”运动，步距向中心移动，直到这一侧加工完毕。然后刀具选取另一侧的外部切削，接着再向中心切削移动，直到这一侧加工完毕。可选择中心“清根”的任一侧开始序列。

3）后陡：“后陡”从非陡峭侧向陡峭侧加工“清根”凹谷，是一种单向切削。

4）先陡：“先陡”总是按单一方向从陡峭侧的外侧刀路向非陡峭侧的外侧刀路进行加工。系统在陡峭侧输出刀路，方向是从外侧偏置到内侧偏置，然后到中间清根，最后在非陡峭侧从内侧偏置到外侧偏置输出非陡峭侧的刀路。“先陡”序列可以用于单向、往复和往复上升模式。

5）由内向外交替：“由内向外交替”通常从中间“清根”刀路开始加工“清根”凹谷。

在操作中指定此序列后，刀具从中心刀路开始，然后运动至一个内侧刀路，接着向另一侧的另一个内侧刀路运动。然后刀具运动至第一侧的下一对刀路，接着运动至第二侧的同一对刀路。如果某一侧有更多的偏置刀路，系统将在加工完两侧成对的刀路后，对该侧的所有额外刀路进行加工。利用“单向”“往复”和“往复上升”切削模式都可以生成“由内向外交替”序列。

6）由外向内交替：“由外向内交替”可用来控制是要交替加工两侧之间的刀路，还是先完成一侧后再切换至另外一侧。它允许在凹谷的一侧到另一侧的刀路间交替地完成加工。在每一对刀路上，使用一个方向从一侧到一端对凹谷进行加工后，可以在部件上或部件外进行圆角或标准转弯，转至另一侧后，可以使用相反的方向从另一侧向另一端进行加工，然后可以在下一对刀路上进行圆角或标准转弯。按照这种方法，系统可以最大化切削运动，因为它允许刀具在步距过程中持续保持进刀状态，同时动态地减少非切削移动的整个距离，尤其是较长的清根。“单向”“往复”或“往复上升”切削模式都可以生成“由外向内交替”序列。

12.7.2 轻松动手学——清根驱动方法示例

打开下载的源文件中的相应文件，待加工部件如图 12-79 所示。本示例将对其进行固定轮廓铣，驱动方式为“清根驱动”。

图 12-79　待加工部件

1．创建几何体

1）选择“应用模块”选项卡→“加工”组→“加工”图标，进入加工环境。在上边框条中选择“几何视图”，选择“主页”选项卡→“刀片”组→“创建几何体”图标，弹出“创建几何体”对话框，选择“mill_multi-axis”类型，选择“MILL_AREA”几何体子类型，位置为“MCS_MILL”，其他采用默认设置，单击“确定”按钮。

2）弹出如图 12-80 所示的“铣削区域”对话框。单击“指定部件”右侧的“选择或编辑部件几何体”按钮，弹出“部件几何体”对话框，选择如图 12-79 所示部件，单击“确定”按钮，返回“工件”对话框。单击“指定切削区域”右侧的“选择或编辑切削区域几何体”按钮，弹出“铣削区域”对话框，选择如图 12-81 所示的切削区域，单击“确定”按钮。

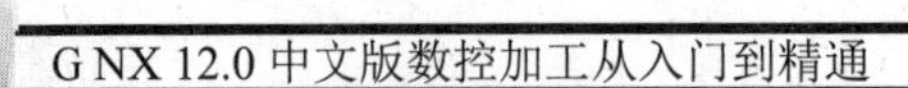

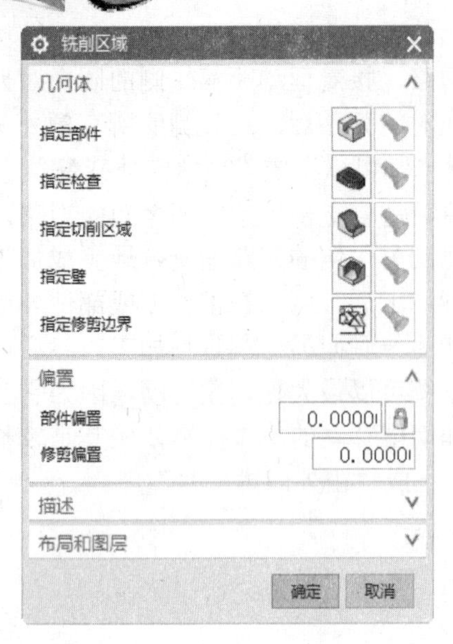

图 12-80 “铣削区域”对话框

图 12-81 选择切削区域

2．创建刀具

1）选择“主页”选项卡→“刀片”组→“创建刀具”图标，弹出“创建刀具”对话框，选择“mill_multi-axis”类型，选择“MILL”刀具子类型，输入名称为“END0.5”，其他采用默认设置，单击“确定”按钮。

2）弹出“铣刀-5 参数”对话框，输入“直径”为 0.5、“下半径”为 0.25、“长度”为 3、“刀刃长度”为 2、“刀刃”为 2，其他采用默认设置，单击“确定”按钮。

3．创建操作

1）选择“主页”选项卡→“刀片”组→“创建工序”图标，弹出“创建工序”对话框，选择“mill_multi-axis”类型，在“工序子类型”中选择“固定轮廓铣”，选择“MILL_AREA”几何体，刀具选择“END0.5”，方法为“MILL_SEMI_FINISH”，其他采用默认设置，单击“确定”按钮。

2）弹出“固定轮廓铣”对话框，在“驱动方法”中选择“清根”，弹出如图 12-82 所示的“清根驱动方法”对话框，设置“最大凹度”为 160、“切削方向”为“混合”、“清根类型”为“单刀路”，单击“确定”按钮。

3）在“操作”栏中单击“生成”图标，生成刀轨，如图 12-83 所示。单击“确认”图标，实现刀轨的可视化。

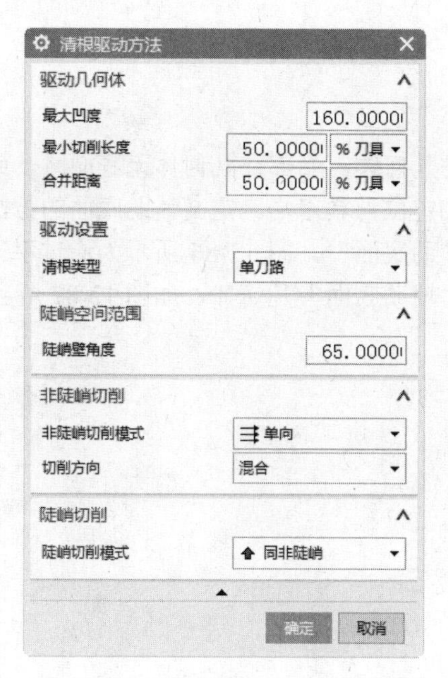

图 12-82　“清根驱动方法”对话框

图 12-83　“清根驱动”刀轨

12.8 外形轮廓加工驱动方法

“外形轮廓加工驱动方法”利用刀具的外侧刀刃半精加工或精加工型腔零件的立壁。系统基于所选择的加工底面自动判断出加工轮廓立壁，也可以手工选择加工轮廓立壁。可以指定一条或多条加工路径。在多轴铣中，如“可变轮廓铣”中如果选择了“外形轮廓加工驱动方法”，将激活与其相关的选项。“可变轮廓铣”对话框如图 12-84 所示。

12.8.1 底面

“底面”是刀具靠近壁时用于限制刀具位置的几何体。图 12-85 中使用底面中 A 为底面，B 为壁，刀具靠近壁 B 放置时，刀具半径接触到底面 A。“底面”几何体可由任意数量的面组成，包括已修剪的面或未修剪的面，但这些面都必须包括在部件几何体或几何体集中。可以将底面或壁几何体定义为实体或片体的面。但是，混合几何体类型后，底面和壁几何体在公用边缘处必须 100% 重合，如果存在缝隙，则操作将失败。如果无底面则无此限制，但切削刀具依据边缘或辅助底面几何体而停止移动。

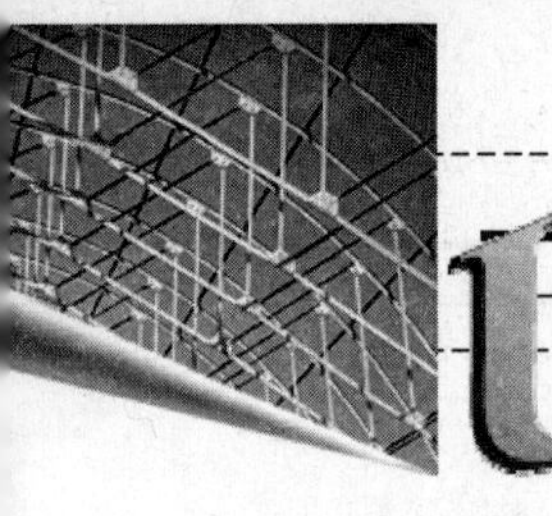

12.8.2 辅助底面

“辅助底面”与“底面”相似，不需要附加到壁的几何体。当部件几何体无底面时，或对底面在空间的位置有要求时，可以使用“辅助底面”方式定位刀具末端。定义辅助底面的方法有两种：选择几何体（实体面或片体）或使用“自动生成辅助底面”。图 12-86 所示为通过手工选择实体面为辅助底面。在使用过程中可组合“底面”和“辅助底面”几何体，如图 12-87 所示。

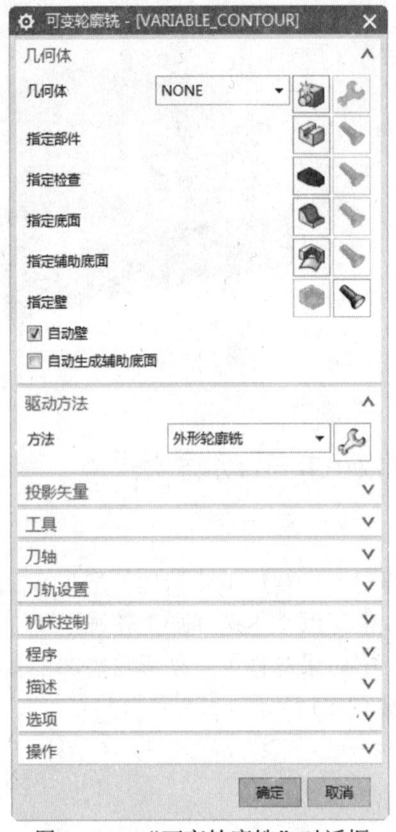

图 12-84 “可变轮廓铣”对话框

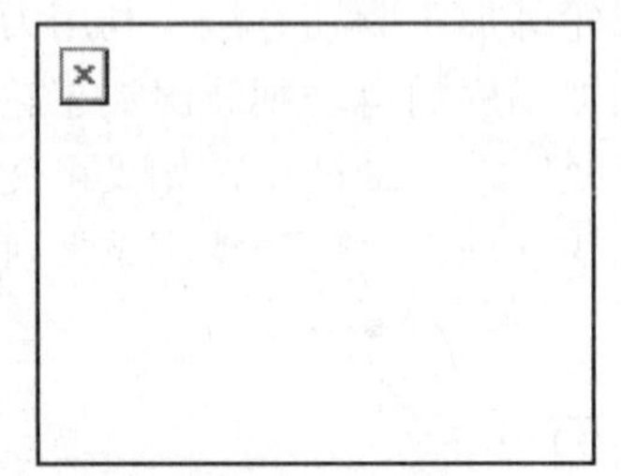

图 12-85 使用底面

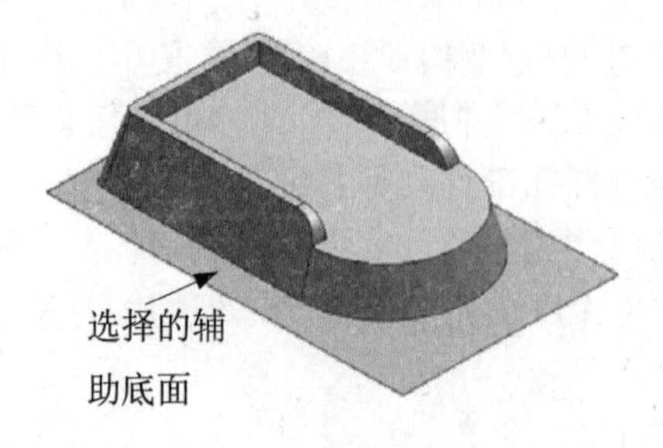

图 12-86 选择辅助底面

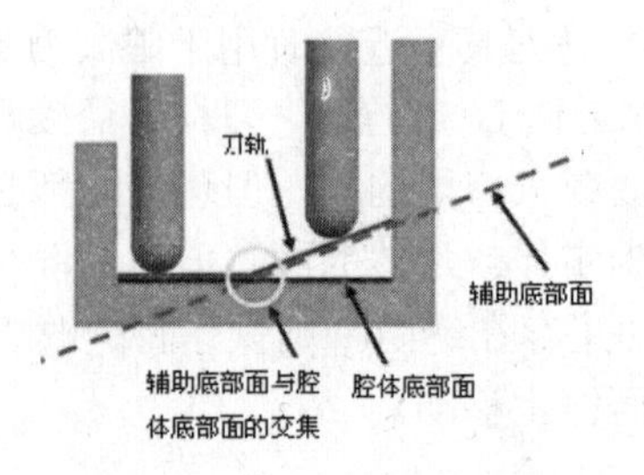

图 12-87 组合“底面”和“辅助底面”

12.8.3 自动生成辅助底面

使用“自动生成辅助底面”可定义在壁的底部与进刀矢量垂直的无穷大平面。另外可定义进刀矢量，以确定相对于壁定位刀具的方法。“自动生成辅助底面”功能可创建一个无穷大平面，具有足够的覆盖面积。但如果这个无穷大平面妨碍在其他位置放置刀具，则必须手工定义辅助底面几何体。“自动生成辅助底面”可与“辅助底面”进行组合，“自动生成辅助底面”创建的无穷大平面作为“辅助底面”定义中的其他面处理。

在图 12-84 所示的“可变轮廓铣”对话框中可以选中或不勾选“自动生成辅助底面”。如果选中“自动生成辅助底面”，将同时打开“距离”，此时“可变轮廓铣”对话框如图 12-88 所示，输入“距离”数值可以使自动生成的辅助底面上下移动。自动生成的辅助底面如图 12-89 所示。如果另外的一般的辅助底面几何体是在选中“自动生成辅助底面”时定义的，则自动生成的辅助底面将被附加到其他一般的辅助底面上，并将其视为辅助底面的一部分，如图 12-90 所示。图 12-91 所示为同时使用“自动生成辅助底面”和“指定辅助底面”时生成的刀轨。

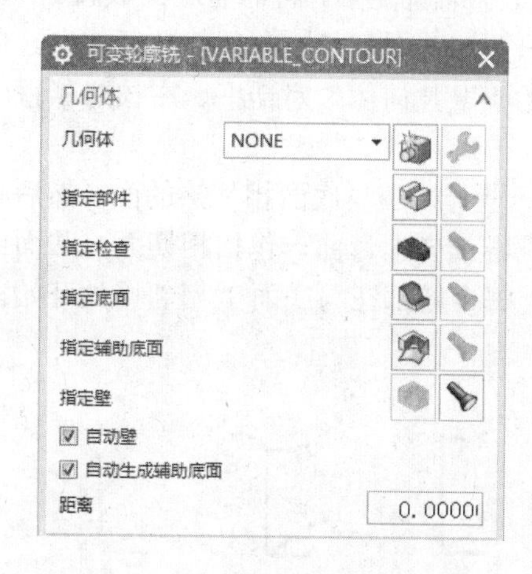

图 12-88　“可变轮廓铣”对话框

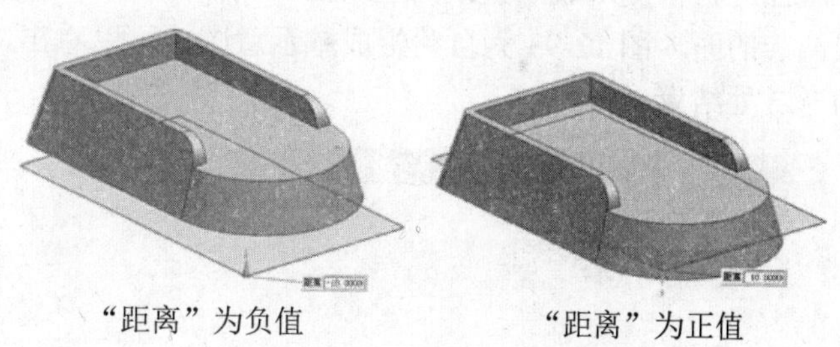

图 12-89　自动生成辅助底面

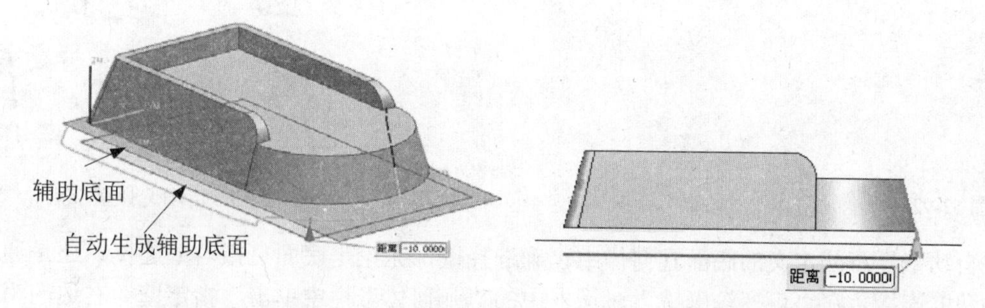

图 12-90　同时使用“自动生成辅助底面”和“指定辅助底面”

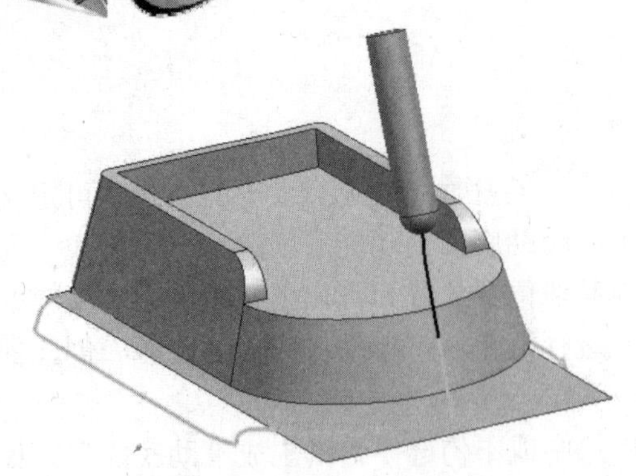

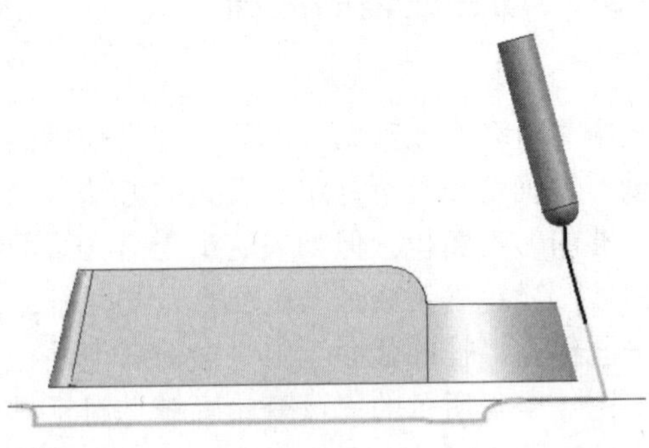

图 12-91　刀轨

12.8.4 壁

“壁几何体”可定义要切削的区域。刀最初靠着壁放置，刀轴确定后，将靠着底面放置。“壁几何体”可以由任意多个已修剪的面或未修剪的面组成，只要这些面都包括在部件几何体中。单击“选择或编辑壁几何体”按钮，弹出如图 12-92 所示的“壁几何体”对话框。在该对话框中可进行壁的选择。

（1）自动壁　使用“自动壁”时系统从底面来确定壁。壁开始于与底面相邻接的面，然后相对于底面的材料侧形成凹角或向上弯曲（如倒圆）。“壁”继续向上弯曲，包括相切面、凹面或稍微凸起的面。图 12-93 为自动生成壁示意图，可以看出，每个壁都在与底面 1 相邻接处开始，在凸弯 2 处结束。

图 12-92　“壁几何体”对话框

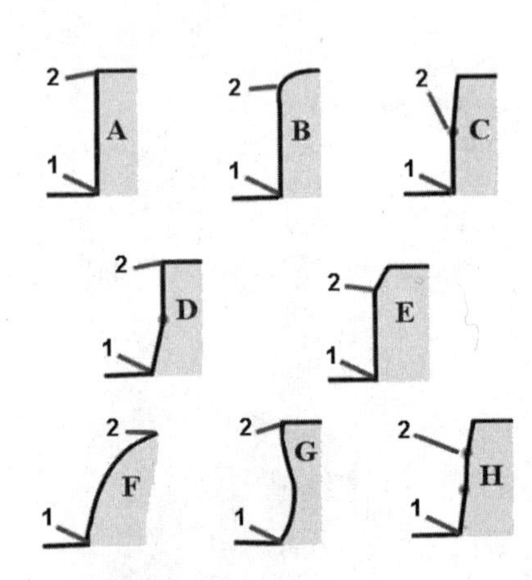

图 12-93　自动选择壁准则

“自动壁”可从定义的底面几何体中正确选择壁，无论是底面直接与壁连接，还是通过倒圆与底面和壁连接。在“可变轮廓铣”对话框中的“几何体”栏中单击“指定壁”右边的“显示”按钮时，系统将高亮显示壁以及底部区域（追踪曲线）。追踪曲线显示在壁的底部，应该刚好在壁和底面之间的任何连接（如倒圆或倒角）之上。 以下规则可应用于放置追踪曲线：

- 追踪曲线应该始终在壁和底面连接（倒圆或倒角）之间，壁和倒圆之间的正确追踪曲线（自动壁）如图 12-94 所示。
- 壁和底面（非倒圆）之间的任何连接都应该是底面定义的一部分，倒角连接为底面定义一部分（自动壁）如图 12−95 所示。

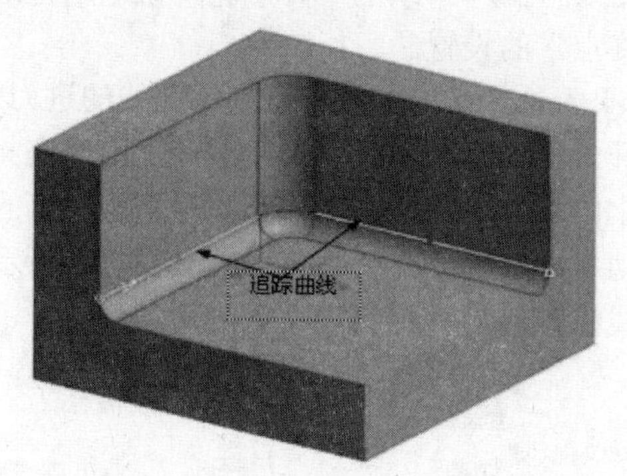

图 12-94　壁和倒圆之间的正确追踪曲线（自动壁）

图 12-95　倒斜角连接为底面定义一部分（自动壁）

有时会对壁和底面之间的倒圆（底面圆角）进行建模。如果未对倒圆进行建模，则倒圆区域都是由刀具生成的。如果对倒圆进行了建模，则自动选择壁会找到它们，不需要将倒圆区域选为底面几何体的一部分，并且这些倒圆也不能确定刀轴。图 12-96 和图 12-97 所示为在壁（A）和部件几何体（C）之间存在底面倒圆区域（B）时刀具的放置。当刀的拐角半径小于倒圆半径时，刀会在其下半径的起点与底面倒圆的起点相接触的点处停止，如图 12-96 所示；当刀的拐角半径大于倒圆半径时，刀会在其下半径与部件几何体相接触的点处停止，如图 12-97 所示。

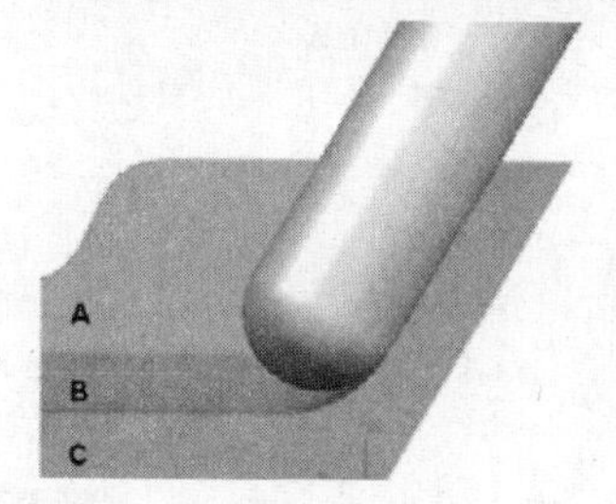

图 12-96　刀拐角半径小于倒圆半径

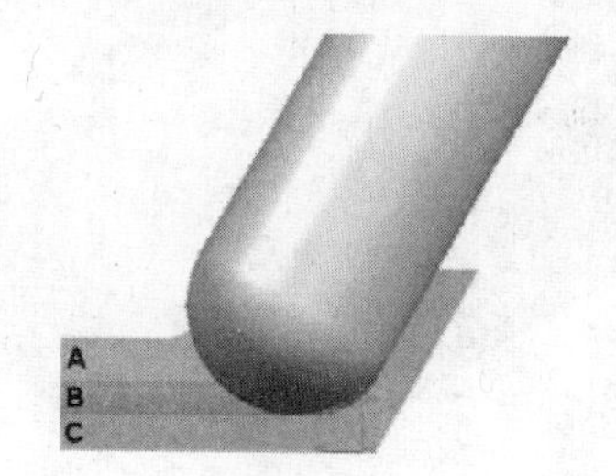

图 12-97　刀拐角半径大于倒圆半径

（2）预选壁　如果“自动壁”几乎（但不完全）选定所需的壁几何体，或者多选了壁几何体，则使用“预选”修改壁选择。“预选”选择的面与“自动壁”相同。壁几何体集基于底面和选定部件体。在图 12-88 所示的对话框中，首先选中“自动壁”选项，然后再放弃选中“自动壁”选项，单击“选择或编辑壁几何体”按钮，弹出“壁几何体”对话框，其中的“预选”选项将被激活。随后可对壁几何体集进行移除、编辑或附加几何体等操作。

追踪曲线在刀被放置以便开始切削的位置显示一个带圆圈的大箭头，在追踪结束位置显示一个三角形，追踪方向显示为箭头。沿着壁的底部追踪曲线如图 12-98 所示。

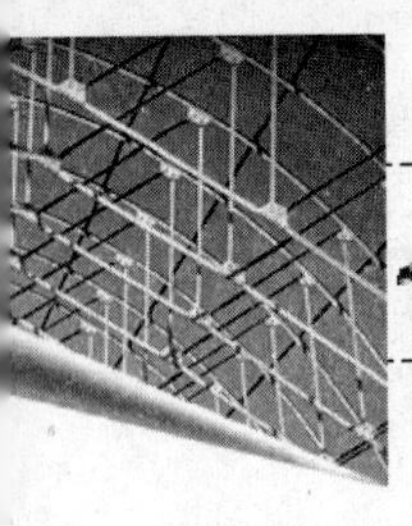

12.8.5 切削起点和终点

定义切削起点和终点会影响壁底部区域。在图 12-84 所示的对话框的“驱动方法”栏中选择“外形轮廓铣”或者单击“编辑”按钮，将弹出如图 12-99 所示的“外形轮廓铣驱动方法”对话框。在该对话框中可进行“切削起点”和“切削终点”的设置。

（1）切削起点　用于修改切削位置的起点。如果无法定义追踪整个壁底部曲线的进刀矢量，可这样做，在“外形轮廓铣驱动方法”对话框中选择“自动”选项，也可以单击“用户定义”和“选择参考点”，然后使用“点”对话框定义点。图 12-100 所示的切削起点图对切削起点的定义方法给出了说明，其中图 12-100a 所示为利用“自动”选项生成切削起点，图 12-100b 所示为利用“用户定义”选项生成切削起点，壁底部追踪曲线将延伸到“用户定义”的切削起点。

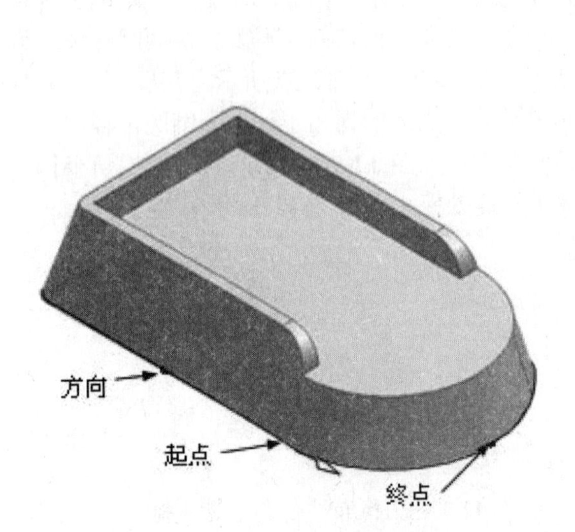

图 12-98　沿着壁的底部追踪曲线

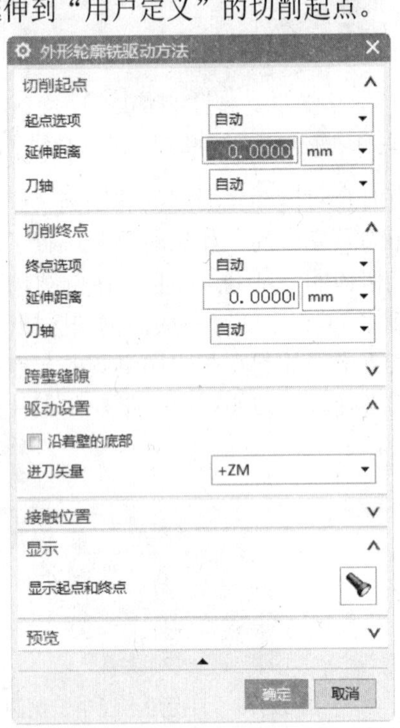

图 12-99 “外形轮廓铣驱动方法”对话框

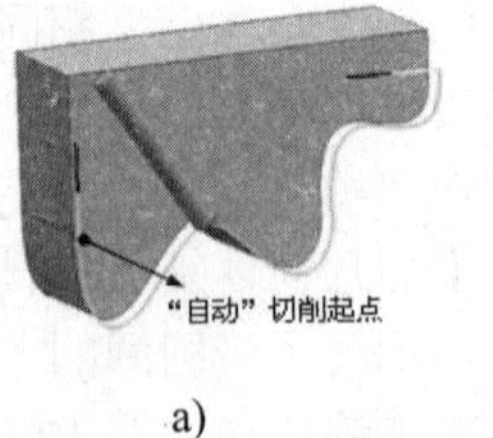

a)

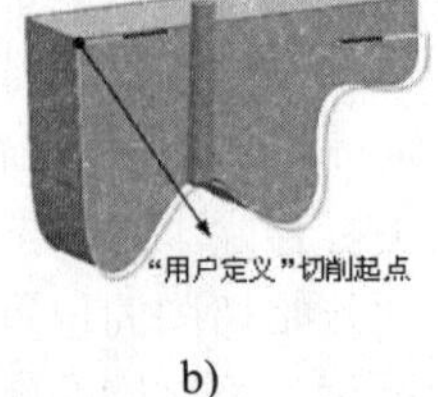

b)

图 12-100　切削起点

（2）切削终点　用于修改切削位置的起点。终点选项和起点选项相同。在图 12-101 所示的

“自动”切削终点图中，刀具在“起点”处进刀，沿底部区域追踪曲线在“终点”处终止；对于壁而言，它提供的覆盖面积不够。在图 12-102 所示的“用户定义”切削终点图中，壁的底部区域追踪曲线延伸至用户定义的切削“终点”处。

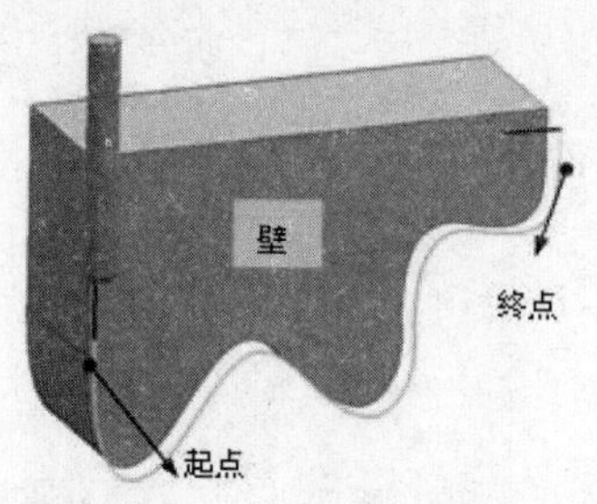

图 12-101　“自动”切削终点

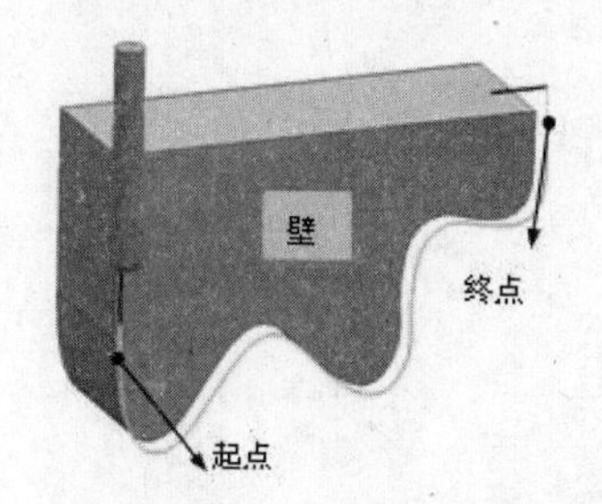

图 12-102　“用户定义”切削终点

（3）刀轴　刀轴控制在轮廓铣操作中需要重点考虑。刀轴控制包括“自动”和“带导轨”两个选项。使用“带导轨”方法将激活“选择矢量”选项，然后可使用“矢量”构造器对话框定义矢量。“自动”刀轴选项从壁底部的追踪曲线的法线计算刀轴，通常会给出可接受的结果，如果“自动”给出的刀轴不符合需要，可以利用“带导轨”方法改变刀轴方向。图 12-103 所示为利用“自动”刀轴生成的刀轨，可以发现刀轴沿追踪曲线的法线。如果在刀轨的终点处使用“带导轨”方法控制刀轴方向，可改变刀轴的方向。在图 12-104 中定刀轨的终点处引导矢量方向为“YC 轴”，由于刀轨的起点处的刀轴方向与“YC 轴”平行，可以发现刀轴在切削过程中方向保持不变。

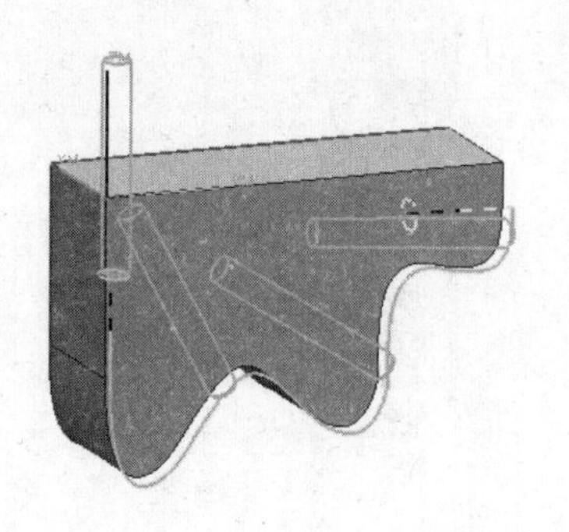

图 12-103　“自动”刀轴控制

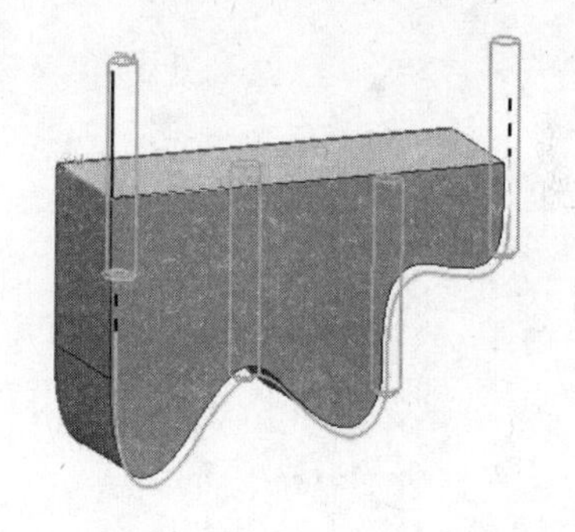

图 12-104　“带导轨”刀轴控制

12.9 可变流线铣

“可变流线”驱动铣削为变轴曲面轮廓铣。创建操作时，需要指定曲面的流曲线和交叉曲线，形成网格驱动，加工时刀具沿着曲面的网格方向加工，其中流曲线确定刀具的单个行走路径，交叉曲线确定刀具的行走范围。

在“创建工序”对话框的“工序子类型”栏中选择“可变流线铣”按钮，将打开如图 12-105 所示的“可变流线铣”对话框。该对话框中的选项和参数含义在本章中已有描述，这里需要特别说明的是“驱动方法”。在“驱动方法”栏中单击右侧的“编辑”按钮，将打开如图 12-106 所示的“流线驱动方法”对话框。在该对话框中可进行驱动方法的设置。

图 12-105 “可变流线铣”对话框

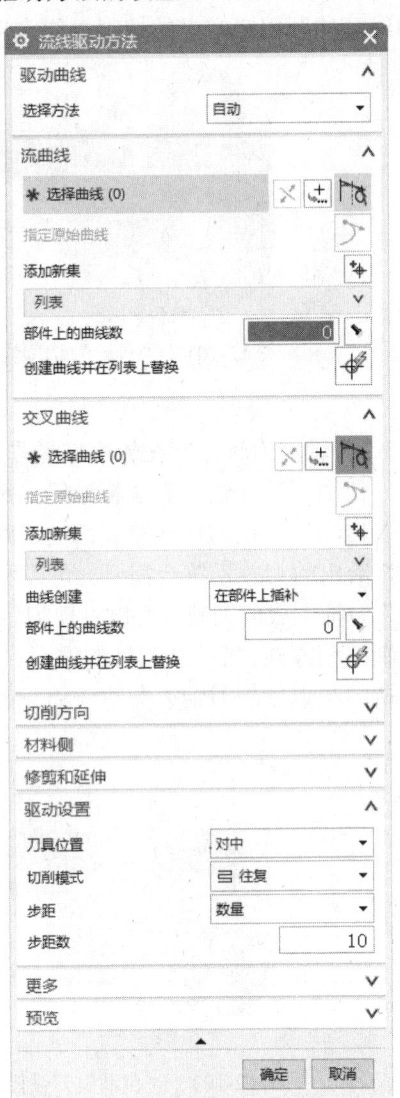

图 12-106 “流线驱动方法”对话框

12.9.1 驱动方法

（1）驱动曲线 “选择方法”下拉列表框中包括“自动”和“指定”两个选项。选择“指定”选项可以通过手工选择流曲线和交叉曲线。

（2）流曲线 在“流曲线”栏中可进行相关流曲线的选择。单击“选择曲线”右侧的“点对话框”按钮，弹出“点”对话框，选择第一条流曲线，如图 12-107a 中的“流 1”所示。然后单击“添加新集”按钮，添加新的曲线。继续单击“点对话框”按钮，弹出“点”对话框，选择第二条流曲线，如图 12-107a 中的“流 2”所示。

（3）交叉曲线　在图 12-106 所示对话框的“交叉曲线”栏中可进行交叉曲线的选择。单击“选择曲线”右边的“点对话框”按钮，弹出“点”对话框，进行所需交叉曲线的选择。选择第一条交叉曲线，如图 12-107b 中的“十字 1”所示。然后单击“添加新集”按钮，添加新的曲线。继续单击“点对话框”按钮，弹出“点”对话框，选择第二条交叉曲线，选择的曲线如图 12-107b 中的“十字 2”所示。最终形成的流曲线和交叉曲线如图 12-107c 所示。

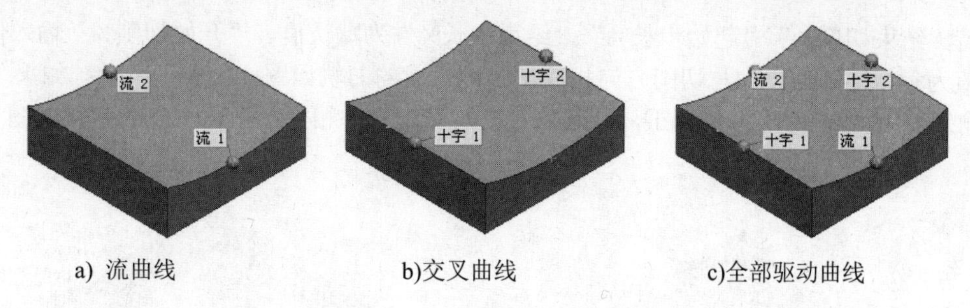

a) 流曲线　　b)交叉曲线　　c)全部驱动曲线

图 12-107　选择流曲线和交叉曲线

（4）切削方向　“切削方向”限制了刀轨的方向和进刀时的位置。在图 12-106 所示对话框中的“切削方向”栏里单击按钮后，待加工部件上将显示箭头以供选择，选择的箭头方向和在部件中的位置即为切削方向和进刀位置，如图 12-108a 所示；选择后，将立刻显示刀轨方向，如图 12-108b 所示。

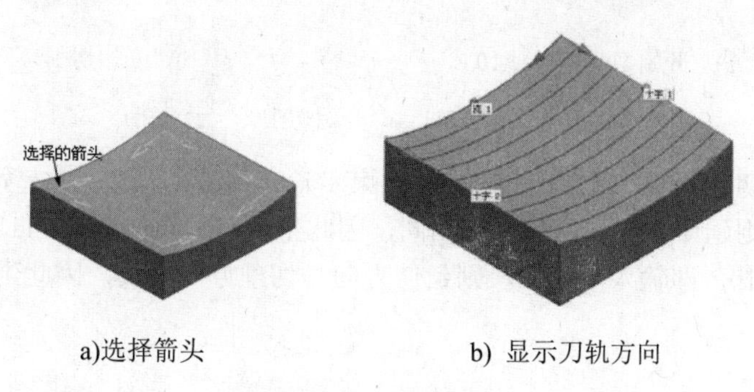

a)选择箭头　　b) 显示刀轨方向

图 12-108　选择切削方向

（5）修剪和延伸　“修剪和延伸”可对切削刀轨的长度和步进进行适当的调整。“修剪和延伸”共有“开始切削%”“结束切削%”“起始步长%”“结束步长%”4 个选项，输入值可正可负。对于“开始切削%”和“结束切削%”，输入正值可使“修剪和延伸”方向与切削方向相同，负值则与切削方向相反；对于“起始步长%”和“结束步长%”，输入正值可使“修剪和延伸”方向与步进方向相同，负值则与步进方向相反。

在图 12-108a 中选择的方向如图 12-109 所示。保持“开始切削%”“结束切削%”“起始步长%”“结束步长%”为默认值，即分别为 0、100、0、100，生成的刀轨如图 12-110 所示。

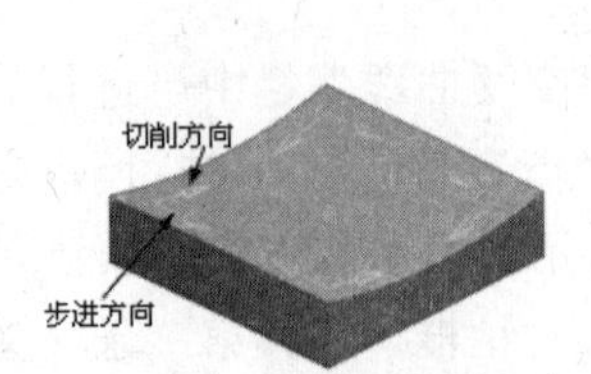

图 12-109　步进与切削方向

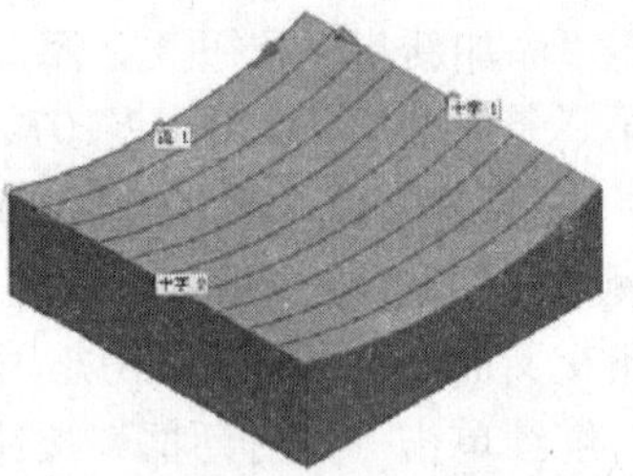

图 12-110　生成的刀轨（默认值）

保持“结束切削%”“起始步长%”“结束步长%”为默认值。“开始切削%”输入值为-10，即输入值为负，则延伸方向与切削方向相反，因此生成的刀轨如图 12-111a 所示；如果“开始切削%”输入值为 10，即输入值为正，则延伸方向与切削方向相同，因此生成的刀轨如图 12-111b 所示。

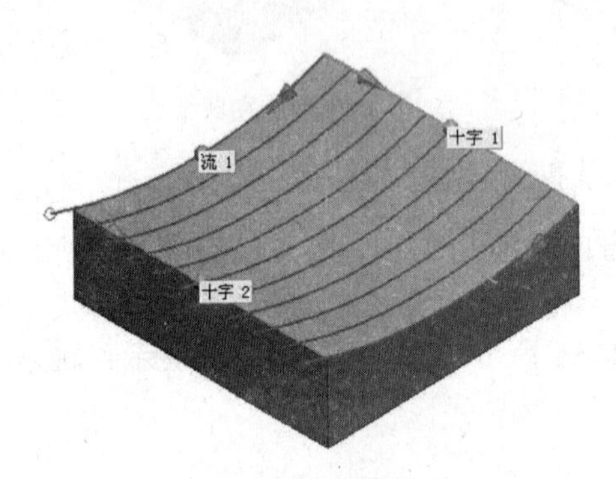

a)“开始切削%”为-10

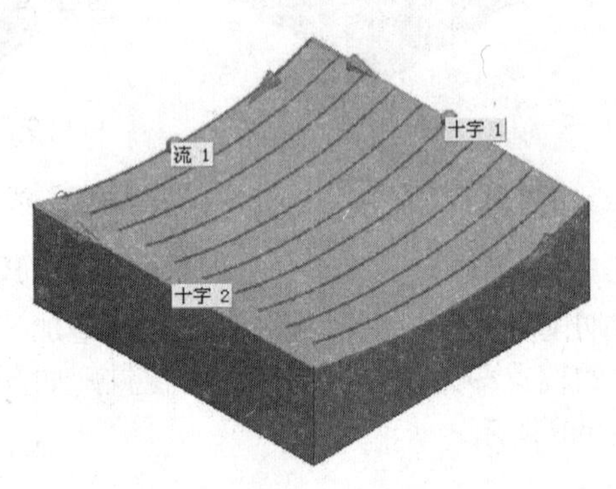

b)“开始切削%”为 10

图 12-111　“开始切削%”示意图

保持“开始切削%”“结束切削%”“结束步长%”为默认值。“起始步长%”输入值为 10，即输入值为正，则延伸方向与切削方向相同，因此生成的刀轨如图 12-112a 所示；如果“起始步长%”输入值为-10，即输入值为负，则延伸方向与切削方向相反，因此生成的刀轨如图 12-112b 所示。

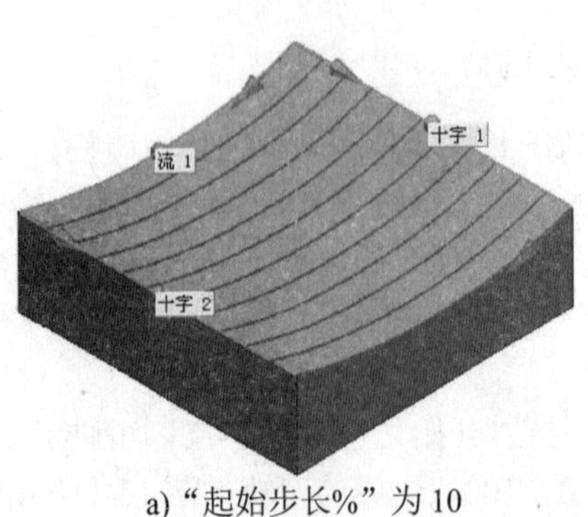

a)“起始步长%”为 10

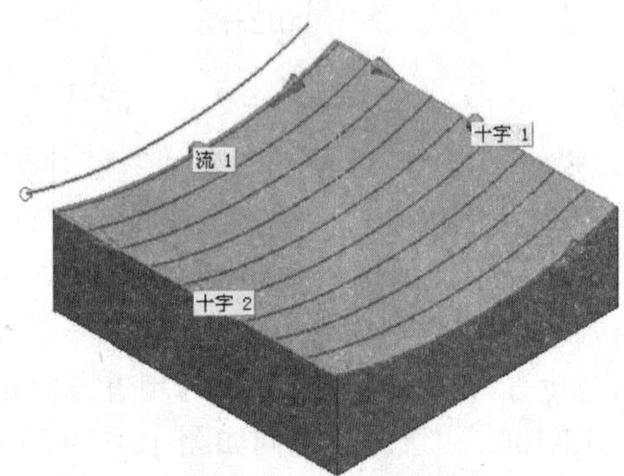

b)“起始步长%”为-10

图 12-112　“起始步长%”示意图

12.9.2 生成刀轨

在图 12-106 所示的对话框进行相关参数设置，在“驱动设置”栏中设置“刀具位置”为“相切”、“切削模式”为“往复”、“步距数量”为 10。

在图 12-105 所示对话框的“投影矢量”栏中，“矢量”选择“指定矢量”，“方向”选择“-ZC 轴”；在“刀轴”栏中，“轴”选择“垂直于部件”。

在图 12-105 所示的对话框中单击“生成”图标，生成刀轨；单击“确认”图标，实现刀轨的可视化。“可变流线铣”刀轨如图 12-113 所示。

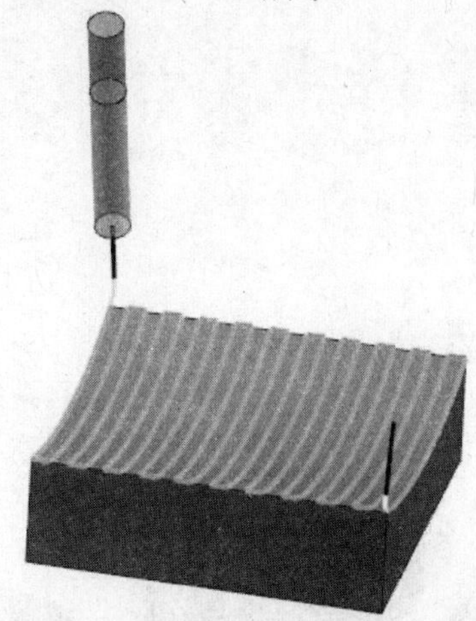

图 12-113　“可变流线铣”刀轨

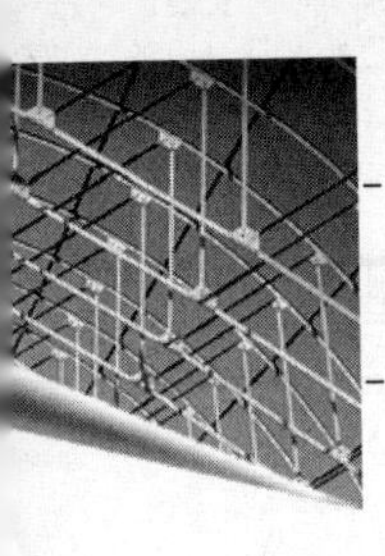

第 13 章 刀轴设置

刀轴是从刀尖方向指向刀具夹持器方向的矢量。刀轴设置方式有“远离点”“朝向点”等。本章将结合实例，详细讲述各种刀轴设置方式。

内容要点

- 刀轴设置方式
- 综合加工实例

案例效果

13.1 刀轴设置方式

刀轴用于定义“固定”和“可变”刀轴的方向。如图 13-1 所示，“固定刀轴”将保持与指定矢量平行，“可变刀轴”在沿刀轨移动时将不断改变方向。

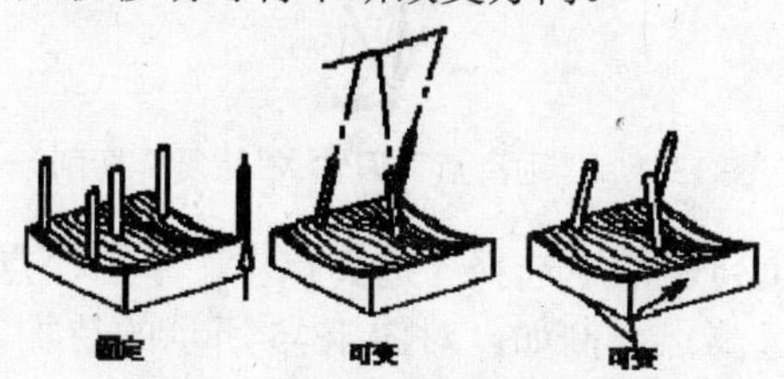

图 13-1　固定刀轴和可变刀轴

“刀轴”栏“轴”下拉列表框如图 13-2 所示。

当使用“曲面区域铣驱动方法”直接在驱动曲面上创建刀轨时，应确保正确定义“材料侧”矢量。“材料侧”矢量将决定刀具与驱动曲面的哪一侧相接触。“材料侧”矢量必须指向要切除的材料（与刀轴矢量的方向相同）。材料侧矢量示意图如图 13-3 所示。

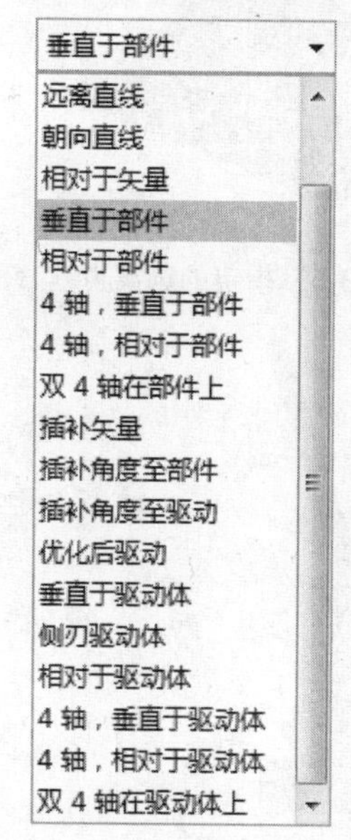

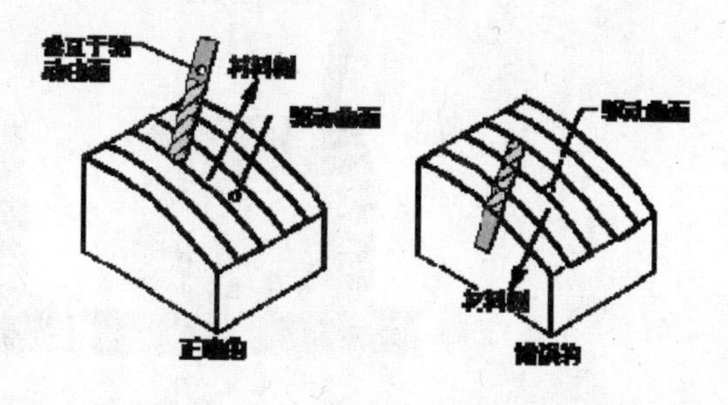

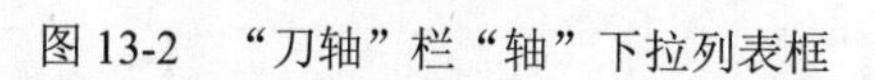

图 13-2　“刀轴”栏“轴”下拉列表框

图 13-3　“材料侧”矢量示意图

13.1.1 远离点

“远离点”定义偏离焦点的可变刀轴。用户可以使用“点”对话框来指定点。刀轴矢量从定义的焦点离开并指向刀具夹持器。“远离点”刀轴（“往复”切削）如图 13-4 所示。

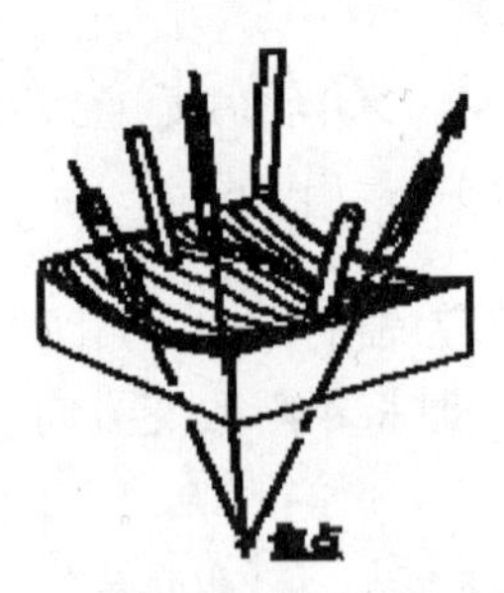
图 13-4 “远离点”刀轴（“往复”切削）

在“刀轴”栏“轴”下拉列表框中选择“远离点”，单击“点对话框”按钮，打开“点”对话框，指定一合适点作为远离点。例如，对图 13-5 所示的待加工部件进行切削，在“轴”下拉列表框中选择“远离点”，选择如图 13-6 所示的点作为远离点，在“驱动方法”栏中设置“方法”为“曲面区域”，在“投影方式”栏中设置“矢量”为“刀轴”，生成的刀轨如图 13-7 所示。

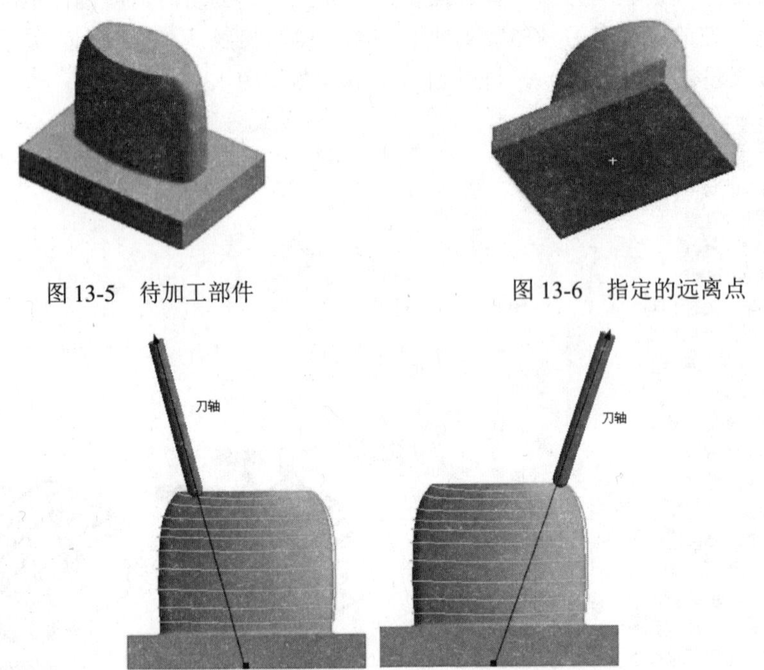

图 13-5 待加工部件

图 13-6 指定的远离点

图 13-7 生成刀轨（“远离点”刀轴）

13.1.2 朝向点

“朝向点”定义向焦点收敛的可变刀轴，刀轴指向一点，允许刀尖在限制空间切削。用户可以使用“点”对话框来指定点。“刀轴矢量”指向定义的焦点并指向刀具夹持器，如图 13-8 所示。

在“刀轴”栏“轴”下拉列表框中选择“朝向点”，单击“点对话框”按钮，弹出“点”对话框，指定一合适点作为朝向点。例如，对图 13-9 所示的待加工部件进行切削时，在“刀轴”栏设置“轴”为“朝向点”，选择图 13-9 中所示的点作为朝向点，在“驱动方法”栏中设置“方法”为“曲面区域”，在“投影方式”栏中设置“矢量”为“刀轴”，生成的刀轨如图 13-10 所示。

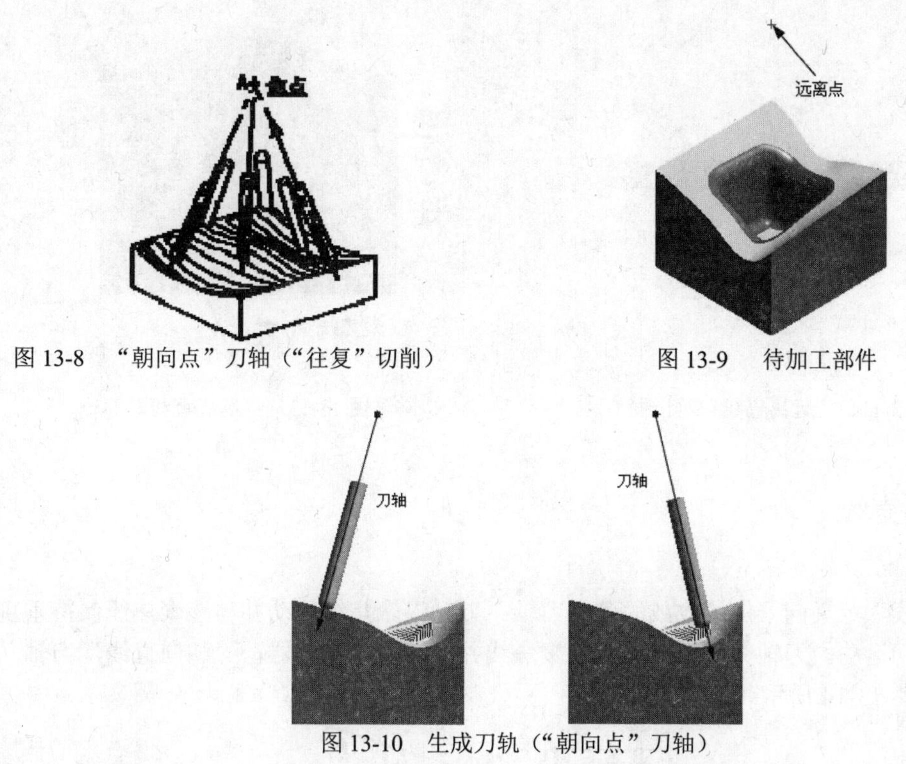

图 13-8　“朝向点”刀轴（“往复”切削）

图 13-9　待加工部件

图 13-10　生成刀轨（“朝向点”刀轴）

13.1.3 远离直线

“远离直线”定义偏离聚焦线的可变刀轴。刀轴沿聚焦线移动并与该聚焦线保持垂直。刀轴矢量从定义的聚焦线离开并指向刀具夹持器，如图 13-11 所示。

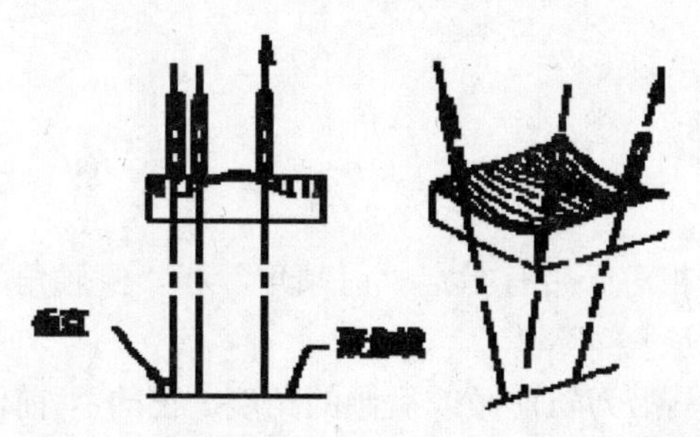

图 13-11　“远离直线”刀轴（“往复”切削）

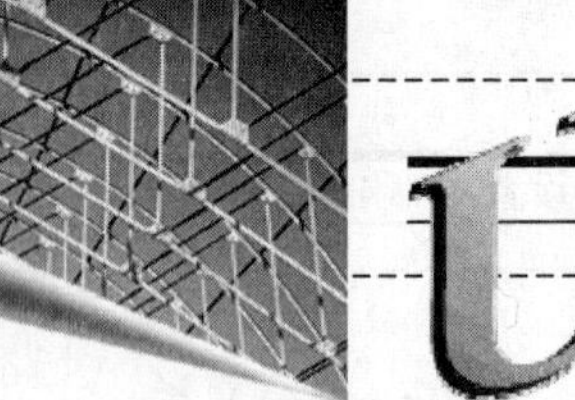

对图 13-9 所示的待加工部件进行精加工切削，在“驱动方法”栏中设置“方法”为“曲面区域”、“切削模式”为“往复”，在“刀轴”栏“轴”下拉列表框中选择“远离直线”，弹出如图 13-12 所示为“远离直线”对话框，定义聚焦线，生成的刀轨如图 13-13 所示。在切削过程中，刀轴始终沿聚焦线移动，并与该聚焦线保持垂直。

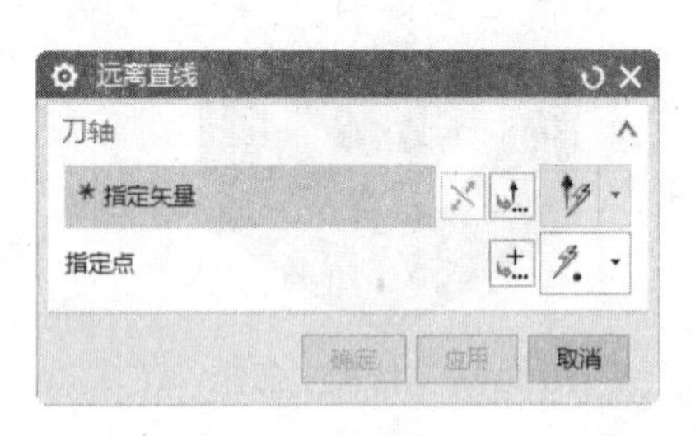

图 13-12 “远离直线”对话框

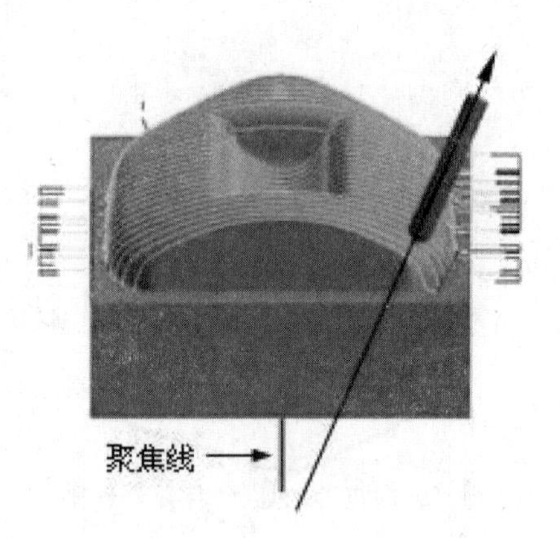

图 13-13 “远离直线”刀轨

13.1.4 朝向直线

“朝向直线”定义向聚焦线收敛的可变刀轴。刀轴沿聚焦线移动并与该聚焦线保持垂直。刀具在平行平面间运动。刀轴矢量指向定义的聚焦线并指向刀具夹持器，“朝向直线”刀轴（“往复”切削）如图 13-14 所示。

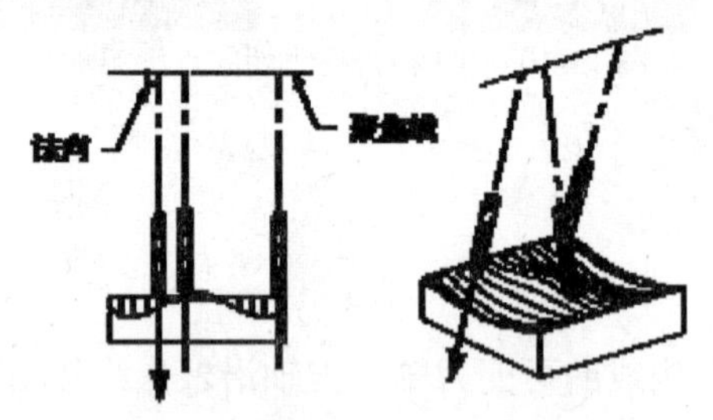

图 13-14 “朝向直线”刀轴（“往复”切削）

13.1.5 相对于矢量

“相对于矢量”定义相对于带有指定“前倾角”和“侧倾角”矢量的可变刀轴，如图 13-15 所示。

“前倾角”定义了刀具沿刀轨前倾或后倾的角度。正的“ 前倾角”值表示刀具相对于刀轨方向向前倾斜，负的“ 前倾角”值表示刀具相对于刀轨方向向后倾斜。由于“前倾角”基于刀具的运动方向，因此“往复”切削模式将使刀具在单向刀路中向一侧倾斜，而在回转刀路中向相反的另一侧倾斜。

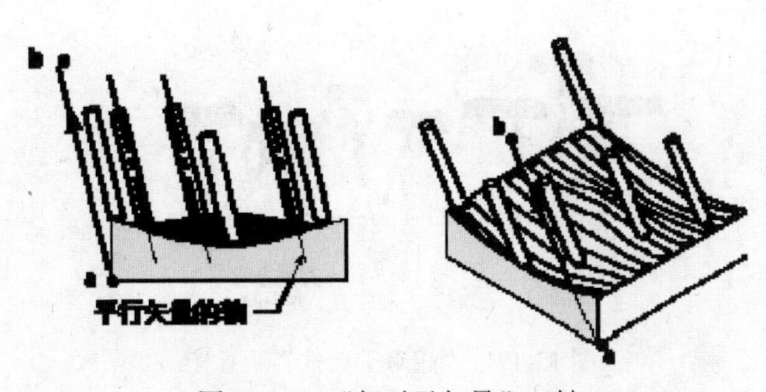

图 13-15　“相对于矢量”刀轴

“侧倾角”定义了刀具从一侧到另一侧的角度。正值将使刀具沿着切削方向右倾斜，负值将使刀具向左倾斜。与“前倾角”不同，“侧倾角”是固定的，它与刀具的运动方向无关。

13.1.6 垂直于部件

“垂直于部件”定义在每个接触点处垂直于部件表面的刀轴。它是刀轴始终与加工部件表面垂直的一种精加工方法，如图 13-16 所示。

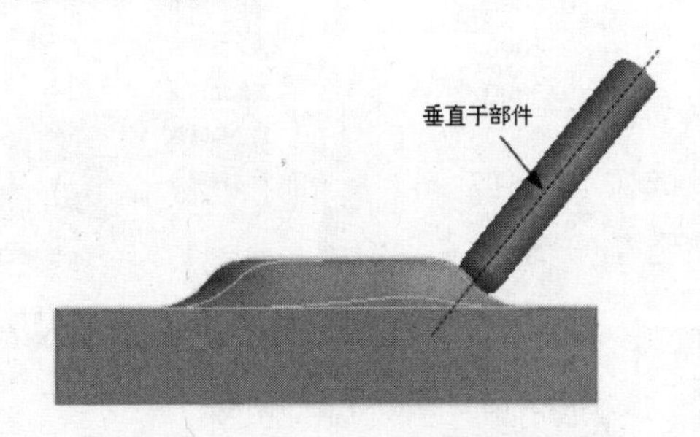

图 13-16　刀轴垂直于部件表面

13.1.7 相对于部件

“相对于部件”定义一个可变刀轴，刀轴相对工件的方法基于垂直于工件来实现。此方法定义了前倾角和侧倾角。

它相对于部件表面的另一垂直刀轴向前、向后、向左或向右倾斜。

“前倾角”定义了刀具沿切削方向前倾或后倾的角度。正的前倾角值表示刀具相对于零件表面法向方向向前倾斜，负的前倾角（后角）值表示刀具相对于零件表面法向方向向后倾斜，如图 13-17 所示。

“侧倾角”定义了刀具从一侧到另一侧的角度。沿着切削方向观察，刀具向右倾斜为正，刀具向左倾斜为负，如图 13-17 所示。由于侧倾角取决于切削的方向，因此在“往复”切削模式的

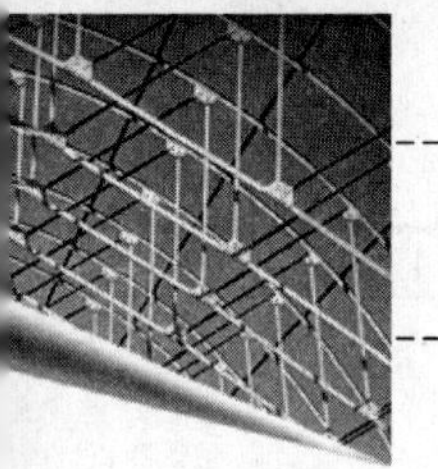

回转刀路中，侧倾角将反向。

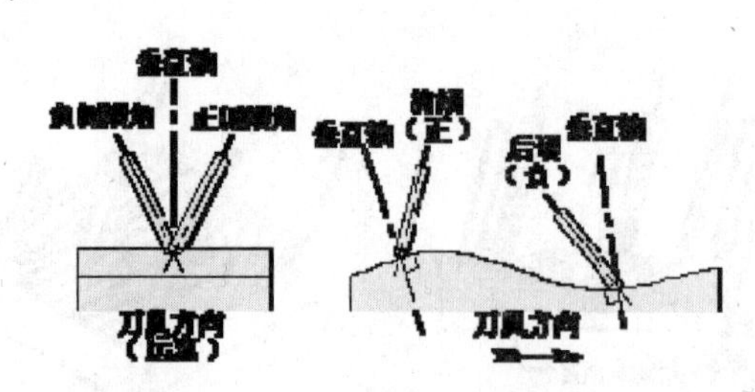

图 13-17 “相对于部件”示意图

为“前倾角”和“侧倾角”指定的最小值和最大值将相应地限制刀轴的可变性。这些参数将定义刀具偏离指定的前倾角或侧倾角的程度。例如，在图 13-18a 中如果设置“前倾角”为 20°、“最小前倾角”为 0°、“最大前倾角”为 30°，那么刀轴可以正偏离前倾角正 5°，副偏离 20° 。最小值必须小于或等于相应的“前倾角”或“侧倾角”的角度值。最大值必须大于或等于相应的“前倾角”或“侧倾角”的角度值。输入值可以是正值也可以是负值，但“前倾角”或“侧倾角”值必须在最小值和最大值之间。

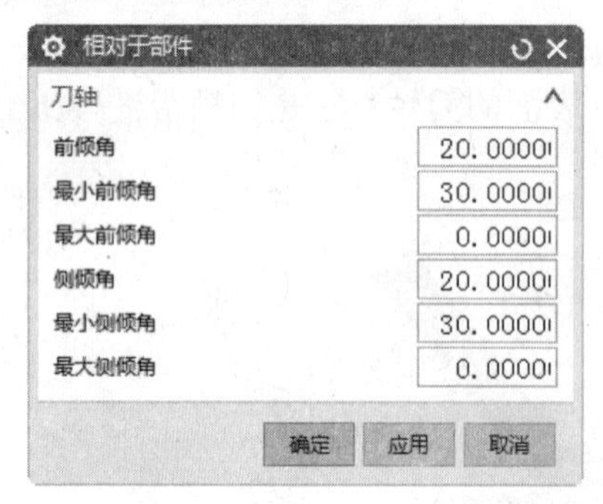

a）正值

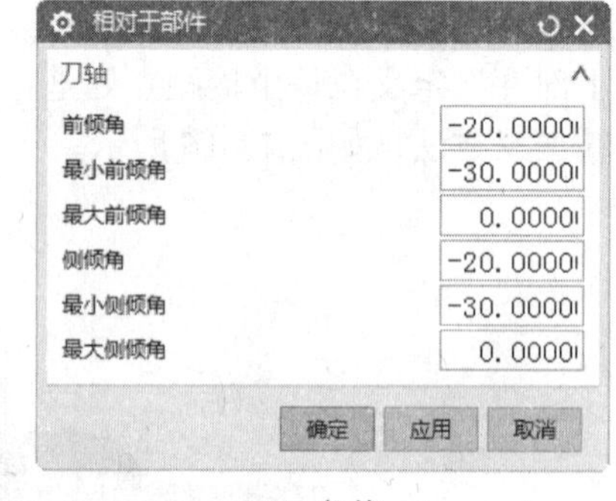

b）负值

图 13-18 前倾角值和侧倾角值

在图 13-18b 中将“前倾角”设置为负值，意味着刀具沿切削方向（“往复”切削中的 Zig 方向）后倾，如图 13-19a 所示。“侧倾角”设置为负值意味着刀具沿切削方向（“往复”切削中的 Zig 方向）左倾，如图 13-19b 所示。

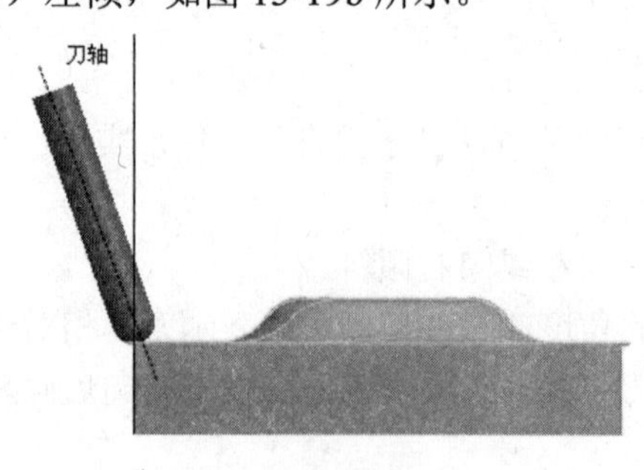

a）前倾角

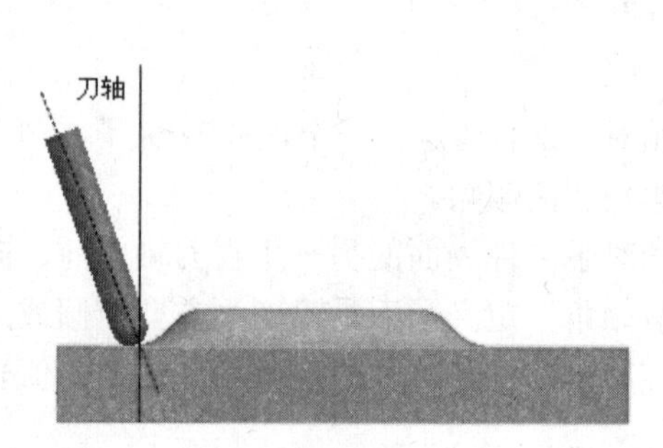

b）侧倾角

图 13-19 前倾角和侧倾角

13.1.8　4 轴，垂直于部件

“4 轴，垂直于部件”定义使用 4 轴旋转角度的刀轴。4 轴方向使刀具绕所定义的旋转轴旋转，同时始终保持刀具和旋转轴垂直。 旋转角度使刀轴相对于零件法向方向向前或向后倾斜，如图 13-20 所示。顺着旋转轴方向观察，“旋转角度”正值向右倾斜。与“前倾角”不同，4 轴旋转角始终向垂直轴的同一侧倾斜，它与刀具运动方向无关，但切削时刀具可绕旋转轴旋转。也就是说，“旋转角度”正值使刀轴在单向和回转运动中向部件表面垂直轴的右侧倾斜，刀具始终在垂直于旋转轴的平行平面内运动。

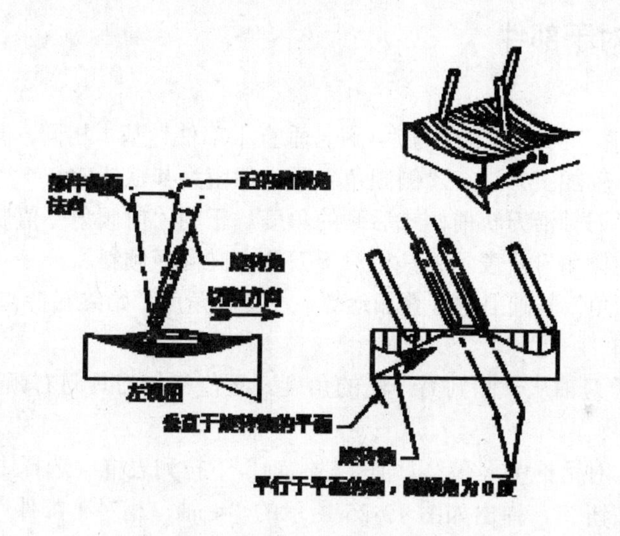

图 13-20　“4 轴，垂直于部件”示意图

在某个多轴铣操作对话框中，在“刀轴”栏中“轴”下拉列表框中选择“4 轴，垂直于部件”，单击右侧的“编辑”按钮，打开如图 13-21 所示的“4 轴，垂直于部件”对话框，指定如图 13-22 所示的旋转轴，设置“旋转角度”为 30°（见图 13-23）。刀具始终在垂直于旋转轴的平行平面内运动，如图 13-24 所示。

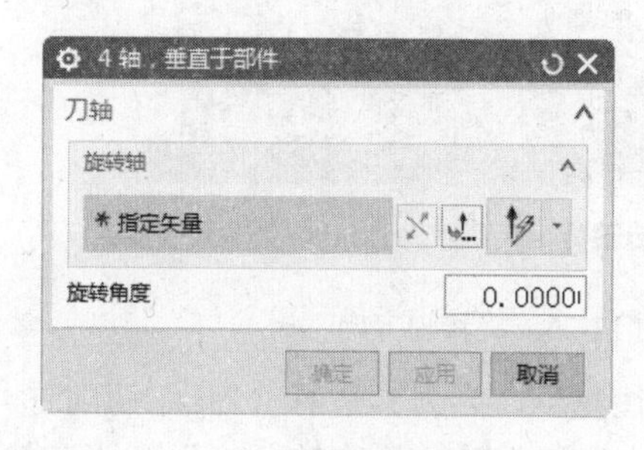

图 13-21　“4 轴，垂直于部件”对话框

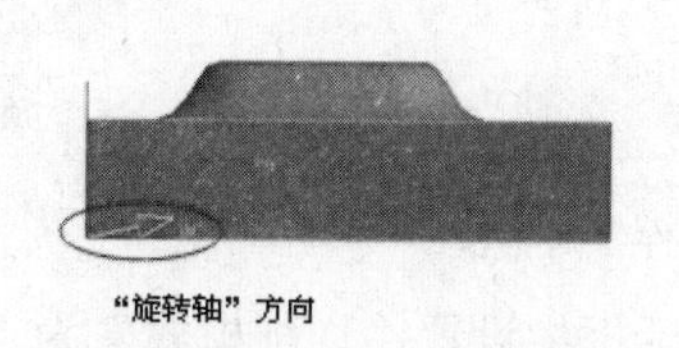

图 13-22　旋转轴方向

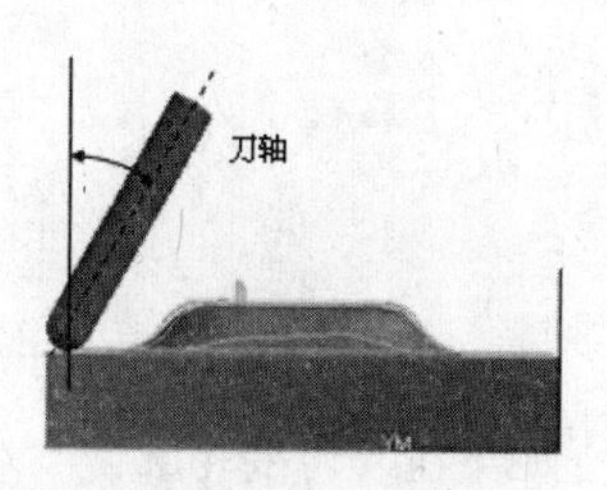

图 13-23　旋转角度

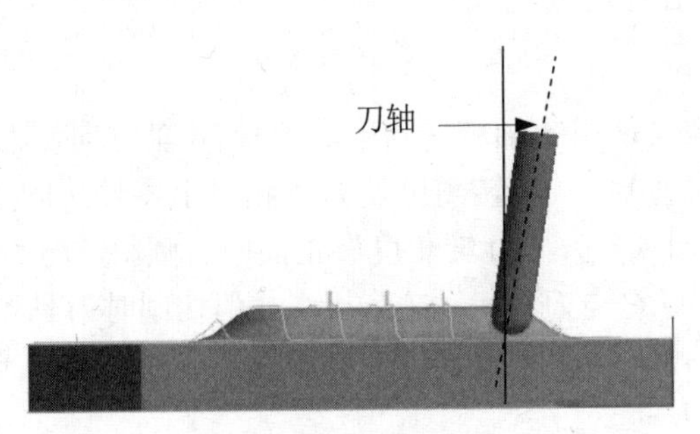

图 13-24　刀具的方向

13.1.9　4轴，相对于部件

“4轴，相对于部件”的工作方式与“4轴，垂直于部件”基本相同，但增加了“前倾角”和“侧倾角”。由于是4轴加工方法，“侧倾角”通常保留为其默认值0°。

“前倾角”定义了刀轴沿刀轨前倾或后倾的角度。正的“前倾角”值表示刀具相对于刀轨方向向前倾斜，负的“前倾角”值表示刀具相对于刀轨方向向后倾斜。

旋转角度在“前倾角”基础上进行叠加运算。“旋转角度”始终保持在同一方向，“前倾角”随着加工方向变换方向。

“侧倾角”定义了刀轴从一侧到另一侧的角度。正值将使刀具向右倾斜（按照切削方向），负值将使刀具向左倾斜。

在“可变轮廓铣”对话框中，在“刀轴”栏“轴”下拉列表框中选择“4轴，相对于部件”，单击右侧的“编辑”按钮，弹出如图13-25所示的“4轴，相对于部件”对话框，设置“前倾角”为20、“旋转角度”为10，指定旋转轴方向，如图13-26所示。

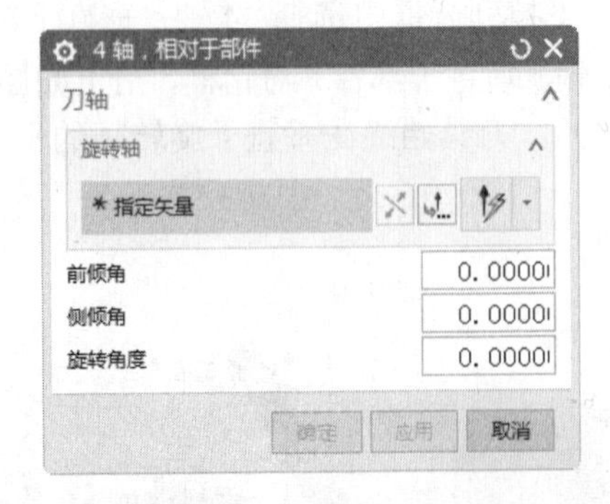

图 13-25　“4轴，相对于部件”对话框

图 13-26　旋转轴方向

如果在“可变轮廓铣”对话框中设置“切削模式”为“往复”，当刀具进行“Zig”切削时，“旋转角度”和“前倾角”相加，当改变切削方向进行“Zag”切削时，“旋转角度”和“前倾角”相减。前倾角和旋转角如图13-27所示。

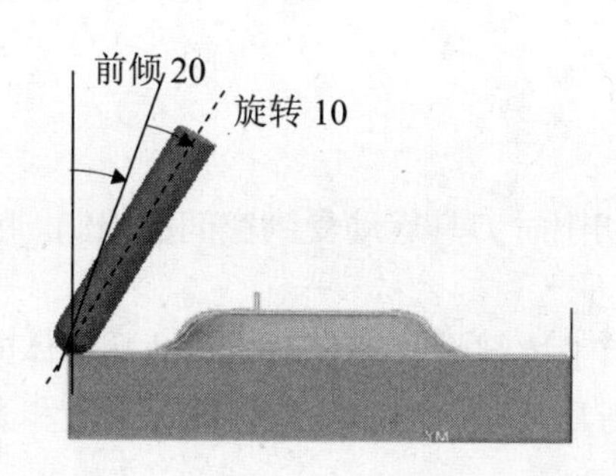

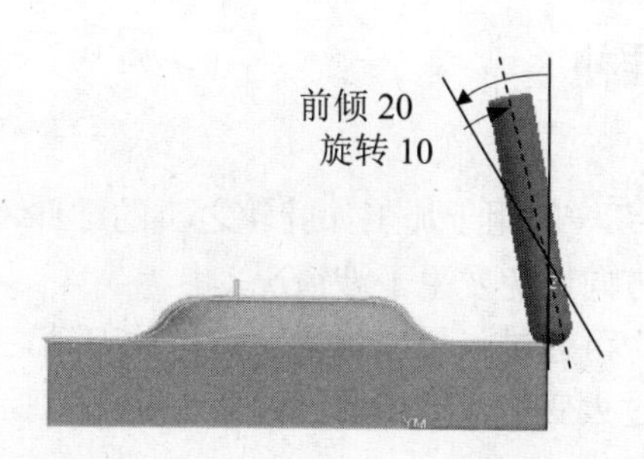

图 13-27　前倾角和旋转角

13.1.10 双 4 轴在部件上

“双 4 轴在部件上”与“4 轴，相对于部件”类似，可以指定一个 4 轴旋转角、一个前倾角和一个侧倾角。4 轴旋转角将有效地绕一个轴旋转部件，这如同部件在带有单个旋转台的机床上旋转，但在“双 4 轴”中，可以分别为单向切削和回转切削定义以上参数。“双 4 轴，相对于部件”对话框如图 13-28 所示。“双 4 轴在部件上”仅在使用往复切削类型时可用。

“旋转轴”定义了单向和回转平面，刀具将在这两个平面间运动，如图 13-29 所示。

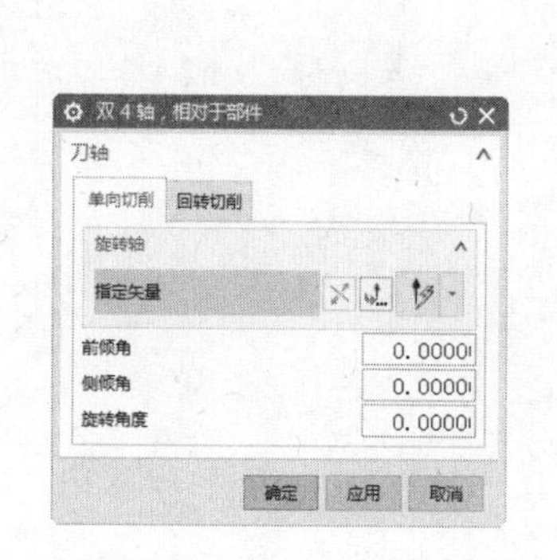

图 13-28　“双 4 轴，相对于部件”对话框

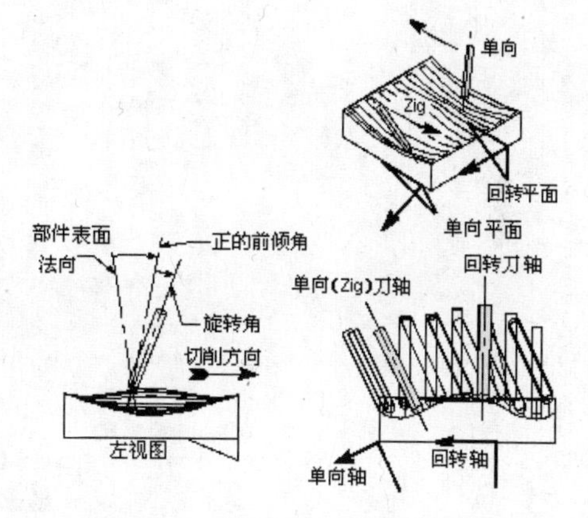

图 13-29　双 4 轴，相对于部件

“双 4 轴在部件上”被设计为仅能与“往复”切削类型一起使用。如果试图使用任何其他驱动方法，都将出现一条出错消息。

“双 4 轴在部件上”与“4 轴，相对于部件”都将使系统参考部件表面或驱动曲面上的曲面法向。

除了参考驱动几何体而不是部件几何体外，“双 4 轴在驱动体上”与“双 4 轴在部件上”的工作方式完全相同。

选择“双 4 轴在部件上”后，需要输入相对于部件表面的“前倾角”“侧倾角”和“旋转角度”，并分别为单向和回转切削指定旋转轴。

13.1.11 插补

“插补”一般用于加工如叶轮之类的零件，切削时刀具运动受到空间的限制，因此必须有效控制刀轴的方向以免发生干涉情况。

“插补”可通过矢量控制特定点处的刀轴，用于控制由非常复杂的驱动几何体或部件几何体引起的刀轴过大变化，不需要创建其他的刀轴控制几何体，例如：点、线、矢量和光顺驱动曲面等。

可以根据需要定义从驱动几何体的指定位置延伸的多个矢量，从而创建光顺的刀轴运动。驱动几何体上任意点的刀轴都将被用户指定的矢量插补。指定的矢量越多，越容易对刀轴进行控制。只有“可变轴曲面轮廓铣”中使用“曲面区域”驱动方法时此选项才可用。

在“刀轴”栏“方法”下拉列表框中选择“插补矢量”，单击右侧的“编辑”按钮，弹出如图 13-30 所示的“插补矢量”对话框。各选项介绍如下。

1．插值矢量

“插值矢量”选项可定义用于插补刀轴的矢量。根据所选择的“插值矢量”选项的不同，添加和编辑中所需的内容也不同。

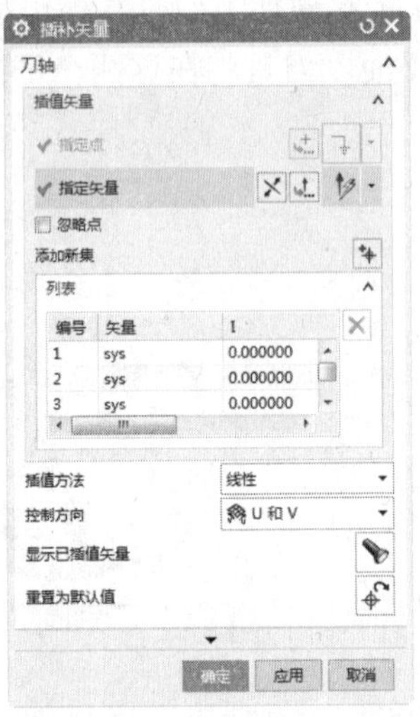

图 13-30　“插补矢量”对话框

在“插补矢量”对话框中点击“指定点”按钮，将弹出如图 13-31 所示的“点”对话框。首先在驱动几何体上指定一个数据点。

在如图 13-32 所示的“矢量”对话框中指定一个从该点延伸的矢量，此插入矢量将取决于驱动几何体的定义。

对图 13-33 所示的待插补部件进行“插补”操作的具体方法如下：

1）在“插补矢量”对话框中单击“添加新集”按钮，新建插值矢量。单击“点对话框”按钮，弹出“点”对话框，在“类型”下拉列表框中选择“曲线/边上的点”，选择如图 13-34 所示的曲线，设置“位置”为“弧长”、“曲线长度”为 50，单击“确定”按钮。

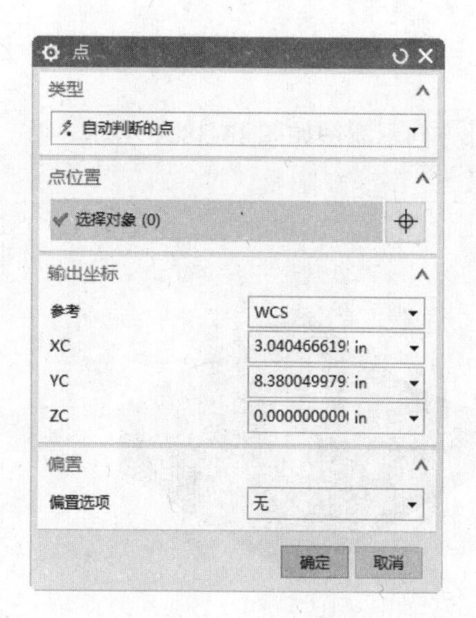

图 13-31 “点”对话框

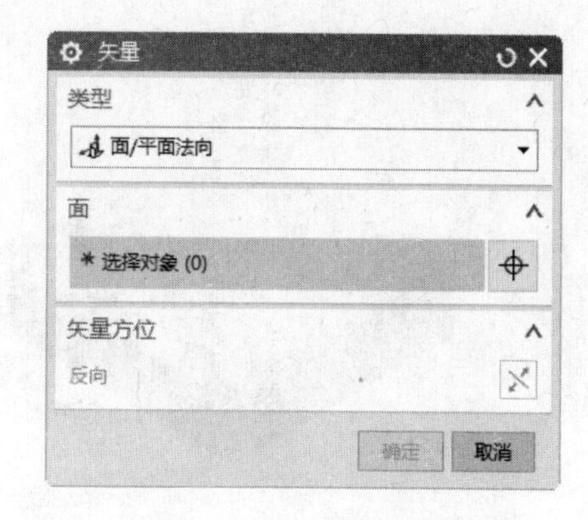

图 13-32 “矢量” 对话框

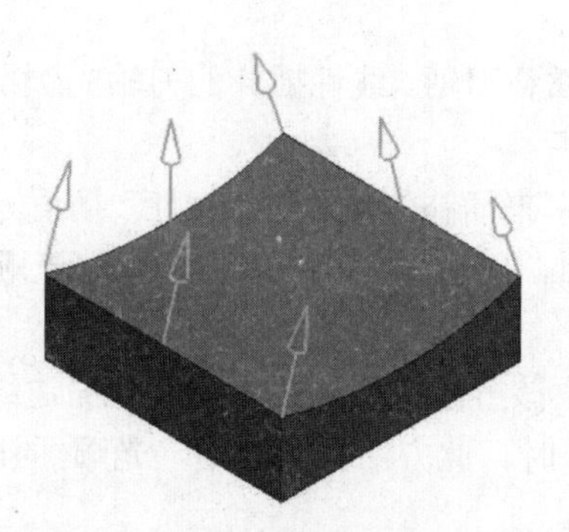

图 13-33 待插补部件

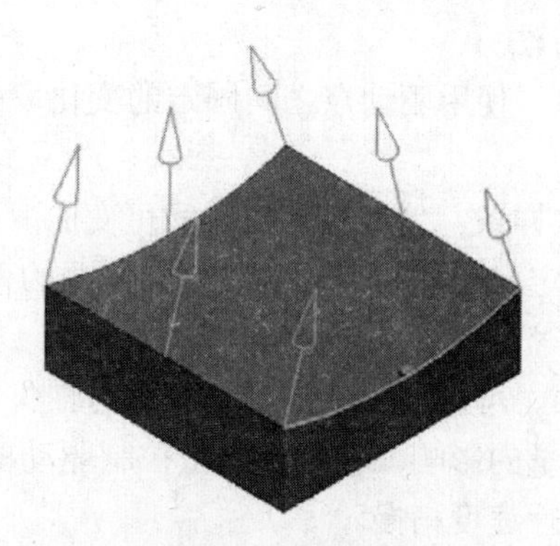

图 13-34 选择曲线

2）单击“矢量对话框”按钮，弹出“矢量”对话框，在“类型”下拉列表框中选择“面/平面法向”，选择如图 13-35 所示的面。“矢量”对话框如图 13-36 所示。

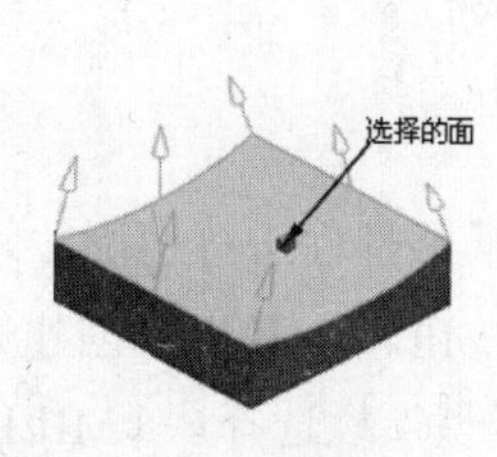

图 13-35 选择面

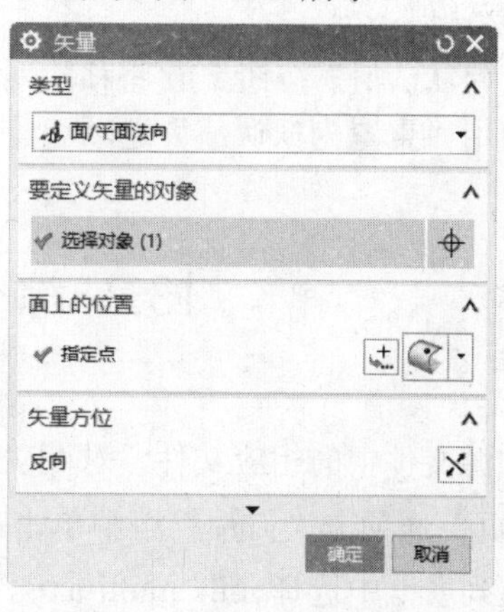

图 13-36 “矢量”对话框

3）在“面上的位置”栏中单击“点对话框”按钮，弹出“点”对话框，选择如图 13-37 所示的点，单击“确定”按钮。

4）返回到“矢量”对话框，将显示插补方向，插补方向示意图如图 13-38 所示。

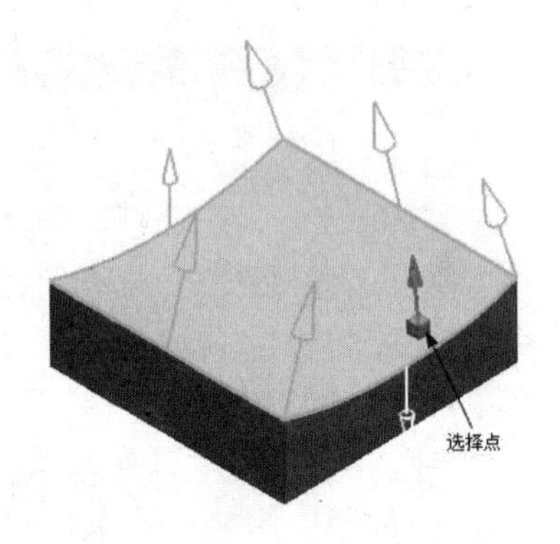

图 13-37　选择点

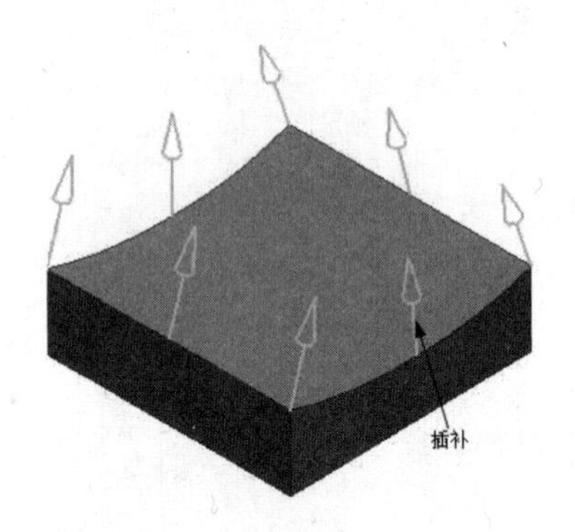

图 13-38　插补方向示意图

2．插值方法

（1）线性　使用驱动点之间固定的变化率来插补刀轴。线性插补的刀轴光顺性较差，但执行速度较快。

（2）三次样条　使用驱动点之间可变的变化率来插补矢量。与“线性”插值方法相比，此方法可在全部所定义的数据点上生成更为光顺的刀轴。“三次样条”将插补中等光顺的刀轴，其执行速度也为中等。

（3）光顺　可以更好地控制生成的刀轴矢量。该方法将强调位于驱动曲面边缘的矢量，以减小任何内部矢量的影响。在需要完全控制驱动曲面时，此方法尤其有用。光顺插补的刀轴光顺性非常高，但执行速度稍慢。

3．显示已插值矢量

单击“显示已插值矢量”按钮，将显示每个驱动点处刀轴矢量，从而可以看到刀轴如何沿部件周围过渡。

4．重置为默认值

单击“重置为默认值”按钮，将移除所有已定义的数据点。如果在已添加数据点后要更改指定点，则可使用“重置为默认值”选项。

13.2 综合加工实例

打开下载的源文件中的相应文件，对图 13-39 所示的待插补部件进行切削。

1）在“主页”选项卡“刀片”组中单击“创建刀具”按钮，弹出“创建刀具”对话框，在“类型”下拉列表框中选择 mill_multi-axis，在“刀具子类型”栏选择（MILL），在“名称”

文本框中输入“END10”，单击“确定”按钮，弹出“铣刀-5 参数”对话框，在“尺寸”栏中设置“直径”为 10，其他采用默认设置，单击“确定”按钮，创建直径为 10mm 的刀具。

2）在“主页”选项卡“刀片”组中单击“创建工序”按钮，弹出“创建工序”对话框，在“类型”下拉列表框中选择“ mill_multi-axis”，在“工序子类型”栏中选择（可变轮廓铣），在“刀具”下拉列表框中选择“ END10”，在“名称”文本框中输入“VARIABLE_CONTOUR”，其他采用默认设置，单击“确定”按钮。

3）弹出“可变轮廓铣”对话框，单击“指定部件”右侧的“选择或编辑部件几何体”按钮，弹出“部件几何体”对话框，选择图 13-39 所示的整个部件为待插补部件，单击“确定”按钮。

4）返回“可变轮廓铣”对话框，在“驱动方法”栏“方法”下拉列表框中选择“曲面区域”，单击“编辑”按钮，弹出“曲面区域驱动方法”对话框，选择如图 13-40 所示的驱动几何体. 在“驱动几何体”栏中设置“切削区域”为“曲面%”、“刀具位置”为“相切”，在“驱动设置”栏中设置“切削模式”为“往复”、“步距”为“数量”、“步距数”为 30，在“更多”栏中设置“切削步长”为“数量”、“第一刀切削”为 10、“最后一刀切削”为 10、“过切时”为“无”。单击“确定”按钮。

图 13-39　加工部件

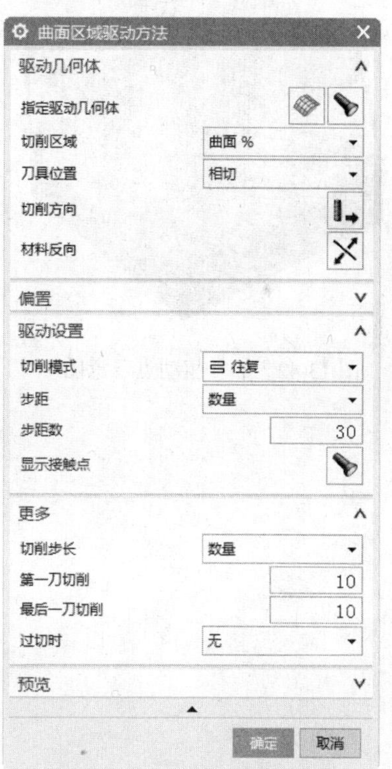

图 13-40　指定驱动几何体

5）返回“可变轮廓铣”对话框，在“投影矢量”栏“矢量”下拉列表框中选择“刀轴”，在“刀轴”栏“轴”下拉列表框中选择“插补矢量”。具体插补过程的设置和“13. 1. 11 插补”一节中的过程相同. 生成的插补矢量如图 13-41 所示。在“插补矢量”对话框中单击“显示已插值矢量”按钮，对插补驱动点进行显示查看。插补驱动点示意图如图 13-42 所示。

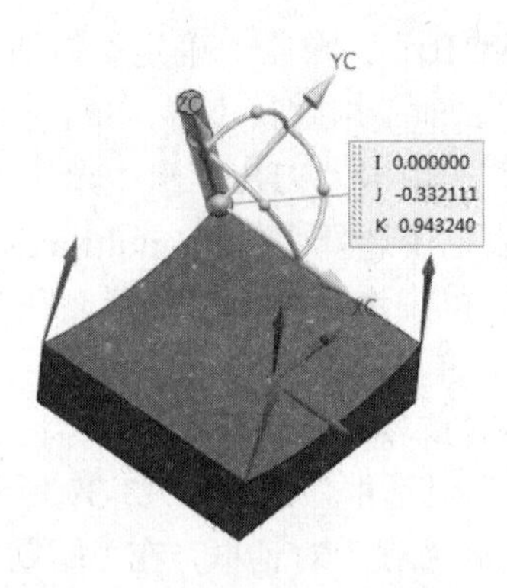

图 13-41　生成插补矢量

6）在“操作”栏中单击“生成”按钮，生成刀轨，如图 13-43 所示。

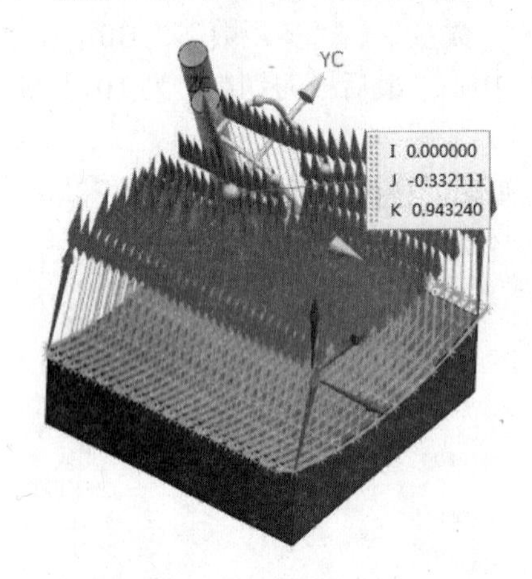

图 13-42　插补驱动点示意图

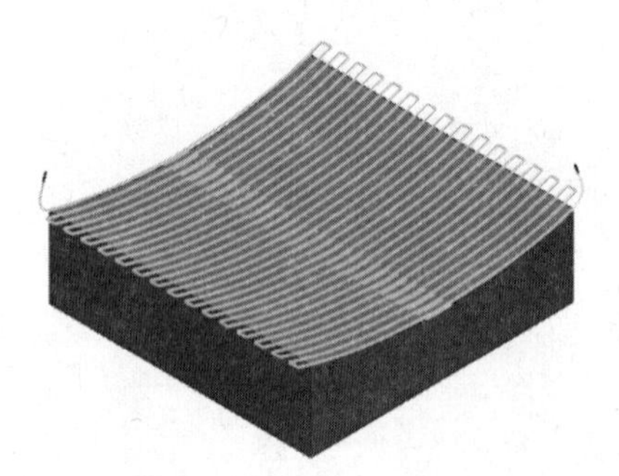

图 13-43　“插补”生成的刀轨

第 14 章　多轴铣加工操作实例

第 11 章～第 13 章讲述了多轴铣加工的基础知识，包括理论基础和多轴铣加工各种参数设置的 基本方法。

本章将通过两个综合实例，讲解多轴铣加工的具体操作方法和技巧。

内容要点

- 多轴铣加工实例 1
- 多轴铣加工实例 2

案例效果

14.1 多轴铣加工实例 1

打开下载的源文件中的相应文件，待加工部件如图 14-1 所示。本实例将对其进行铣削，铣削操作包括型腔铣、非陡峭区域轮廓铣、深度轮廓铣和可变轮廓铣。

14.1.1 创建毛坯

1）在“应用模块”选项卡“设计”组中单击“建模”按钮，进入建模环境。选择“菜单”→“格式”→“图层设置”命令，弹出“图层设置”对话框，新建工作图层 12，单击“关闭”按钮。

2）在“主页”选项卡“特征”组中单击“拉伸”按钮，弹出“拉伸”对话框，选择加工部件的底部 4 条边线作为拉伸截面，指定矢量方向为 ZC，设置开始距离为 0，结束距离为 1.25，其他采用默认设置，单击“确定”按钮，生成毛坯，如图 14-2 所示。

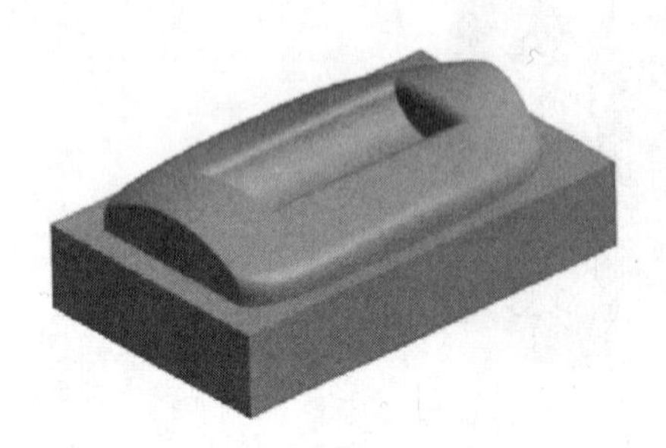
图 14-1　待加工部件

图 14-2　创建毛坯

14.1.2 创建刀具

1）在“应用模块”选项卡“加工”组中单击“加工”按钮，进入加工环境。单击“主页”选项卡“刀片”组中的“创建刀具”按钮，弹出如图 14-3 所示的“创建刀具”对话框，在“类型”下拉列表框中选择“ mill_contour”，在“刀具子类型”栏中选择（MILL），在“名称”文本框中输入“END.25”，其他采用默认设置，单击“确定”按钮。

2）弹出如图 14-4 所示“铣刀-5 参数”对话框，在“尺寸”栏中设置“(D)直径”为 0.25、“(R1)下半径”为 0.125、“(L)长度”为 2、“(FL)刀刃长度”为 1.0、“刀刃”为 2，其他采用默认设置，单击“确定”按钮。

3）重复上述步骤创建“END.15”，设置“(D)直径”为 0.15、“(R1)下半径”为 0.075、“(L)长度”为 1、“(FL)刀刃长度”为 0.5、“刀刃”为 2，其他采用默认设置。

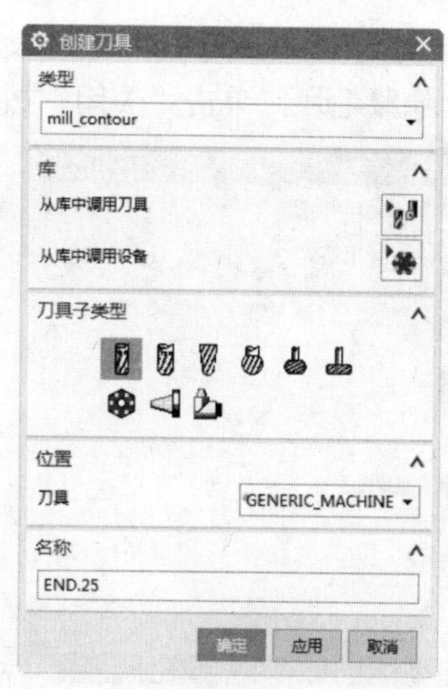

图 14-3　“创建刀具”对话框

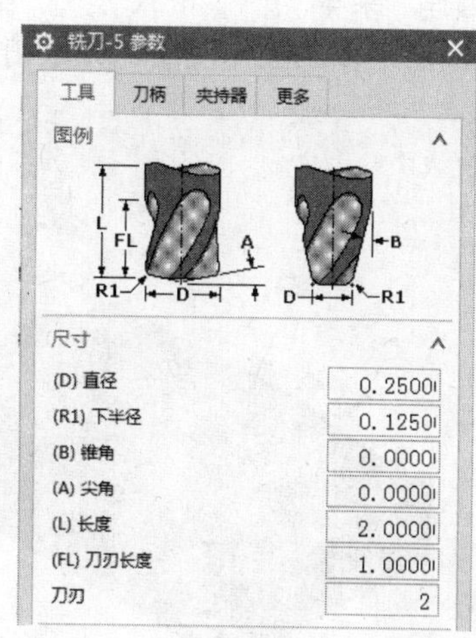

图 14-4　“铣刀-5 参数”对话框

14.1.3 创建几何体

1）在“主页”选项卡“刀片”组中单击“创建几何体”按钮，弹出如图 14-5 所示的“创建几何体”对话框，在“类型”下拉列表框中选择“mill_contour”，在“几何体子类型”栏中选择（WORKPIECE），在“位置”栏“几何体”下拉列表框中选择“MCS”，单击“确定”按钮。

2）弹出如图 14-6 所示的“工件”对话框。单击“指定部件”右侧的“选择或编辑部件几何体”按钮，弹出“部件几何体”对话框，选择如图 14-7 所示的部件，单击“确定”按钮，返回“工件”对话框。单击“指定毛坯”右侧的“选择或编辑毛坯几何体”按钮，弹出“毛坯几何体”对话框，选择如图 14-2 所示的毛坯，单击“确定”按钮。

图 14-5　“创建几何体”对话框

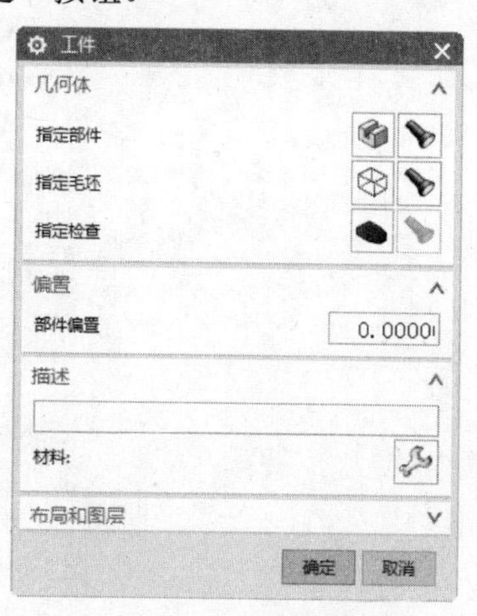

图 14-6　“工件”对话框

3）选择“菜单”→“格式”→“图层设置”命令，弹出如图 14-8 所示的“图层设置”对话框。选择图层 1 作为工作图层，并取消勾选图层 2 复选框，隐藏毛坯，单击“关闭”按钮。

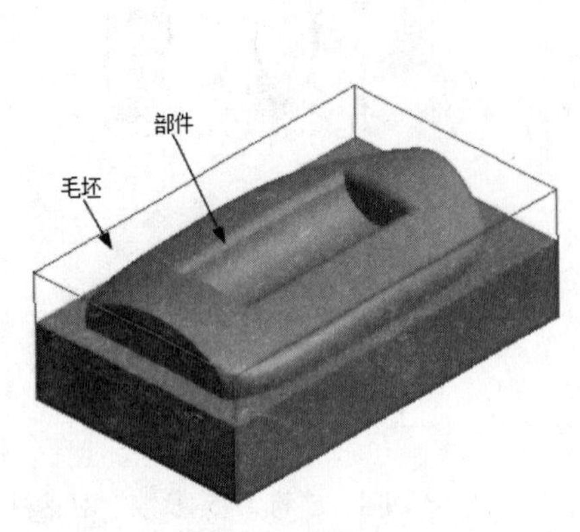

图 14-7　指定部件

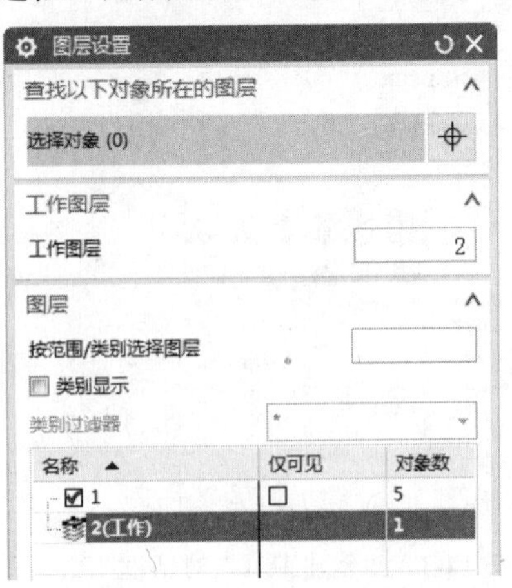

图 14-8　“图层设置”对话框

14.1.4 创建型腔铣

1）在“主页”选项卡“刀片”组中单击“创建工序”按钮，弹出如图 14-9 所示的“创建工序”对话框，在“类型”下拉列表框中选择“ mill_contour”，在“工序子类型”栏中选择（型腔铣），在“几何体”下拉列表框中选择“ WORKPIECE”， 在“刀具”下拉列表框中选择 END.25，在“方法”下拉列表框中选择“MILL_ROUGH”，其他采用默认设置，单击“确定”按钮。

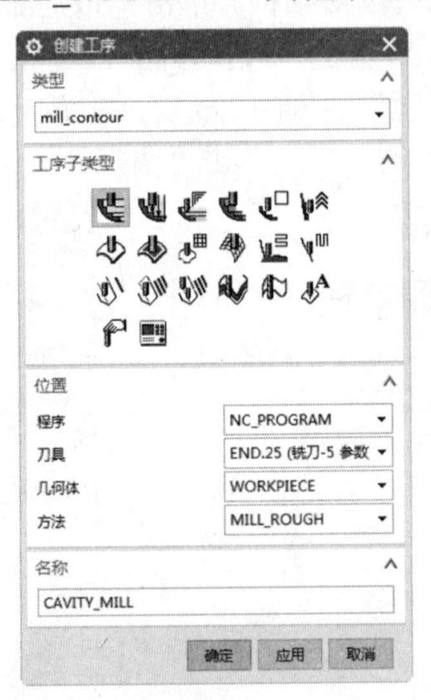

图 14-9　“创建工序”对话框

2）弹出如图 14-10 所示的“型腔铣”对话框，单击“指定切削区域”右侧的“选择或编辑切削区域几何体”按钮，弹出“切削区域”对话框，选定如图 14-11 所示的切削区域，单击“确定”按钮。

图 14-10　“型腔铣”对话框

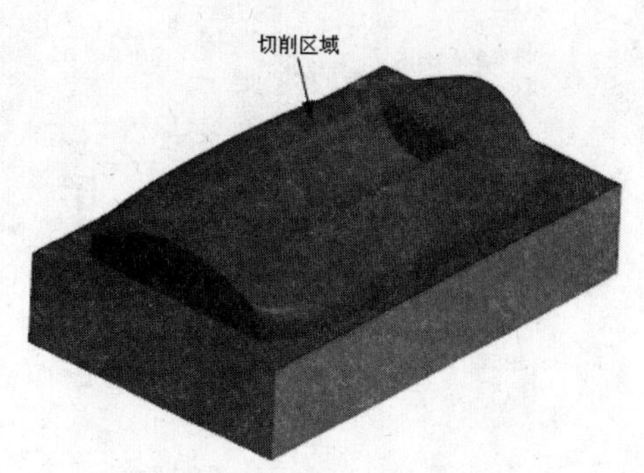

图 14-11　指定的切削区域

3）返回“型腔铣”对话框，在“刀轨设置”栏中设置“切削模式”为“跟随部件”，“平面直径百分比”为 50、“公共每刀切削深度”为“恒定”、“最大距离”为 0.05in，如图 14-12 所示。

4）单击“切削层”按钮，弹出如图 14-13 所示的“切削层”对话框，设置“切削层”为“恒定”、“公共每刀切削深度”为“恒定”、“最大距离”为 0.05in、“范围深度”为 0.5，单击“确定”按钮。

5）返回“型腔铣”对话框，单击“切削参数”按钮，弹出如图 14-14 所示的“切削参数”对话框。在“策略”选项卡中设置“切削方向”为“顺铣”，勾选“添加精加工刀路”复选框，“刀路数”设置为 1，“精加工步距”设置为“5%刀具”；在“余量”选项卡中勾选“使底面余量与侧面余量一致”复选框，设置“部件侧面余量”为 0.03。单击“确定”按钮。

6）返回“型腔铣”对话框，单击“非切削移动”按钮，弹出如图 14-15 所示的“非切削移动”对话框。在“进刀”选项卡的“封闭区域”栏中设置“进刀类型”为“螺旋”、“直径”为“ 90%刀具”、“斜坡角度”为 15、“高度”为 0.1in、“最小安全距离”为 0、“最小斜坡长度”为 0；在“开放区域”栏中设置“进刀类型”为“圆弧”、“半径”为 0.25 in、“圆弧角度”为 90、“高度”为 0.1 in、“最小安全距离”为 0.1 in。切换至“起点/钻点”选项卡，设置“重叠距离”为 0.15 in。切换至“转移/快速”选项卡，在“安全设置”栏中设置“安全设置选项”为“平面”，指定加工部件的上表面为安全平面，如图 14-16 所示；在“区域之间”栏中设置“转移类型”为“前一平面”、“安全距离”为 0.1in，在“区域内”栏中设置“转移方式”为“进刀/退刀”、“转移类型”为“前一平面”、“安全距离”为 0.1 in。单击“确定”按钮。

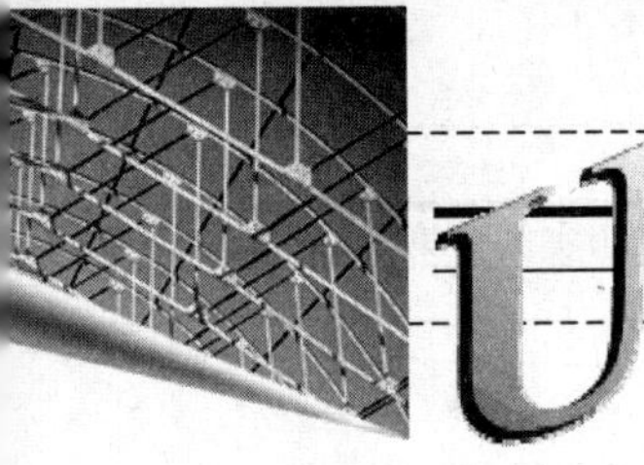

图 14-12 “刀轨设置”栏

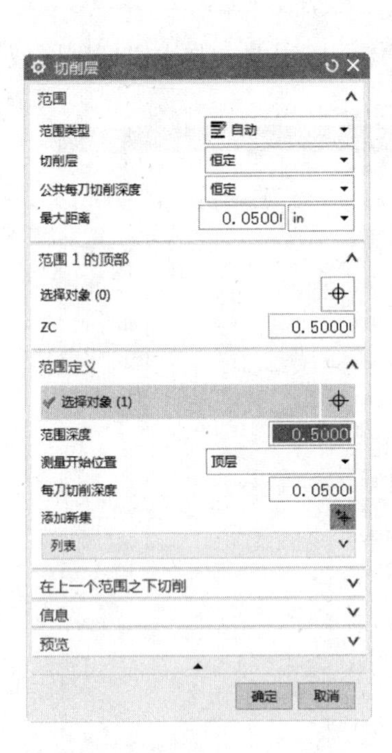

图 14-13 “切削层”对话框

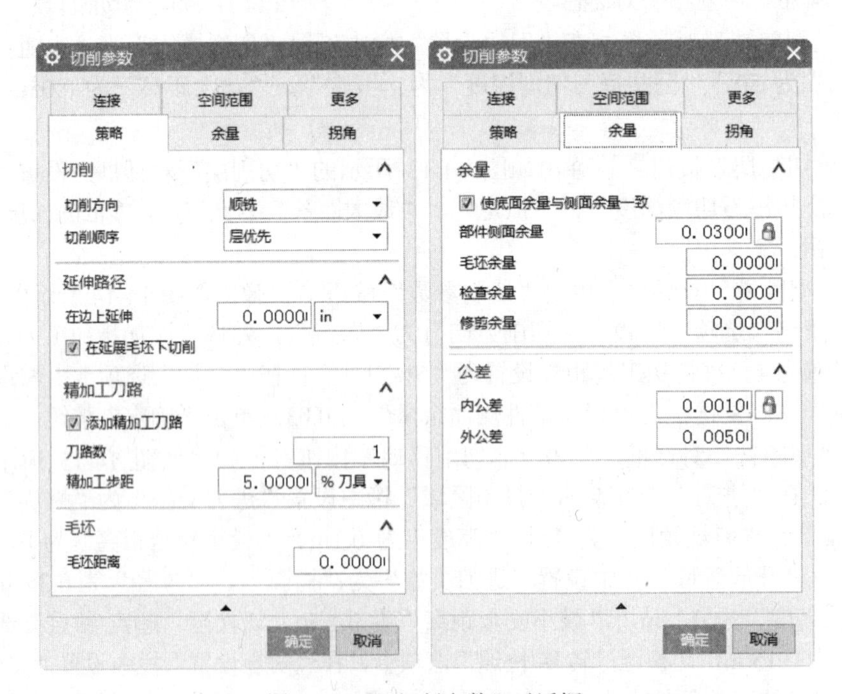

图 14-14 “切削参数”对话框

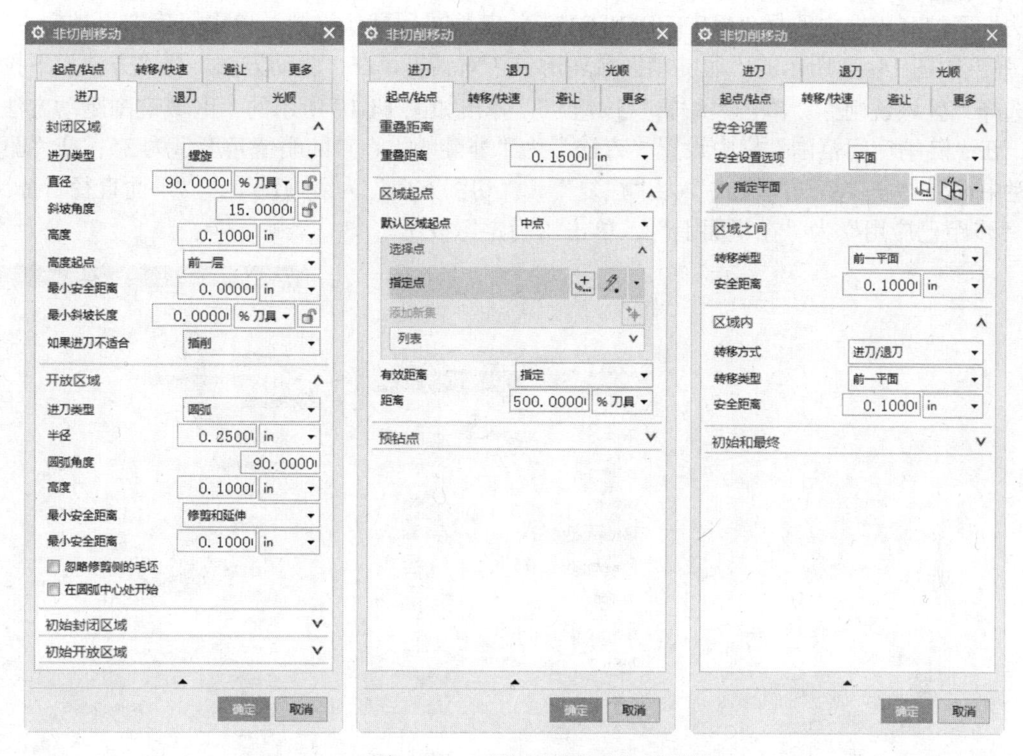

图 14-15　“非切削移动”对话框

7）返回“型腔铣”对话框，在“刀轴”栏的“轴”下拉列表框中选择“+ZM 轴”。

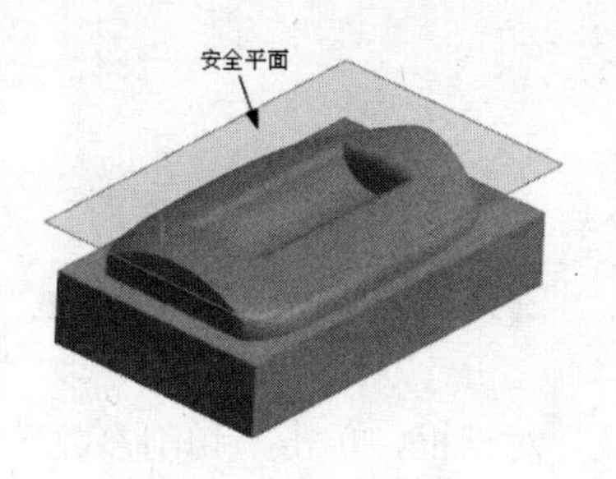

图 14-16　安全平面

8）完成以上设置后，在“操作”栏中单击“生成”按钮，生成刀轨，单击“确认”按钮，实现刀轨的可视化，如图 14-17 所示。

14.1.5 创建非陡峭区域轮廓铣

1）在“主页”选项卡“刀片”组中单击“创建工序”按钮，弹出“创建工序”对话框，在“类型”下拉列表框中选择“ mill_contour”，在“工序子类型”栏中选择（非陡峭区域轮廓铣），在“几何体”下拉列表框中选择“ WORKPIECE”，在“刀具”下拉列表框中选择“END.15”，在“方法”下拉列表框中选择“MILL_ROUGH”，其他采用默认设置，单击“确定”按钮。

2）弹出如图 14-18 所示的“非陡峭区域轮廓铣”对话框，在“驱动方法”栏“方法”下拉列表框中选择“区域铣削”。单击“编辑”按钮，弹出如图 14-19 所示的“区域铣削驱动方法”对话框，在“陡峭空间范围”栏中设置“方法”为“非陡峭”、“陡峭壁角度”为 35；在“驱动设置”栏中设置“非陡峭切削模式”为“往复”、“切削方向”为“顺铣”、“平面直径百分比”为 50、“步距已应用”为“在平面上”。单击“确定”按钮。

图 14-17 “CAVITY_MILL 铣”刀轨

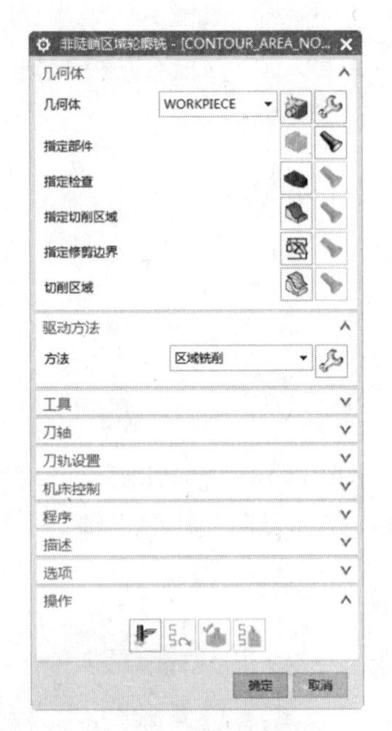

图 14-18 “非陡峭区域轮廓铣”对话框

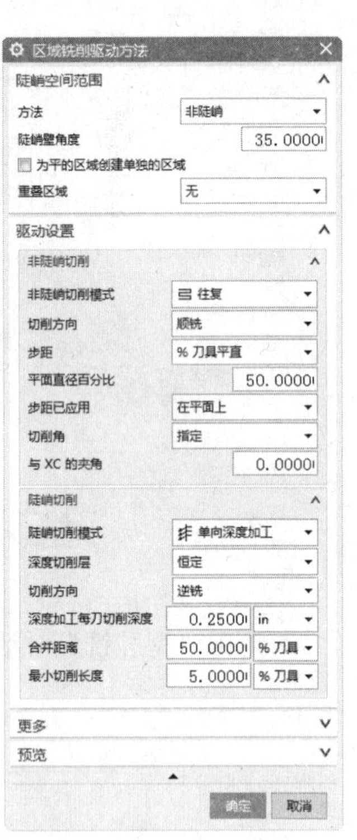

图 14-19 “区域铣削驱动方法”对话框

3）返回“非陡峭区域轮廓铣”对话框，单击“切削参数”按钮，弹出“切削参数”对话框，在“策略”选项卡中勾选“在边上滚动刀具”复选框，在“更多”选项卡中设置“最大步长”为“100%刀具”，如图 14-20 所示，单击“确定”按钮。

4）返回“非陡峭区域轮廓铣”对话框，单击“非切削运动”按钮，弹出“非切削移动”对话框，在“进刀”选项卡的“开放区域”栏中设置“进刀类型”为“插削”、“高度”为“ 200%刀具”；在“根据部件/检查”栏中设置“进刀类型”为“线性”、“长度”为“80%刀具”、“旋转角度”为 180、“斜坡角度”为 45，如图 14-21 所示。单击“确定”按钮。

5）返回“非陡峭区域轮廓铣”对话框，在“刀轴”栏的“轴”下拉列表框中选择“+ZM 轴”。

6）完成以上设置后，在“操作”栏中单击“生成”按钮，生成刀轨，单击“确认”按钮，实现刀轨的可视化，如图 14-22 所示。

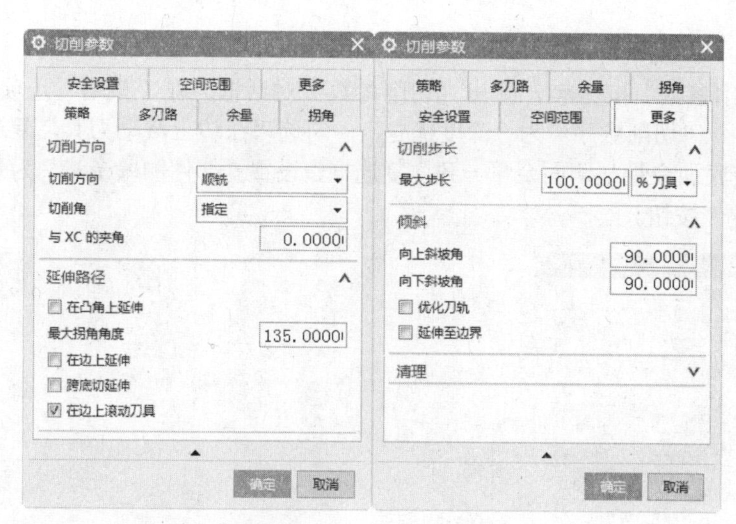

图 14-20　“切削参数”

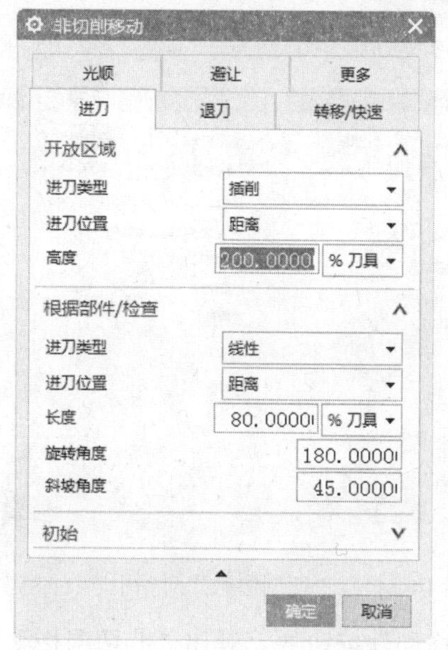

图 14-21　“非切削移动”对话框

图 14-22　“CONTOUR_AREA_NON_STEEP”刀轨

14.1.6 创建深度轮廓铣

1）在“主页”选项卡“刀片”组中单击“创建工序”按钮，弹出“创建工序”对话框，在“类型”下拉列表框中选择“mill_contour”，在“工序子类型”中选择（深度轮廓铣），在“几何体”下拉列表框中选择“ WORKPIECE”，在“刀具”下拉列表框中选择“ END.15”，在“方法”下拉列表框中选择“MILL_SEMI_FINISH”，其他采用默认设置，单击“确定”按钮。

2）弹出如图 14-23 所示的“深度轮廓铣”对话框，在“刀轨设置”栏中设置“陡峭空间范围”为“仅陡峭的”、“角度”为 35、“合并距离”为 0.1in、“最小切削深度”为 0.03 in、“公共

每刀切削深度”为“恒定”、“最大距离”为 0.25 in。

3）单击“切削参数”按钮，弹出“切削参数”对话框。在“策略”选项卡中设置“切削方向”为“顺铣”、“切削顺序”为“深度优先”，勾选“在边上滚动刀具”复选框；在“余量”选项卡中勾选“使底面余量与侧面余量一致”复选框，设置“部件侧壁余量”为 0.01，如图 14-24 所示。单击“确定”按钮。

图 14-23　“深度轮廓铣”对话框

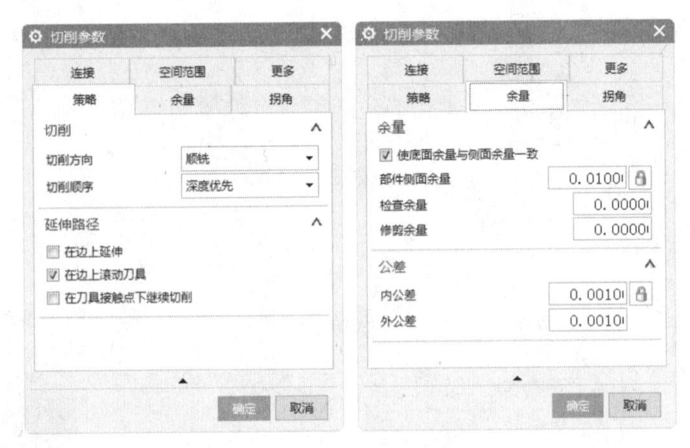

图 14-24　“切削参数”对话框

4）返回“深度轮廓铣”对话框，单击“非切削移动”按钮，弹出“非切削移动”对话框。在“进刀”选项卡的“封闭区域”栏中设置“进刀类型”为“沿形状斜进刀”、“斜坡角度”为 30、“高度”为 0.1in、“最小安全距离”为 0、“最小斜坡长度”为 0；在“开放区域”栏中设置“进刀类型”为“圆弧”、“半径”为 0.25 in、“圆弧角度”为 90、“高度”为 0.1 in、“最小安全距离”为 0.1in。切换至“起点/钻点”选项卡，在“重叠距离”栏中设置“重叠距离”为 0.15 in，在“区域起点”栏中设置“有效距离”为“指定”、“距离”为“300%刀具”。在“转移/快速”选项卡的“安全设置”栏中设置“安全设置选项”为“自动平面”，“安全距离”为 0.2，选择如图 14-16 所示的安全平面，在“区域之间”栏中设置“转移类型”为“安全距离-刀轴”，在“区域内”栏中设置“转移方式”为“进刀/退刀”、“转移类型”为“安全距离-刀轴”，如图 14-25 所示。单击“确定”按钮。

图 14-25　“非切削移动”对话框

5）返回“深度轮廓铣”对话框，在“刀轴”栏的“轴”下拉列表框中选择“+ZM 轴”。

6）完成以上设置后，在“操作”栏中单击“生成”按钮，生成刀轨，单击“确认”按钮，实现刀轨的可视化，如图 14-26 所示。

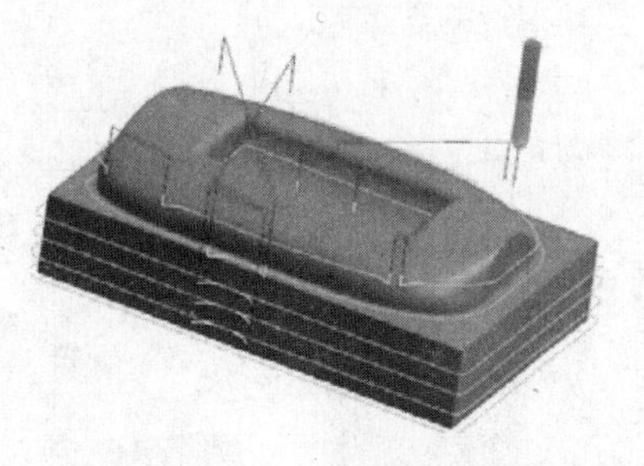

图 14-26　“深度轮廓铣”刀轨

14.1.7 创建可变轮廓铣

1）在“主页”选项卡“刀片”组中单击“创建工序”按钮，弹出如图 14-27 所示“创建工序”对话框，在“类型”下拉列表框中选择“ mill_multi-axis”，在“工序子类型”栏中选择（可变轮廓铣），在“几何体”下拉列表框中选择“ MCS”，在“刀具”下拉列表框中选择“ END15”，在“方法”下拉列表框中选择“MILL_SEMI_FINISH”，　在“名称”文本框中输入“VARIABLE_CONTOUR”，其他采用默认设置，单击“确定”按钮。

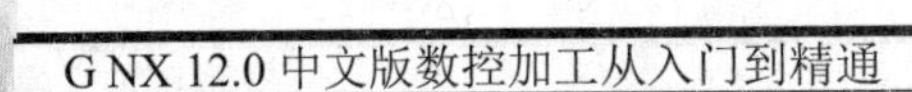

2）弹出如图 14-28 所示的“可变轮廓铣”对话框，单击“指定部件”右侧的“选择或编辑部件几何体”按钮，弹出“部件几何体”对话框，选择如图 14-29a 所示的部件，单击“确定”按钮，返回“工件”对话框，单击“指定切削区域”右侧的“选择或编辑部件几何体”按钮，弹出“切削区域”对话框，选择如图 14-29b 所示的切削区域，单击“确定”按钮。

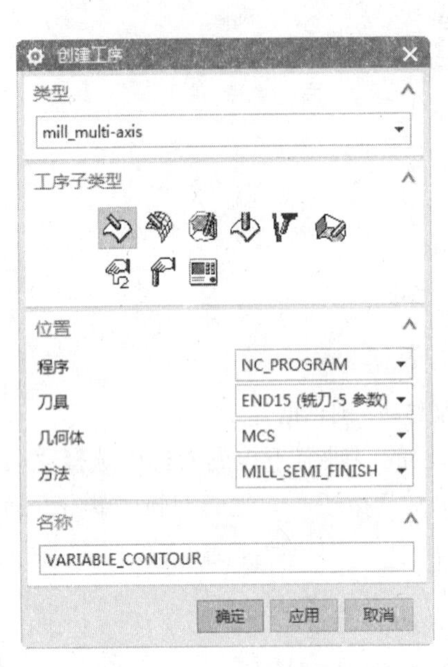

图 14-27 “创建工序”对话框

图 14-28 “可变轮廓铣” 对话框

a）指定部件

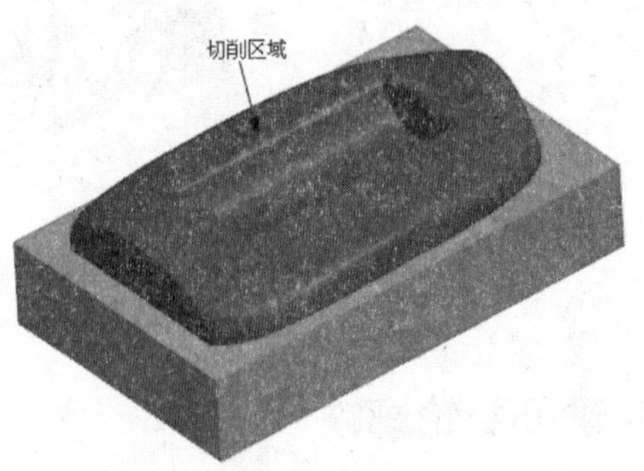

b）选择切削区域

图 14-29 指定部件和指定切削区域

3）返回“可变轮廓铣”对话框，在“驱动方法”栏“方法”下拉列表框中选择“曲面区域”，单击“编辑”按钮，弹出如图 14-30 所示的“曲面区域驱动方法”对话框，单击“指定驱动几何体”按钮，弹出“驱动几何体”对话框，选择如图 14-31 所示的驱动几何体，单击“确定”

按钮。

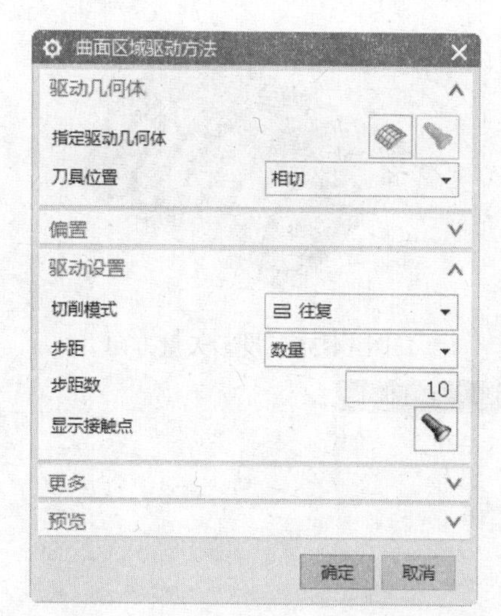

图 14-30　“曲面区域驱动方法”对话框

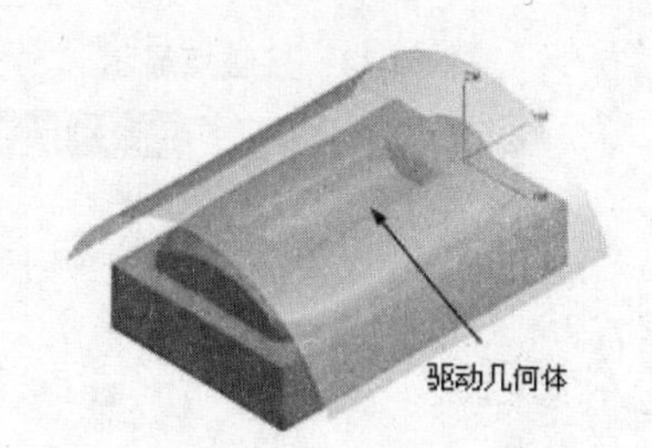

图 14-31　指定的驱动几何体

4）在“曲面区域驱动方法”对话框中设置“切削区域”为“曲面%”、“刀具位置”为“相切”。单击“切削方向”按钮，显示切削方向，如图 14-32 所示。单击“材料反向”按钮，调整材料方向，如图 14-33 所示。

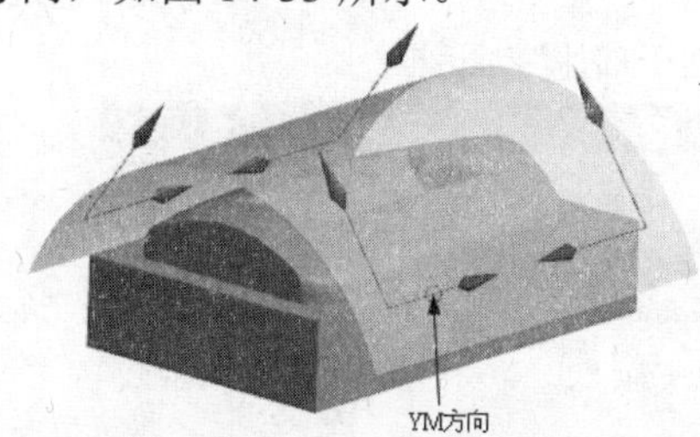

图 14-32　切削方向（YM 方向）

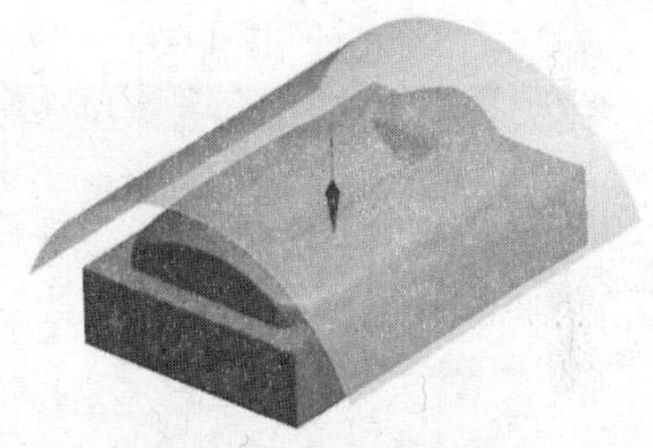

图 14-33　调整材料方向

5）在“驱动设置”栏中设置“切削模式”为“往复”、“步距”为“数量”、“步距数”为 50，单击“显示接触点”按钮，进行接触点显示，如图 14-34 所示。

6）在“更多”栏中设置“切削步长”为“数量”、“第一刀切削”为 10、“最后一刀切削”为 10，单击“确定”按钮。

7）返回“可变轮廓铣”对话框，在“投影矢量”栏“矢量”下拉列表框中选择“指定矢量”，指定的投影矢量方向如图 14-35 所示。

8）在“刀轴”栏“轴”下拉列表框中选择“双 4 轴在部件上”，单击“编辑”按钮，弹出如图 14-36 所示的“双 4 轴，相对于部件”对话框，在“单向切削”选项卡中设置“旋转角度”为 15，单击“确定”按钮。

9）返回“可变轮廓铣”对话框，单击“切削参数”按钮，弹出如图 14-37 所示的“切削参数”对话框，在“策略”选项卡中勾选“在边上滚动刀具”复选框，在“更多”选项卡中设置“最大步长”为“ 30%刀具”，单击“确定”按钮。

图 14-34　接触点显示

图 14-35　投影矢量方向

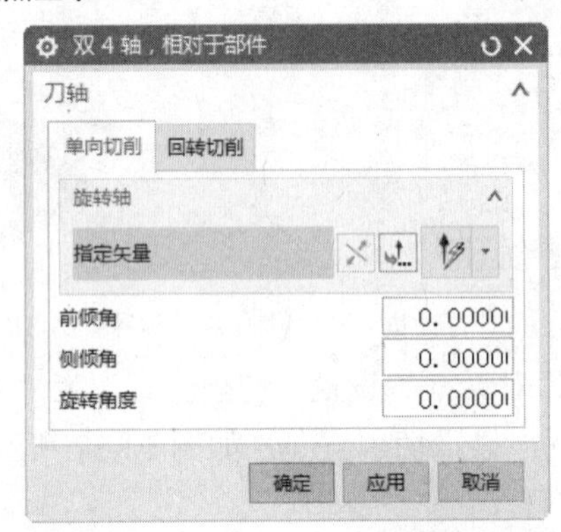

图 14-36　“双 4 轴，相对于部件”对话框

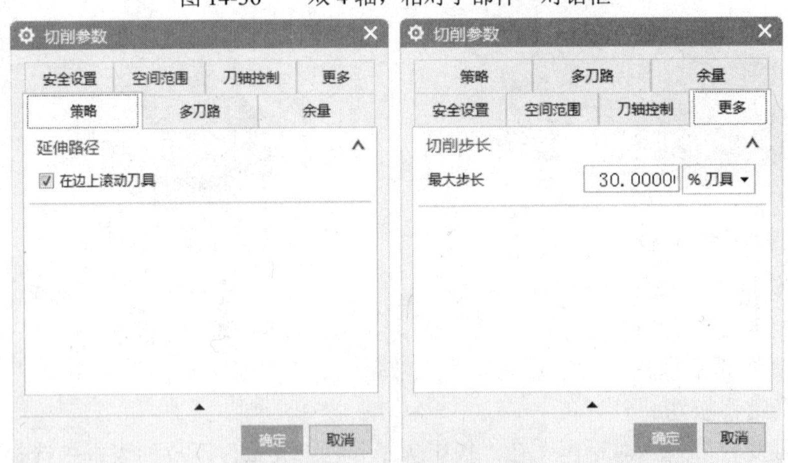

图 14-37　“切削参数”对话框

10）返回“可变轮廓铣”对话框，在“操作”栏中单击“生成”按钮，生成（沿 YM 方向）切削刀轨，如图 14-38 所示。

11）如果将“切削方向”改为沿 XM 方向（注意箭头上的小圆圈），如图 14-39 所示，则生成图 14-40 所示的切削刀轨。

通过以上 4 个铣削操作（型腔铣、非陡峭区域轮廓铣、深度轮廓铣、可变轮廓铣），部件加工完毕，可以通过导航器查看它们的位置顺序等信息，通过如图 14-41 所示的“工序导航器-几何”可以查看各操作所用的几何体，通过如图 14-42 所示的“工序导航器-机床”可以查看各操作所用的刀具。

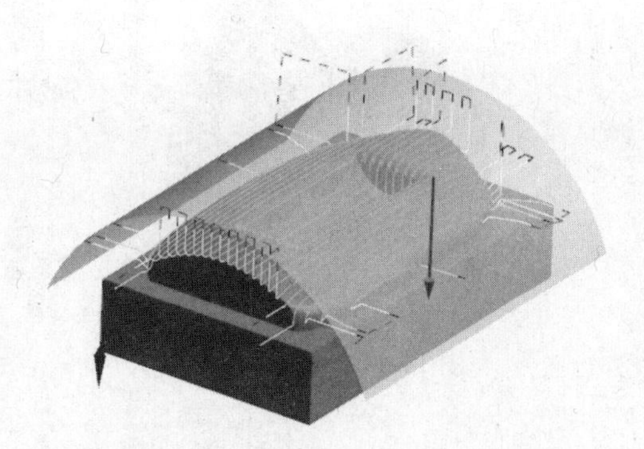

图 14-38 生成切削刀轨（沿 YM 方向）

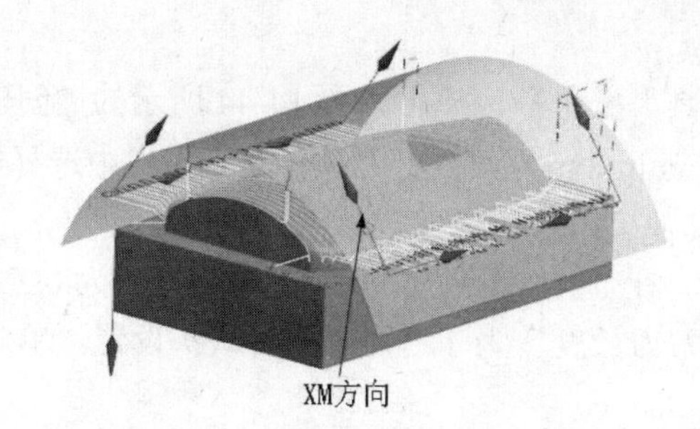

图 14-39 切削方向（沿 XM 方向）

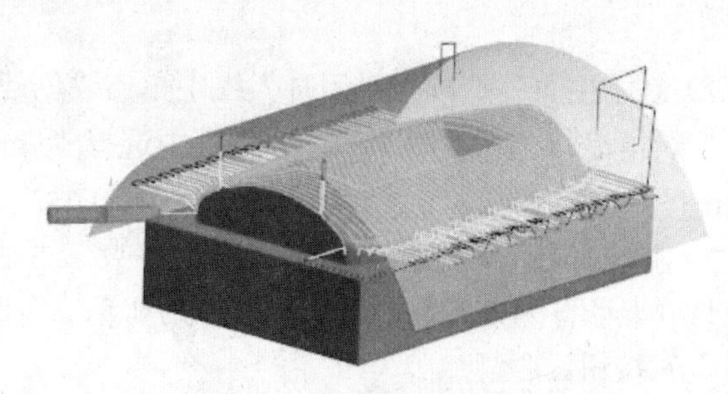

图 14-40 生成切削刀轨（沿 XM 方向）

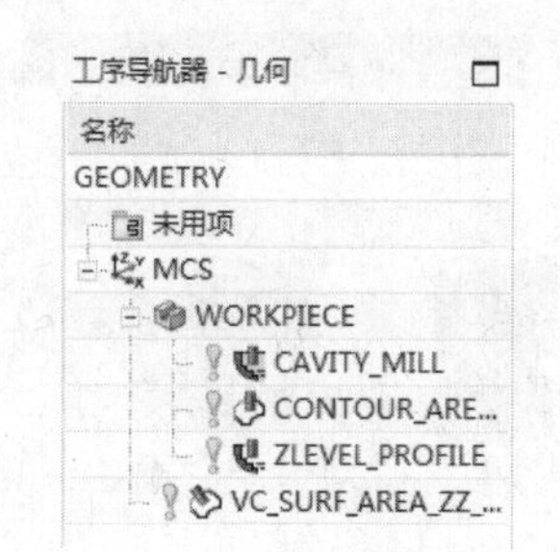

图 14-41 “工序导航器-几何”

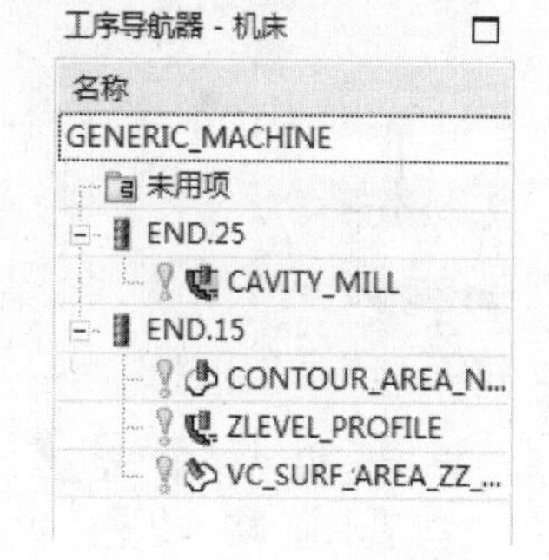

图 14-42 “工序导航器-机床”

14.2 多轴铣加工实例 2

打开下载的源文件中的相应文件，待加工部件如图 14-43 所示。本实例将对其进行可变轮廓铣，使用的“刀轴”方法为“插补”，“驱动方法”为“曲面区域”。

图 14-43　待加工部件

14.2.1 创建刀具

1）在“主页”选项卡“刀片”组中单击“创建刀具”按钮，弹出如图 14-44 所示的“创建刀具”对话框，在“类型”下拉列表框中选择“ mill_multi-axis”，在“刀具子类型”栏中选择（MILL），在“名称”文本框中输入“END.25”，其他采用默认设置。单击“确定”按钮。

2）弹出如图 14-45 所示的“铣刀-5 参数”对话框，在“尺寸”栏中设置“(D)直径”为 0.25、“(R1)下半径”为 0.125、“(L)长度”为 1.5、“(FL)刀刃长度”为 1，其他采用默认设置。单击“确定”按钮。

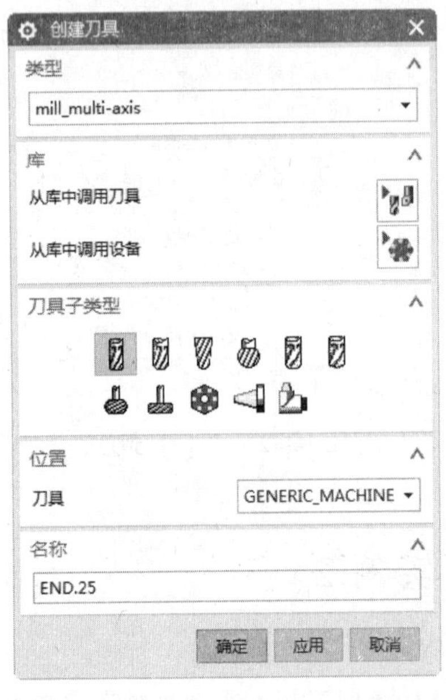

图 14-44　“创建刀具”对话框

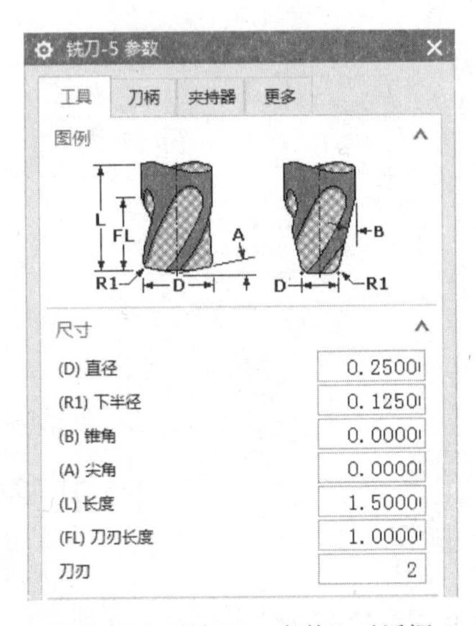

图 14-45　“铣刀-5 参数”对话框

14.2.2 创建工序

1）在“主页”选项卡“刀片”组中单击“创建工序”按钮，弹出如图 14-46 所示的“创建工序”对话框，在“类型”下拉列表框中选择“mill_multi-axis”，在“工序子类型”栏中选择（可变轮廓铣），在“几何体”下拉列表框中选择“WORKPIECE”，在“刀具”下拉列表框中选择“ END.25”，在“方法”下拉列表框中选择“MILL_FINISH”，在“名称”文本框中输入“VC_SURF_AREA_ZZ_LEAD_LAG”，其他采用默认设置，单击“确定”按钮。

2）弹出如图 14-47 所示的“可变轮廓铣”对话框，单击“指定切削区域”右侧的“选择或编辑切削区域几何体”按钮，弹出“切削区域”对话框，选择整个部件的外表面（不包括内部曲面和两个底面），如图 14-48 所示，单击“确定”按钮。

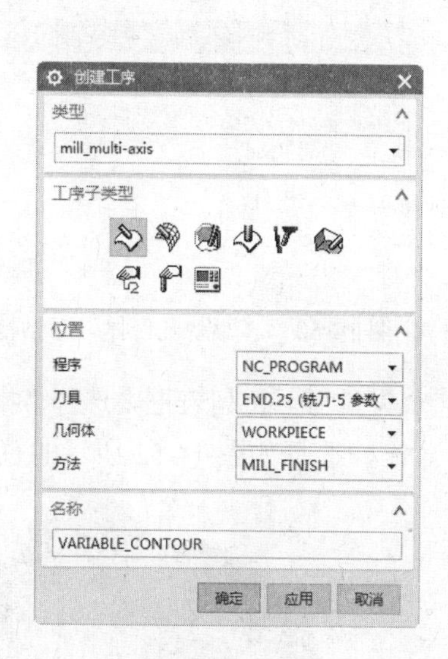

图 14-46　“创建工序”对话框

图 14-47　“可变轮廓铣”对话框

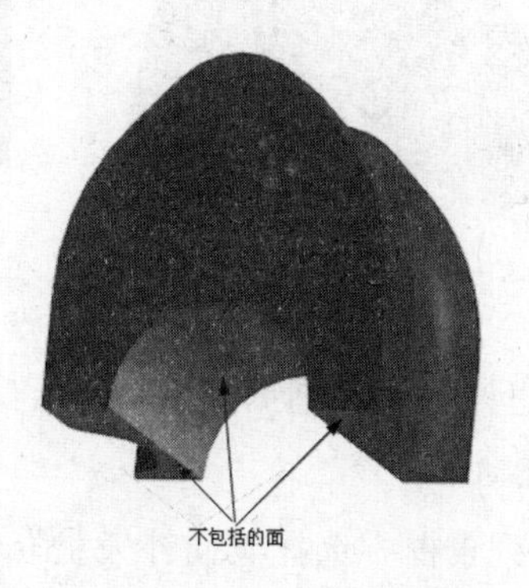

图 14-48　指定切削区域

3）返回“可变轮廓铣”对话框，在“驱动方法”栏“方法”下拉列表框中选择“曲面区域”，弹出如图 14-49 所示的“曲面区域驱动方法”对话框，单击“指定驱动几何体”按钮，弹出如图 14-50 所示的“驱动几何体”对话框。首先如图 14-51a 所示选择第一排，然后按照顺序进行曲面选择，完成整个部件外表面的选择，如图 14-51b 所示（特别需要注意的是，在选择曲面的时候要按照顺序选择，不要随意选择）。在“曲面区域驱动方法”对话框中设置“切削区域”为“曲面%”、“刀具位置”为“相切”、“切削模式”为“往复”、“步距”为“数量”、“步距数”为 60。单击“确定”按钮。

图 14-49　“曲面区域驱动方法”对话框

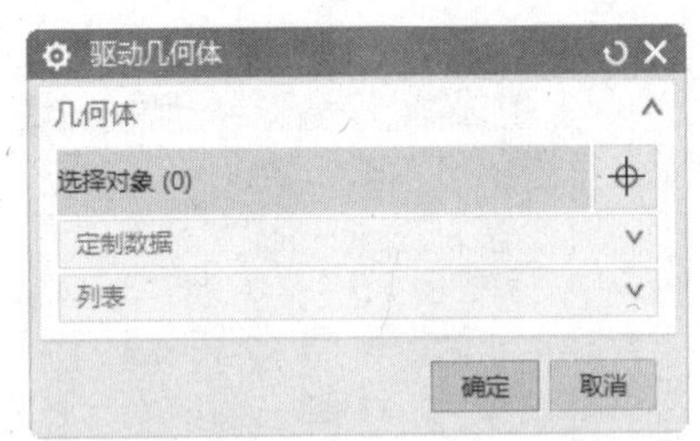

图 14-50　“驱动几何体”对话框

4）返回“可变轮廓铣”对话框，在“投影矢量”栏“矢量”下拉列表框中选择“指定矢量”，在“指定矢量”右侧的下拉列表中选择“曲线/轴矢量”，选择如图 14-52 所示的直线。

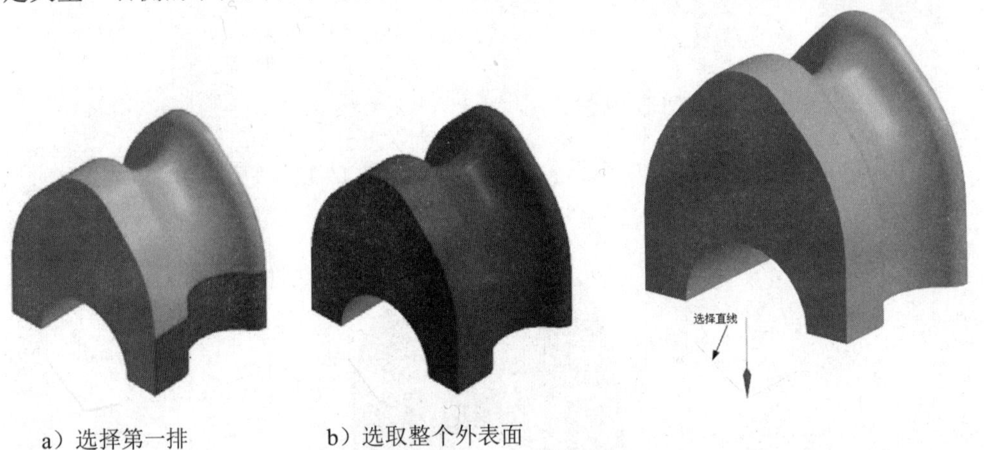

a）选择第一排　　b）选取整个外表面

图 14-51　指定驱动体　　图 14-52　选择直线

5）在“刀轴”栏“轴”下拉列表框中选择“插补矢量”，弹出“插补矢量”对话框。由于部件中的曲面变化较大，需要添加一些数据点，尤其是在曲率较大的地方，系统也会提示添加数据点。添加部分数据点后的数据点位置和插补矢量如图 14-53 所示。单击“显示已插值矢量”按钮，完成矢量插补，结果如图 14-54 所示。单击“确定”按钮。

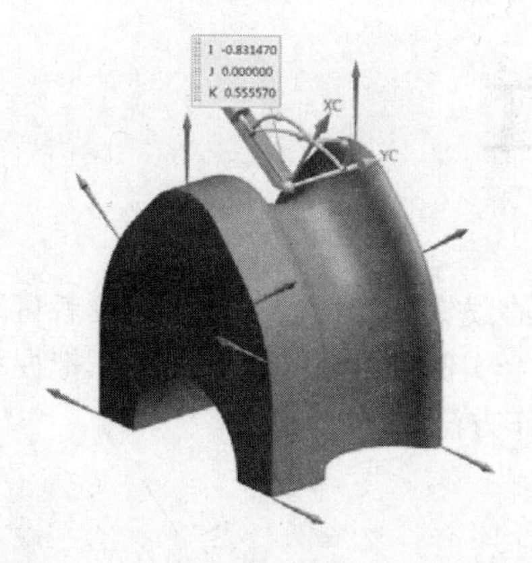

图 14-53　添加的数据点位置和插补矢量

图 14-54　完成矢量“插补”

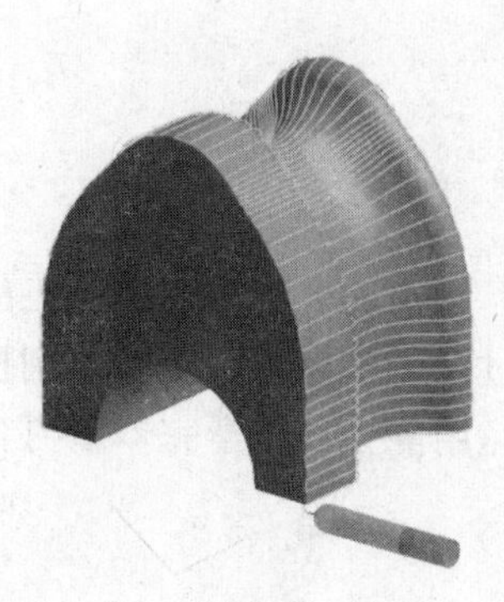
图 14-55　“可变轮廓铣”刀轨（插补矢量）

6）完成以上设置后，在“操作”栏中单击“生成”按钮，生成刀轨，单击“确认”按钮，实现刀轨的可视化，如图 14-55 所示。

7）若在“刀轴”栏“轴”下拉列表框中选择“双 4 轴在驱动体上”，将弹出如图 14-56 所示的“双 4 轴，相对于驱动体”对话框，设置“前倾角”为 0、“侧倾角”为 0、“旋转角度”为 0、“旋转轴”为“ZC 轴”。单击“确定”按钮，在“操作”栏中单击“生成”按钮，生成刀轨，单击“确认”按钮，实现刀轨的可视化，如图 14-57 所示。

“可变轮廓铣”刀轨（双 4 轴在驱动体上）与“可变轮廓铣”刀轨（插补矢量）相同，但采用“插补矢量”可以在某些区域增加或删除数据点以生成较稀疏或密集的刀轨。

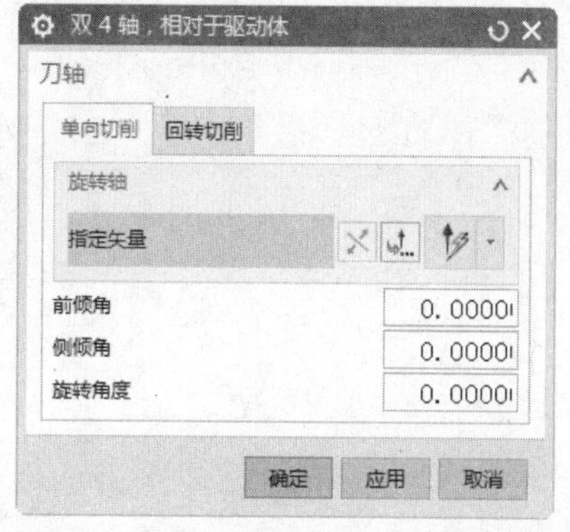

图 14-56　“双 4 轴，相对于驱动体”对话框

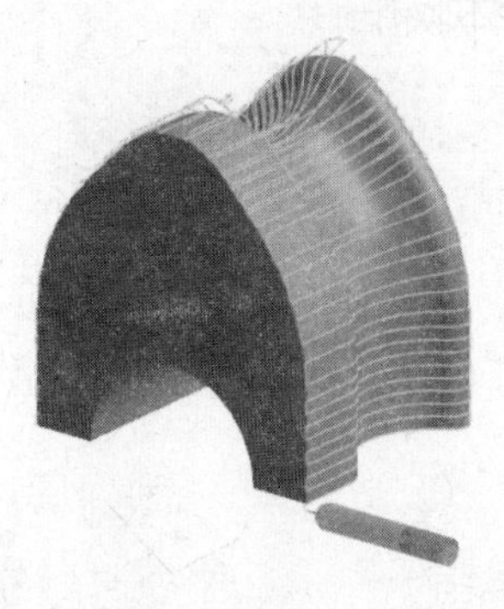
图 14-57　“可变轮廓铣”刀轨（双 4 轴在驱动体上）

第5篇 车削加工

本篇介绍了车削加工的粗加工、精加工、示教模式、中心线钻孔和螺纹等操作。读者可通过示例的练习加深对车削操作的理解，并通过最后给出的综合实例提高对知识点的整体把握和运用能力。在学完本篇内容后，读者可以初步掌握车削的操作方法。

第15章 车削加工基础

在机械、航天、汽车等行业的工业产品生产中，对工件进行车削加工是必不可少的。“车削”模块利用“工序导航器”来管理操作和参数，能够创建粗加工、精加工、示教模式、中心线钻孔和螺纹等。

本章将讲述车削加工的基础，包括理论概述和基本操作方法。

内容要点

- 概述
- 基本操作

15.1 概述

参数（如主轴定义、工件几何体、加工方式和刀具）按组指定，这些参数在操作中共享。其他参数在单独的操作中定义。当工件通过整个加工程序时，处理中的工件跟踪计算并以图形显示所有要移除的剩余材料。生成每个操作后，“车削”模块能够以图形的方式显示处理中的工件。处理中的工件定义为材料总量减去工序中到当前所有操作中使用的材料。

由于操作的工序非常重要，因此最好在“工序导航器-程序顺序”中选择操作。如果操作进行了重新排序，系统会在需要时重新计算处理中的工件。

此模块主要侧重于下列方面的改进：

1）使用固定切削刀具加强并合并基本切削操作。这为车削机床提供了更强大的粗加工、精加工、割槽、螺纹和钻孔功能。该模块使用方便，具备了车削的核心功能。

2）“粗加工”和“精加工”的切削区域是自动检测的，能更快地获得结果，尤其是连续操作的时候。

3）“示教模式操作”具有最大的灵活性，特别是希望手动将刀具控制到位的时候。它提供了动画功能，如刀轨回放中的材料移除过程显示和处理中工件的 3D 显示。

4）允许为多个主轴设置创建 NC 程序。系统能够连续规划每个单独子主轴组的加工工艺，然后重新排列操作顺序。

15.2 基本操作

15.2.1 创建工序

在“主页”选项卡“插入”组中单击“创建工序”按钮，弹出如图 15-1 所示的“创建工序”对话框，进行如下设置。

1．设置“创建工序”对话框

1）在“类型”下拉列表框中选择“turning”（车削）加工方式，将列出车削支持的操作子类型。

2）在“工序子类型”栏中任选一子类型，在“位置”栏中设置程序、刀具、几何体、方法等，然后单击“确定”按钮，可完成“创建工序”对话框的设置。

2．车削工序子类型

车削操作子类型共有 23 种，图 15-1 所示的“创建工序”对话框中给出了每种车削加工类型的图标。每种车削加工类型的含义见表 15-1。

表 15-1 车削加工类型的含义

图标	名称	含义
	中心线定心钻	为中心线钻孔时定位进行中心线定心钻的车削工序
	中心线钻孔	用于中心孔加工的车削工序
	中心线啄钻	根据增量深度以进行断屑后将刀具退出孔的中心线钻孔工序
	中心线断屑	根据增量深度以进行断屑后轻微退刀的中心线钻孔工序
	中心线铰刀	使用镗孔循环来持续送入、送出孔的中心线钻孔工序
	中心攻丝（螺纹加工）	使用攻丝循环的中心线钻孔工序
	面加工	垂直于并朝着中心线进行粗车削的加工工序
	外径粗车（OD，Outer Diameter）	平行于部件和粗加工轮廓外径主轴中心线的粗切削
	退刀粗车	除了切削移动方向远离主轴面，其他与“外径粗车”相同
	内径粗镗（ID，Inner Diameter）	平行于部件和粗加工轮廓内径上主轴中心线的粗切削
	退刀粗镗	除了切削移动方向远离主轴面，其他与内径粗镗相同
	示教模式	由用户定义的车削运动
	外径开槽	使用插削策略切削部件外径上的槽
	退刀精镗	远离主轴面精加工部件的内径
	外径精车	朝着主轴方向精加工部件的外径
	内径开槽	使用插削策略切削部件内径中的槽
	在面上开槽	使用插削策略切削部件面上的槽
	外径螺纹铣	在部件外径上切削直螺纹或锥螺纹
	内径螺纹铣	沿部件内径切削直螺纹或锥螺纹
	部件分离	将部件与卡盘中的棒材分隔开
	内径精镗	朝着主轴方向精加工部件的内径
	车削控制	通过用户定义事件进行机床控制
	用户定义车削	需要定制 NX Open 程序以生成刀路的特殊工序

15.2.2 创建刀具

在“主页”选项卡“刀片”组中单击“创建刀具”按钮，弹出如图 15-2 所示的“创建刀具”对话框。在该对话框中可创建所需的车削刀具。

1．设置“创建刀具”对话框

1）在“类型”下拉列表框中选择“turning”（车削），将列出车削支持的刀具子类型。

2）在“刀具子类型”中任选一子类型，输入名称后单击“确定”按钮，刀具将显示在工序导航器的刀具视图中。也可用数据库中的刀具进行操作。在“库”栏中单击“从库中调用刀具”右侧的按钮，打开“库类选择”对话框，可以调用库中已有的刀具。

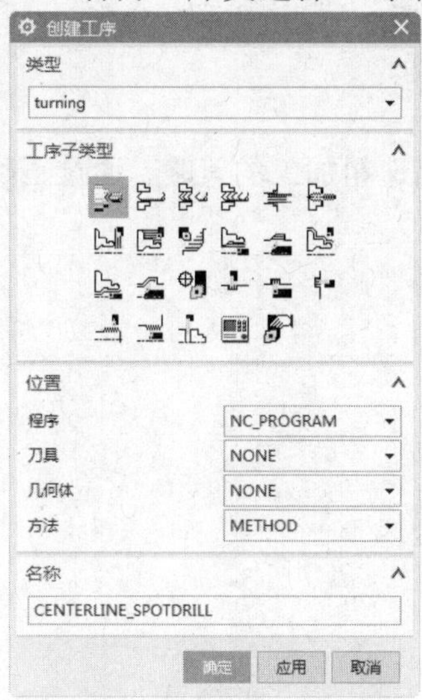

图 15-1　“创建工序”对话框

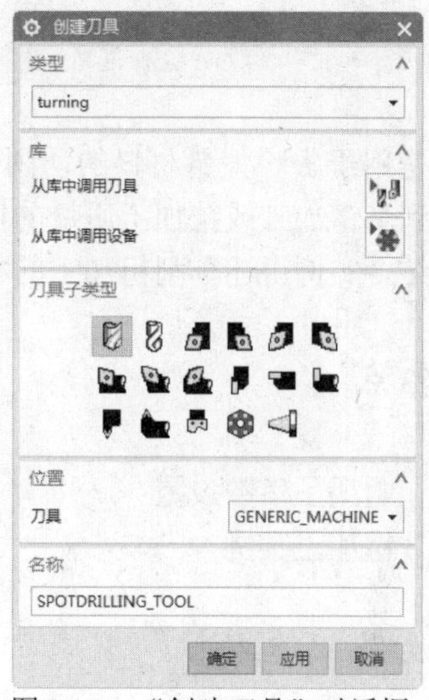

图 15-2　“创建刀具”对话框

2．刀具子类型

车削操作子类型共有 18 种，“创建刀具”对话框中给出了每种车削刀具子类型的图标，其中 13 种刀具子类型的含义见表 15-2。

表 15-2 部分刀具子类型的含义

图标	名称	含义
	SPOTDRILLING_TOOL	点钻刀具，中心线钻孔时使用
	DRILLING_TOOL	钻刀具，中心线钻孔时使用
	OD_80_L	车外圆刀具，刀尖角度为 80°，刀尖向左
	OD_80_R	车外圆刀具，刀尖角度为 80°，刀尖向右
	OD_55_L	车外圆刀具，刀尖角度为 55°，刀尖向左
	OD_55_R	车外圆刀具，刀尖角度为 55°，刀尖向右
	ID_80_L	车内圆刀具，刀尖角度为 80°，刀尖向左
	ID_55_L	车内圆刀具，刀尖角度为 55°，刀尖向左
	OD_GROOVE_L	车外圆槽刀具，刀尖向左
	FACE_GROOVE_L	车面槽刀具，刀尖向左
	ID_GROOVE_L	车内圆槽刀具，刀尖向左
	OD_THREAD_L	车外螺纹刀具，刀尖向左
	ID_THREAD_L	车内螺纹刀具，刀尖向左

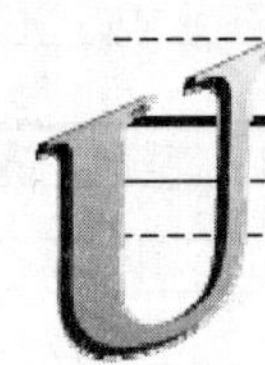

第 16 章 粗加工

粗加工是用于去除大量材料的切削技术，包括用于高速粗加工的策略、通过正确设置进刀/退刀运动达到半精加工或精加工质量的技术。

本章将结合实例讲述车削粗加工的相关参数设计方法。

内容要点

- 粗加工参数设置
- 粗加工实例

案例效果

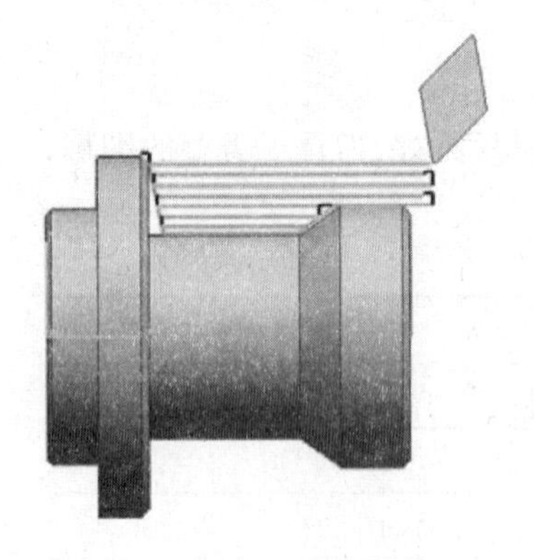
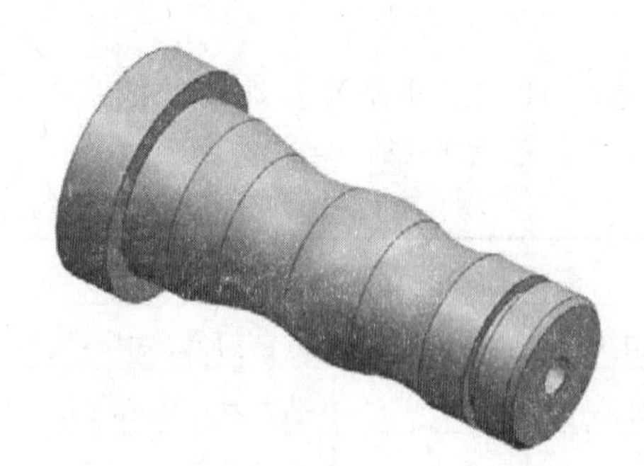

16.1 粗加工参数设置

本节将讲述粗加工的一些基本参数的设置方法。

16.1.1 切削区域

在“创建工序”对话框“工序子类型”栏中选择（外径粗车），单击“确定”按钮，弹出如图 16-1 所示的“外径粗车”对话框。

“切削区域”将加工操作限定在部件的一个特定区域内，以防止系统在指定的限制区域之外进行加工操作。定义“切削区域”的方法有径向或轴向修剪平面、修剪点和区域选择等.在“外径粗车”对话框“几何体”栏中单击“切削区域”右侧的“编辑”按钮，将打开“切削区域”对话框，如图 16-2 所示。

图 16-1　“外径粗车”对话框

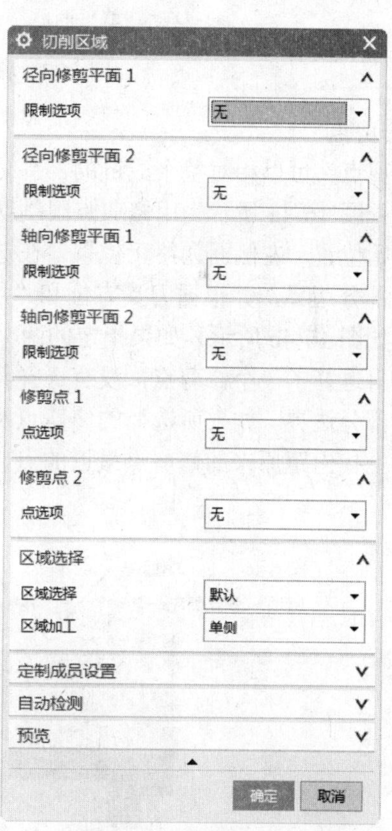

图 16-2　“切削区域”对话框

1．修剪平面

“修剪平面”将加工操作限制在平面的一侧，包括径向修剪平面 1、径向修剪平面 2、轴向

修剪平面 1 和轴向修剪平面 2。通过指定修剪平面，系统可根据修剪平面的位置、部件和毛坯边界以及其他设置参数计算出加工区域。可以使用的修剪平面组合有以下 3 种形式。

1）指定一个修剪平面（轴向或径向）限制加工部件。

2）指定两个修剪平面限制加工工件。

3）指定三个修剪平面限制在区域内加工部件，如图 16-3a 所示。

如果移动修剪平面将改变切削区域的范围，如在图 16-3a 中移动轴向修剪平面 2，将改变切削区域，如图 16-3b 所示。

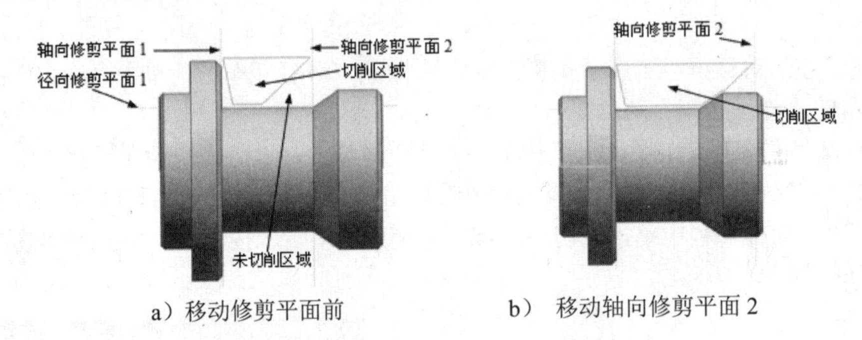

a）移动修剪平面前　　b） 移动轴向修剪平面 2

图 16-3　移动修剪平面前后的切削区域

2．修剪点

“修剪点”可以相对整个成链的部件边界指定切削区域的起始点和终止点。最多可以选择两个修剪点。图 16-4a 所示为用修剪点限制切削区域。图中使用了两个修剪点定义切削区域，右侧直径为起始位置，左侧面为终止位置。在选择两个修剪点后，系统将确定边界上位于这两个修剪点之间的部分边界，并根据刀具方位和“层角度/方向/步距”等确定工件需加工的一侧，生成的切削刀轨如图 16-4b 所示。如果指定的两个修剪点重合，则产生的切削区域将是空区域。

如果只选择了一个修剪点，没有选择其他空间范围限制，系统将只考虑部件边界上修剪点所在的这一部分边界。如果所选择的修剪点不在部件边界上，系统将通过修改修剪点输入数据，在部件边界上找出距原来的修剪点最近的点，将其作为修正后的修剪点，并将操作应用于修正后的修剪点。

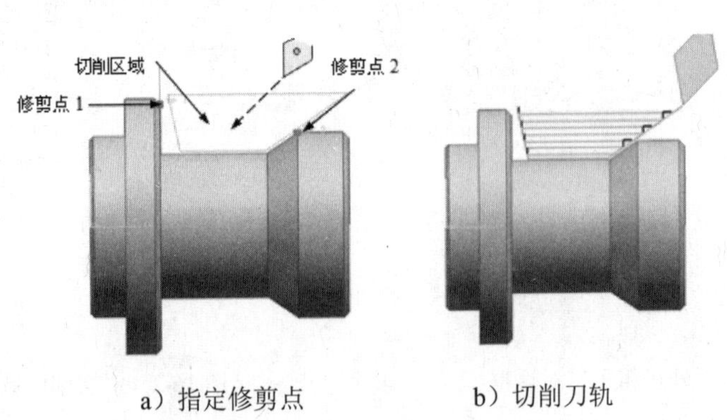

a）指定修剪点　　b）切削刀轨

图 16-4　使用修剪点限制切削区域

3．区域选择

在车削操作中，有时需要手工选择切削区域。在“区域选择”栏“区域选择”下拉列表框中选择“指定”，将显示“指定点”栏，如图16-5所示。单击“指定点”右侧的“点对话框”按钮，弹出“点”对话框。在该对话框中可进行点的指定。

在以下情形，可能需要进行手工选择：

■ 系统检测到多个切削区域。
■ 需要指示系统在中心线的另一侧执行切削操作。
■ 系统无法检测任何切削区域。
■ 系统计算出的切削区域数不一致，或切削区域位于中心线错误的一侧。
■ 对于使用两个修剪点的封闭部件边界，系统会将部件边界的错误部分标识为封闭部件边界（此部分以驱动曲线的颜色显示）。

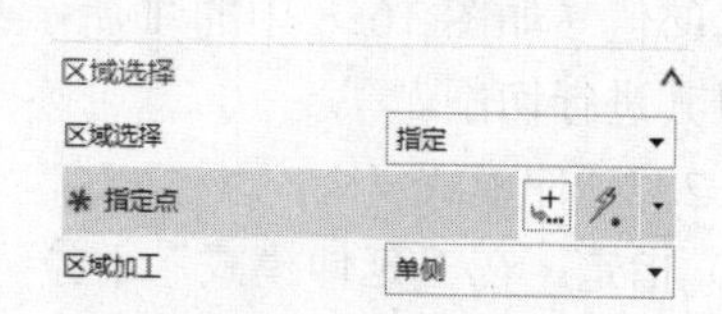

图16-5 区域选择

利用手工选择切削区域时，在图形窗口中单击要加工的切削区域，系统将用字母RSP（区域选择点）对其进行标记，如图16-6所示。如果系统找到多个切削区域，将在图形窗口中自动选择距选定点最近的切削区域。

任何空间范围、层、步距或切削角设置的优先权均高于手工选择的切削区域，这将导致即使手工选择了某个切削区域，系统也可能无法识别。

4．自动检测

在“切削区域”对话框的“自动检测”栏中可以进行最小面积和开放边界的检测设置。“自动检测”利用最小面积、起始/终止偏置、起始/终止角等选项来限制切削区域，如图16-7所示。起始/终止偏置、起始/终止角只有在开放边界且未设置空间范围的情况下才有效。

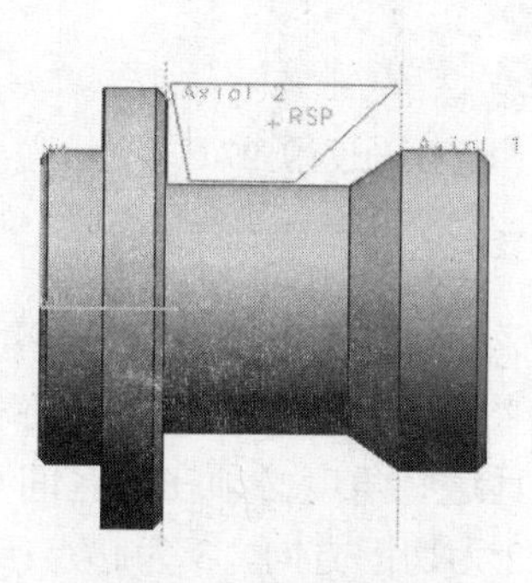

图16-6 指定RSP

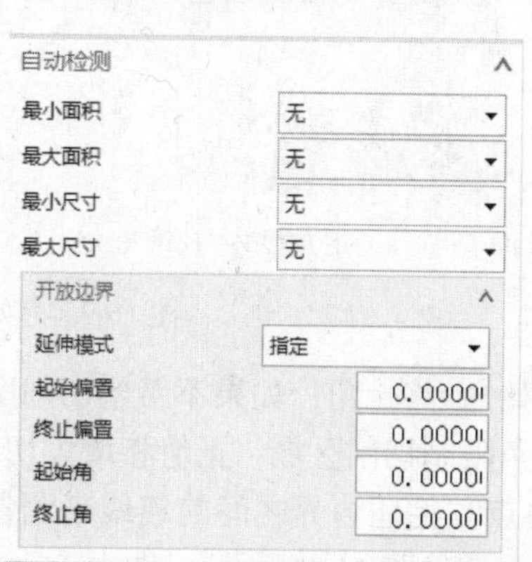

图16-7 “自动检测”栏

（1）最小面积　如果将“最小面积”设置为“部件单位”或“刀具”，并在“最小区域大小”文本框中输入了值，便可以防止系统对极小的切削区域产生不必要的切削运动。如果切削区域的面积（相对于工件横截面）小于指定的加工值，则系统不切削这些区域。这要求在使用时需仔细考虑，以防止漏掉确实想要切削的非常小的切削区域。如果将“最小面积”设置为“无”，系统将考虑所有面积大于零的切削区域。

在图 16-8 中，系统检测到了切削区域 2，因为剩余材料的数量大于“最小区域大小”文本框中输入的值（如图 16-8 中的 1 所示）。区域 3 没有被检测到，因为它的面积小于 1，因此系统不会对其进行切削。

（2）延伸模式

1）指定：在“延伸模式”下拉列表框中选择“指定”，将激活起始偏置/终止偏置、起始角/终止角等选项。

■　起始偏置/终止偏置：如果工件几何体没有接触到毛坯边界，那么系统将根据其自身的内部规则将车削特征与处理中的工件连接起来。如果车削特征没有与处理中工件的边界相交，那么处理器将通过在部件几何体和毛坯几何体之间添加边界段自动将切削区域补充完整。默认情况下，从起点到毛坯边界的直线与切削方向平行，终点到毛坯边界间的直线与切削方向垂直。“起始偏置”使起点沿垂直于切削方向移动，“终止偏置”使终点沿平行于切削方向移动。如图 16-9 所示，图中 1 为处理中的工件，2 为切削方向，3 为起点，4 为终点。对于“起始偏置”和“终止偏置”，输入正偏置值将使切削区域增大，输入负偏置值将使切削区域减小。

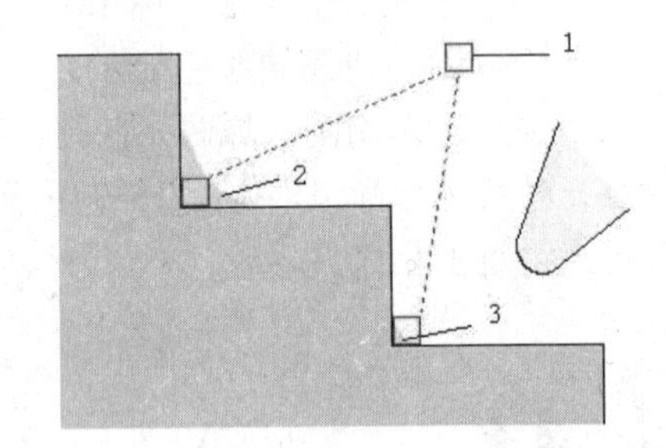

图 16-8　“最小面积”剩余材料

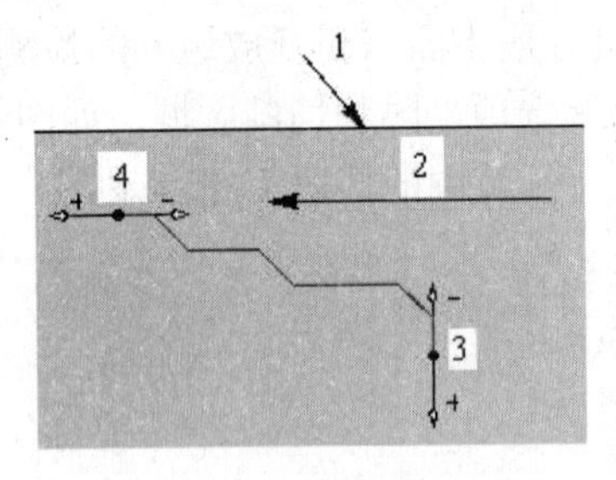

a）层角度为 180°

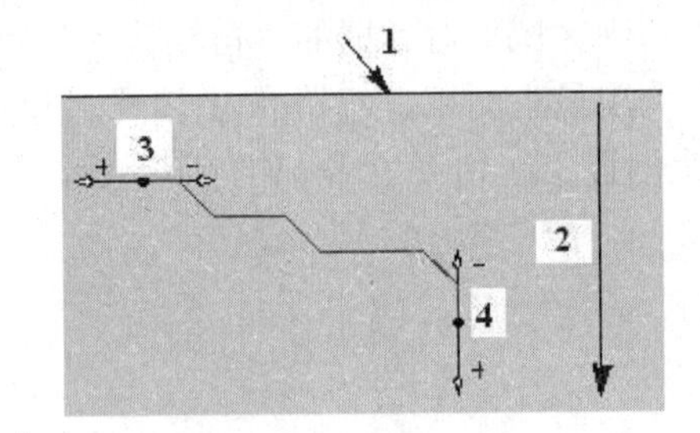

b）层角度为 270°

图 16-9　起始偏置/终止偏置示意图

■　起始角/终止角：如果不希望切削区域与切削方向平行或垂直，那么可以使用起始角/终止角限制切削区域。正值将增大切削面积，而负值将减小切削面积。系统将相对于起点/终点与毛坯边界之间的连线来测量这些角度，并且这些角度必须在开区间（—90，90）之内。如图 16-10 所示，图中 1 为处理中的工件，2 为切削方向，3 为起点，4 为终点，5 为终点的修改角度。

2）相切：在“延伸模式”下拉列表框中选择“相切”，将会禁用起始偏置/终止偏置和起始角/终止角参数，如图16-11所示。系统将在边界的起点/终点处沿切线方向延伸边界，使其与处理中的形状相连。如果在选择的开放部件边界中第一个或最后一个边界段上带有外角，并且剩余材料层非常薄，则可使用此选项。

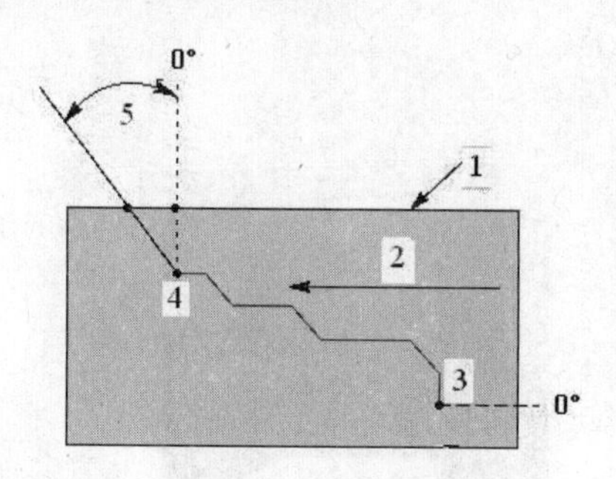

图16-10 终点处的毛坯交角

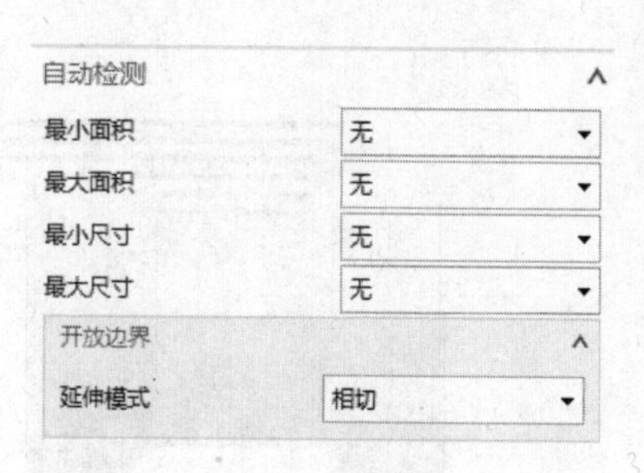

图16-11 “相切”延伸模式

16.1.2 切削策略

“外径粗车”对话框中的“切削策略”提供了进行粗加工的基本规则，包括直线切削、斜切、轮廓切削和插削，可根据切削的形状选择切削策略来实现对切削区域的切削。

1. 策略

可在“策略”下拉列表框中选择具体的切削策略，主要包括两种直线切削、两种斜切、两种轮廓切削和4种插削。

（1）单向线性切削 当要对切削区间应用直层切削进行粗加工时，选择“单向线性切削”。各层切削方向相同，均平行于前一个切削层，刀轨如图16-12所示。

（2）线性往复切削 选择“线性往复切削”以变换各粗加工切削的方向。这是一种有效的切削策略，可以迅速去除大量材料，并对材料进行不间断切削，刀轨如图16-13所示。

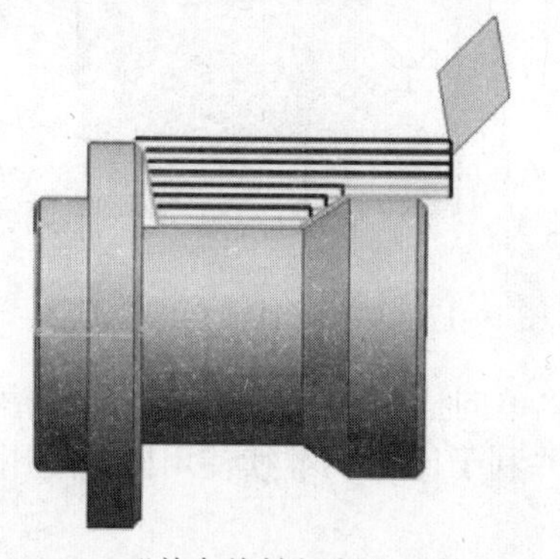

图16-12 “单向线性切削”刀轨

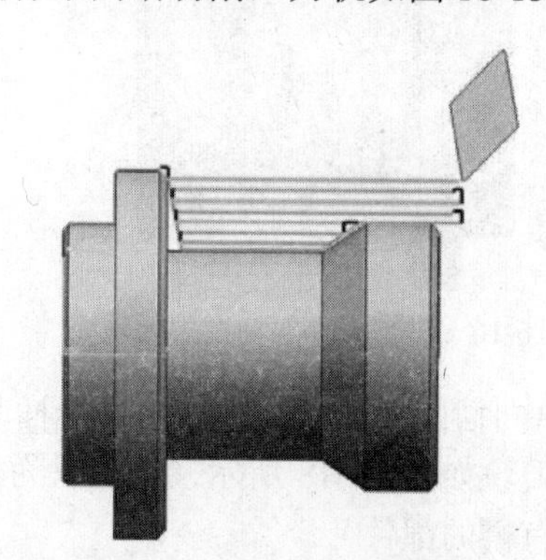

图16-13 “线性往复切削”刀轨

（3）倾斜单向切削 是具有备选方向的直层切削。“倾斜单向切削”可使一个切削方向上的每个切削或每个备选切削、从刀路起点到刀路终点的切削深度有所不同，刀轨如图16-14所

示。这会沿刀片边界连续移动刀片切削边界上的临界应力点（热点）位置，从而分散应力和热，延长刀片的寿命。

（4）倾斜往复切削　在备选方向上进行上斜/下斜切削。“倾斜往复斜切”对于每个粗切削均交替切削方向，减少了加工时间，刀轨如图 16-15 所示。

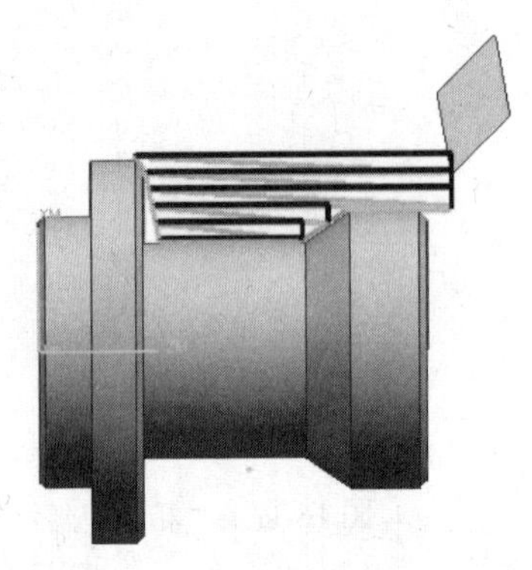
图 16-14　“倾斜单向切削”刀轨

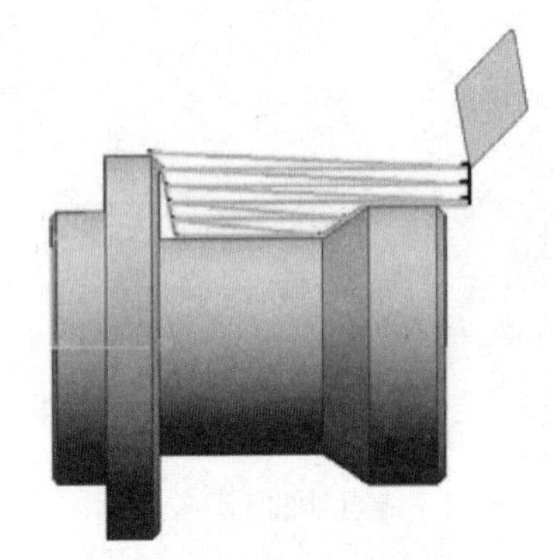
图 16-15　“倾斜往复切削”刀轨

（5）轮廓单向切削　用于轮廓平行粗加工。“轮廓单向切削”加工在粗加工时刀具将逐渐逼近部件的轮廓，刀具每次均沿着一组等距曲线中的一条曲线运动，而最后一次的刀路曲线将与部件的轮廓重合，刀轨如图 16-16 所示。对于部件轮廓开始处或终止处的陡峭元素，系统不会使用直层切削的轮廓加工来进行处理或轮廓加工。

（6）轮廓往复切削　具有交替方向的轮廓平行粗加工。“轮廓往复切削”与“轮廓单向切削”类似，不同的是“轮廓往复切削”在每次粗加工刀路之后还要反转切削方向，刀轨如图 16-17 所示。

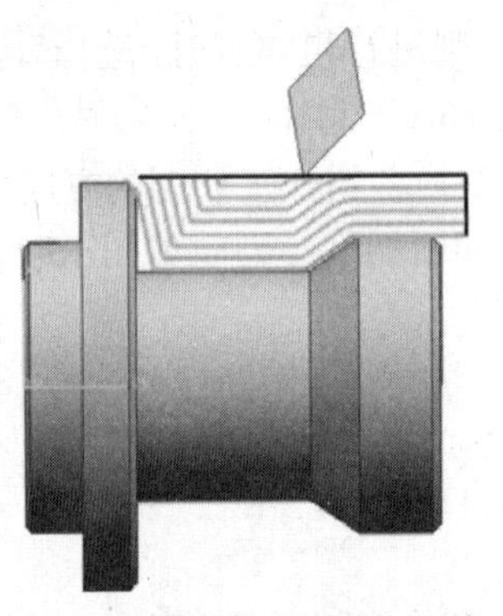
图 16-16　“轮廓单向切削”刀轨

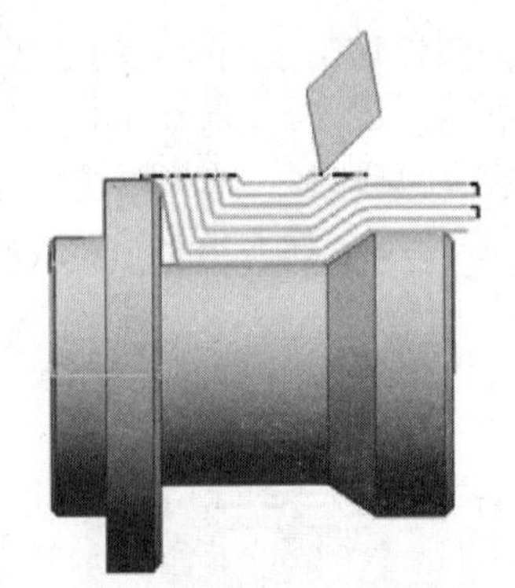
图 16-17　“轮廓往复切削”刀轨

（7）单向插削　在一个方向上进行插削。“单向插削”是一种典型的与槽刀配合使用的粗加工策略，刀轨如图 16-18 所示（这里只为演示并利于比较，继续使用前面使用的部件，并没有使用真正具有槽的部件）。

（8）往复插削　在交替方向上重复插削指定的层。“往复插削”并不直接插削到槽底部，而是使刀具插削到指定的切削深度（层深度），然后进行一系列的插削以移除处于此深度的所有材料，之后再次插削到切削深度，并移除处于该层的所有材料，以往复方式反复执行以上一系列切削，直至达到槽底部，刀轨如图16-19所示。

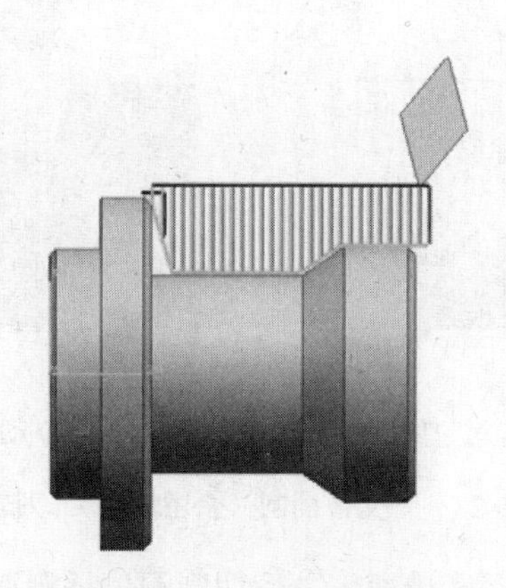

图16-18　“单向插削”刀轨

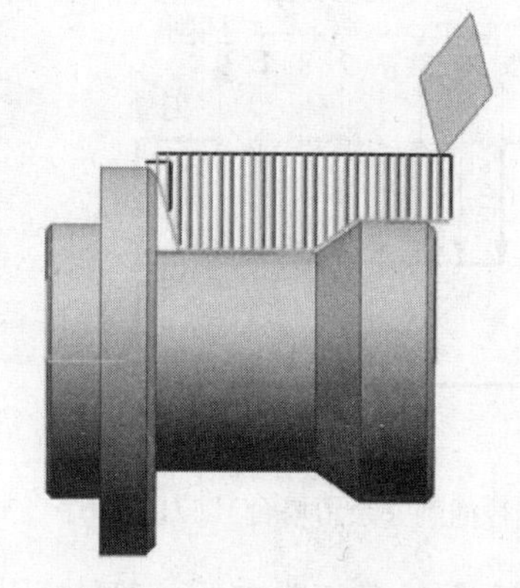

图16-19　“往复插削”刀轨

（9）交替插削　具有交替步距方向的插削。执行“交替插削”时将后续插削应用到与上一个插削的相对一侧，刀轨顺序如图16-20所示。图16-21a所示为利用“交替插削”生成的刀轨，如图16-21b所示为工件切削中的3D动态模型。

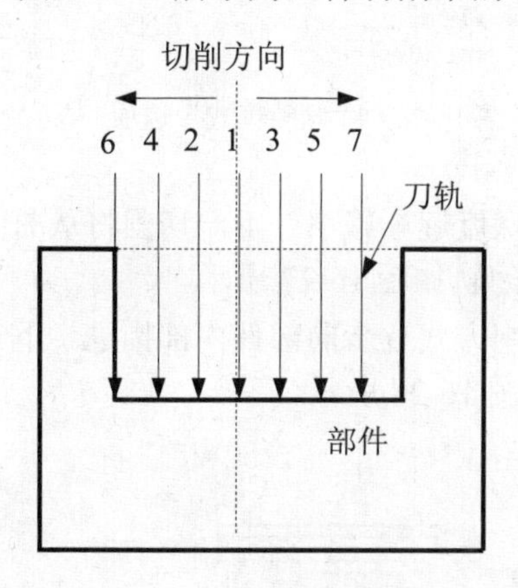

图16-20　“交替插削”刀轨顺序

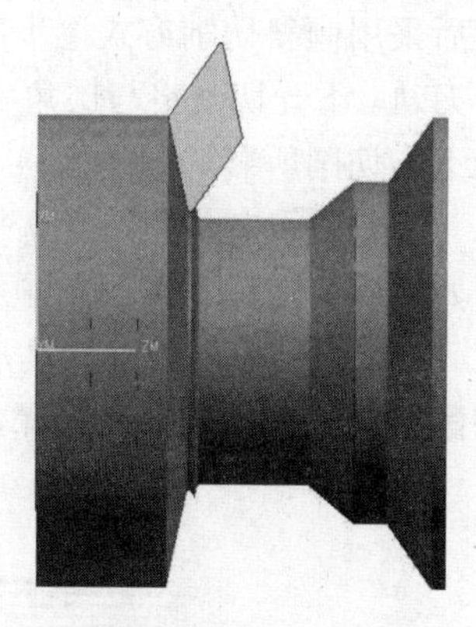

a）刀轨　b）3D动态模型

图16-21　“交替插削”刀轨

（10）交替插削（余留塔台）　插削时在剩余材料上留下“塔状物”的插削运动。“交替插削（余留塔台）”通过偏置连续插削（即第一个刀轨从槽一肩运动至另一肩之后，“塔”保留在两肩之间）在刀片两侧实现对称刀具磨平。当在反方向执行第二个刀轨时，将切除这些塔。刀轨顺序如图16-22所示。图16-23a所示为利用“交替插削（余留塔台）”生成的刀轨，图16-23b所示为工件切削中的3D动态模型。

2．倾斜模式

如果在“策略”下拉列表框中选择“倾斜单向切削”或“倾斜往复切削”，激活的“倾斜模式”选项如图16-24所示。在“倾斜模式”下拉列表框中可指定斜切策略的基本规则。主要包括4种选项：

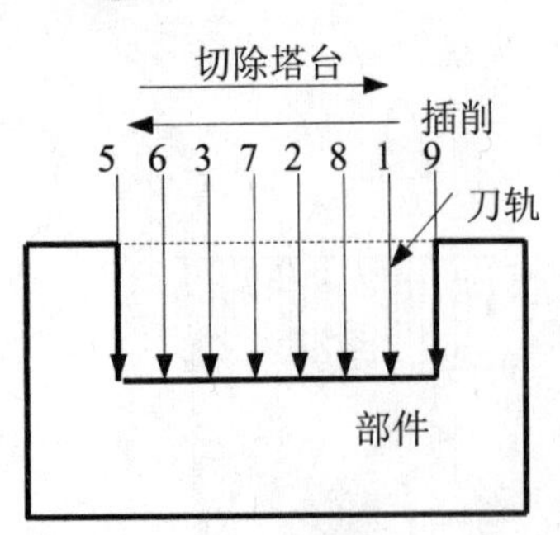

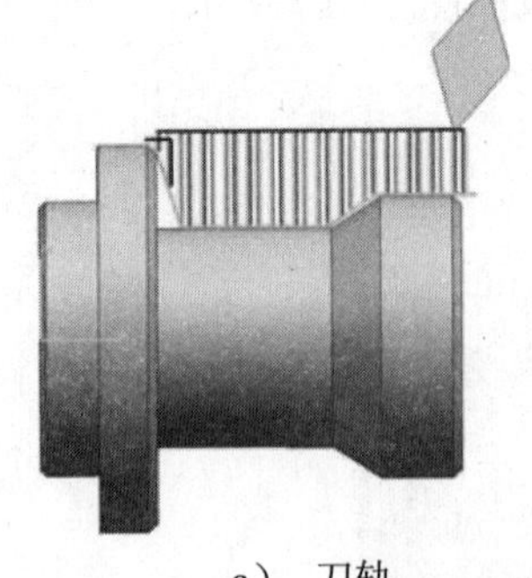

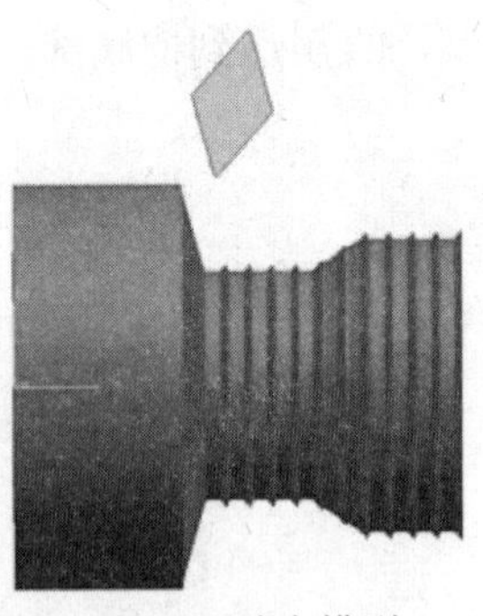

a） 刀轨　　b） 3D 动态模型

图 16-22　“交替插削（余留塔台）”刀轨顺序

图 16-23　“交替插削（余留塔台）”刀轨

（1）每隔一条刀路向外　刀具一开始切削的深度最深，之后切削深度逐渐减小，形成向外倾斜的刀轨。下一切削将与层角中设置的方向一致，从而可去除上一切削所剩的倾斜余料，刀轨如图 16-25 所示。

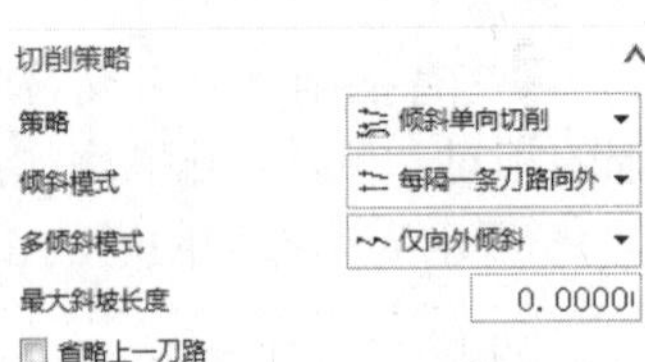

图 16-24　“倾斜模式”选项

（2）每隔一条刀路向内　刀具从曲面开始切削，然后采用倾斜切削方式逐步向部件内部推进，形成向内倾斜刀轨。下一切削将与层角中设置的方向一致，从而可去除上一切削所剩的倾斜余料，刀轨如图 16-26 所示。

（3）先向外　刀具一开始切削的深度最深，之后切削深度逐渐减小。下一切削将从曲面开始切削，之后采用第二倾斜切削方式逐步向部件内部推进，刀轨如图 16-27 所示。

（4）先向内　刀具从曲面开始切削，之后采用倾斜切削方式逐步向部件内部推进。下一切削一开始切削的深度最深，之后切削深度逐渐减小，刀轨如图 16-28 所示。

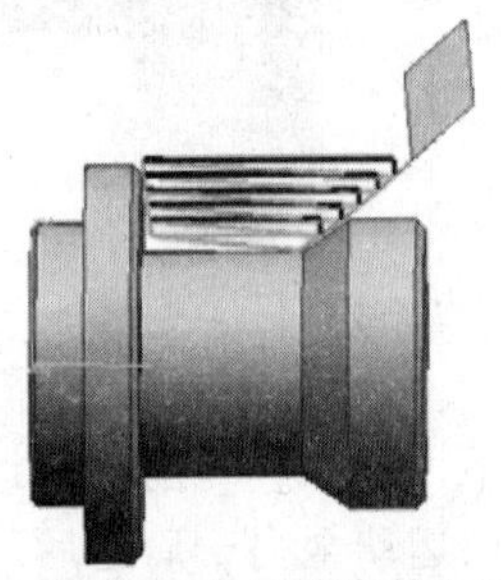

图 16-25　“每隔一条刀路向外”刀轨

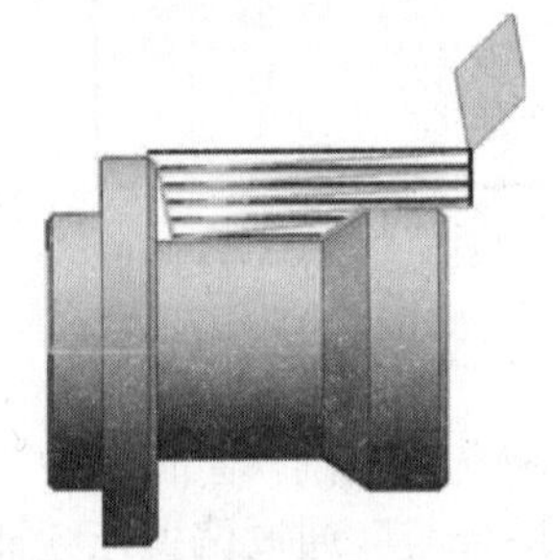

图 16-26　“每隔一条刀路向内”刀轨

3. 多倾斜模式

如果按最大和最小深度差创建倾斜非常小、近似于线性切削的位置，则在对比较长的切削进行加工时，可选择“多倾斜模式”。

根据在“倾斜模式”中选择的选项，分为以下两种情况：

1）如果在“倾斜模式”下拉列表框中选择“每隔一条刀路向外”，“多倾斜模式”包括“仅向外倾斜”和“向外/内倾斜”。

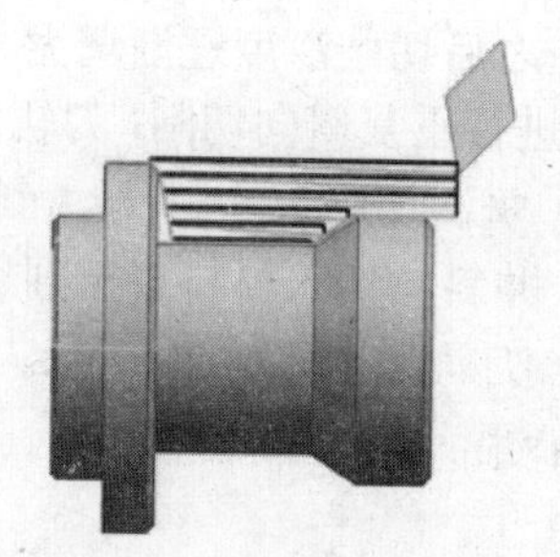
图 16-27　“先向外”刀轨

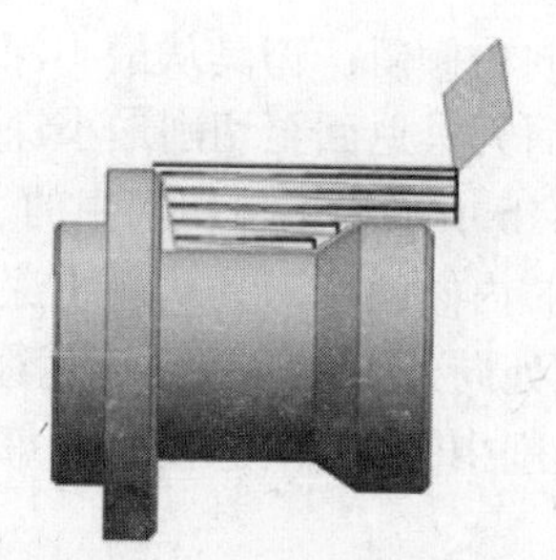
图 16-28　“先向内”刀轨

- 仅向外倾斜：刀具一开始切削的深度最深，然后切削深度逐渐减小直至到达最小深度，随后返回插削材料，直至到达切削最大深度，重复执行此过程直至切削完整个切削区域，刀轨如图 16-29a 所示。图 16-29b 所示为工件切削中的 3D 动态模型。每次切削长度由“最大斜坡长度”限定。

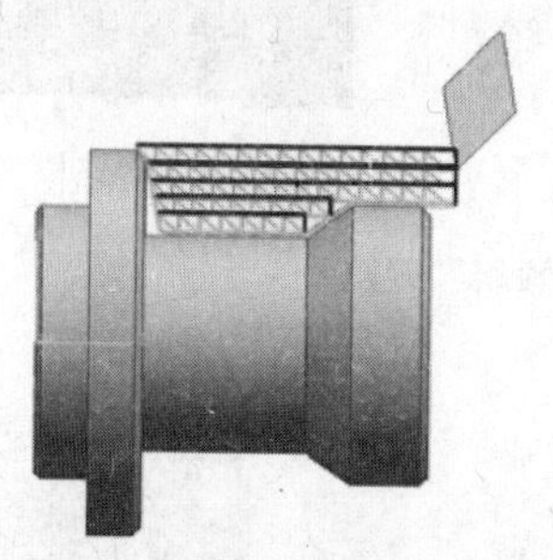
a）刀轨

b） 3D 动态模型

图 16-29　“仅向外倾斜”刀轨

- 向外/内倾斜：刀具一开始切削的深度最深，然后切削深度逐渐减小直至到达最小深度，从这一点刀具开始以另一倾斜切削，随后返回插削材料，直到切削最大深度，刀轨如图 16-30a 所示。图 16-30b 为工件切削中的 3D 动态模型。每次切削长度由“最大斜坡长度”限定。

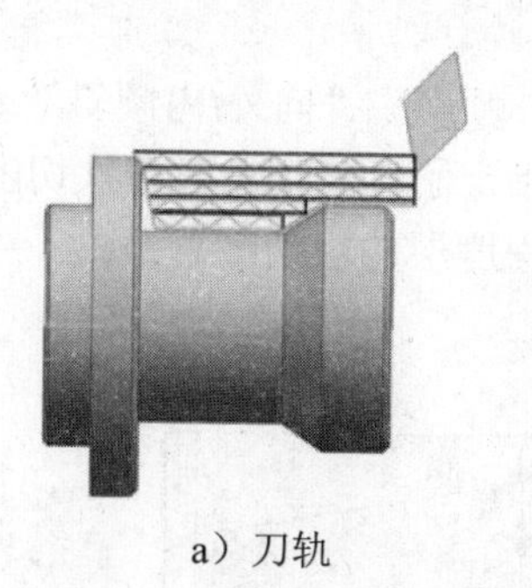
a）刀轨

b） 3D 动态模型

图 16-30　“向外/内倾斜”刀轨

2）如果在“倾斜模式”下拉列表框中选择“每隔一条刀路向内”，“多倾斜模式”包括“仅向内倾斜”和“向外/内倾斜”。

- 仅向内倾斜：刀具从最小深度开始切削，之后切削深度逐渐增大，直至到达最大深度，之后刀具返回至切削最小深度，并对材料进行重复斜向切削，刀轨如图 16-31a 所示。图 16-31b 所示为工件切削中的 3D 动态模型。每次切削长度由“最大斜坡长度”限定。
- 向外/内倾斜：刀具从最小深度开始切削，并斜向切入材料直至到达最深处，接着刀具从此处向外倾斜，直至到达最小切削深度。刀轨如图 16-32a 所示。图 16-32b 所示为工件切削中的 3D 动态模型。每次切削长度由“最大斜坡长度”限定。

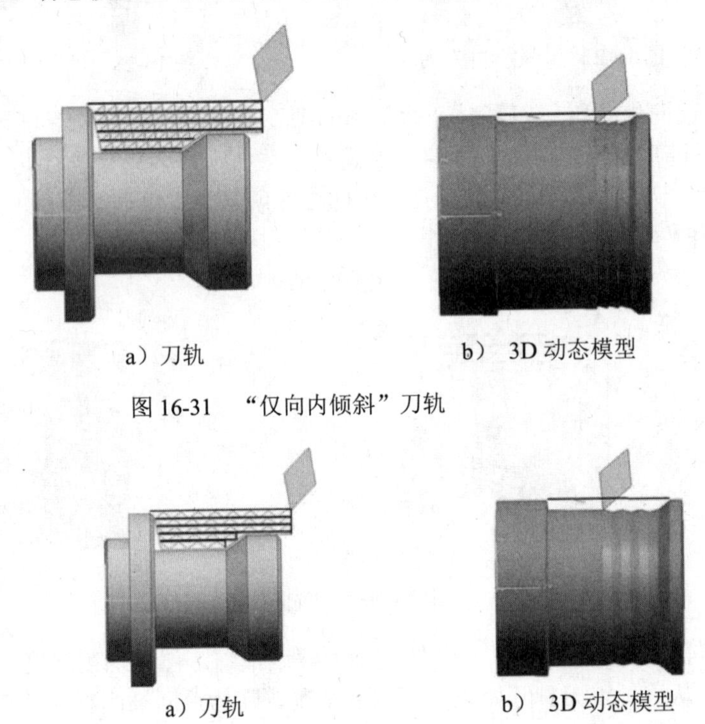

a）刀轨　　b） 3D 动态模型

图 16-31　“仅向内倾斜”刀轨

a）刀轨　　b） 3D 动态模型

图 16-32　“向外/内倾斜”刀轨

4．最大斜坡长度

在“多倾斜模式”下拉列表框中选择“仅向外倾斜”“向外/内倾斜”或“仅向内倾斜”，将激活“最大斜坡长度”选项。“最大斜坡长度”指定了倾斜切削时单次切削沿层角度方向的最大距离。但选择的“最大斜坡长度”不能超过对应深度层的粗切削总距离。“最大斜坡长度”示意图如图 16-33 所示。

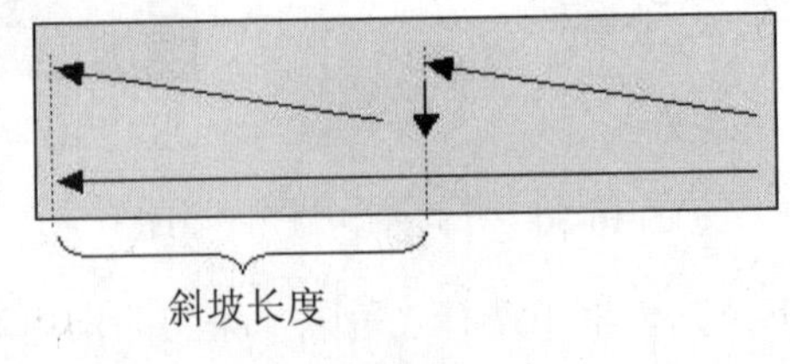

图 16-33　“最大斜坡长度”示意图

16.1.3 层角度

“层角度”用于定义单独层切削的方位。从中心线按逆时针方向测量层角度，它可定义粗加工线性切削的方位和方向。根据定义的刀具方位和层角，系统确定粗加工切削区间的刀具运动，“层角度”定义示例显示了层角设置的方向。0° 层角与中心线轴的“正”方向相符，180°层角与中心线轴的“反”方向相符，如图 16-34 所示。

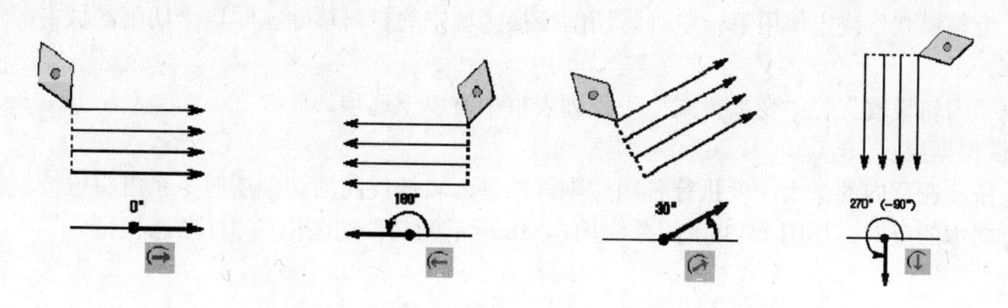

图 16-34　“层角度”定义示例

16.1.4 切削深度

“切削深度”可以指定粗加工操作中各刀路的切削深度，可以指定恒定值，也可以是由系统根据指定的最大值计算的值。系统按计算或指定的深度生成所有非轮廓加工刀路。

在“刀轨设置”栏“步进”组的“切削深度”下拉列表框中有以下选项。

1．恒定

“恒定”用于指定各粗加工刀路的最大切削深度。系统尽可能多次地采用指定的深度值，然后在一个刀路中切削余料。

2．变量最大值

指定最大和最小切削深度，系统将确定区域，尽可能多次地在指定的最大深度值处进行切削，然后一次性切削各独立区域中大于或等于指定的最小深度值的余料。

例如，如果区域为 10mm，最小深度为 2mm，最大深度为 4mm，则前两个刀路深度为 4mm，第三个刀路切削剩余 2mm 的余料。

3．变量平均值

利用可变平均值方式，指定最大和最小切削深度。系统根据不切削大于指定的深度最大值或小于指定的深度最小值的原则，计算所需最小刀路数。

在以下两种情况下，系统自动采用可变平均值方法（如果选择“变量最大值”）：

■　如果系统确定采用最大值之后余料可能小于最小值。

■　如果采用最大值之后，系统无法生成粗加工刀路。

在上述情况下，系统根据输入的最大值和最小值取平均数的方法，对整改区域采用变量平均值方法。

例如，如果区域为4.5mm，最小深度为2mm，最大深度为3 mm，则在第一次切削3 mm深度之后，由于余料（1.5 mm）小于最小深度值（2mm），导致系统无法对整个区域进行加工，此时需要采用变量平均值方法对整个区域进行切削。

16.1.5 变换模式

“变换模式”决定使用哪一序列将切削变换区域中的材料移除（即这一切削区域中部件边界的凹部）。

在“刀轨设置”栏“变换模式”下拉列表框中有以下选项。

1．根据层

系统将在反向的最大深度执行各粗切削。当进入较低反向的切削层时，系统将继续根据切削层角方向中的反向，如图16-35所示。图16-35b所示为部件切削中的3D动态模型。

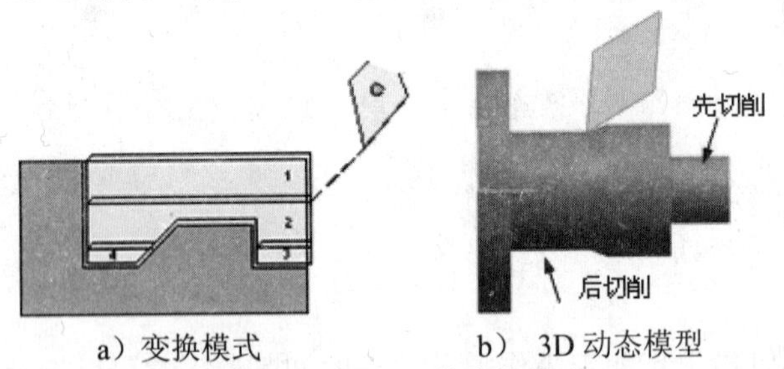

a）变换模式　　b） 3D动态模型

图16-35 “根据层”的变换模式

2．最接近

对距离当前刀具位置最近的反向进行切削时，可用“最接近”选项并结合使用“往复切削”策略。对于特别复杂的部件边界，采用这种方式可减少刀轨，节省加工时间。

3．向后

仅在对遇到的第一个反向进行完整深度切削时，对更低反向进行粗切削时使用。初始切削时完全忽略其他的颈状区域，仅在进行完开始的切削之后才对其进行加工。图16-36所示为“向后”变换模式，图16-36b所示为部件切削中的3D动态模型。

4．省略

“省略”将不切削在第一个反向之后遇到的任何颈状的区域。图16-37所示为“省略”变换模式，图16-37b所示为部件切削中的3D动态模型。

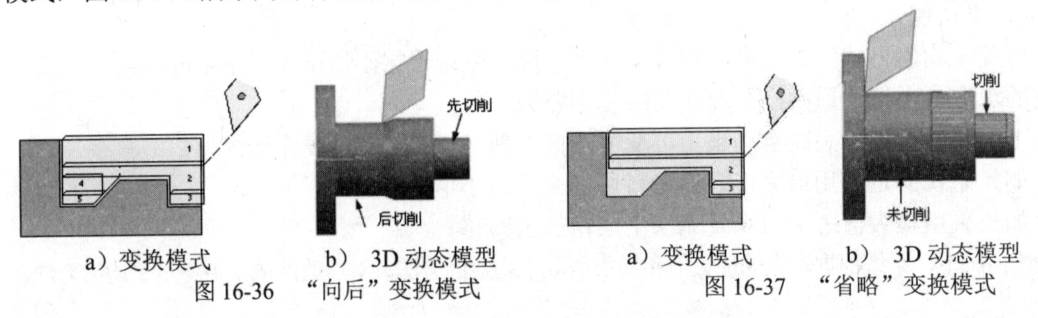

a）变换模式　　b） 3D动态模型

图16-36 “向后”变换模式

a）变换模式　　b） 3D动态模型

图16-37 “省略”变换模式

16.1.6 清理

进行下一运动从轮廓中提起刀具，使轮廓中存在残余高度或阶梯，这是粗加工中存在的一个普遍问题，如图16-38所示。“清理”对所有粗加工策略均可用，并通过一系列切削消除残余高度或阶梯。“清理”决定一个粗切削完成之后，刀具遇到轮廓元素时如何继续刀轨行进。

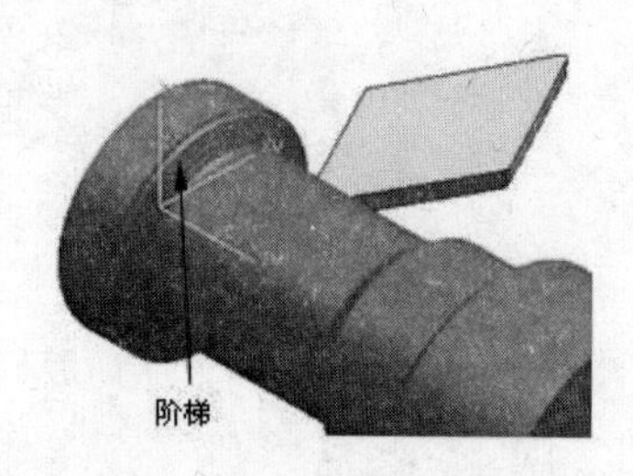

图16-38　残余高度示意图

1）粗加工中的“清理”选项主要包括：

①全部：清理所有轮廓元素。

②仅陡峭的：仅限于清理陡峭的元素。

③除陡峭的以外所有的：清理陡峭元素之外的所有轮廓元素。

④仅层：仅清理标识为层的元素。

⑤除层以外所有的：清理除层之外的所有轮廓元素。

⑥仅向下：仅按向下切削方向对所有面进行清理。

⑦每个变换区域：对各单独变换执行轮廓刀路。

2）在粗插中，系统识别刀具宽度，并在考虑刀具切削边宽度之后清理剩余的区域。这将省去不必要的刀具运动。粗插加工中的“清理”选项包括：

①全部：清理所有轮廓元素。

②仅向下：仅按向下切削方向对所有面进行清理。

16.1.7 拐角

可在使用“拐角”选项进行轮廓加工时指定对凸角切削的方法。凸角可以是常规拐角或浅角。浅角是指具有大于给定最小角度且小于180°角的凸角。最小浅角可以根据具体问题指定。

在“外径粗车”对话框中单击“切削参数”按钮，弹出“切削参数”对话框，切换至“拐角”选项卡，如图16-39所示。每种拐角类型有4类选项。

1．绕对象滚动

系统在拐角周围切削生成一条平滑的刀轨，但是会留下一个尖角，加工拐角时绕顶点转动，刀具在遇到拐角时，会以拐角尖为圆心，以刀尖圆弧为半径，按圆弧方式加工，此时形成的圆弧比较小。图16-40所示的“绕对象滚动”示意图说明了采用“绕对象滚动”时加工直角和钝角时的走刀情况。

2．延伸

按拐角形状加工拐角。刀具在遇到拐角时，按拐角的轮廓直接改变切削方向。图16-41所示的“延伸”示意图说明了采用“延伸”时加工直角和钝角时的走刀情况。

图 16-39 “拐角”选项卡

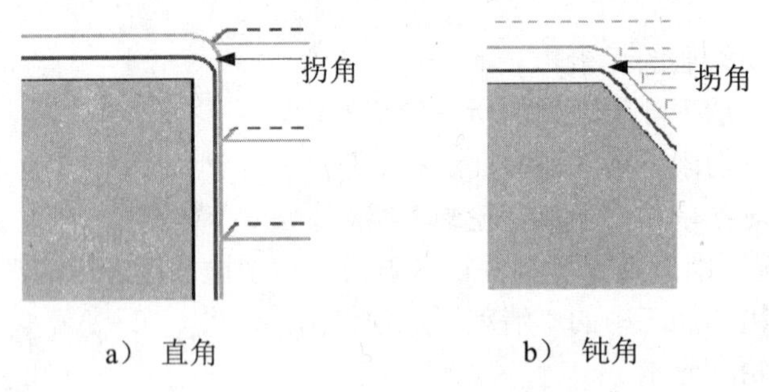

图 16-40 “绕对象滚动”示意图

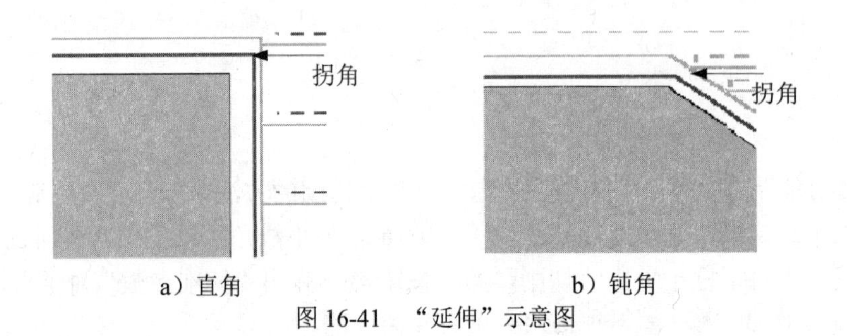

图 16-41 “延伸”示意图

3．圆形

按倒圆方式加工拐角，刀具将按指定的圆弧半径对拐角进行倒圆，切掉尖角部分，产生一段圆弧刀具路径。选择此选项后，将激活“半径”选项，输入圆形的半径。图 16-42 所示的“圆形”示意图说明了采用“圆形”时加工直角和钝角时的走刀情况。

4．倒斜角

按倒角方式加工拐角。刀具将按指定参数对拐角倒角，切掉尖角部分，产生一段直线刀具路径。“倒斜角”使要切削的角展平，选择此选项后，将激活“距离”选项，输入距离值确定从模型工件的拐角到实际切削的距离。图 16-43 所示的“倒角”示意图说明了采用“倒斜角”加工直角和钝角时的走刀情况。

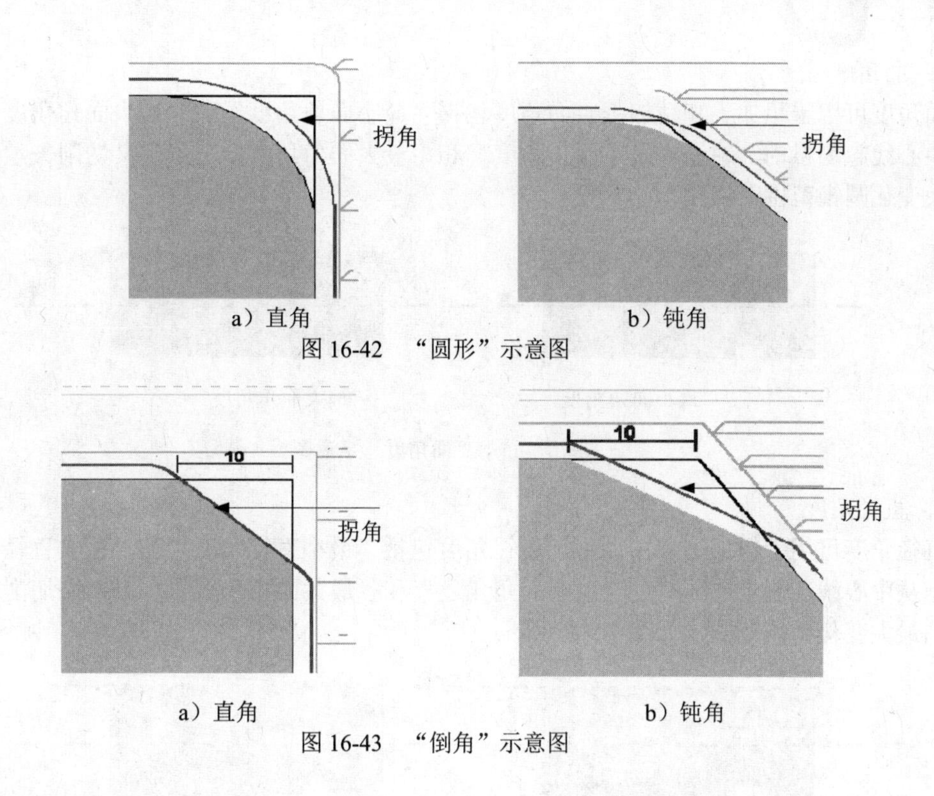

a）直角　　b）钝角

图 16-42　“圆形”示意图

a）直角　　b）钝角

图 16-43　“倒角”示意图

16.1.8 轮廓类型

“轮廓类型”指定由面、直径、陡峭区域或层区域表示的特征轮廓情况。可定义每个类别的最小角值和最大角值，这些角度分别定义了一个圆锥，它可过滤切削矢量小于最大角且大于最小角的所有线段，并将这些线段分别划分到各自的轮廓类型中。

在“外径粗车”对话框中单击“切削参数”按钮，弹出“切削参数”对话框，切换至“轮廓类型”选项卡，如图 16-44 所示。

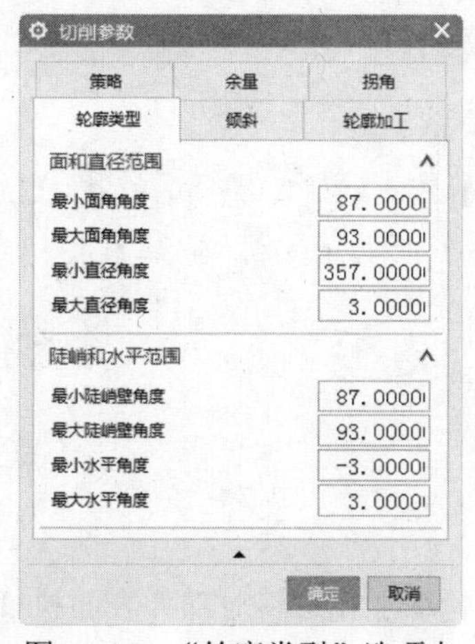

图 16-44　“轮廓类型”选项卡

1．面角度

面角度可用于粗加工和精加工。面角度包括“最小面角角度”和“最大面角角度”，两者都是从中心线起测量的。通过“最小面角角度”和“最大面角角度”，可定义切削矢量在轴向允许的最大变化圆锥范围，如图 16-45 所示。

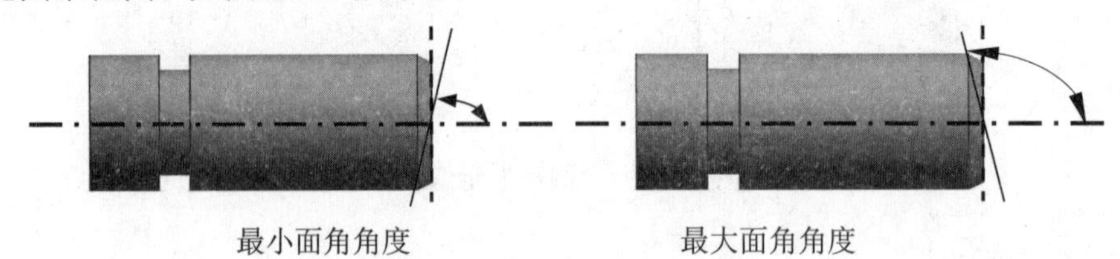

图 16-45 “面角度”示意图

2．直径角度

直径角度可用于粗加工和精加工。直径角度包括“最小直径角度”和“最大直径角度”，两者都是从中心线起测量的。通过“最小面角角度”和“最大面角角度”，可定义切削矢量在径向允许的最大变化圆锥范围，如图 16-46 所示。

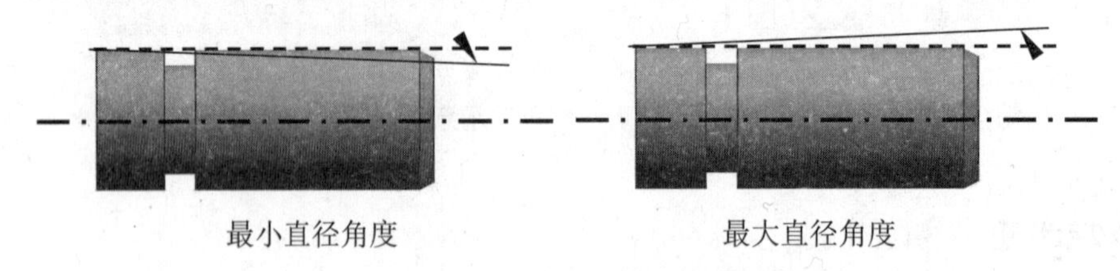

图 16-46 “直径角度”示意图

3．陡峭壁角度和水平角度

水平和陡峭区域总是相对于粗加工操作指定的水平角度和陡峭壁角方向进行跟踪的。最小角值和最大角值从通过水平角度或陡峭壁角定义的直线起自动测量。“陡峭壁角度”示意图如图 16-47 所示，“水平角度”示意图如图 16-48 所示。

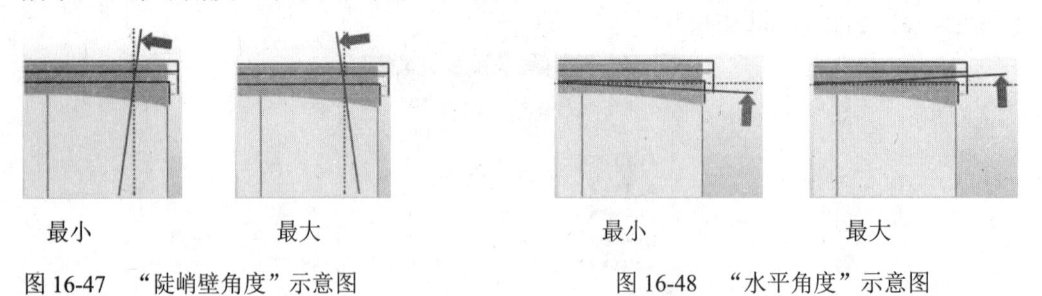

图 16-47 “陡峭壁角度”示意图 图 16-48 “水平角度”示意图

16.1.9 轮廓加工

在完成多次粗切削后，“附加轮廓加工”将对部件表面执行清理操作。与“清理”选项相比，轮廓加工可以在整个部件边界上进行，也可以仅在特定部分的边界上进行（单独变换）。

在“外径粗车”对话框中单击“切削参数”按钮，弹出“切削参数”对话框，切换至“轮廓加工”选项卡，如图 16-49 所示。

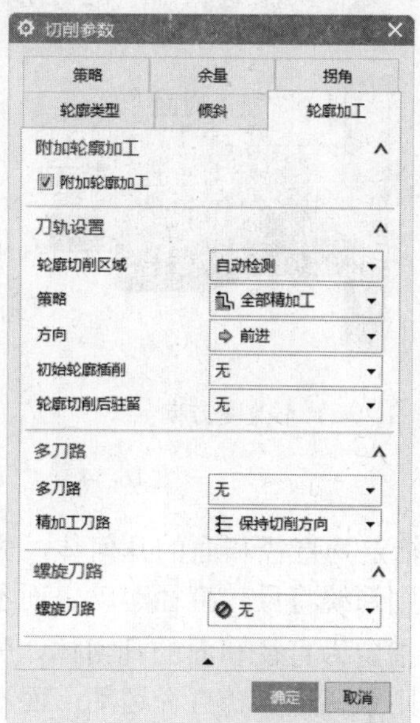

图 16-49　“轮廓加工”选项卡

1．策略

（1）全部精加工　系统对每种几何体按其刀轨进行轮廓加工，不考虑轮廓类型。如果改变方向，则切削的顺序会反转，如图 16-50 所示。

（2）仅向下　可将“仅向下”用于轮廓刀路或精加工，切削运动从顶部切削到底部，如图 16-51 所示。在这种切削策略中，如果改变方向，切削运动不会反转，始终从顶部切削到底部，但切削的顺序会反转。“仅向下”切削顺序示意图如图 16-52 所示。

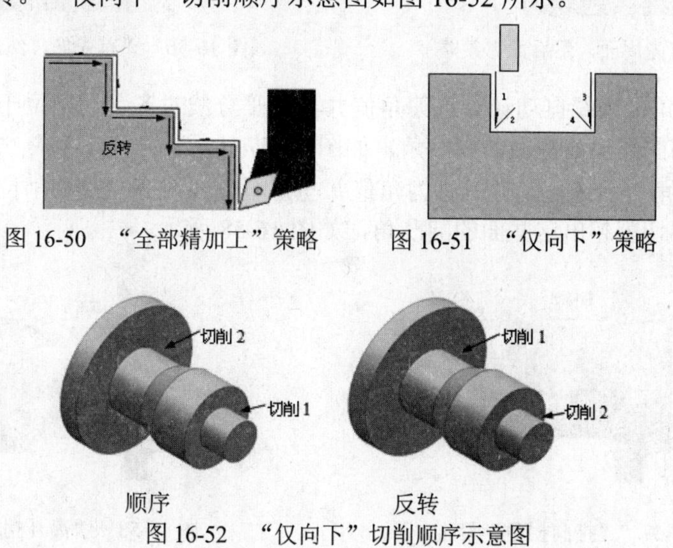

图 16-50　“全部精加工”策略　　图 16-51　“仅向下”策略

图 16-52　“仅向下”切削顺序示意图

（3）仅周面　仅切削被指定为直径的几何体，如图 16-53 所示。

（4）仅面　可以在“轮廓类型”选项卡中指定面的构成，如图 16-54 所示。如果改变方向，系统切削运动不会反转，始终从顶部切削到底部，但切削面的顺序会反转。

图 16-53　“仅周面”切削策略

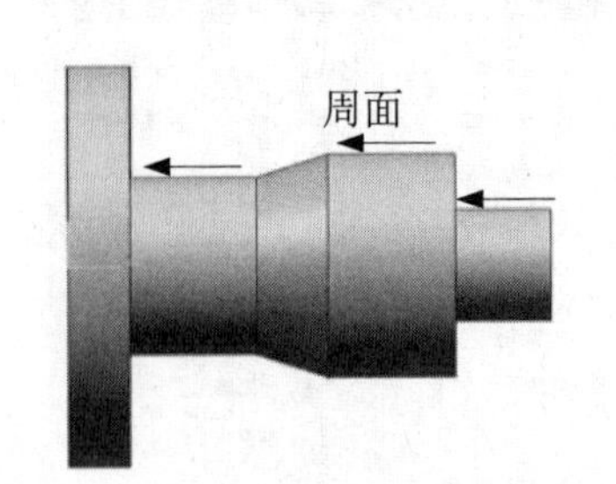

a）不改变方向

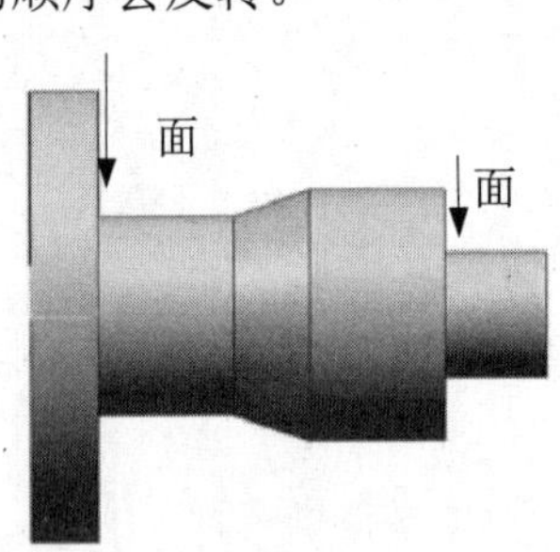

b）改变方向

图 16-54　“仅面”策略

（5）首先周面，然后面　指定为直径和面的几何体，先切削周面（直径），后切削面，如图 16-55 所示。如果改变方向，则系统将反转直径运动，而不反转面运动。

（6）首先面，然后周面　指定为直径和面的几何体，先切削面，后切削周面（直径），如图 16-56 所示。如果改变方向，则系统将反转直径运动，而不反转面运动。

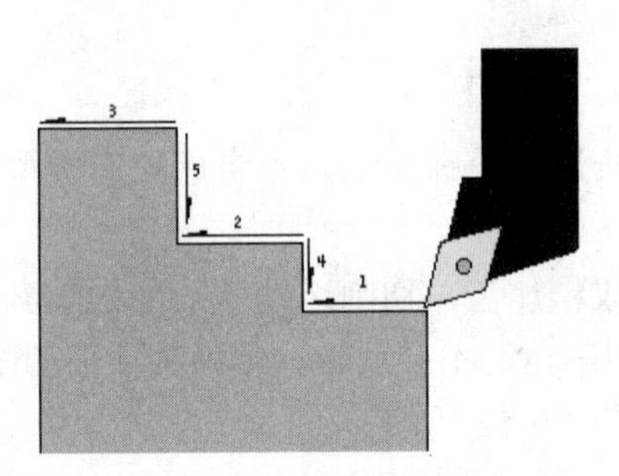

图 16-55　“首先周面，然后面”策略

图 16-56　“首先面，然后周面”策略

（7）指向拐角　系统自动计算进刀角值并与角平分线对齐，切削位于已检测到的凹角邻近的面或周面，不切削超出这些面的圆凸角，如图 16-57 所示。

（8）离开拐角　系统自动计算进刀角值并与角平分线对齐，仅切削位于已检测到的凹角邻近的面或直径，不切削超出这些面的圆凸角，如图 16-58 所示。

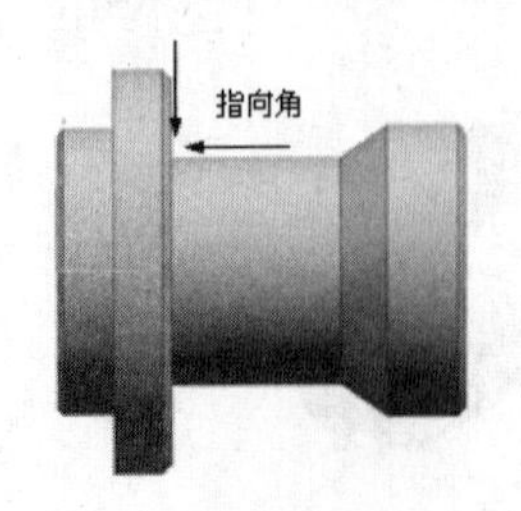

图 16-57　“指向拐角”策略

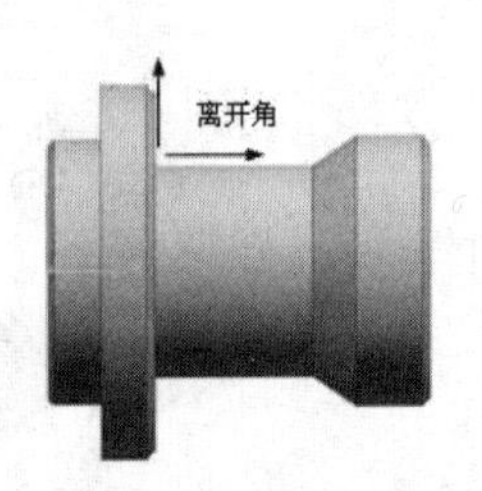

图 16-58　“离开拐角”策略

2．多刀路

在“多刀路”栏指定切削深度和切削深度对应的备选刀路数。“多刀路”对应的切削深度选项有：

（1）恒定深度　指定一个恒定的切削深度，用于各个刀路。在第一个刀路之后，系统会创建一系列等深度的刀路。第一个刀路可小于指定深度，但不能大于这个深度。

（2）刀路数　指定系统应有的刀路数，系统会自动计算生成各个刀路的切削深度。

（3）单个的　指定生成一系列不同切削深度的刀路。在“多刀路”下拉列表框中选择“单个的”选项，如图16-59所示，输入所需的“刀路数”和各刀路的切削“距离”。如果有多项，可以单击右侧的“添加新集”按钮进行添加。

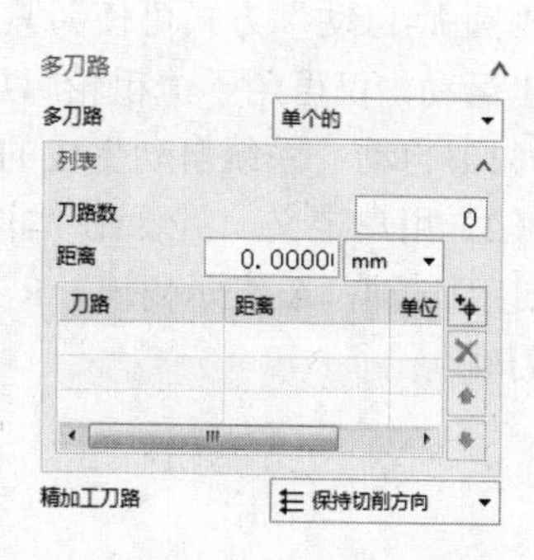

图16-59　“单个的”选项

（4）精加工刀路　包括“保持切削方向”和“变换切削方向”两个选项。如果要在各刀路之后更改方向，使反方向上的连续刀路变成原来的刀路，可选择“精加工刀路”。

16.1.10 进刀/退刀

在“外径粗车”对话框中单击“非切削移动”按钮，弹出如图16-60所示的“非切削移动”对话框，在该对话框中可进行进刀/退刀设置。进刀/退刀设置可确定刀具逼近和离开部件的方式。对于加工过程中的每一点，系统都将区分进刀/退刀状态，可对每种状态指定不同类型的进刀/退刀方法。

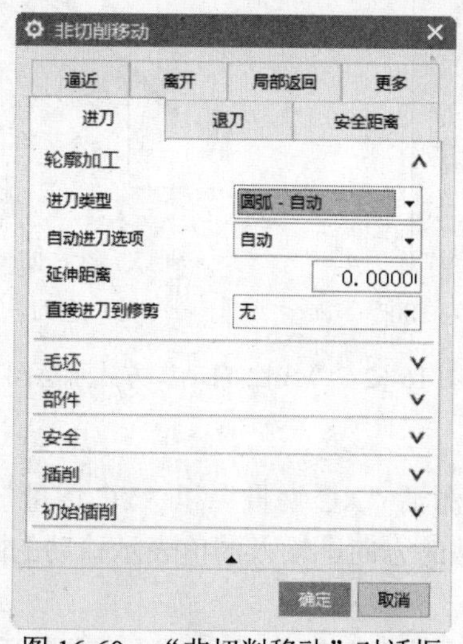

图16-60　“非切削移动”对话框

1．圆弧-自动

“圆弧-自动”方式可使刀具以圆周运动的方式逼近/离开部件，刀具可以平滑地移动，中途无停止运动。仅可用于“粗轮廓加工”“精加工”和“示教模式”。此方法包括两个选项：

（1）自动　系统自动生成的角度为90°，半径为刀具切削半径的两倍。

（2）用户定义　需要在“非切削移动”对话框中输入角度和半径。在图16-61a中，E表示进刀/退刀运动，A表示角度，R表示半径。图16-61b所示为定义“角度”和“半径”后生成的切削刀轨。

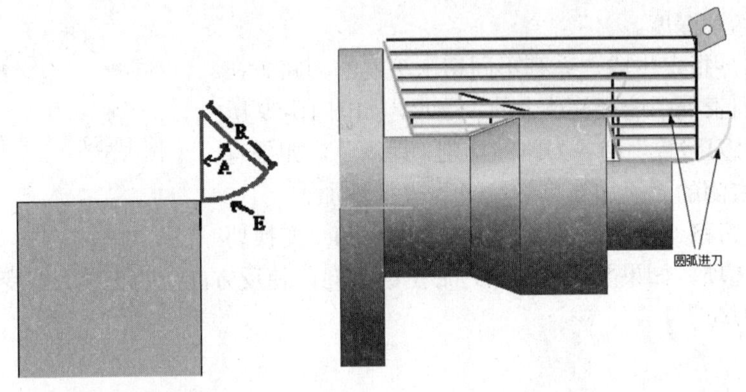

a）角度和半径　　b）刀轨

图16-61　“圆弧-自动”方式示意图

2．线性-自动

“线性-自动”方式沿着第一刀切削的方向逼近/离开部件。运动长度与刀尖半径相等，如图16-62所示。

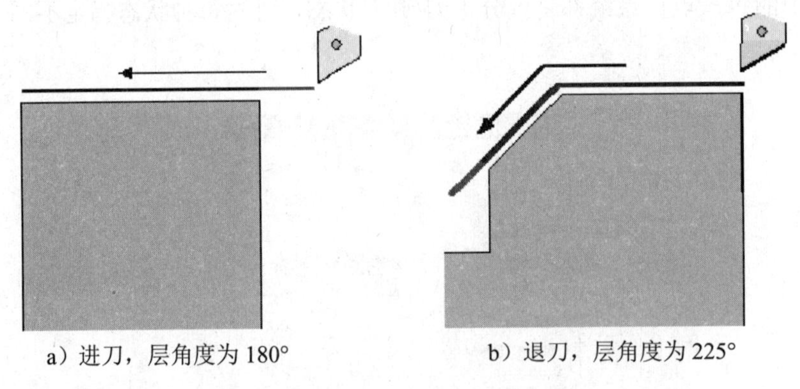

a）进刀，层角度为180°　　b）退刀，层角度为225°

图16-62　“线性-自动”方式示意图

3．线性-增量

选择“线性-增量”选项，将激活“XC增量”和“YC增量”，如图16-63所示。使用XC和YC值会影响刀具逼近或离开部件的方向，输入的值表示移动的距离。

4．线性

“线性”方法用“角度”和“长度”值决定刀具逼近或离开部件的方向，如图16-64所示。

“角度”和“长度”值总是与 WCS 相关，系统从进刀或退刀移动的起点处开始计算这一角度。“线性”进刀方法如图 16-65 所示。

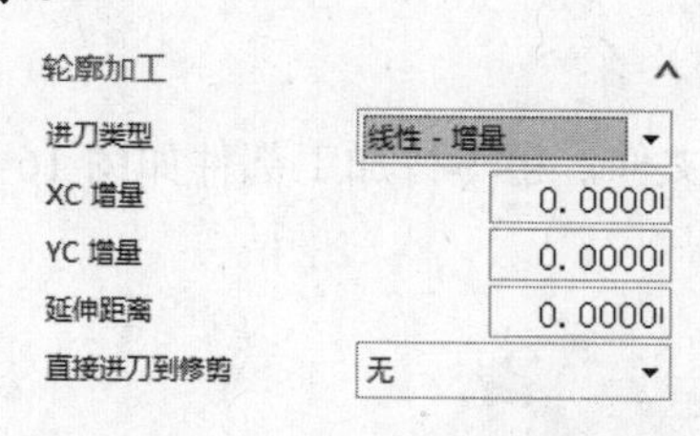

图 16-63 “线性-增量”选项

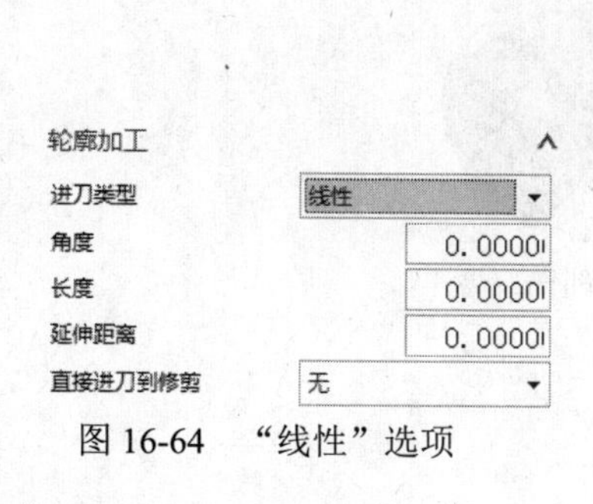

图 16-64 “线性”选项

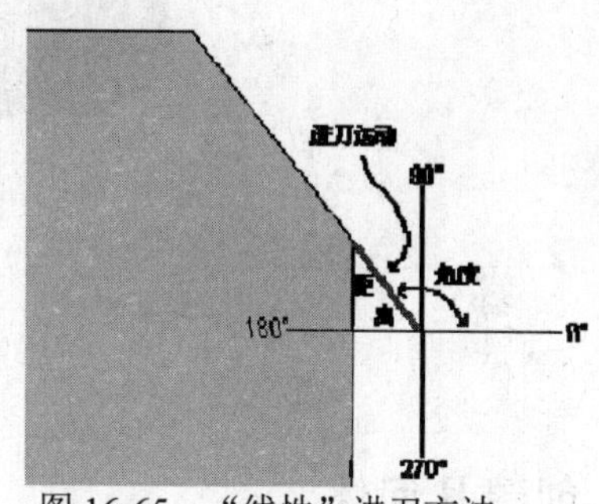

图 16-65 “线性”进刀方法

5．点

“点”方法可任意选定一个点，刀具沿此点直接进入部件，或在离开部件时经过此点，如图 16-66 所示。

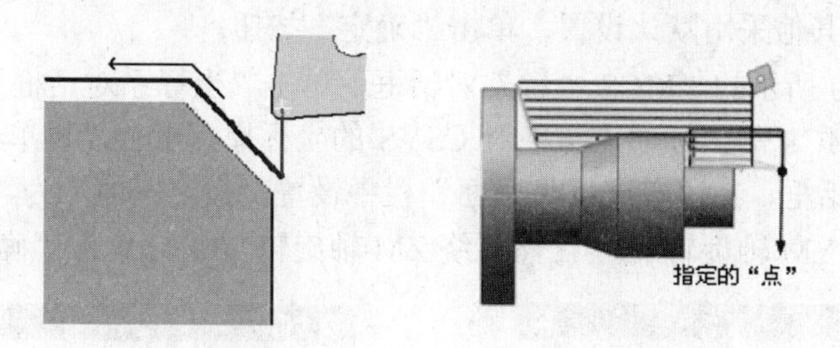

图 16-66 “点”进刀示意图

6．线性-相对于切削

使用“角度”和“长度”值会影响刀具逼近和离开部件的方向，其中角度是相对于相邻运动的角度，如图 16-67 所示。

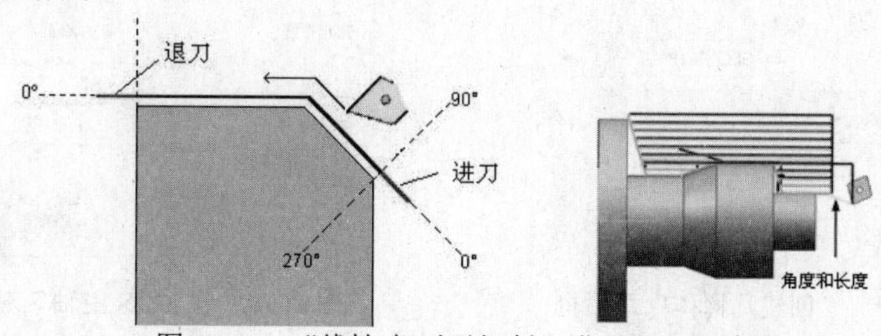

图 16-67 “线性-相对于切削”进刀/退刀示意图

16.2 粗加工实例

打开下载的源文件中的相应文件，粗车待加工部件如图 16-68 所示。本实例将对其进行外轮廓粗车加工。

图 16-68 粗车待加工部件

16.2.1 创建几何体

1）在“主页”选项卡“刀片”组中单击“创建几何体”按钮，弹出如图 16-69 所示“创建几何体”对话框，在“类型”下拉列表框中选择“turning”，在“几何体子类型”栏中选择（MCS_SPINDLE），其他采用默认设置，单击“确定”按钮。

2）弹出如图 16-70 所示的“MCS 主轴”对话框，单击“坐标系对话框”按钮，弹出“坐标系”对话框，指定 MCS 的坐标原点与绝对 CSYS 的坐标原点重合，再单击“确定”按钮，返回到“MCS 主轴”对话框，在“车床工作平面”栏中设置“指定平面”为“ZM-XM”，在绘图区中使 MCS 坐标系绕 YM 轴旋转 90°，然后绕 ZM 轴旋转 90°，单击“确定”按钮。

图 16-69 “创建几何体”对话框

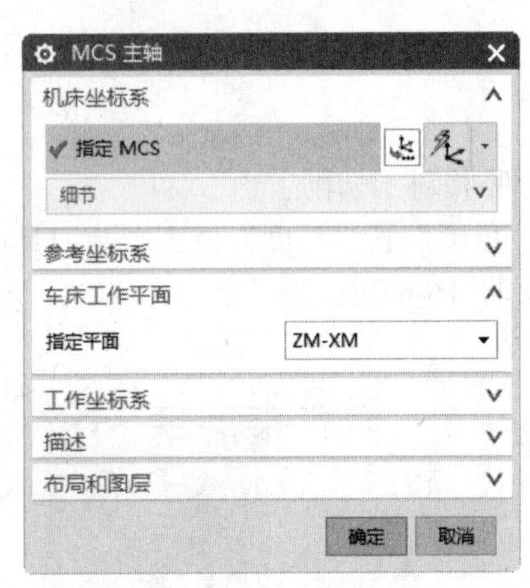

图 16-70 “MCS 主轴”对话框

16.2.2 创建刀具

1）在“主页”选项卡“刀片”组中单击“创建刀具”按钮，弹出如图 16-71 所示的“创建刀具”对话框，在“类型”下拉列表框中选择“turning”，在“刀具子类型”栏中选择（OD_80_L），在“名称”文本框中输入“OD_80_L”，其他采用默认设置，单击“确定”按钮。

2）弹出如图 16-72 所示的“车刀-标准”对话框，在“尺寸”栏中设置“(R)刀尖半径”为 1.2、“(OA)方向角度”为 25，在“刀片尺寸”栏中设置“长度”为 15，其他采用默认设置，单击“确定”按钮。

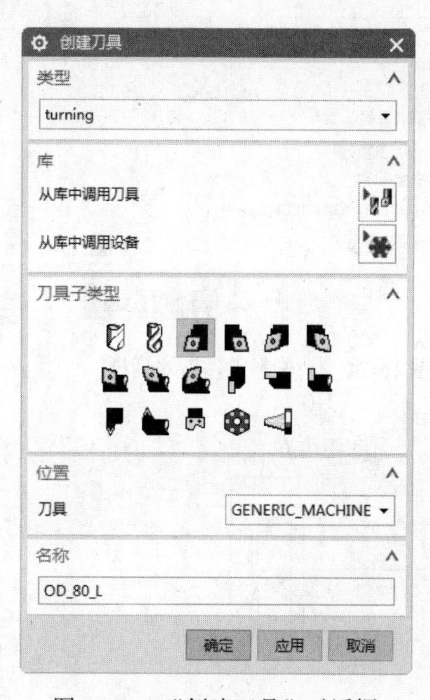

图 16-71 “创建刀具”对话框

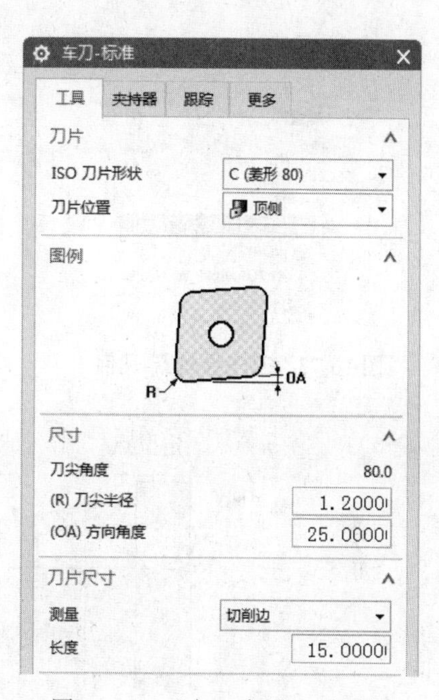

图 16-72 “车刀-标准”对话框

16.2.3 指定车削边界

1）在上边框栏中单击“几何视图”按钮，将“导航器”转换到“工序导航器-几何”，如图 16-73 所示。在“工序导航器-几何”中双击“TURNING_WORKPIECE”，弹出如图 16-74 所示的“车削工件”对话框。

2）在“车削工件”对话框中单击“指定部件边界”右侧的“选择或编辑部件边界”按钮，系统弹出“部件边界”对话框，在“边界”栏中单击“选择曲线”按钮，选择如图 16-75 所示的部件边界，单击“确定”按钮。

3）在“车削工件”对话框中单击“指定毛坯边界”右侧的“选择或编辑毛坯边界”按钮，系统弹出如图 16-76 所示的“毛坯边界”对话框。在“类型”下拉列表框中选择“棒料”，在“安

装位置”下拉列表框中选择“在主轴箱处”，选择如图 16-75 所示的定位点，设置“长度”为 400、“直径”为 190，单击“确定”按钮。生成的毛坯边界如图 16-75 所示。

图 16-73 工序导航器-几何

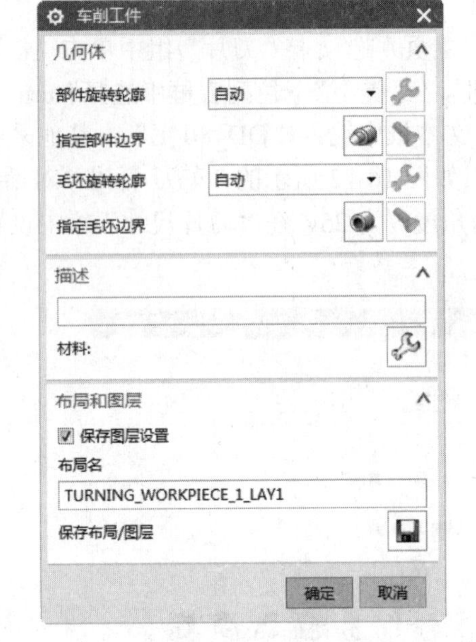

图 16-74 “车削工件”对话框

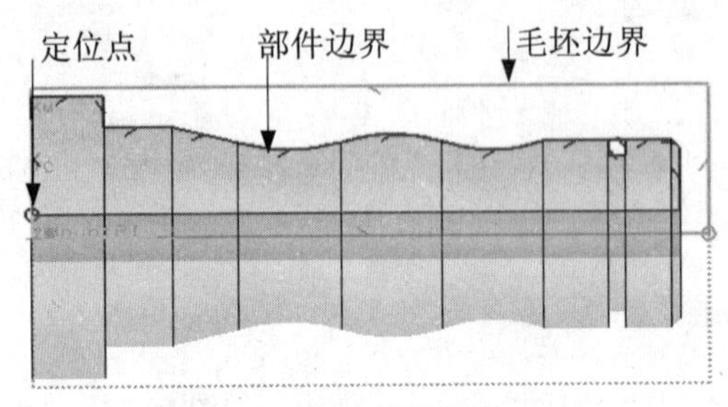

图 16-75 指定部件边界

毛坯边界”对话框中各选项说明如下。

（1）类型

- 棒料：如果要加工的部件几何体是实心的，则选择此类型。
- 管材：如果工件带有中心线钻孔，则选择此类型。
- 曲线：已被预先处理，可以提供初始几何体。如果毛坯作为模型部件存在，则选择此选项。
- 工作区：从工作区中选择一个毛坯，这样可以选择以前处理中的工件作为毛坯。

（2）毛坯

- 指定点：用于设置毛坯相对于工件位置的参考点。当选取的参考点不在工件轴线上时，系统会自动找到该点在轴线上的投影点，然后将棒料毛坯一端的圆心与该投射点对齐。
- 安装位置：用于确定毛坯相对于工件的放置方向。如果在下拉列表框中选择“在主轴箱上”，毛坯将沿坐标轴在正方向放置；如果在下拉列表框中选择“远离主轴箱”，毛坯将沿坐标轴在负方向放置。

16.2.4 创建工序

1）在“工序导航器-几何”中选择“TURNING_WORKPIECE”，单击鼠标右键，在弹出的快捷菜单中选择“插入”→“工序”命令。

2）弹出如图16-77所示的“创建工序”对话框，在“类型”下拉列表框中选择“turning”，在“工序子类型”栏中选择（外径粗车），在“刀具”下拉列表框中选择“OD_80_L（车刀-标准）”，在“名称”文本框中输入“ROUGH_TURN_OD”，单击“确定”按钮。

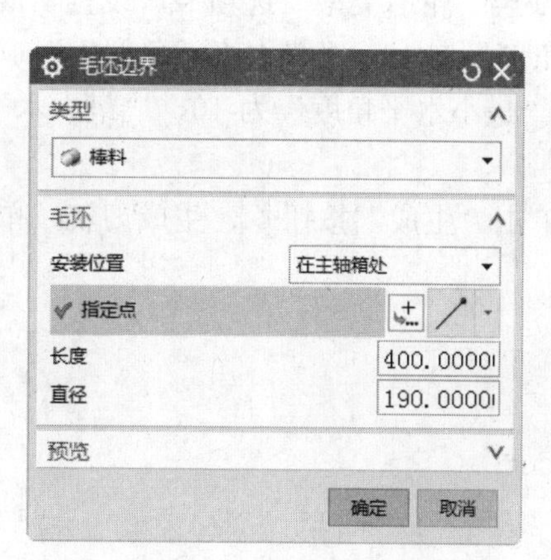

图16-76 “毛坯边界”对话框

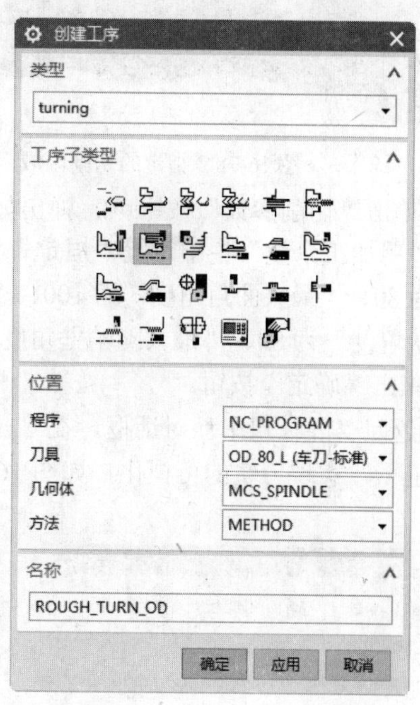

图16-77 “创建工序”对话框

3）弹出“外径粗车”对话框，单击“切削区域”右侧的“编辑”按钮，弹出“切削区域”对话框，分别在“修剪点1”和“修剪点2”下拉列表框中选择“指定”，指定修剪点1（TP1）和修剪点2（TP2），如图16-78所示；在“区域选择”下拉列表框中选择“指定”，选择的区域如图16-78中的RSP所示。单击“确定”按钮。

4）返回“外径粗车”对话框，在“切削策略”栏中设置“策略”为“单向线性切削”，在“刀轨设置”栏中设置“与XC的夹角”为180°、“方向”为“前进”、“切削深度”为“变量平均值”、“最大值”为4、“变换模式”为“根据层”、“清理”为“全部”，如图16-79所示。

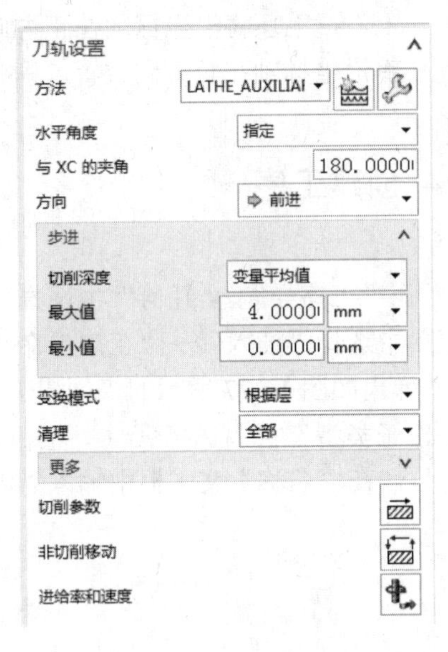

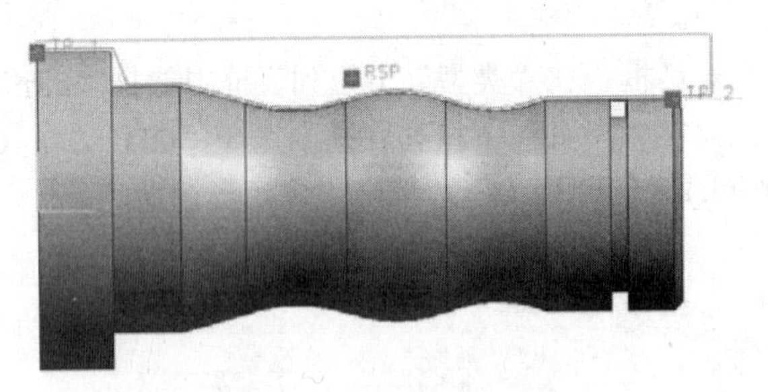

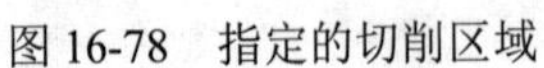
图 16-78　指定的切削区域

图 16-79　“刀轨设置”栏

5）单击“切削参数”按钮，弹出如图 16-80 所示的“切削参数”对话框，在“余量”选项卡的“粗加工余量”栏中设置“恒定”为 0.5。切换至“轮廓类型”选项卡，设置“最小面角角度”为 80、“最大面角角度”为 100、“最小直径角度”为-10、“最大直径角度”为 10、“最小陡峭壁角度”为 80、“最大陡峭壁角度”为 100、“最小水平角度”为-10、“最大水平角度”为 10，单击“确定”按钮。

6）返回“外径粗车”对话框，在“操作”栏中单击“生成”按钮，生成刀轨，单击“确认”按钮，实现刀轨的可视化，如图 16-81 所示。

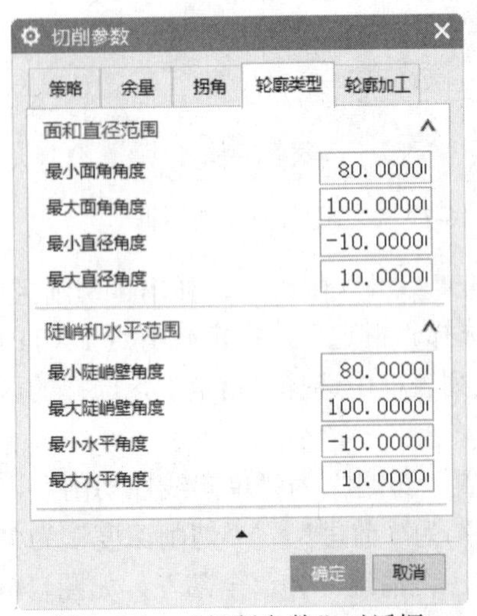

图 16-80　“切削参数”对话框

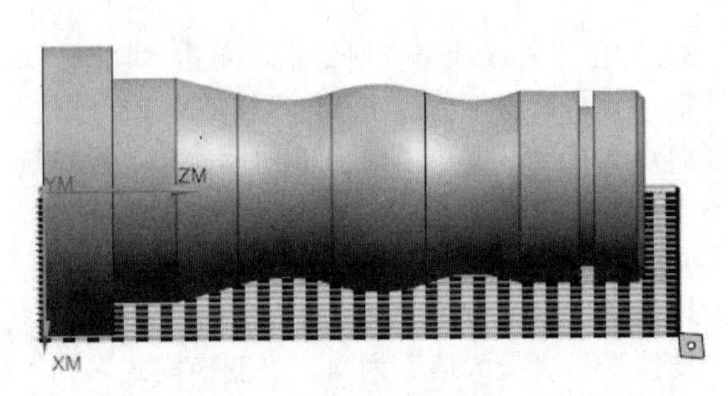

图 16-81　生成的刀轨

第 17 章 螺纹车削

螺纹车削用于切削直螺纹和锥螺纹。螺纹可以是单个或多个内部、外部或面螺纹。车螺纹时，可以控制粗加工刀路的深度以及精加工刀路的数量和深度，通过指定“螺距”“导程角”或“每毫米螺纹圈数”，并选择顶线（峰线）和根线（或深度）以生成螺纹刀轨。

本章将讲述螺纹车削参数的设置方法和操作实例。

内容要点

- 螺纹形状
- 切削深度
- 切削参数
- 车螺纹实例

案例效果

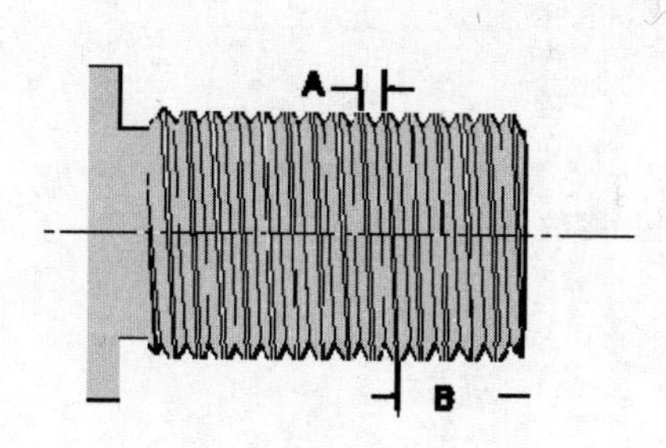

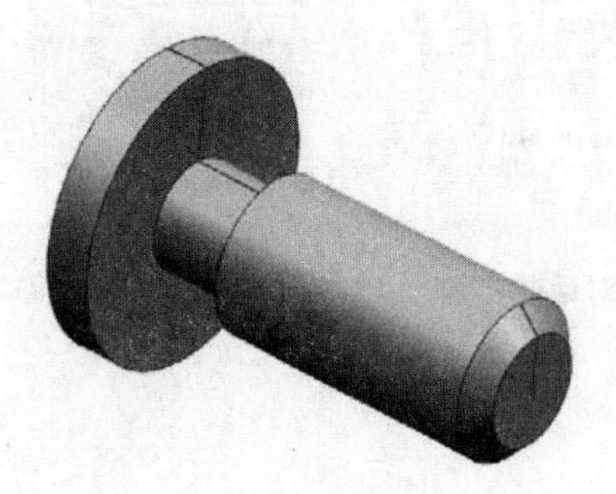

17.1 螺纹形状

在“主页”选项卡“刀片”组中单击“创建工序”按钮，弹出如图 17-1 所示的“创建工序”对话框，在“类型”下拉列表框中选择“turning”，在“工序子类型”栏中选择（外径螺纹铣），在“刀具”下拉列表框中选择“OD_THREAD_L”，在“几何体”下拉列表框中选择“TURNING_WORKPIECE”，其他采用默认设置，单击“确定”按钮。弹出图 17-2 所示的“外径螺纹铣”对话框。本节将介绍“螺纹形状”相关参数的设置。

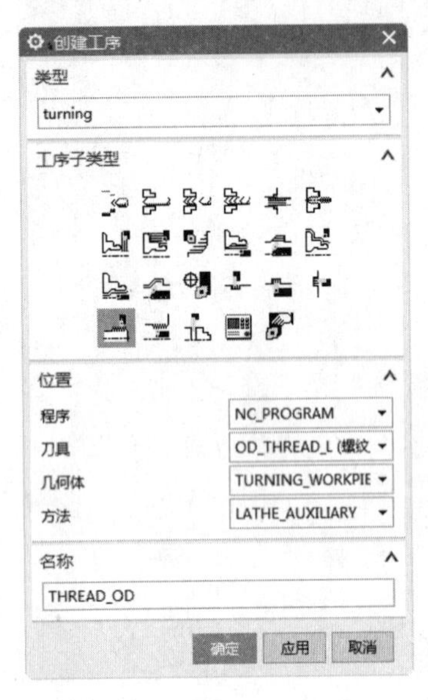

图 17-1 “创建工序”对话框

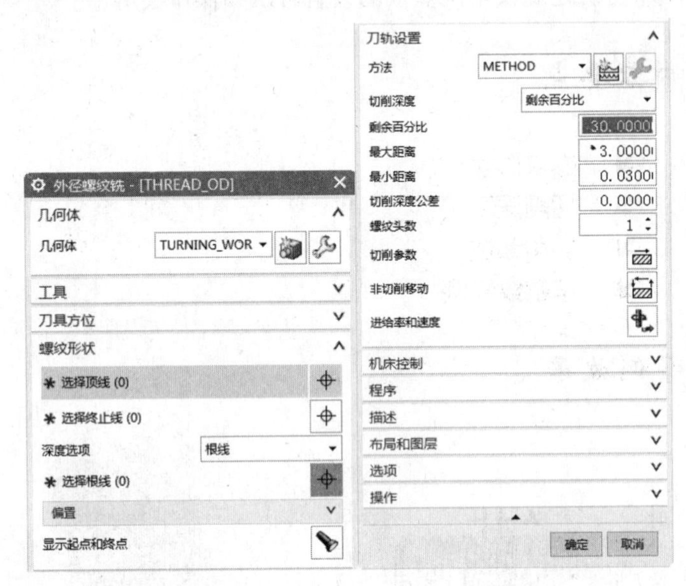

图 17-2 “外径螺纹铣”对话框

17.1.1 深度

“深度”是指从顶线到根线的距离。用于粗加工时选择方式和要去除的材料量，通过选择“根线”或输入“深度和角度”值来指定深度。当使用根线方法时，深度是从顶线到根线的距离。

螺纹几何体通过选择顶线来定义螺纹起点和终点。螺纹长度由顶线的长度指定，可通过指定起点和终点偏置来修改此长度。要创建倒角螺纹，可通过设置合适的偏置确定。螺纹长度的计算如图 17-3 所示，图中 A 表示终止偏置，B 表示起始偏置，C 表示顶线，D 表示根线。

17.1.2 选择根线

“选择根线”既可建立总深度也可建立螺纹角度。在选择根线后重新选择顶线不会导致重新计算螺纹角度，但会导致重新计算深度。根线的位置由所选择的根线加上根线偏置值确定，如果根线偏置值为 0，则所选线的位置即为根线位置。

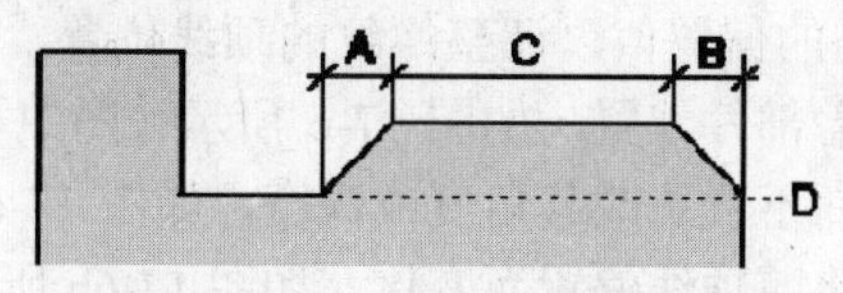

图 17-3　螺纹长度的计算

17.1.3 选择顶线

顶线的位置由所选择的顶线加上顶线偏置值确定，如果顶线偏置值为 0，则所选线的位置即为顶线位置。选择如图 17-4 所示的顶线时，离光标最近的顶线端点将作为起点，另一个端点将作为终点。

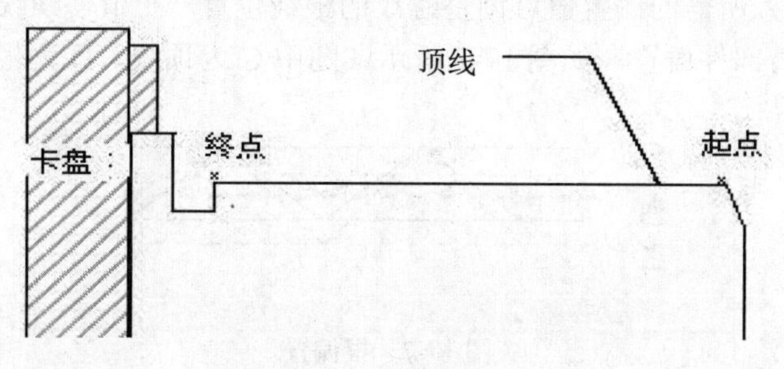

图 17-4　选择顶线

17.1.4 深度和角度

“深度和角度”用于为总深度和螺纹角度键入值。“深度”可通过输入值建立起从顶线起测量的总深度。“角度”用于产生拔模螺纹，输入的角度值是从顶线起测量的。螺旋角如图 17-5 所示，图中 A 为角度，设置为 174°，从顶线逆时针计算，B 为顶线，C 为总深度。如果输入深度和角度值而非选择根线，则重新选择顶线时系统将重新计算螺旋角度，但不重新计算深度。

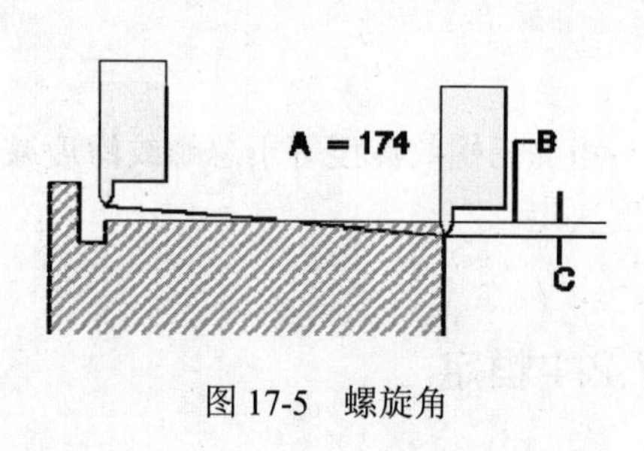

图 17-5　螺旋角

17.1.5 偏置

偏置用于调整螺纹的长度。正偏置值将加长螺纹，负偏置值将缩短螺纹。

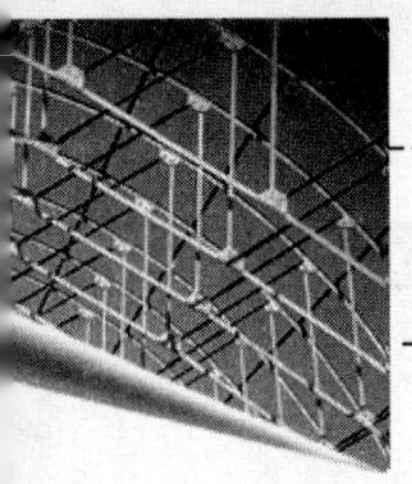

（1）起始偏置　输入所需的偏置值以调整螺纹的起点，如图 17-3 中的 B 点所示。

（2）终止偏置　输入所需的偏置值以调整螺纹的端点，如图 17-3 中的 A 点所示。

（3）顶线偏置　输入所需的偏置值以调整螺纹的顶线位置。正值会将螺纹的顶线背离部件偏置，负值会将螺纹的顶线向着部件偏置，如图 17-6 所示（图中 C 为顶线，D 为根线）。当未选择根线时，螺纹会上下移动而不会更改其角度或深度，如图 17-6a 所示。当选择了根线但未输入根偏置时，螺旋角度和深度将随顶线偏置而变化，如图 17-6b 所示。

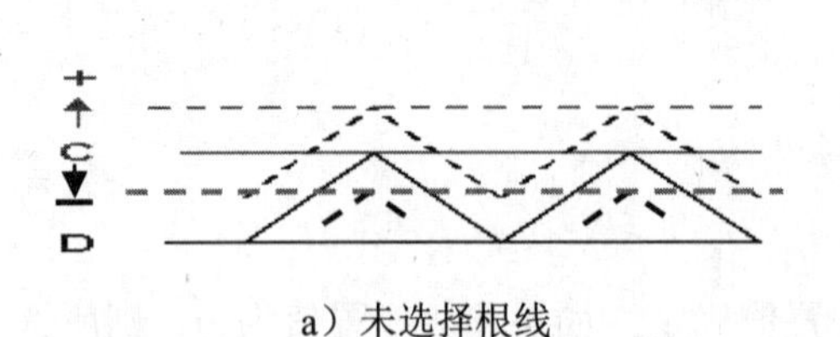

a）未选择根线

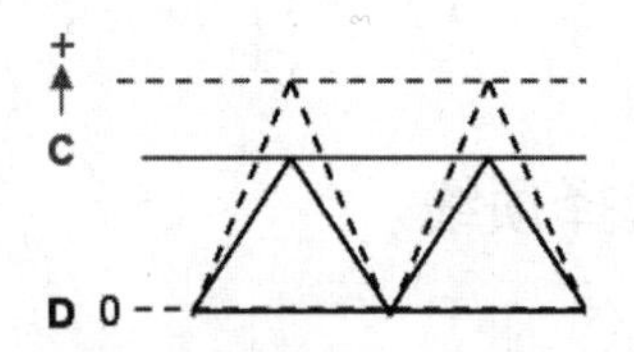

b）已选择根线（无偏置）

图 17-6　顶线偏置

（4）根偏置　输入所需的偏置值可调整螺纹的根线位置。正值使螺纹的根线背离部件偏置，负值使螺纹的根线向着部件偏置，如图 17-7 所示（图中 C 为顶线，D 为根线）。

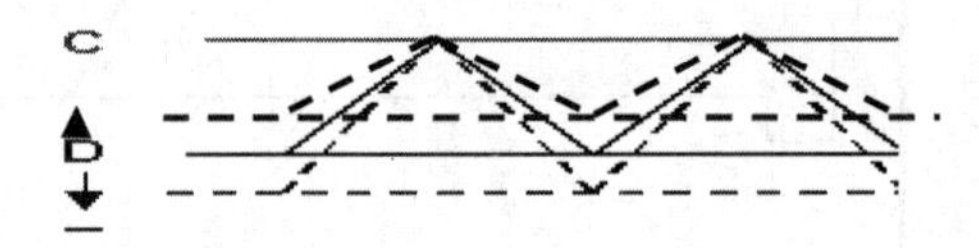

图 17-7　根偏置

“终止线”通过选择与顶线相交的线来定义螺纹终端。当指定终止线时，交点即可决定螺纹的终端，“终止偏置”值将添加到该交点。如果没有选择终止线，则系统将使用顶线的端点。

17.2 切削深度

粗加工螺纹深度等于总螺纹深度减去精加工深度，即粗加工螺纹深度由总螺纹深度和精加工深度决定。

17.2.1 恒定

“恒定”可指定单一增量值。由于刀具压力会随着每个刀路迅速增加，因此在指定相对少的粗加工刀路时可使用此方式。当刀具沿着螺纹角切削时会移动输入距离，直到达到粗加工螺纹深度为止，如图 17-8 所示。

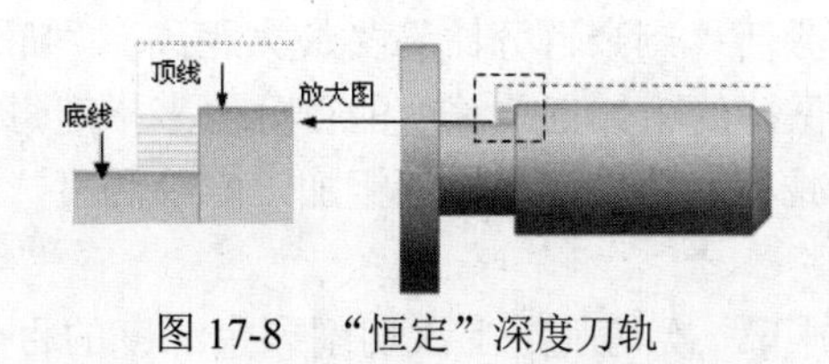

图 17-8　“恒定”深度刀轨

17.2.2 单个的

“单个的”可指定一组可变增量以及每个增量的重复次数，以最大限度控制单个刀路。可以输入所需的增量距离以及希望它们重复的次数。如果增量的和不等于粗加工螺纹深度，则系统将重复上一非零增量值，直到达到适当的深度。如果增量的和超出粗加工螺纹深度，则系统将忽略超出的增量。

例如，粗加工螺纹深度是 3 mm，输入值如图 17-9 所示，包括以下几组增量：

1）刀路数=4，增量=0.5。增量 0.5 被重复 4 次，切削深度的和为 2。

2）刀路数=5，增量=0.2。增量 0.2 被重复 5 次，切削深度的和为 1。

3）刀路数=5，增量=0.1。增量 0.1 被重复 5 次，切削深度的和为 0.5。

前二组的切削深度共为 3mm，已经达到了切削深度，第三组增量设置将被忽略，因为系统不允许刀具的进给超出指定的深度。生成的刀轨如图 17-10 所示。

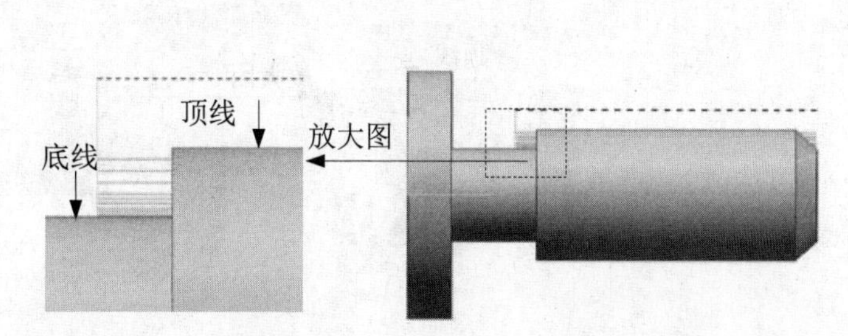

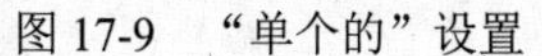

图 17-9　“单个的”设置　　　　图 17-10　“单个的”深度刀轨

17.2.3 剩余百分比

“剩余百分比”类似于精加工技术，在粗加工螺纹中特别有用。在“切削深度”下拉列表框

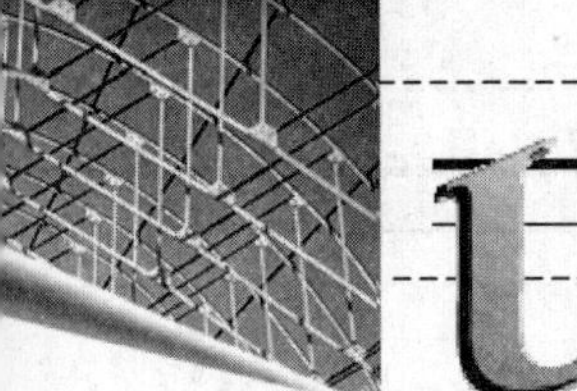

中选择“剩余百分比”，将激活“剩余百分比”“最大距离”“最小距离”等选项，如图 17-11 所示。可按照产生刀路时所保持的粗加工总深度的百分比来指定每个刀路的增量深度，步长距离随刀具深入到螺纹中而逐渐减小，随着刀具接近粗加工螺纹深度，增量深度将变得非常小，刀轨如图 17-12 所示。

（1）剩余百分比　控制下一次切削是上次切削剩余深度的百分比，使切削深度逐次变小直到刀具达到粗加工螺纹深度。

（2）最小距离　利用“剩余百分比”控制增量时，必须输入一个最小增量值，当百分比计算结果小于最小值时，系统将在剩余的刀路上使用最小值切削到粗加工螺纹深度。

（3）最大距离　利用“最大距离”控制切削深度，防止在初始螺纹刀路过程中刀具切入螺纹太深。

例如，如果粗加工螺纹深度是 3mm，输入“剩余百分比”为 20，最小距离为 0.1，则第一个刀路的切削深度是 3mm 的 20%（即 0.6mm），下一次切削是剩余深度 2.4mm 的 20%（即 1.92mm），依此类推，直到百分比计算产生一个小于输入最小距离 0.10 mm 的结果。然后，系统对以后每个刀路以 0.10mm 增量进行切削，直到达到粗加工螺纹深度。生成的刀轨如图 17-12 所示。

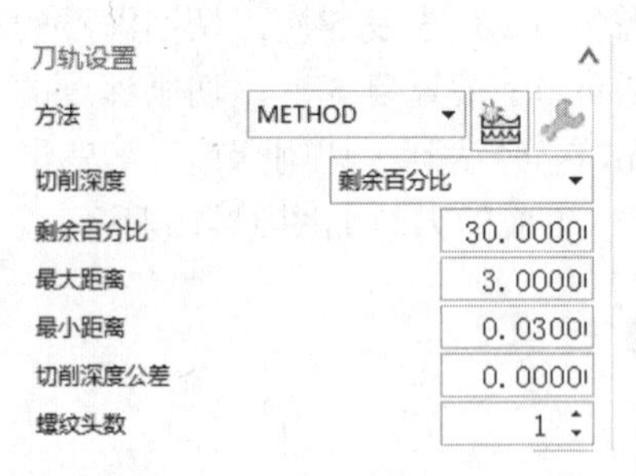

图 17-11　“剩余百分比”设置

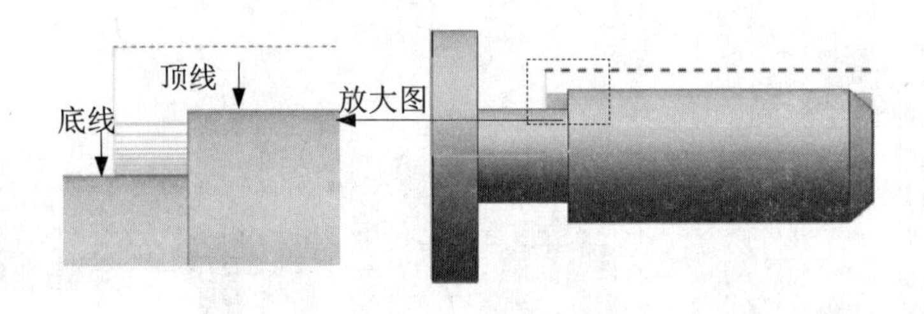

图 17-12　“剩余百分比”深度刀轨

17.3 切削参数

在“外径螺纹铣”对话框中单击“切削参数”按钮，弹出“切削参数”对话框，如图 17-13

所示，在该对话框中可进行切削参数的设置。

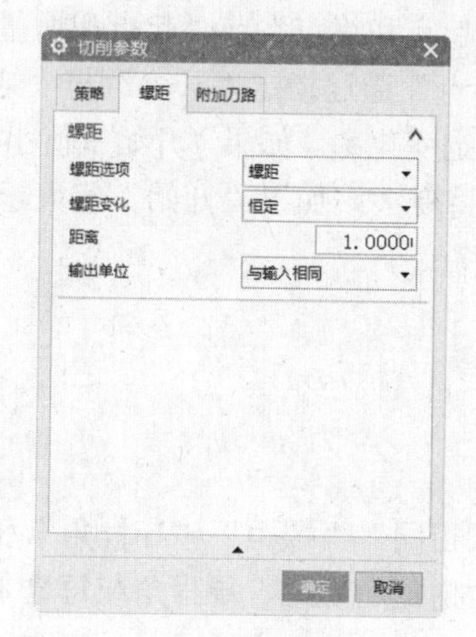

图 17-13　“切削参数”对话框

17.3.1 螺距选项

“螺距选项”包括“螺距”“导程角”和“每毫米螺纹圈数”3 个选项。

（1）螺距　是指两条相邻螺纹沿与轴线平行方向上测量的相应点之间的距离，如图 17-14 中的 A 所示。

（2）导程角　指螺纹在每一圈上在轴的方向上前进的距离。对于单螺纹，导程角等于螺距；对于双螺纹，导程角是螺距的两倍。

（3）每毫米螺纹圈数　是沿与轴平行方向测量的每毫米的螺纹数量，如图 17-14 中的 B 所示。

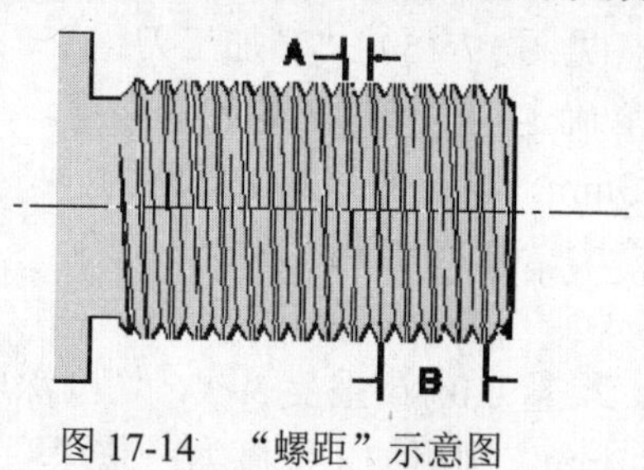

图 17-14　“螺距”示意图

17.3.2 螺距变化

“螺距变化”包括“恒定”“起点和终点”或“起点和增量”3 个选项。

（1）恒定　“恒定”选项允许指定单一“距离”或“每毫米螺纹圈数”并将其应用于螺纹长度。系统将根据此值和指定的“螺纹头数”自动计算两个未指定的参数。对于“螺距”和“导

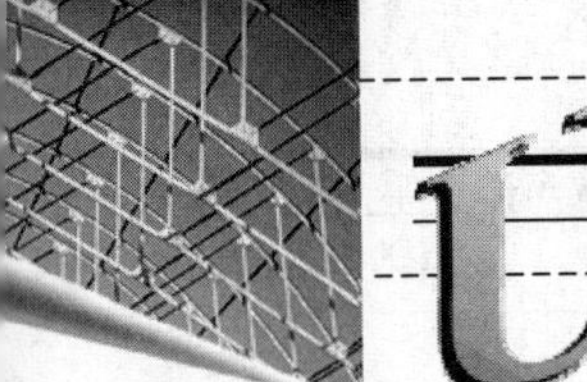

程角”，两个未指定的参数是“距离”和“输出单位”；对于“每毫米螺纹圈数”，两个未指定的参数是“每毫米螺纹圈数”和“输出单位”。

（2）起点和终点/增量　“起点和终点”或“起点和增量”可定义增加或减小螺距、导程角或每毫米螺纹圈数。“起点和终点”通过指定“开始”与“结束”确定变化率，“起点和增量”通过指定“开始”与“增量”确定变化率。如果“开始”值小于“结束”值或者“增量”值为正，则螺距/导程角/每毫米螺纹圈数将变大；如果“开始”值大于“结束”值或者“增量”值为负，则螺距/导程角/每毫米螺纹圈数将变小。

17.3.3 输出单位

“输出单位”包括“与输入相同”“螺距”“导程角”和“每毫米螺纹圈数”。“与输入相同”可确保输出单位始终与上面指定的螺距、导程角或每毫米螺纹圈数相同。

17.3.4 精加工刀路

“精加工刀路”可指定加工工件时所使用的增量和精加工刀路数。精加工螺纹深度由所有刀路数和增量决定，是所有增量的和。

当生成螺纹刀轨时，首先由刀具切削到粗加工螺纹深度。粗加工螺纹深度由“外径螺纹加工”对话框中的“切削深度”增量方式和切削的“深度”值决定的刀路数以及“深度和角度”或“根线”决定的总深度确定。

可在“附加刀路”选项卡（见图17-15）“精加工刀路”栏中设置“刀路数”和“增量”，确定切削精加工螺纹的深度。

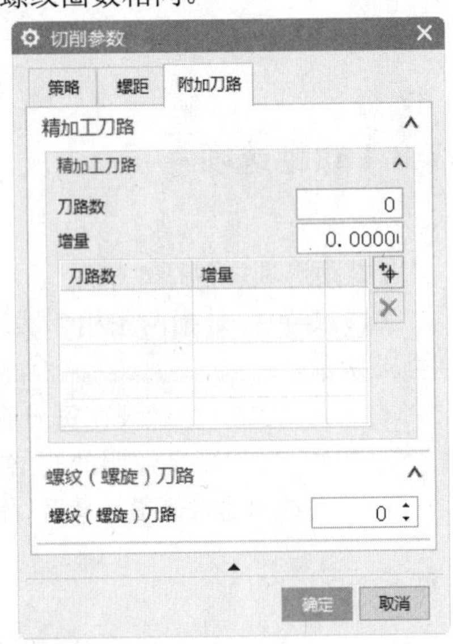

图17-15　“附加刀路”选项卡

例如，如果总螺纹深度是3mm，指定的精加工刀路为：

1）刀路数=3，增量=0.25。增量0.25被重复3次，切削深度的和为0.75。

2）刀路数=5，增量=0.05。增量0.05被重复5次，切削深度的和为0.25。

精加工刀路加工深度总计1mm，则粗加工深度为：总深度-精加工深度=3mm -1mm =2mm。

17.4 车螺纹实例

打开下载的源文件中的相应文件，待加工部件如图17-16所示。本实例将对其进行车螺纹加工。

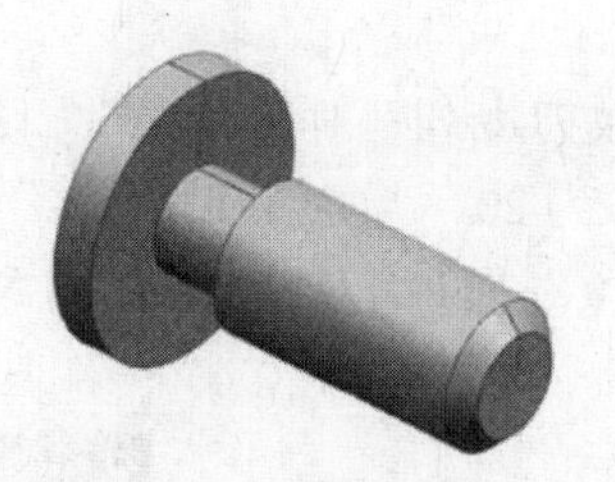

图 17-16 待加工部件

17.4.1 创建几何体

1）在“主页”选项卡“刀片”组中单击“创建几何体”按钮，弹出如图 17-17 所示的“创建几何体”对话框，在“类型”下拉列表框中选择“turning”，在“几何体子类型”栏中选择（MCS_SPINDLE），在“名称”文本框中输入“MCS_SPINDLE”，其他采用默认设置，单击“确定”按钮。

2）弹出如图 17-18 所示的“MCS 主轴”对话框，单击“坐标系对话框”按钮，弹出“坐标系”对话框，指定 MCS 的坐标原点与绝对 CSYS 坐标原点重合，单击“确定”按钮，返回到“MCS 主轴”对话框，在“车床工作平面”栏中设置“指定平面”为“ZM-XM”，在绘图区中将 MCS 坐标系绕 YM 轴旋转 90°，然后绕 ZM 轴旋转 90°，单击“确定”按钮。

图 17-17 “创建几何体”对话框

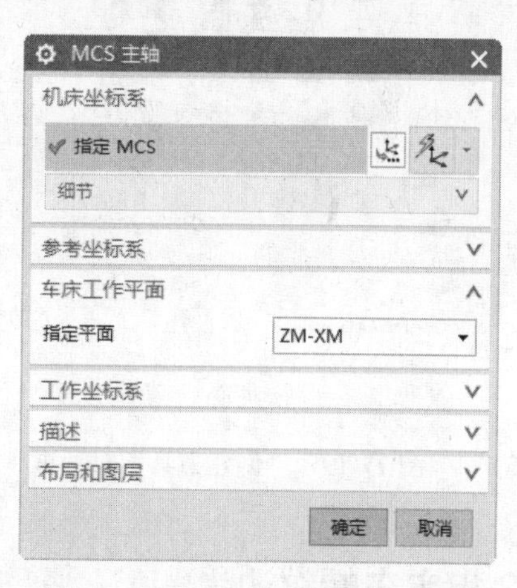

图 17-18 “MCS 主轴”对话框

17.4.2 创建刀具

1）在“主页”选项卡“刀片”组中单击“创建刀具”按钮，弹出如图 17-19 所示的“创建刀具”对话框，在“类型”下拉列表框中选择“turning”， 在“刀具子类型”栏中选择

（OD_THREAD_L），在“名称”文本框中输入“OD_THREAD_L”，其他采用默认设置，单击“确定”按钮。

2）弹出如图 17-20 所示的“螺纹刀-标准”对话框，在“工具”选项卡“尺寸”栏中设置“(OA)方向角度”为 90、“(IL)刀片长度”为 20、“(IW)刀片宽度”为 10、“(LA)左角”为 30、“(RA)右角”为 30、“(NR)刀尖半径”为 0、“(TO)刀尖偏置”为 5，其他采用默认设置，单击“确定”按钮。

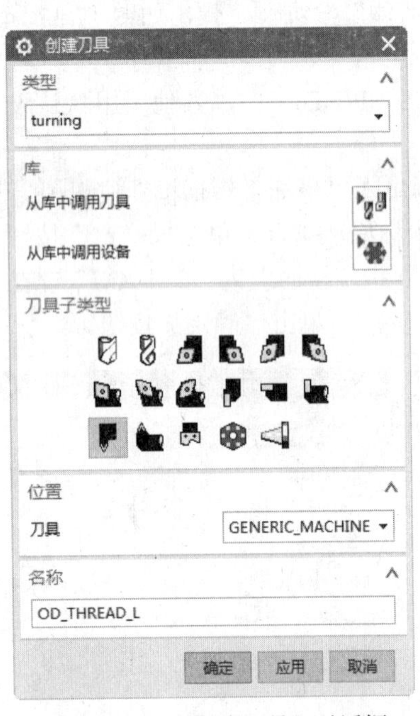

图 17-19 “创建刀具”对话框

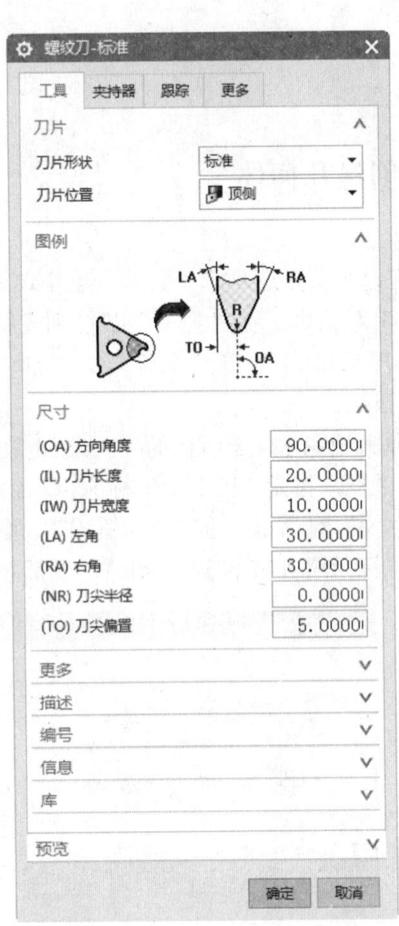

图 17-20 “螺纹刀-标准”对话框

17.4.3 指定车螺纹边界

1）在如图 17-21 所示的“工序导航器-几何”中双击“TURNING_WORKPIECE”，打开如图 17-22 所示的“车削工件”对话框。

2）在“车削工件”对话框中单击“指定部件边界”右侧的“选择或编辑部件边界”按钮，系统弹出“部件边界”对话框，在“边界”栏中单击“选择曲线”按钮，选择如图 17-23 所示的部件边界，单击“确定”按钮。

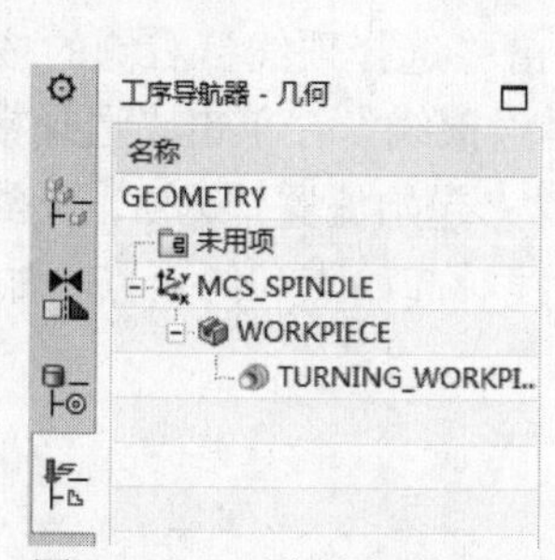

图 17-21　工序导航器-几何

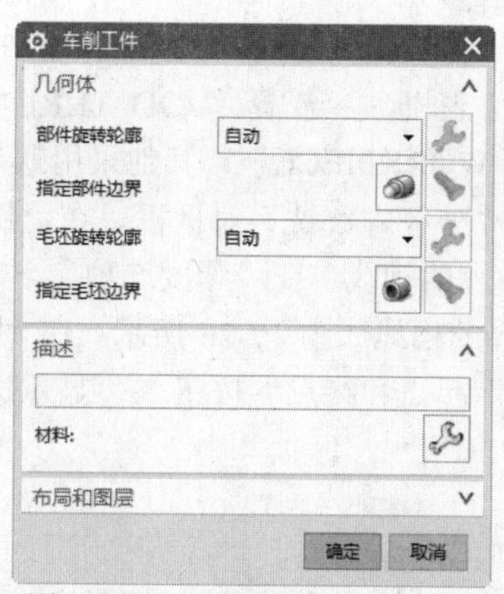

图 17-22　“车削工件”对话框

3）在“车削工件”对话框中单击“指定毛坯边界”右侧的“选择或编辑毛坯边界”按钮，系统弹出如图 17-24 所示的“毛坯边界”对话框，在“类型”下拉列表框中选择“棒材”，在“安装位置”下拉列表框中选择“在主轴箱处”，选择如图 17-25 所示的定位点，设置“长度”为 37，“直径”为 20，单击“确定”按钮。生成的毛坯边界如图 17-25 所示。

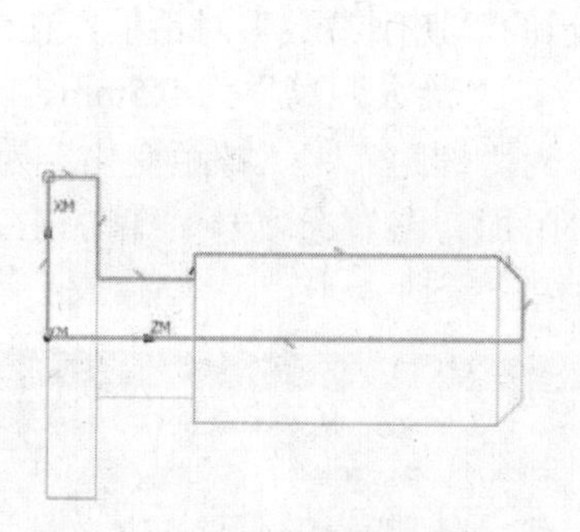

图 17-23　指定的部件边界

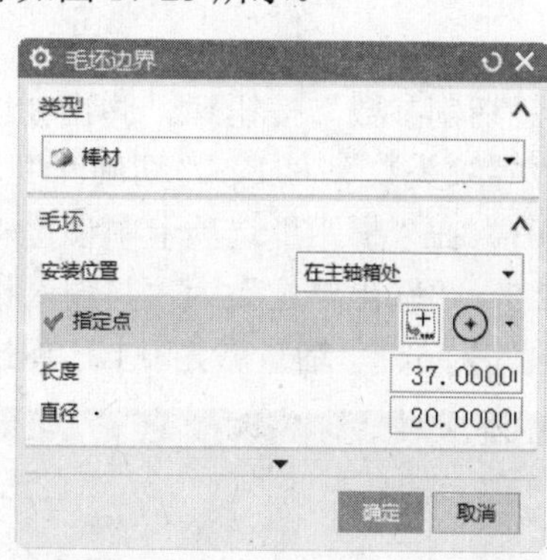

图 17-24　“毛坯边界”对话框

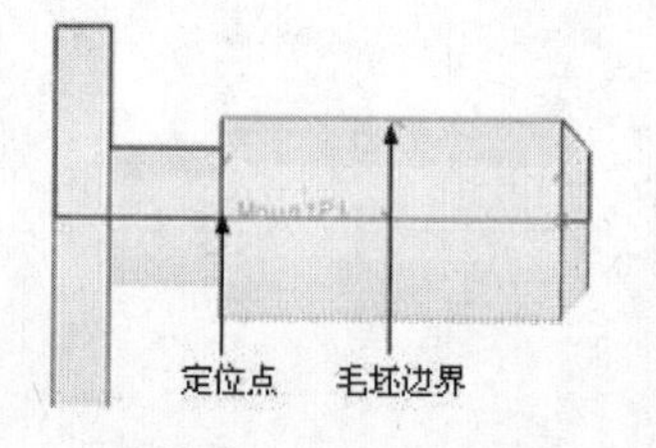

图 17-25　指定定位点

17.4.4 创建工序

1）在“主页”选项卡“刀片”组中单击“创建工序”按钮，弹出“创建工序”对话框，

在“类型”下拉列表框中选择“turning”，在“工序子类型”栏中选择（外径螺纹铣），在“刀具”下拉列表框中选择“OD_THREAD_L”，在“几何体”下拉列表框中选择“TURNING_WORKPIECE”，其他采用默认设置，单击“确定”按钮。

2）弹出“外径螺纹铣”对话框。在“螺纹形状”栏单击“选择顶线”右侧的按钮，选择如图17-26所示的顶线。在“深度选项”下拉列表框中选择“根线”，单击“选择根线”右侧的按钮，选择的根线如图17-26所示。在“偏置”栏中设置“起始偏置”为3、“终止偏置”为3。单击“显示起点和终点”按钮，显示选择的顶线、根线、起始点和终止点，如图17-26所示。

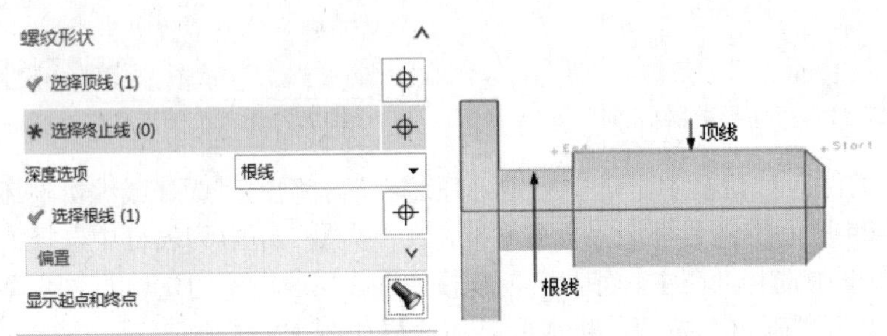

图17-26　指定螺纹形状

3）单击“切削参数”按钮，弹出如图17-27所示的“切削参数”对话框，在“策略”选项卡中设置“螺纹头数”为1、“切削深度”为“恒定”、“最大距离”为0.5mm、“切削深度公差”为0.001。在“螺距”选项卡中设置“螺距选项”为“螺距”、“螺距变化”为“恒定”、“距离”为2.5、“输出单位”为“与输入相同”。在“附加刀路”选项卡 “精加工刀路”栏中设置“刀路数”为5、“增量”为0.1。单击“确定”按钮。

图17-27　“切削参数”对话框

4）返回至“外径螺纹铣”对话框。单击“非切削移动”按钮，弹出如图17-28所示的“非切削移动”对话框，在“逼近”选项卡的“运动到起点”栏中设置“运动类型”为“直接”、“点选项”为“点”，单击“点对话框”按钮，弹出“点”对话框，输入坐标为X=60，Y=20，Z=0，单击“确定”按钮。在“离开”选项卡“运动到返回点/安全平面”栏中设置“运动类型”为“径向→轴向”、“点选项”为“点”，单击“点对话框”按钮，弹出“点”对话框，输入坐标为 X=60，Y=20，Z=0，连续单击“确定”按钮。

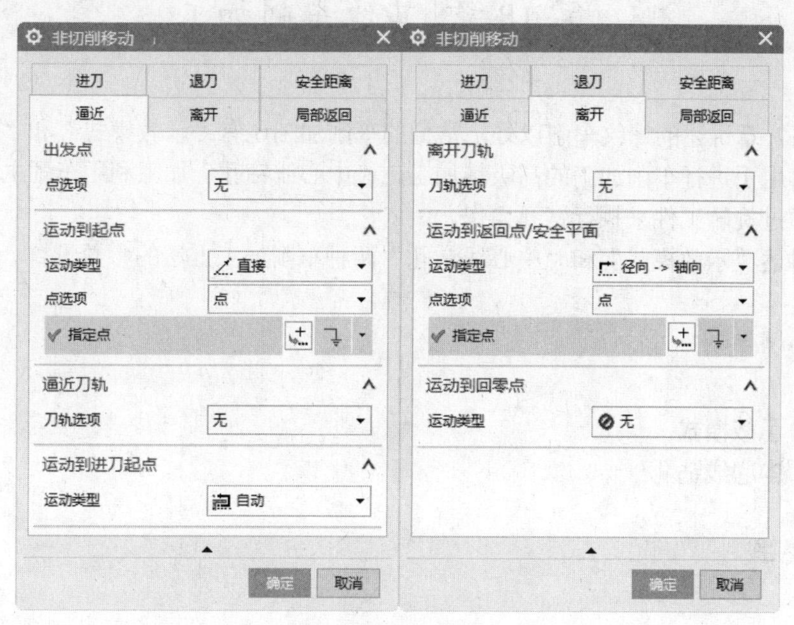

图 17-28　“非切削移动”对话框

5）返回“外径螺纹铣”对话框，在“操作”栏中单击“生成”按钮，生成刀轨，单击“确认”按钮，实现刀轨的可视化，如图 17-29 所示。

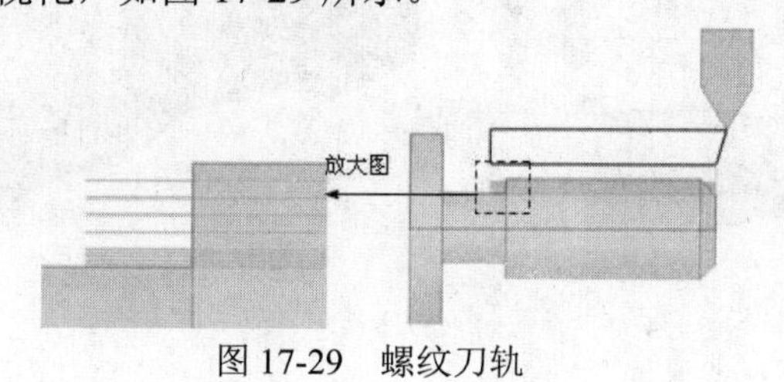

图 17-29　螺纹刀轨

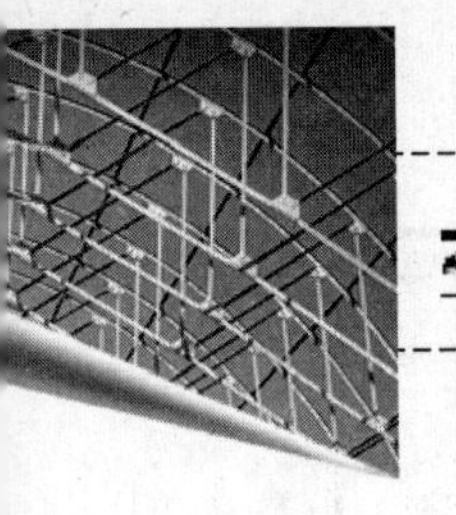

第 18 章 其他车削加工

除了第 17 章讲述的螺纹车削以外，常见的车削加工还有“示教模式”和“中心线钻孔”。“示教模式”用于进行车削加工的高级精加工。“中心线钻孔”加工利用车削主轴中心线上的非旋转刀具，通过旋转工件来执行钻孔操作。

本章将讲述“示教模式”和“中心线钻孔”两种车削加工方法的参数设置。

内容要点

- 示教模式
- 中心线钻孔

案例效果

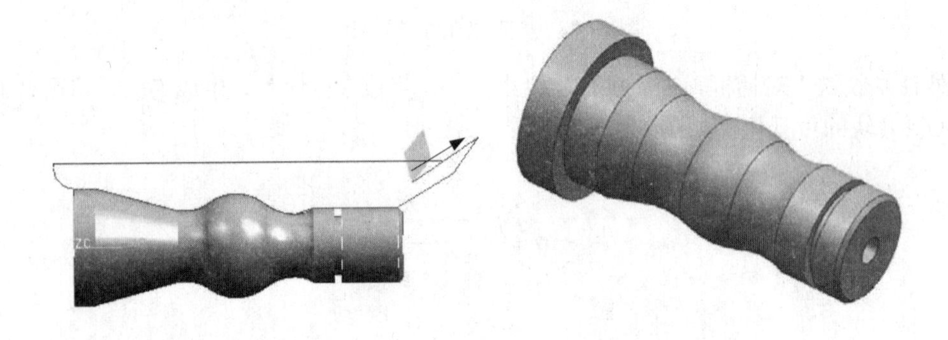

18.1 示教模式

“示教模式”可在车削工作中控制执行高级精加工，可通过定义线性快速、线性进给、进刀和退刀设置以及轮廓移动等来建立刀轨。定义轮廓移动时，可以控制边界截面上的刀具，指定起始和终止位置及定义每个连续切削的方向。

在“创建工序”对话框的“工序子类型”栏中选择（示教模式），单击“确定”按钮弹出如图 18-1 所示的“示教模式”对话框。单击“添加新的子工序”按钮，弹出如图 18-2 所示的“创建 Teachmode 子工序”对话框。“移动类型”栏下拉列表框中的选项说明如下：

（1）线性移动　用于创建从当前刀具位置到新位置的线性快速和进给运动，此运动使用快速度。

（2）进刀设置　使用进刀设置可设置模态进刀策略，在重新定义之前，所有的后续轮廓移动子工序都使用此模态进刀策略。

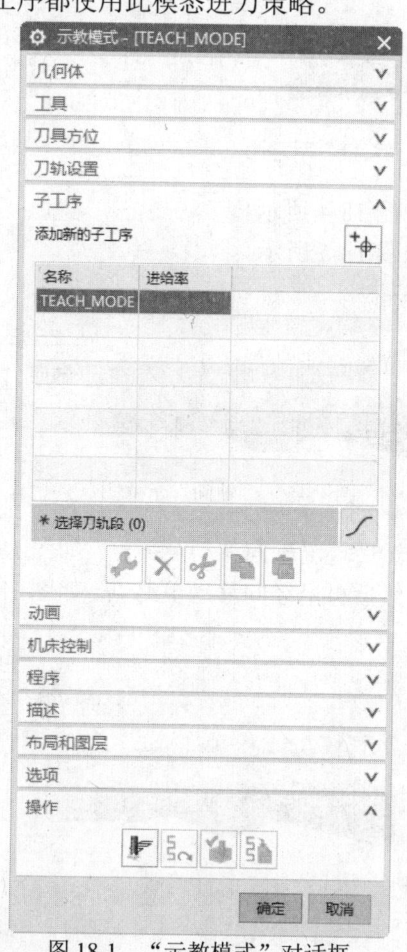

图 18-1　“示教模式”对话框

图 18-2　“创建 Teachmode 子工序”对话框

（3）退刀设置　使用退刀设置可设置模态退刀策略，在重新定义之前，所有的后续轮廓

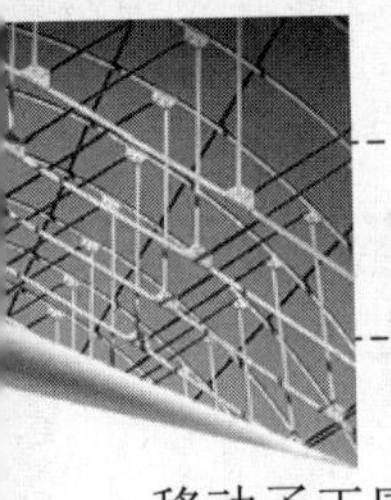

移动子工序都使用此模态退刀策略。

（4）轮廓移动　使用轮廓移动可手工定义驱动几何体。该选项为为单独和交互式加工部分目标几何体提供了灵活性。

18.1.1 线性移动

“快速移动”以快速度执行到选定点的运动。可在“创建 Teachmode 子工序”对话框的“移动类型”栏下拉列表框中选择“线性移动”。

1．移动类型

（1）直接　使刀具直接移动到终点，如图 18-3 所示。

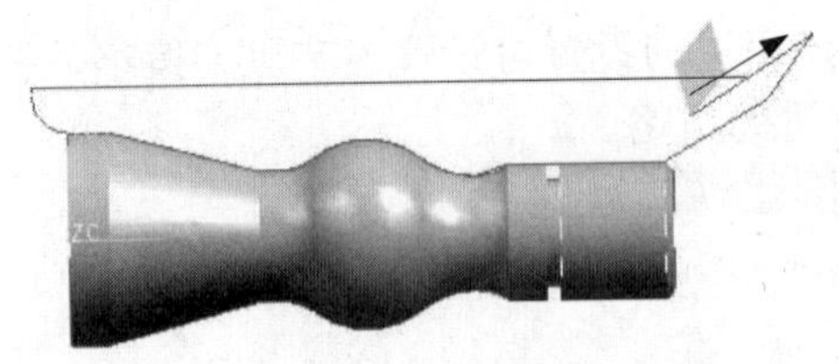

图 18-3　“直接”示意图

（2）径向　使刀具移动到终点的径向坐标，如图 18-4 所示。

（3）轴向　使刀具移动到终点的轴向坐标，如图 18-5 所示。

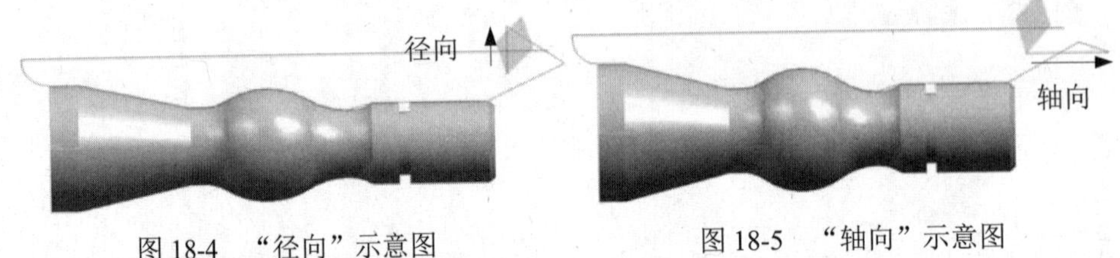

图 18-4　“径向”示意图　　图 18-5　“轴向”示意图

（4）径向->轴向　使刀具先沿径向方向移动，然后再沿轴向移动至终点，如图 18-6 所示。

（5）轴向->径向　使刀具先沿轴向方向移动，然后再沿径向移动至终点，如图 18-7 所示。

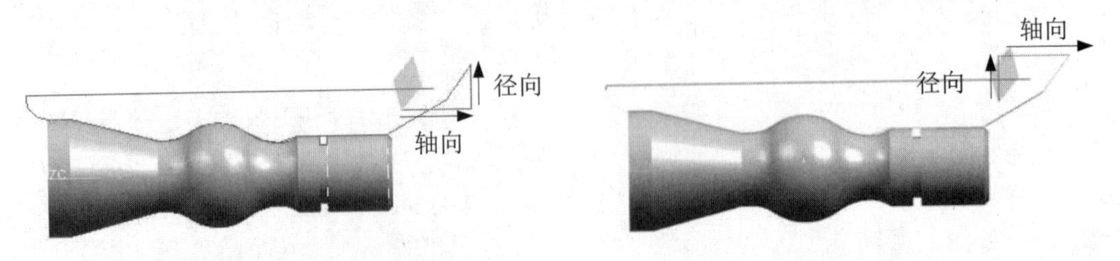

图 18-6　“径向->轴向”示意图　　图 18-7　“轴向->径向”示意图

2．终止位置

（1）点　选择“点”方式。在“指定点”栏中单击“点对话框”按钮，弹出“点”对话框，在该对话框中选择相关点。

（2）曲线　选择“曲线”方式。在“终止位置”下拉列表框中选择“曲线”。如图 18-8 所示，定义终止位置的方法有采用单条曲线和两条曲线。

1）单条曲线：如果选择单条曲线作为终点，产生的点将是曲线上相对于当前刀具位置最近的点，如图 18-9 所示。

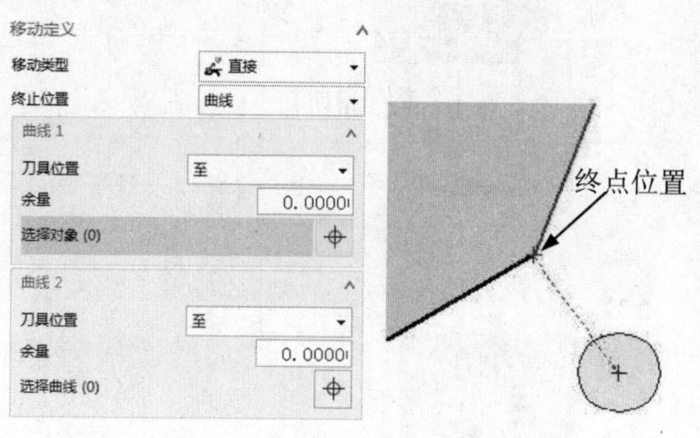

图 18-8　“终止位置”选择“曲线”选项

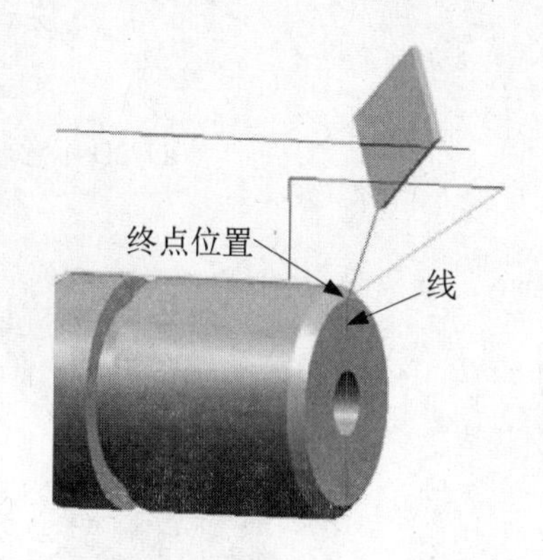

图 18-9　“单条曲线”定义终点

2）两条曲线：如果选择两条曲线确定终点，产生的点将是两条曲线的交点，如图 18-10 所示。

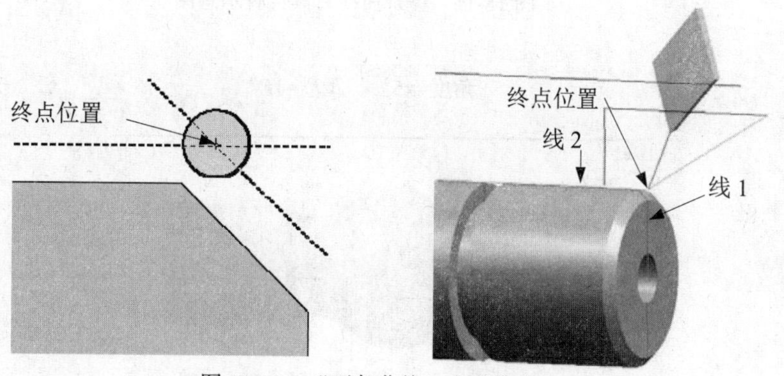

图 18-10　“两条曲线”定义终点

3）刀具位置：共有“至（相切）”“对中（在其上）”“过去（超出）”3 个选项。图 18-11 所示为单条曲线刀具位置示意图。在图 18-11a 中，A 为“至（相切）”点，B 为“对中（在其上）”点，C 为“过去（超出）”点；图 18-11c～图 18-11d 分别为利用“至（相切）”“对中（在其上）”“过去（超出）”方法时刀具运动到的位置比较。

3．初始退刀

“初始退刀”运动在实际的快速移动之前输出，共有 3 个选项：无、线性-自动、线性。“线性”可以通过 WCS 的正 X 轴角度和运动长度来指定退刀运动，“线性”初始退刀如图 18-12 所示，图中角度为 45°，距离为 15。选择“无”可禁用“初始退刀”选项。“线性-自动”使用刀具刀尖半径作为距离，使用刀具刀尖平分线作为角度。

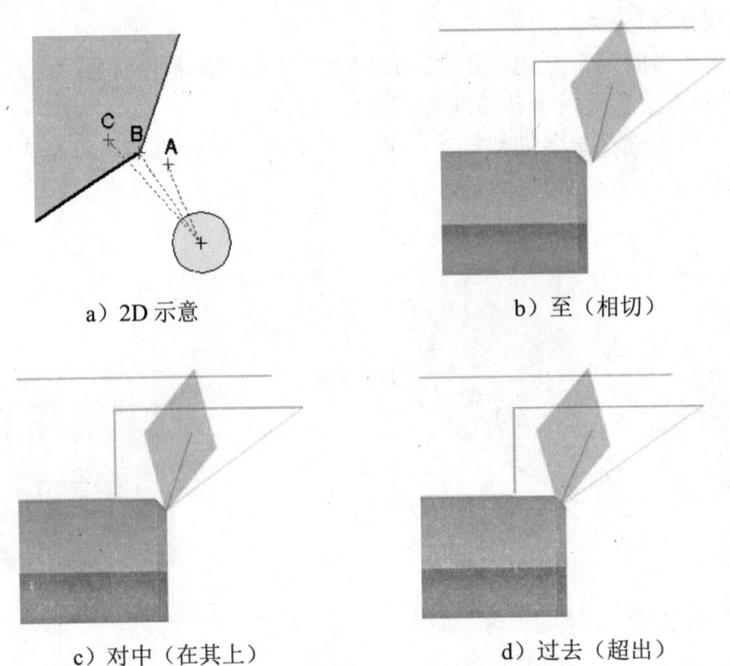

a）2D示意　　b）至（相切）

c）对中（在其上）　　d）过去（超出）

图 18-11　单条曲线刀具位置示意图

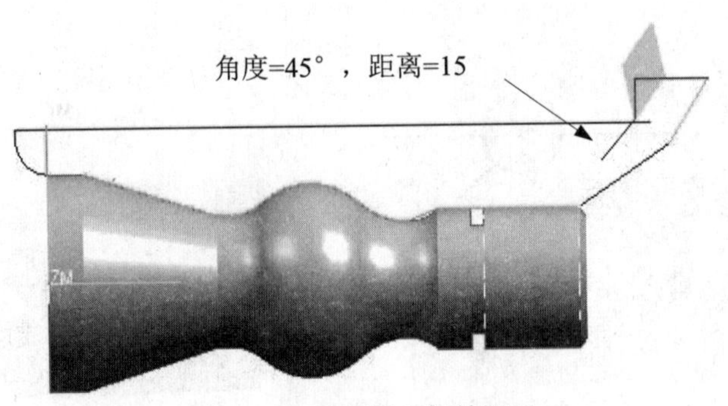

图 18-12　“线性”初始退刀

18.1.2 轮廓移动

“轮廓移动”允许手工定义驱动几何体。在“创建 Teachmode 子工序”对话框“移动类型”下拉列表框中选择“轮廓移动”，如图 18-13 所示。

1．驱动几何体

（1）上一条检查曲线　只有在将“检查几何体”作为停止位置方法的上一个轮廓移动子工序时，此选项才可用。

（2）上一条驱动曲线　该子工序使用与上一个轮廓移动相同的几何体。对于第一个轮廓移动，系统使用父本组中的几何体。

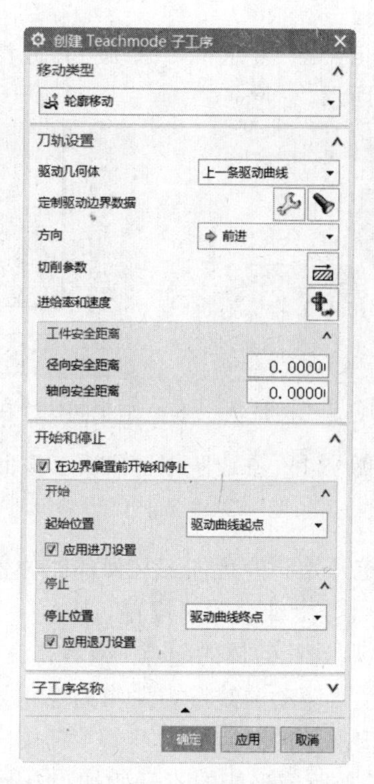

图18-13　选择“轮廓移动”选项

（3）新驱动曲线　在选择“新驱动曲线”选项后，“指定驱动边界”按钮被激活，单击此按钮，打开“部件边界”对话框，可进行驱动几何体选择。

对“上一条驱动曲线”和“新驱动曲线”进一步说明如下：

在图 18-14a 中选择驱动曲线并生成“轮廓移动”。选择“新驱动曲线”选项，在图 18-14b 中选择图中所示的新驱动曲线，然后生成轮廓移动。如果又需要使用在图 18-14a 中选择的驱动曲线时，选择“上一条驱动曲线”选项，将再次调出图 18-14a 中所指定的驱动曲线。

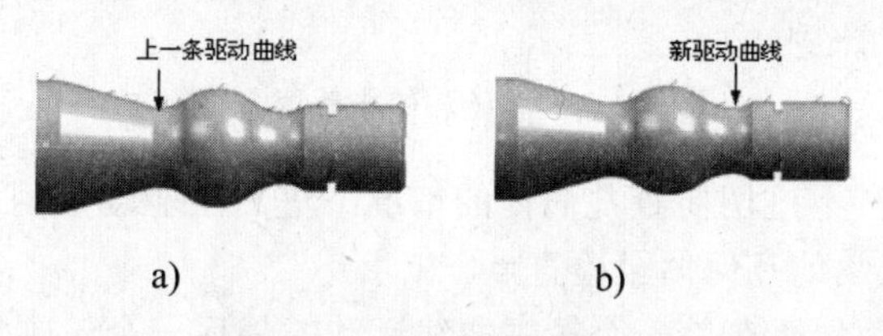

图18-14　驱动曲线说明

2．方向

用于选择方向。可以指定按边界成链方向或与之相反方向进行加工，变换方向后材料侧相应变化，即系统将为反向加工变换材料侧。

3．在边界偏置前开始和停止

此选项决定系统何时计算起点/停止点。如果勾选“在边界偏置前开始和停止”复选框，根据几何体和刀具形状，系统将在计算偏置和过切避让之前评估驱动曲线分段，如图 18-15a 所示。如

果取消勾选“在边界偏置前开始和停止”复选框，系统将首先计算偏置和无过切刀轨，然后从指定的起点整理刀轨，如图 18-15b 所示。

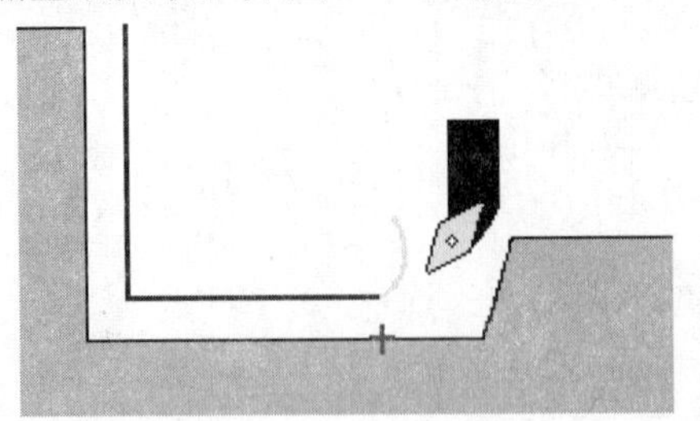
a） 勾选“在边界偏置前开始和停止”复选框

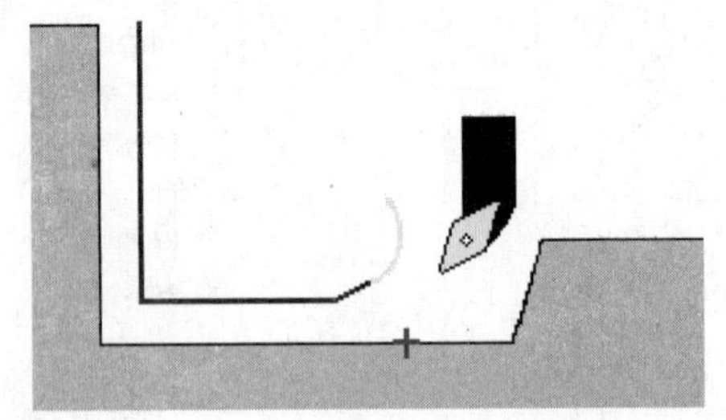
b） 取消勾选“在边界偏置前开始和停止”复选框

图 18-15 在边界偏置前开始和停止

4．起始和停止位置方法

起始和停止位置方法用于指定开始和停止加工几何体的位置。要设置起始/停止位置，可选择驱动曲线起点/终点、点、检查曲线、上一个轮廓位置。

（1）驱动曲线起点/终点 从所选几何体的起点（或者是在切削方向反转的情况下的停止点）开始加工所选几何体。如果选择了“驱动曲线终点”作为停止方法，那么系统加工驱动曲线直至终点（或者是在切削方向反转的情况下的起点）。

（2）点 从几何体上最接近于所选坐标的点开始加工几何体，或者从几何体上最接近于所选点的点结束对几何体的加工，如图 18-16a 所示，生成的刀轨如图 18-16b 所示。

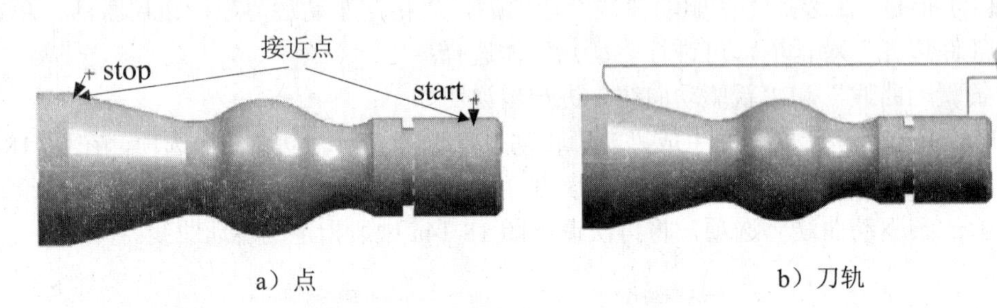

a）点 b）刀轨

图 18-16 起始和停止位置方法（点）

（3）检查曲线 在不过切检查几何体的情况下进刀至驱动几何体上可到达的第一个点，或者作为停止方法将加工驱动几何体至检查点。

（4）上一个轮廓位置 在前一个轮廓曲线运动的最后一个轮廓位置开始/停止加工。在快速和进给率移动下此位置保持不变。“上一个轮廓位置”对第一个轮廓曲线运动不可用。

18.1.3 进刀/退刀设置

“进刀设置”和“退刀设置”可用来设置后续“轮廓移动”子工序所使用的进刀/退刀策略。可用于进刀的选项与粗加工中可用的选项相同，这里再简单说明一下。“进刀类型”选项如图 18-17

所示。

图 18-17　“进刀类型”选项

（1）圆弧-自动　指定刀具以圆弧运动的方式逼近/离开部件/毛坯。可以在“自动进刀选项”下拉列表框中选择“自动”，也可以选择“用户定义”，通过手工指定“角度”和“半径”。“角度”为进刀运动方向与 CSYS 坐标系 XC 方向的夹角。

（2）线性-自动　沿着第一刀切削的方向逼近/离开部件。

（3）线性-增量　手工指定进刀沿矢量方向。选择此选项后，将激活“XC 增量”和“YC 增量”两个选项。

（4）线性　选择此选项将激活“角度”和“距离”两个选项。这两个选项框确定刀具逼近和离开部件的方向。“角度”为进刀运动方向与 CSYS 坐标系 XC 方向的夹角。图 18-18a 所示为刀具以 45° 角逼近工件，图 18-18b 所示为刀具以 225° 角逼近工件。

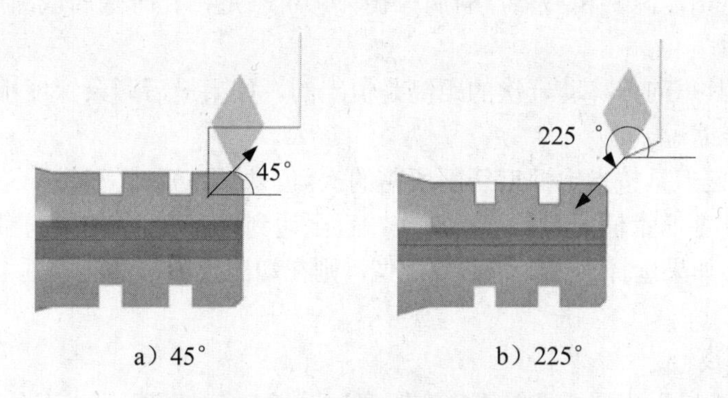

a）45°　　b）225°

图 18-18　以“角度”方式逼近工件

（5）线性-相对于切削　选择此选项将激活“角度”和“距离”两个选项。这两个选项可确定刀具逼近和离开部件的方向。与“线性”方法不同，此处的“角度”是相对于相邻运动的角度。

（6）点　可任意选定一个点，刀具将经过此点直接进入部件，或刀具经过此点离开部件。单击“点对话框”按钮，弹出“点”对话框，可在该对话框中选择相关点。

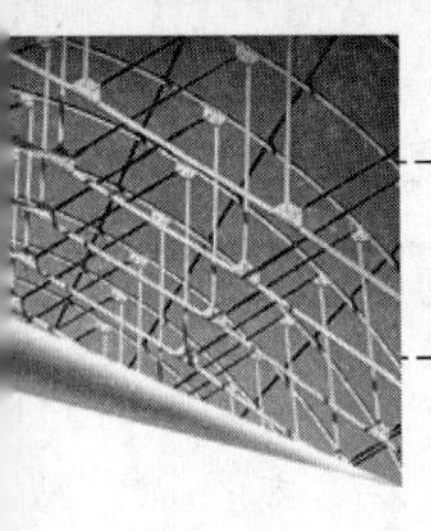

18.2 中心线钻孔

“中心线钻孔”用于执行钻孔操作。它利用车削主轴中心线上的非旋转刀具，通过旋转工件来执行钻孔操作。

在“创建工序”对话框的“工序子类型”栏中选择（中心线钻孔），单击“确定”按钮，弹出如图 18-19 所示的“中心线钻孔”对话框，在该对话框中可进行“中心线钻孔”相关参数的设置。

18.2.1 循环类型

“循环类型”可以设置循环、输出选项、进刀/退刀距离等。

1．输出选项

“中心线钻孔”操作支持以下两种不同的循环类型：

（1）机床加工周期　系统输出一个循环事件，其中包含所有的循环参数，以及一个 GOTO 语句，表示特定于 NC 机床钻孔循环的起始位置。选择此选项后，将激活退刀距离、步数等选项，如图 18-20a 所示。

（2）已仿真　系统计算出一个中心线钻孔刀轨，输出一系列 GOTO 语句，没有循环事件。选择此选项后，将激活进刀距离、排屑等选项，如图 18-20b 所示。

2．排屑

“排屑”用于“钻，深”和“钻，断屑”循环，可指定钻孔时除屑或断屑的增量类型。 其中“增量类型”包括：

（1）恒定　刀具每向前移动一次的距离是恒定的。如果最后剩余深度小于“恒定”值，则最后一次钻孔移动会缩短。

（2）可变　指定刀具按指定深度切削所需的次数。如果增量之和小于总深度，系统将重复执行最后一个具有非零增量值的刀具移动操作，直至达到总深度。 如果增量和超出总深度，系统将忽略过剩增量。如果选择“可变”增量类型，则在切削数和增量文本框中输入切削数与每次切削的深度。

3．安全/退刀距离

1）对于“钻，断屑”，需要设置“安全距离”以指定每次切削后，刀具往后移动多少距离。

2）对于“钻，深”，需要设置“安全距离”，以指定在每次切削运动开始前，刀具向材料进给的距离，如图 18-21 所示。

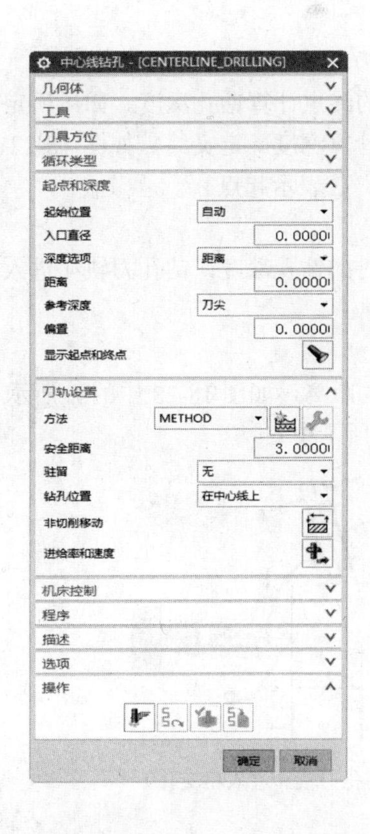

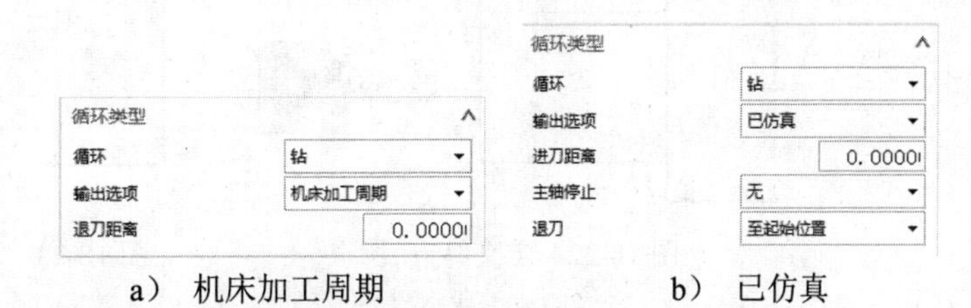

a） 机床加工周期　　b） 已仿真

图 18-19　“中心线钻孔”对话框

图 18-20　输出选项

使用“钻，深”时，钻刀的切削方式如下：

1）在“钻，深”工序中设置安全距离。

2）切削至指定的增量深度（A），如图 18-21a 所示。

3）退出钻孔，移刀到距离起点（C）为最小安全距离（B）处，如图 18-21b 所示。

4）返回到离开上一步切削（D）所形成孔深的材料为安全距离的位置，如图 18-21c 所示。

5）重复这三个步骤直到钻至指定的深度，如图 18-21d 所示。

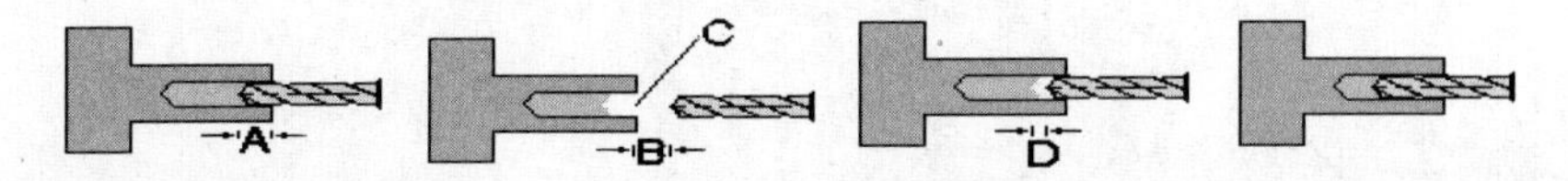

a）切削至指定的增量深度　b）退出钻孔　c) 返回安全距离的位置　d）钻至指定的深度

图 18-21　“钻，深”切削方式

18.2.2 深度选项

1．距离

“距离”可输入沿钻孔轴加工的深度值，必须为正值。

2．终点

利用“点”对话框定义钻孔深度，利用指定的起点和定义的终点计算钻孔深度。如果所定义的点不在钻孔轴上，系统会将该点垂直投影到钻孔轴上，然后计算深度。定义终点如图 18-22 所示，图中 A 表示该点被垂直投影到钻孔轴上，B 表示钻孔深度，C 表示起点。

3．横孔尺寸

可输入定义钻孔深度的信息，以定义刀具将钻出一个横孔时的钻孔深度，钻孔刀轨（进入相交孔）如图 18-23 所示。选择“横孔尺寸”后，将激活以下选项：

（1）直径　指定横孔的直径，如图 18-23 中的 A 所示。

（2）距离　指定钻孔起点 D 和横孔轴 B 与钻轴交点之间的距离，如图 18-23 中的 E 所示。

（3）角度　指定横孔轴与钻孔轴所成的角度，如图 18-23 所示中 C。

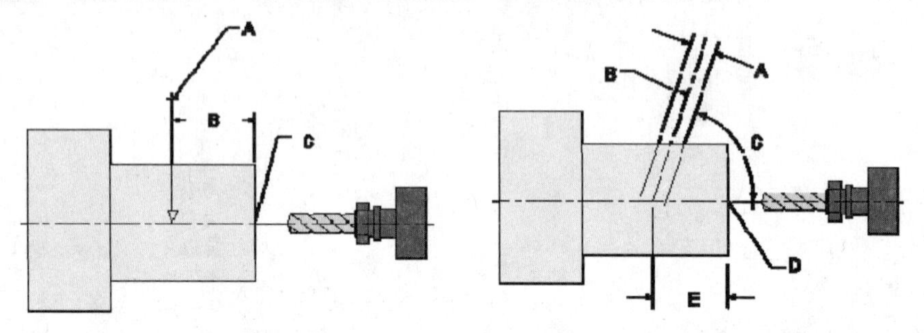

图 18-22　定义终点　　图 18-23　钻孔刀轨（进入相交孔）

4．横孔

可选择现有的圆或圆柱面作为横孔。系统将从起点出发沿着钻孔轴一直到所选横孔的距离作为钻孔深度。计算得出的钻孔深度将使得刀具可以完全穿透横孔的一侧，然后退刀。横孔的中心应该在钻孔轴上。如果其中心没有位于钻孔轴上，系统将沿着圆弧轴将该中心投影至钻孔轴。通过横孔定义深度如图 18-24 所示，图中 A 为圆弧中心的投影，B 为钻孔深度，C 为起点。

5．埋头直径

系统将根据所选的刀具自动确定沉孔深度。刀具将依照指定的深度嵌入到工件中，从而生成指定直径的沉孔，根据埋头直径定义深度如图 18-25 所示，图中 A：沉孔直径，B：自动计算的沉孔深度。

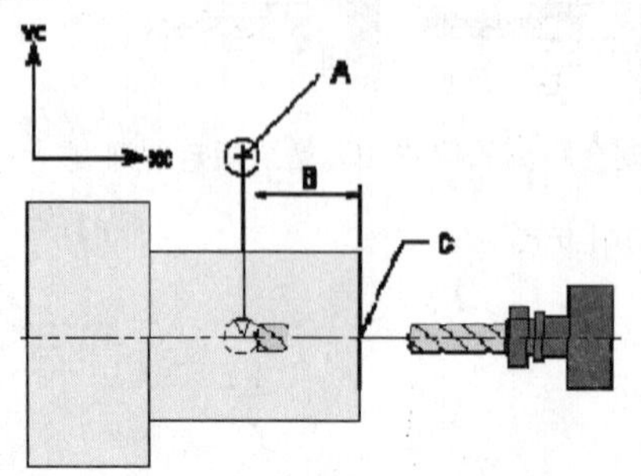

图 18-24　通过横孔定义深度

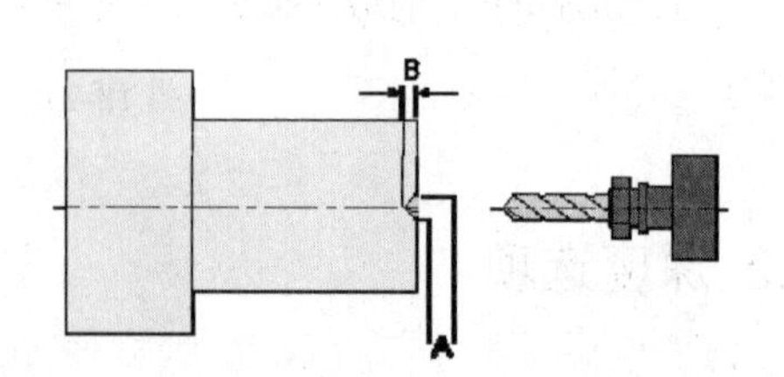

图 18-25　根据埋头直径定义深度

18.2.3 轻松动手学——中心线钻孔示例

打开下载的源文件中的相应文件，待加工部件如图 18-26 所示。本示例将对其进行中心线钻孔。

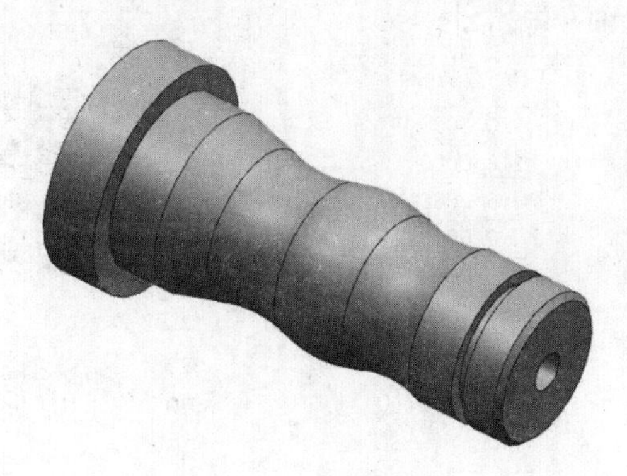

图 18-26　待加工部件

1．创建刀具

1）在“主页”选项卡“刀片”组中单击“创建刀具”按钮，弹出“创建刀具”对话框，在“类型”下拉列表框中选择“turning”， 在“刀具子类型”栏中选择（DRILLING_TOOL），在“名称”文本框中输入“DRILLING_TOOL”，其他采用默认设置，单击“确定”按钮。

2）弹出如图 18-27 所示的“钻刀”对话框，在“尺寸”栏中设置“(D)直径”为 20、“(L)长度”为 150、“(PA)刀尖角度”为 118、“(FL)刀刃长度”为 135，其他采用默认设置，单击“确定”按钮。

2．创建工序

1）在“主页”选项卡“刀片”组中单击“创建工序”按钮，弹出如图 18-28 所示的“创建工序”对话框，在“类型”下拉列表框中选择“turning”，在“工序子类型”栏中选择（中心线钻孔），在“刀具”下拉列表框中选择“DRILLING_TOOL”， 在“几何体”下拉列表框中选择“TURNING_WORKPIECE”，其他采用默认设置，单击“确定”按钮。

2）弹出“中心线钻孔”对话框，在“循环类型”栏中设置“循环”为“钻，深”、“输出选项”为“已仿真”，在“排屑”栏中设置“增量类型”为“恒定”、“恒定增量”为 10、“安全距离”为 3，在“起点和深度”栏中设置“起始位置”为“自动”、“深度选项”为“距离”、“距离”为 50，在“刀轨设置”栏中设置“安全距离”为 3、“驻留”为“时间”、时间秒为 2、“钻孔位置”为“在中心线上”，如图 18-29 所示。

3）在“操作”栏中单击“生成”按钮，生成刀轨，单击“确认”按钮，实现刀轨的可视化，如图 18-30 所示。

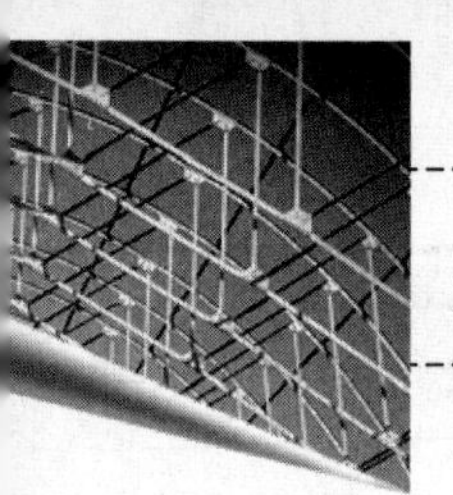

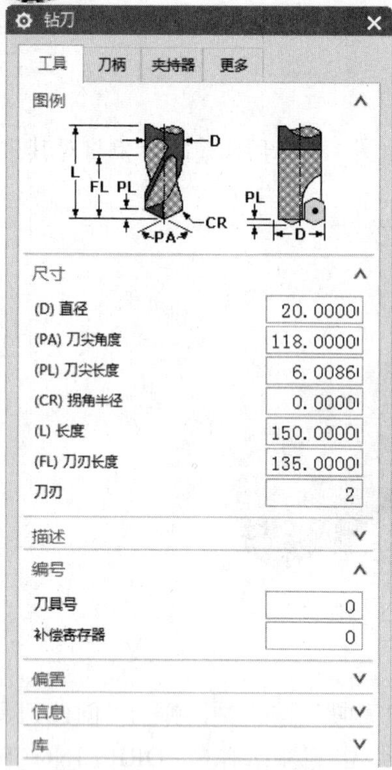

图 18-27 “钻刀”对话框

图 18-28 “创建工序”对话框

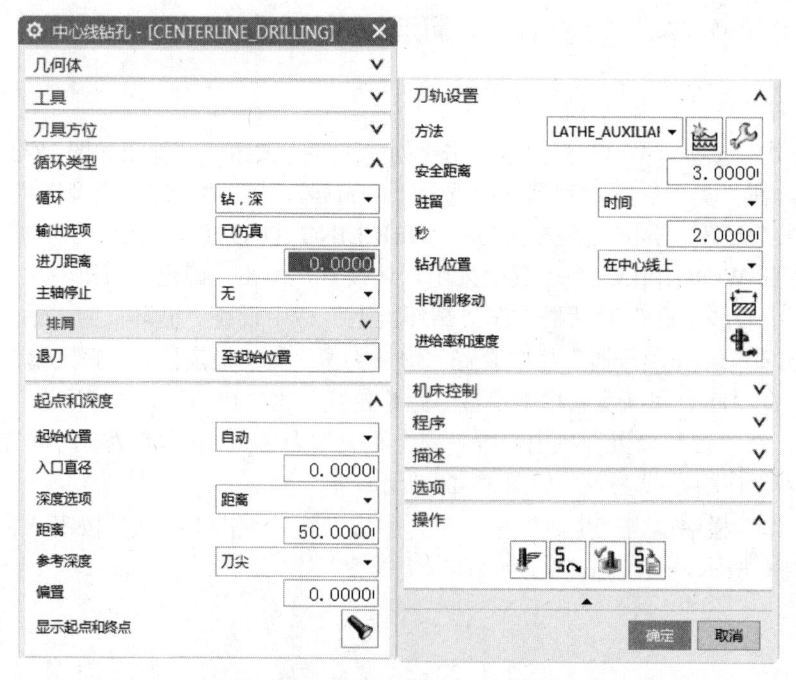

图 18-29 “中心线钻孔”对话框

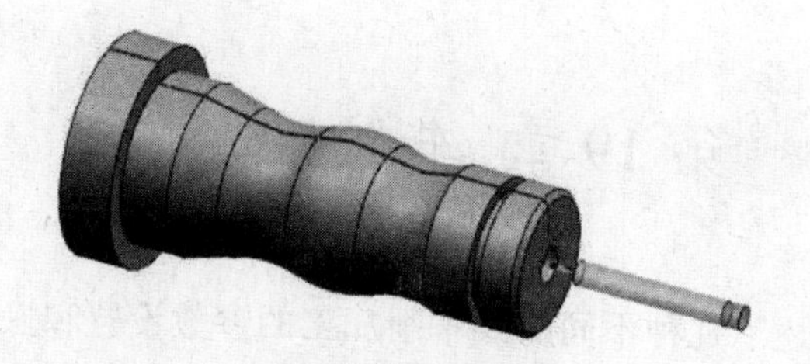

图 18-30　生成刀轨

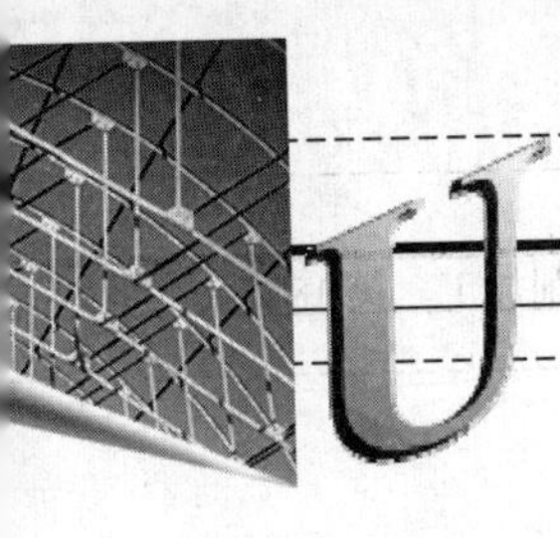

第 19 章 车削加工实例

第 15 章～第 18 章讲述了几种不同形式车削加工的参数设置和操作方法。本章将通过一个综合实例来具体讲述车削加工的实际操作方法与技巧。

通过本章的学习，可进一步巩固前面所讲的车削加工的相关知识。

内容要点

- 创建粗车工序
- 创建面加工工序
- 创建示教模式工序
- 创建钻工序

案例效果

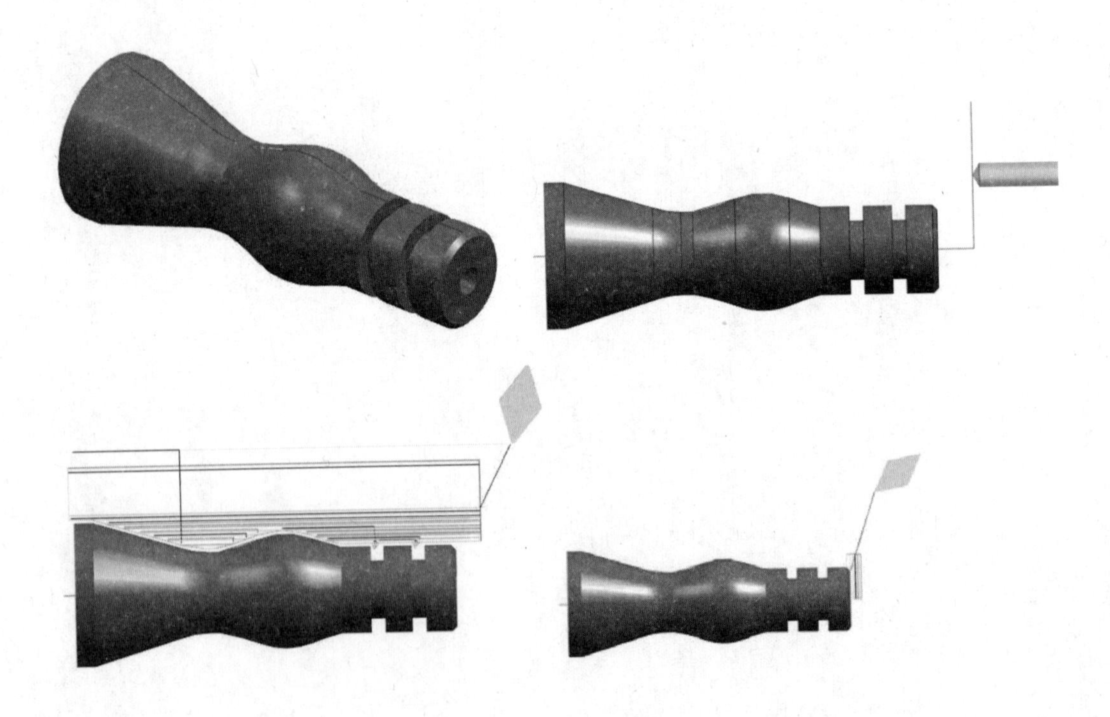

19.1 创建几何体

打开下载的源文件中的相应文件，待加工部件如图 19-1 所示。本实例将对其进行车削加工，包括粗车外圆、车端面、精车外圆等操作。

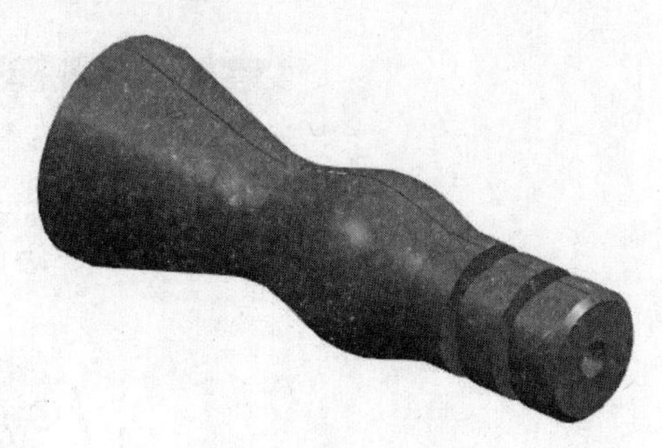

图 19-1　待加工部件

1）在“主页”选项卡“刀片”组中单击“创建几何体”按钮，弹出如图 19-2 所示的“创建几何体”对话框，在“类型”下拉列表框中选择“turning”， 在“几何体子类型”栏中选择（MCS_SPINDLE），其他采用默认设置，单击“确定”按钮。

2）弹出如图 19-3 所示的“MCS 主轴”对话框，单击“坐标系对话框”按钮，弹出“坐标系”对话框，指定 MCS 的坐标原点与绝对 CSYS 的坐标原点重合，单击“确定”按钮，返回到“MCS 主轴”对话框，在“车床工作平面”栏中设置“指定平面”为“ZM-XM”，在绘图区中使 MCS 坐标系绕 YM 轴旋转 90°，然后绕 ZM 轴旋转 90°，单击“确定”按钮。

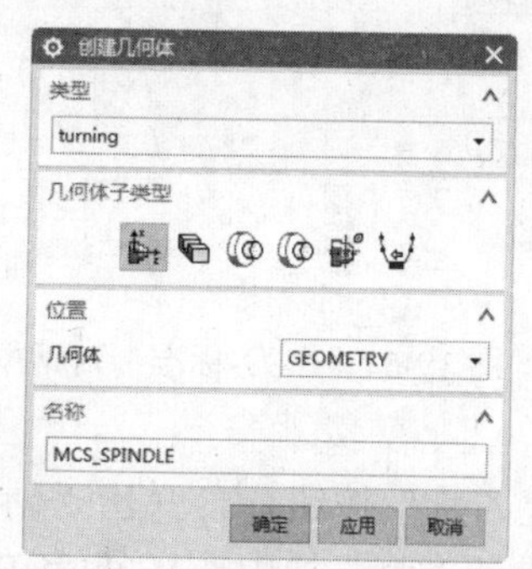

图 19-2　“创建几何体”对话框

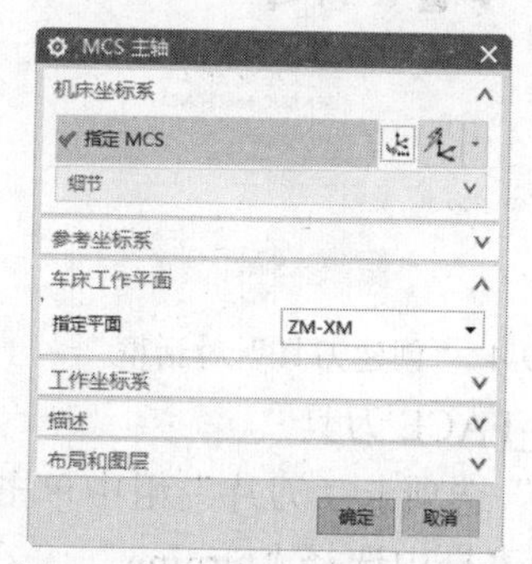

图 19-3　“MCS 主轴”对话框

19.2 创建刀具

1．OD_55_L_ROUGH 刀具

1）在“主页”选项卡“刀片”组中单击“创建刀具”按钮，弹出如图 19-4 所示的“创建刀具”对话框，在“类型”下拉列表框中选择“turning”， 在“刀具子类型”栏中选择（OD_55_L），在“名称”文本框中输入“OD_55_L_ROUGH”，其他采用默认设置，单击“确定”按钮。

2）弹出如图 19-5 所示的“车刀-标准”对话框，在“尺寸”栏中设置“(R)刀尖半径”为 1.8、“(OA)方向角度”为 50，在“刀片尺寸”栏中设置“长度”为 20，其他采用默认设置，单击“确定”按钮。

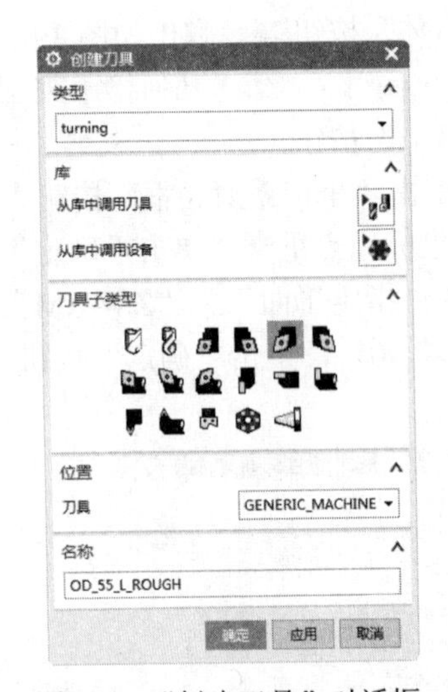

图 19-4 “创建刀具”对话框

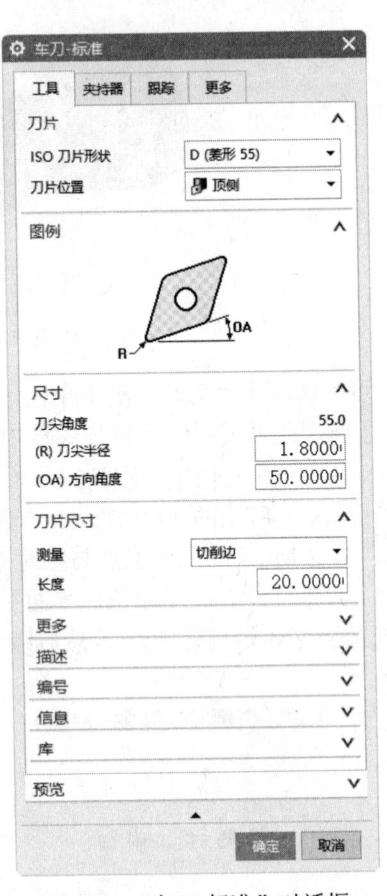

图 19-5 “车刀-标准”对话框

2．OD_55_L_FACE 刀具

1）在“主页”选项卡“刀片”组中单击“创建刀具”按钮，弹出“创建刀具”对话框，在“类型”下拉列表框中选择“turning”， 在“刀具子类型”栏中选择（OD_55_L），在“名称”文本框中输入“OD_55_L_FACE”，其他采用默认设置，单击“确定”按钮。

2）弹出“车刀-标准”对话框，在“尺寸”栏中设置“(R)刀尖半径”为 0.2、“(OA)方向角度”为 10，在“刀片尺寸”栏中设置“长度”为 20，其他采用默认设置，单击“确定”按钮。

3．OD_55_L_FINISH 刀具

1）在“主页”选项卡“刀片”组中单击“创建刀具”按钮，弹出“创建刀具”对话框，在“类型”下拉列表框中选择“turning”， 在“刀具子类型”栏中选择（OD_55_L），在“名称”文本框中输入“OD_55_L_FINISH”，其他采用默认设置，单击“确定”按钮。

2）弹出“车刀-标准”对话框，在“尺寸”栏中设置“(R)刀尖半径”为 0.2、“(OA)方向角度”为 50，在“刀片尺寸”栏中设置“长度”为 20，其他采用默认设置，单击“确定”按钮。

4．OD_55_L_TEACH 刀具

1）在“主页”选项卡“刀片”组中单击“创建刀具”按钮，弹出“创建刀具”对话框，在“类型”下拉列表框中选择“turning”， 在“刀具子类型”栏中选择（OD_55_L），在“名称”文本框中输入“OD_55_L_TEACH”，其他采用默认设置，单击“确定”按钮。

2）弹出 “车刀-标准”对话框，在“尺寸”栏中设置“(R)刀尖半径”为 0.2、“(OA)方向角度”为 50，在“刀片尺寸”栏中设置“长度”为 10，其他采用默认设置，单击“确定”按钮。

19.3 指定车削边界

1）在如图 19-6 所示的“工序导航器-几何”中双击“TURNING_WORKPIECE”，弹出如图 19-7 所示的“车削工件”对话框。

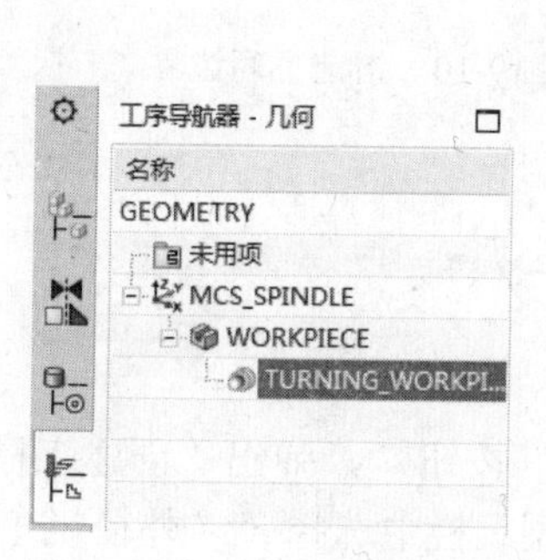

图 19-6　工序导航器-几何

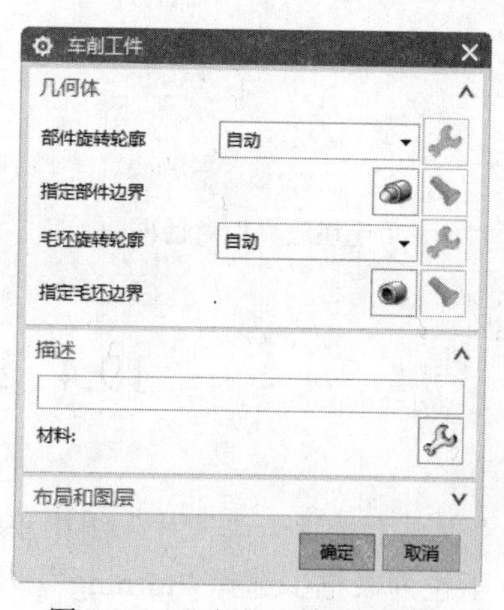

图 19-7　“车削工件”对话框

2）在“车削工件”对话框中，单击“指定部件边界”右侧的“选择或编辑部件边界”按钮，系统弹出“部件边界”对话框，在“边界”栏中单击“选择曲线”按钮，选择如图 19-8 所示的部件边界，单击“确定”按钮。

3）在“车削工件”对话框中，单击“指定毛坯边界”右侧的“选择或编辑毛坯边界”按钮，弹出如图 19-9 所示的“毛坯边界”对话框，在“类型”下拉列表框中选择“棒材”，在“安装位置”下拉列表框中选择“在主轴箱处”，选择坐标原点为棒料的起点，设置“长度”为 170、“直径”为 70，单击“确定”按钮，指定的毛坯边界如图 19-10 所示。

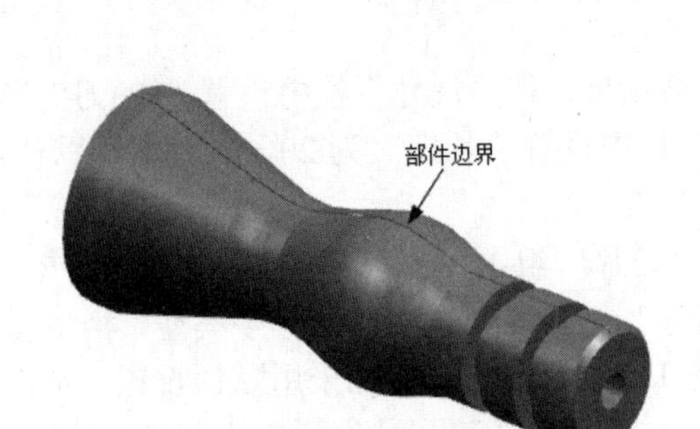

图 19-8　指定部件边界

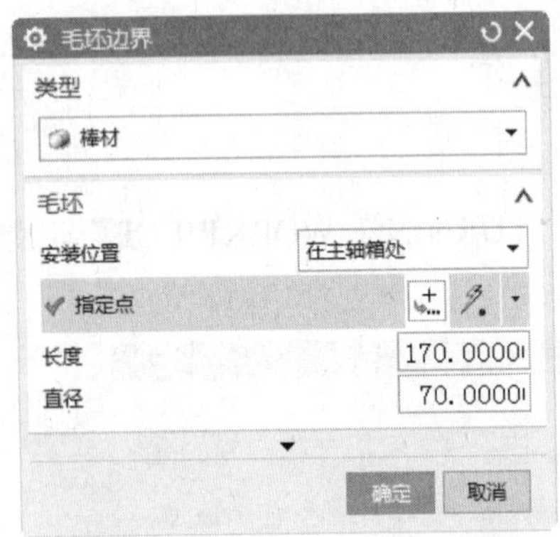

图 19-9　“毛坯边界”对话框

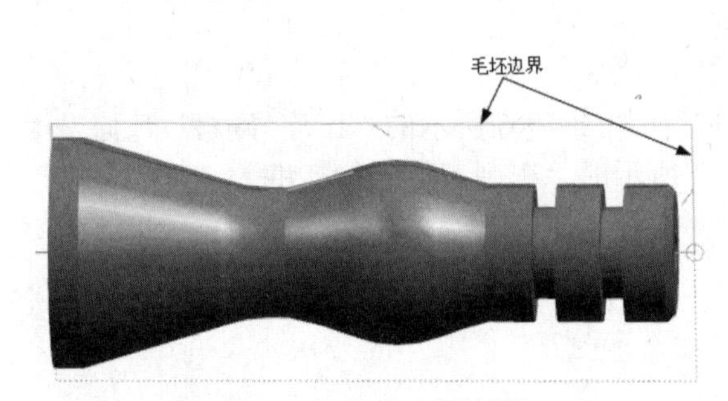

图 19-10　指定毛坯边界

19.4 创建粗车工序

1）在“主页”选项卡“刀片”组中单击“创建工序”按钮，弹出“创建工序”对话框，在“类型”下拉列表框中选择“turning”，在“工序子类型”栏中选择（外径粗车），在“几何体”下拉列表框中选择“TURNING_WORKPIECE”，在“刀具”下拉列表框中选择“OD_55_L_ROUGH”，其他采用默认设置，单击“确定”按钮。

2）弹出“外径粗车”对话框，单击“切削区域”右侧的“编辑”按钮，弹出“切削区域”对话框，分别在“修剪点 1”和“修剪点 2”下拉列表框中选择“指定”，指定修剪点 1（TP1）和修剪点 2（TP2），如图 19-11 所示；在“区域选择”下拉列表框中选择“指定”，选择切削区域如图 19-11 所示，单击“确定”按钮。

3）返回“外径粗车”对话框。在“切削策略”栏中设置“策略”为“单向线性切削”；在“刀轨设置”栏中设置“与 XC 的夹角”为 180、“方向”为“前进”、“切削深度”为“变量平均值”、“最大值”为 2、“最小值”为 0、“变换模式”为“根据层”、“清理”为“全部”，如图 19-12 所示。

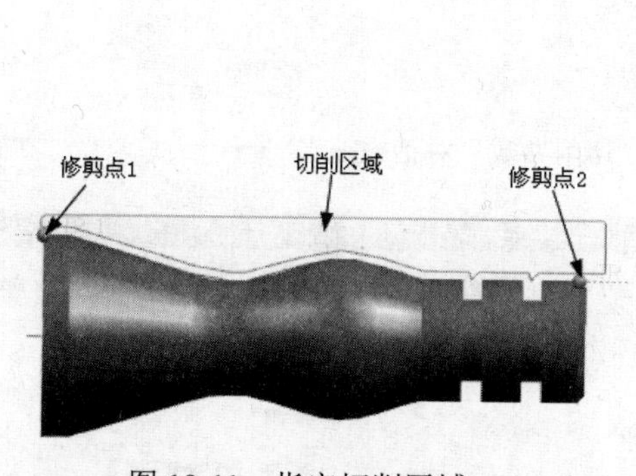

图 19-11　指定切削区域

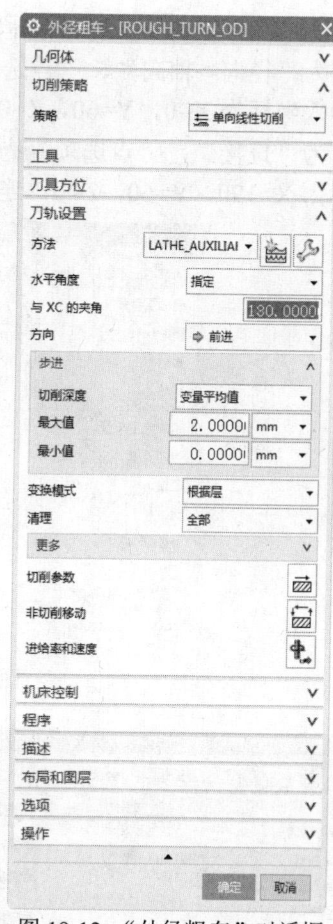

图 19-12　“外径粗车”对话框

4）单击“切削参数”按钮，弹出“切削参数”对话框，如图 19-13 所示。在“余量”选项卡“粗加工余量”栏中设置“恒定”为 1.5；在“轮廓类型”选项卡“面和直径范围”栏中设置“最小面角角度”为 80、“最大面角角度”为 100、“最小直径角度”为 350、“最大直径角度”为 10，在“陡峭和水平范围”栏中设置“最小陡峭壁角度”为 80、“最大陡峭壁角度”为 100、“最小水平角度”为-10、“最大水平角度”为 10，单击“确定”按钮。

5）返回“外径粗车”对话框。单击“非切削移动”按钮，弹出如图 19-14 所示的“非切削移动”对话框。在“进刀”选项卡“轮廓加工”栏中设置“进刀类型”为“圆弧-自动”、“自动进刀选项”为“自动”、“延伸距离”为 2；在“毛坯”栏中设置“进刀类型”为“线性”、“角度”为 180、“长度”为 4、“安全距离”为 2；在“安全的”栏中设置“进刀类型”为“线性-自动”、“自动进刀选项”为“自动”、“延伸距离”为 2。切换至“退刀”选项卡，在“轮廓加工”栏中设置“退刀类型”为“圆弧-自动”、“自动进刀选项”为“自动”、“延伸距离”为 2；在“毛坯”栏中设置“进刀类型”为“线性”、“角度”为 90、“长度”为 20、“延伸距离”为 0。切换至“逼近”选项卡，在“运动到起点”栏中设置“运动类型”为“直接”、“点选项”为“点”，单击“点对话框”按钮，弹出“点”对话框，输入坐标为 X=190，Y=60，

Z=0，单击“确定”按钮。切换至“离开”选项卡，在“运动到返回点/安全平面”栏中设置“运动类型”为“径向->轴向”、“点选项”为“点”，单击“点对话框”按钮，弹出“点”对话框，输入坐标为X=0，Y=60，Z=0，单击“确定”按钮；在“运动到回零点”栏中设置“运动类型”为“直接”、“点选项”为“点”，单击“点对话框”按钮，弹出“点”对话框，输入坐标为X=190，Y=60，Z=0，连续单击“确定”按钮。

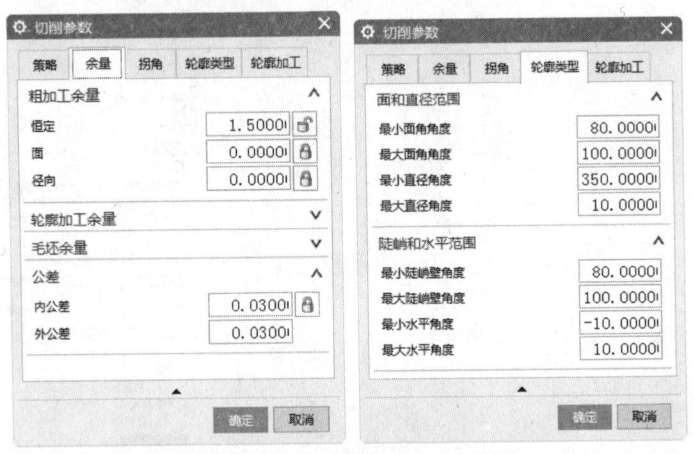

图 19-13 “切削参数”对话框

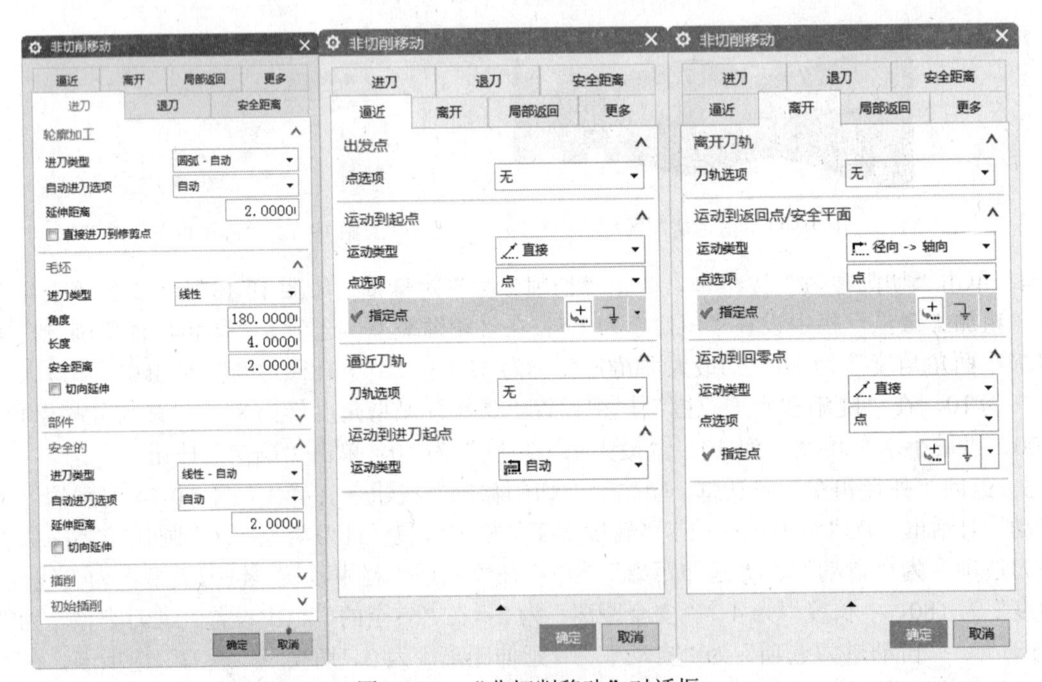

图 19-14 “非切削移动”对话框

6）返回“外径粗车”对话框，单击“生成”按钮，生成粗车刀轨，单击“确认”按钮，实现刀轨的可视化，如图19-15所示。

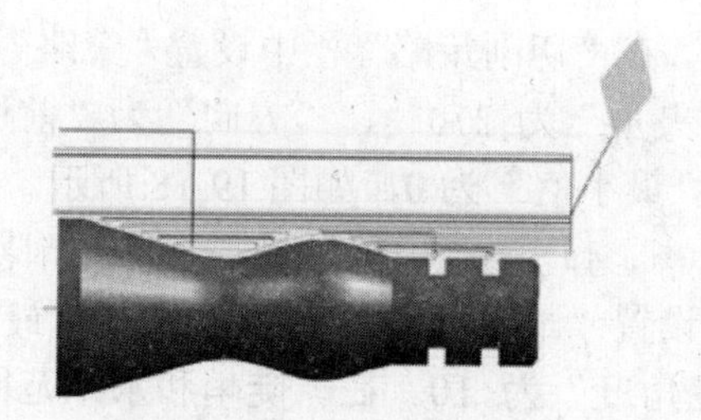

图 19-15　生成粗车刀轨

19.5 创建面加工工序

1）在“主页”选项卡“刀片”组中单击“创建工序”按钮，弹出“创建工序”对话框，在“类型”下拉列表框中选择“turning”，在“工序子类型”栏中选择（面加工），在“几何体”下拉列表框中选择“TURNING_WORKPIECE”， 在“刀具”下拉列表框中选择“OD_55_L_FACE”，其他采用默认设置，单击“确定”按钮。

2）弹出如图 19-16 所示的“面加工”对话框，单击“切削区域”右侧的“编辑”按钮，弹出“切削区域”对话框。在“径向修剪平面 2”栏中设置“限制选项”为“点”，指定如图 19-17 所示的 Radia1 2；在“轴向修剪平面 1”栏中设置“限制选项”为“点”，指定如图 19-17 所示的 Axial 1；在“区域选择”下拉列表框中选择“指定”，选择的区域如图 19-17 所示。单击“确定”按钮。

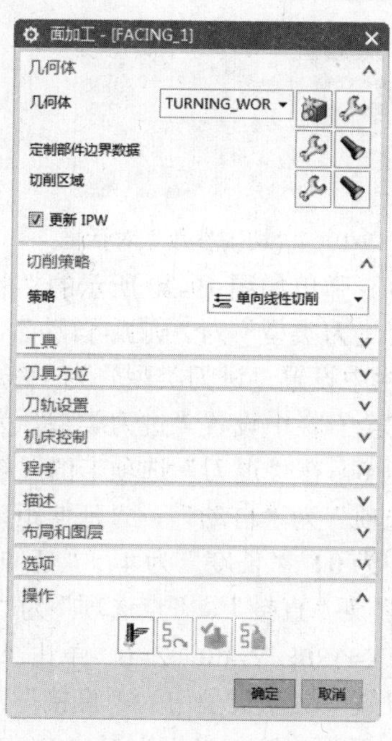

图 19-16　“面加工”对话框

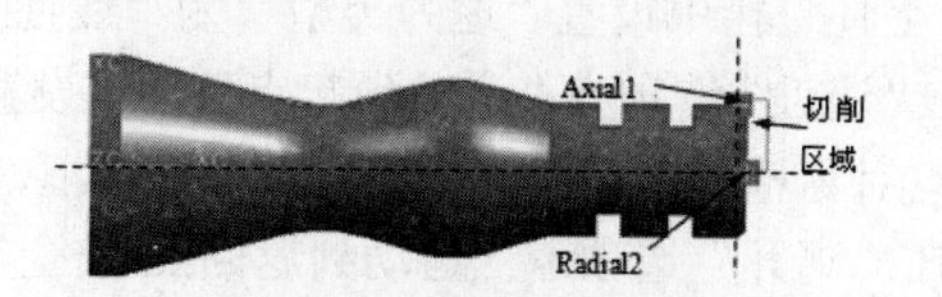

图 19-17　指定切削区域

3）返回“面加工”对话框，在“切削策略”栏中设置“策略”为“单向线性切削”，在“刀轨设置”栏中设置“与 XC 的夹角”为 270°、“方向”为“前进”、“切削深度”为“变量平均值”、“最大值”为 2、“最小值”为 0，如图 19-18 所示。

4）单击“切削参数”按钮，弹出如图 19-19 所示的“切削参数”对话框，在“轮廓类型”选项卡“面和直径范围”栏中设置“最小面角角度”为 80、“最大面角角度”为 100、“最小直径角度”为-10、“最大直径角度”为 10。在“陡峭和水平范围”栏中设置“最小陡峭壁角度”为 80、“最大陡峭壁角度”为 100、“最小水平角度”为-10、“最大水平角度”为 10，单击“确定”按钮。

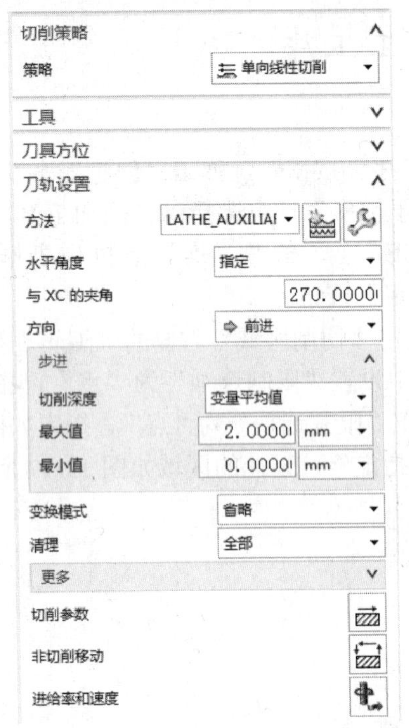

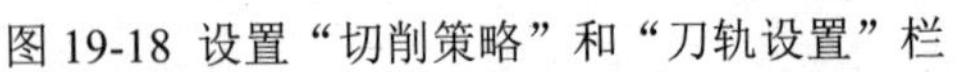
图 19-18 设置“切削策略”和“刀轨设置”栏

图 19-19 “切削参数”对话框

5）返回“面加工”对话框，单击“非切削移动”按钮，弹出如图 19-20 所示的“非切削移动”对话框。在“进刀”选项卡的“轮廓加工”栏中设置“进刀类型”为“圆弧-自动”、“自动进刀选项”为“自动”、“延伸距离”为 2；在“毛坯”栏中设置“进刀类型”为“线性”、“角度”为 270、“长度”为 4、“安全距离”为 2；在“安全”栏中设置“进刀类型”为“线性-自动”、“自动进刀选项”为“自动”、“延伸距离”为 0。在“退刀”选项卡的“轮廓加工”栏中设置“退刀类型”为“圆弧-自动”、“自动进刀选项”为“自动”、“延伸距离”为 2；在“毛坯”栏中设置“退刀类型”为“线性”、“角度”为 0、“长度”为 4、“延伸距离”为 0；在“逼近”选项卡“运动到起点”栏中设置“运动类型”为“直接”、“点选项”为“点”，单击“点对话框”按钮，弹出“点”对话框，输入坐标为 X=180，Y=60，Z=0，单击“确定”按钮。在“离开”选项卡“运动到返回点/安全平面”栏中设置“运动类型”为“直接”，“点选项”选择“点”，单击“点对话框”按钮，弹出“点”对话框，输入坐标为 X=180，Y=60，Z=0，连续单击“确定”按钮。

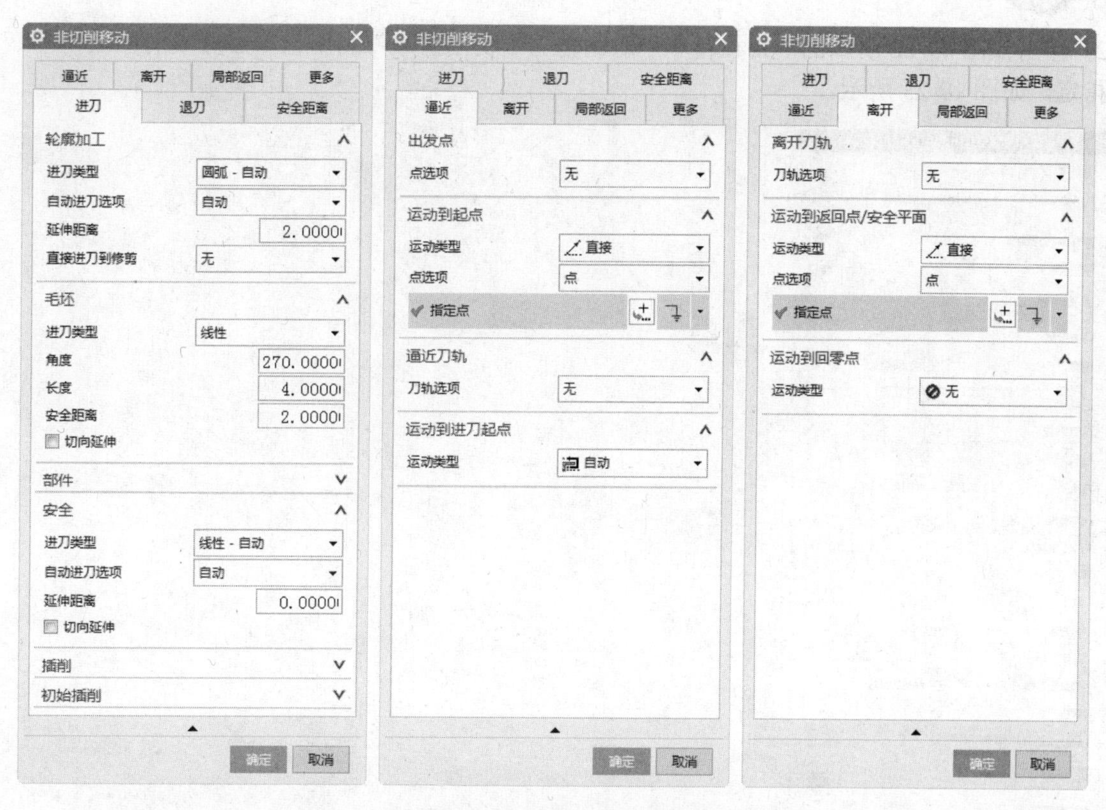

图 19-20　“非切削移动”对话框

6）返回“面加工”对话框，在“操作”栏中单击“生成”按钮，生成面操作刀轨，单击“确认”按钮，实现刀轨的可视化，如图 19-21 所示。

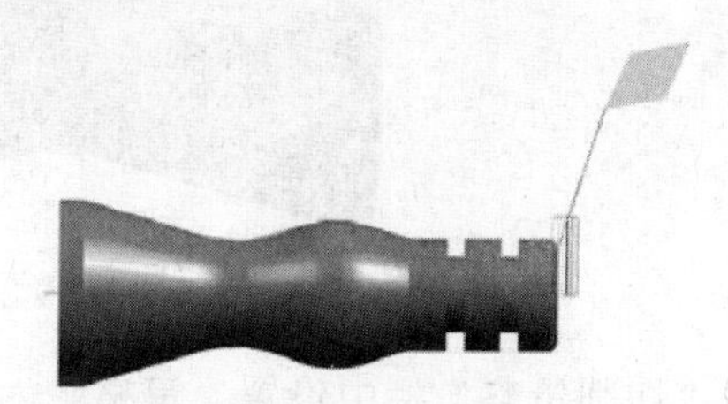

图 19-21　生成面操作刀轨

19.6 创建精车工序

1）在“主页”选项卡“刀片”组中单击“创建工序”按钮，弹出“创建工序”对话框，在“类型”下拉列表框中选择“turning”，在“工序子类型”栏中选择（外径精车），在“几何体”下拉列表框中选择“TURNING_WORKPIECE”，在“刀具”下拉列表框中选择“OD_55_L_FINISH”，其他采用默认设置，单击“确定”按钮。

2）弹出如图 19-22 所示的“外径精车”对话框。“切削区域”利用粗车后形成的区域，不必再指定，如图 19-23 所示。

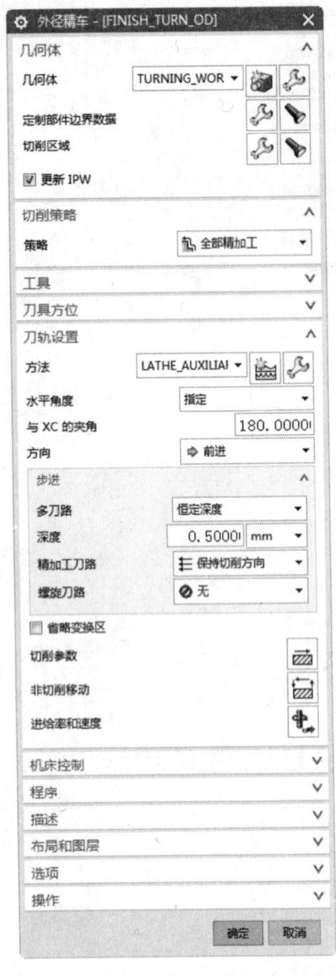

图 19-22　“外径精车”对话框

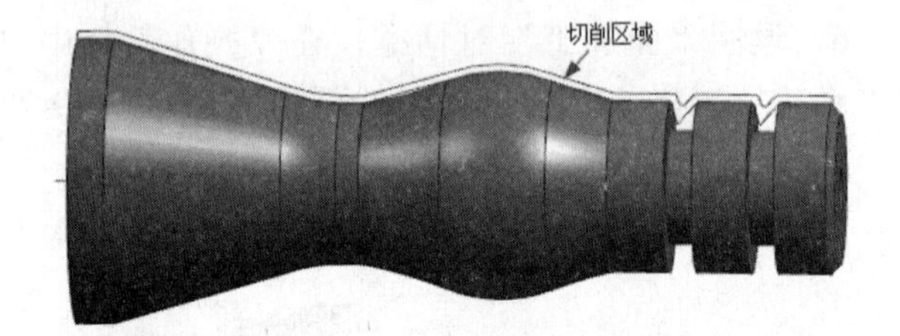

图 19-23　精加工切削区域

3）在“外径精车”对话框“切削策略”栏中设置“策略”为“全部精加工”，在“刀轨设置”栏中设置“与 XC 的夹角”为 180°、“方向”为“前进”，在“步进”栏中设置“多刀路”为“恒定深度”、“深度”为 0.5mm。

4）单击“切削参数”按钮，弹出如图 19-24 所示的“切削参数”对话框，在“余量”选项卡“精加工余量”栏中设置“恒定”为 0.0，在“轮廓类型”选项卡“面和直径范围”栏中设置“最小面角角度”为 80、“最大面角角度”为 100、“最小直径角度”为-10、“最大直径角度”为 10，单击“确定”按钮。

5）单击“非切削移动”按钮，弹出如图 19-25 所示的“非切削移动”对话框，在“进刀”选项卡“轮廓加工”栏中设置“进刀类型”为“线性”、“角度”为 180、“长度”为 4、“延伸距离”为 0。在“退刀”选项卡“轮廓加工”栏中设置“退刀类型”为“线性”、“角度”

为 90、“长度”为 4、“延伸距离”为 0。在“逼近”选项卡的“运动到起点”栏中设置“运动类型”为“径向→轴向”、“点选项”为“点”，单击“点对话框”按钮，弹出“点”对话框，输入坐标为 X=180，Y=60，Z=0，单击“确定”按钮。在“离开”选项卡的“运动到返回点/安全平面”栏中设置“运动类型”为“径向→轴向”、“点选项”为“点”，单击“点对话框”按钮，弹出“点”对话框，输入坐标为 X=180，Y=60，Z=0，单击“确定”按钮；在“运动到回零点”栏中设置“运动类型”为“直接”、“点选项”为“点”，单击“点对话框”按钮，弹出“点”对话框，输入坐标为 X=180，Y=60，Z=0，连续单击“确定”按钮。

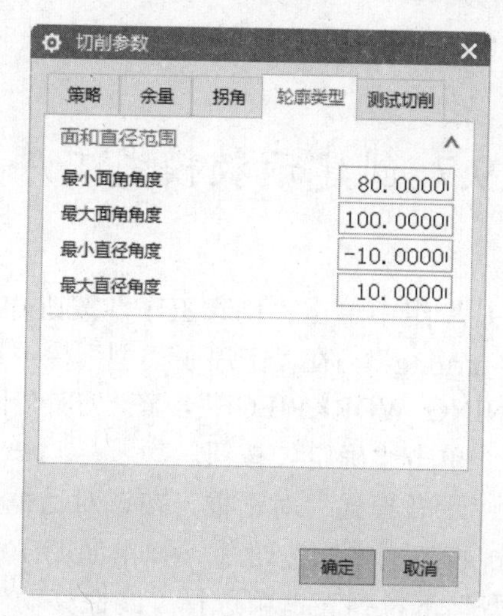

图 19-24　“切削参数”对话框

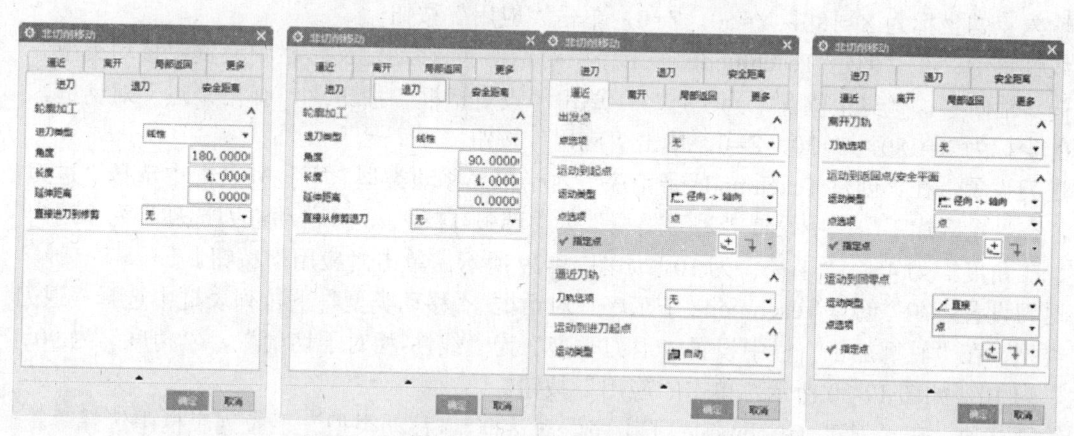

图 19-25　“非切削移动”对话框

6）返回“外径精车”对话框，在“操作”栏中单击“生成”按钮，生成精车刀轨，单击“确认”按钮，实现刀轨的可视化，如图 19-26 所示。

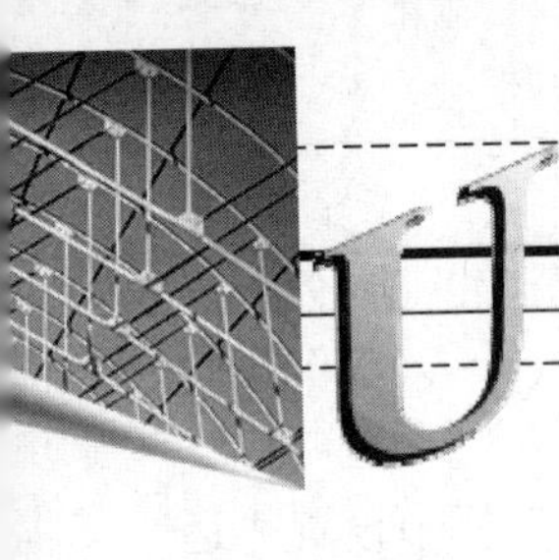

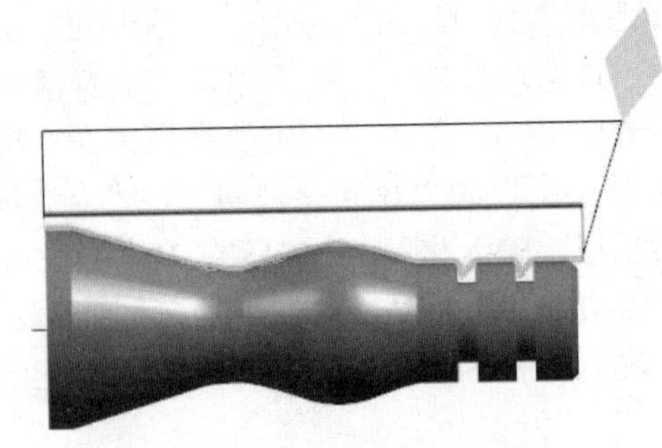

图 19-26　生成精车刀轨

19.7 创建示教模式工序

1）在“主页”选项卡“刀片”组中单击“创建工序”按钮，弹出“创建工序”对话框，在“类型”下拉列表框中选择“turning”，在“工序子类型”栏中选择（示教模式），在“几何体”下拉列表框中选择“TURNING_WORKPIECE”，在“刀具”下拉列表框中选择“OD_55_L_TEACH”，其他采用默认设置，单击“确定”按钮。

2）弹出如图 19-27 所示的“示教模式”对话框，在该对话框中创建以下子工序。

①线性快速：单击“添加新的子工序”按钮，弹出如图 19-28 所示的“创建 Teachmode 子工序”对话框，在“移动类型”下拉列表框中选择“线性移动”，在“移动定义”栏中设置“移动类型”为“直接”、“终止位置”为“点”，单击“点对话框”按钮，弹出“点”对话框，输入点的坐标为 X=180，Y=60，Z=0，单击“应用”按钮。

②线性进给：在“创建 Teachmode 子工序”对话框 “移动定义”栏中设置“移动类型”为“径向->轴向”、“终止位置”为“点”，单击“点对话框”按钮，弹出“点”对话框，输入点的坐标为 X=180，Y=30，Z=0，单击“应用”按钮。

③进刀设置：在“创建 Teachmode 子工序”对话框“移动类型”下拉列表框中选择“进刀设置”，在“轮廓加工”栏中设置“进刀类型”为“圆弧-自动”、“自动进刀选项”为“用户定义”、“角度”为 45、“半径”为 10，如图 19-29 所示。单击“应用”按钮。

④退刀设置：在“创建 Teachmode 子工序”对话框 “移动类型”下拉列表框中选择“退刀设置”类型，在“轮廓加工”栏中设置“退刀类型”为“线性-相对于切削”、“角度”为 90、“长度”为 10，如图 19-30 所示。单击“应用”按钮。

⑤轮廓移动：在“创建 Teachmode 子工序”对话框 “移动类型”下拉列表框中选择“轮廓移动”，设置“驱动几何体”为“上一条驱动曲线”，单击“确定”按钮。

3）返回“示教模式”对话框，在“操作”栏中单击“生成”按钮，生成示教模式刀轨，单击“确认”按钮，实现刀轨的可视化，如图 19-31 所示。

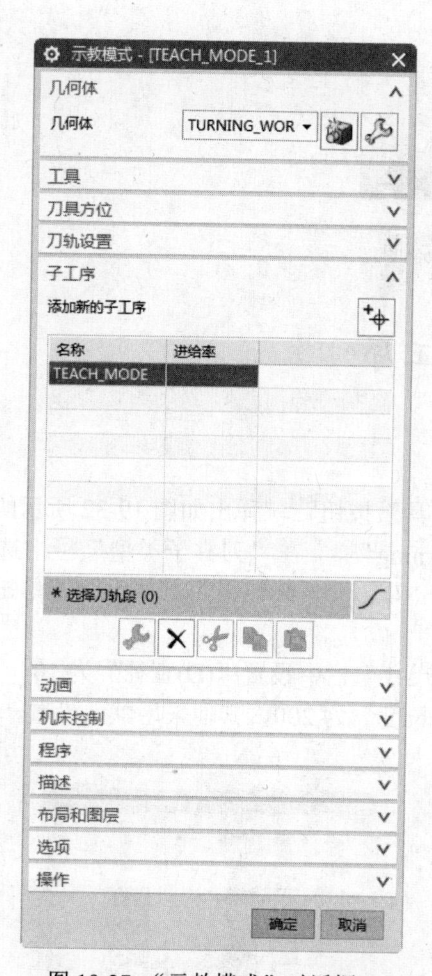

图 19-27 “示教模式”对话框

图 19-28 “创建 Teachmode 子工序”对话框

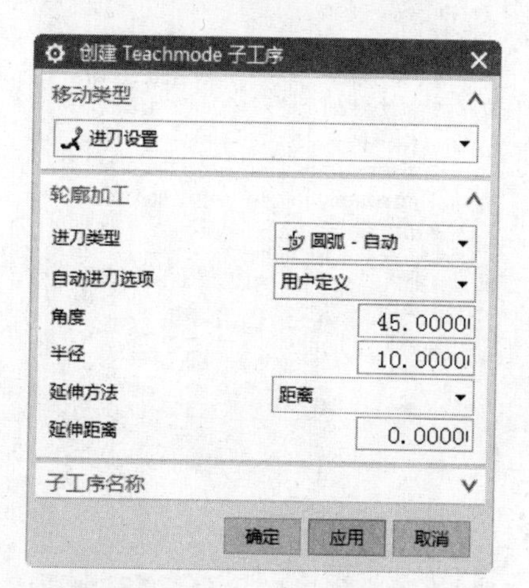

图 19-29 设置“进刀设置”选项

图 19-30 设置“退刀设置”选项

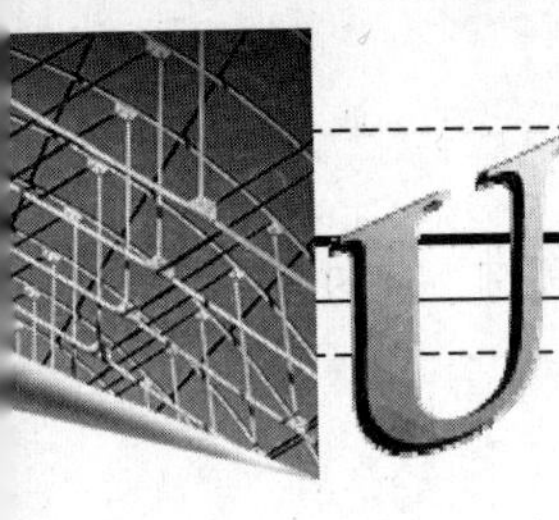

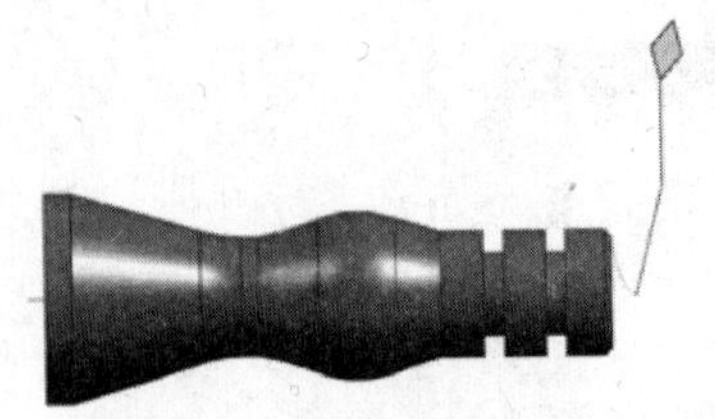

图 19-31　示教模式刀轨

19.8 创建钻工序

1．创建钻刀

1）在“主页”选项卡“刀片”组中单击“创建刀具”按钮，弹出如图 19-32 所示的“创建刀具”对话框，在“类型”下拉列表框中选择“turning”，在“刀具子类型”栏中选择（DRILLING_TOOL），在“名称”文本框中输入“END10”，其他采用默认设置，单击“确定”按钮。

2）弹出如图 19-33 所示的“钻刀”对话框，在“尺寸”栏中设置“(D)直径”为 10，“(L)长度”为 280、“(PA)刀尖角度”为 120、“(FL)刀刃长度”为 200，其他采用默认设置，单击“确定”按钮。

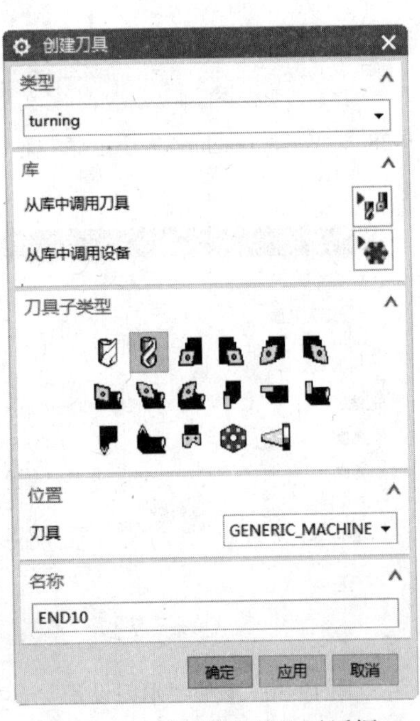

图 19-32　“创建刀具”对话框

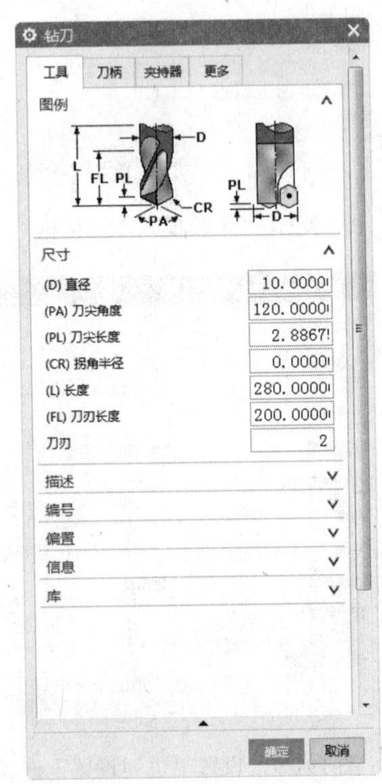

图 19-33　“钻刀”对话框

2．创建中心钻操作

1）在“主页”选项卡“刀片”组中单击“创建工序”按钮，弹出如图19-34所示的“创建工序”对话框，在“类型”下拉列表框中选择“turning”，在“工序子类型”栏中选择（中心线钻孔），在“几何体”下拉列表框中选择“TURNING_WORKPIECE”，其他采用默认设置，单击“确定”按钮。

2）弹出如图19-35所示的“中心线钻孔”对话框，在“循环类型”栏中设置“循环”为“钻，深”、“输出选项”为“已仿真”，在“排屑”栏中设置“增量类型”为“恒定”、“恒定增量”为30、“安全距离”为10。

3）在“起点和深度”栏中设置“起始位置”为“指定”，单击“点对话框”按钮，弹出“点”对话框，输入坐标为X=170，Y=0，Z=0，单击“确定”按钮，返回“中心线钻孔”对话框，继续设置“深度选项”为“距离”，“距离”为170。

4）在“刀轨设置”栏中设置“安全距离”为10、“驻留”为“时间”、“秒”为2、“钻孔位置”为“在中心线上”。

图19-34　“创建工序”对话框

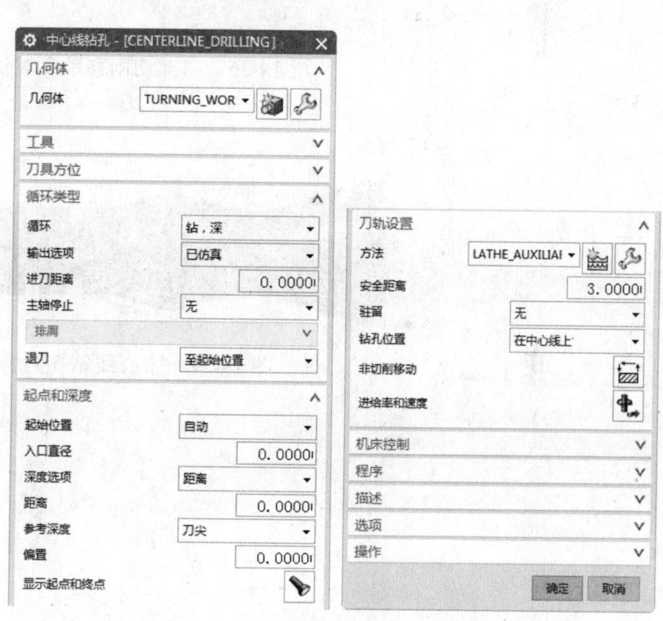

图19-35　“中心线钻孔”对话框

5）单击“非切削移动”按钮，弹出如图19-36所示的“非切削移动”对话框，在“逼近”选项卡的“运动到起点”栏中设置“运动类型”为“直接”、“点选项”为“点”，单击“点对话框”按钮，弹出“点”对话框，输入坐标为X=180，Y=30，Z=0，单击“确定”按钮；在“离开”选项卡的“运动到返回点/安全平面”栏中设置“运动类型”为“径向→轴向”、“点选项”为“点”，单击“点对话框”按钮，弹出“点”对话框，输入坐标为X=180，Y=60，Z=0，单击“确定”按钮。

6）返回“中心线钻孔”对话框，在“操作”栏中单击“生成”按钮，生成中心线钻孔刀轨，单击“确认”图标，实现刀轨的可视化，如图19-37所示。

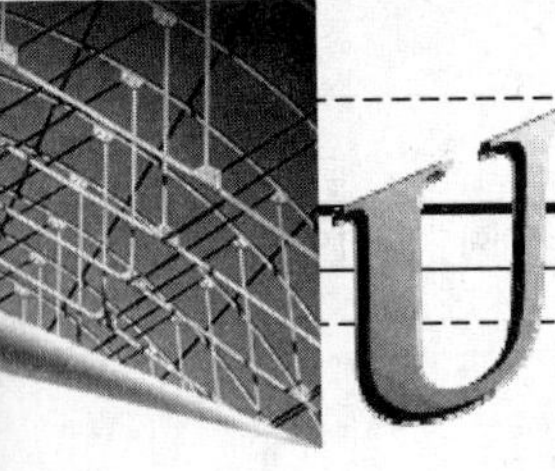

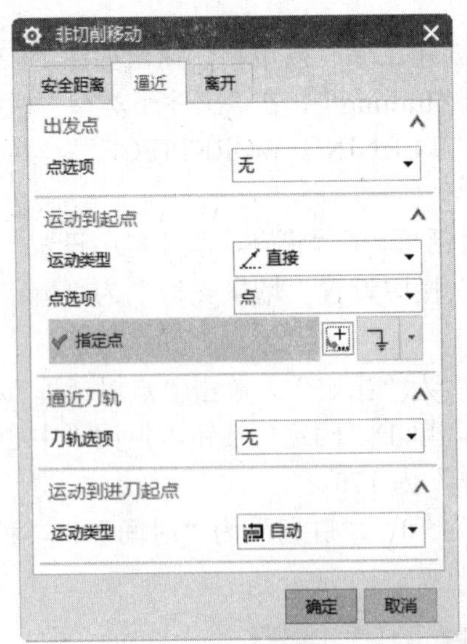

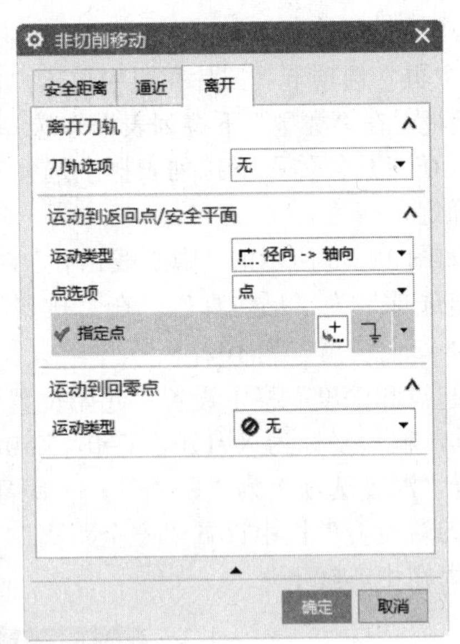

图 19-36 “非切削移动”对话框

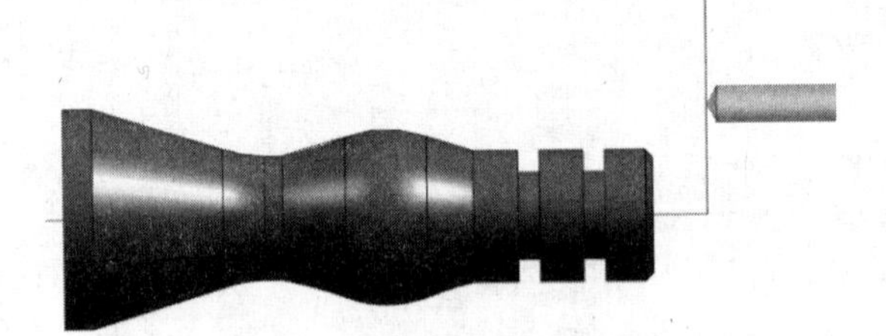

图 19-37 中心线钻孔刀轨